U0142445

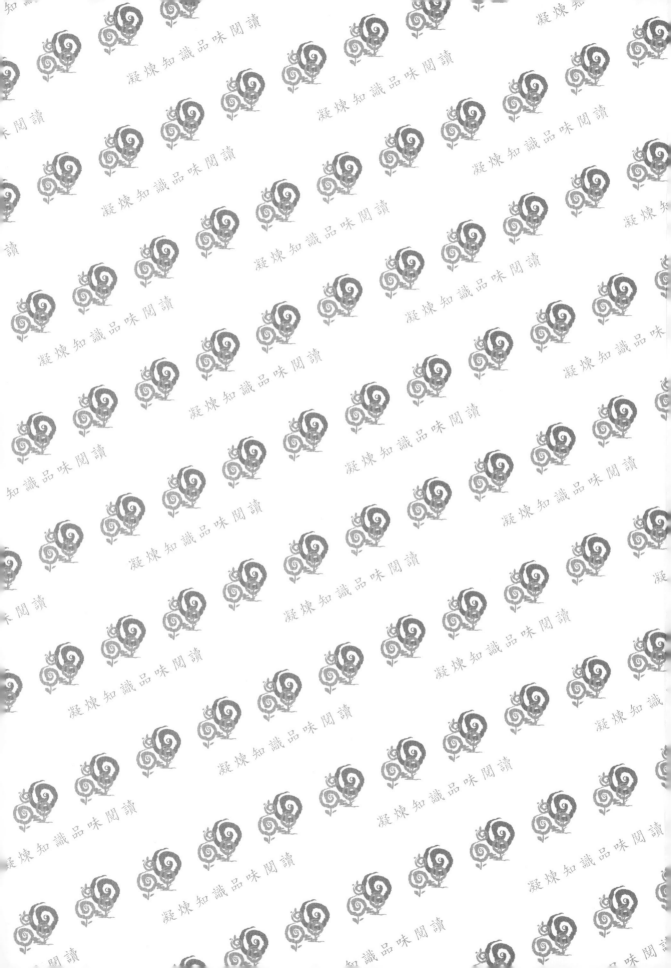

第二版

鋼筋混凝土學

●李錫霖、陳炳煌◎編著

Reinforced Concrete

五南圖書出版公司 印行

二版序

　　本書第一版於九十四年二日出版至今已滿兩年半，在過去五個學期的授課中陸續發現書中尚有不少的疏漏、錯誤及圖說繪製不佳情形。因此利用今年暑假期間，整本書重新訂正，除了補正原先的疏漏及錯誤外，同時在第四章中加入了扭力筋的設計，並將章名修正為「剪力筋及扭力筋」。在第六章中加入了雙向版的設計，章名也修正為「版之設計」。在參考文獻部份，我國新的混凝工程設計規範(土木 401-93,依據 ACI318-02 為藍本)也已正式公佈，因此書內相關參考文獻部份也一併修正。期望這次的再版能讓本書更加充實，也敬祈各界先進不吝指教。

李錫霖　於新竹中華大學土木與工程資訊學系
中華民國九十六年八月十五日

序之一

鋼筋混凝土工程是大學土木系必修課程之一，課程內容除了基本理論外，還兼具工程實務應用，特別與現行設計規範更是息息相關，可以說是土木工程科技相關領域中最根本的應用技術，也是與民生工程最密不可分的科技。

作者自民國 79 年回國任教於中華大學(原中華工學院)起就開始教授本課程，當初在選擇教材時，發現內容比較豐富的幾本教科書都是以FPS或SI制為計量單位，與國內設計規範使用的 MKS 制有所不同，考慮同學未來參加國內各種就業及技師考試以及到工程界服務的適應性，因此開始編寫講義做為課堂上課的主要教材。

在本教材編製過程中除了廣參國內外相關書籍、文獻及設計規範外，在章節的安排及例題的設計上也儘量由淺入深，循序漸進，使同學能按部就班，充分達到學習效果。在每章後面的習題部分，為使同學熟悉國內高普考試及技師考試的出題型態，也適度的將歷屆考題加入習題內供同學練習解答。在參考規範部分，因目前國內設計規範是以 ACI 1995 年版為主要依據，而 ACI 2002 年版本在內容上有大幅修改，因此本教材之規範參考是以 ACI 2002 年版本為主，而以國內設計規範為輔。教材第一章至第五章及第七章為混凝土工程之主要理論基礎，適合大學部一學期 3 學分的授課內容，其餘章節則可視為較進階的授課內容。

在整冊教材的編製過程中，從第一屆開始的郭治明到中期的李培宇及黃心怡，以及目前的張照俊等同學都花了相當多的心力協助打字及繪圖。整分講義的雛形大約於 5 年前在黃心怡同學的大力協助下大致底定完成，原本已準備出書，後因修稿延誤及 ACI 2002 年版本的大幅修改，為使內容能配合最新設計規範，因此將教材內容以 ACI 2002 年版本為主要依據整個重新改寫，使得出書時程整個延後。最後完稿的總校正是在黃文宏同學的大力協助下完成。

本教材從課堂講義開始到出書，前後超過十年以上的時間，也意味超過十屆以上同學的錘鍊。對所有為本書貢獻心力的同學謹致最大謝意。同時更感謝中華大學董事會創立本校，使本人得以在良好教學工作環境中發揮個人所學，並促使本書的誕生。最後謹以此書獻給我最摯愛的父母及家人，您們的支持是完成本書的最大動力。希望本書的出版能帶給大學土木工程教育及工程界一點小小的助益。本書出版前雖已多次校核，但疏漏在所難免，敬祈各界先進不吝指教。

李錫霖　於新竹中華大學土木工程學系
中華民國九十四年二月十五日

序之二

　　研習工程科技課程，首重在實際演算的經驗，並藉由例題的設計編排，方能對工程材料行為的原理與煩瑣的設計規範加以澈底地瞭解。一般與鋼筋混凝土工程課程初接觸的讀者，其學習過程中最大困擾在於對冗長艱澀的規範條文內容懵懂不解，致使其茫然而無從下手；且因目前在國內幾本內容比較豐富的教科書均以 FPS 制或 SI 制為計量單位，與我國設計規範使用的 MKS 制有所不同，更使初學者深感疑惑。為引導初學者能進入一個正確及簡單容易的學習方向，由淺入深，充分達到學習效果，乃以李錫霖老師任教於中華大學土木工程系教授本課程主要教材及本人擔任該系二部(夜間部)兼任講師教授該課程教材為架構，並參考使用規範以 ACI 2002 年版本為主，以我國設計規範為輔而編寫本書。

　　本書編製過程中，承蒙郭治明、李培宇、黃心怡、張照俊及黃文宏等同學精心協助打字、謄稿、繪圖及校正工作，本書得以順利付梓，謹此深致謝意。本書雖已多次校核，疏漏之處在所難免，敬祈各學界及工程界先進專家，不吝指正。

陳炳煌　於新竹市政府工務局
中華民國九十四年二月十五日

目　錄

第五章　錨定、握裹及伸展長度

第六章　版之設計

第十章　懸臂式擋土牆

緒 論 1

1-1 鋼筋混凝土歷史背景

　　西元1867年，法國人約瑟─莫尼爾(Joseph - Monier)因首先採用鋼筋混凝土而獲得專利的殊榮，可說是最早在鋼筋混凝土實務上真正成功的推廣者。他知道鋼筋混凝土許多種可能的用途，並且相當成功的進行擴展這種新方法的應用[1.1]。

　　在莫尼爾之前，事實上鋼筋混凝土早已被使用，只是大部份都被當做商業機密而爲專利權所保護。西元1867年，莫尼爾採用鐵棒加強之混凝土槽在法國獲得第一個專利後，他又取得多項專利權，如1868年之管線和水塔、1869年之平版、1873年之橋梁與1875年之樓梯等。在1880年至1881年之間，他又在德國獲得鐵道枕條、水槽、圓形花瓶、平版和灌溉渠道等多項專利[1.1]。

　　西元1880年，莫尼爾將他在德國所獲得之專利，賣給德國之威斯公司，德國的一些工程師也從1880年代開始從事結構物之強度試驗，1886年科寧(Koenen)和威斯(Wayss)發表了這方面的理論與計算方法；翌年，威斯與鮑辛格(Bauschinger)所作的實驗結果又接著發表出來[1.1]。

　　十八世紀中葉，法國人藍伯特(Lambot)以鋼筋混凝土建造了一艘小船，於1854年在巴黎博覽會中展出，並於翌年獲得了專利。藍伯特所獲得之專利爲一鋼筋混凝土梁和以四根鐵棒加強之混凝土柱。

　　在西元 1861 年，法國人佛蘭克斯─克耐特(Francois—Coignet)出版一本敘述鋼筋混凝土用途及其應用方法的書，同時也指出加太多的水份會造成混凝土強度的降低。在西元 1875 年至 1877 年之間，法國建造完成世界第一座鋼筋混凝土橋梁，其寬度爲 3.96 公尺、長度爲 16 公尺。

　　美國在鋼筋混凝土科技方面之先鋒爲海特(Hyatt)，他原是一位律師，在1850年代從事鋼筋混凝土梁的試驗。海特所試驗的梁，是將鐵棒置放在張力區內，在支承處附近向上彎起，並在壓力區內加以錨錠，而且在支承處附近加上垂直之箍筋。

　　美國第一棟場鑄鋼筋混凝土構造，係建造在1870年紐約州威廉 - 瓦得(William—Ward)的房子。另在1870年代早期舊金山鋼鐵公司總裁藍森(E.L. Ransome)就曾採用一些不同形式鋼筋混凝土結構，且不斷地增加鋼索與鐵環在許多結構物上的應用，他首創扭轉而成的變形鐵棒，並於1884年獲得此項專利權[1.2]。

西元1899年，Considere所發行的書籍，可算是最早期之鋼筋混凝土教科書。1903年，美國所有對鋼筋混凝土科技有興趣的各組織代表成立一個聯合委員會，才使鋼筋混凝土設計方面之應用漸趨統一。

西元1899年，中國在唐山市創建唐山細綿土廠，是為中國第一家水泥廠。1908年，在上海市建造完成之電話公司大樓，為中國第一座鋼筋混凝土框架結構建築物[1.3]。

從1850年到1900年間，有關鋼筋混凝土之著作發表數量比較少，其主因乃是鋼筋混凝土的應用，在此期間仍屬商業機密。在進入二十世紀以後，鋼筋混凝土的發展可說是一日千里，對於結構梁的行為、混凝土的抗壓強度及彈性模數等，都在進行大量的試驗與研究工作。

從1916年到1930年代之中期，研究工作主要集中於柱承受軸向載重時之行為及潛變的影響。1930年代晚期至1940年代之間，柱承受偏心載重、基礎及梁之極限強度行為等也開始受到重視。自1950年代以後，鋼筋混凝土的設計理論，開始由彈性設計法逐漸轉變為強度設計法，同時預力混凝土及預鑄構件也開始進入應用階段。

1-2 鋼筋混凝土材料

鋼筋混凝土(Reinforced Concrete)乃是將鋼筋與混凝土二者合而為一的複合材料；一般工程界取其英文單字之首字，簡稱「RC」。為使鋼筋及混凝土間有較佳的粘結效果，一般都將鋼筋表面作成竹節狀，使鋼筋與混凝土間不會產生相對的滑動。鋼筋一般具有容易腐蝕及對溫度抵抗性不佳的特性，在溫度大於 650 °C 以上時強度折減相當快，而混凝土具有相當不錯的耐久性，不易腐蝕及風化，至少有五十年以上的壽命，且其熱傳導係數相當低，為一有效之絕熱材料，因此當兩種材料放在一起時，常利用混凝土作為鋼筋保護層，以防止鋼筋的腐蝕及阻絕外界之溫度形成有效的防火被覆。

鋼筋及混凝土兩種材料能有效的應用，除了上述之因素外，主要是這兩種材料有非常近似的熱膨脹係數，兩種材料在自然的溫度變化下，不會因相對的變形而產生內力。其中混凝土為一脆性材料，但本身具有高抗壓強度及低抗張強度之特性；而鋼筋為高韌性材料，本身除具有高抗張強度以外，同時兼具有高抗壓強度之特性。因此，一般將鋼筋嵌入混凝土梁之張力區內以承受張力，而柱也靠鋼筋之高抗張力及高抗壓力來增強其承載能力。如圖1-2-1所示之鋼筋混凝土簡支梁，因在張力區內嵌入了鋼筋而增加其強度：

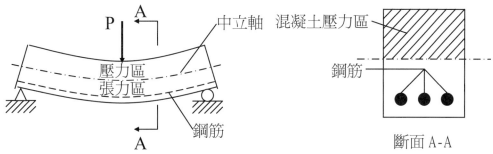

圖 1-2-1　鋼筋混凝土簡支梁之受力狀況及鋼筋位置

綜上所述，鋼筋與混凝土可以合併使用之理由及鋼筋混凝土具有之優缺點，可歸納說明如下：

1、鋼筋與混凝土合併使用之理由：

(1)兩者間具有適當的黏著力，可防止鋼筋對混凝土產生相對之滑動。

(2)配比適當的混凝土具有足夠不透水性，可防止鋼筋腐蝕。

(3)鋼筋與混凝土有相近似的熱膨脹係數(Thermal Expansion Coefficient)，混凝土之熱膨脹係數為 $\alpha_c = 1.0 \sim 1.3 \times 10^{-5} /^{\circ}C$，而鋼筋之熱膨脹係數為 $\alpha_s = 1.2 \times 10^{-5} /^{\circ}C$。因此，在大自然氣候溫度變化下，兩種材料相互間不會因熱脹冷縮而產生太大內力，也就是鋼筋與混凝土間因溫度變化所產生之應力，可忽略不計。

2、鋼筋混凝土之優點：

(1)強度高：充分利用混凝土高抗壓及鋼筋高抗拉特性。

(2)造型容易：新拌混凝土為液態，可做任意造形及任意尺寸變化。

(3)耐久：混凝土不易受風化可保護鋼筋，不需經常維護。

(4)耐火：混凝土是熱的不良導體，其耐火性佳，可做為鋼筋之防火被覆。

(5)耐震：各構件一體成型，適當的配筋其耐震能力強。

(6)價格低廉：大部份為天然材料，造價便宜。

(7)不需特殊技術：在施工上不需特殊的技術工。

3、鋼筋混凝土之缺點：

(1)靜重較大：與鋼結構比較起來，因其所需體積較大，故整體而言，其自重較大。

(2)品質控制不易：影響混凝土品質的因素相當多，從料源的配比設計、拌合、澆注，一直到養護及使用等，都會影響到混凝土的品質，因此要得到好的品質必需有很好的品質管理系統。

(3)施工繁雜、工期較長：鋼筋混凝土施工所需工項較多，施工較繁雜，加上混凝土強度的發展需有足夠的時間，拆模有一定時間的限制，因此工期會較長。

(4)修改及拆除困難：鋼筋混凝土結構在混凝土硬化後，要修改及拆除相當耗時及耗工，而且容易造成工地的髒亂。

(5)需大量使用模板：新拌混凝土為液態狀，為了使其成形，必需使用大量的模板，造成了成本及工期的增加。

　　鋼筋混凝土結構一般是超靜定結構，其結構設計原理，與由單一材料所構成之構件，有許多截然不同的地方。在這種情況下，各構件間之相對尺寸是初步分析之依據，而初步分析結果又將成為修正尺寸之參考。所以，結構之分析與設計，主要是靠試算、判斷與經驗來達成。

　　本書之主要目的，在於對承受軸向力、彎矩、剪力或在該等組合力作用下之鋼筋混凝土構件，提供理論分析基礎及設計方法，任何構件經結構分析得其內力後，就可根據其所受之軸力、剪力及彎矩設計出適當尺寸及鋼筋量之斷面。

一、混凝土

　　混凝土主要是由水泥、細骨料、粗骨料、水及摻合劑拌合而成之混合物。其抗壓強度主要視其各種成分之比例、灌注與養護之溫度、濕度及加壓速度等條件而定[1.4,1.5]，以下就其主要組成成份及物理性質加以簡單的介紹：

(一)、水泥

　　水泥是一種具有黏著性與凝聚性之物質，能將礦物性之碎塊結合成一體。水泥被發現最早歷史可回溯到1796年派克(Parker)發現了天然的水泥，而在15年後，密克(Vicat)將黏土及石灰石的混合物加以煅燒來生產水泥。而真正的波特蘭水泥是在1824年由英國人約瑟(Joseph Aspdin)所發明生產，並獲得英國之專利。水泥主要原料為石灰石及黏土，其製造過程係將石灰石及黏土壓碎混合，放入旋轉爐中熔融，經1400～1500 °C高溫煅燒後，再磨成粉末狀。水泥必須與水產生水化作用才能產生膠結作用，又稱水化水泥，一般最常用的水泥為第I類波特蘭水泥。使用第I類波特蘭水泥之混凝土通常需要14天方能獲得足夠之強度進行拆模，其設計強度則大約於28天後可達到，另外為了某些特定性質的要求，還有第Ⅱ、Ⅲ、Ⅳ及Ⅴ類波特蘭水泥，其中第Ⅱ類適合需要抵抗中度硫酸鹽侵蝕或中度水合熱者，第Ⅲ類適合於需要早期強度者，第Ⅳ類適合用於低度水合熱者，第Ⅴ類適合需抵抗高度硫酸鹽侵蝕者。[1.6,1.7]

(二)、骨材

骨材在混凝土之總體積中約佔了百分之七十五，故其性質對於硬化之混凝土有顯著的影響，不但骨材之強度會影響混凝土強度，其性質對混凝土之耐久性及風化性亦有相當大的影響。使用骨材時，需符合CNS 1240－A2029或ASTM－C33規定[1.8,1.9]。

一般而言，骨材較水泥便宜，可儘量使用。欲使混凝土有最大的強度與耐久性，且又最合乎經濟原則，骨料應能儘量夯實緊密，並與水泥能充分膠結。實用上，骨材都依照大小分類，再依混凝土強度定出粗細骨材之適當配合比例。

細骨材(砂)是指通過4號篩之材料，即粒徑小於5mm (3/16 in.)之材料；粗骨材則是粒徑大於5mm (3/16 in.)以上的任何材料。骨材的最大尺寸由模板間之距離及相鄰鋼筋之淨空來決定，且不得大於下列規定[1.10]：

1、模板間最小淨距之五分之一。
2、樓版厚度之三分之一。
3、鋼筋最小淨距之四分之三。

在土木建築工程中，大部分混凝土使用天然砂石骨材，其單位重約為 $2320\,kgf/m^3$ $(145\,lb/ft^3)$；若再加上鋼筋後，設計時，一般以 $2400\,kgf/m^3$ $(150\,lb/ft^3)$計算。

由於鋼筋混凝土靜載重過大，對高層建築物或長跨度之構件造成限制，為改善此項缺點，大多使用輕質混凝土，以降低本身靜載重。輕質混凝土通常是由黏土、頁岩等原料經過膨脹處理之人造骨材，其單位重約為 $1120{\sim}1840\,kgf/m^3(70{\sim}115\,lb/ft^3)$；在隔熱與圬工上使用之輕質混凝土單位重約為 $480\,kgf/m^3(30\,lb/ft^3)$。

若粗、細骨材皆使用輕質材料時，該種混凝土稱為全輕質混凝土(All—Lightweight Concrete)；若僅粗骨材使用輕質材料，細骨材使用正常重量砂者，稱為含砂輕質混凝土(Sand—Lightweight Concrete) [1.11,1.12,1.13]。

(三)、摻合劑

為改進混凝土之性質，使其於應用時達到最佳及最經濟之效果，於拌合混凝土之前或拌合之中，加入另一種材料，這種材料即為一般所稱之摻合劑(Admixtures)[1.14,1.15,1.16,1.17]。摻合劑之種類非常多，以功能性來區分的話，一般常用摻合劑有：

1、增加冰凍融解作用之抵抗性，如輸氣摻合劑。
2、改善工作度，如飛灰、矽灰等。
3、提高混凝土早期強度，如氯化鈣。

4、降低水化熱，如緩凝劑。

5、提高混凝土強度，如減水劑、化學摻合劑等。

(四)、混凝土抗壓強度

混凝土抗壓強度主要視其原料成分、比例、澆置與養護之溫度、濕度及加壓速度等條件而定。一般以標準圓柱試體 15cm×30cm 在標準養護條件之下 (CNS 1230-A3034)於 28 天養護齡期，在標準加壓速度下，依 CNS 1230-A3045 規定之檢驗法所得之抗壓強度，稱為混凝土之抗壓強度 f'_c [1.18,1.19]。一般常用混凝土之抗壓強度如下：

1、鋼筋混凝土結構：$f'_c = 210\sim280\,kgf/cm^2\,(3000\sim4000\,psi)$。

2、預力混凝土結構：$f'_c = 350\sim420\,kgf/cm^2\,(5000\sim6000\,psi)$。

3、超高層建築結構：$f'_c = 420\sim980\,kgf/cm^2\,(6000\sim14000\,psi)$。

一般而言，影響混凝土抗壓強度 f'_c 之最主要因素為水灰比。所謂水灰比即為水與水泥之比例，一般以重量比為主，在正常情況下，水灰比愈低，混凝土抗壓強度則愈高；水灰比與混凝土抗壓強度之關係[1.20,1.21]，詳如圖 1-2-2 所示：

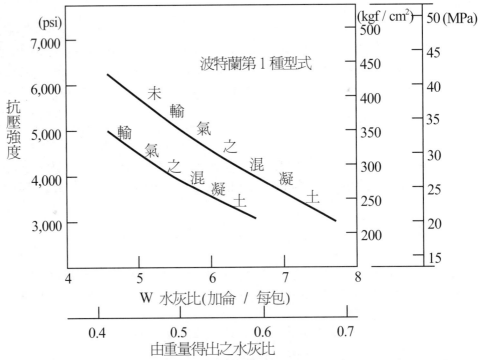

圖 1-2-2 混凝土水灰比與抗壓強度關係圖 [1.20,1.21]

在混凝土硬化過程中，必須有一定水分的供給，但過多的水雖可增加工作度，同時也降低抗壓強度。工作度之測定用坍度試驗，是將混凝土灌入30cm(12in.)高之圓錐金屬模中，然後將該金屬模向上提起，測定其自模頂坍下之高度，稱為坍度(Slump)。

若混凝土坍度愈小，代表所拌合之混凝土愈堅硬，其工作度較低。在建築物中，以往一般坍度均採用 7.5~10cm(3~4in.)。近年來由於混凝土科技的進步及高流動性混凝土的研發成功，在不損失強度甚至提高強度下，其坍度有達 25 公分以上者。混凝土之抗壓強度同時與試體尺寸大小及形狀有直接關係，一般來說，試體愈小，其抗壓強度愈高。標準圓柱試體之強度約為 15cm (6in.)立方試體之 80%；且約為 20cm (8in.)立方試體之 83 %。

混凝土的應力-應變(Stress-Strain)性質是依據其強度、材齡、加壓速率、試體形狀及尺寸而定。混凝土應變與強度之關係，詳如圖 1-2-3 所示[1.20]：

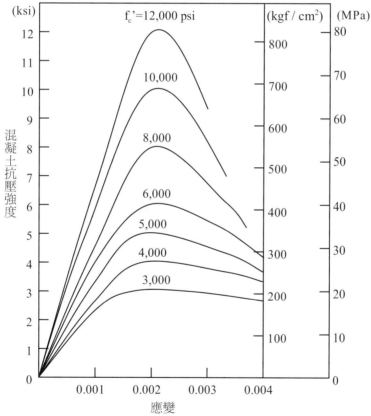

圖 1-2-3　混凝土應力-應變關係圖〔1.20〕

1、最大抗壓應力一般發生在應變等於 0.002~0.0025 之間。

2、混凝土壓碎時的極限應變大約在 0.003~0.008 之間。

3、ACI Code 之規定 $\varepsilon_{cu} = 0.003$。[1.13]

4、我國混凝土工程設計規範規定 $\varepsilon_{cu} = 0.003$。[1.10]

試驗時，加壓之速率對最後結果有相當大的影響，一般加壓速度愈快，所得之抗壓強度愈高。標準試體加壓速率與混凝土應力-應變之關係，詳如圖1-2-4[1.23]所示：

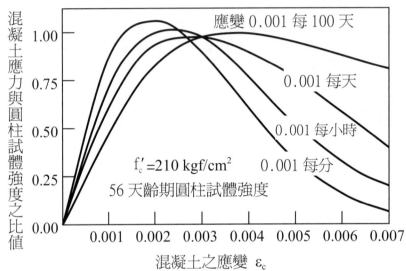

圖 1-2-4　加壓速率與混凝土應力—應變關係圖[1.23]

(五)、混凝土抗張強度

混凝土抗張強度(Tensile Strength)一般約為抗壓強度之 10~20%，其強度之測試一般採用圓柱體劈裂試驗，試體之尺寸與抗壓強度試驗使用者相同。試驗時，將長度為 L 之試體平置在試驗機上，沿著長方向順著直徑 D 施加載重 P，當達到試體之抗張強度時，試體將被劈裂成兩半，此時之抗張強度值 f_{ct} 應為：[1.24,1.25]

$$f_{ct} = \frac{2P}{\pi DL} \tag{1.2.1}$$

對於常重混凝土，其平均抗張強度 f_{ct} 為 $1.8\sqrt{f_c'}$ (kgf / cm^2) [$6.7\sqrt{f_c'}$ (psi)] [1.26]；對於全輕質混凝土，前述之值需乘上 0.75 之修正係數；對於輕質粗骨材(細粒料為常重砂)混凝土，則需乘上 0.85 之修正係數。

(六)、混凝土破裂模數

梁承受載重進行撓曲試驗,當梁底部開始發生龜裂時之拉力強度,稱為破裂模數(Modulus of Rupture)f_r [1.27,1.28]。

破裂模數可由撓曲公式求得:

$$f_r = \frac{Mc}{I} \tag{1.2.2}$$

式中: I 表示梁斷面面積慣性矩

c 表示梁底至中性軸之距離

依照 ACI Code 規定,常重混凝土之破裂模數 f_r 為

$$f_r = 2.0\sqrt{f'_c} \ (\text{kgf}/\text{cm}^2) \tag{1.2.3}$$

$$[7.5\sqrt{f'_c} \ (\text{psi})]$$

對於全輕質混凝土,上列之值需乘上 0.75;而輕質粗骨材(細粒料為常重砂)混凝土,上列之值需乘上 0.85。

(七)、混凝土抗剪強度

混凝土剪力強度的測定比前述之抗壓強度或張力強度還複雜,因為一般不容易將剪力單獨分離出來,因此在所有剪力強度的研究報告中,剪力強度的變化範圍相當大,特別是當剪力伴隨著正交壓應力時,其剪力強度將提高很多。一般在鋼筋混凝土構件的設計,很少是由剪力控制,主因是為了避免 45° 的對角張力裂縫的產生,必須將剪力控制在較小值。

依照 ACI Code 規定,常重混凝土之抗剪強度 v_c 採用下列之值:

$$v_c = 0.53\sqrt{f'_c} \ (\text{kgf}/\text{cm}^2) \tag{1.2.4}$$

$$[v_c = 2\sqrt{f'_c} \ (\text{psi})]$$

(八)、混凝土彈性模數

混凝土彈性模數(Modulus of Elasticity)會隨著材齡、骨材性質、加壓速率及試體的形狀而變化。混凝土承受壓力時之應力—應變曲線關係,詳如圖 1-2-5[1.20]所示。

因混凝土並非為完全的彈性體,其應力—應變(Stress - Strain)亦不成正比例關係,但在載重產生之應力不超過 $f'_c/2$ 時,為了應用上的方便,可視為彈性體,即應力在 $f'_c/2$ 以下時,應力—應變曲線可視為一直線。混凝土彈性模數 E_c 定義為應力—應變曲線上直線部份的斜率,即應力在 $f'_c/2$ 以下時之正割模數(Secant Modulus):

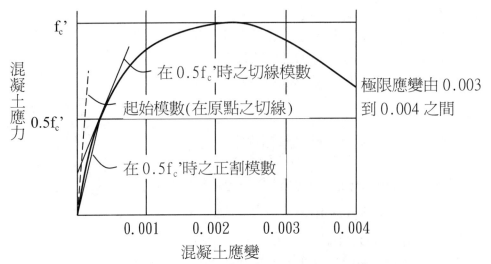

圖 1-2-5　混凝土受壓應力—應變關係圖[1.20]

$$E_c = \frac{f'_c}{\varepsilon_c} \tag{1.2.5}$$

當混凝土的強度愈大時，則彈性模數 E_c 值愈大。依照 ACI Code 規定，混凝土之彈性模數 E_c 可由下列經驗公式求得：[1.28,1.29]

$$E_c = 4270 w_c^{1.5} \sqrt{f'_c} \ \text{kgf}/\text{cm}^2 \tag{1.2.6}$$

$$[E_c = 33 w_c^{1.5} \sqrt{f'_c} \ （\text{psi}）]$$

　　式中：w_c 表示混凝土的單位重(t/m^3、lb/ft^3)

　　　　　　f'_c 表示混凝土 28 天的抗壓強度(kgf/cm^2、lb/in^2)

一般混凝土大部分使用天然砂石骨材，其單位重：

w_c=2.3　t/m^3

[w_c=145　lb/ft^3]

若加上鋼筋後，一般混凝土之單位重：

w_c=2.4　t/m^3

[w_c=150　lb/ft^3]

代入上式計算可得：

$$E_c = 15000 \sqrt{f'_c} \ \text{kgf}/\text{cm}^2 \tag{1.2.7}$$

$$[E_c = 57000 \sqrt{f'_c} \ （\text{lb}/\text{in}^2）]$$

(九)、潛變及收縮

潛變與收縮變形的程度視載重時間之長短而定,混凝土在承受載重下只有在短時間內保持彈性變形,經長期載重之變形則難以預估。混凝土承受載重下之變形與時間的關係,如圖 1-2-6[1.20]所示:

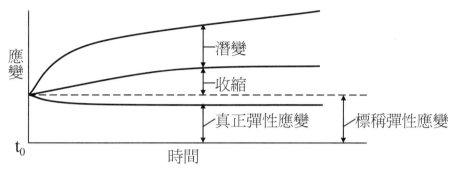

圖 1-2-6　混凝土承受載重下變形與時間關係圖

潛變(Creep)為混凝土承受持續載重作用下,隨時間增長產生之變形;收縮(Shrinkage)為混凝土體積隨著時間的改變而產生變化,其與載重無關,例如水分的蒸發。潛變與收縮一般同時伴隨而生,不易區別,潛變及乾縮的產生會造成梁及版垂直變位的增加及預力梁的預力損失。對受壓柱來說,會造成原本由混凝土承載之載重轉移到由鋼筋來承受,以致鋼筋應力增加而提前降伏,最後形成了破壞。

茲將影響潛變的因素、降低潛變影響的方法、潛變對結構的影響及降低收縮之方法歸納說明如下:

1、影響潛變的因素:
   (1) 材料的組成,如水泥成份、摻合物、骨材尺寸及級配等。
   (2) 含水量及水灰比。
   (3) 養護時之溫度及溼度。
   (4) 混凝土使用期間之相對溼度。
   (5) 承受載重時混凝土之齡期。
   (6) 持續承受載重期間之長短。
   (7) 承受應力之大小。
   (8) 構件之表面積對體積之比值。
   (9) 坍度。

2、降低潛變影響的方法:
   (1) 避免早期拆模。
   (2) 使用高強度混凝土。
   (3) 保持低的水泥漿量。
   (4) 在壓力下作蒸氣養護。

(5) 使用鋼筋。

(6) 採用石灰石骨材。

3、潛變對結構的影響：

(1) 增加鋼筋混凝土梁長期變形，可能爲初期變形 2~3 倍。

(2) 降低混凝土之彈性模數。

(3) 在預力混凝土結構，由於潛變造成混凝土之縮短，增加預力的損失量。

4、降低收縮之方法：

(1) 儘量減少拌合水量。

(2) 採用較緻密無孔隙之骨材。

(3) 使混凝土充份養護。

(4) 限制混凝土一次澆置之面積或長度。

(5) 放置收縮鋼筋(溫度鋼筋)。

(6) 適當的佈置施工縫及伸縮縫。

因影響混凝土強度之條件甚多，對於潛變之預估十分繁雜。目前有一標準公式可供應用：[1.30]

$$C_t = \frac{t^{0.60}}{10 + t^{0.60}} C_u \qquad (1.2.8)$$

式中 t 表示載重時間(以日爲單位)，C_u 表示極限潛應變，正常情況爲 1.3~4.15，Branson 建議使用平均值 2.35。通常預估收縮方法如下式所示，稱爲標準收縮應變公式：[1.30]

$$\varepsilon_{sh} = (\frac{t}{35 + t})(\varepsilon_{sh})_u \qquad (1.2.9)$$

式中 t 表示濕氣養護後的時間(以日爲單位)，$(\varepsilon_{sh})_u$ 表示極限收縮應變，其值介於 $415 \sim 1000 \times 10^{-6}$，Branson 建議取平均值爲 800×10^{-6}。

二、鋼筋

鋼筋一般爲圓形，但爲了增加鋼筋與混凝土間之握裹作用，通常將鋼筋表面處理成竹節狀或花紋狀。鋼筋的大小一般以號數表示之，從 3 號到 18 號(#3~#18)分別按其標稱直徑對 1/8 英吋之倍數編定。鋼筋之標準斷面、重量、尺度及規格，應依 ASTM 之規定[1.31,1.32,1.33,1.34]。

對於鋼筋混凝土結構物使用之鋼筋，我國經濟部中央標準局訂有中國國家標準(CNS)[1.35,1.36]。鋼筋混凝土用鋼筋(CNS 560 A 2006)之種類如表 1-2-1，其機械性質如表 1-2-2。竹節鋼筋之標稱尺度及重量如表 1-2-3。

表 1-2-1 鋼筋混凝土用鋼筋種類

種　類	記　號	適用場所說明
光面鋼筋	SR 240	一般構造用
	SR 300	一般構造用
竹節鋼筋	SD 280	一般構造用
	SD 280W	增進銲接性
	SD 420	一般構造用
	SD 420W	增進銲接性
	SD 490	一般構造用

表 1-2-2 鋼筋混凝土用鋼筋之機械性質

種類	符　號	機　械　性　質					
		降伏強度 N/mm² (kgf/mm²)	抗拉強度 N/mm² (kgf/mm²)	試片	伸長率 (%)	彎曲角度 (度)	彎曲直徑
光面鋼筋	SR 240	240 以上 (24 以上)	380 以上 (39 以上)	2 號 3 號	20 以上 24 以上	180°	標稱直徑之 3 倍
	SR 300	300 以上 (30 以上)	480 以上 (49 以上)	2 號 3 號	16 以上 20 以上	180°	標稱直徑之 4 倍
竹節鋼筋	SD 280	280 以上 (28 以上)	480 以上 (49 以上)	2 號 3 號	14 以上 18 以上	180°	標稱直徑之 4 倍
	SD 280W	280~380 (30 以上)	420 以上 (43 以上)	2 號 3 號	14 以上 18 以上	180°	標稱直徑之 4 倍
	SD 420	420~540 (43~55)	620 以上 (63 以上)	2 號 3 號	12 以上 14 以上	180°	未滿 D19　標稱直徑之 5 倍 D19 以上　標稱直徑之 6 倍
	SD 420W	420~540 (43~55)	550 以上 (56 以上)	2 號 3 號	12 以上 14 以上	180°	未滿 D19　標稱直徑之 3 倍 D19~D25　標稱直徑之 4 倍 超過 D25　標稱直徑之 6 倍
	SD 490	490~625 (50~64)	620 以上 (63 以上)	2 號 3 號	12 以上 14 以上	90°	D25 以下　標稱直徑之 5 倍 超過 D25　標稱直徑之 6 倍

表　1-2-3　竹節鋼筋之標稱尺度及重量

竹節鋼筋稱號	標示代號	單位重量(W)(kgf/m)	標稱直徑(d)(mm)	標稱剖面積(S)(cm²)	標稱周長(L)(cm)	節之尺度			
						節距(p)(mm)	節之高度(a)		間隙寬度
							最小值(mm)	最大值(mm)	最大值(mm)
D10	#3	0.560	9.53	0.713	3.0	6.7	0.4	最小值之2倍	3.7
D13	#4	0.994	12.7	1.267	4.0	8.9	0.5		5.0
D16	#5	1.56	15.9	1.986	5.0	11.1	0.7		6.2
D19	#6	2.25	19.1	2.865	6.0	13.3	1.0		7.5
D22	#7	3.04	22.2	3.871	7.0	15.6	1.1		8.7
D25	#8	3.98	25.4	5.067	8.0	17.8	1.3		10.0
D29	#9	5.08	28.7	6.469	9.0	20.1	1.4		11.3
D32	#10	6.39	32.2	8.143	10.1	22.6	1.6		12.6
D36	#11	7.90	35.8	10.07	11.3	25.1	1.8		14.1
D39	#12	9.57	39.4	12.19	12.4	27.6	2.0		15.5
D43	#14	11.4	43.0	14.52	13.5	30.1	2.1		16.9
D50	#16	15.5	50.2	19.79	15.8	35.1	2.5		19.7
D57	#18	20.2	57.3	25.79	18.0	40.1	2.9		22.5

　　鋼筋混凝土用再軋鋼筋(CNS 3300 A 2045)所用鋼筋之種類、規格及性質，詳如表 1-2-4、1-2-5、1-2-6。

表　1-2-4　鋼筋混凝土用再軋鋼筋種類

種　　類		記　　號
再軋光面鋼筋	第 1 種	SRR 24
再軋光面鋼筋	第 2 種	SRR 40
再軋竹節鋼筋	第 1 種	SDR 24

表　1-2-5 鋼筋混凝土用再軋鋼筋之機械性質

種　類		記　號	降伏強度 N/mm² (kgf/mm²)	抗拉強度 N/mm² (kgf/mm²)	試片	伸長率 %	彎曲角度 (度)	彎曲直徑
再軋光面鋼筋	第1種	SRR 24	235以上 (24以上)	382~588 (39~60)	2號	20以上	180°	標稱直徑之3倍
	第2種	SRR 40	392以上 (40以上)	637以上 (65以上)	2號	12以上	180°	標稱直徑之5倍
再軋竹節鋼筋	第1種	SDR 24	235以上 (24以上)	382~588 (39~60)	2號	18以上	180°	標稱直徑之3倍

表　1-2-6 鋼筋混凝土用再軋鋼筋之標稱尺度

再軋竹節鋼筋稱號	單位重量 (W) (kgf/m)	標稱直徑 (d) (mm)	標稱剖面積 (S) (cm²)	標稱周長 (L) (cm)	節之尺度				
					節距 (p) (mm)	節之高度(a)		間隙寬度 (mm)	間隙寬度總和 (mm)
						最小值 (mm)	最大值 (mm)		
D10	0.560	9.53	0.713	3.0	6.7	0.4	最小值之2倍	3.7	7.5
D13	0.994	12.7	1.267	4.0	8.9	0.5		5.0	10.0

　　鋼筋可視為一完全的彈性體，其受力後之應力—應變曲線關係，詳如圖 1-2-7 所示[1.20]：

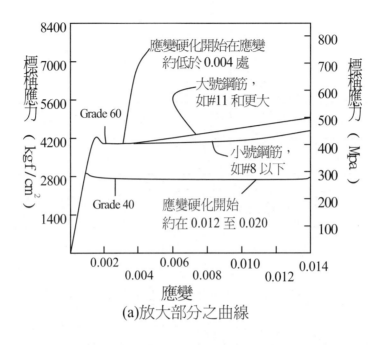

(a)放大部分之曲線

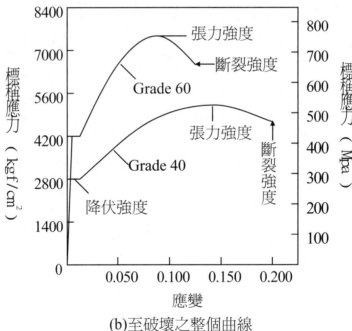

(b)至破壞之整個曲線

圖 1-2-7　鋼筋受拉之應力—應變關係圖

在圖 1-2-7 之應力-應變關係中有幾個鋼筋重要性質定義如下：

1、降伏強度：在應力-應變曲線上當應變的增加並未伴隨著應力的增加時，其所對應之應力值稱之。有時在應力-應變曲線上，此現象並不顯著，特別是高拉力鋼筋，此時一般採 0.2 %橫距法來定降伏強度。

2、比例限度：應力—應變維持彈性關係（線性關係）的最高點。

3、張力強度：應力達到最高點，又稱極限強度。

4、斷裂強度：鋼筋斷裂時之強度。

5、鋼筋之彈性係數：

$$E_s = 2.04 \times 10^6 \text{ kgf} / \text{cm}^2 \qquad\qquad (1.2.10)$$

$$[E_s = 29 \times 10^6 \text{ psi}]$$

由圖 1-2-7 之曲線中可看出低強度鋼筋之韌性(Ductility)，一般均較高強度鋼筋大，同時，高強度鋼筋，在產生張力強度及斷裂強度時之應變一般皆較低強度之鋼筋小。

中國土木水利學會混凝土工程設計規範[1.10]規定設計所用之一般鋼筋，其降伏強度 f_y 不得大於 $4200 \text{ kgf} / \text{cm}^2$，只有在某些情況下可使用到 $f_y = 5600 \text{ kgf} / \text{cm}^2$ 之鋼筋。

1-3 載重

作用在結構物上之載重，一般可分為靜載重、活載重及環境載重三種，茲分別說明如下：

1、靜載重(Dead Loads)：

靜載重為建築物本身各部份重量及固定於建築物構造上各物之重量，如牆壁、隔間牆、梁柱、樓版及屋頂等，但可移動隔間牆不視為靜載重。有關材料、屋面、天花板、地版面及牆壁重量之計算，我國建築技術規則建築構造篇[1.37]第 11 條至第 15 條均有明文規定。

2、活載重(Live Loads)：

垂直載重中不屬於靜載重者，均為活載重，包括建築物室內人員、傢俱、設備、貯藏物品、活動隔間等。建築物構造之活載重，因樓地版用途而不同，故建築物構造活載重計算，應依樓地版用途或使用情形之不同，分別按實計算，但不得小於建築技術規則建築構造篇[1.37]第 17 條最低活載重之規定。

3、環境載重(Environmental Loads)：

環境載重的大小，一般視地區氣候、地震、地質及環境特性等之條件而定，包括雪載重、風壓力、地震力、土壓力、水壓力、溫差載重及不均勻沉陷載重等。當從事設計時，應依建築技術規則建築構造篇第一章各節之規定詳細計算。

一、安全條款規定

建築物從規劃設計、施工建造一直到完成使用的過程中，由於建築物施工順序的改變、或變更建築物原設計用途、或設計過程中過於簡化計算步驟而導致超載現象；或由於材料品質不佳、施工技術及管理的缺失而導致材料強度的不足等等皆會影響該建物之安全性。為達到降低可能的破壞，防止建築物崩塌，以提高安全性；且為獲得較經濟的設計，以降低工程造價之目的，在各國規範中，一般均訂有安全條款之規定。

決定安全因數大小的主要項目如下：

1、結構物破壞後，可能造成的災害程度。
2、施工及檢測的可靠度。
3、超載的程度及其大小。
4、結構物破壞前，預警之可能性。
5、某一構件對結構物的重要性。

ACI Code 對於安全條款規定，主要為超載因數及強度因數兩種，即為一般所稱載重因數(γ)及強度折減因數(ϕ)。我國建築技術規則建築構造篇亦訂有安全條款之規定。

二、載重因數

載重因數(Load Factor) γ 的大小，反應於設計載重可預測的精確程度。若一載重大小可準確預測，則可乘上一較小的載重因數；若一載重大小無法準確預測，則乘上一較大的載重因數。對作用在構材上各種不同的載重(L_i)，如靜載重、活載重、風力、土壓力、地震力等，各給予一個載重因數(γ_i)，則設計需要放大設計載重(U)可表示為：

$$U = \sum \gamma_i L_i \tag{1.3.1}$$

一般載重因數(γ_i)隨著載重形式而不同，依 ACI318-02[1.13]及我國混凝土工程設計規範[1.10]之規定，設計載重組合規定如下：

$$U=1.4(D+F) \tag{1.3.2}$$
$$U=1.2(D+F+T)+1.6(L+H)+0.5(L_r \text{ 或 } S \text{ 或 } R) \tag{1.3.3}$$
$$U=1.2D+1.6(L_r \text{ 或 } S \text{ 或 } R)+(1.0L \text{ 或 } 0.8W) \tag{1.3.4}$$

$$U=1.2D+1.6W+1.0L+0.5(L_r \text{ 或 } S \text{ 或 } R) \qquad (1.3.5)$$
$$U=1.2D+1.0E+1.0L+0.2S \qquad (1.3.6)$$
$$U=0.9D+1.6W+1.6H \qquad (1.3.7)$$
$$U=0.9D+1.0E+1.6H \qquad (1.3.8)$$

上列公式中 D=靜載重，L=活載重，L_r=屋頂活載重，S=雪載重，R=雨水載重，W=風載重，E=地震力，F=液壓，H=土壓，T=溫度、潛變、乾縮及不均勻沉陷等造成之載重。

上列公式(1.3.4)至公式(1.3.6)中之活載重 $1.0L$，除了停車場、公共場所及載重超過 500 kgf/m^2(100 lb/ft^2)之區域外，可降為 $0.5L$。如果風力 W 未考慮方向因素折減時，公式(1.3.5)及公式(1.3.7)中之風載重 $1.6W$ 可降為 $1.3W$。如果地震力係考慮為服務載重水準(Service-Level Seismic Forces)，則公式(1.3.6)及公式(1.3.8)中之地震力 $1.0E$ 須以 $1.4E$ 取代。如果土壓力在地震力(E)或風力(W)作用下，其作用方向與地震力或風力相反，則公式(1.3.7)及公式(1.3.8)中之土壓需設為零。

在 2002 年版之 ACI 規範中將 1999 年版 ACI 規範[1.38]之載重因數及設計載重組合修正後放在附錄 C 內，其規定如下：

1. 基本載重組合
$$U=1.4D+1.7L \qquad (1.3.9)$$

2. 考慮風力及地震力之載重組合
$$U=0.75(1.4D+1.7L)+(1.6W \text{ 或 } 1.0E) \qquad (1.3.10)$$
$$U=0.9D+ (1.6W \text{ 或 } 1.0E) \qquad (1.3.11)$$

上二公式中如果風力 W 未考慮方向因素折減時，風載重 $1.6W$ 可降為 $1.3W$。如果地震力係考慮為服務載重水準，則地震力 $1.0E$ 須以 $1.4E$ 取代。

3. 考慮土壓力之載重組合：
$$U=1.4D+1.7L+1.7H \qquad (1.3.12)$$
$$U=0.9D+1.7H \qquad (1.3.13)$$

4. 考慮液壓力之載重組合：
$$U=1.4D+1.7L+1.4F \qquad (1.3.14)$$
$$U=0.9D+1.4F \qquad (1.3.15)$$

5. 考慮溫度、潛變、乾縮及不均勻沉陷之載重組合：
$$U=0.75(1.4D+1.7L+1.4T) \qquad (1.3.16)$$
$$U=1.4(D+T) \qquad (1.3.17)$$

三、強度折減因數

　　任何結構物最重要是設計強度或承載能力在結構物使用期間內，必須能安全的承受任何可能發生的最大載重。換言之，就是各構件的設計強度必須大於結構物的需要強度。但由於施工技術或管理的缺失(如構件斷面尺寸不正確、混凝土澆置產生蜂窩等)、材料強度的不足及其他原因所引起的變化等，致使各構件的設計強度，可能與其理論承載能力有所差異。另外在工程設計時，由於所使用之設計方式的不準確性也可能造成設計強度的不足。而且不同構件在結構中其重要程度也不盡相同，在受載重後之韌性(Ductility)行為及可靠度(Reliability)也都有所差異。故應考慮一強度折減因數(Reduction Factor)，以增加構件的安全性。

　　強度折減因數(ϕ)乃是隨著構件擔負之承載能力不同而異，一般而言，當承受載重時，若其延展性大、可靠度高、重要性低的構件，則強度折減因數值較大；反之，若其延展性小、可靠度低、重要性高的構件，則強度折減因數值較小。例如柱之折減因數值(ϕ)較梁為小，係因柱之延展性較差、一經破壞所造成之災害較梁的破壞更為慘重。又螺箍筋柱具有較大的延展性及韌性，故其折減因數值(ϕ)較一般方箍筋柱為高。

　　對鋼筋混凝土結構來說，其安全係數(Factor of Safety)可看成為載重因數(γ)與強度折減因數(ϕ)之比值：

$$\text{F.S.} = \frac{\gamma}{\phi} \tag{1.3.18}$$

　　鋼筋混凝土構材之安全係數(F.S.)一般大約在 1.55 至 2.40 之間。若活載重較大或重要性較高的構材，其安全係數值要求較高。

　　有關強度折減因數(ϕ)，依 ACI318-02[1.13] 及我國設計規範[1.10]規定如下：

　　　1、張力控制斷面向(Tension-Controlled Section)　　　　　0.90
　　　2、壓力控制斷面向(Compression-Controlled Section)
　　　　(1)鋼筋混凝土構材以螺筋圍箍者　　　　　　　　　　0.70
　　　　(2)其他鋼筋混凝土構材(一般方箍筋)　　　　　　　　0.65
　　　3、剪力與扭力　　　　　　　　　　　　　　　　　　　0.75
　　　4、混凝土承壓　　　　　　　　　　　　　　　　　　　0.65
　　　5、後拉法預力錨定區　　　　　　　　　　　　　　　　0.85
　　　6、壓桿、拉桿及結點區　　　　　　　　　　　　　　　0.75
　　　7、純混凝土之撓曲、壓力、剪力及承壓　　　　　　　　0.55

在 2002 年版之 ACI 規範[1.13]中將 1999 年版[1.38]以前之折減因數放在附錄 C 內，以配合附錄 C 中之載重因數，其規定如下：

1、張力控制斷面向(Tension-Controlled Section)　　　0.90
2、壓力控制斷面向(Compression-Controlled Section)
　　(1)鋼筋混凝土構材以螺筋圍箍者　　　0.75
　　(2)其他鋼筋混凝土構材(一般方箍筋)　　　0.70
3、剪力與扭力　　　0.85
4、混凝土承壓　　　0.70
5、後拉法預力錨定區　　　0.85
6、壓桿、拉桿及結點區　　　0.85
7、純混凝土之撓曲、壓力、剪力及承壓　　　0.65

1-4 鋼筋混凝土設計方法

鋼筋混凝土設計方法依其歷史延革大置致可區分為工作應力設計法與極限強度設計法兩種，茲分別說明如下

1、工作應力設計法(Working Stress Design Method)：
工作應力設計法(簡稱 WSD)是以彈性理論為基礎的分析及設計方法。因結構體之彈性理論比較容易瞭解及應用，所以，在 1900 年由 Coignet 及 Tedesco 提出後，立即成為鋼筋混凝土分析與設計的最常用方法[1.39, 1.40]；且自 1900 年起至 1960 年間一直是鋼筋混凝土最主要的設計方法。但經過了半世紀的實際經驗與不斷試驗的結果，對鋼筋與混凝土兩者材料有了更深一層的認識後，設計工程師大多已感到工作應力法未臻理想，而改採用極限強度法。從 1977 年版 ACI 規範開始將工作應力設計法移到附錄內，而到 2002 年，工作應力設計法則完全由規範內移除。

2、極限強度設計法(Ultimate Strength Design Method)
西元 1956 年間，在 ACI 規範中首次承認並允許極限強度設計法(簡稱 USD)；又於 1963 年 ACI 規範中，極限強度設計法成為重要的一部份。1971 年 ACI 規範中，除保留一小部份工作應力設計法外，已經完全採用極限強度設計法的理論，並將「極限強度設計法」一詞改名為「強度設計法」。由於設計規範不斷地整理及修訂， 1977 年 ACI 規範僅將工作應力法納入"附錄 B "之替代設計法中。而在 2002 年版之 ACI 規範已將工作應力設計法完全排除。因此目前該法已不再適用於工程設計，只保留該法之彈性理論的觀念用於計算結構物撓

度，因工作載重下之撓度遠較放大設計載重作用下之撓度更爲重要。

一、工作應力設計法

在西元 1971 年，ACI 規範將工作應力設計法易名爲替代設計法(Alternate Design Method)；該法係假設結構物之構件在承受工作載重或服務載重(Service Loading)下，將鋼筋混凝土視爲一完全彈性體，並使在工作載重下所造成的應力，不超過材料的容許應力值(Allowable Stress)。

所謂工作載重係指實際作用於結構物上之可能載重，包括作用於結構物上的靜載重、活載重、雪載重、風力及地震力等作用力。

工作應力設計法可以下式來表示：

作用於構件之應力 ≤ 材料之容許應力

$$f \leq f_{Allow}$$

式中：

　　f：依彈性理論計算所得構件之應力，如梁受撓曲彎矩作用，則其撓曲應力公式爲：

$$f = \frac{Mc}{I}$$

　　f_{Allow}：材料之容許應力，通常以混凝土抗壓強度 f'_c 或鋼筋降伏強度 f_y 之百分比來表示如下：

$$f_c = 0.45f'_c$$

$$f_s = 0.5f_y \ ；(f_y \leq 2800kgf/cm^2)$$

工作應力設計法之缺點如下：

1、無法以簡單方法估算各種不同工作載重作用下所造成的應力之可靠程度，包括活載重、靜載重、風力及地震力等。

2、潛變及收縮之變形主要與時間有關，無法以彈性理論計算。

3、在混凝土達到其壓碎強度時，其應力—應變關係已不成線性關係。

　　因此，若以 f'_c 的百分比計算容許應力值，已無法反應真正的安全性。

二、極限強度設計法

極限強度設計法係考慮建築物在放大設計載重下，有效地發揮材料的最大強度，因此允許混凝土之應力 − 應變在高應力下具有非線性關係的存在。為顧及載重變化及超載現象的發生，ACI 規範規定實際承受的工作載重，必須乘上相應的載重放大因數（γ_i），以得到較大的設計載重（$U = \sum \gamma_i L_i$）。由於材料品質的不均勻和施工尺寸的差異，會導致強度的降低。所以，在極限強度設計法中，ACI Code 規定構件的有效強度為理論強度乘以一強度折減因數（ϕ）。該法屬於一種極限狀況(Limit State)下的設計方法，需同時兼顧強度(Strength)及滿足使用可靠性(Serviceability)。極限強度設計法可表示成下式：

$$\phi S_n \geq U$$

材料所能提供的最大強度 ≥ 在放大設計載重下之需要強度

例如梁之撓曲強度可表示如下：

$$\phi M_n \geq M_u$$
$$M_u = 1.2 M_{DL} + 1.6 M_{LL}$$

基本上在極限強度設計法中其安全係數可表示如下：

$$F.S. = \frac{\gamma}{\phi}$$

1-5 鋼筋混凝土設計規範

鋼筋混凝土是由鋼筋與混凝土組合而成，其成分相當複雜，以致無法完全以力學理論為基礎，須配合部份的試驗而導出半試驗公式；此類公式隨著理論被發展與試驗成果的疊積而不斷地進行修訂。因此，必須以規範對各項設計及施工作適當的約束。其目的在於規定適當的安全條款，以確保結構物的安全。

規範只能針對一般性的條件及狀況作必要之規定；若遇上特殊的環境，規範只能作為指引，而不能作為安全的保證。

美國混凝土學會(簡稱ACI)訂定之混凝土結構設計規範(ACI 318)，目前為世界上最具權威的設計規範。該規範中之內容一部份為條文式的規則，詳細提供合理的設計與施工方法；另一部份則為實務方面的規則，提供必要的施工方法。目前最新版本為2005年版之ACI318-05[1.42]。

我國內政部於民國六十三年二月頒訂之建築技術規則[1.37]，其中建築構造篇第六章混凝土構造部分，基本上係以 ACI 318 - 71 規範爲藍本修訂而成。目前，不管是我國或美國均係以極限強度設計法爲主，而將工作應力設計法列爲替代設計方法，並已逐漸被淘汰不用。我國最新設計規範爲 93 年 12 月中國土木水利工程學會發布之「混凝土工程設計規範與解說」—土木401-93[1.10]，其主要爲根據 ACI318-02 編訂而成。

1-6 計量單位及計算精準度

　　有關計量單位，目前歐美地區的工程界大多以英制(FPS 制)爲主；我國則以公制(MKS 制)爲主。但在世界其他各地區，目前已逐漸統一採用國際單位制(SI 制)，特別是學術界更爲普遍採用。

　　鋼筋混凝土學所涉及的公式，大致可分爲經驗公式與理論公式兩大類。不論是經驗公式或理論公式，常會因使用單位制的不同而有所區別，尤其是經驗公式中所含之常數項常爲有單位之常數，會因不同的單位制而產生完全不同之數值。

　　故對於經驗公式在不同單位制間之轉換，乃是一項相當重要的工作。茲將經驗公式單位之轉換步驟歸納說明如下：

　　1、應用因次齊次性定理，分析經驗公式中所含常數之因次。
　　2、確定經驗公式中所含常數之單位。
　　3、利用表 1-6-1 中各種單位制間之換算關係，決定各經驗公式中所含
　　　之常數大小。

　　公制(MKS 制)、英制(FPS 制)及國際單位制(SI 制)三種單位制基本單位之換算關係如表 1-6-1 所示：

表 1-6-1　　MKS 制、FPS 制及 SI 制換算關係表

類別	MKS制	FPS制	SI制	換算關係
力	公斤 kgf	磅 lb	牛頓 N	1 kgf = 2.2046 lb = 9.81 N 1 lb = 4.448 N = 0.454 kgf 1 N = 0.102 kgf = 0.2248 lb
長度	公尺 m	呎 ft	公尺 m	1 m = 3.2808 ft = 39.37 in 1 ft = 0.3048 m = 30.48 cm 1 ft = 12 in，1 in = 2.54 cm
面積	平方公尺 m^2	平方呎 ft^2	平方公尺 m^2	$1\,m^2 = 10.76\,ft^2 = 1550\,in^2$ $1\,ft^2 = 0.0929\,m^2 = 929\,cm^2$ $1\,in^2 = 6.452\,cm^2$
應力	Kgf/cm^2	lb/in^2	kN/m^2	$1\,kgf/cm^2 = 14.2234\,lb/in^2$ $\qquad = 98.1\,kN/m^2$ $1\,lb/in^2 = 6.895\,kN/m^2$ $\qquad = 0.0703\,kgf/cm^2$ $1\,kN/m^2 = 0.0102\,kgf/cm^2$ $\qquad = 0.145\,lb/in^2$
均佈載重	Kgf/m	lb/ft	N/m	$1\,kgf/m = 0.672\,lb/ft$ $\qquad = 9.81\,N/m$ $1\,lb/ft = 14.59\,N/m$ $\qquad = 1.4882\,kgf/m$ $1\,N/m = 0.102\,kgf/m$ $\qquad = 0.0685\,lb/ft$
彎曲力矩	$Kgf\text{-}m$	$lb\text{-}ft$	$N\text{-}m$	$1\,kgf\text{-}m = 7.2329\,lb\text{-}ft$ $\qquad = 9.81\,N\text{-}m$ $1\,lb\text{-}ft = 1.356\,N\text{-}m$ $\qquad = 0.1383\,kgf\text{-}m$ $1\,N\text{-}m = 0.102\,kgf\text{-}m$ $\qquad = 0.7376\,lb\text{-}ft$
單位重	T/m^3	$kips/ft^3$	kN/m^3	$1\,T/m^3 = 0.0624\,kips/ft^3$ $\qquad = 9.81\,kN/m^3$ $1\,kips/ft^3 = 157.07\,kN/m^3$ $\qquad = 16.0167\,T/m^3$ $1\,kN/m^3 = 0.1020\,T/m^3$ $\qquad = 0.00637\,kips/ft^3$

例 1-6-1

試將混凝土破裂模數之英制計算式 $f_r = 7.5\sqrt{f_c'}$ 轉換為公制計算式。其中 f_r 及 f_c' 在英制公式中之單位為 lb/in^2，在公制公式中之單位為 kgf/cm^2。

＜解＞

1、由因次分析推算英制計算式中，常數 7.5 之單位：

已知混凝土破裂模數之英制計算式

$$f_r = 7.5\sqrt{f_c'} \quad (lb/in^2)$$

假設常數 7.5 之單位為 x，由因次分析得知：

$$lb/in^2 = x \cdot \sqrt{lb/in^2} \qquad (英制)$$

經移項整理後，得： $x = \sqrt{lb/in^2}$

故常數 7.5 之單位為 $\sqrt{lb/in^2}$

2、再由因次分析推算公制計算式中，常數之單位：

假設公制計算式之常數為 α，且常數 α 之單位為 y，由因次分析得知：

$$kgf/cm^2 = y \cdot \sqrt{kgf/cm^2} \qquad (公制)$$

經移項整理後，得： $y = \sqrt{kgf/cm^2}$

所以，常數 α 之單位為 $\sqrt{kgf/cm^2}$。

3、將英制計算式轉換為公制計算式：

常數 α 之單位由英制 $\sqrt{lb/in^2}$ 轉換成公制 $\sqrt{kgf/cm^2}$

$$f_r = \alpha \cdot \sqrt{f_c'} \qquad (公制)$$

上式中，公制計算式之常數：

$$\alpha = 7.5 \times \sqrt{0.0703} = 1.99 \cong 2.0$$

所以，混凝土破裂模數之公制計算式：

$$f_r = 2.0\sqrt{f_c'} \qquad (kgf/cm^2)$$

例 1-6-2

試將混凝土彈性模數英制計算式　$E_c = 33w_c^{1.5}\sqrt{f_c'}$　轉換爲公制計算式。其中 E_c 及 f_c' 在英制公式中之單位爲 lb/in^2，w_c 爲 lb/ft^3，而在公制單位 E_c 及 f_c' 中之單位爲 kgf/cm^2，w_c 爲 kgf/m^3　。

＜解＞

1、由因次分析推算英制計算式中，常數 33 之單位：
　　已知混凝土彈性模數之英制計算式：

$$E_c = 33w_c^{1.5}\sqrt{f_c'}$$

　　假設常數 33 之單位爲 x，由因次分析得知：

$$lb/in^2 = x \cdot (lb/ft^3)^{1.5}\sqrt{lb/in^2} \qquad (英制)$$

　　經移項整理後，得：$x = \sqrt{lb/in^2}/(lb/ft^3)^{1.5}$

　　故常數 33 之單位爲 $\sqrt{lb/in^2}/(lb/ft^3)^{1.5}$

2、再由因次分析推算公制計算式中，常數之單位：
　　假設公制計算式之常數爲 y，
　　由因次分析得知：

$$kgf/cm^2 = y \cdot (kgf/m^3)^{1.5}\sqrt{kgf/cm^2} \qquad (公制)$$

　　經移項整理後，得：　$y = \sqrt{kgf/cm^2}/(kgf/m^3)^{1.5}$

　　所以，常數 y 之單位爲 $\sqrt{kgf/cm^2}/(kgf/m^3)^{1.5}$。

3、將英制計算式轉換爲公制計算式：
　　常數 y 之單位由英制 $\sqrt{lb/in^2}/(lb/ft^3)^{1.5}$ 轉換成
　　公制 $\sqrt{kgf/cm^2}/(kgf/m^3)^{1.5}$

$$E_c = y \cdot w_c^{1.5}\sqrt{f_c'} \qquad (公制)$$

　　上式中，公制計算式之常數：

$$y = 33 \times \sqrt{0.0703}/(16.0167)^{1.5} = 0.137$$

　　所以，混凝土彈性模數之公制計算式：

$$E_c = 0.137w_c^{1.5}\sqrt{f_c'} \qquad kgf/cm^2$$

例 1-6-3

試將拉力竹節鋼筋握持長度之英制計算式 $L_d = \dfrac{0.04A_b f_y}{\sqrt{f_c'}}$ 轉換爲公制計算

式。在英制公式，L_d 單位爲 in，A_b 之單位爲 in^2，f_y 及 f_c' 之單位爲 psi，在

公制單位 L_d 單位爲 cm，A_b 之單位爲 cm^2，f_y 及 f_c' 之單位爲 kgf / cm^2 。

＜解＞

 1、由因次分析推算英制計算式中，常數 0.04 之單位：

  假設常數 0.04 之單位爲 x，由因次分析得知：

$$in = \frac{x \cdot in^2 \cdot lb / in^2}{\sqrt{lb / in^2}} \qquad （英制）$$

  經移項整理後，得：$x = \sqrt{lb} / lb$，故常數 0.04 之單位爲 $\sqrt{lb} / lb$ 。

 2、再由因次分析推算公制計算式中，常數之單位：

  假設公制計算式之常數爲 γ，且常數 γ 之單位爲 y，

  由因次分析得知：

$$cm = \frac{y \cdot cm^2 \cdot kgf / cm^2}{\sqrt{kgf / cm^2}} \qquad （公制）$$

  經移項整理後，得： $y = \sqrt{kgf} / kgf$

  所以，常數 γ 之單位爲 $\sqrt{kgf} / kgf$ 。

 3、將英制計算式轉換爲公制計算式：

  常數 γ 之單位應由英制 $\sqrt{lb} / lb$ 轉換成公制 $\sqrt{kgf} / kgf$

$$L_d = \frac{\gamma \cdot A_b f_y}{\sqrt{f_c'}} \qquad （公制）$$

  上式中，公制計算式之常數：

  $\gamma = 0.04 \times \sqrt{0.454} / 0.454 = 0.0594$

  所以，拉力竹節鋼筋握持長度之公制計算式：

$$L_d = \frac{0.0594 A_b f_y}{\sqrt{f_c'}} \qquad cm$$

例 1-6-4

試將下列壓力鋼筋延伸長度之英制計算式轉換為公制計算式：

$$L_{db} = \frac{0.02d_b f_y}{\sqrt{f'_c}} \geq 0.0003d_b f_y \qquad （英制）$$

符號	L_{db}	d_b	f_y	f'_c
英制單位	in	in	psi	psi
公制單位	cm	cm	kgf/cm²	kgf/cm²

<解>

1、由因次分析推算英制計算式中，常數之單位：

$$in = \frac{x \cdot in \cdot lb/in^2}{\sqrt{lb/in^2}} \geq y \cdot in \cdot lb/in^2$$

經移項整理後，得：x、.y 的單位如下：

$$x = \frac{in \times \sqrt{lb/in^2}}{in \times lb/in^2} = \frac{\sqrt{lb}}{lb/in} = \frac{\sqrt{lb} \times in}{lb}$$

$$y = \frac{in}{in \times lb/in^2} = \frac{in^2}{lb}$$

2、將英制計算式轉換為公制計算式：

$$x = \frac{\sqrt{0.454kgf} \times 2.54cm}{0.454kgf} = 3.77 \quad (\sqrt{kgf} - cm)/kgf$$

$$y = \frac{(2.54cm)^2}{0.454kgf} = 14.21cm^2/kgf \quad 代入$$

$$L_{db} = \frac{0.02d_b f_y}{\sqrt{f'_c}} \geq 0.0003d_b f_y$$

得 $$L_{db} = \frac{0.02 \times 3.77d_b f_y}{\sqrt{f'_c}} \geq 0.0003 \times 14.21d_b f_y$$

3、故壓力鋼筋延伸長度之公制計算式：

$$L_{db} = \frac{0.0754d_b f_y}{\sqrt{f'_c}} \geq 0.00426d_b f_y \qquad cm$$

例 1-6-5

試將下列英制公式轉化爲公制公式。

$$M_{cr} = \frac{7.5\sqrt{f'_c}\,bh^2}{6}$$

符號	M_{cr}	f'_c	b	h
英制單位	lb-in	psi	in	in
公制單位	t-m	kgf/cm²	cm	cm

<解>

1、原公式之單位：$lb - in = \dfrac{x\sqrt{psi \cdot in^3}}{y}$

$$\frac{x}{y} = \frac{lb - in}{\sqrt{\dfrac{lb}{in^2} \cdot in^3}} = \frac{lb - in}{\sqrt{lb} \cdot in^2} = \frac{\sqrt{lb}}{in}$$

2、英制轉換爲公制如下：

$$\frac{x}{y} = \frac{7.5 \times \sqrt{0.454 kgf}}{6 \times 2.54 cm} = \frac{5.05\sqrt{kgf}}{15.24 cm} = 0.3316\sqrt{kgf}/cm$$

$$\therefore M_{cr} = 0.3316(\sqrt{kgf}/cm) \times \sqrt{f'_c}\,(\sqrt{\frac{kgf}{cm^2}}) \times bh^2(cm^3)$$

$$= 0.3316\sqrt{f'_c}\,bh^2 \quad \text{(kgf-cm)}$$

$$= 0.3316 \times 10^{-5}\sqrt{f'_c}\,bh^2 \quad \text{(t-m)}$$

一、尺寸及公差

　　設計工程師對於尺寸、淨距及鋼筋位置等應力求準確，以不逾越其容許公差爲原則，該公差即爲設計圖面上容許的尺寸差異。

　　鋼筋混凝土構件之梁及柱其尺寸一般以 5 公分之整數倍設計，至於牆及版則可採用公分爲單位，而較大體積的構件，如基礎的平面尺寸等可依 10 公分的倍數調整。該等構件釘製模板時應特別小心注意，以防止因人工、施工機械及溼混凝土之作用而發生過度變形。鋼筋混凝土梁、柱斷面及版牆的容許公差爲+1cm 及-0.5cm；混凝土基腳平面尺寸之許可公差爲 5cm 及-1cm。[1.40]

　　鋼筋之長度以 8 公分(3in)遞增，其排放之容許公差可自 ACI 7.5.2.1 規範得之，承受壓力、彎矩等構材或牆的有效深度及淨保護層尺寸之許可公差如

表 1-6-2 所示。

　　但必須注意，扣除公差後之保護層不得低於原定值的三分之二。有效深度與淨保護層兩者均為總深度之一部分，其公差直接關連。當鋼筋之排列與保護層兩者之公差累積，可能超過許可值，在這種情況下，必須於現場作適度的調整，尤其對於很薄的斷面如預鑄板殼結構等更屬重要。

表 1-6-2　構材有效深度及淨保護層尺寸之許可公差[1.13]

有　效　深　度		公　　差			
		有　效　深　度		淨　保　護　層	
(in)	(cm)	(in)	(cm)	(in)	(cm)
d ≤ 8	20	± 3/8	± 1.0	-3/8	-1.0
d > 8	20	± 1/2	± 1.3	-1/2	-1.3

　　鋼筋順著縱方向排放位置及彎起點之公差為 ± 2 in (± 5.0 cm)，但在不連續端則例外，不得超過 ± 1/2 in (± 1.3cm)[1.13]。

二、計算精確度

　　既然材料強度及構件尺寸均難免會有公差的存在，則鋼筋混凝土結構物之設計自然不需考慮高過公差的精確度。設計工程師對於鋼筋位置與長度必須特別予以適當的設計，使足以彌補混凝土之缺點以承受拉力，通常結構物的失敗皆由於低估拉力或對結構物受載重下之性質欠缺瞭解，並非在計算過程中因有效數字太少所致。在手算計算過程中如果有效位數太少，雖可能造成疊積誤差的增大，但明顯的錯誤是由粗心大意所造成。因此在手算計算過程中保留四位有效數字，一般即可達到足夠的精確度。

參考文獻

1.1 Hans Straub "A History of Civil Engineering", Cambridge, Massachusetts, M. I. T. Press, 1964

1.2 Edward Cohen and Raymond C. Heun,"100 years of Concrete Building Construction in the United States," Concrete International, 1, March 1979.

1.3 李國豪，土木建築工程辭典，上海辭書出版社，1988。

1.4 王櫻茂，混凝土，三民書局，民國 63 年 1 月。

1.5 黃兆龍，混凝土品質保證—檢驗與制度，詹氏書局，民國 82 年 10 月。

1.6 ASTM, "Standard Specification for Portland Cement C (15089)," Philadelphia: American Society for Testing and Materials, 1989.

1.7 中國國家標準 CNS 61-R2001，"卜特蘭水泥"，經濟部中央標準局，79 年 1 月。

1.8 中國國家標準 CNS 1240-A2029，"混凝土粒料"，經濟部中央標準局，75 年 8 月。

1.9 ASTM C33-90, "Standard Specification for Concrete Aggregates", Philadelphia: American Society for Testing and Materials, 1990.

1.10 中國土木水利工程學會，混凝土工程設計規範與解說，土木 401-93，混凝土工程委員會，科技圖書股份有限公司，民國 93 年 12 月。

1.11 ASTM C33-330, "Standard Specification for Lightweight Aggregates for Structural Concrete, "Philadelphia: American Society for Testing and Materials, 1989.

1.12 中國國家標準 CNS 3691-A2046，"結構用混凝土之輕質粒料"，經濟部中央標準局。

1.13 ACI Committee 318, "Building Code Requirements for Structural Concrete (ACI 318-02) and Commentary (ACI318R-02), American Concrete Institute, 2002.

1.14 中國國家標準 CNS3090-A2043，"混凝土用輸氣附加劑"，經濟部　　中央標準局，71 年 10 月。

1.15 中國國家標準 CNS3091-A2219，"混凝土用化學摻料"，經濟部中央標準局，77 年 5 月。

1.16 ASTM C260-,"Air-Entraining Admixtures," Philadelphia.

1.17 ASTM C494-,"Chemical-Admixture for Concrete," Philadelphia.

1.18 中國國家標準 CNS 1230-A3043，"混凝土試體在試驗室模製及養護法"，經濟部中央標準局，74 年 6 月。

1.19 中國國家標準 CNS 1232-A3045，"混凝土圓柱試體抗壓強度之檢驗法"，經濟部中央標準局，71 年 1 月。

1.20 C. K. Wang & Charles .G. Salmon, "Reinforced Concrete Design", 5thed., 1992, Harper Collins Pub. Inc.

1.21 ACI " Standard Practice for Selecting Proportions for Normal, Heavy Weight , and Mass Concrete (ACI 211189)," American Concrete Institute ,

1989.

1.22 中國國家標準 CNS 1176-A3040，"混凝土坍度試驗法"，經濟部中央標準局，73 年 12 月。

1.23 Hubert Rusch," Researches Toward a General Flexural Theory for Structural Concrete," ACI Journal, Proceedings, 57, July, 1960.

1.24 中國國家標準 CNS3801-A3061，"混凝土圓柱試體分裂抗張強度試驗法"，經濟部中央標準局，74 年 2 月。

1.25 ASTM C (196-86),"Standard Method of Test for Splitting Tensile Strength of Cylindrical Concrete Specimens Philadelphia, ASTM, 1986.

1.26 Hanson, J. A. , " Tensile Strength and Diagonal Tension Resistance of Structural Lightweight Concrete," ACI Journal, Proceedings V, 58, No.1, July 1961.

1.27 中國國家標準 CNS1233-A3046，"混凝土抗彎強度試驗法之分點載重法"，經濟部中央標準局，73 年 4 月。

1.28 ASTM, "Standard Test Method for Flexural Strength of Concrete (Using Simple Beam with Third-Point Loading) (C78-75), " Philadelphia, ASTM.

1.29 Adrian Panw, "Static Modulus of Elasticity of Concrete as Affected by Density," ACI Journal, Proceedings, 57, Dec.1960.

1.30 Dan E. Branson, "Deformations of Concrete Structures, "New York, McGraw-Hill, 1977.

1.31 ASTM, A615-90, "Standard Specification for Deformed and Plain Billet-Steel Bars for Concrete Reinforcement, "Philadelphia, American Society for Testy and Materials, 1990.

1.32 ASTM, A616-90, "Standard Specification for Rail-Steel Deformed and Plain Bars for Concrete Reinforcement, "1990.

1.33 ASTM, A617-90, "Standard Specification for Axle-Steel Deformed and Plain Bars for Concrete Reinforcement, "1990.

1.34 ASTM, A706-90, "Standard Specification for Cow-Alloy Steel Deformed and Plain Bars for Concrete Reinforcement, "1990.

1.35 中國國家標準 CNS560-A2006，"鋼筋混凝土用鋼筋"，經濟部中央標準局，83 年 10 月。

1.36 中國國家標準 CNS3300-A2045，"鋼筋混凝土用再軋鋼筋"，經濟部中央標準局，75 年 2 月。

1.37 內政部，建築技術規則—建築構造篇，營建雜誌社，民國 90 年。

1.38 ACI, "Building Code Requirements for Structural Concrete(ACI318-99) and Commentary(ACI318R-99), American Concrete Institute, 1999

1.39 R. Park & T-Pauhy, "Reinforced Concrete Structures, "John . Wiley & Sons, New York, 1975.

1.40 Frank. Kerekes & Harold B. Beid, Jr., "Fifty years of Development in Building Code Requirements for Reinforced Concrete," ACI Journal,

Proceedings, 50, Feb. 1954.

1.41 ACI Committee 117, "Standard Specifications for Tolerances for Concrete Construction and Materials," ACI Materials Journal, 85, Nov. ~ Dec. 1988.

1.42 ACI Committee 318, "Building Code Requirements for Structural Concrete (ACI 318-05) and Commentary (ACI318R-05), American Concrete Institute, 2005.

習題

1-1 試詳述鋼筋與混凝土可合併使用之理由？並說明鋼筋混凝土的優點及缺點。

1-2 水泥之種類為何？

1-3 試繪圖說明鋼筋及混凝土兩種材料之應力-應變曲線。

1-4 何謂降伏強度？何謂比例限度？何謂張力強度？何謂斷裂強度？

1-5 何謂靜載重？何謂活載重？常見之環境載重有哪些？

1-6 何謂工作應力設計法(WSD)及極限強度設計法(USD)？兩者之設計方法有何不同？試詳細說明之。

1-7 何謂潛變(Creep)及收縮(Shrinkage)？並說明降低潛變及收縮的方法。

1-8 何謂載重因數(Load Factor)？試詳述之；並說明我國建築　技術規則對於載重因數之規定。

1-9 何謂折減因數(Reduction Factor)？試詳述之；並說明我國建築技術規則對於折減因數之規定。

1-10 何謂破裂模數？

1-11 何謂強柱弱梁，其用意何在。

1-12 試述一般建築物決定安全因數大小的主要項目有那些？

1-13 如何決定混凝土之抗壓強度（Compressive Strength），抗張強度（Tensile Strength）及彈性模數（Modulus of Elasticity）。

1-14 最新之混凝土設計規範版本為何？

1-15 試將下列混凝土梁剪力強度之英制計算式轉換為公制計算式

$$V_c = (1.9\sqrt{f'c} + 2500\rho_w \frac{V_u d}{M_u})b_w d \le 3.5\sqrt{f'c}b_w d$$

符號	V_c	f'_c	ρ_w	V_u	d	M_u	b_w
英制公式之單位	lb	lb/in²	無	lb	in	lb-in	in
公制公式之單位	kgf	kgf/cm²	無	kgf	cm	kgf-cm	cm

1-16 試將下列英制公式轉換為公制公式

$$V_c = 2[1 + \frac{N_u}{500A_g}]\sqrt{f'c}b_w d$$

符號	V_c	N_u	A_g	f'_c	b_w	d
英制公式單位	lb	lb	in²	psi	in	in
公制公式單位	kgf	kgf	cm²	kgf/cm²	cm	cm

1-17 試將下列英制公式轉換爲公制公式

$$L_d = \frac{3f_y d_b}{50\sqrt{f'_C}}$$

符號	L_d	f_y	f'_c	d_b
英制公式單位	in	psi	psi	in
公制公式單位	cm	kgf/cm^2	kgf/cm^2	cm

1-18 試將下列英制公式轉換爲公制公式

$$A_{s,min} = \frac{3\sqrt{f'_c}}{f_y} bwd \geq \frac{200}{f_y} bwd$$

符　號	$A_{s'min}$	f'_c	f_y	b_w	d
英制公式單位	in^2	lb/in^2	psi	in	in
公制公式單位	cm^2	kgf/cm^2	kgf/cm^2	cm	cm

矩形梁之撓曲分析及設計 2

2-1 概述

　　梁在結構系統中，主要是承受撓曲彎矩及剪力之構件，因此梁之設計主要以抵抗撓曲彎矩及剪力為主。本章主要為介紹矩形梁撓曲分析及設計之基本理論。所介紹及討論之理論與公式為所有鋼筋混凝土構件分析與設計之基礎。

　　在1956年以前，ACI Code對於鋼筋混凝土梁的設計理論根據，係假設在工作載重下，將構件視為一完全彈性體，材料的最大應力值不超過其容許應力值，以確保鋼筋混凝土構件能提供足夠的強度。在1956年至1971年之間，ACI Code 對於梁的強度設計理論逐漸成熟，而成為工作應力設計法以外的另一種替代設計方法。自1971年以後，工作應力設計法只佔了ACI Code 的一小部份，極限強度設計法成為鋼筋混凝土梁主要的設計方法，到了1977年以後的ACI Code更把工作應力法移到規範最後面的附錄中，而到了2002年版以後的ACI Code [2.1]則已將工作應力法完全移除。我國建築技術規則建築構造篇第六章混凝土構造中，工作應力設計法只佔第六節中之一小部份。而在新的混凝土工程設計規範中[2.2]工作應力法也只放到附篇F內。

　　由於強度設計法已充分運用到材料的非線性行為，對不同載重的不確定度有合理的考慮，其設計理論比工作應力設計法來得完整。因此，截至目前為止，強度設計法已成為鋼筋混凝土構件主要的設計方法。

　　梁依其斷面形狀及鋼筋配置情形，一般可分為下列幾類：

1、單筋矩形梁：斷面為矩形，而且只有在張力區內配置鋼筋者。

2、雙筋矩形梁：斷面為矩形，同時在張力區及壓力區內皆配置鋼筋者。

3、T 形梁：梁斷面壓力區之寬度大於張力區之寬度，也就是讓壓力區有較大混凝土壓力面積，以充分發揮混凝土之抗壓特性。其配筋可能只有在張力區內配置，也有可能同時在壓力區內配置。

4、非矩形斷面梁：也就是不規則形斷面之梁，主要是為了特殊的需求，或空間的限制，如三角形、凸形、凹形等等，其配筋方式可能為單筋，也可能為雙筋配置。

2-2 基本假設

　　鋼筋混凝土構件係由鋼筋及混凝土兩種不同材料組成的複合材料，其中混凝土的組成更是複雜，對其物理行為的掌握相當不容易。因此在理論分析上，必須作一些理想化的假設，用來簡化設計的工作。

　　在強度設計法中，對於撓曲構件的分析及設計，一般基本的假設條件如下：[2.1, 2.2]

　　1、構件強度必須能滿足所有應力平衡及應變諧和條件。

　　2、鋼筋及混凝土之應變，係假設與其至中性軸線之距離成正比。

　　3、混凝土最外緣受壓面之容許最大壓應變假定為 $\varepsilon_{cu} = 0.003$。

　　4、混凝土之張力強度(Tensile Strength)可忽略不計。

　　5、鋼筋彈性模數為 $E_s = 2.04 \times 10^6$ kgf/cm^2 (29×10^6 psi)。當鋼筋之應變小於降伏應變 ε_y 時，其應力為彈性模數 E_s 與應變 ε_s 之乘積。當鋼筋之應變大於降伏應變 ε_y 時，其應力等於降伏應力 f_y。

　　6、在實務設計上，混凝土壓應力分佈與應變之關係，可假定為矩形、梯形、拋物線形及其他曾經試驗証明認可之各種形狀，當假定以相當之矩形應力分佈時，可依懷特尼矩形應力分佈 (Whitney Rectangular Compressive Stress Distribution)規定處理[2.3, 2.4]。

2-3 矩形梁之撓曲行為

　　混凝土承受之應力於超過 $0.5 f'_c$ 以後，其應力-應變曲線並非線性關係。鋼筋混凝土梁在極限狀況下應力分佈情形如圖2-3-1所示。一般鋼筋混凝土梁標稱強度(Nominal Strength)，係假設混凝土受壓側最外緣的應變 ε_c，已達到其壓碎的極限應變量 ε_{cu} 時之強度。

　　當混凝土受壓側最外緣之應變量達到 ε_{cu} 時，受拉鋼筋的應變量有可能大於其降伏應變 $\varepsilon_y = f_y / E_s$，亦有可能小於 ε_y，完全視其所用鋼筋量(鋼筋面積與梁全部面積所佔之比例)多寡而定。當混凝土壓碎時，鋼筋與混凝土應力—應變曲線之非線性關係如圖2-3-2[2.6]。

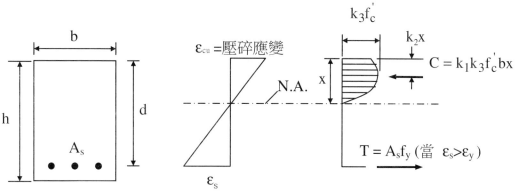

d=有效深度；從壓力面到張力鋼筋重心的距離

（a）單筋鋼筋混凝土梁　（b）極限應變情形　（c）在極限應變情形的應力分佈

圖2-3-1　鋼筋混凝土撓曲理論應力分佈的情形

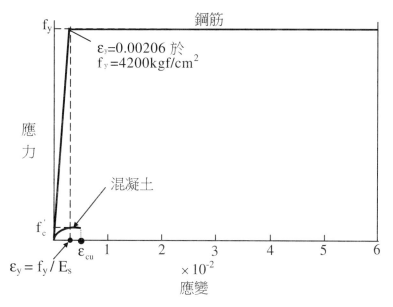

圖2-3-2　鋼筋及混凝土之應力—應變曲線

　　依據梁內鋼筋量的多寡，其所反應的撓曲行為會有很大的差距。若鋼筋量低，則鋼筋之降伏比混凝土壓碎提早發生，在梁破壞前會有很大的變形，其破壞是逐漸地發生而且有預警性，是一種韌性破壞的模式。反之，若鋼筋量高，在混凝土被壓碎發生前，鋼筋尚未降伏，其應變量很小，梁破壞時是突然發生而無預警性，是一種瞬間脆性破壞的模式。一般根據梁內張力鋼筋量的多寡，將梁歸類下列三種：

1、適當比例的鋼筋量(Moderate Percentage of Steel)，又稱為鋼筋低量(Under Reinforced)，係指在混凝土應變達到 ε_{cu} 前，鋼筋之應變已達其降伏應變 ε_y，此種梁之破壞為一種韌性破壞的模式(Ductile Failure Mode)。換言之，因鋼筋應變大於 ε_y，所以梁破壞前會有很大的變形。其破壞是逐漸地發生而有預警性，是為韌性破壞的模式，或稱為拉力破壞。

2、大量比例鋼筋量(Large Percentage of Steel)，又稱為鋼筋過量(Over Reinforced)，在混凝土的應變達到 ε_{cu} 時，鋼筋之應變尚未達到其降伏應變 ε_y，這種梁的破壞模式是為一種脆性破壞的模式(Brittle Failure Mode)。因混凝土壓碎時，鋼筋尚未達到降伏，其應變量很小，梁破壞是突然瞬間發生而無預警性，是為一種脆性破壞的模式，或稱為壓力破壞。

3、微小比例鋼筋量(Small Percentage of Steel)，又稱為鋼筋微量(Lightly Reinforced)，當梁內之鋼筋太少，少到其撓曲強度比純混凝土梁還小時，此時，梁的行為與鋼筋過量梁的行為近似，亦為突然瞬間發生而無預警性的脆性破壞模式。

在強度設計法中必須限制張力鋼筋的用量，以確保梁的撓曲破壞為韌性破壞模式。根據圖2-3-1所示：

混凝土壓力　　　$C = k_1 k_3 f'_c \, bx$ 　　　　　　　　(2.3.1)

鋼筋張力　　　　$T = A_s f_y$ 　　(假設 $\varepsilon_s \geq \varepsilon_y$) 　　(2.3.2)

由力的平衡條件　$C = T$ ，可得：

$$x = \frac{A_s f_y}{k_1 k_3 f'_c \, b} \tag{2.3.3}$$

標稱彎矩強度　　$M_n = T(d - k_2 x)$
$$= A_s f_y (d - k_2 x)$$
$$= A_s f_y (d - \frac{k_2}{k_1 k_3} \frac{A_s f_y}{f'_c \, b}) \tag{2.3.4}$$

上列各式中，k_1、k_2、$\dfrac{k_2}{k_1 k_3}$ 之值，如圖2-3-3所示[2.6]：

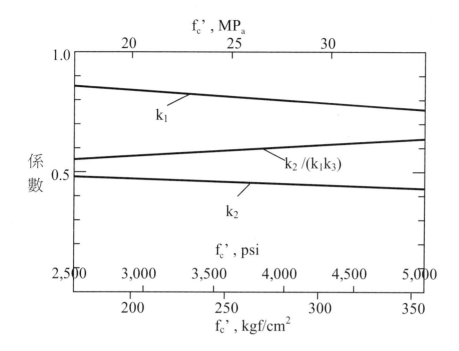

$$\text{圖 2-3-3} \quad \text{應力塊} \quad k_1 \text{、} k_2 \text{、} \frac{k_2}{k_1 k_3} \quad \text{參數值[2.6]}$$

由圖2-3-3所示可知，一般 $\dfrac{k_2}{k_1 k_3}$ 之值大約在 $0.55 \sim 0.63$ 之間。

2-4 懷特尼矩形應力分佈

　　當考慮鋼筋混凝土梁在極限狀況下材料的非線性行為時，混凝土壓應力的分佈情形如圖2-3-1所示。如果直接使用此非線性的應力分佈曲線分析梁的撓曲強度時，其計算過程將變得非常複雜，必須以積分方式求出壓應力合力大小及位置，這在設計實務上將變成不切實際。若以一矩形的應力塊分佈代替，使其合力大小及位置保持與原非線性分佈一致時，其分析將大為簡化。

　　在西元1930年代，懷特尼(C. S. Whitney)[2.3,2.4]提出了矩形應力分佈圖，如圖2-4-1 所示。

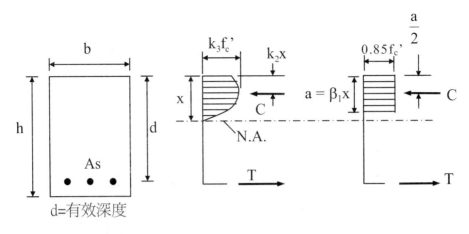

(a)梁斷面　　　　(b)實際應力分佈　　　　(c)矩形應力分佈

圖2-4-1　懷特尼矩形應力分佈圖

　　懷特尼所提出的矩形應力分佈圖，係假設混凝土壓力區是以平均壓應力 $0.85f_c'$ 作用在矩形深度 $a = \beta_1 x$ 範圍內，壓力之合力中心在 $a/2$ 的位置。此時

當 $f_c' \le 280 \quad \text{kgf}/\text{cm}^2$ 時 $\beta_1 = 0.85$　　　　　　　　　　　　　　　　(2.4.1)

當 $f_c' > 280 \quad \text{kgf}/\text{cm}^2$ 時 $\beta_1 = 0.85 - 0.05(\dfrac{f_c' - 280}{70}) \ge 0.65$　　　　(2.4.2)

有關單筋矩形梁斷面之標稱彎矩強度 M_n 之計算公式推導如下：

混凝土壓力　　　　　$C = 0.85f_c'\, ba$　　　　　　　　　　　　　　　　(2.4.3)

鋼筋張力　　　　　　$T = A_s f_y$　　　　　　　　　　　　　　　　　　(2.4.4)

由平衡條件 $C = T$ ，經移項整理後，可得應力塊深度：

$$a = \frac{A_s f_y}{0.85f_c'\, b} \tag{2.4.5}$$

標稱彎矩強度　　$M_n = T(d - \dfrac{a}{2}) = A_s f_y(d - \dfrac{a}{2})$

$$= A_s f_y(d - \frac{A_s f_y}{2 \times 0.85f_c'\, b})$$

$$= A_s f_y(d - 0.59\frac{A_s f_y}{f_c'\, b})$$

$$= \rho b d f_y(d - 0.59\frac{\rho b d f_y}{f_c'\, b})$$

$$= \rho f_y bd^2 (1 - 0.59\rho \frac{f_y}{f_c'}) \qquad (2.4.6)$$

式中：

0.59 係相當於圖2-3-3及公式2.3.4中 $\frac{k_2}{k_1 k_3}$ 之值

ρ：鋼筋比(Reinforcement Ratio)

$\rho = \frac{A_s}{bd}$ 表示鋼筋用量的面積百分比

A_s：鋼筋的總斷面積 cm^2

b：梁的寬度 cm

d：梁的有效深度 cm

2-5 單筋矩形梁之分析

在強度設計法中，依照ACI Code 規定之需要設計載重U，是由各載重(如靜載重 D、活載重 L及地震力 E...等)乘上載重因數(γ)計算而得。設計彎矩強度ϕM_n，則為標稱彎矩強度(M_n)與折減因數(ϕ)之乘積。對單筋矩形梁撓曲構件，只承受垂直載重時，則其需要設計載重 U 為：

$$U = 1.2D + 1.6L \qquad (2.5.1)$$

假設 M_u 表示已乘上載重因數之彎矩強度，則梁斷面在放大設計載重作用下，其彎矩強度M_u：

$$M_u = 1.2M_D + 1.6M_L \qquad (2.5.2)$$

式中：M_D：表示靜載重產生之彎矩

M_L：表示活載重產生之彎矩

則單筋矩形梁要求之設計彎矩強度：

$$\phi M_n \geq M_u \qquad (2.5.3)$$

規範[2.1,2.2]規定張力控制斷面-也就是斷面最外側張力筋之張應變ε_t大於0.005之斷面，其對應之折減因數 $\phi = 0.9$，而壓力控制斷面-也就是斷面最外側張力筋之張應變ε_t小於0.002之斷面，其對應之折減因數 $\phi = 0.65$（如果使用螺箍筋$\phi = 0.70$）。當張力筋之張應變ε_t介於0.002至0.005之間時，其折減因數則以內插法求之，如圖2.5.1及公式2.5.4及2.5.5所示。

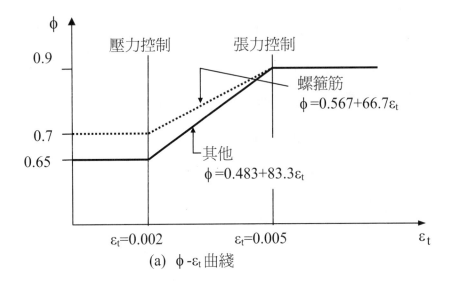

(a) ϕ-ε_t曲綫

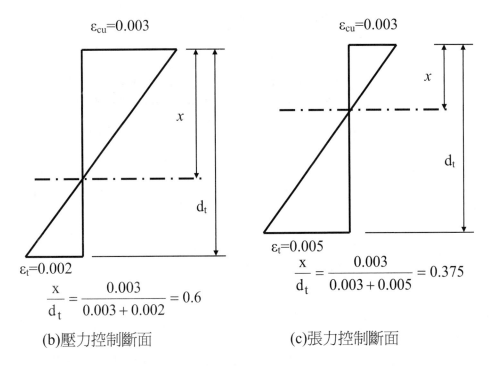

$$\frac{x}{d_t} = \frac{0.003}{0.003 + 0.002} = 0.6$$

$$\frac{x}{d_t} = \frac{0.003}{0.003 + 0.005} = 0.375$$

(b)壓力控制斷面   (c)張力控制斷面

圖2.5.1 強度折減因數 ϕ

螺箍筋：$\phi = 0.37 + \dfrac{0.2}{x/d_t}$ （2.5.4）

其它 ：$\phi = 0.23 + \dfrac{0.25}{x/d_t}$ （2.5.5）

Mn 之計算如下：

混凝土壓力 $\quad C = 0.85 f_c' ba$ （2.5.6）

鋼筋張力 $\quad T = A_s f_s$ （鋼筋未降伏） （2.5.7）

$\quad\quad\quad\quad\quad = A_s f_y$ （鋼筋降伏） （2.5.8）

當假設張力鋼筋降伏時：

由 C = T 得

$0.85 f_c' ba = A_s f_y$ （2.5.9）

$a = \dfrac{A_s f_y}{0.85 f_c' b}$ （2.5.10）

$x = \dfrac{a}{\beta_1}$，由應變相似三角形關係

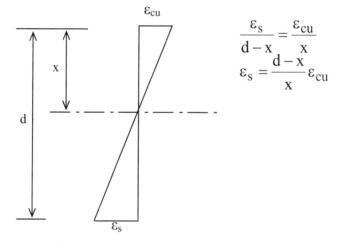

$$\frac{\varepsilon_s}{d-x} = \frac{\varepsilon_{cu}}{x}$$

$$\varepsilon_s = \frac{d-x}{x}\varepsilon_{cu}$$

圖 2.5.2 應變之相似三角形關係

檢核 $\varepsilon_s = \dfrac{d-x}{x}\varepsilon_{cu} \geq \varepsilon_y$ （2.5.11）

$M_n = A_s f_y (d - \dfrac{a}{2})$ （2.5.12）

當張力鋼筋未降伏時：

由 C = T 得

$0.85 f_c' ba = A_s f_s$ 或 （2.5.13）

$$0.85f_c'b\beta_1x = A_sf_s$$

又由應變圖之相似三角關係

$$\therefore f_s = E_s\varepsilon_s = E_s\varepsilon_{cu}\frac{d-x}{x}$$

$$= 2.04\times10^6 \times 0.003 \times \frac{d-x}{x}$$

$$= 6120\frac{d-x}{x} \tag{2.5.14}$$

代入 2.5.12 得

$$0.85f_c'b\beta_1x = A_s \times 6120 \times \frac{d-x}{x} \tag{2.5.15}$$

$$0.85f_c'b\beta_1x^2 + 6120A_sx - 6120A_sd = 0 \tag{2.5.16}$$

解上式可得中性軸位置 x 值,然後再代入 2.5.14 計算真正之 f_s 值,最後 $a = \beta_1x$

$$M_n = A_sf_s(d - \frac{a}{2}) \tag{2.5.17}$$

例2-5-1

試求下圖單筋矩形梁斷面之標稱彎矩強度 M_n。已知:b = 35 cm,d = 53 cm,h = 60 cm,$f_c' = 350$ kgf/cm^2,$f_y = 3500$ kgf/cm^2,使用 4 – #10 張力鋼筋,$A_s = 4\times8.143 = 32.572$ cm^2,$E_s = 2.04\times10^6$ kgf/cm^2。

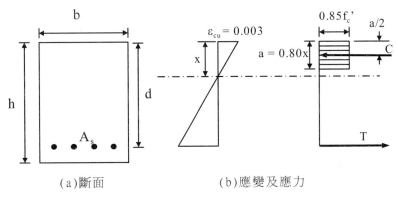

(a)斷面　　　　　　　　(b)應變及應力

圖2-5-3　例2-5-1 單筋矩形梁斷面圖

＜解＞

混凝土壓力

$$C = 0.85f_c' \, ba = 0.85 \times 350 \times 35 \times a = 10412.5a \quad kgf$$

鋼筋張力

$$T = A_s f_y = 32.572 \times 3500 = 114002 \quad kgf$$

由平衡條件 $C = T$ ，經移項整理後，可得應力塊深度：

$$a = \frac{A_s f_y}{0.85f_c' \, b} = \frac{114002}{10412.5} = 10.95 \quad cm$$

當 $f_c' = 350 \quad kgf/cm^2$ 時

則 $\beta_1 = 0.85 - 0.05 \, (\frac{350 - 280}{70}) = 0.8$

$$x = \frac{a}{\beta_1} = \frac{10.95}{0.8} = 13.69 \quad cm$$

計算鋼筋的應變量：

$$\varepsilon_s = \frac{d - x}{x} \times 0.003 = \frac{53 - 13.69}{13.69} \times 0.003 = 0.0086$$

$$\varepsilon_y = \frac{f_y}{E_s} = \frac{3500}{2.04 \times 10^6} = 0.00172$$

因 $\varepsilon_s > \varepsilon_y$ 所以，張力鋼筋已降伏。

單筋矩形梁斷面之標稱彎矩強度 M_n：

$$M_n = T(d - \frac{a}{2}) \quad 或 \quad M_n = C(d - \frac{a}{2})$$

$$= 114002(53 - \frac{10.95}{2})$$

$$= 5417945 \quad kgf - cm = 54.179 \quad t - m$$

例2-5-2

在例2-5-1中之梁，若靜載重佔全載重之60％，活載重佔40％，試求其安全的載重彎矩 M_w。

＜解＞

由例2-5-1 得知：

$$M_n = 54.179 \quad t - m$$

撓曲構件的折減因數：

$\varepsilon_s = 0.0086 > 0.005$ 為張力控制斷面

$\phi = 0.9$

梁斷面在放大設計載重作用下，其彎矩強度為：
$$M_u = 1.2M_D + 1.6M_L$$
彎矩設計之要求強度為：
$$\phi M_n \geq M_u$$
$$0.9 \times 54.179 = 1.2\,(0.6M_w) + 1.6\,(0.4M_w)$$
$$48.761 = 1.36M_w$$
$$故 \quad M_w = 35.854 \quad t\text{-}m$$

例2-5-3

一鋼筋混凝土單筋矩形梁斷面，如圖 2-5-4 所示，已知：$b = 30cm$、$d = 50cm$、$h = 60cm$、$f'_c = 350\ kgf/cm^2$、$f_y = 3500\ kgf/cm^2$、$E_s = 2.04 \times 10^6\ kgf/cm^2$、使用 3-#9 張力筋。試求該斷面之標稱彎矩強度 M_n，及設計彎矩強度 M_u。

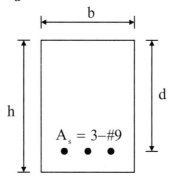

圖2-5-4　例2-5-4　單筋矩形梁斷面圖

＜解＞

1、計算中性軸位置x

混凝土壓力
$$C = 0.85f'_c\, ba = 0.85 \times 350 \times 30 \times a = 8925a \quad kgf$$

鋼筋張力
$$T = A_s f_y = (3 \times 6.469) \times 3500 = 67925 \quad kgf$$

由平衡條件 $C = T$，經移項整理後，可得應力塊深度：
$$a = \frac{A_s f_y}{0.85f'_c\, b} = \frac{67925}{8925} = 7.61 \quad cm$$

當 $f'_c = 350\ kgf/cm^2$ 時

則 $\beta_1 = 0.85 - 0.05\left(\dfrac{350-280}{70}\right) = 0.8$

$$x = \frac{a}{\beta_1} = \frac{7.61}{0.8} = 9.51 \ \text{cm}$$

2、計算鋼筋的應變量：

$$\varepsilon_s = \frac{d-x}{x} \times 0.003 = \frac{50-9.51}{9.51} \times 0.003 = 0.0128$$

$$\varepsilon_y = \frac{f_y}{E_s} = \frac{3500}{2.04 \times 10^6} = 0.00172$$

因 $\varepsilon_s > \varepsilon_y$

所以，張力鋼筋已降伏。

單筋矩形梁斷面之標稱彎矩強度 M_n：

$$M_n = T\left(d - \frac{a}{2}\right) \ \text{或} \ M_n = C\left(d - \frac{a}{2}\right) = (3 \times 6.469) \times 3500 \times \left(50 - \frac{7.61}{2}\right)$$

$= 3137772 \ \text{kgf-cm} = 31.378 \ \text{t-m}$

$\because \varepsilon_s = 0.0128 > 0.005$

$\therefore \phi = 0.9$

$M_u = \phi M_n = 0.9 \times 31.378 = 28.240 \ \text{t-m}$

例2-5-4

如下圖所示之梁，試求該斷面標稱彎矩強度 M_n 及設計彎矩強度 M_u。已知：

$b = 20 \ \text{cm}$，$d = 51.5 \ \text{cm}$，$d_t = 57.6 \text{cm}$，$h = 65 \ \text{cm}$，$f_c' = 280 \ \text{kgf/cm}^2$，$f_y = 2800$

kgf/cm^2， $A_s = 6 - \#11 = 6 \times 10.07 = 60.42 \ \text{cm}^2$。

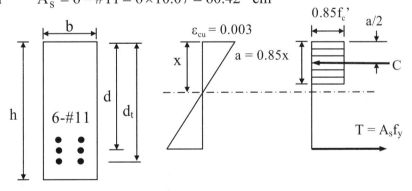

（a）斷面　　　　　（b）平衡狀態

圖2-5-5　例2-5-4單筋矩形梁斷面圖

＜解＞

混凝土壓力

$$C = 0.85 f'_c\, ba = 0.85 \times 280 \times 20 \times 0.85x = 4046x \quad \text{kgf}$$

先行假設 $f_s = f_y$

鋼筋張力

$$T = A_s f_y = 60.42 \times 2800 = 169176 \quad \text{kgf}$$

由力的平衡條件 $C = T$，得：

$$x = \frac{169176}{4046} = 41.81 \quad \text{cm}$$

檢核張力鋼筋應變是否已降伏：

$$\varepsilon_s = \frac{d-x}{x} \times 0.003 = \frac{51.5 - 41.81}{41.81} \times 0.003 = 0.000695$$

$$\varepsilon_y = \frac{f_y}{E_s} = \frac{2800}{2.04 \times 10^6} = 0.00137$$

因 $\varepsilon_s < \varepsilon_y$，可知張力鋼筋尚未降伏。

所以，鋼筋的張力：

$$T = A_s f_s = 60.42\, f_s \quad \text{kgf}$$

上式中，鋼筋的應力：

$$f_s = E_s \varepsilon_s = 2.04 \times 10^6 \times \frac{51.5 - x}{x} \times 0.003 = \frac{315180 - 6120x}{x}$$

由力的平衡條件 $C = T$，得：

$$4046x = 60.42 \left(\frac{315180 - 6120x}{x} \right)$$

$$4046x^2 + 369770x - 19043176 = 0$$

$$x^2 + 91.39x - 4706.67 = 0$$

$$x = \frac{-91.39 + \sqrt{91.39^2 - 4 \times (-4706.67)}}{2} = 36.73 \quad \text{cm}$$

所以，鋼筋的實際應力 f_s：

$$f_s = \frac{315180 - 6120 \times 36.73}{36.73} = 2461 \quad \text{kgf/cm}^2 \quad {}^{< f_y}$$

$$a = \beta_1 x = 0.85 \times 36.73 = 31.22 \quad \text{cm}$$

標稱彎矩強度 M_n：

$$M_n = T(d - \frac{a}{2}) = A_s f_s (d - \frac{a}{2})$$

$$= 60.42 \times 2461 \times (51.5 - \frac{31.22}{2})$$

$$= 5336614 \quad \text{kgf-cm} = 53.366 \quad \text{t-m}$$

$$\varepsilon_t = \frac{d_t - x}{x} \times 0.003 = \frac{57.6 - 36.73}{36.73} \times 0.003 = 0.0017 < 0.002$$

故該斷面為壓力控制斷面

$$\therefore \phi = 0.65$$

$$M_u = \phi M_n = 0.65 \times 53.366 = 34.688 \ t - m$$

2-6 平衡鋼筋比

所謂平衡應變(Balanced Strain)狀態，係指當混凝土之最外側的壓應變達到其最大應變量 $\varepsilon_{cu} = 0.003$ 時，受拉側鋼筋的應變同時達到其降伏應變 $\varepsilon_y = f_y / E_s$。

當梁斷面的應變狀態是在平衡應變的狀況時，其鋼筋用量，稱為平衡鋼筋量 A_{sb}。此時，平衡鋼筋量 A_{sb} 與梁有效斷面積(b×d)之比值，稱為平衡鋼筋比(Balanced Reinforcement Ratio) ρ_b。

平衡鋼筋量 A_{sb} 為界定張力鋼筋是否達到降伏的一個界限值：

1、若實際鋼筋量 $A_s > A_{sb}$ 時，則表示在 $\varepsilon_c = \varepsilon_{cu}$ 時 $\varepsilon_s < \varepsilon_y$，亦即 $f_s < f_y$，此時在受壓側混凝土已達壓碎應變而鋼筋尚未降伏。

2、若實際鋼筋量 $A_s < A_{sb}$ 時，則表示在 $\varepsilon_c = \varepsilon_{cu}$ 時 $\varepsilon_s > \varepsilon_y$，亦即 $f_s = f_y$，此時在受壓側混凝土達壓碎應變時鋼筋已達降伏。

平衡鋼筋比 ρ_b 之公式推導：

由線性應變的關係，可得：

$$\frac{x_b}{d} = \frac{\varepsilon_{cu}}{\varepsilon_{cu} + \varepsilon_y} = \frac{0.003}{0.003 + f_y / 2.04 \times 10^6} = \frac{6120}{6120 + f_y} \qquad (2.6.1)$$

混凝土壓力　$C_b = 0.85 f'_c \, ba_b = 0.85 f'_c \, b\beta_1 x_b$ \qquad (2.6.2)

鋼筋張力　$T_b = A_{sb} f_y = \rho_b bd f_y$ \qquad (2.6.3)

由力的平衡條件　$C_b = T_b$，得：

$$0.85 f'_c \, b\beta_1 x_b = \rho_b bd f_y \qquad (2.6.4)$$

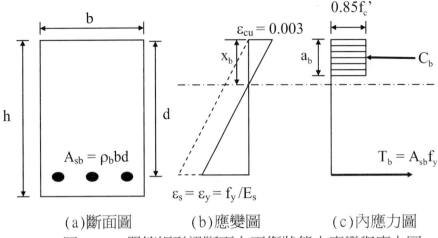

(a)斷面圖　　　(b)應變圖　　　(c)內應力圖

圖2-6-1　單筋矩形梁斷面在平衡狀態之應變與應力圖

$$\rho_b = \frac{0.85f_c'}{f_y}\beta_1(\frac{x_b}{d}) = \frac{0.85f_c'}{f_y}\beta_1(\frac{\varepsilon_{cu}}{\varepsilon_{cu}+\varepsilon_y})$$

$$\rho_b = \frac{0.85f_c'}{f_y}\beta_1(\frac{6120}{6120+f_y}) \tag{2.6.5}$$

故　　$$\rho_b = 0.85\beta_1\frac{f_c'}{f_y}\frac{6120}{6120+f_y} \tag{2.6.6}$$

f_c'、f_y 單位：kgf/cm^2

$$\left[\begin{array}{l} \rho_b = 0.85\beta_1\dfrac{f_c'}{f_y}\dfrac{87000}{87000+f_y} \\ f_c' \quad f_y 單位：psi \end{array}\right]$$

例2-6-1

試求例2-5-1之平衡鋼筋量 A_{sb}。

＜解＞

平衡鋼筋比：

$$\rho_b = 0.85\beta_1\frac{f_c'}{f_y}\frac{6120}{6120+f_y}$$

$$= 0.85\times0.8\times\frac{350}{3500}\times\frac{6120}{6120+3500} = 0.0433$$

平衡鋼筋量：

$$A_{sb} = \rho_b bd = 0.0433\times35\times53 = 80.32 \quad cm^2$$

因實際鋼筋用量$A_s < A_{sb}$，亦即表示$\varepsilon_s > \varepsilon_y$。

所以，例2-5-1鋼筋已達降伏。

例2-6-2

試求例2-5-4之平衡鋼筋量A_{sb}。

＜解＞

平衡鋼筋比：

$$\rho_b = 0.85\beta_1 \frac{f'_c}{f_y} \frac{6120}{6120 + f_y}$$

$$= 0.85 \times 0.85 \times \frac{280}{2800} \times \frac{6120}{6120 + 2800} = 0.0495$$

平衡鋼筋量：

$$A_{sb} = \rho_b bd = 0.0495 \times 20 \times 51.5 = 50.99 \quad cm^2$$

因實際鋼筋用量$A_s > A_{sb}$，亦即表示$\varepsilon_s < \varepsilon_y$。

所以，例2-5-4之張力鋼筋尚未降伏。

2-7 最大鋼筋比

為確保鋼筋混凝土梁構件的破壞行為，是一種韌性的破壞型式，我國混凝土設計規範及1999年版以前之ACI Code均有明文規定，最大鋼筋比不得大於平衡鋼筋比之75%，其目的在控制張力鋼筋量不得超過平衡鋼筋量的75%，保證梁構件為韌性破壞。亦即最大鋼筋比：

$$\rho_{max} = 0.75\rho_b \qquad (2.7.1)$$

而在2002年版以後ACI規範中對最大鋼筋量之規定，係以鋼筋淨張應變ε_t必需大於0.004(ACI 10.3.5)[2.1,2.2]來規範，如圖2-7-1所示。當為單層配置張力筋時，則$d = d_t$；如張力筋為双層以上配置時，則$d_t > d$，則淨張應變公式可寫成：

$$\frac{x}{d_t} = \frac{\varepsilon_{cu}}{\varepsilon_{cu} + \varepsilon_t} \qquad (2.7.2)$$

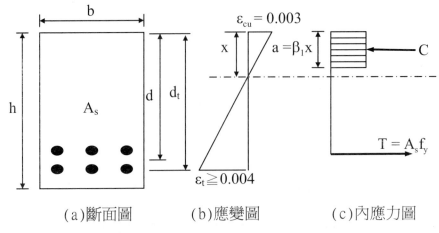

(a)斷面圖　　　　　(b)應變圖　　　　　(c)內應力圖

2-7-1　　單筋矩形梁在最大鋼筋量下之應變及應力圖

內力：

$$C = 0.85f_c' b\beta_1 x$$

$$T = A_{s,max} f_y = \rho_{max} b d f_y$$

由內力平衡　C=T　得

$$\rho_{max} b d f_y = 0.85f_c' b\beta_1 x \tag{2.7.3}$$

$$\rho_{max} = \frac{0.85f_c'}{f_y}\beta_1 \frac{x}{d} = \frac{0.85f_c'}{f_y}\beta_1 \frac{x}{d_t}\frac{d_t}{d}$$

$$= \frac{0.85f_c'}{f_y}\beta_1 \frac{d_t}{d}\frac{\varepsilon_{cu}}{\varepsilon_{cu}+\varepsilon_t}$$

$$= \frac{0.85f_c'}{f_y}\beta_1 \frac{d_t}{d}\frac{0.003}{0.003+0.004} \tag{2.7.4}$$

$$\therefore \rho_{max} = \frac{3}{7}(\frac{0.85f_c'}{f_y})\beta_1 \frac{d_t}{d} \tag{2.7.5}$$

當使用單層張力筋時 $d = d_t$

$$\rho_{max} = \frac{3}{7}(\frac{0.85f_c'}{f_y})\beta_1 \tag{2.7.6}$$

當張力筋雙層以上配置時，保守計亦可令 $d = d_t$，而以公式(2.7.6)為最大鋼筋比計算公式。

表2-7-1　單筋矩形梁平衡及最大鋼筋比 ρ_b、ρ_{max}

f_c' kgf/cm^2		210	245	280	315	350	385	420	490	560
β_1		0.85	0.85	0.85	0.825	0.8	0.775	0.75	0.7	0.65
f_y kgf/cm^2	2800 ρ_b	0.0372	0.0434	0.0496	0.0541	0.0583	0.0621	0.0656	0.0714	0.0758
	2800 ρ_{max}	0.0232	0.0271	0.0310	0.0338	0.0364	0.0388	0.0410	0.0446	0.0474
	3500 ρ_b	0.0276	0.0322	0.0368	0.0402	0.0433	0.0461	0.0487	0.0530	0.0562
	3500 ρ_{max}	0.0186	0.0217	0.0248	0.0270	0.0291	0.0311	0.0328	0.0357	0.0379
	4200 ρ_b	0.0214	0.0250	0.0286	0.0312	0.0336	0.0358	0.0378	0.0412	0.0437
	4200 ρ_{max}	0.0155	0.0181	0.0206	0.0225	0.0243	0.0259	0.0273	0.0298	0.0316

例2-7-1

如圖2-7-2所示之單筋矩形梁斷面，試求其允許之最大鋼筋用量為若干？ 已知：b = 30 cm，d = 50 cm，$f_c' = 210$ kgf/cm^2，$f_y = 4200$ kgf/cm^2，$E_s = 2.04 \times 10^6$ kgf/cm^2。

<解>

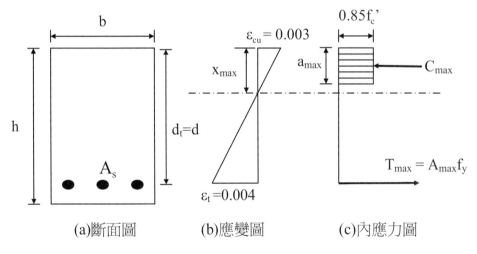

(a)斷面圖　　(b)應變圖　　(c)內應力圖

圖2-7-2 例2-7-1單筋矩形梁

$$\frac{x_{max}}{d_t} = \frac{\varepsilon_{cu}}{\varepsilon_{cu} + \varepsilon_t} = \frac{0.003}{0.003 + 0.004}$$

$$x_{max} = \frac{0.003}{0.007} d_t = \frac{3}{7} d_t = 21.43 \text{ cm}$$

$$a_{max} = \beta_1 x_{max} = 0.85 \times 21.43 = 18.22 \text{ cm}$$

混凝土壓力：

$$C_{max} = 0.85 f'_c b a_{max} = 0.85 \times 210 \times 30 \times 18.22 = 97568 \text{ kgf}$$

鋼筋張力：

$$T_{max} = A_{s,max} f_y = 4200 A_{s,max}$$

由力的平衡條件 $C_{max} = T_{max}$，可得最大鋼筋量：

$$A_{s,max} = \frac{97568}{4200} = 23.23 \text{ cm}^2$$

例2-7-2

一鋼筋混凝土單筋矩形梁斷面，試求該斷面平衡鋼筋量 A_{sb} 及最大鋼筋量 $A_{s,max}$。已知：$b = 35cm$、$d = 55cm$、$h = 65cm$、$f'_c = 420 kgf/cm^2$、$f_y = 4200 kgf/cm^2$、$E_s = 2.04 \times 10^6 kgf/cm^2$。

＜解＞

1、計算平衡鋼筋量 A_{sb}

$$\frac{x_b}{d} = \frac{\varepsilon_{cu}}{\varepsilon_{cu} + \varepsilon_y}$$

$$x_b = \frac{\varepsilon_{cu}}{\varepsilon_{cu} + \varepsilon_y} d = \frac{6120}{6120 + f_y} d$$

$$= \frac{6120}{6120 + 4200} \times 55 = 32.62 \text{ cm}$$

當 $f'_c = 420 \text{ kgf/cm}^2$ 時，$\beta_1 = 0.75$

$$a_b = \beta_1 x_b = 0.75 \times 32.62 = 24.46 \text{ cm}$$

混凝土壓力：

$$C_b = 0.85 f'_c b a_b$$
$$= 0.85 \times 420 \times 35 \times 24.46 = 305628 \text{ kgf}$$

鋼筋張力：

$$T_b = A_{sb} f_y = 4200 A_{sb}$$

由力的平衡條件 $C_b = T_b$，可得平衡鋼筋量：

$$A_{sb} = \frac{305628}{4200} = 72.77 \quad cm^2$$

2、計算最大鋼筋量 $A_{s,max}$

斷面允許之最大鋼筋用量：

假設單層配筋 $d_t = d$

$$\rho_{max} = \frac{3}{7}(\frac{0.85f_c'}{f_y})\beta_1 = \frac{3}{7}(\frac{0.85 \times 420}{4200})0.75 = 0.0273$$

$$A_{s,max} = \rho_{max}bd = 0.0273 \times 35 \times 55 = 52.55 \quad cm^2$$

2-8 最小鋼筋比

　　鋼筋混凝土梁標稱撓曲強度 M_n 之計算根據，係假設混凝土在其張力側已經開裂而無法承受張力時計算所得。當梁之鋼筋量太少，致其撓曲強度相對的變小，此時，有可能會使梁斷面保持在完全彈性範圍之內，且無開裂的產生。在此情況下，將會使得假設以開裂斷面計算所得之標稱撓曲強度 M_n 小於純混凝土梁的撓曲強度，此時梁的破壞型式，是為純混凝土梁的破壞行為。

　　為確保梁的破壞行為為韌性破壞型式，此時，鋼筋量的使用，最少需使以開裂斷面計算之標稱撓曲強度大於純混凝土梁到達開裂以前之強度(Cracking Strength)，其強度要求如下：

$$\phi M_n \geq M_{cr} \tag{2.8.1}$$

　　式中：M_{cr} 表示純混凝土梁到達開裂時之撓曲彎矩

　　純混凝土梁在未開裂之前，可假設為一彈性體，因此可利用彈性公式計算純混凝土梁達到開裂時之撓曲彎矩 M_{cr}：

$$f_r = \frac{M_{cr}y_t}{I_g} \tag{2.8.2}$$

　　式中：y_t 表示純混凝土梁斷面中性軸至張力側外緣之距離

　　　　　I_g 表示純混凝土梁全斷面之慣性矩

　　　　　f_r 表示混凝土之破裂模數　　$f_r = 2.0\sqrt{f_c'}$　 kgf/cm^2

　　所以，純混凝土梁達到開裂時之撓曲彎矩 M_{cr}：

$$M_{cr} = \frac{f_r I_g}{y_t} = 2.0\sqrt{f_c'} \times \frac{bh^3/12}{h/2} = \frac{1}{3}\sqrt{f_c'}\,bh^2 \tag{2.8.3}$$

以開裂斷面計算所得之標稱撓曲強度 M_n，應大於純混凝土梁之開裂彎矩 M_{cr}，其強度要求如下：

$$\phi M_n = \phi A_s f_y (d - \frac{a}{2}) \geq M_{cr} \tag{2.8.4}$$

$$\phi A_s f_y (d - \frac{a}{2}) \geq \frac{1}{3}\sqrt{f'_c}\, bh^2 \tag{2.8.5}$$

一般在 M_n 很小時，其混凝土壓力區不會很大，此時可取：

$$a \approx 0.1d \quad \Rightarrow \quad \frac{a}{2} \approx 0.05d \quad , \quad \phi = 0.9$$

將上列數據代入公式2.8.5，可得：

$$0.9\rho bdf_y (d - \frac{0.1d}{2}) \geq \frac{1}{3}\sqrt{f'_c}\, bh^2 \tag{2.8.6}$$

若　$d \approx 0.9h$，則可得：

$$\rho \geq 0.481 \frac{\sqrt{f'_c}}{f_y} \tag{2.8.7}$$

規範對撓曲構材之最小鋼筋量之規定如下：

$$A_{s,min} = \frac{0.8\sqrt{f'_c}}{fy} b_w d \geq \frac{14}{f_y} b_w d \tag{2.8.8}$$

$$[A_{s,min} = \frac{3\sqrt{f'_c}}{fy} b_w d \geq \frac{200}{f_y} b_w d]$$

一般在 f'_c 小於306 kgf / cm^2 時，最小鋼筋量由 $\frac{14}{f_y} b_w d$ 控制。上列式中 f'_c 及 f_y 之單位為 kgf / cm^2 [psi]。

另外我國設計規範 3.6.3[2.2]及ACI 10.5.3[2.1]對最小鋼筋量有例外規定，若構材中所有斷面之受拉鋼筋已超過分析所需之1/3時，可不按前述規定。

例 2-8-1
試計算例 2-7-1 單筋矩形梁所需之最小鋼筋量
<解>

$$A_{s,min} = \frac{0.8\sqrt{f'_c}}{f_y} b_w d$$

$$= \frac{0.8\sqrt{210}}{4200} \times 30 \times 50 = 4.14\ cm^2$$

$$A_{s,min} = \frac{14}{f_y} b_w d$$

$$= \frac{14}{4200} \times 30 \times 50 = 5 \text{ cm}^2 \qquad \Leftarrow 控制$$

∴本斷面所需最小鋼筋用量 $A_{s,min} = 5\text{cm}^2$

例 2-8-2

試計算例 2-7-2 單筋矩形梁所需之最小鋼筋量

<解>

$$A_{s,min} = \frac{0.8\sqrt{f_c^{'}}}{f_y} b_w d$$

$$= \frac{0.8\sqrt{420}}{4200} \times 35 \times 55 = 7.51\text{cm}^2 \qquad \Leftarrow 控制$$

$$A_{s,min} = \frac{14}{f_y} b_w d$$

$$= \frac{14}{4200} \times 35 \times 55 = 6.42\text{cm}^2$$

∴本斷面所需最小鋼筋用量 $A_{s,min} = 7.51\text{cm}^2$

2-9 梁、鋼筋尺寸及鋼筋排放之實務選擇

為便於選擇梁之斷面尺寸、鋼筋尺寸與鋼筋之排放，茲列舉下列各項準則，作為設計參考之用；這些並非均為規範之規定，其中有一部份為長期實務經驗累積所得。所以，在某種情形下，工程師並不一定要完全依照該等準則或規定，而必須配合工地現場情形施作。

一、梁斷面尺寸之選擇

一般梁斷面尺寸之選擇準則如下：

1、梁斷面尺寸一般以 5 公分為增量單位，如 25 cm × 50 cm、30 cm × 50 cm、30 cm × 60 cm、40 cm × 80 cm … 等。

2、版厚度尺寸，目前國內使用較為紊亂，一般常用者為 13 公分及 15

公分兩種，但 12 公分、18 公分、24 公分 … 等亦有使用。

3、梁之最小保護層厚度，係由肋筋或箍筋之最外緣處起算量至混凝土外側，故一般梁之有效深度很少正好為整數者。

4、比較經濟的矩形梁，其深寬比 h / b 保持在 1.5～2.0 之間。

5、T 形梁的梁翼版厚大約為梁總深度的五分之一左右。

6、若使梁之張力鋼筋比 ρ 不超過 $0.5\rho_{max}$ 時，則梁的變位大致上不會有問題。

二、鋼筋尺寸之選擇

一般鋼筋尺寸之選擇準則如下：

1、保持對稱配筋（所謂對稱，係指對垂直撓曲軸之梁中心軸而言）。

2、在任何需要撓曲鋼筋之位置，最少配置 2 根鋼筋。

3、在梁設計中，一般鋼筋號數儘量不要超過 #11。

4、在梁之同一斷面中，最好不要使用兩種以上不同號數鋼筋，且其號數之差不得超過兩級以上(例如：#7 與 #9 尚可接受，但若將#9 與 #4 放在一起，則無法接受)。

5、儘量以單層筋配置，每層鋼筋的根數儘量不要少於 2 根，但不要多於 6 根。

6、鋼筋之側向間距及每層間之間距，必須依我國設計規範[2.2，2.5]或 ACI Code[2.1]之規定。

7、當不同號數之鋼筋在同一位置配置於數層時，應將號數較大者配置在最近梁表面層位置。

三、鋼筋排放之實務選擇

一般梁鋼筋保護層及間距要求如下[2.1,2.2]：

表 2-9-1　梁鋼筋保護層及間距

	混凝土工程設計規範與解說 13.5，13.6 ACI Code 7.7.1
A(保護層厚度)	(a) 4.0 cm 不受風雨侵襲且不與土壤接觸 (b) 4.0 cm 受風雨侵襲或與土壤接觸 db≦16mm 　　 5.0 cm 受風雨侵襲或與土壤接觸 db＞16mm (c) 7.5 cm 澆置於土壤或岩石上或經常與水及土壤接觸者 (d) 10.0 cm 與海水或腐蝕性環境接觸者
B(箍筋直徑)	箍筋直徑
C(鋼筋淨間距)	d_b 或 2.5 cm 或粗骨材粒徑之 1.33 倍 [d_b 或 2.5 cm ：ACI Code]
D 鋼筋層間淨距	2.5 cm

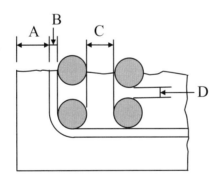

圖 2-9-1 鋼筋保護層及間距示意圖

例 2-9-1

試求圖2-9-2所示梁斷面之有效深度d＝？最小梁寬b＝？已知張力筋使用5 - #8，箍筋使用 #4 鋼筋。

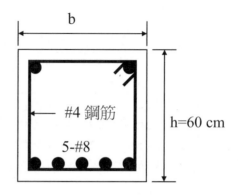

圖 2-9-2 例 2-9-1 梁斷面圖

<解>

$$有效深度(d) = 高(h) - 保護層4cm - 箍筋直徑 - \frac{1}{2}主筋直徑$$

$$= 60 - 4 - 1.27 - \frac{1}{2} \times 2.54 = 53.46 \quad cm \ \#$$

$$最小梁寬 b = 4 \times 2 + 1.27 \times 2 + 5 \times 2.54 + 4 \times 2.54 = 33.4 \quad cm \ \#$$

例 2-9-2

某一鋼筋混凝土矩形梁之斷面，如圖 2-9-3 所示，已知：使用 6-#7 張力筋、2-#7 壓力筋及#3 箍筋。依我國設計規範之相關規定，試列式計算該斷面所示 a、b 之最小尺寸。

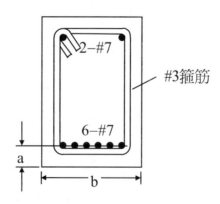

圖 2-9-3 例 2-9-2 梁斷面圖

<解>

計算 a 之最小尺寸：

a=保護層厚度＋#3 箍筋直徑＋$\frac{1}{2}$(#7 鋼筋直徑)

a=4.0+0.95+$\frac{1}{2}$×2.22=6.06 cm

計算 b 之最小尺寸：

b=2×(保護層厚度)＋2×(#3 箍筋直徑)＋6× (#7 鋼筋直徑)+
　　5×(鋼筋淨間距)

b=2×4.0＋2×0.95＋6×2.22+ 5×2.5=35.72 cm

2-10 單筋矩形梁之設計

對於僅承受拉力鋼筋的單筋矩形梁之設計，一般已知條件為材料性質 f_c'、f_y 及需求標稱強度 $M_n = \dfrac{M_u}{\phi}$，而需要決定的項目為梁斷面尺寸大小 b、d 及鋼筋用量 A_s(一般以鋼筋比 ρ 表示)。

在計算過程中，能利用的平衡條件公式只有兩個：

$$C = T \tag{2.10.1}$$

$$M_n = T(d - \frac{a}{2}) \quad 或 \quad M_n = C(d - \frac{a}{2}) \tag{2.10.2}$$

因有 b、d 及 ρ 三個未知數，但僅能列出兩個平衡方程式，所以一般在設計過程中，不是先假設 b、d 已知，就是先假設 ρ 已知。

1、先假設鋼筋比 ρ 已知，設計斷面尺寸 b、d 的大小，其所使用公式如下：

由平衡公式：

$$C = T$$

$$0.85f_c'\, ba = \rho b d f_y$$

得　　$a = \rho(\dfrac{f_y}{0.85f_c'})d$

則　　$M_n = T(d - \dfrac{a}{2}) = A_s f_y (d - \dfrac{\rho f_y}{2 \times 0.85 f_c'}d)$

$$= \rho bd^2 f_y (1 - \frac{\rho f_y}{2 \times 0.85 f'_c}) \tag{2.10.3}$$

上式重新整理可得 $\dfrac{M_n}{bd^2} = \rho f_y (1 - \dfrac{1}{2} \rho \dfrac{f_y}{0.85 f'_c})$ (2.10.4)

令　$m = \dfrac{f_y}{0.85 f'_c}$ 及 $R_n = \dfrac{M_n}{bd^2}$

此處 R_n，稱爲強度抗力係數(Strength Coefficient of Resistance)

此時公式 2.10.4 可改寫成

$$R_n = \rho f_y (1 - \frac{1}{2} \rho m) \tag{2.10.5}$$

則所需斷面尺寸可由下式計算得到

$$bd^2 = \frac{M_n}{R_n} \tag{2.10.6}$$

2、先假設斷面尺寸 b、d 已知，計算所需鋼筋量 A_s 的大小，其所使用公式如下：

先計算 $R_n = \dfrac{M_n}{bd^2}$ ，再由公式2.10.5展開得：

$$\frac{1}{2} f_y m \rho^2 - f_y \rho + R_n = 0$$

解其二次方程式得：

$$\rho = \frac{1}{m} [1 - \sqrt{1 - \frac{2mR_n}{f_y}}] \tag{2.10.7}$$

則所需之鋼筋量爲：

$$A_s = \rho bd \tag{2.10.8}$$

在一般情況下當斷面尺寸 b、d 及鋼筋量 A_s 都爲未知時，其設計步驟如下：

1、假設一合理之 ρ 值，使其符合規範的規定，即：

$$\rho_{min} \le \rho \le \rho_{max}$$

其中 $\rho_{min} = \dfrac{0.8\sqrt{f'c}}{f_y} \ge \dfrac{14}{f_y}$

假設 $d_t = d$

$$\rho_{max} = \frac{3}{7} \beta_1 \frac{0.85 f'_c}{f_y}$$

式中：

當 $f_c' \leq 280$ kgf/cm^2 時　$\beta_1 = 0.85$

當 $f_c' > 280$ kgf/cm^2 時　$\beta_1 = 0.85 - 0.05(\dfrac{f_c' - 280}{70}) \geq 0.65$

一般為顧慮構材施工性及撓度控制的問題，一般最好假設 ρ 值在 $0.3\rho_{max} \sim 0.5\rho_{max}$ 之間。

2、決定需要之斷面係數 bd^2：

計算 $M_n = \dfrac{M_u}{\phi}$

（$M_u = 1.2M_D + 1.6M_L$，$\phi = 0.9$ 假設為張力控制斷面）

$R_n = \rho f_y(1 - \dfrac{1}{2}\rho m)$ ；$m = \dfrac{f_y}{0.85f_c'}$

則可得斷面係數 $bd^2 = \dfrac{M_n}{R_n}$

3、選定一組適當的 b、d ，使 bd^2 值大約等於第2項計算值：

一般 b 與 d 之比例，大約為：

$\dfrac{d}{b} \approx 1.5 \sim 2.0$

4、選定 b、d 後，計算在所選定之斷面下所需要之 ρ 值：

$R_n = \dfrac{M_n}{bd^2}$

$\rho = \dfrac{1}{m}[1 - \sqrt{1 - \dfrac{2mR_n}{f_y}}]$

5、計算真正需要之 A_s：

$A_s = \rho bd$

6、選擇鋼筋號數及根數，並檢核其強度：

計算真正之 x/d_t 及 ϕ

$\phi M_n \geq M_u$　或　$M_n \geq \dfrac{M_u}{\phi}$

例 2-10-1

有一跨度為 6 公尺之簡支矩形梁斷面，在工作載重下承受均佈靜載重 $w_D = 2.5 \, t/m$ (含梁自重)，均佈活載重 $w_L = 1.5 \, t/m$。如果該斷面之張力鋼筋量必需控制在 $0.3\rho_{max}$ 以內，且其 $d/b \approx 2.0$，試設計該斷面。材料 $f'_c = 210 \, kgf/cm^2$ $f_y = 4200 \, kgf/cm^2$。

<解>

1、計算設計彎矩強度 M_u：

$$M_D = \frac{1}{8} W_D L^2 = \frac{1}{8} \times 2.5 \times 6^2 = 11.25 \, t-m$$

$$M_L = \frac{1}{8} W_L L^2 = \frac{1}{8} \times 1.5 \times 6^2 = 6.75 \, t-m$$

$$M_u = 1.2 M_D + 1.6 M_L = 1.2 \times 11.25 + 1.6 \times 6.75 = 24.30 \, t-m$$

2、計算強度抗力係數 R_n：

$$\rho_{max} = \frac{3}{7} \beta_1 \frac{0.85 f'_c}{f_y}$$

$$= \frac{3}{7} \times 0.85 \times \frac{0.85 \times 210}{4200} = 0.0155$$

$$\rho_{min} = 14/f_y = 0.00333$$

使用 $\rho = 0.3 \rho_{max} = 0.3 \times 0.0155 = 0.00464 > \rho_{min}$

$$m = \frac{f_y}{0.85 f'_c} = \frac{4200}{0.85 \times 210} = 23.529$$

$$\therefore R_n = \rho f_y (1 - \frac{1}{2} \rho m)$$

$$= 0.00464 \times 4200 \times (1 - \frac{1}{2} \times 0.00464 \times 23.529)$$

$$= 18.424 \, kgf/cm^2$$

3、計算所需斷面尺寸 b、d：

假設 $\phi = 0.9$

$$bd^2 = \frac{M_n}{R_n} = \frac{M_u}{\phi R_n} = \frac{24.30 \times 10^5}{0.9 \times 18.424} = 146548 \, cm^3$$

由 $d/b \approx 2.0$，得 $d = 2b$，則 $bd^2 = 4b^3$

$$\therefore 4b^3 = 146548$$

$$\therefore b \approx \sqrt[3]{\frac{146548}{4}} = 33.2$$

取 b = 35,則所需 d = $\sqrt{146548/35}$ = 64.7 cm

最後選用 b×h = 35×75 之斷面，其 d = 75 − 6 = 69

4、計算所需之鋼筋量：

$$真正之 R_n = \frac{M_n}{bd^2} = \frac{M_u}{\phi bd^2} = \frac{24.30 \times 10^5}{0.9 \times 35 \times 69^2} = 16.203$$

$$需要之 \rho = \frac{1}{m}[1 - \sqrt{1 - \frac{2mR_n}{f_y}}]$$

$$= \frac{1}{23.529}[1 - \sqrt{1 - \frac{2 \times 23.529 \times 16.203}{4200}}] = 0.00405$$

$$< 0.3\rho_{max} = 0.00464 \qquad OK\#$$

$$> \rho_{min} = \frac{14}{f_y} = 0.00333 \qquad OK\#$$

∴所需之 A_S = 0.00405×35×69 = 9.78 cm^2

使用 2−#8， A_S = 2×5.067 = 10.134 > 9.78 cm^2 OK#

$$真正之 \rho = \frac{10.134}{35 \times 69} = 0.00420 < 0.3\rho_{max} \quad OK\#$$

5、檢核設計彎矩強度：

$$0.85f_c'ab = A_s f_y$$

$$a = \frac{A_s f_y}{0.85f_c'b} = \frac{10.134 \times 4200}{0.85 \times 210 \times 35} = 6.813$$

$$M_n = A_s f_y (d - \frac{a}{2})$$

$$= 10.134 \times 4200 \times (69 - \frac{6.813}{2})$$

$$= 2791843 \text{ kgf-cm} = 27.918 \text{ t-m}$$

單層配筋 $d_t = d = 69$

$x = a/\beta_1 = 6.813/0.85 = 8.015$

$x/d_t = 8.015/69 = 0.116 < 0.375$

∴ $\phi = 0.9$

$M_u = \phi M_n = 27.918 \times 0.9 = 25.126 > 24.30 \text{ t} - \text{m} \quad OK\#$

例 2-10-2

如例 2-10-1 之梁，如果採用 b×h = 30×60cm(假設 d = d_t = 51) 之斷面，則其所需之鋼筋為何？

<解>

1、計算所需之鋼筋量 A_s：

假設張力控制 $\phi = 0.9$

$$R_n = \frac{M_n}{bd^2} = \frac{M_u}{\phi bd^2} = \frac{24.30 \times 10^5}{0.9 \times 30 \times 51^2} = 34.602 \text{ kgf / cm}^2$$

則所需之鋼筋此 ρ

$$\rho = \frac{1}{m}[1 - \sqrt{1 - \frac{2mR_n}{f_y}}]$$

$$= \frac{1}{23.529}(1 - \sqrt{1 - \frac{2 \times 23.529 \times 34.602}{4200}}) = 0.00924$$

$< \rho_{max} = 0.0155$　OK#

$> \rho_{min} = 0.00333$　OK#

則所需之 A_s：

$$A_s = 0.00924 \times 30 \times 51 = 14.137 \text{cm}^2$$

使用4-#7，$A_s = 4 \times 3.871 = 15.484$　　#

2、檢核：

$$0.85f_c'ab = A_sf_y$$

$$a = \frac{A_sf_y}{0.85f_c'b} = \frac{15.484 \times 4200}{0.85 \times 210 \times 30} = 12.144$$

$$x = a/\beta_1 = 12.144/0.85 = 14.287$$

$$x/d_t = 14.287/51 = 0.280 < 0.375$$

∴張力控制斷面　　$\phi = 0.9$

$$M_n = A_sf_y(d - \frac{a}{2}) = 15.848 \times 4200 \times (51 - 12.144/2)$$

$$= 2921794 \text{ kgf} - \text{cm} = 29.218 \text{ t} - \text{m}$$

$$M_u = \phi M_n = 29.218 \times 0.9 = 26.296 > 24.30 \text{ t} - \text{m}　\text{OK#}$$

例2-10-3

有一矩形梁斷面，承受靜載重之彎矩 $M_D = 5.5$ t-m（含梁自重）及活載重之彎矩 $M_L = 10$ t-m ，請依 ACI code 規定，設計最小斷面之單筋梁，材料：

$f_c' = 350 \text{ kgf / cm}^2$ ，$f_y = 3500 \text{kgf / cm}^2$ ，假設斷面之 h / b ≈ 1.5 。

<解>

$$M_u = 1.2 \times 5.5 + 1.6 \times 10 = 22.6 \text{ t-m}　\beta_1 = 0.80$$

假設單層配筋　$d = d_t$

$$\rho_{max} = \frac{3}{7}\beta_1\frac{0.85f_c'}{f_y} = \frac{3}{7}\times0.8\times\frac{0.85\times350}{3500} = 0.0291$$

要設計最小斷面，則必需使用最大鋼筋量所以取 $\rho \approx \rho_{max}$ 設計，
取 $\rho = 0.025$

$$m = \frac{f_y}{0.85f_c'} = \frac{3500}{0.85\times350} = 11.765$$

$$R_n = \rho f_y(1-\frac{1}{2}\rho m) = 0.025\times3500\times(1-\frac{1}{2}\times0.025\times11.765)$$
$$= 74.63\,kgf/cm^2$$

假設張力控制 ϕ=0.9

$$M_n = \frac{M_u}{\phi} = \frac{2260000}{0.9} = 2511111 \quad kgf\text{-}cm$$

需要之 $bd^2 = \dfrac{M_n}{R_n} = \dfrac{25111111}{74.63} = 33647 \quad cm^3$

假設 $h/b \approx d/b \approx 1.5$ 則

$$d \approx 1.5b \, , \, \therefore bd^2 = 2.25b^3 = 33647$$
$$b = \sqrt[3]{33647/2.25} = 24.64 \quad cm$$

取 $b = 25$，則 $d = \sqrt{33647/25} = 36.7 \quad cm$

選定 $b\times d = 25\times36(h = 45)$

$$R_n = \frac{M_n}{bd^2} = \frac{2511111}{25\times36^2} = 77.50 \quad kgf/cm^2$$

$$\rho = \frac{1}{m}[1-\sqrt{1-\frac{2mR_n}{f_y}}] = \frac{1}{11.76}[1-\sqrt{1-\frac{2\times11.76\times77.50}{3500}}]$$
$$= 0.0262$$

需要之鋼筋量：

$$A_s = \rho bd = 0.0262\times25\times36 = 23.58\,cm^2$$

使用 5-#8 鋼筋 $A_s = 5\times5.067 = 25.335\,cm^2$

$$< A_{s,max} = \rho_{max}bd = 0.0291\times25\times36 = 26.19\,cm^2 \quad OK$$

採用 3-#8+2-#8 雙層配筋

檢核強度：

$$0.85f_c'ab = A_sf_y$$

$$a = \frac{A_s f_y}{0.85 f_c' b} = \frac{25.335 \times 3500}{0.85 \times 350 \times 25} = 11.922$$

$$x = a / \beta_1 = 11.922 / 0.8 = 14.903$$

双層配筋

$$\therefore d_t = d + 1.25 + d_b / 2 = 36 + 1.25 + 2.54 / 2 = 38.52$$

$$x / d_t = 14.903 / 38.52 = 0.387 > 0.375$$

$$\phi = 0.23 + 0.25 / (x / d_t) = 0.23 + 0.25 / 0.387 = 0.88$$

$$\rho_{max} = \frac{3}{7} \beta_1 \frac{0.85 f_c'}{f_y} \frac{d_t}{d} = 0.0291 \frac{d_t}{d} = 0.0291 \frac{38.52}{36} = 0.0311$$

$$\therefore 實際 \rho = 0.0282 < \rho_{max} = 0.0311 \quad OK\#$$

$$M_n = A_s f_y (d - \frac{a}{2}) = 25.335 \times 3500 \times (36 - 11.922 / 2)$$

$$= 2663633 \ kgf - cm = 26.636 \ t - m$$

$$M_u = \phi M_n = 0.88 \times 26.636 = 23.440 > 22.60 \ t - m \quad OK\#$$

例2-10-4

一根僅放置拉力鋼筋的單筋矩形梁，在放大載重作用下，承受一設計彎矩 $M_u = 55$ t - m，已知：$f_c' = 280$ kgf / cm^2，$f_y = 2800$ kgf / cm^2。試設計該單筋矩形梁斷面尺寸 b、d 及鋼筋量 A_s 的大小。

<解>

假設張力控制 ϕ =0.9，d=d_t

$$需要之 M_n = \frac{M_u}{\phi} = \frac{5500000}{0.9} = 6111111 \ kgf - cm$$

$$\rho_{max} = \frac{3}{7} \beta_1 \frac{0.85 f_c'}{f_y}$$

$$= \frac{3}{7} \times 0.85 \times \frac{0.85 \times 280}{2800} = 0.0310$$

$$\rho_{min} = \frac{0.8 \sqrt{f_c'}}{f_y} = 0.0048$$

$$= \frac{14}{f_y} = 0.005 \qquad \Leftarrow 控制$$

本例題下面將分成兩種情況來設計斷面，第一種情況將以最大鋼筋用量來設計，令 $\rho \approx \rho_{max}$；第二種情況時將以最小鋼筋用量來設計，即 $\rho \approx \rho_{min}$。

1、依最大鋼筋用量 $\rho \approx \rho_{max}$，選擇使用 $\rho = 0.025$

    (1) 決定需要的斷面係數 bd^2：

$$m = \frac{f_y}{0.85f'_c} = \frac{2800}{0.85 \times 280} = 11.765$$

$$R_n = \rho f_y (1 - \frac{1}{2}\rho m)$$

$$= 0.025 \times 2800(1 - \frac{1}{2} \times 0.025 \times 11.765) = 59.706 \text{ kgf}/\text{cm}^2$$

$$需要之 bd^2 = \frac{M_n}{R_n} = \frac{6111111}{59.706} = 102353 \quad \text{cm}^3$$

    (2) 選定適當 b、d：

$$設 \frac{d}{b} \approx 1.5，則 \quad d \approx 1.5b，bd^2 = 2.25b^3 = 102353$$

$$\therefore b = \sqrt[3]{\frac{102353}{2.25}} = 35.70 \quad \text{cm}$$

$$試選擇 b = 35 \text{ cm}，則 d = \sqrt{\frac{102353}{35}} = 54.08 \quad \text{cm}$$

$$選定 b \times d = 35 \text{ cm} \times 56 \text{cm} \quad (h = 65 \text{ cm})$$

    (3) 選定 b、d 後，修正 ρ 值：

$$真正需要之 R_n = \frac{M_n}{bd^2} = \frac{6111111}{35 \times 56^2} = 55.677 \quad \text{kgf}/\text{cm}^2$$

$$\rho = \frac{1}{m}[1 - \sqrt{1 - \frac{2mR_n}{f_y}}]$$

$$= \frac{1}{11.765}[1 - \sqrt{1 - \frac{2 \times 11.765 \times 55.677}{2800}}] = 0.023 < \rho_{max} = 0.031$$

    (4) 計算真正需要之 A_s：

$$A_s = \rho bd = 0.023 \times 35 \times 56 = 45.08 \quad \text{cm}^2$$

    (5) 選擇鋼筋號數及根數：

        使用 4 - #10 及 2 - #10(雙層配筋)

$$A_s = 6 \times 8.143 = 48.858 \quad \text{cm}^2$$

$$\rho = \frac{48.858}{35 \times 56} = 0.0249 \leq \rho_{max} \qquad \text{OK\#}$$

    (6) 設計結果之檢核：

$$T = A_s f_y = 48.858 \times 2800 = 136802 \quad \text{kgf}$$

$$a = \frac{T}{0.85f_c' b}$$

$$= \frac{136802}{0.85 \times 280 \times 35} = 16.423 \quad cm$$

$$x = a/\beta_1 = 16.423/0.85 = 19.32$$

$$d_t = d + 1.25 + 3.22/2 = 58.86$$

$$x/d_t = 19.32/58.86 = 0.328 < 0.375$$

$$\therefore \phi = 0.9$$

$$M_n = T(d - \frac{a}{2})$$

$$= 136802(56 - \frac{16.423}{2}) = 6537562 \quad kgf \text{-} cm$$

$$= 65.376 \, t \text{-} m$$

$$\phi M_n = 0.9 \times 65.376 = 58.838 > M_u = 55 \, t - m \quad OK\#$$

2、依最小鋼筋用量 $\rho \approx \rho_{min}$，選擇使用 $\rho = 0.008$

(1) 決定需要的斷面係數 bd^2：

$$m = \frac{f_y}{0.85f_c'} = \frac{2800}{0.85 \times 280} = 11.765$$

$$R_n = \rho f_y(1 - \frac{1}{2}\rho m)$$

$$= 0.008 \times 2800(1 - \frac{1}{2} \times 0.008 \times 11.765) = 21.346 \quad kgf/cm^2$$

$$需要之\, bd^2 = \frac{M_n}{R_n} = \frac{6111111}{21.346} = 286290 \quad cm^3$$

(2) 選定適當 b、d：

設 $\frac{d}{b} \approx 1.5$，則 $d \approx 1.5b$ ；$bd^2 = 2.25b^3 = 286290$

$$b = \sqrt[3]{\frac{286290}{2.25}} = 50.3 \quad cm$$

試選擇 $b = 50$ cm，則 $d = \sqrt{\frac{286290}{50}} = 75.67$ cm

選定 $b \times d = 50 \, cm \times 73 \, cm$ （h = 80 cm）

(3) 選定 b、d 後，修正 ρ 值：

$$真正需要之\, R_n = \frac{M_n}{bd^2} = \frac{6111111}{50 \times 73^2} = 22.935 \quad kgf/cm^2$$

$$\rho = \frac{1}{m}[1 - \sqrt{1 - \frac{2mR_n}{f_y}}]$$

$$= \frac{1}{11.765}[1 - \sqrt{1 - \frac{2 \times 11.765 \times 22.935}{2800}}] = 0.00863$$

(4) 計算真正需要之 A_s：

$$A_s = \rho bd = 0.00863 \times 50 \times 73 = 31.50 \quad cm^2$$

(5) 選擇鋼筋號數及根數：

使用4 - # 10

$$A_s = 4 \times 8.143 = 32.572 \quad cm^2$$

$$\rho = \frac{32.572}{50 \times 73} = 0.00892$$

$$> \rho_{min} = 0.005$$

$$< \rho_{max} = 0.031 \qquad OK\#$$

(6) 設計結果之檢核：

$$T = A_s f_y = 32.572 \times 2800 = 91202 \quad kgf$$

$$a = \frac{T}{0.85 f_c' b}$$

$$= \frac{91202}{0.85 \times 280 \times 50} = 7.66 \quad cm$$

$$x = a / \beta_1 = 7.66 / 0.85 = 9.012$$

$$d_t = d = 73$$

$$x / d_t = 9.012 / 73 = 0.123 < 0.375$$

$$\therefore \phi = 0.9$$

$$M_n = T(d - \frac{a}{2})$$

$$= 91202(73 - \frac{7.66}{2}) = 6308442 \quad kgf\text{-}cm = 63.084 \ t\text{-}m$$

$$\phi M_n = 0.9 \times 63.084 = 56.776 > 55.0 \quad t\text{-}m \quad OK\#$$

2-11 雙筋矩形梁之分析

　　當梁的斷面尺寸受到限制，使壓力區混凝土面積無法產生足夠的壓力，以抵抗作用的彎矩時，此時壓力區就必須配置抗壓鋼筋，這種張力區及壓力區皆配置鋼筋的梁，稱為雙筋梁(Doubly Reinforced Beam)。

　　抗壓鋼筋除可增加梁斷面之撓曲彎矩外，同時亦可提高混凝土在壓碎前抗壓應變的能力，降低混凝土在高應變之下的崩潰傾向，並可減少混凝土的潛變與收縮，增加梁的韌性及延展性。故規範對於不需使用壓力鋼筋提供強度的梁，一般在耐震設計上，亦有配置最小壓力鋼筋用量的規定。

　　綜合以上所述，使用壓力鋼筋之目的如下：

　　　1、當梁的斷面尺寸受到限制或已固定，致使在壓力區內的混凝土面積無法產生足夠的壓力，以抵抗作用彎矩時，就必須在壓力區內配置抗壓鋼筋，提高混凝土壓碎之前抗壓的能力。

　　　2、可幫助固定箍筋。

　　　3、可承受反覆載重所造成不同方向的撓曲彎矩。

　　　4、減少混凝土的潛變與收縮所產生的長期撓度。

　　　5、增加梁的韌性及延展性。

　　適當比例鋼筋量之單筋梁及雙筋梁之載重－變形曲線圖，詳如圖2-11-1所示。

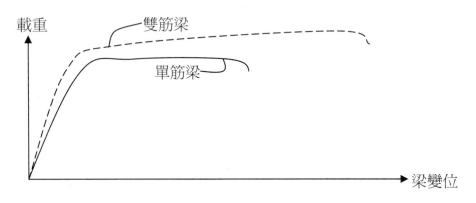

圖2-11-1　單筋梁及雙筋梁之荷重 － 變形曲線圖

　　一般而言，雙筋梁之分析與單筋梁之分析大致相同，其差別只在於將其壓力分成兩部份，分別由混凝土及鋼筋提供，如圖2-11-2所示：

混凝土提供的壓力：

$$C_c = 0.85f'_c\,ba \tag{2.11.1}$$

壓力鋼筋提供的壓力：

$$C_s = A_s' \, (f_s' \, - 0.85f_c' \,)$$

(2.11.2)

張力鋼筋提供的張力：

$$T = A_s f_s$$

(2.11.3)

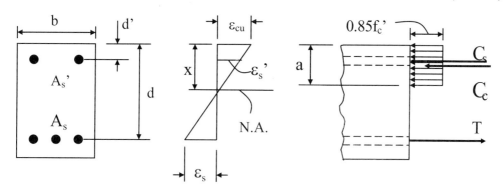

圖2-11-2　雙筋梁斷面之內力平衡圖

由力的平衡關係，可得：

$$T = C_c + C_s$$

$$A_s f_s = 0.85f_c' \, ba + A_s' \, (f_s' \, - 0.85f_c' \,)$$

(2.11.4)

在混凝土達到極限強度時（$\varepsilon_c = \varepsilon_{cu} = 0.003$），張力鋼筋的應力 f_s 及壓力鋼筋的應力 f_s' 可能已達降伏，亦有可能尚未降伏，必須藉由應變的一致性、應力-應變的關係及力的平衡求得。

張力鋼筋的應力 f_s：

$$f_s = \varepsilon_s E_s \le f_y$$

(2.11.5)

由圖2-11-2中之應變關係：

$$\frac{\varepsilon_{cu}}{x} = \frac{\varepsilon_s}{d - x}$$

(2.11.6)

經移項整理後，得：

$$\varepsilon_s = \frac{d - x}{x} \times \varepsilon_{cu}$$

(2.11.7)

壓力鋼筋的應力 f_s'：

$$f_s' \, = \varepsilon_s' \, E_s \le f_y$$

(2.11.8)

同樣由圖2-11-2中之應變關係：

$$\frac{\varepsilon_{cu}}{x} = \frac{\varepsilon_s'}{x - d'}$$

(2.11.9)

經移項整理後，得：

$$\varepsilon'_s = \frac{x-d'}{x} \times \varepsilon_{cu} \qquad\qquad (2.11.10)$$

雙筋梁斷面之標稱彎矩強度 M_n：

$$M_n = M_{n1} + M_{n2}$$

$$= C_s(d-d') + C_c(d-\frac{a}{2}) \qquad\qquad (2.11.11)$$

設計彎矩之要求強度：

$$\phi M_n \geq M_u \quad 或 \quad M_n \geq \frac{M_u}{\phi} \qquad\qquad (2.11.12)$$

例2-11-1

試求圖2-11-3所示之梁斷面所能承載之標稱彎矩強度 M_n 及設計彎矩 M_u=？。

已知：$b = 35$ cm、$d = 66$ cm、d_t=69 cm、$d' = 7.5$ cm、$f'_c = 350$ kgf/cm^2、

$f_y = 4200$ kgf/cm^2、$A_s = 8-\#10 = 8 \times 8.143 = 65.144$ cm^2、$A'_s = 2-\#8$

$= 2 \times 5.067 = 10.134$ cm^2。

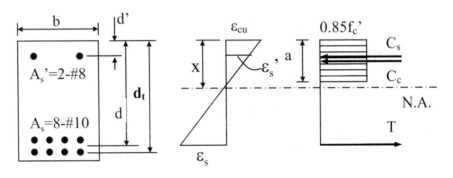

圖2-11-3　例2-11-1雙筋矩形梁斷面及應力分佈圖

＜解＞

1、先假設張力鋼筋及壓力鋼筋皆已降伏：

$$f_s = f'_s = f_y = 4200 \text{ kgf/cm}^2$$

混凝土提供的壓力：

$$C_c = 0.85 f'_c ba = 0.85 \times 350 \times 35 \times a = 10413a \text{ kgf}$$

壓力鋼筋提供的壓力：

$$C_s = A'_s (f'_s - 0.85f'_c) = A'_s (f_y - 0.85f'_c)$$

$$= 10.134 \times (4200 - 0.85 \times 350) = 39548 \text{ kgf}$$

張力鋼筋提供的張力：

$$T = A_s f_s = A_s f_y = 65.144 \times 4200 = 273605 \quad \text{kgf}$$

由力的平衡關係，可得：

$$T = C_c + C_s = 0.85 f_c' \, ba + A_s' \, (f_s' - 0.85 f_c')$$

$$273605 = 10413a + 39548$$

經移項整理後，得：

$$a = \frac{273605 - 39548}{10413} = 22.48 \quad \text{cm}$$

當 $f_c' = 350 \; \text{kgf} / \text{cm}^2$，$\beta_1 = 0.8$

$$x = \frac{a}{\beta_1} = \frac{22.48}{0.8} = 28.10 \quad \text{cm}$$

2、檢核 ε_s 及 ε_s' ：

$$\varepsilon_y = \frac{f_y}{E_s} = \frac{4200}{2.04 \times 10^6} = 0.00206$$

$$\varepsilon_s = \frac{d - x}{x} \times 0.003$$

$$= \frac{66 - 28.10}{28.10} \times 0.003 = 0.00405 > 0.00206$$

$$\varepsilon_s' = \frac{x - d'}{x} \times 0.003$$

$$= \frac{28.1 - 7.5}{28.1} \times 0.003 = 0.0022 > 0.00206$$

因 ε_s 及 ε_s' 皆大於 ε_y

所以，原假設 $f_s = f_s' = f_y$ 正確無誤。

3、計算雙筋梁斷面之標稱彎矩強度 M_n ：

$$M_n = M_{n1} + M_{n2} = C_s (d - d') + C_c (d - \frac{a}{2})$$

$$= 39548 \times (66 - 7.5) + 10413 \times 22.48 \times (66 - \frac{22.48}{2})$$

$$= 15132011 \quad \text{kgf-cm} = 151.32 \quad \text{t} - \text{m}$$

4、計算設計彎矩強度 M_u ：

$$x / d_t = 28.10 / 69 = 0.407 > 0.375$$

$$\therefore \phi = 0.23 + 0.25 / (x / d_t) = 0.23 + 0.25 / 0.407 = 0.844$$

$$M_u = \phi M_n = 0.844 \times 151.32 = 127.714 \quad \text{t} - \text{m} \#$$

例2-11-2

如果例2-11-1之梁斷面中，如不使用2－# 8之壓力筋，試求其標稱彎矩強度 M_n 及設計彎矩強度 M_u=?。

＜解＞

1、假設張力鋼筋已降伏：

$$f_s = f_y = 4200 \quad kgf/cm^2$$

混凝土提供的壓力：

$$C_c = 0.85f_c' \, ba = 0.85 \times 350 \times 35 \times a = 10413a \quad kgf$$

張力鋼筋提供的張力：

$$T = A_s f_s = A_s f_y = 65.144 \times 4200 = 273605 \quad kgf$$

由力的平衡關係，可得：

$$T = C_c$$

$$A_s f_y = 0.85f_c' \, ba$$

$$273605 = 10413a$$

經移項整理後，得：

$$a = \frac{273605}{10413} = 26.28 \quad cm$$

$$x = \frac{a}{\beta_1} = \frac{26.28}{0.8} = 32.85 \quad cm$$

2、檢核 ε_s：

$$\varepsilon_y = \frac{f_y}{E_s} = \frac{4200}{2.04 \times 10^6} = 0.00206$$

$$\varepsilon_s = \frac{d-x}{x} \times 0.003$$

$$= \frac{66 - 32.85}{32.85} \times 0.003 = 0.00303 > 0.00206$$

因 ε_s 大於 ε_y

所以，原假設 $f_s = f_y$ 正確無誤。

3、計算單筋梁斷面之標稱彎矩強度 M_n：

$$M_n = T(d - \frac{a}{2}) = C_c(d - \frac{a}{2})$$

$$= 273605 \times (66 - \frac{26.28}{2})$$

$$= 14462760 \quad kgf-cm = 144.63 \quad t-m$$

4、計算M_u：

$$x / d_t = 32.85 / 69 = 0.476 > 0.375$$

$$\therefore \phi = 0.23 + 0.25 / (x / d_t) = 0.23 + 0.25 / 0.476 = 0.755$$

$$M_u = \phi M_n = 0.755 \times 144.63 = 109.20 \qquad t - m\#$$

比較例2-11-1與例2-11-2得知：梁斷面中，若增加2-#8之壓力鋼筋後，鋼筋用量增加15.6%，其標稱彎矩強度M_n僅增加了4.6%，而M_u增加了17%。

例 2-11-3

如例 2-11-1 之斷面如果將壓力鋼筋由 2-#8 改成 4-#10，試計算其標稱彎矩強度M_n及設計彎矩強度M_u =?。

<解>

1、假設張力鋼筋及壓力鋼筋皆已降伏，則

$$f_s = f_s' = f_y = 4200 kgf / cm^2$$

則 $C_c = 0.85 f_c' ba = 0.85 \times 350 \times 35 \times a = 10413a \quad kgf$

$$C_s = A_s' (f_s' - 0.85 f_c')$$

$$= 4 \times 8.143 \times (4200 - 0.85 \times 350) = 127112 \ kgf$$

$$T = A_s f_y = 65.144 \times 4200 = 273605 \quad kgf$$

由 $T = C_c + C_s$ 得

$$273605 = 10413a + 127112$$

$$\therefore a = 14.07cm \quad ; \quad x = a / \beta_1 = 14.07 / 0.8 = 17.59 \ cm$$

2、檢核ε_s及ε_s'

$$\varepsilon_y = \frac{f_y}{E_s} = \frac{4200}{2.04 \times 10^6} = 0.00206$$

$$\varepsilon_s = \frac{d - x}{x} \times 0.003 = \frac{66 - 17.59}{17.59} \times 0.003 = 0.00826 > \varepsilon_y$$

∴張力筋已降伏

$$\varepsilon_s' = \frac{x - d'}{x} \times 0.003 = \frac{17.59 - 7.5}{17.59} \times 0.003 = 0.00172 < \varepsilon_y$$

∴壓力筋尚未降伏

3、重新計算

$$f_s' = E_s \varepsilon_s' = 2.04 \times 10^6 \times \frac{x - d'}{x} \times 0.003$$

$$= 6120 \times \frac{x - 7.5}{x}$$

$$\therefore C_s = A'_s \left(f'_s - 0.85 f'_c \right)$$

$$= 4 \times 8.143 \times \left[6120 \times \frac{x - 7.5}{x} - 297.5 \right]$$

$$= 199341 \times \frac{x - 7.5}{x} - 9690$$

由 $T = C_c + C_s$ 得

$$273605 = 10413 \times 0.8x + 199341 \times \frac{x - 7.5}{x} - 9690$$

重新整理得：

$$8330x^2 - 83954x - 1495058 = 0$$

$$x^2 - 10.079x - 179.479 = 0$$

$$\therefore x = \frac{10.079 + \sqrt{10.079^2 + 4 \times 1 \times 179.479}}{2} = 19.35 \text{cm}$$

$$a = \beta_1 x = 0.8 \times 19.35 = 15.48$$

4、再檢核 ε_s 及 ε'_s

$$\varepsilon_s = \frac{d - x}{x} \times 0.003 = \frac{66 - 19.35}{19.35} \times 0.003 = 0.00723 > \varepsilon_y$$

$\therefore$張力筋降伏。

$$\varepsilon'_s = \frac{x - d'}{x} \times 0.003 = \frac{19.35 - 7.5}{19.35} \times 0.003 = 0.00184 < \varepsilon_y$$

此時：

$$f'_s = \varepsilon'_s E_s = 0.00184 \times 2.04 \times 10^6 = 3753.6 \text{ kgf} / \text{cm}^2 < f_y$$

$$\therefore C_s = A'_s \left(f'_s - 0.85 f'_c \right)$$
$$= 4 \times 8.143 \times \left(3753.6 - 0.85 \times 350 \right)$$
$$= 112572 \text{ kgf}$$

$$\left[\begin{array}{l} 或直接由 C_s = 199341 \dfrac{x - 7.5}{x} - 9690 \\[3mm] \qquad\qquad = 199341 \dfrac{19.35 - 7.5}{19.35} - 9690 \\[3mm] \qquad\qquad = 112387 \text{ kgf} \end{array} \right]$$

5、計算標稱彎矩強度 M_n：

$$M_n = M_{n1} + M_{n2}$$

$$= C_s(d - d') + C_c(d - \frac{a}{2})$$

$$= 112572(66 - 7.5) + 10413 \times 15.48(66 - \frac{15.48}{2})$$

$$= 15976580 \text{ kgf} - \text{cm} = 159.766 \text{ t} - \text{m}$$

6、計算設計彎矩強度M_u：

$$x / d_t = 19.35 / 69 = 0.28 < 0.375$$

$$\therefore \phi = 0.9$$

$$M_u = \phi M_n = 0.9 \times 159.766 = 143.79 \qquad \text{t} - \text{m\#}$$

　　比較例2-11-1及2-11-3可知,壓力筋用量由2-#8提高到4-#10,其鋼筋用量增加29.8%,其標稱彎矩強度M_n僅增加了5.6%,而其M_u增加了12.6%,由此可知壓力筋增加太多,會造成中性軸上移,而使壓力筋未達降伏,其抗撓曲強度之幫助不大。

一、 拉力筋降伏條件

　　雙筋梁在極限破壞時,拉力筋是否已達降伏？可由降伏條件式加以判別。雙筋梁的應力及應變分佈圖,如圖2-11-4所示,其降伏條件之判別公式推導如下：

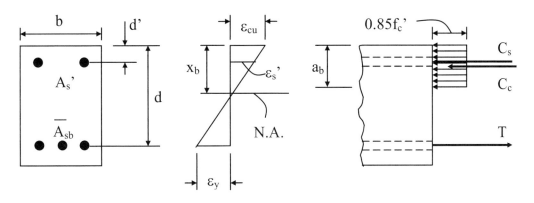

圖2-11-4　雙筋矩形梁在拉力筋降伏狀態之應變及內力圖

1、中性軸位置x_b：

　　由應變關係$\dfrac{\varepsilon_{cu}}{x_b} = \dfrac{\varepsilon_{cu} + \varepsilon_y}{d}$　　　　　　　　(2.11.13)

$$\therefore x_b = \frac{\varepsilon_{cu}}{\varepsilon_{cu} + \varepsilon_y} d \qquad (2.11.14)$$

$$a_b = \beta_1 x_b = \beta_1 \frac{\varepsilon_{cu}}{\varepsilon_{cu} + \varepsilon_y} d \qquad (2.11.15)$$

2、檢核在平衡破壞下，壓力筋之應力 f_s' ：

　　同樣由應變關係：

$$\frac{\varepsilon_s'}{\varepsilon_{cu}} = \frac{x_b - d'}{x_b} \qquad (2.11.16)$$

　　將2.11.14式之 x_b 代入上式可得：

$$\varepsilon_s' = \varepsilon_{cu} - \frac{d'}{d}(\varepsilon_{cu} + \varepsilon_y) \quad 或 \quad \frac{d'}{d} = \frac{\varepsilon_{cu} - \varepsilon_s'}{\varepsilon_{cu} + \varepsilon_y} \qquad (2.11.17)$$

　　此時

$$f_s' = E_s \varepsilon_s' \le f_y \quad (如果 \ \varepsilon_s' \ge \varepsilon_y \ , \ f_s' = f_y \ )$$

3、計算平衡鋼筋量 $\overline{A}_{sb}$ ：

　　$\overline{A}_{sb}$ 為造成拉力筋降伏所需之平衡鋼筋量

　　混凝土提供的壓力：

$$C_c = 0.85 f_c' b a_b \qquad (2.11.18)$$

　　壓力筋提供的壓力：

$$C_s = A_s' (f_s' - 0.85 f_c') \qquad (2.11.19)$$

　　張力筋提供的張力：

$$T = \overline{A}_{sb} f_y \qquad (2.11.20)$$

　　由力的平衡關係，可得：

$$T = C_c + C_s = 0.85 f_c' b a_b + A_s' (f_s' - 0.85 f_c')$$

$$\overline{A}_{sb} f_y = 0.85 f_c' b \beta_1 \frac{\varepsilon_{cu}}{\varepsilon_{cu} + \varepsilon_y} d + A_s' (f_s' - 0.85 f_c')$$

$$\overline{A}_{sb} = 0.85 \beta_1 b d \frac{\varepsilon_{cu}}{\varepsilon_{cu} + \varepsilon_y} \cdot \frac{f_c'}{f_y} + A_s' (\frac{f_s'}{f_y} - \frac{0.85 f_c'}{f_y}) \qquad (2.11.21)$$

代入 $E_s = 2.04 \times 10^6 \ \ kgf/cm^2$ 及 $\varepsilon_{cu} = 0.003$

則 $\overline{A}_{sb} = 0.85 \beta_1 b d \frac{6120}{6120 + f_y} \cdot \frac{f_c'}{f_y} + A_s' (\frac{f_s'}{f_y} - \frac{0.85 f_c'}{f_y}) \qquad (2.11.22)$

或　$\overline{\rho}_b = \rho_b + \rho'\,(\dfrac{f'_s}{f_y} - \dfrac{0.85f'_c}{f_y})$ （2.11.23）

若不考慮抗壓鋼筋所佔混凝土面積之影響

則　$\overline{\rho}_b = \rho_b + \rho'\,(\dfrac{f'_s}{f_y})$ （2.11.24）

若　$f'_s = f_y$

則　$\overline{\rho}_b = \rho_b + \rho'$ （2.11.25）

式中：

ρ_b：單筋梁之平衡鋼筋比

4、拉力筋降伏條件之判別式：

若實際之 $A_s \le \overline{A}_{sb}$，或 $\rho \le \overline{\rho}_b$ 則表示拉力筋已達降伏。

若實際之 $A_s > \overline{A}_{sb}$，或 $\rho > \overline{\rho}_b$ 則表示拉力筋尚未降伏。

5、規範規定，最大鋼筋用量是以張力鋼筋的淨張應變 ε_t 大於0.004[2.1,2.2] 來定義，公式推導如下：

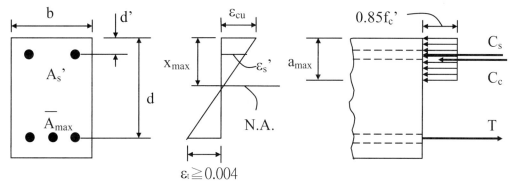

圖2-11-5 雙筋矩形梁在最大鋼筋用量狀態之應變及內力圖

$C_c = 0.85f'_c\,ba_{max}$ （2.11.26）

$C_s = A'_s\,(f'_s - 0.85f'_c)$ （2.11.27）

$T = \overline{A}_{s,max}f_y$ （2.11.28）

$f'_s = E_s\varepsilon'_s = 6120\dfrac{x_{max} - d'}{x_{max}} \le f_y$ （2.11.29）

$a_{max} = \beta_1 x_{max} = \beta_1\dfrac{3}{7}d_t$ （2.11.30）

$$\overline{A}_{s,max}f_y = 0.85f_c'a_{max}b + A_s'(f_s' - 0.85f_c') \tag{2.11.31}$$

$$= 0.85f_c'\beta_1\frac{3}{7}d_tb + A_s'(f_s' - 0.85f_c')$$

$$\therefore \overline{A}_{s,max} = \frac{0.85f_c'}{f_y}\frac{3}{7}\beta_1d_tb + A_s'(\frac{f_s'}{f_y} - \frac{0.85f_c'}{f_y}) \tag{2.11.32}$$

$$\overline{\rho}_{max} = \frac{0.85f_c'}{f_y}\frac{3}{7}\beta_1\frac{d_t}{d} + \rho'\,(\frac{f_s'}{f_y} - \frac{0.85f_c'}{f_y})$$

$$= \frac{3}{7}\beta_1(\frac{0.85f_c'}{f_y})\frac{d_t}{d} + \rho'\,(\frac{f_s'}{f_y} - \frac{0.85f_c'}{f_y}) \tag{2.11.33}$$

$$\therefore \overline{\rho}_{max} = \rho_{max} + \rho'\,(\frac{f_s'}{f_y} - \frac{0.85f_c'}{f_y}) \tag{2.11.34}$$

上式中 ρ_{max} 為單筋矩形梁的最大鋼筋比。

在雙筋梁中如果使用之張力筋 $A_s > \overline{A}_{sb}$ 則在梁破壞時，其張力筋並未降伏，則其分析公式如下：

張力筋：$f_s = E_s \cdot \varepsilon_s = E_s \cdot \dfrac{d-x}{x}\varepsilon_{cu} = 6120\dfrac{d-x}{x}$

$$T = A_sf_s = 6120A_s\frac{d-x}{x} \tag{2.11.35}$$

$$C_c = 0.85f_c'ba = 0.85f_c'b\beta_1x \tag{2.11.36}$$

此時壓力筋可能降伏也可能未降伏，分述如下：

(1)壓力筋未降伏，即 $\varepsilon_s' < \varepsilon_y$，$f_s' < f_y$

$$f_s' = E_s\varepsilon_s' = E_s \cdot \frac{x-d'}{x}\varepsilon_{cu} = 6120\frac{x-d'}{x}$$

壓力筋：$C_s = A_s'\left(f_s' - 0.85f_c'\right)$

$$= A_s'\left(6120\frac{x-d'}{x} - 0.85f_c'\right) \tag{2.11.37}$$

力之平衡：$T = C_c + C_s$

$$6120A_s\frac{d-x}{x} = 0.85f_c'b\beta_1x + A_s'\left(6120\frac{x-d'}{x} - 0.85f_c'\right) \tag{2.11.38}$$

解上式可得中性軸位置x，然後代入2.11.35，2.11.36及2.11.37求得T、C_c及C_s後，其標稱彎矩強度為：

$$M_n = C_c\left(d - \frac{a}{2}\right) + C_s\left(d - d'\right) \tag{2.11.39}$$

(2)壓力筋降伏，即 $\varepsilon_s' \geq \varepsilon_y$，$f_s' = f_y$

$$\therefore C_s = A_s'\left(f_y - 0.85f_c'\right) \tag{2.11.40}$$

由力平衡條件 $T = C_c + C_s$

$$6120A_s \frac{d-x}{x} = 0.85f_c'b\beta_1 x + A_s'\left(f_y - 0.85f_c'\right) \tag{2.11.41}$$

解上式可得中性軸位置x，代入2.11.35，2.11.36求得T及C_c後，再代入 2.11.39求得標稱彎矩強度M_n。

例2-11-4

利用本節公式判別例2-11-1之梁在極限破壞時，該梁內拉力筋是否已降伏？

<解>

1、檢核在平衡破壞下壓力筋是否已降伏：

$$\varepsilon_y = \frac{f_y}{E_s} = \frac{4200}{2.04 \times 10^6} = 0.00206$$

$$\varepsilon_s' = \varepsilon_{cu} - \frac{d'}{d}(\varepsilon_{cu} + \varepsilon_y)$$

$$= 0.003 - \frac{7.5}{66}(0.003 + 0.00206) = 0.00243 > 0.00206 \quad \text{OK}$$

所以，壓力筋已降伏，即 $f_s' = f_y$。

2、檢核平衡破壞：

$$\rho_b = 0.85\beta_1 \frac{6120}{6120 + f_y} \cdot \frac{f_c'}{f_y}$$

$$= 0.85 \times 0.8 \times \frac{6120}{6120 + 4200} \times \frac{350}{4200} = 0.0336$$

$$\rho' = \frac{A_s'}{bd} = \frac{10.134}{35 \times 66} = 0.00439$$

$$\overline{\rho}_b = \rho_b + \rho'(\frac{f_s'}{f_y} - \frac{0.85f_c'}{f_y})$$

$$= 0.0336 + 0.00439 \times (\frac{4200}{4200} - \frac{0.85 \times 350}{4200}) = 0.0377$$

實際$\rho = \frac{A_s}{bd} = \frac{65.144}{35 \times 66} = 0.0282 < \overline{\rho}_b$

所以，拉力筋亦已降伏。

3、檢核規範規定之雙筋梁最大鋼筋比：

單筋矩形梁的最大鋼筋比

$$\rho_{max} = \frac{3}{7}\beta_1 \frac{0.85f_c'}{f_y}\frac{d_t}{d}$$

$$= \frac{3}{7}\times 0.8 \times \frac{0.85\times 350}{4200}\frac{69}{66} = 0.0254$$

$$\overline{\rho}_{max} = \rho_{max} + \rho' \,(\frac{f_s'}{f_y} - \frac{0.85f_c'}{f_y})$$

$$= 0.0254 + 0.00439 \times (1 - \frac{0.85\times 350}{4200}) = 0.0295$$

實際 $\rho < \overline{\rho}_{max}$

所以，本梁斷面之鋼筋比符合規範的規定。

例2-11-5

如例2-11-1之斷面如果將張力鋼筋由8-#10改成12-#10(假設不影響梁深度尺寸d及d_t)，試計算其標稱彎矩強度M_n及設計彎矩強度M_u=?。

<解>

由雙筋梁平衡鋼筋比

$$\overline{\rho}_b = \rho_b + \rho'\,(\frac{f_s'}{f_y} - \frac{0.85f_c'}{f_y})$$

上式其最大值為$f_s' = f_y$，假設壓力筋降伏，則$f_s' = f_y$。

$$\overline{\rho}_b = 0.85\beta_1 \frac{6120}{6120+f_y}\cdot\frac{f_c'}{f_y} + \frac{A_s'}{bd}\left(1 - \frac{0.85f_c'}{f_y}\right)$$

$$= 0.85\times 0.8 \times \frac{6120}{6120+4200}\frac{350}{4200} + \frac{10.134}{35\times 66}(1-\frac{0.85\times 3500}{4200})$$

$$= 0.0377$$

實際之 $\rho = \frac{12\times 8.143}{35\times 66} = 0.0423 > 0.0377 \qquad \therefore$ 張力筋未降伏

$$f_s = E_s\varepsilon_s = E_s\frac{d-x}{x}\varepsilon_{cu} = 6120\frac{d-x}{x}$$

$$T = A_s f_s = A_s 6120\frac{d-x}{x}$$

$$C_c = 0.85f_c'ba = 0.85f_c'b\beta_1 x$$

假設壓力筋已降伏，即$f_s' = f_y$則

$$C_s = A_s'\left(f_y - 0.85f_c'\right)$$

由 $T = C_c + C_s$

$$12 \times 8.143 \times 6120 \times \frac{66-x}{x}$$

$$= 0.85 \times 350 \times 35 \times 0.8 \times x + 10.134 \times (4200 - 0.85 \times 350)$$

$$8330x^2 + 637570x - 39469447 = 0$$

$$x^2 + 76.539x - 4738.229 = 0$$

$$x = \frac{-76.539 + \sqrt{76.539^2 + 4 \times 4738.229}}{2} = 40.488$$

$$a = \beta_1 x = 0.8 \times 40.488 = 32.390$$

檢核張力筋：

$$\varepsilon_s = \frac{d-x}{x} \varepsilon_{cu} = \frac{66-40.488}{40.488} \times 0.003 = 0.00189 < \varepsilon_y = \frac{4200}{2.04 \times 10^6} = 0.00206$$

∴張力筋未降伏

$$f_s = 6120 \times [(66-40.488)/40.488] = 3856.29 \, kgf/cm^2 < 4200 \, kgf/cm^2$$

檢核壓力筋：

$$\varepsilon_s{}' = \frac{x-d'}{x} \varepsilon_{cu} = \frac{40.488-7.5}{40.488} 0.003 = 0.00244 > \varepsilon_y$$

∴壓力筋降伏

$$\therefore T = 12 \times 8.143 \times 3856.29 = 376821 \, kgf$$

$$C_s = 10.134 \times (4200 - 0.85 \times 350) = 39548 \, kgf$$

$$C_c = 0.85 \times 350 \times 35 \times 0.8 \times 40.488 = 337265 \, kgf$$

$$\therefore M_n = C_c \left(d - \frac{a}{2} \right) + C_s \left(d - d' \right)$$

$$= 337265(66 - \frac{32.39}{2}) + 39548(66 - 7.5)$$

$$= 19111041 \, kgf - cm = 191.11 \, t - m$$

$$x/d_t = 40.488/69 = 0.587 > 0.375$$

$$\therefore \phi = 0.23 + 0.25/0.587 = 0.656$$

$$M_u = \phi M_n = 0.656 \times 191.11 = 125.37 \quad\quad t - m\#$$

比較本題結果與例2-11-1可明顯看出在新規範規定下，張力筋用量提高雖可提高標稱彎矩強度M_n，但對設計彎矩強度M_u卻無幫助，這主要是中性軸位置x/d_t的變化改變了強度折減因數ϕ的大小。

二、 壓力筋降伏的條件

雙筋梁在極限破壞時，壓力筋是否已達降伏？亦可由降伏條件式加以判別。雙筋梁在壓力筋已達到降伏時之應力及應變分佈圖，如圖2-11-6所示，其降伏條件之判別公式推導如下：

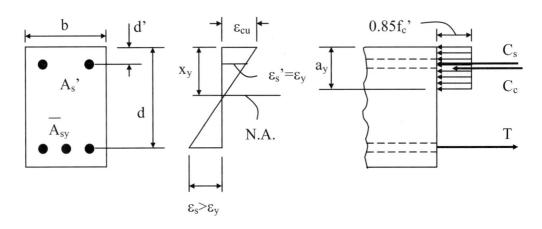

圖2-11-6　雙筋矩形梁在壓力筋降伏狀態之應變及內力圖

1、決定中性軸位置 x_y 為壓力筋剛好降伏之中性軸位置：

$$\frac{\varepsilon_y}{\varepsilon_{cu}} = \frac{x_y - d'}{x_y} \tag{2.11.42}$$

$$x_y = \frac{\varepsilon_{cu}}{\varepsilon_{cu} - \varepsilon_y} d' \tag{2.11.43}$$

$$a_y = \beta_1 x_y = \beta_1 \frac{\varepsilon_{cu}}{\varepsilon_{cu} - \varepsilon_y} d' \tag{2.11.44}$$

2、計算平衡鋼筋量 A_{sy}：

混凝土提供的壓力：

$$C_c = 0.85 f_c' b a_y \tag{2.11.45}$$

壓力筋提供的壓力：

$$C_s = A_s' (f_y - 0.85 f_c') \tag{2.11.46}$$

在正常情況下梁之設計皆控制張力筋降伏，也就是 $f_s = f_y$，所以張力筋提供的張力：

$$T = A_{sy} f_y \tag{2.11.47}$$

由力的平衡關係，可得：

$$T = C_c + C_s = 0.85f'_c \, ba_y + A'_s \, (f_y - 0.85f'_c) \tag{2.11.48}$$

$$A_{sy}f_y = 0.85f'_c \, b\beta_1 \frac{\varepsilon_{cu}}{\varepsilon_{cu} - \varepsilon_y}d' + A'_s \, (f_y - 0.85f'_c) \tag{2.11.49}$$

$$A_{sy} = 0.85\beta_1 bd' \, \frac{\varepsilon_{cu}}{\varepsilon_{cu} - \varepsilon_y} \cdot \frac{f'_c}{f_y} + A'_s \, (1 - \frac{0.85f'_c}{f_y}) \tag{2.11.50}$$

代入 $E_s = 2.04 \times 10^6$ kgf / cm^2 及 $\varepsilon_{cu} = 0.003$

則 $$A_{sy} = 0.85\beta_1 bd' \frac{6120}{6120 - f_y} \cdot \frac{f'_c}{f_y} + A'_s \, (1 - \frac{0.85f'_c}{f_y}) \tag{2.11.51}$$

或 $$\rho_{sy} = 0.85\beta_1 \frac{d'}{d} \cdot \frac{6120}{6120 - f_y} \cdot \frac{f'_c}{f_y} + \rho'(1 - \frac{0.85f'_c}{f_y}) \tag{2.11.52}$$

若不考慮抗壓鋼筋所佔混凝土面積之影響

則 $$\rho_{sy} = 0.85\beta_1 \frac{d'}{d} \cdot \frac{6120}{6120 - f_y} \cdot \frac{f'_c}{f_y} + \rho' \tag{2.11.53}$$

3、壓力筋降伏條件之判別式：

若實際之 $A_s \geq A_{sy}$ 或 $\rho \geq \rho_{sy}$，則表示壓力筋已達降伏。

若實際之 $A_s < A_{sy}$ 或 $\rho < \rho_{sy}$，則表示壓力筋尚未降伏。

4、因此如果要控制壓力筋降伏時所需最小的張力鋼筋比必需滿足下式：

$$\rho \geq \rho_{sy} = 0.85\beta_1 \frac{d'}{d} \cdot \frac{6120}{6120 - f_y} \cdot \frac{f'_c}{f_y} + \rho' \, (1 - \frac{0.85f'_c}{f_y})$$

$$\left[\rho \geq 0.85\beta_1 \frac{d'}{d} \cdot \frac{87000}{87000 - f_y} \cdot \frac{f'_c}{f_y} + \rho' \, (1 - \frac{0.85f'_c}{f_y}) \right]$$

一般在實務設計上仍以控制張力鋼筋必需降伏爲要件，至於壓力筋並不見得也都能控制讓其達到降伏。

例2-11-6

利用本節公式判別例2-11-1之梁在極限破壞時，該梁內壓力筋是否已降伏？

＜解＞

$$實際 \rho = \frac{A_s}{bd} = \frac{65.144}{35 \times 66} = 0.0282$$

$$\rho' = \frac{A'_s}{bd} = \frac{10.134}{35 \times 66} = 0.00439$$

$$\rho_{sy} = 0.85\beta_1 \frac{d'}{d} \cdot \frac{6120}{6120 - f_y} \cdot \frac{f'_c}{f_y} + \rho'(1 - \frac{0.85f'_c}{f_y})$$

$$= 0.85 \times 0.8 \times \frac{7.5}{66} \times \frac{6120}{6120 - 4200} \times \frac{350}{4200}$$

$$+ 0.00439 \times (1 - \frac{0.85 \times 350}{4200}) = 0.0246$$

實際 $\rho = 0.0282 > \rho_{sy}$　　所以，壓力筋已達降伏。

例 2-11-7

利用本節公式判別例 2-11-3 之梁在極限破壞時，該梁壓力筋是否已降伏？

<解>實際 $\rho = \dfrac{A_s}{bd} = \dfrac{65.144}{35 \times 66} = 0.0282$

$$\rho' = \frac{A'_s}{bd} = \frac{32.572}{35 \times 66} = 0.0141$$

$$\rho_{sy} = 0.85\beta_1 \frac{d'}{d} \frac{6120}{6120 - f_y} \frac{f'_c}{f_y} + \rho'\left(1 - \frac{0.85f'_c}{f_y}\right)$$

$$= 0.85 \times 0.8 \times \frac{7.5}{66} \frac{6120}{6120 - 4200} \frac{350}{4200} + 0.0141 \times \left(1 - \frac{0.85 \times 350}{4200}\right)$$

$$= 0.0205 + 0.0131$$

$$= 0.0336$$

實際 $\rho = 0.0282 < \rho_{sy}$

所以壓力筋未降伏。

2-12 雙筋矩形梁之設計

一般梁設計會採用雙筋梁，大都因其斷面受到限制，故梁之斷面尺寸為已知。當梁斷面承受的彎矩 M_n，大於採用單筋梁在最大鋼筋用量 ρ_{max} (也就是張力筋 $\varepsilon_t \geq 0.004$)所能提供的最大彎矩強度 M_{nc} 時，則必須以壓力鋼筋承受此額外的彎矩 M_{ns}：

$$M_{ns} = M_n - M_{nc} \tag{2.12.1}$$

雙筋矩形梁設計步驟如下：

1、判別是否需採用壓力筋：

依規範之規定，取 $\rho = \rho_{max}$

最大鋼筋量：

$$A_{s,max} = \rho_{max} bd \tag{2.12.2}$$

混凝土提供之壓力：

$$C_c = 0.85 f_c' b a_{max} \tag{2.12.3}$$

最大鋼筋量提供之拉力：

$$T = A_{s,max} f_y \tag{2.12.4}$$

由力的平衡關係，可得：

$$T = C_c$$

$$A_{s,max} f_y = 0.85 f_c' b a_{max} \tag{2.12.5}$$

$$a_{max} = \frac{A_{s,max} f_y}{0.85 f_c' b} \tag{2.12.6}$$

單筋梁所能提供的最大彎矩強度 M_{nc}：

$$M_{nc} = A_{s,max} f_y (d - \frac{a_{max}}{2})$$

$$= \rho_{max} bd^2 f_y (1 - 0.59 \rho_{max} \frac{f_y}{f_c'}) \tag{2.12.7}$$

2、判別是否需採用雙筋梁設計：

若作用彎矩 $M_n > M_{nc}$，則表示需採用雙筋梁設計。

若作用彎矩 $M_n \leq M_{nc}$，則表示只需採用單筋梁設計即可。

上列式中 $M_n = M_u / \phi$，其中 ϕ 可假設等於最大值0.9，因為梁設計時不管單筋或雙筋，基本上必需控制張力筋 $\varepsilon_t \geq 0.004$。

3、計算張力筋、壓力筋所需之面積 A_s 及 A_s'：

(1) 計算張力筋 A_s ：

 首先取單筋梁之最大鋼筋用量：
$$A_{s1} = \rho_{max} bd \tag{2.12.8}$$
 由力的平衡關係，可得相對應之a值：

 混凝土壓力
$$C_c = 0.85f'_c ba \tag{2.12.9}$$
 對應混凝土壓力部分之張力鋼筋張力：
$$T_1 = A_{s1}f_y = C_c \tag{2.12.10}$$
$$A_{s1}f_y = 0.85f'_c ba \tag{2.12.11}$$
$$a = \frac{A_{s1}f_y}{0.85f'_c b} \tag{2.12.12}$$
 單筋梁所能提供的最大彎矩強度 M_{nc} ：
$$M_{nc} = T_1(d - \frac{a}{2}) = A_{s1}f_y(d - \frac{a}{2}) \tag{2.12.13}$$
 需靠壓力筋抵抗之彎矩：
$$M_{ns} = M_n - M_{nc} \tag{2.12.14}$$
 其中 M_{ns} 為壓力鋼筋及與其對應部分之張力鋼筋 $T_2 = A_{s2}f_y$ 所產生之彎矩強度即：
$$M_{ns} = T_2(d - d') = A_{s2}f_y(d - d') \tag{2.12.15}$$
 對應壓力筋部分之張力鋼筋量：
$$A_{s2} = \frac{M_{ns}}{f_y(d - d')} \tag{2.12.16}$$
 所以，所需之張力鋼筋面積：
$$A_s = A_{s1} + A_{s2} \tag{2.12.17}$$

(2) 計算壓力筋 A'_s ：

 對應壓力筋之張力筋張力：
$$T_2 = A_{s2}f_y \tag{2.12.18}$$
 壓力筋之壓力：
$$C_s = A'_s(f'_s - 0.85f'_c) \tag{2.12.19}$$
$$T_2 = C_s$$
$$A_{s2}f_y = A'_s(f'_s - 0.85f'_c) \tag{2.12.20}$$
$$A'_s = \frac{A_{s2}f_y}{f'_s - 0.85f'_c} \tag{2.12.21}$$

式中：

$$f_s' = \varepsilon_s' \cdot E_s = \frac{x-d'}{x} \cdot \varepsilon_{cu} \cdot E_s = \frac{x-d'}{x} \times 6120 \le f_y \qquad (2.12.22)$$

$$\left[f_s' = \frac{x-d'}{x} \cdot \varepsilon_{cu} \cdot E_s = \frac{x-d'}{x} \times 87000 \le f_y \right]$$

例2-12-1

一梁斷面在工作載重之下，承受靜載重彎矩 $M_D = 60$ t - m 及活載重彎矩 $M_L = 30$ t - m，梁斷面為b = 35 cm、d = 64 cm、d_t = 69 cm、d' = 7.5 cm，$f_c' = 350$ kgf / cm^2、$f_y = 4200$ kgf / cm^2，請依ACI規範之規定設計所需之鋼筋。

<解>

1、計算放大設計彎矩：

$$M_u = 1.2M_D + 1.6M_L$$
$$M_u = 1.2 \times 60 + 1.6 \times 30 = 120 \text{ t} - \text{m}$$

假設 $\phi = 0.9$

$$M_n = \frac{M_u}{\phi} = \frac{120}{0.9} = 133.333 \text{ t - m}$$

2、檢核單筋梁最大鋼筋面積：

$$\rho_{max} = \frac{3}{7}\beta_1 \frac{0.85f_c'}{f_y} \frac{d_t}{d}$$

$$= \frac{3}{7} \times 0.8 \times \frac{0.85 \times 350}{4200} \frac{69}{64} = 0.0262$$

$$A_{s1} = \rho_{max}bd = 0.0262 \times 35 \times 64 = 58.688 \text{ cm}^2$$

3、判別是否需採用雙筋梁設計：

由力的平衡關係，可得相對應之a值：

$$C_c = 0.85f_c'ba$$
$$T_1 = A_{s1}f_y$$
$$T_1 = C_c$$
$$A_{s1}f_y = 0.85f_c'ba$$
$$a = \frac{A_{s1}f_y}{0.85f_c'b} = \frac{58.688 \times 4200}{0.85 \times 350 \times 35} = 23.67 \text{ cm}$$

$$x = \frac{a}{\beta_1} = \frac{23.67}{0.8} = 29.59 \quad \text{cm}$$

$$M_{nc} = A_{s1}f_y(d - \frac{a}{2})$$

$$= 58.688 \times 4200 \times (64 - \frac{23.67}{2})$$

$$= 12858130 \text{ kgf - cm}$$

$$= 128.581 \text{t - m} \qquad < \quad M_n = 133.333 \text{ t-m}$$

所以，需加壓力筋。

4、計算張力筋、壓力筋所需之面積A_s及A_s'：

(1)計算張力筋所需之面積A_s：

$$A_{s1} = \rho_{max}bd$$

$$= 0.0262 \times 35 \times 64 = 58.688 \quad \text{cm}^2$$

需靠壓力筋抵抗之彎矩：

$$M_{ns} = M_n - M_{nc} = 133.333 - 128.581 = 4.752 \text{ t - m}$$

$$M_{ns} = A_{s2}f_y(d - d')$$

$$A_{s2} = \frac{M_{ns}}{f_y(d - d')} = \frac{475200}{4200 \times (64 - 7.5)} = 2.0 \quad \text{cm}^2$$

所以，張力筋所需之面積：

$$A_s = A_{s1} + A_{s2} = 58.688 + 2.0 = 60.688 \quad \text{cm}^2$$

(2)計算壓力筋所需之面積A_s'：

$$A_{s2}f_y = A_s'(f_s' - 0.85f_c')$$

$$f_s' = \frac{x - d'}{x} \cdot \varepsilon_{cu} \cdot E_s = \frac{x - d'}{x} \times 6120$$

$$= \frac{29.59 - 7.5}{29.59} \times 6120 = 4569 \quad \text{kgf / cm}^2 > f_y$$

$$C_s = A_{s2}f_y = 2.00 \times 4200 = 8400 \quad \text{kgf}$$

$$A_s' = \frac{A_{s2}f_y}{f_s' - 0.85f_c'} = \frac{8400}{4200 - 0.85 \times 350} = 2.15 \quad \text{cm}^2$$

最後所需之鋼筋面積：

張力筋：

$$A_s = 60.688 \quad \text{cm}^2$$

使用 5 - #8 及 6 - #9，$A_s = 64.149 \quad \text{cm}^2$

壓力筋：

$$A_s' = 2.15 \quad \text{cm}^2$$

使用 2 - # 8 $\quad A_s' = 10.134 \quad \text{cm}^2$

5、檢核規範之規定：

$$\rho = \frac{A_s}{bd} = \frac{64.149}{35 \times 64} = 0.0286$$

$$\rho' = \frac{A_s'}{bd} = \frac{10.134}{35 \times 64} = 0.00452$$

$$\bar{\rho}_{max} = \rho_{max} + \rho'(\frac{f_s'}{f_y} - \frac{0.85f_c'}{f_y})$$

$$= 0.0262 + 0.00452(\frac{4200}{4200} - \frac{0.85 \times 350}{4200}) = 0.0304$$

實際 $\rho = 0.0286 < \bar{\rho}_{max} = 0.0304$ OK#

$$\rho_{min} = \frac{0.8\sqrt{f_c'}}{f_y} = \frac{0.8\sqrt{350}}{4200} = 0.00356$$

$$> \frac{14}{f_y} = 0.00333$$

$$\therefore \rho_{min} = 0.00356$$

因 $\quad \rho_{min} < \rho \leq \bar{\rho}_{max}$

所以，符合規範之規定。 O.K.

另外亦可利用公式2.11.44檢核壓力筋是否已降伏：

$$\rho_{sy} = 0.85\beta_1 \frac{6120}{6120 - f_y} \cdot \frac{f_c'}{f_y} \cdot \frac{d'}{d} + \rho'(1 - \frac{0.85f_c'}{f_y})$$

$$= 0.85 \times 0.8 \times \frac{6120}{6120 - 4200} \times \frac{350}{4200} \times \frac{7.5}{64} + 0.00452(1 - \frac{0.85 \times 350}{4200})$$

$$= 0.0212 + 0.00420 = 0.0254$$

實際張力筋 $\rho = 0.0285 > \rho_{sy} = 0.0254$，所以壓力筋已降伏。

6、檢核設計斷面之M_n：

$$T = A_s f_y = 64.149 \times 4200 = 269426 \quad \text{kgf}$$

$$C_s = A_s'(f_y - 0.85f_c') = 10.134(4200 - 0.85 \times 350) = 39548 \quad \text{gf}$$

$$C_c = T - C_s = 269426 - 39548 = 229878 \quad \text{kgf}$$

$$a = \frac{C_c}{0.85f_c'b} = \frac{229878}{0.85 \times 350 \times 35} = 22.077 \quad \text{cm}$$

$$M_n = C_c(d - \frac{a}{2}) + C_s(d - d')$$

$$= 229878(64 - \frac{22.077}{2}) + 39548(64 - 7.5)$$

$$= 14409146 \quad kgf\text{-}cm = 144.091 \text{ t-m} \quad OK\#$$

$$x = a / \beta_1 = 22.077 / 0.8 = 27.596$$

$$\varepsilon_t = \frac{d_t - x}{x} \varepsilon_{cu} = \frac{69 - 27.596}{27.596} \times 0.003 = 0.0045 > 0.004 \quad OK$$

$$x / d_t = 27.596 / 69 = 0.400 > 0.375$$

$$\therefore \phi = 0.23 + 0.25 / 0.400 = 0.855$$

$$\phi M_n = 0.855 \times 144.091 = 123.20 > M_u = 120.0 \quad t-m$$

例2-12-2

試重新設計例2-12-1，但控制斷面之中性軸位置在 $x = 0.375x_b$ 處。

<解>

1、計算放大設計彎矩：

$$M_u = 1.2M_D + 1.6M_L$$

$$M_u = 1.2 \times 60 + 1.6 \times 30 = 120 \text{ t-m}$$

$$M_n = \frac{M_u}{\phi} = \frac{120}{0.9} = 133.333 \text{ t-m}$$

2、計算單筋梁可用之最大鋼筋斷面積：

$$x_b = \frac{\varepsilon_{cu}}{\varepsilon_{cu} + \varepsilon_y} d = \frac{0.003}{0.003 + 0.00206} \times 64 = 37.945 \text{ cm}$$

$$x = 0.375x_b = 0.375 \times 37.945 = 14.229 \text{ cm}$$

$$a = \beta_1 x = 0.8 \times 14.229 = 11.383 \text{ cm}$$

$$C_c = 0.85f_c'ba$$

$$T_1 = A_{s1}f_y$$

由力的平衡關係，可得：

$$T_1 = C_c$$

$$A_{s1}f_y = 0.85f_c'ba$$

$$A_{s1} = \frac{0.85f_c'ba}{f_y} = \frac{0.85 \times 350 \times 35 \times 11.383}{4200} = 28.22 \text{ cm}^2$$

3、判別是否需採用雙筋梁設計：

$$M_{nc} = A_{s1}f_y(d - \frac{a}{2}) = 28.22 \times 4200 \times (64 - \frac{11.383}{2})$$

$$=6910957 \text{ kgf} - \text{cm} = 69.110 \text{ t} - \text{m}$$
$$< \text{M}_n = 133.333 \text{ t-m}$$

所以，需加壓力筋。

4、計算張力筋、壓力筋所需之面積 A_s 及 A'_s：

(1) 計算張力筋所需之面積 A_s：

$$A_{s1} = 28.22 \quad \text{cm}^2$$

需靠壓力筋抵抗之彎矩：

$$\text{M}_{ns} = \text{M}_n - \text{M}_{nc} = 133.333 - 69.110 = 64.223 \text{ t - m}$$

$$\text{M}_{ns} = A_{s2} f_y (d - d')$$

經移項整理後，得：

$$A_{s2} = \frac{\text{M}_{ns}}{f_y (d - d')} = \frac{6422300}{4200 \times (64 - 7.5)} = 27.06 \quad \text{cm}^2$$

所以，張力筋所需之面積：

$$A_s = A_{s1} + A_{s2} = 28.22 + 27.06 = 55.28 \quad \text{cm}^2$$

(2) 計算壓力筋所需之面積 A'_s：

$$f'_s = \frac{x - d'}{x} \cdot \varepsilon_{cu} \cdot E_s = \frac{x - d'}{x} \times 6120$$

$$= \frac{14.229 - 7.5}{14.229} \times 6120 = 2894 \quad \text{kgf} / \text{cm}^2 < f_y$$

$$T_2 = A_{s2} f_y = A'_s (f'_s - 0.85 f'_c)$$

$$\text{M}_{ns} = A_{s2} f_y (d - d') = A'_s (f'_s - 0.85 f'_c)(d - d')$$

經移項整理後，得：

$$A'_s = \frac{\text{M}_{ns}}{(f'_s - 0.85 f'_c)(d - d')}$$

$$= \frac{6422300}{(2894 - 0.85 \times 350) \times (64 - 7.5)} = 43.78 \quad \text{cm}^2$$

最後所需之鋼筋面積：

張力筋：

$$A_s = A_{s1} + A_{s2} = 28.22 + 27.06 = 55.28 \quad \text{cm}^2$$

使用 11 - #8 $\quad A_s = 55.737 \quad \text{cm}^2$

壓力筋：

$$A'_s = 43.78 \quad \text{cm}^2$$

使用 9 - #8， $A'_s = 45.603 \quad \text{cm}^2$

5、檢核規範之規定：

$$\rho = \frac{A_s}{bd} = \frac{55.737}{35 \times 64} = 0.0249$$

$$\rho' = \frac{A_s'}{bd} = \frac{45.603}{35 \times 64} = 0.0204$$

$$\rho_{max} = \frac{3}{7}\beta_1 \frac{0.85f_c'}{f_y} \frac{d_t}{d} = 0.0262$$

$$\bar{\rho}_{max} \leq \rho_{max} + \rho'(\frac{f_s'}{f_y} - \frac{0.85f_c'}{f_y})$$

$$= 0.0262 + 0.0204 \times (\frac{2894}{4200} - \frac{0.85 \times 350}{4200})$$

$$= 0.0262 + 0.0126 = 0.0388$$

$$\rho_{min} = \frac{0.8\sqrt{f_c'}}{f_y} = \frac{0.8\sqrt{350}}{4200} = 0.00356$$

$$\rho_{min} < \rho < \bar{\rho}_{max} \qquad \therefore 符合規範規定$$

本題同樣也可以公式2.11.52檢核壓力筋是否已降伏：

$$\rho_{sy} \geq 0.85\beta_1 \frac{6120}{6120 - f_y} \cdot \frac{f_c'}{f_y} \cdot \frac{d'}{d} + \rho'(1 - \frac{0.85f_c'}{f_y})$$

$$= 0.85 \times 0.8 \times \frac{6120}{6120 - 4200} \times \frac{350}{4200} \times \frac{7.5}{64} +$$

$$0.0204(1 - \frac{0.85 \times 350}{4200})$$

$$= 0.0212 + 0.019 = 0.0402$$

實際張力筋之 $\rho = 0.0249 < \rho_{sy}$ 所以壓力筋尚未降伏。

6、檢核設計斷面之 M_n：

混凝土壓力：

$$C_c = 0.85f_c'ba = 0.85 \times 350 \times 35 \times 0.8 \times x = 8330x$$

壓力筋壓力：假設壓力筋未降伏

$$C_s = A_s'(f_s' - 0.85f_c') = 45.603(6120\frac{x - 7.5}{x} - 0.85 \times 350)$$

張力筋張力：張力筋已降伏

$$T = 55.737 \times 4200 = 234095$$

由 $T = C_c + C_s$

$$234095 = 8330x + 279090.4(\frac{x - 7.5}{x}) - 13566.9$$

$$8330x^2 + 31428.5x - 2093178 = 0$$

$$x^2 + 3.773x - 251.28 = 0$$

$$x = \frac{-3.773 + \sqrt{3.773^2 + 4 \times 251.28}}{2} = 14.077$$

$$a = \beta_1 x = 0.8 \times 14.077 = 11.262$$

$$\text{則} \ f_s' = 6120\frac{14.077 - 7.5}{14.077} = 2859.4 \ \text{kgf} / \text{cm}^2 < f_y \quad \text{OK\#}$$

$$f_s = 6120\frac{d - x}{x} = 6120\frac{64 - 14.077}{14.077} = 21704 \ \text{kgf} / \text{cm}^2 > f_y \quad \text{OK\#}$$

張力筋降伏,壓力筋未降伏原假設同。

$$\therefore C_c = 8330 \times 14.077 = 117261 \ \text{kgf}$$

$$C_s = 45.603(2859.4 - 0.85 \times 350) = 116830 \ \text{kgf}$$

$$\therefore M_n = C_c(d - \frac{a}{2}) + C_s(d - d')$$

$$= 117261(64 - \frac{11.262}{2}) + 116830(64 - 7.5)$$

$$= 13445302 \ \text{kgf} - \text{cm} = 134.453 \ \text{t} - \text{m}$$

$$\varepsilon_t = \frac{d_t - x}{x}\varepsilon_{cu} = \frac{69 - 14.077}{14.077} \times 0.003 = 0.0117 > 0.004 \quad \text{OK}$$

$$x / d_t = 14.077 / 69 = 0.204 < 0.375$$

$$\therefore \phi = 0.9$$

$$\phi M_n = 0.9 \times 134.453 = 121.01 \ \text{t} - \text{m} > M_u = 120.0 \ \text{t} - \text{m} \quad \text{OK\#}$$

例2-12-3

一鋼筋混凝土簡支梁,該梁之跨度 L = 5m,在工作載重之下,承受靜載(含梁自重)$w_D = 20 t / m$ 及活載重 $w_L = 15 t / m$,已知:b=35 ㎝、d=72 ㎝、$d_t = 78$ cm、$d' = 7$ cm、$f_c' = 280 \text{kgf} / \text{cm}^2$、$f_y = 2800 \text{kgf} / \text{cm}^2$。試設計該斷面所需之鋼筋。

<解>

1、計算放大設計彎矩:

$$M_D = \frac{W_D L^2}{8} = \frac{20 \times 5^2}{8} = 62.5 \quad \text{t} - \text{m}$$

$$M_L = \frac{W_L L^2}{8} = \frac{15 \times 5^2}{8} = 46.875 \quad \text{t} - \text{m}$$

$$M_u = 1.2M_D + 1.6M_L$$

$$M_u = 1.2 \times 62.5 + 1.6 \times 46.875 = 150.0 \quad t-m$$

假設張力控制斷面 $\phi = 0.9$

$$M_n = \frac{M_u}{\phi} = \frac{150.0}{0.9} = 166.667 \quad t-m$$

2、檢核單筋梁最大鋼筋面積：

$$\rho_{max} = \frac{3}{7}\beta_1 \frac{0.85f_c'}{f_y}\frac{d_t}{d}$$

$$= \frac{3}{7} \times 0.85 \times \frac{0.85 \times 280}{2800} \times \frac{78}{72} = 0.0335$$

$$A_{s1} = \rho_{max}bd = 0.0335 \times 35 \times 72 = 84.42 \quad cm^2$$

3、判別是否需採用雙筋梁設計：

由力的平衡關係，可得相對應之a值：

$$C_c = 0.85f_c' ba$$

$$T_1 = A_{s1}f_y$$

$$T_1 = C_c$$

$$A_{s1}f_y = 0.85f_c' ba$$

$$a = \frac{A_{s1}f_y}{0.85f_c' b} = \frac{84.42 \times 2800}{0.85 \times 280 \times 35} = 28.38 \quad cm$$

$$x = \frac{a}{\beta_1} = \frac{28.38}{0.85} = 33.39 \quad cm$$

$$M_{nc} = A_{s1}f_y(d - \frac{a}{2}) = 84.42 \times 2800 \times (72 - \frac{28.38}{2})$$

$$= 13664897 \text{ kgf} - cm = 136.649 \text{ t} - m < M_n = 166.667 \text{ t-m}$$

所以，需加壓力筋。

4、計算張力筋、壓力筋所需之面積 A_s 及 A_s'：

(1) 計算張力筋所需之面積 A_s：

$$A_{s1} = \rho_{max}bd = 0.0335 \times 35 \times 72 = 84.42 \quad cm^2$$

需靠壓力筋及張力筋共同抵抗之彎矩：

$$M_{ns} = M_n - M_{nc} = 166.667 - 136.649 = 30.018 \quad t-m$$

$$M_{ns} = A_{s2}f_y(d - d')$$

$$A_{s2} = \frac{M_{ns}}{f_y(d-d')} = \frac{3001800}{2800 \times (72-7)} = 16.49 \quad cm^2$$

所以，張力筋所需之面積：

$$A_s = A_{s1} + A_{s2} = 84.42 + 16.49 = 100.91 \quad cm^2$$

(2) 計算壓力筋所需之面積 A_s'：

$$A_{s2}f_y = A_s'(f_s' - 0.85f_c')$$

$$f_s' = \frac{x-d'}{x} \cdot \varepsilon_{cu} \cdot E_s = \frac{x-d'}{x} \times 6120$$

$$= \frac{33.39-7}{33.39} \times 6120 = 4837 \quad kgf/cm^2 > f_y$$

$$T_2 = A_{s2}f_y = 16.49 \times 2800 = 46172 \quad kgf$$

$$A_s' = \frac{A_{s2}f_y}{f_y - 0.85f_c'} = \frac{46172}{2800 - 0.85 \times 280} = 18.02 \quad cm^2$$

最後所需之鋼筋面積：

張力筋：

$$A_s = A_{s1} + A_{s2} = 84.42 + 16.49 = 100.91 \quad cm^2$$

使用11-#11三層配筋　$A_s = 110.77 \, cm^2$

壓力筋：

$$A_s' = 18.02 \quad cm^2$$

使用2-#11　$A_s' = 20.14 \, cm^2$

5、檢核規範之規定：

$$\rho = \frac{A_s}{bd} = \frac{110.77}{35 \times 72} = 0.0440$$

$$\rho' = \frac{A_s'}{bd} = \frac{20.14}{35 \times 72} = 0.0080$$

$$\overline{\rho}_{max} = \rho_{max} + \rho'(\frac{f_s'}{f_y} - \frac{0.85f_c'}{f_y})$$

$$= 0.0335 + 0.008 \times (\frac{2800}{2800} - \frac{0.85 \times 280}{2800}) = 0.0408$$

$\rho > \overline{\rho}_{max}$　NG

所以將壓力筋改為3-#11　$A_s' = 30.21 cm^2$

$$\rho' = \frac{30.21}{35 \times 72} = 0.0120$$

$$\overline{\rho}_{max} = 0.0335 + 0.0120(\frac{2800}{2800} - \frac{0.85 \times 280}{2800})$$

$$= 0.0445 > \rho = 0.0440 \quad OK\#$$

$$\rho_{min} = \frac{0.8\sqrt{f_c'}}{f_y} = \frac{0.8\sqrt{280}}{2800} = 0.00478$$

$$< \frac{14}{f_y} = \frac{14}{2800} = 0.005$$

$$\therefore \rho_{min} = 0.005$$

因 $\rho_{min} < \rho \le \rho_{max}$ ，所以符合規範之規定。

另外亦可以公式2.11.44檢核壓力筋是否已降伏：

$$\rho_{sy} = 0.85\beta_1 \frac{6120}{6120 - f_y} \cdot \frac{f_c'}{f_y} \cdot \frac{d'}{d} + \rho'(1 - \frac{0.85f_c'}{f_y})$$

$$= 0.85 \times 0.85 \times \frac{6120}{6120 - 2800} \times \frac{280}{2800} \times \frac{7}{72}$$

$$+ 0.0120(1 - \frac{0.85 \times 280}{2800})$$

$$= 0.0129 + 0.011 = 0.0239$$

實際 $\rho = 0.0440 > \rho_{sy}$ 所以壓力筋已降伏。

6、檢核設計斷面之 M_n ：

$$T = A_s f_y = 110.77 \times 2800 = 310156 \ kgf$$

$$C_s = A_s'(f_y - 0.85f_c') = 30.21(2800 - 0.85 \times 280) = 77398 \ kgf$$

$$C_c = T - C_s = 310156 - 77398 = 232758 \ kgf$$

$$a = \frac{C_c}{0.85f_c'b} = \frac{232758}{0.85 \times 280 \times 35} = 27.94 \ cm$$

$$M_n = C_c(d - \frac{a}{2}) + C_s(d - d')$$

$$= 232758(72 - \frac{27.94}{2}) + 77398(72 - 7)$$

$$= 18537817 \ kgf - cm = 185.38 \ t - m$$

$$x = a/\beta_1 = 27.94/0.85 = 32.87$$

$$\varepsilon_t = \frac{d_t - x}{x}\varepsilon_{cu} = \frac{78 - 32.87}{32.87} \times 0.003 = 0.00412 > 0.004 \quad OK$$

$$x / d_t = 32.87 / 78 = 0.421 > 0.375$$
$$\therefore \phi = 0.23 + 0.25 / 0.421 = 0.824$$
$$\phi M_n = 0.824 \times 185.38 = 152.75 t - m > M_u = 150.0\ t - m \qquad OK\#$$

例2-12-4

有一跨度爲 6 m 之簡支梁，在工作載重下承受靜載重（含梁自重）
$W_D = 20t / m$，$W_L = 15t / m$，因受空間限制該梁最大梁深不得超過 80 cm，
梁之 h/b ≈ 2.0。試設計該梁斷面及配筋。材料性質 $f'_c = 420 kgf / cm^2$，
$f_y = 4200 kgf / cm^2$。

<解>

1、計算放大設計彎矩

$$W_u = 1.2 W_D + 1.6 W_L = 1.2 \times 20 + 1.6 \times 15 = 48.0\ \ t/m$$

$$M_u = \frac{1}{8} W_u \ell^2 = \frac{1}{8} \times 48.0 \times 6^2 = 216.0\ \ t\text{-}m$$

假設張力控制斷面 $\phi = 0.9$

$$M_n = M_u / \phi = 216.0 / 0.9 = 240.0\ \ t\text{-}m$$

2、決定 bd^2

梁高受限制，取最大鋼筋比 ρ_{max} 設計梁斷面。

假設 $d_t = d$

$$\rho_{max} = \frac{3}{7} \beta_1 \frac{0.85 f'_c}{f_y} = \frac{3}{7} \times 0.75 \times \frac{0.85 \times 420}{4200} = 0.0273$$

$$m = \frac{f_y}{0.85 f'_c} = \frac{4200}{0.85 \times 420} = 11.765$$

$$R_n = \frac{M_n}{bd^2} = \rho f_y (1 - \frac{1}{2} \rho m) = 0.0273 \times 4200 \times (1 - \frac{1}{2} \times 0.0273 \times 11.765)$$
$$= 96.246\ kgf/cm^2$$

需要之 $bd^2 = \dfrac{M_n}{R_n} = \dfrac{240.0 \times 10^5}{96.246} = 249361$

如果梁深 h=80 cm，則 $d \approx 80 - 10 = 70$ cm(雙層配筋)

$$b = \frac{249361}{70^2} = 50.9\ cm$$

因此，如果採單筋梁設計最小梁寬需達 55 公分以上，且要保持
h/b ≈ 2，則本題必需以雙筋梁設計，以下設計取 h=80cm(d=70 cm，
$d' = 7.0$ cm)，b=40 cm

3、設計 A_s 及 A_s'

$$A_{s1} = \rho_{max} bd = 0.0273 \times 40 \times 70 = 76.44 \quad cm^2$$

$$a = \frac{A_{s1} f_y}{0.85 f_c' b} = \frac{76.44 \times 4200}{0.85 \times 420 \times 40} = 22.48 \quad cm$$

$$x = \frac{a}{\beta_1} = \frac{22.48}{0.75} = 29.97 \quad cm$$

$$M_{nc} = A_{s1} f_y (d - \frac{a}{2}) = 76.44 \times 4200 \times (70 - \frac{22.48}{2}) = 18864780$$
$$= 188.648 \ t\text{-}m$$

$$M_{ns} = M_n - M_{nc} = 240.0 - 188.648 = 51.352 \quad t\text{-}m$$

$$A_{s2} = \frac{M_{ns}}{f_y(d - d')} = \frac{5135200}{4200 \times (70 - 7.0)} = 18.25 cm^2$$

$$A_s = A_{s1} + A_{s2} = 76.44 + 18.25 = 94.69 cm^2$$

$$f_s' = \frac{x - d'}{x} \varepsilon_{cu} E_s = \frac{x - d'}{x} \times 6120 = \frac{29.97 - 7.0}{29.97} \times 6120$$
$$= 4691 \ kgf/cm^2 > 4200 \ kgf/cm^2$$

$$\therefore A_s' = \frac{A_{s2} f_y}{f_y - 0.85 f_c'} = \frac{18.25 \times 4200}{4200 - 0.85 \times 420} = 19.95 \quad cm^2$$

$$A_s = 94.96 \ cm^2 \ 使用 \ 10\text{-}\#11 = 10 \times 10.07 = 100.7 \ cm^2$$

$$A_s' = 19.95 \ cm^2 \ 使用 \ 2\text{-}\#11 = 2 \times 10.07 = 20.14 \ cm^2$$

4、檢核規範之規定:

$$\overline{\rho}_{max} = \rho_{max} + \rho'(\frac{f_s'}{f_y} - \frac{0.85 f_c'}{f_y})$$

$$\rho_{max} = 0.0273$$

$$\rho' = \frac{A_s'}{bd} = \frac{20.14}{40 \times 70} = 0.00719$$

$$\rho = \frac{A_s}{bd} = \frac{100.7}{40 \times 70} = 0.0360$$

$$\overline{\rho}_{max} = 0.0273 + 0.00719(\frac{4200}{4200} - \frac{0.85 \times 420}{4200})$$
$$= 0.0339 < 0.036 \qquad \because \rho > \overline{\rho}_{max} \qquad NG\#$$

壓力筋改用 3-#11, $A_s' = 30.21 cm^2$

$$\rho' = \frac{A_s'}{bd} = \frac{30.21}{40 \times 70} = 0.0108$$

$$\bar{\rho}_{max} = 0.0273 + 0.0108(\frac{4200}{4200} - \frac{0.85 \times 420}{4200})$$
$$= 0.0372 > 0.036 \quad \because \rho < \bar{\rho}_{max} \quad OK\#$$

本題實際有效梁深 d 將小於 70cm，因在梁寬 40cm 內無法以雙層筋配置 10-#11 筋而需以 3 層筋配置，所以 d 應為 $80 - 13 = 67$ 公分 $d_t = 80 - 7 = 73$，此時配筋重新調整為：

$$\rho_{max} = \frac{3}{7}\beta_1 \frac{0.85f_c'}{f_y} \frac{d_t}{d} = \frac{3}{7} \times 0.75 \times \frac{0.85 \times 420}{4200} \times \frac{73}{67} = 0.0298$$

$$A_{s1} = \rho_{max} bd = 0.0298 \times 40 \times 67 = 79.864 \text{ cm}^2$$

$$a = \frac{A_{s1}f_y}{0.85f_c'b} = \frac{79.864 \times 4200}{0.85 \times 420 \times 40} = 23.489 \text{ cm} ；$$

$$x = \frac{a}{\beta_1} = \frac{23.489}{0.75} = 31.319$$

$$M_{nc} = A_{s1}f_y(d - \frac{a}{2}) = 79.864 \times 4200(67 - \frac{23.489}{2})$$
$$= 18534286 \text{ kgf} - \text{cm} = 185.343 \text{ t} - \text{m}$$

$$M_{ns} = M_n - M_{nc} = 240.0 - 185.343 = 54.657 \quad \text{t-m}$$

$$A_{s2} = \frac{M_{ns}}{f_y(d - d')} = \frac{5465700}{4200(67 - 7)} = 21.689 \text{ cm}^2$$

$$\therefore A_s = A_{s1} + A_{s2} = 79.864 + 21.689 = 101.553 \text{ cm}^2$$

$$f_s' = \frac{x - d'}{x} \times 6120 = \frac{31.319 - 7}{31.319} \times 6120 = 4752 > 4200 \text{ kgf}/\text{cm}^2$$

$$\therefore f_s' = f_y = 4200 \text{ kgf}/\text{cm}^2$$

$$A_s' = \frac{A_{s2}f_y}{(f_y - 0.85f_c')} = \frac{21.689 \times 4200}{(4200 - 0.85 \times 420)} = 23.70 \text{ cm}^2$$

$$\therefore A_s = 101.553 \text{ cm}^2 使用 11\text{-}\#11 = 11 \times 10.07 = 110.77 \text{ cm}^2$$

$$A_s' = 23.70 \text{ cm}^2 使用 3\text{-}\#11 = 3 \times 10.07 = 30.21 \text{ cm}^2$$

張力筋以三層配筋每層四根，壓力筋單層配置。

檢核 $\bar{\rho}_{max}$：

$$\rho' = \frac{A_s'}{bd} = \frac{30.21}{40 \times 67} = 0.0113; \quad \rho = \frac{A_s}{bd} = \frac{110.77}{40 \times 67} = 0.0413$$

$$\bar{\rho}_{max} = \rho_{max} + \rho'(\frac{f_y}{f_y} - \frac{0.85f_c'}{f_y})$$

$$= 0.0298 + 0.0113(1 - \frac{0.85 \times 420}{4200})$$

$$= 0.0401 < \rho = 0.0413 \quad NG\#$$

不符合規範規定，增加壓力筋為 4-#11 單層配筋，則：

$$\rho' = \frac{A'_s}{bd} = \frac{4 \times 10.07}{40 \times 67} = 0.0150$$

則 $\overline{\rho}_{max} = \rho_{max} + \rho'(\frac{f'_s}{f_y} - \frac{0.85f'_c}{f_y})$

$$= 0.0298 + 0.015(1 - \frac{0.85 \times 420}{4200})$$

$$= 0.0435 > \rho = 0.0413$$

$\therefore \rho < \overline{\rho}_{max} \quad OK\#$

5、檢核設計斷面之 M_n

斷面採用 $b \times h = 40 \times 80cm$

張力筋 11-#11，三層配置 $A_s = 110.77cm^2$、$d = 67cm$、$d_t = 73cm$

壓力筋 4-#11，單層配置 $A'_s = 40.28cm^2$、$d' = 7cm$

$\rho = 0.0413, \quad \rho' = 0.0150$

$C_c = 0.85f'_c ba = 0.85 \times 420 \times 40 \times 0.75x = 10710x \quad kgf$

$C_s = A'_s(f_y - 0.85f'_c) = 40.28(4200 - 0.85 \times 420) = 154796 \ kgf$

$T = A_s f_y = 110.77 \times 4200 = 465234 \quad kgf$

由 $T = C_c + C_s$ 得

$465234 = 10710x + 154796$

$x = 28.99 \ cm$

$a = 0.75 \times 28.99 = 21.74$

$\varepsilon'_s = \frac{x - d'}{x} \varepsilon_{cu} = \frac{28.99 - 7}{28.99} \times 0.003 = 0.00228 > \varepsilon_y = 0.00206$

$\varepsilon_s = \frac{d - x}{x} \varepsilon_{cu} = \frac{67 - 28.99}{28.99} \times 0.003 = 0.00393 > \varepsilon_y$

$\therefore C_c = 10710 \times 28.99 = 310483 \quad kgf$

$\therefore M_n = C_c(d - \frac{a}{2}) + C_s(d - d')$

$$= 310483(67 - 21.74/2) + 154796(67 - 7)$$

$$= 26715171 \quad kgf - cm = 267.152 \ t - m$$

$\varepsilon_t = \frac{d_t - x}{x} \varepsilon_{cu} = \frac{73 - 28.99}{28.99} \times 0.003 = 0.00455 > 0.004 \quad OK$

$$x / d_t = 28.99 / 73 = 0.397 > 0.375$$
$$\therefore \phi = 0.23 + 0.25 / 0.397 = 0.86$$
$$\phi M_n = 0.86 \times 267.152 = 229.75 t - m > M_u = 216.0 t - m \qquad OK\#$$

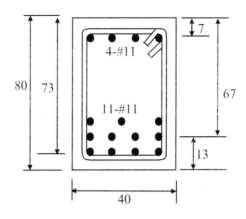

圖2-12-1 例2-12-4 斷面配筋圖

2-13 非矩形斷面梁

　　當梁斷面爲非矩形斷面時，本章前面各節所述之公式仍然適用。不管任何形狀構材的受壓面積均可使用懷特尼矩形應力分佈。但在計算混凝土壓力大小時，則以壓力塊範圍內之受壓混凝土面積 A_c 取代矩形梁之壓力塊面積 ba，其壓力大小爲 $C_c = 0.85 f_c' A_c$；同時，非矩形斷面壓力之合力位置並不在壓力塊 a/2 處，亦即非矩形斷面壓力之合力位置 $\bar{y} \neq a/2$，必需依其形狀計算其合力位置，一般爲其壓應力塊斷面之重心位置。

　　對非矩形斷面梁之設計，基本上還是以構件之韌性爲主要考量因素。而構件韌性之好壞，基本上可由中性軸的位置做初步的判斷，同樣的斷面在受到相同的撓曲彎矩作用下，如果中性軸距離受壓側外緣越近(距受壓側外緣之距離較小)，則有較好的韌性。依ACI規範之規定，不管斷面形狀如何變化，基本上仍以張力鋼筋之淨張應變 ε_t 必須大於0.004來控制張力鋼筋的最大用量。

　　非矩形梁斷面的應變及內力圖，如下圖所示：

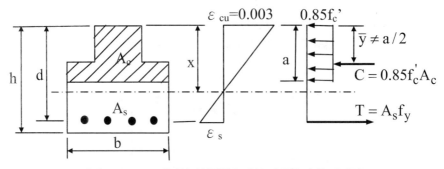

圖2-13-1　非矩形梁斷面的應變及內力圖

非矩形梁斷面標稱彎矩強度 M_n 計算步驟如下：

1、實際核算受壓混凝土之面積 A_c。

2、計算梁斷面中性軸位置 x。

3、混凝土提供之壓力：$C_c = 0.85f_c'A_c$

4、張力筋提供之張力：$T = A_sf_y$

5、標稱彎矩強度 M_n：

$$M_n = T(d - \bar{y}) \quad 或 \quad M_n = C_c(d - \bar{y})$$

6、設計彎矩強度 M_u：

$$M_u = \phi M_n$$

$\phi = 0.9$　張力筋控制斷面($x/d_t \leq 0.375$ 　或　 $\varepsilon_t \geq 0.005$)

$\phi = 0.65$　壓力筋控制斷面($x/d_t > 0.60$ 　或　 $\varepsilon_t \leq 0.002$)

當 $0.002 < \varepsilon_t < 0.005$ 時；$\phi = 0.23 + 0.25/(x/d_t)$

例 2-13-1

有一鋼筋混凝土梁斷面如圖 2-13-2 所示，使用 3-#8 張力筋，試求(a)該斷面之標稱彎矩強度 M_n 及設計彎矩強度 M_u，(b)該斷面允許之最大鋼筋量。已知 $f_c' = 210 \ kgf/cm^2$，$f_y = 4200 \ kgf/cm^2$

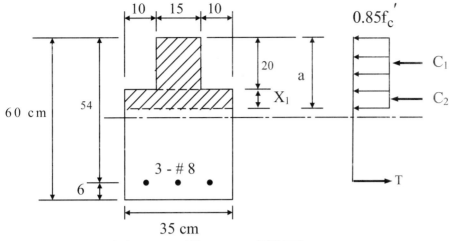

圖 2-13-2 例 2-13-1 梁斷面

<解>

張力鋼筋 $A_S = 3 \times 5.067 = 15.20 \, cm^2$

判斷應力塊深度 a 是否位於上面 20 公分內

$T = A_S f_y = 15.2 \times 4200 = 63840$

$C = 0.85 f'_C ab = 0.85 \times 210 \times a \times 15 = 2677.5a$

$C = T \Rightarrow a = 23.84 > 20$

∴應力塊深度在梁頂下 20 公分內，本斷面為非矩形斷面梁。此時

$C = C_1 + C_2 = 0.85 f'_c \times 15 \times 20 + 0.85 f'_c \times 35 \times X_1 = 53550 + 6247.5 X_1$

$C = T$

$53550 + 6247.5 X_1 = 63840$

$\therefore X_1 = 1.65$

$C_1 = 53550$

$C_2 = 63840 - 53550 = 10290$

$M_n = C_1 (d - \dfrac{20}{2}) + C_2 (d - 20 - \dfrac{1.65}{2})$

$\quad = 53550(54 - 10) + 10290(54 - 20 - 0.825)$

$\quad = 2697571 \, kgf - cm = 26.976 \, t - m$

$a = 20 + 1.65 = 21.65$

$x = a / \beta_1 = 21.65 / 0.85 = 25.47$

$x / d_t = 25.47 / 54 = 0.471 > 0.375$

$\therefore \phi = 0.23 + 0.25 / (x / d_t) = 0.23 + 0.25 / 0.471 = 0.761$

$$M_u = \phi M_n = 0.761 \times 26.976 = 20.529 \ t-m$$

$$\frac{x_{max}}{d_t} = \frac{\varepsilon_{cu}}{\varepsilon_{cu} + \varepsilon_t} = \frac{0.003}{0.003 + 0.004}$$

$$x_{max} = \frac{0.003}{0.007}d_t = \frac{0.003}{0.007} \times 54 = 23.14$$

$$a_{max} = \beta_1 x_{max} = 0.85 \times 23.14 = 19.67 cm < 20 \ cm$$

$$C = 0.85 f_c' a_{max} b = 0.85 \times 210 \times 19.67 \times 15 = 52666 \ kgf$$

$$T = C$$

$$A_{s,max} f_y = 52666 \Rightarrow A_{s,max} = 52666 / 4200 = 12.54 \ cm^2$$

本例實際使用 $A_S = 15.20 cm^2 > A_{S,max}$ 已超過允許最大鋼筋用量。

例2-13-2

某梁的斷面為正三角形，如圖2-13-3所示，已知：b = 60 cm、d = 45.5 cm、h = 52 cm、$f_c' = 210$ kgf / cm^2、$f_y = 4200$ kgf / cm^2，使用 2 - # 7。試求： (1) 該斷面之標稱彎矩強度M_n，及設計彎矩強度Mu。(2)該斷面允許之最大鋼筋用量 $A_{s,max}$。

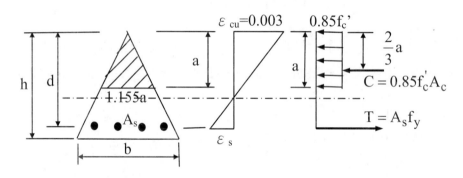

圖2-13-3　例2-13-2正三角形梁斷面的應變及內力圖

<解>

　　1、計算該斷面之標稱撓曲強度 M_n ：

$$A_s = 2 \times 3.871 = 7.742 \ cm^2$$

混凝土提供的壓力：

$$C_c = 0.85 f_c' A_c = 0.85 \times 210 \times A_c \ kgf$$

張力鋼筋提供的張力：

$$T = A_s f_y = 7.742 \times 4200 = 32516 \ kgf$$

由力的平衡關係，可得：

$$T = C_c$$

$$32516 = 0.85 \times 210 \times A_c$$

$$A_c = \frac{32516}{0.85 \times 210} = 182.16 \text{ cm}^2 \qquad (1)$$

梁斷面為正三角形之面積：

$$A_c = \frac{1}{2} \times a \times 1.155a = 0.577a^2 \qquad (2)$$

解(1)、(2)兩式，可得：

$$a = 17.76 \text{ cm}$$

$$C_c = 0.85f'_c A_c = 0.85f'_c (0.577a^2)$$

$$= 0.85 \times 210 \times 0.577 \times 17.76^2 = 32514 \text{ kgf}$$

$$M_n = C_c(d - \frac{2}{3}a) = 32514 \times (45.5 - \frac{2}{3} \times 17.76)$$

$$= 1094421 \text{ kgf-cm} = 10.94 \text{ t-m}$$

$$x = a / \beta_1 = 17.76 / 0.85 = 20.89$$

$$x / d_t = 20.89 / 45.5 = 0.459 > 0.375$$

$$\therefore \phi = 0.23 + 0.25 / 0.459 = 0.775$$

$$M_u = \phi M_n = 0.775 \times 10.94 = 8.48 \text{ t-m}$$

2、計算該斷面允許之最大鋼筋量 $A_{s,max}$：

$$\frac{x_{max}}{d_t} = \frac{\varepsilon_{cu}}{\varepsilon_{cu} + \varepsilon_t} = \frac{0.003}{0.003 + 0.004}$$

$$x_{max} = \frac{0.003}{0.007}d_t = \frac{0.003}{0.007} \times 45.5 = 19.5$$

$$a_{max} = \beta_1 x_{max} = 0.85 \times 19.5 = 16.58 \text{ cm}$$

$$A_{c,max} = 0.577a_{max}^2 = 0.577 \times 16.58^2 = 158.62 \text{ cm}^2$$

$$C_c = 0.85f'_c A_{c,max} = 0.85 \times 210 \times 158.62 = 28314 \text{ kgf}$$

$$T = A_{s,max} f_y = A_{s,max} \times 4200 = 4200A_{s,max} \text{ kgf}$$

由力的平衡關係，可得：

$$4200A_{s,max} = 28314$$

$$A_{s,max} = \frac{28314}{4200} = 6.74 \text{ cm}^2$$

2-14 T形梁

　　一般鋼筋混凝土樓版皆與梁一次灌鑄而成，且梁的箍筋（Stirrups）及上層主筋均延伸入版內，使版成為梁的上側一部份，與梁共同抵抗彎曲力矩。在一般的撓曲理論中，撓曲應力與至中性軸間的距離是成正比例的，其應力不會沿著梁寬而發生變化。根據此一理論，則不論梁翼延伸長度有多少，在T形斷面整個梁翼最外緣之應力是一定值。但實際上由彈性理論可知，其撓曲應力在離梁腹稍遠之處將逐漸消失為零，T形梁在版內其受撓曲作用時之應力分佈情形[2.5]，如圖2-14-1所示：

λ ＝ 均勻應力與相同
　　　的實際系統之壓
　　　力的對等寬度

翼板真正的應力分佈

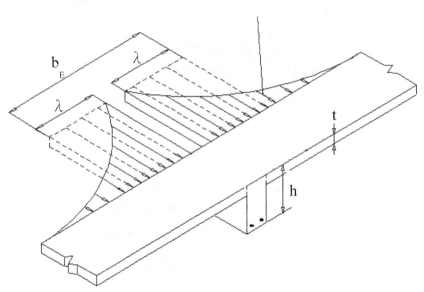

圖2-14-1　翼版的真正應力分佈及當量應力分佈圖

　　當梁翼受壓時，T形斷面最為有效。因T形斷面翼寬較大，可以形成較大的抵抗壓力，且使合壓力的位置接近受壓側，可增大力臂，用以增加抗彎力矩。一般將作用在翼版之總作用力轉換成作用在有效翼寬（Effective Flange Width）b_E 內，其平均應力為 $0.85f'_c$。T形梁因梁翼較寬，所以應力塊深度較淺，a值較小。因此梁在破壞時，中性軸位置較接近壓力側，可得較佳的延展性。

T形斷面在撓曲作用下的情形，如圖2-14-2所示：

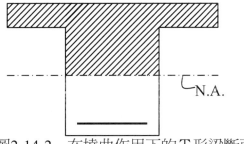

圖2-14-2　在撓曲作用下的T形梁斷面

依我國混凝土設計規範及ACI Code之規定，T形梁有效翼寬b_E，可由下列各式決定之，詳如圖2-14-3所示：

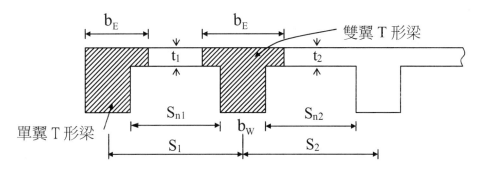

圖2-14-3　T形梁斷面之有效翼寬b_E

T形梁有效翼寬b_E，可由下列各式決定之：

1、單翼T形梁(邊梁)：

$$(1) \quad b_E = b_w + \frac{L}{12} \tag{2.14.1}$$

$$(2) \quad b_E = b_w + 6t_1 \qquad \text{取小值} \tag{2.14.2}$$

$$(3) \quad b_E = b_w + \frac{S_{n1}}{2} \tag{2.14.3}$$

2、雙翼T形梁(內梁)：

$$(1) \quad b_E = \frac{L}{4} \tag{2.14.4}$$

$$(2) \quad b_E = b_w + 8t_1 + 8t_2 = b_w + 16t(當 t_1 = t_2 = t) \quad 取小值 \tag{2.14.5}$$

$$(3) \quad b_E = b_w + \frac{S_{n1}}{2} + \frac{S_{n2}}{2} = b_w + S_n (當 S_{n1} = S_{n2} = S_n) \tag{2.14.6}$$

$$= S(當 S_1 = S_2 = S)$$

3、獨立 T 形梁：

(1) $b_E \leq 4b_w$ (2.14.7)

(2) $t \geq \dfrac{b_w}{2}$ (2.14.8)

式中：

b_E：梁有效翼寬

b_w：梁腹寬

S_n：梁間之淨距

L ：梁縱向跨度

S ：梁中心間距（橫向）

t ：梁翼厚度

例 2-14-1

如圖 2-14-4 所示之梁版系統，已知 $b_w = 40\text{cm}$ ，$t = 13\text{cm}$ ，$h = 80\text{cm}$ ，試求梁 G1 及 J 之 T 形梁有效翼寬 $b_E = ?$

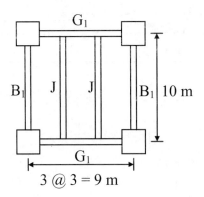

圖 2-14-4　例 2-14-1 梁版結構平面圖

<解>

G1 單翼 T 形梁：

$$b_E = b_w + \frac{L}{12} = 40 + \frac{900}{12} = 115.0 \rightarrow \text{控制}$$

$$= b_w + 6t = 40 + 6 \times 13 = 118.0$$

$$= b_w + \frac{S_{n1}}{2} = 40 + \frac{1000 - 2 \times 20}{2} = 520.0$$

$\therefore$ G1 梁有效翼寬 $b_E = 115.0$　cm

J 雙翼 T 形梁：

$$b_E = \frac{L}{4} = \frac{1000}{4} = 250$$
$$= b_w + 16t = 40 + 16 \times 13 = 248 \rightarrow 控制$$
$$= S = 300$$

∴J梁有效翼寬 $b_E = 248.0$ cm

例2-14-2

如圖 2-14-5 所示之梁版系統，已知 $b_w = 25cm$ ， $t = 13cm$ ， $h = 50cm$ ，試列
式計算編號 G5 及 B1 之 T 形梁有效翼寬 $b_E = ?$

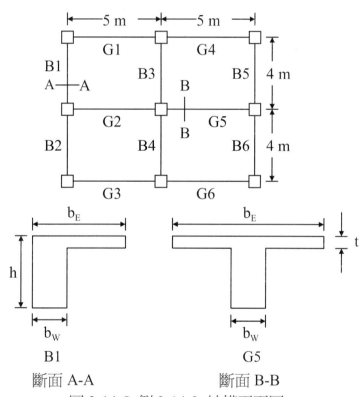

斷面 A-A   斷面 B-B

圖 2-14-5 例 2-14-2 結構平面圖

<解>

G5：雙翼 T 形梁

$$b_E = \frac{L}{4} = \frac{500}{4} = 125 \text{ cm} \leftarrow 控制$$
$$= b_w + 16t = 25 + 16 \times 13 = 233 \text{ cm}$$
$$= S = 400 \text{ cm}$$

∴G5 梁之有效翼寬 $b_E = 125cm$

B1：單翼 T 形梁

$$b_E = b_w + \frac{L}{12} = 25 + \frac{400}{12} = 58.3 \text{ cm} \leftarrow \text{控制}$$
$$= b_w + 6t = 25 + 6 \times 13 = 103 \text{ cm}$$
$$= b_w + \frac{S_{n1}}{2} = 25 + \frac{500 - 2 \times 25/2}{2} = 262.5 \text{ cm}$$

∴B1 梁之有效翼寬 $b_E = 58.3$cm

一、T形梁之應力分析

分析T形梁之撓曲彎矩強度 M_n 時,首先計算中性軸的位置,可決定混凝土抗壓區域為T形或矩形。當應力塊之深度 a 較梁翼之厚度 t 為小時,則以矩形梁分析;反之,若應力塊深度 a 較梁翼厚度 t 為大時,則以T形梁分析。故T形梁之應力分析步驟如下:

1、 若計算所得之中性軸深度 x 小於 $\frac{t}{\beta_1}$ 或 $a \le t$,則該梁可按梁寬為 b_E 之

矩形梁分析,如圖 2-14-6所示:

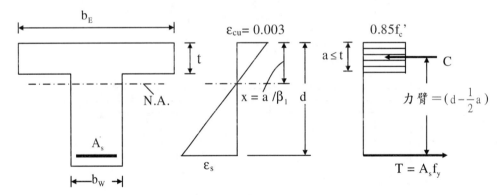

圖2-14-6 T形梁斷面應變及內力分佈圖($a \le t$)

當 $A_s \le \dfrac{0.85f_c' b_E t}{f_y}$ 時,即 $x \le \dfrac{t}{\beta_1}$ 或 $a \le t$,則採用矩形梁分

析。此時:

$$C = 0.85f_c' b_E a$$
$$T = A_s f_y$$
$$M_n = C(d - \frac{a}{2}) \quad \text{或} \quad M_n = T(d - \frac{a}{2})$$

2、若計算所得之中性軸深度 x 大於 $\dfrac{t}{\beta_1}$ 或 $a > t$，則視為 T 形梁，該梁應以

T形梁分析，如圖2-14-7所示：

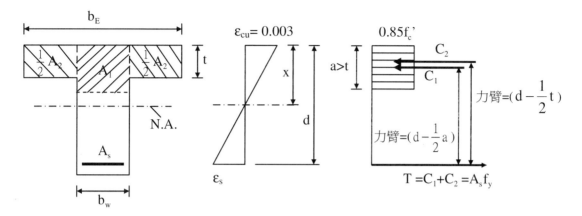

圖2-14-7　T形梁斷面應變及內力分佈圖（$a > t$）

當　$A_s > \dfrac{0.85f'_c b_E t}{f_y}$　時，即　$x > \dfrac{t}{\beta_1}$　或　$a > t$　，則採用 T 形梁分析。

此時：

$$C_1 = 0.85f'_c b_w a$$
$$C_2 = 0.85f'_c (b_E - b_w)t$$
$$T = A_s f_y$$
$$T = C_1 + C_2$$
$$C_1 = T - C_2$$
$$0.85f'_c b_w a = T - C_2$$
$$a = \dfrac{T - C_2}{0.85f'_c b_w}$$
$$M_n = C_1(d - \dfrac{a}{2}) + C_2(d - \dfrac{t}{2})$$

例2-14-3

試求如圖2-14-8所示獨立 T 形梁斷面之標稱彎矩強度 M_n 及設計彎矩強度

M_u。已知：$b_E = 75$ cm、$b_w = 35$ cm、$d = 90$ cm、$d_t = 93$ cm、$t = 18$ cm，

材料之 $f'_c = 210$ kgf/cm²、$f_y = 3500$ kgf/cm²、使用8 - #11鋼筋。

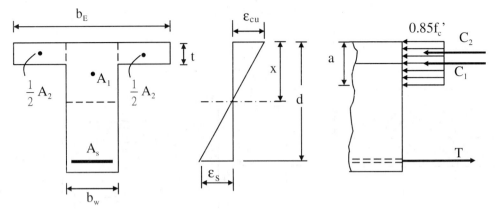

圖 2-14-8　例2-14-3　Ｔ形梁斷面應變及內力分佈圖

<解>

1、檢核獨立Ｔ形梁斷面是否符合規範之規定：

　　(1)　$4b_w = 4 \times 35 = 140$　cm

　　　　$b_E \le 4b_w$　　　　　　　　　O.K.

　　(2)　$\dfrac{b_w}{2} = \dfrac{35}{2} = 17.5$　cm

　　　　$t \ge \dfrac{b_w}{2}$　　　　　　　　　O.K.

2、判別是否採用Ｔ形梁分析：

　　當　$a = t$　時

　　　$A_s = \dfrac{0.85 f'_c b_E t}{f_y}$

　　　　$= \dfrac{0.85 \times 210 \times 75 \times 18}{3500} = 68.85$　cm^2

　　實際 $A_s = 8 \times 10.07 = 80.56$　cm$^2 > 68.85$　cm^2

　　$\therefore a > t$

　　所以，採用Ｔ形梁分析。

3、計算標稱彎矩強度 M_n：

　　　$C_1 = 0.85 f'_c b_w a$

　　　　$= 0.85 \times 210 \times 35 \times a = 6247.5a$　kgf

　　　$C_2 = 0.85 f'_c (b_E - b_w)t$

　　　　$= 0.85 \times 210 \times (75 - 35) \times 18 = 128520$　kgf

　　　$T = A_s f_y = 80.56 \times 3500 = 281960$　kgf

由力的平衡關係，可得：

$$T = C_1 + C_2$$
$$281960 = 6247.5a + 128520$$

經移項整理後，可得 a：

$$a = \frac{T - C_2}{0.85f'_c b_w} = \frac{281960 - 128520}{0.85 \times 210 \times 35} = 24.56 \quad cm$$

檢核 $\varepsilon_s > \varepsilon_y$

$$x = a/\beta_1 = 24.56/0.85 = 28.89$$

$$\varepsilon_s = \frac{d - x}{x}\varepsilon_{cu} = \frac{90 - 28.89}{28.89} \times 0.003 = 0.00635$$

$$> \varepsilon_y = \frac{3500}{2.04 \times 10^6} = 0.00172$$

∴鋼筋已降伏 OK#

同時因為 $\varepsilon_t > \varepsilon_s = 0.00635 > 0.004$ 滿足最大鋼筋量的規定。

$$C_1 = 6247.5a = 6247.5 \times 24.56 = 153439 \quad kgf$$

$$M_n = C_1(d - \frac{a}{2}) + C_2(d - \frac{t}{2})$$

$$= 153439 \times (90 - \frac{24.56}{2}) + 128520 \times (90 - \frac{18}{2})$$

$$= 22335399 \quad kgf\text{-}cm = 223.354 \quad t-m$$

$$x/d_t = 28.89/93 = 0.311 < 0.375$$

$$\therefore \phi = 0.9$$

$$M_u = 0.9 \times 223.354 = 201.02 \quad t - m\#$$

二、T形梁之設計

一般T形梁待設計的有翼寬、翼厚、腹寬、梁深尺寸及鋼筋用量等五項，因此，T形梁設計變得相當繁雜。幸好大部份使用到T形梁設計者，在結構系統規劃完成之後，其梁斷面尺寸大致已選定，剩餘的僅是設計所需之鋼筋量。

T形梁設計步驟如下：

1、由已知梁斷面尺寸，判別是否為T形梁：

將版厚當成應力塊深度a，則可得矩形斷面之最大撓曲強度：

$$M_{nc} = 0.85f'_c b_E t(d - \frac{t}{2})$$

當實際作用之 $M_n \leq M_{nc}$ 時，即 $x \leq t/\beta_1$ ，則採用矩形梁設計；當 $M_n > M_{nc}$ 時，即 $x > t/\beta_1$ ，則需以 T 形梁設計。

2、計算應力塊深度a：

$$C_1 = 0.85f_c'b_w a$$

$$C_2 = 0.85f_c'(b_E - b_w)t$$

$$M_n = C_1(d - \frac{a}{2}) + C_2(d - \frac{t}{2})$$

解上列方程式，可得應力塊深度a值。

3、計算所需之鋼筋量 A_s：

$$A_s = \frac{C_1 + C_2}{f_y}$$

4、計算梁斷面的最大鋼筋量：

$$\frac{x_{max}}{d_t} = \frac{\varepsilon_{cu}}{\varepsilon_{cu} + \varepsilon_t} = \frac{0.003}{0.007}$$

$$x_{max} = \frac{3}{7}d_t = 0.4286d_t$$

$$a_{max} = \beta_1 x_{max}$$

當 $a_{max} > t$ 時(若 $a_{max} \leq t$，則以矩形梁分析)

$$C_{1max} = 0.85f_c'b_w a_{max}$$

$$C_{2max} = 0.85f_c'(b_E - b_w)t$$

$$T_{max} = A_{s,max}f_y$$

$$T_{max} = C_{1max} + C_{2max}$$

$$T_{max} = A_{s,max}f_y$$

$$\therefore A_{s,max} = \frac{C_{1max} + C_{2max}}{f_y}$$

5、計算梁斷面的最小鋼筋量：

$$A_{s,min}$$

6、檢核是否符合規範之規定：

$$A_{s,min} \leq A_s \leq A_{s,max}$$

ACI 規範對 T 形梁張力鋼筋用量之規定與矩形梁規定相同，也就是張力鋼筋的最大淨張應變 ε_t 必需大於 0.004。基本上，其最小鋼筋量與矩形斷面相同：

$$A_{s,min} = \frac{0.8\sqrt{f'_c}}{f_y} b_w d \geq \frac{14}{f_y} b_w d$$

例2-14-4

試求例2-14-3中，T形梁允許之最大及最小鋼筋量。

＜解＞

　　1、計算最大鋼筋量：

$$x_{max} = 0.4286d_t = 0.4286 \times 93 = 39.86$$

$$a_{max} = \beta_1 x_{max} = 0.85 \times 39.86 = 33.881 \quad cm$$

$$C_{1max} = 0.85f'_c b_w a_{max} = 0.85 \times 210 \times 35 \times 33.881 = 211672 kgf$$

$$C_{2max} = 0.85f'_c (b_E - b_w)t$$

$$= 0.85 \times 210 \times (75-35) \times 18 = 128520 \quad kgf$$

$$T_{max} = A_{s,max} f_y = 3500 A_{s,max} \quad kgf$$

由力的平衡關係，可得：

$$T_{max} = C_{1max} + C_{2max}$$

經移項整理後，可得$A_{s,max}$：

$$A_{s,max} = \frac{C_{1max} + C_{2max}}{f_y} = \frac{211672 + 128520}{3500} = 97.20 \quad cm^2$$

　　2、計算最小鋼筋量：

$$A_{s,min} = \frac{0.8\sqrt{f'_c}}{f_y} \cdot b_w d$$

$$= \frac{0.8\sqrt{210}}{3500} \times 35 \times 90 = 10.43 \quad cm^2$$

$$A_{s,min} = \frac{14}{f_y} b_w d = \frac{14}{3500} \times 35 \times 90 = 12.6 \quad cm^2 \quad \leftarrow 控制$$

$$\therefore A_{s,min} = 12.6 \quad cm^2$$

例2-14-5

有一梁斷面如例2-14-3 所示，該梁在工作載重下，承受靜載重彎矩$M_D = 60$ t－m及活載重彎矩$M_L = 70$　t－m。試依ACI Code之規定設計該梁張力鋼筋量。

＜解＞

　　1、判別是否為T形梁：

$$M_u = 1.2M_D + 1.6M_L$$
$$= 1.2 \times 60 + 1.6 \times 70 = 184 \quad t-m$$

假設為張力控制 $\phi = 0.9$

$$M_n = \frac{M_u}{\phi} = \frac{184}{0.9} = 204.44 \quad t-m$$

當 $a = t$ 時

$$M_{nc} = 0.85f_c'b_E t(d - \frac{t}{2})$$
$$= 0.85 \times 210 \times 75 \times 18 \times (90 - \frac{18}{2})$$
$$= 19518975 \quad kgf-cm$$
$$= 195.190 \quad t-m$$

因 $M_n > M_{nc}$,即 $a > t$ 所以,採用 T 形梁設計。

2、計算應力塊深度 a:

$$C_1 = 0.85f_c'b_w a$$
$$= 0.85 \times 210 \times 35 \times a = 6247.5a \quad kgf$$
$$C_2 = 0.85f_c'(b_E - b_w)t$$
$$= 0.85 \times 210 \times (75 - 35) \times 18 = 128520 \quad kgf$$

$$M_n = C_1(d - \frac{a}{2}) + C_2(d - \frac{t}{2})$$
$$20444000 = 6247.5a \times (90 - \frac{a}{2}) + 128520 \times (90 - \frac{18}{2})$$

經移項整理後,得:

$$3123.75a^2 - 562275a + 10033880 = 0$$
$$a^2 - 180a + 3212.13 = 0$$

解上列方程式,可得應力塊深度 a:

$$a = \frac{180 - \sqrt{180^2 - 4 \times 3212.13}}{2} = 20.09 \quad cm$$
$$C_1 = 6247.5a = 6247.5 \times 20.09 = 125512 \quad kgf$$

3、計算所需之鋼筋量 A_s:

$$A_s = \frac{C_1 + C_2}{f_y}$$
$$= \frac{125512 + 128520}{3500} = 72.58 \quad cm^2$$

使用 8 - #11 鋼筋 $\quad A_s = 8 \times 10.07 = 80.56 \quad cm^2$

4、檢核是否符合規範之規定：

(最大與最小鋼筋量之計算，詳見例2-14-4)

$$A_{s,max} = 97.2 \ cm^2$$

$$A_{s,min} = 12.6 \ cm^2$$

使用之 $A_s = 80.56 \ cm^2$

$$A_{s,min} \leq A_s \leq A_{s,max}$$

所以符合規範之規定。

5、檢核標稱彎矩強度 M_n ：

$$T = A_s f_y = 80.56 \times 3500 = 281960 \ kgf$$

$$C_1 = T - C_2 = 281960 - 128520 = 153440$$

$$C_1 = 0.85 f_c' b_w a = 153440$$

$$\therefore a = 153440/(0.85 \times 210 \times 35) = 24.56$$

$$M_n = C_1(d - \frac{a}{2}) + C_2(d - \frac{t}{2})$$

$$= 153440(90 - \frac{24.56}{2}) + 128520(90 - \frac{18}{2})$$

$$= 22335477 kgf - cm = 223.35 \ t - m$$

$$x = a/\beta_1 = 24.56/0.85 = 28.89$$

$$x/d_t = 28.89/93 = 0.311 < 0.375$$

$$\therefore \phi = 0.9$$

$$M_u = 0.9 \times 223.354 = 201.02 \ t - m > M_u = 184 \ t - m \#$$

例2-14-6

有一鋼筋混凝土版－梁構造之內梁，已知版厚度t = 12 cm、梁腹寬度 $b_w = 40$ cm、有效深度d = 70 cm、d_t=73 cm、梁之縱向跨度L = 6 m、梁橫向中心間距 S = 4 m，材料之 $f_c' = 210 \ kgf/cm^2$、$f_y = 4200 \ kgf/cm^2$，放大設計彎矩 $M_u = 198 \ t-m$，試設計此梁之鋼筋量。

＜解＞

1、決定雙翼T形梁有效寬度：

(1) $b_E = \dfrac{L}{4} = \dfrac{600}{4} = 150 \ cm$

(2) $b_E = b_w + 16t = 40 + 16 \times 12 = 232 \ cm$

(3) $b_E = S = 400 \ cm$

以上三式取小值，故取：

$$b_E = 150 \quad cm$$

2、判別是否採用 T 形梁分析：

已知放大載重彎矩 $M_u = 198 \quad t\text{-}m$

標稱彎矩強度 M_n：假設為張力控制斷面 $\phi = 0.9$

$$M_n = \frac{M_u}{\phi} = \frac{198}{0.9} = 220 \quad t\text{-}m$$

當 $a = t$ 時

$$M_{nc} = 0.85 f_c' b_E t (d - \frac{t}{2})$$

$$= 0.85 \times 210 \times 150 \times 12 \times (70 - \frac{12}{2})$$

$$= 20563200 \quad kgf\text{-}cm = 205.632 \quad t\text{-}m$$

因 $M_n > M_{nc}$，即 $a > t$ 所以，採用 T 形梁設計。

3、計算應力塊深度 a：

$$C_1 = 0.85 f_c' b_w a$$

$$= 0.85 \times 210 \times 40 \times a = 7140a \quad kgf$$

$$C_2 = 0.85 f_c' (b_E - b_w) t$$

$$= 0.85 \times 210 \times (150 - 40) \times 12 = 235620 \quad kgf$$

$$M_n = C_1 (d - \frac{a}{2}) + C_2 (d - \frac{t}{2})$$

$$22000000 = 7140a \times (70 - \frac{a}{2}) + 235620 \times (70 - \frac{12}{2})$$

$$3570a^2 - 499800a + 6920320 = 0$$

$$a^2 - 140a + 1938.46 = 0$$

解上列方程式，可得應力塊深度 a：

$$a = \frac{140 - \sqrt{140^2 - 4 \times 1938.46}}{2} = 15.58 \, cm > t = 12cm \quad OK\#$$

$$C_1 = 7140a = 7140 \times 15.58 = 111241 \quad kgf$$

4、計算所需之鋼筋量 A_s：

$$A_s = \frac{C_1 + C_2}{f_y} = \frac{111241 + 235620}{4200} = 82.59 \quad cm^2$$

選用 5-#11 + 4-#10 鋼筋 ， $A_s = 82.92 \quad cm^2$

5、檢核是否符合規範之規定：

計算最大鋼筋量 $A_{s,max}$：

$$x_{max} = 0.4286d_t = 0.4286 \times 73 = 31.29$$

$$a_{max} = \beta_1 x_{max} = 0.85 \times 31.29 = 26.60 \quad \text{cm}$$

$$C_{1max} = 0.85f'_c b_w a_{max}$$
$$= 0.85 \times 210 \times 40 \times 26.60 = 189924 \, \text{kgf}$$

$$C_{2max} = 0.85f'_c (b_E - b_w)t$$
$$= 0.85 \times 210 \times (150 - 40) \times 12 = 235620 \quad \text{kgf}$$

$$T_{max} = A_{s,max} f_y$$

由力的平衡關係，可得：

$$T_{max} = C_{1max} + C_{2max}$$

$$A_{s,max} = \frac{C_{1max} + C_{2max}}{f_y} = \frac{189924 + 235620}{4200} = 101.32 \, \text{cm}^2$$

計算最小鋼筋量 $A_{s,min}$：

$$A_{s,min} = \frac{0.8\sqrt{f'_c}}{f_y} \cdot b_w d = \frac{0.8\sqrt{210}}{4200} \times 40 \times 70 = 7.73 \quad \text{cm}^2$$

$$A_{s,min} = \frac{14}{f_y} b_w d = \frac{14}{4200} \times 40 \times 70 = 9.33 \quad \text{cm}^2$$

$$\therefore A_{s,min} = 9.33 \text{cm}^2$$

實際使用之鋼筋量 $A_s = 82.92 \quad \text{cm}^2$

$$A_{s,min} \le A_s \le A_{s,max} \quad \text{所以，符合規範之規定。}$$

6、檢核標稱彎矩強度 M_n：

$$T = A_s f_y = 82.92 \times 4200 = 348264 \quad \text{kgf}$$

$$\therefore C_1 = T - C_2 = 348264 - 235620 = 112644 \quad \text{kgf}$$

$$C_1 = 0.85f'_c b_w a = 112644$$

$$\therefore a = 112644/(0.85 \times 210 \times 40) = 15.78 \, \text{cm}$$

$$M_n = C_1(d - \frac{a}{2}) + C_2(d - \frac{t}{2})$$
$$= 112644 \times (70 - \frac{15.78}{2}) + 235620 \times (70 - \frac{12}{2})$$
$$= 22075999 \quad \text{kgf-cm} = 220.760 \quad \text{t-m}$$

$$x = a/\beta_1 = 15.78/0.85 = 18.56$$

$$x/d_t = 18.56/73 = 0.254 < 0.375$$

$$\therefore \phi = 0.9$$

$$M_u = 0.9 \times 220.76 = 198.68 \, \text{t-m} > M_u = 198.0 \, \text{t-m} \quad \text{OK} \#$$

參考文獻

2.1 ACI Committee 318 ,"Building Code Requirements for Structural Concrete
（ACI 318-02）and Commentary（ACI 318R-02）," American Concrete
Institute , 2002

2.2 中國土木水利工程學會，混凝土工程設計規範與解說，土木 401-93，混
凝土工程委員會，科技圖書股份有限公司，民國 93 年 12 月。

2.3 Charles. S. Whitney, "Plastic Theory of Reinforced Concrete Design, "
Transactions ASCE ,107,1942

2.4 C. S. Whitney & Edward Cohen, "Guide for Ultimate Strength, Design of
Reinforced concrete, "ACI. Journal, Proceedings 53, Nov.1956.

2.5 最新建築技術規則，詹氏書局，民國 96 年 5 月。

2.6 C.K. Wang & Charles G. Salmon, 〝Reinforced Concrete Design,〞5th Ed ,
1992 , Harper Collins .Pub Inc.

<u>習題</u>

2-1 梁之撓曲破壞模式，一般可分為鋼筋過量（Over Reinforced）、鋼筋少量（Under Reinforced）及鋼筋微量（Lightly Reinforced）三種？試說明之。

2-2 何謂平衡鋼筋比（Balanced Reinforcement Ratio ρ_b）、最大鋼筋比（Maximum Reinforcement Ratio ρ_{max}）、最小鋼筋比（Minimum Reinforcement Ratio ρ_{min}）？並說明我國設計規範對於該三者之規定。

2-3 試推導平衡鋼筋比（Balanced Reinforcement Ratio，ρ_b）公式。

2-4 試推導(1)最大鋼筋比 ρ_{max} 及(2)最小鋼筋比 ρ_{min} 公式。

2-5 試說明矩形梁內使用壓力鋼筋（Compression Reinforcement）之理由及目的。

2-6 試說明梁之撓曲破壞行為？

2-7 試簡述何謂Whitney Rectangular Stress Block？

2-8 在RC梁分析及設計中，基本上有那些假設條件。

2-9 一單筋矩形梁斷面，如下圖所示：$f'_c = 210$ kgf/cm^2、$f_y = 4200$ kgf/cm^2。試求(1)該梁斷面之標稱彎矩強度 M_n 及設計彎矩強度 M_u，(2) A_{sb}，(3) $A_{s,max}$。

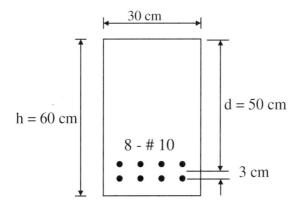

2-10 一單筋矩形梁，已知b = 40 cm、h = 70 cm、$d_t = d = 64$ cm，使用4 - # 10 張力筋，$f'_c = 210$ kgf/cm^2、$f_y = 4200$ kgf/cm^2，試求(1)該梁斷面之標稱撓曲強度 M_n 及設計撓曲強度 M_u，(2) A_{sb}，(3) $A_{s,max}$。

2-11 如習題2-10之梁，若張力筋改用2-#7，試求其標稱撓曲強度 M_n 及設計撓曲強度 M_u。

2-12 如習題2-10之梁若張力筋改用8-#10(d_t=64cm, d=61cm)，試求其標稱撓曲強度 M_n 及設計撓曲強度 M_u。

2-13如習題2-10之梁，試求其混凝土梁之開裂彎矩 M_{cr} =？

2-14某一梁在工作載重之下，承受之靜載重彎矩 $M_D = 10$ t - m及活載重彎矩 $M_L = 10$ t - m，已知：b = 30 cm、d = 50 cm、h = 60 cm、材料之 $f'_c = 350$ kgf / cm^2、$f_y = 3500$ kgf / cm^2。試求：該梁斷面所需之鋼筋量 A_s。

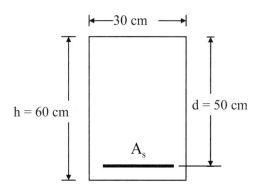

2-15一跨度為6公尺之簡支梁，已知其矩形斷面b=40cm，d_t=d=60cm，承載之放大設計載重 $W_u = 12 t/m$(含自重)，材料之 $f'_c = 210 kgf / cm^2$，$f_y = 4200 kgf / cm^2$。試求該梁在跨度中央所需之抗彎鋼筋As=？

2-16有一矩形斷面，使用4-#10之張力筋及#4之箍筋，試求其所需之最小梁寬？

2-17有一矩形梁斷面如下圖所示，求其有效梁深d＝？，d_t＝？，d′＝？b=？

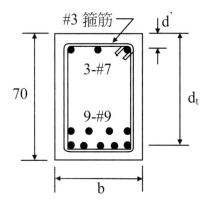

2-18有一矩形梁斷面如下圖所示，求其最小梁寬b=？及有效梁深d=？ $d_t = ?$ $d' = ?$

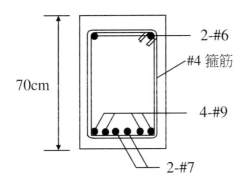

2-19一跨度為9m之簡支梁，承受1.5 t/m之呆荷重（不包括自重）及3.0 t/m之活載重，材料之 $f'_c = 210kgf/cm^2$，$f_y = 4200kgf/cm^2$。（a）如果目前鋼筋價格比混凝土貴很多，請以經濟觀點來設計此梁。（b）如果該梁正好位於客廳正上方，為得到最大淨空，必需使梁深越小越好，請以單筋矩形梁設計此梁。

2-20如下圖所示之梁，承受使用載重(Service Load)，W_D及W_L為均佈靜載重及活載重，P_L為集中活載重，若忽略壓力筋對斷面強度之影響。材料之 $f'_c = 280kgf/cm^2$，$f_y = 4200kgf/cm^2$。試求斷面C處所需之張力鋼筋A_{S1}及A_{S2}，其中W_D含梁自重。

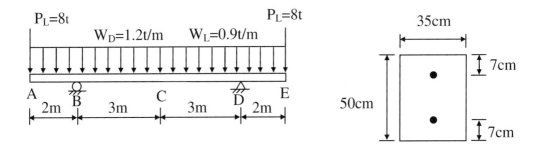

2-21有一鋼筋混凝土矩形梁斷面如下左圖所示，需承載一放大設計彎矩 $M_u = 31.5t-m$，材料之 $f'_c = 210kgf/cm^2$，$f_y = 2800kgf/cm^2$。(1)試依ACI規定檢核該斷面是否符合規定?(2)若不符請重新設計其鋼筋量，(斷面不變)。

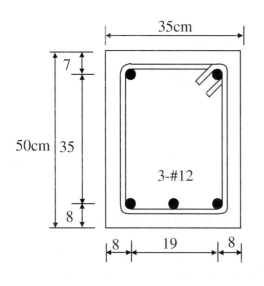
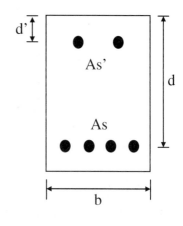

2-22 如上右圖所示 b=25cm，d_t=d=40cm，d' = 8cm，$A_s = 32.5cm^2$，

$A'_s = 11.1cm^2$，材料之 $f'_c = 280kgf/cm^2$，$f_y = 4200kgf/cm^2$。(1)試問梁受撓曲彎矩即將破壞時，其壓力筋降伏否？(2)試計算其 M_n 及 $M_u = ?$

2-23 試求下圖斷面之標稱撓曲強度 $M_n = ?$ 又如果16-#10之壓力筋不用時，該斷面之 $M_n = ?$ 是否符合 ACI Code 相關之規定。材料之 $f'_c = 210kgf/cm^2$，$f_y = 2800kgf/cm^2$。

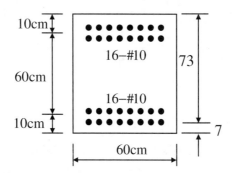

2-24 如何檢驗雙筋矩形梁中壓力筋是否降伏？

2-25 有一跨度8公尺之矩形斷面RC簡支梁，其斷面及鋼筋如下圖所示，如該梁所承載之均佈靜載重W_D=1.5t/m(含自重)。材料之 $f'_c = 210kgf/cm^2$，$f_y = 4200kgf/cm^2$。試依ACI規範規定求其可承載之最大均佈活載重 $W_L= ?$

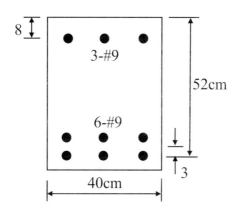

2-26 有一矩形混凝土梁寬b=30cm，有效梁深d=45cm(假設d_t=d=45cm)，兩根 #8 抗壓鋼筋配置在距壓力側外緣 6.5cm 下方，若材料之 $f'_c = 280 \text{kgf}/\text{cm}^2$，$f_y = 4200 \text{kgf}/\text{cm}^2$。試依ACI規範求其標稱彎矩容量，當其張力筋為(1)3-#10鋼筋單層配置，(2)4-#10鋼筋雙層配置。(3)6-#10鋼筋雙層配置。

2-27 試求下圖之梁斷面在平衡條件下壓力筋之應力 $f_s{}'$ = ? 已知材料之 $f'_c = 280 \text{kgf}/\text{cm}^2$，$f_y = 4200 \text{kgf}/\text{cm}^2$ 。

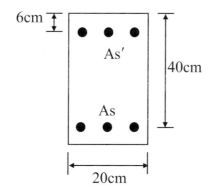

2-28 試求下圖所示梁斷面之標稱撓曲強度及其最大可承載之均佈活載重 W_L=? 假設其上承載之均佈靜載重W_D=2t/m。材料之 $f'_c = 210 \text{kgf}/\text{cm}^2$，$f_y = 4200 \text{kgf}/\text{cm}^2$ 。

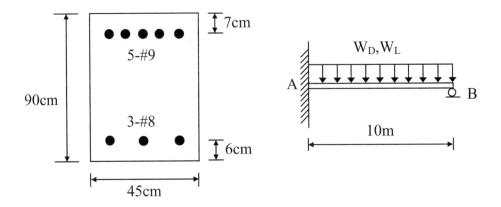

2-29 有一鋼筋混凝土矩形梁b=40cm，h=70cm，在工作載重下承受彎矩 M_D=30t-m，M_L=40t-m，試求所需之鋼筋量？材料之 $f'_c = 280 kgf/cm^2$，$f_y = 4200 kgf/cm^2$。(使用#3箍筋)

2-30 某一簡支梁，跨度L = 4 m，在工作載重之下，承受靜載重（含梁自重） $w_D = 40$ t/m 及活載重 $w_L = 20$ t/m，若採用雙筋矩形梁斷面，已知：b = 35 cm、d=d_t= 74cm、d' = 6 cm、h = 80 cm，材料之 $f'_c = 420 kgf/cm^2$，$f_y = 4200 kgf/cm^2$。同時使用張力及壓力筋。試設計該斷面所需之張力及壓力鋼筋量 A_s 及 A'_s。

2-31 一跨度為9m之簡支梁，承受5.5 t/m之靜載重（含梁自重）及7.5 t/m之活載重。假設由於空間受到限制，總梁深不得超過65 cm。材料之 $f'_c = 210 kgf/cm^2$，$f_y = 4200 kgf/cm^2$。請設計此梁（$h/b \approx 1.5$），並依 ACI Code相關規定，檢核鋼筋用量。

2-32 如下圖之梁斷面試求其平衡狀態時之鋼筋量 A_{sb} =? 材料之 $f'_c = 210 kgf/cm^2$，$f_y = 4200 kgf/cm^2$。

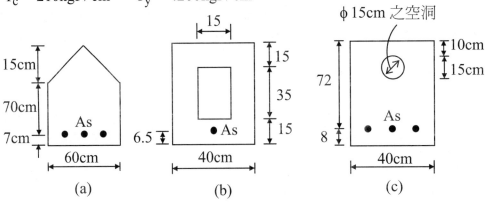

(a)　　　　　(b)　　　　　(c)

2-33如習題2-32(b)若在壓力側加入壓力筋 $A_s' = 1.42cm^2$，如下圖所示，試求其最大張力筋量 $A_{s.max} = ?$

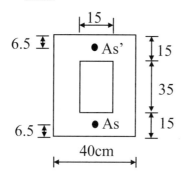

2-34試求下圖斷面之標稱撓曲強度 $M_n = ?$ 又根據ACI Code之規定本斷面允許之最大鋼筋量 $\max A_s = ?$ 已知材料之 $f_c' = 350kgf/cm^2$，$f_y = 4200kgf/cm^2$。

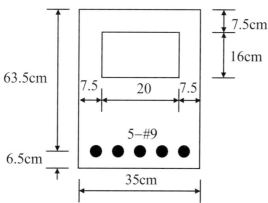

2-35試求下圖斷面之標稱撓曲強度 $M_n = ?$ 又根據ACI Code之規定本斷面允許之最大鋼筋量 $\max A_s = ?$ 已知材料之 $f_c' = 280kgf/cm^2$，$f_y = 4200kgf/cm^2$。

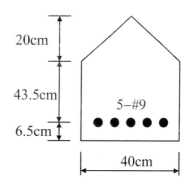

2-36如習題2-31之梁斷面，如果張力筋改用2-#9，試求其標稱撓曲強度M_n及設計撓曲強度M_u。

2-37如習題2-32之梁斷面，如果張力筋改用2-#9，試求其標稱撓曲強度及設計撓曲強度M_n及M_u。

2-38如下圖(a)之梁斷面，已知材料之$f'_c = 280 kgf/cm^2$，$f_y = 4200 kgf/cm^2$。檢核是否需增設上部壓力鋼筋？如需要試在已知條件下作修正，並求該梁可承受之極限彎矩M_n及設計撓曲強度$M_u = ?$ b=55cm、h=55cm、d=45cm、d´=6.5cm。

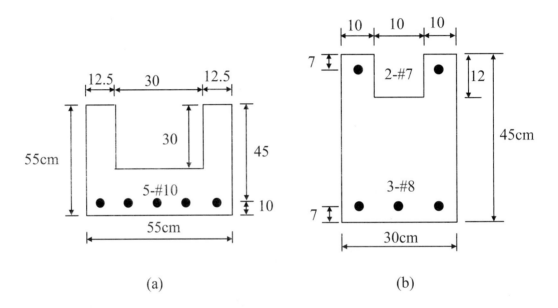

(a)   (b)

2-39如上圖(b)之梁斷面，試求其極限彎矩強度M_n及設計撓曲強度$M_u = ?$ 已知材料之$f'_c = 210 kgf/cm^2$，$f_y = 4200 kgf/cm^2$。

2-40如下圖之箱型梁斷面，已知材料之$f'_c = 210 kgf/cm^2$，$f_y = 4200 kgf/cm^2$。(1)試求該斷面之平衡鋼筋比$A_{sb} = ?$ (2)如鋼筋總斷面積$A_s = 40.8cm^2$，試求該斷面之標稱彎矩強度M_n及設計撓曲強度$M_u = ?$ 及其鋼筋之應力$f_s = ?$ (3)如鋼筋總斷面積$A_s = 80.48cm^2$，試求該斷面之標稱彎矩強度$M_n = ?$ 及其鋼筋之應力$f_s = ?$

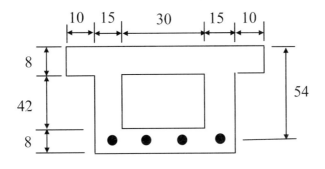

2-41如下圖所示之梁版系統，已知：$b_w = 30cm$、$t = 12cm$、$h = 60cm$，試列式計算編號B1及G5之T形梁有效梁翼寬度b_E。

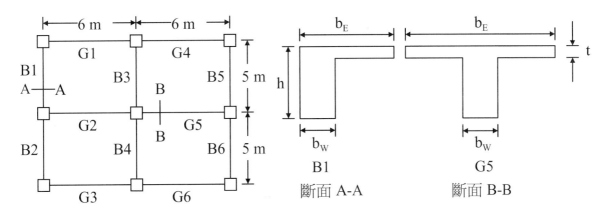

斷面 A-A   斷面 B-B

2-42如下圖之T型RC梁，試求其可承受之極限彎矩強度M_n及設計撓曲強度$M_u = ?$已知材料之$f'_c = 210 \, kgf/cm^2$，$f_y = 4200 \, kgf/cm^2$。

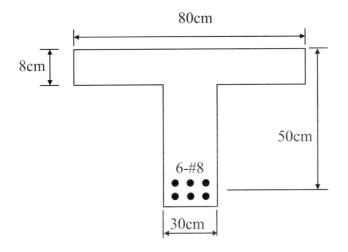

2-43有一預鑄簡支T型RC梁，其斷面如下圖所示，如其張力鋼筋用量為規範允許最大用量之一半，試求其設計撓曲彎矩M_u=？已知材料之$f'_c = 280 \text{ kgf} / \text{cm}^2$，$f_y = 4200 \text{ kgf} / \text{cm}^2$。

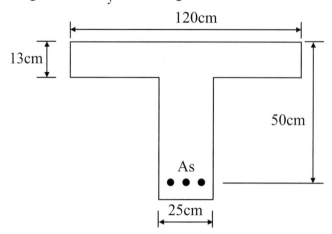

2-44一獨立T形梁斷面，如下圖所示：已知：$b_E = 90$ cm、$b_w = 35$ cm、d = 90 cm、$d_t = 98$ cm、t = 20 cm、h = 105 cm、$f'_c = 420$ kgf / cm^2、$f_y = 4200$ kgf / cm^2，使用16 - #11 張力筋。試求：(1) 該斷面之標稱彎矩強度M_n及設計撓曲強度M_u =?。 (2) 該斷面允許之最大及最小鋼筋量$A_{s,max}$、$A_{s,min}$。

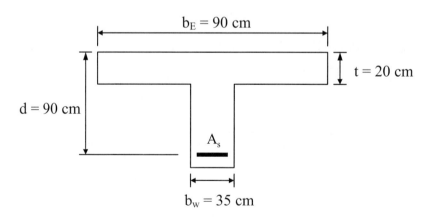

2-45有一雙翼T形梁，有效翼寬b_E=150公分、b_w=40公分、h=60公分，版厚t=10公分、$f'_c = 210 \text{ kgf} / \text{cm}^2$、$f_y = 4200 \text{ kgf} / \text{cm}^2$。在工作載重下，承受之靜載重彎矩$M_{DL}$=44t-m，活載重彎矩$M_{LL}$=38t-m，試依ACI Code規定設計該梁所需之鋼筋量。

2-46有一版梁系統之內梁斷面如圖所示，如果梁為簡支梁，其跨度為
L = 6m，承受均佈靜載重為2.5 t / m² (含自重)及均佈活載重2.0 t / m²，
已知材料之 $f_c' = 210 \text{ kgf / cm}^2$，$f_y = 4200 \text{ kgf / cm}^2$。(a)請設計此梁所需
鋼筋量，(b)根據ACI Code之規定，該梁最大允許之鋼筋量 $\max A_s$ 及其對
應之 $M_n = ?$

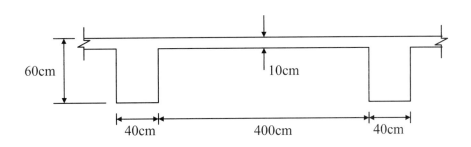

2-47如下圖之T型梁，跨度L=7.2m，承受放大設計彎矩Mu=74t-m，已知材料
之 $f_c' = 210 \text{ kgf / cm}^2$，$f_y = 4200 \text{ kgf / cm}^2$。試設計其鋼筋量。

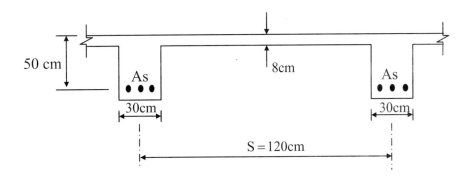

2-48如下圖之T型梁，跨度L=8.0m，承受放大彎矩Mu=72t-m，已知材料之
$f_c' = 210 \text{ kgf / cm}^2$，$f_y = 2800 \text{ kgf / cm}^2$。試設計其所需之鋼筋量。

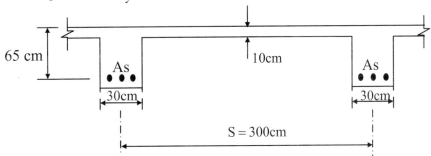

2-49如下圖之梁斷面，除自重外，梁中央點承受一集中活載重 $P_L = 9.0\,t$，已知材料之 $f'_c = 210\,kgf/cm^2$，$f_y = 2800\,kgf/cm^2$。試設計梁固定端所需之張力鋼筋。

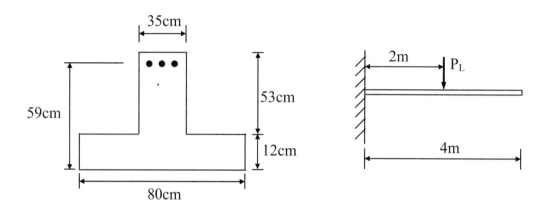

2-50有一樓版系統之內梁間距3公尺，跨距10公尺，版厚15公分，梁腹寬b_w=35公分，梁總深h=70公分，d=63.5公分，此T形梁除自重外，尚有靜載重 $2000\,kgf/m^2$，活載重 $1000\,kgf/m^2$，如果該梁可視為一簡支梁，試求該梁所需之張力鋼筋 A_s= ？ 材料之 $f'_c = 280\,kgf/cm^2$，$f_y = 4200\,kgf/cm^2$。

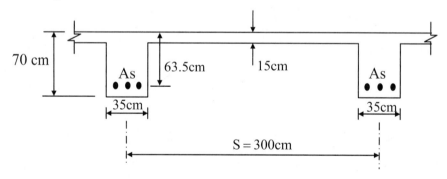

適 用 性 3

3-1 概 述

所謂結構物的適用性（Serviceability），係指結構物在使用載重（Service Load）或工作載重（Work Load）之下，對其性能的滿意度。

由於「適用性」是一棟建築物的重要功能表現，對使用者來說，乃是每天看得到，且感受得到的。因此，其重要性僅次於建築物結構的安全性，而其性能的滿意度，一般可由下列各項因素來評估：

1、變位控制：限制梁的垂直變位在限度內，而使其所支承之非主要結構(如牆、隔間、天花板等)，不會因梁之變形而受到損壞。

2、裂縫控制：控制梁的裂縫在限度內，避免因裂縫過大而妨礙觀瞻；及防止水份滲入而造成鋼筋的生銹腐蝕。

3、其他如震動及噪音的控制，也是性能滿意度的評估項目，但不在本課程討論範圍。

在 2002 年版以後之 ACI 規範[3.1,3.2,3.16]內工作應力法已完全被排除，但在我國設計規範[3.3,3.4]仍將工作應力法(WSD)保留爲替代設計法。不管是 ACI 或我國規範，當必需檢討結構物的適用性時，因其作用力是在工作載重作用下，因此仍需借助於工作應力法來探討結構物在使用載重下的行爲。因此，本章仍針對工作應力分析理論做一簡單介紹。

3-2 矩形梁之工作應力法分析

在工作應力設計法中，對撓曲構件之分析及設計，一般基本假設條件如下[3.5]：

1、斷面在變形前後皆保持爲平面。也就是說，應變與梁深保持線性的關係。

2、應力 - 應變爲線性關係，並成正比例。

3、混凝土不承受任何張力。

4、在混凝土與鋼筋之間不會產生任何滑動。也就是說，鋼筋與混凝土具有相同的應變。

在工作應力設計法中，其應變及應力成線性關係，如下圖所示：

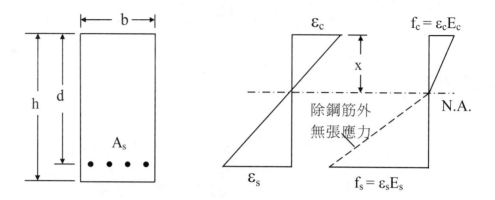

圖3-2-1　矩形梁應力與應變之線性關係圖

依我國規範[3.3]附篇 F 中，工作應力設計法中材料之容許應力如下：

(一)混凝土

1、容許撓曲應力：$f_{c,all} = 0.45 f'_c$ (3.2.1)

2、容許承壓應力：$f_{p,all} = 0.30 f'_c$ (3.2.2)

3、容許剪應力：

$$f_{v,all} = 0.29\sqrt{f'_c}\ (單向)\ [1.1\sqrt{f'_c}]$$ (3.2.3)

$$f_{v,all} = 0.26(1+\frac{2}{\beta_c})\sqrt{f'_c} \le 0.53\sqrt{f'_c}\ (雙向)$$ (3.2.4)

$$[f_{v,all} = (1+\frac{2}{\beta_c})\sqrt{f'_c} \le 2\sqrt{f'_c}]$$

β_c：反力區長邊對短邊之比

(二) 鋼筋：

1、$f_{s,all} = 1400\ \text{kgf}/\text{cm}^2$—SD280、SD280W 之鋼筋

2、$f_{s,all} = 1600\ \text{kgf}/\text{cm}^2$—SD420、SD420W 及以上之鋼筋與熔接鋼線網

3、$f_{s,all} = 0.5 f_y \le 2100\ \text{kgf}/\text{cm}^2$—單向板之淨跨度小於 360cm 且撓曲主鋼筋為 D10 或以下者

一、 彈性模數比

所謂彈性模數比（Modulus of Elasticity Ratio）n，係指鋼筋彈性模數 E_s 與混凝土彈性模數 E_c 之比值：

$$n = \frac{E_s}{E_c} \geq 6 \qquad\qquad\qquad (3.2.5)$$

依規範規定[3.1,3.3]，n 取近似之整數值，但不得小於 6，如下表所示：

表 3-2-1　彈性模數比 n

f_c' （kgf / cm^2）	n
175	10
210	9
245	8.5
280	8
315	7.5
350	7
420	6.5
490	6.0

二、 斷面轉換法

所謂斷面轉換法（Method of Transformed Section），就是將梁內的鋼筋與混凝土兩種不同材料（具有不同彈性模數）轉換成有相同彈性模數之均一斷面的方法。

一般常用之方法，係將鋼筋斷面積轉換成相當混凝土斷面積，其基本原則必須滿足下列之條件：

1、總力量不變。

2、應變量一致。

也就是必需滿足下列二式：

$$A_s f_s = A_t f_t \qquad\qquad\qquad (3.2.6)$$

$$\frac{f_s}{E_s} = \frac{f_t}{E_c} \qquad\qquad\qquad (3.2.7)$$

式中：

A_s：鋼筋斷面積

f_s ：鋼筋張應力

A_t：當量混凝土之斷面積

$$f_t : 當量混凝土之張應力$$

$$E_c : 混凝土彈性模數$$

$$E_s : 鋼筋彈性模數$$

將 3.2.7 式整理後，得：

$$f_s = \frac{E_s}{E_c} f_t = nf_t \tag{3.2.8}$$

$$f_t = \frac{f_s}{n} \tag{3.2.9}$$

再將上式代入 3.2.6 式，可得：

$$A_t = nA_s \tag{3.2.10}$$

三、開裂彎矩

所謂開裂彎矩（Cracking Moment），就是純混凝土梁在開裂前，該斷面所能承受之最大撓曲彎矩，稱為開裂彎矩。

在梁未開裂之前，其斷面可假設為一均質彈性體，並可採用轉換斷面法計算開裂彎矩，如下圖所示：

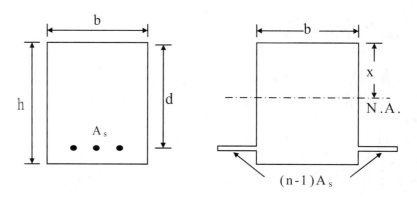

圖 3-2-2　矩形梁全斷面之轉換斷面圖

如圖 3-2-2 之單筋矩形梁轉換斷面後之中性軸位置 x：

$$x = \frac{bh(\frac{h}{2}) + (n-1)A_s d}{bh + (n-1)A_s} \tag{3.2.11}$$

對中性軸之慣性矩 I：

$$I = \frac{1}{3}bx^3 + \frac{1}{3}b(h-x)^3 + (n-1)A_s(d-x)^2 \tag{3.2.12}$$

混凝土最大撓曲張應力 f_{ct}(位於梁底 h 處)：

$$f_{ct} = \frac{M(h-x)}{I} \qquad (3.2.13)$$

張力筋最大撓曲張應力 f_{st}(位於梁有效深度 d 處，也就是張力筋處)：

$$f_{st} = n \cdot f_{ct} = n \cdot \frac{M(d-x)}{I} \qquad (3.2.14)$$

令混凝土最大拉應力等於其破裂模數 f_r，則可得開裂彎矩 M_{cr}：

$$M_{cr} = \frac{f_r I}{(h-x)} \qquad (3.2.15)$$

如果在梁斷面內的鋼筋比很小，則在未開裂斷面中，鋼筋對梁之撓曲應力的影響很小，此時梁之未開裂撓曲分析，可用梁全面積分析而忽略鋼筋的存在，則開裂彎矩 M_{cr}：

$$M_{cr} = \frac{f_r I_g}{y_t} \qquad (3.2.16)$$

式中：

$\quad I_g$：梁全面積對中性軸之慣性矩

$\quad\quad$ 矩形斷面 $I_g = \dfrac{1}{12}bh^3$

$\quad y_t$：梁未開裂斷面中性軸至張力側最外緣之距離，

$\quad\quad$ 矩形梁 $y_t = \dfrac{h}{2}$

$\quad f_r$：混凝土之破裂模數，$f_r = 2.0\sqrt{f_c'}$

例 3-2-1

一鋼筋混凝土矩形梁之斷面，如圖 3-2-3 所示：已知：b = 25 cm、d = 54 cm、h = 60 cm、$f_c' = 280$ kgf / cm^2、$f_y = 4200$ kgf / cm^2，若使用 3 - # 8 張力筋，試求：該斷面之開裂彎矩 M_{cr}。

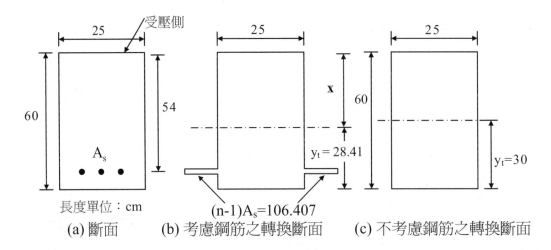

長度單位：cm

(a) 斷面　　　(b) 考慮鋼筋之轉換斷面　　　(c) 不考慮鋼筋之轉換斷面

圖 3-2-3　例 3-2-1 矩形梁斷面及其轉換斷面圖

<解>

　　梁未開裂前之轉換斷面，如圖 3-2-3 所示。

當 $f'_c = 280$ kgf / cm^2 時，彈性模數比 n = 8

使用 3-#8 鋼筋之面積：

$$A_s = 3 \times 5.067 = 15.201 \ cm^2$$

$$(n-1)A_s = (8-1) \times 15.201 = 106.407 \ cm^2$$

梁未開裂全斷面的中性軸至壓力側最外緣之距離 x：

$$x = \frac{25 \times 60 \times 30 + 106.407 \times 54}{25 \times 60 + 106.407} = 31.59 \ cm$$
$$y_t = 60 - 31.59 = 28.41 \ cm$$

對中性軸之慣性矩 I：

$$I = \frac{1}{3} \times 25 \times 31.59^3 + \frac{1}{3} \times 25 \times (60-31.59)^3 + 106.407 \times (54-31.59)^2$$
$$= 5.07 \times 10^5 \ cm^4$$

混凝土破裂模數 f_r：

$$f_r = 2\sqrt{f'_c} = 2 \times \sqrt{280} = 33.47 \ kgf / cm^2$$

該斷面之開裂彎矩 M_{cr}：

$$M_{cr} = \frac{f_r I}{y_t}$$
$$= \frac{33.47 \times 5.07 \times 10^5}{28.41}$$
$$= 5.973 \times 10^5 \ kgf\text{-}cm$$
$$= 5.973 \ t\text{-}m$$

若使用全斷面，不考慮鋼筋面積，則：

$$y_t = \frac{h}{2} = \frac{60}{2} = 30 \text{ cm}$$

$$I_g = \frac{1}{12}bh^3$$

$$= \frac{1}{12} \times 25 \times 60^3$$

$$= 450000 \text{ cm}^4$$

則該斷面之開裂彎矩 M_{cr}：

$$M_{cr} = \frac{f_r I_g}{y_t}$$

$$= \frac{33.47 \times 450000}{30}$$

$$= 502050 \text{ kgf-cm}$$

$$= 5.021 \text{ t-m}$$

四、單筋矩形梁之工作應力法分析

當斷面承受之彎矩大於開裂彎矩 M_{cr} 之後，在拉力側之混凝土開始產生裂紋，如下圖所示：

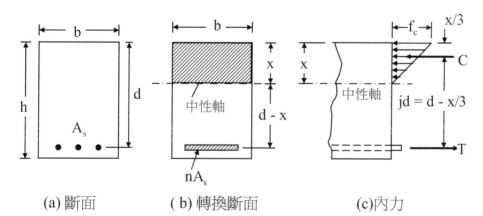

(a) 斷面 　　　 （b) 轉換斷面 　　　 (c)內力

圖 3-2-4　矩形梁開裂斷面之轉換斷面及內力圖

此時，在拉力側之總拉力完全由鋼筋承受，其內力分析如下[3.4]。矩形梁開裂後之中性軸位置 x：

$$bx(\frac{x}{2}) = nA_s(d-x) \quad 或 \quad x = \frac{bx \cdot (x/2) + nA_s d}{bx + nA_s} \tag{3.2.17}$$

解上列方程式，得中性軸位置 x。

　　在工作應力分析法，梁之撓曲行為與中性軸位置有關，而中性軸位置又與鋼筋用量有關，鋼筋用量多，則造成鋼筋的張應力 f_s 未達其容許張應力 $f_{s,all}$ 前，混凝土之壓應力 f_c 已先達其容許壓應力 $f_{c,all}$。反之，當鋼筋用量少時，則鋼筋之張應力將先達其容許張應力 $f_{s,all}$。當鋼筋用量剛好使得鋼筋的張應力 f_s 達 $f_{s,all}$ 的同時，混凝土之壓應力 f_c 也同時達到 $f_{c,all}$，則此時中性軸的位置我們稱為理想位置 x_i（Ideal Location）。如果一個斷面其真正中性軸位置 $x < x_i$，則鋼筋之張應力將先達到 $f_{s,all}$，這種斷面，我們稱之為鋼筋控制（Steel Control）斷面。如果反之 $x > x_i$，則該斷面混凝土之壓應力 f_c 將先達到 $f_{c,all}$，這種斷面，我們稱之為混凝土控制（Concrete Control）斷面。

例 3-2-2

一鋼筋混凝土梁斷面，已知：b = 30 cm、d = 58 cm、h = 65 cm、$f_c' = 280$ kgf / cm^2、$f_y = 2800$ kgf / cm^2，使用 4-#10 鋼筋，若在工作載重作用下承受一撓曲彎矩 $M_w = 22$ t - m，試求混凝土及鋼筋之最大應力 f_c 及 f_s。

＜解＞

　　當 $f_c' = 280$ kgf / cm^2 時，彈性模數比 n = 8

　　使用 4 - # 10 鋼筋面積：

$$A_s = 4 \times 8.143 = 32.572 \ \text{cm}^2$$

　　混凝土提供之壓力：

$$C = \frac{1}{2} f_c bx = \frac{1}{2} \times f_c \times 30x = 15 f_c x$$

　　鋼筋提供之張力：

$$T = A_s f_s = 32.572 f_s$$

　　由力的平衡關係，可得：

$$C = T$$
$$15 f_c x = 32.572 f_s$$

　　經移項整理後，得：

$$\frac{f_s}{f_c} = \frac{15x}{32.572} \qquad （1）$$

　　由應力－應變關係，得：

$$\frac{f_s}{f_c} = \frac{E_s \varepsilon_s}{E_c \varepsilon_c} = n \frac{\varepsilon_s}{\varepsilon_c} \qquad （2）$$

因應變與中性軸位置之距離成線性關係，得：

$$\frac{\varepsilon_s}{\varepsilon_c} = \frac{58 - x}{x}$$

由（1）＝（2）式，可得：

$$\frac{f_s}{f_c} = n\frac{\varepsilon_s}{\varepsilon_c}$$

$$\frac{15x}{32.572} = 8 \times (\frac{58 - x}{x})$$

$$15x^2 + 260.576x - 15113.4 = 0$$

解上列方程式，得中性軸位置 x：

$$x = \frac{-260.576 + \sqrt{260.576^2 + 4 \times 15 \times 15113.4}}{2 \times 15} = 24.22 \text{ cm}$$

已知撓曲彎矩 $M_w = 22 \text{ t-m} = 2200000 \text{ kgf-cm}$

$$M_w = T(d - \frac{x}{3})$$

經移項整理後，得：

$$T = \frac{M_w}{(d - \frac{x}{3})} = \frac{2200000}{(58 - \frac{24.22}{3})} = 44065 \text{ kgf}$$

混凝土之最大應力：

$$f_c = \frac{C}{15x} = \frac{44065}{15 \times 24.22} = 121.29 \text{ kgf/cm}^2$$

$$\leq f_{c,all} = 0.45f_c' = 126 \text{ kgf/cm}^2$$

鋼筋之最大應力：

$$f_s = \frac{T}{A_s} = \frac{44065}{32.572} = 1352.85 \text{ kgf/cm}^2$$

$$\leq f_{s,all} = 1400 \text{ kgf/cm}^2$$

例 3-2-3

一鋼筋混凝土梁之斷面，如下圖所示，已知：b = 30 cm、d = 50.7 cm、h = 60 cm、$f_c' = 210 \text{ kgf/cm}^2$、$f_y = 2800 \text{ kgf/cm}^2$。若使用 3-#7 張力筋。

試求：該斷面在最大使用載重下之撓曲彎矩 M_w。

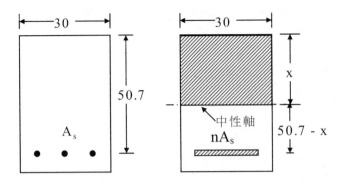

圖 3-2-5 例 3-2-3 矩形梁斷面及其轉換斷面圖

＜解＞

當 $f'_c = 210 \ kgf/cm^2$ 時，彈性模數比 $n = 9$

使用 3 - #7 鋼筋之面積：

$$A_s = 3 \times 3.871 = 11.613 \ cm^2$$

$$nA_s = 9 \times 11.613 = 104.517 \ cm^2$$

計算中性軸位置 x：

$$30 \cdot x \cdot \frac{x}{2} = 104.517 \times (50.7 - x)$$

解上列方程式，得：

$$x = 15.63 \ cm$$

混凝土所能提供之最大壓力：

$$C_{max} = \frac{1}{2} f_{c,all} bx = \frac{1}{2} \times (0.45 \times 210) \times 30 \times 15.63$$
$$= 22156 \ kgf$$

鋼筋所能提供之最大張力：

$$T_{max} = A_s f_{s,all} = 11.613 \times 1400$$
$$= 16258 \ kgf \qquad （控制）$$

比較 C_{max} 與 T_{max} 得知：本斷面為鋼筋控制斷面。

所以，本斷面混凝土所提供之壓力：

$$C = T_{max} = 16258 \ kgf$$

在最大使用載重下之撓曲彎矩 M_w：

$$M_w = T(d - \frac{x}{3}) = 16258 \times (50.7 - \frac{15.63}{3})$$
$$= 739576 \ kgf\text{-}cm = 7.396 \ t\text{-}m$$

例 3-2-4

重解例 3-2-3，但張力筋改用(a)3 - #9 及(b)3 - #10 張力筋。

＜解＞

(a) 當改用 3 - #9 張力筋時：

使用 3 - #9 鋼筋之面積：

$$A_s = 3 \times 6.469 = 19.407 \ cm^2$$

$$nA_s = 9 \times 19.407 = 174.663 \ cm^2$$

計算中性軸位置 x：

$$30 \cdot x \cdot \frac{x}{2} = 174.663 \times (50.7 - x)$$

解上列方程式，得：

$$x = 19.163 \ cm$$

混凝土所能提供之最大壓力：

$$C_{max} = \frac{1}{2} f_{c,all} bx = \frac{1}{2} \times (0.45 \times 210) \times 30 \times 19.163$$
$$= 27163 \ kgf$$

鋼筋所能提供之最大張力：

$$T_{max} = A_s f_{s,all} = 19.407 \times 1400$$
$$= 27170 \ kgf$$

比較 C_{max} 與 T_{max} 得知：

因　$C_{max} \approx T_{max} = 27170 \ kgf$

所以，當 x = 19.163 cm 時，係為理想中性軸位置。

在最大使用載重下之撓曲彎矩 M_w：

$$M_w = T(d - \frac{x}{3}) = 27170 \times (50.7 - \frac{19.163}{3})$$
$$= 1203966 \ kgf - cm$$
$$= 12.040 \ t - m$$

(b) 當改用 3 - #10 張力筋時：

使用 3 - #10 鋼筋之面積：

$$A_s = 3 \times 8.143 = 24.429 \ cm^2$$

$$nA_s = 9 \times 24.429 = 219.861 \ cm^2$$

計算中性軸位置 x：

$$30 \cdot x \cdot \frac{x}{2} = 219.861 \times (50.7 - x)$$

解上列方程式，得：

$$x = 20.90 \ cm$$

混凝土所能提供之最大壓力：

$$C_{max} = \frac{1}{2}f_{c,all}bx = \frac{1}{2} \times (0.45 \times 210) \times 30 \times 20.90$$
$$= 29626 \text{ kgf} \quad （控制）$$

鋼筋所能提供之最大張力：

$$T_{max} = A_s f_{s,all} = 24.429 \times 1400$$
$$= 34201 \text{ kgf}$$

比較 C_{max} 與 T_{max} 得之：本斷面為混凝土控制斷面。

所以，本斷面鋼筋所提供之張力：

$$T = C_{max} = 29626 \text{ kgf}$$

在最大使用載重下之撓曲彎矩 M_w：

$$M_w = T(d - \frac{x}{3}) = 29626 \times (50.7 - \frac{20.90}{3})$$
$$= 1295644 \text{ kgf-cm}$$
$$= 12.956 \text{ t-m}$$

3-3 撓曲裂縫

由於高強度鋼筋的使用及梁構件之設計係依強度設計理論，使得鋼筋所受應力比工作應力設計理論約增加 50 %。

強度設計法：

$$f_{s,USD} = \frac{f_y}{1.7} = \frac{4200}{1.7} = 2470 \text{ kgf/cm}^2$$

工作應力設計法：

$$f_{s,WSD} = 1600 \text{ kgf/cm}^2$$

所以 $\dfrac{f_{s,USD}}{f_{s,WSD}} = \dfrac{2470}{1600} = 1.54$

因此，梁構件之應變及裂縫寬度相對的亦隨著增大。一般在鋼筋混凝土結構中，裂縫是無法避免的，但若裂縫太大，則會有下列的後果：

1、造成鋼筋之銹蝕。

2、影響建築物美觀，造成使用者心裏之不舒服感。

3、造成構件之滲水或漏水。

裂縫之產生，既然是無法避免的，在設計時，則應考慮如何控制裂縫。一般控制裂縫之原則如下：

1、將裂縫控制在不影響結構安全的位置。

2、將裂縫分散,並減少裂縫之寬度;也就是儘量避免產生集中式的大裂縫。

一、 撓曲裂縫的控制方法

一般而言,影響裂縫大小的因素如下 [3.6,3.7]:

1、鋼筋所受應力之大小。

2、混凝土保護層厚度。

3、包圍每根鋼筋之混凝土面積。

4、混凝土體積的變化(乾收縮、潛變等)。

梁構件撓曲裂縫寬度之控制,可採用下列方法 [3.5]:

1、採用竹節鋼筋。

2、將拉力筋儘量均勻分佈在拉力區內。

3、儘量採用多根小號之鋼筋,以取代大號鋼筋。

4、儘量不使用 f_y 超過 5600 kgf / cm^2 之高拉力鋼筋。

二、裂縫寬度的計算

在鋼筋混凝土構件中,計算裂縫寬度的經驗公式如下[3.8]:

$$w = C\beta_h f_s \sqrt[3]{d_c A} \tag{3.3.1}$$

式中:

　　w:裂縫寬度　cm [in]

　　C:試驗常數　1.08×10^{-6} cm^2 / kgf　　　(公制)

　　　　　　　　　　　　　　$[76 \times 10^{-6}$ in^2 / kips $]$

　　β_h:$\beta_h = \dfrac{h_2}{h_1}$

　　f_s:在工作載重下鋼筋之應力 kgf / cm^2 [psi],可用 $0.6f_y$ 替代之。

　　d_c:受拉側之外緣至最近張力筋中心之距離 cm[in]。

　　$A_e = 2d_s \cdot b_w$

　　$A = \dfrac{A_e}{m}$:主張力筋周圍之有效混凝土面積除以主張力鋼筋根

數 $cm^2 [in^2]$。

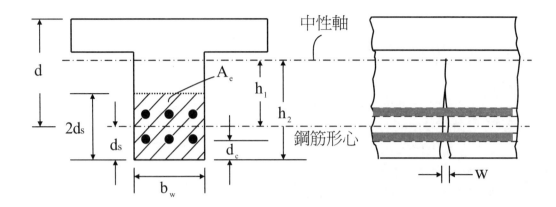

圖 3-3-1 梁之開裂裂縫圖

在早期 ACI 規範[3.1]規定一般混凝土構造允許之裂縫寬度為：內露場合 $w \leq 0.041$ cm [0.016 in]，外露場合 $w \leq 0.033$ cm [0.013 in]。在實際使用時，規範常以一參數 Z 作為評估之標準[3.1]：

$$Z = \frac{w}{C\beta_h} = f_s \sqrt[3]{d_c A} \qquad (3.3.2)$$

一般構件 $\beta_h = \frac{h_2}{h_1} \approx 1.2$，將 w，C 及 β_h 代入上式得：

1、內露場合 $Z = 3.13 \times 10^4$ kgf / cm [175 kips / in]

2、外露場合 $Z = 2.59 \times 10^4$ kgf / cm [145 kips / in]

我國混凝土規範[3.3]規定：

1、內露場合 $W \leq 0.04$ cm

2、外露場合 $W \leq 0.033$ cm

得：

1、內露場合 $Z = 31000$ kgf / cm

2、外露場合 $Z = 26000$ kgf / cm

對於衛生工程之結構物 [3.8]：

1、正常曝露 $Z = 2.05 \times 10^4$ kgf / cm [115 kips / in]

2、嚴重曝露 $Z = 1.70 \times 10^4$ kgf / cm [95 kips / in]

在 2002 年版之 ACI 規範[3.2]，改為直接限制最大鋼筋間距，取代過去 Z 值之規定。規定在最接近構材受拉面之鋼筋中心間距 S 不得超過下式之規定：

$$S \leq \frac{95000}{f_s} - 2.5c_c \leq 30(\frac{2520}{f_s}) \ (f_s：kgf/cm^2) \tag{3.3.3}$$

$$[S \leq \frac{540}{f_s} - 2.5c_c \leq 12(\frac{36}{f_s}) \ (f_s：ksi)] \tag{3.3.4}$$

式中 f_s 為在使用載重下鋼筋之應力，可用 $0.6\ f_y$ 替代。c_c 為撓曲受拉鋼筋至最近受拉面之淨保護層厚(cm)。以 f_y=4200 kgf/cm², c_c=5 cm, f_s=0.6 f_y 代入上式，則鋼筋最大間距為 25 公分。根據研究[3.10,3.11]顯示，在使用載重下應力之鋼筋，其腐蝕與裂紋寬度並無明顯關聯，因此，在 2002 新規範條文中，也將內露與外露構材不同之規定要求予於刪除。

例 3-3-1

一室外鋼筋混凝土梁之斷面，已知 b = 45 cm、h = 95 cm，使用 11 - # 8 雙層配筋、#3 箍筋，$f'_c = 280$ kgf/cm²、$f_y = 4200$ kgf/cm²，梁斷面淨保護層 4cm，每層間淨距 2.5cm，在工作載重下鋼筋所受應力 $f_s = 1600$ kgf/cm²。試根據 ACI Code 之規定檢核該斷面其裂縫控制是否合於規定。

＜解＞

(1)依 ACI 318-99 規定

$$f_s = 1600 \text{ kgf/cm}^2$$

$$d_c = 4.0 + 0.95 + \frac{2.54}{2} = 6.22 \text{ cm}$$

$$d_s = 4.0 + 0.95 + 2.54 + \frac{2.5}{2} = 8.74 \text{ cm}$$

$$A_e = 2d_s b = 2 \times 8.74 \times 45 = 786.6 \text{ cm}^2$$

$$A = \frac{A_e}{m} = \frac{786.6}{11} = 71.51 \text{ cm}^2 /根$$

$$Z = \frac{w}{C\beta_h} = f_s \sqrt[3]{d_c A} = 1600 \times \sqrt[3]{6.22 \times 71.51} = 12213 \text{ kgf/cm}$$

$$< 25900 \text{ kgf/cm}$$

所以，裂縫控制合於 ACI Code 之規定。

(2)依 ACI318-02 規定

$$f_s = 1600 \text{ kgf/cm}^2$$

$$c_c = 4.0 + 0.95 = 4.95$$

$$S \leq \frac{95000}{1600} - 2.5 \times 4.95 = 47.0 \quad ＜＝控制$$

$$S \le 30(\frac{2520}{1600}) = 47.25$$

$$實際\,S = \frac{45 - 2(4.0 + 0.95 + 2.54 / 2)}{5} = 6.51 ＜ 47.0 \text{ cm} \quad OK\#$$

三、 深梁之側面裂縫控制

　　根據研究指出當梁深較大時，在中性軸及張力鋼筋之間，可能會沿著梁之兩側表面產生最大裂縫 [3.12]。當梁有效深度 d 超過 90 公分 (36 in)時，在梁腹之兩側必須配置表層鋼筋(Skin Reinforcement)，並配置在張力側距張力筋 d/2 之範圍內，以避免梁腹內之裂縫寬度大幅超過受拉鋼筋處之裂紋 [3.13]。如圖 3-3-2 所示：

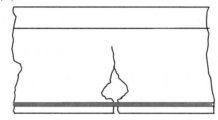

圖 3-3-2 深梁無表層筋時，可能之裂縫

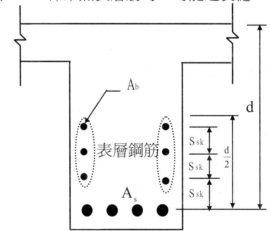

圖 3-3-3 深梁之表層筋配置圖

　　因此規範規定[3.2]，在深梁梁腹兩側，接近張力筋側 d/2 範圍內必需配置縱向表層鋼筋如圖 3-3-3 所示，其間距需符合下列規定：

$$S_{sk} \le \frac{d}{6}$$ (3.3.5)

$$S_{sk} \le 30cm \quad [12in]$$

$$S_{sk} \le \frac{1000A_b}{d-75}$$

$$[S_{sk} \le \frac{1000A_b}{d-30}]$$

以上列三式取小值，其中 A_b 爲單根表層鋼筋之面積(cm^2)。

例 3-3-2

一鋼筋混凝土梁之斷面，已知 b = 45 cm、h = 125 cm，d=115cm，使用 10 - # 9 雙層張力筋、# 4 箍筋，$f'_c = 280$ kgf/cm^2、$f_y = 4200$ kgf/cm^2，梁斷面淨保護層 4 cm、每層間淨距 2.5 cm。試根據 ACI Code 之規定設計矩形梁(無版)之表層筋。

＜解＞

梁腹有效深度 d=115>90 cm，必須使用表層筋

試用#3 表層鋼筋 A_b=0.713

$$S_{sk} \le \frac{d}{6} = \frac{115}{6} = 19.17 \text{ cm}$$

$$S_{sk} \le 30cm$$

$$S_{sk} \le \frac{1000A_b}{d-75} = \frac{1000 \times 0.713}{115-75} = 17.83 \quad ＜－控制$$

所以，表層筋之最大間距： $S_{sk} = 17.83$ cm。使用 # 3 @ 16 cm 表層鋼筋，配置在梁腹兩側。每側配置 3 - # 3 表層鋼筋。

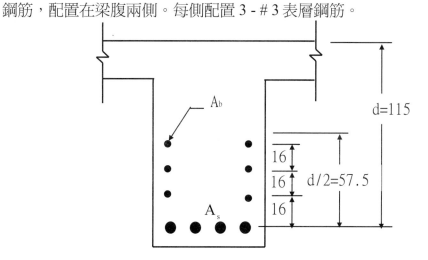

3-4 即時垂直變位

鋼筋混凝土梁之設計，首先需滿足強度的需求，其次則需滿足適用性的需求。而適用性最重要的是撓度的控制，以防止撓度過大造成附屬物體(如隔間、窗戶、天花板等等)的損壞及使用者的不舒適感。

目前規範對撓度的控制，有下列參種方法：

1、限制最小梁深，以確保梁有足夠的勁度，使其撓度不致過大。

2、限制張力筋用量，以確保梁有足夠斷面來提供勁度，使其撓度不致過大。

3、直接計算撓度，並與規範規定值比較。

我國混凝土設計規範[3.3]及 ACI Code[3.1,3.2,3.16]對受撓構材之最小厚度如下表所示：

表 3-4-1 單向版及梁之最小厚度　(L：梁之跨度) (公分)

構材類別	簡支	一端連續	兩端連續	懸臂
單向版	L / 20	L / 24	L / 28	L / 10
梁或單向肋版	L / 16	L / 18.5	L / 21	L / 8

*本表適用於 $W_c = 2.3 \, t / m^3$ 之常重混凝土及 $f_y = 4200 kgf / cm^2$ 之非預力構材。

*輕質混凝土 $W_c = 1.4 \sim 1.9 \, t / m^3$ 之間者, 需乘 $(1.65 - 0.315 W_c) \geq 1.09$

*當鋼筋 $f_y \neq 4200 \, kgf / cm^2$ 時, 其值需乘 $(0.4 + f_y / 7000)$

*表中跨度 L 以公分表示。

梁構件之撓度主要是由靜載重與部份或全部活載重所造成，當載重施加時立刻出現的撓度，稱為即時撓度(Instantaneous Deflection)。目前規範對於即時撓度的計算係依據彈性理論，如下列公式所示：

$$\Delta_i = \beta_a \frac{ML^2}{E_c I_e} \tag{3.4.1}$$

$$I_e = f(I_g, I_{cr}) \tag{3.4.2}$$

式中：

Δ_i：即時撓度。

β_a：係數，依梁之荷重種類及支承型態不同而異。

E_c：混凝土彈性模數。

$$E_c = 15000\sqrt{f'_c} \quad kgf / cm^2$$

$$[\,E_c = 57000\sqrt{f'_c}\ \ lb/in^2\,]$$

I_e：梁斷面之有效面積慣性矩，介於梁斷面之總面積慣性矩 I_g 及開裂轉換斷面面積慣性矩 I_{cr} 之間。

M：梁斷面所受之最大彎矩值。

L：梁之跨度。

I_g：總斷面積之面積慣性矩。

$$矩形斷面\ \ I_g = \frac{bh^3}{12}$$

$$三角形斷面\ \ I_g = \frac{bh^3}{36}$$

I_{cr}：開裂轉換斷面之面積慣性矩。

對簡支梁跨度中央承受集中荷重之即時最大撓度：

$$\Delta = \frac{PL^3}{48E_cI_e} = \frac{1}{12}\cdot\frac{(\frac{1}{4}PL)L^2}{E_cI_e} \tag{3.4.3}$$

與前公式比較結果，可得：

$$\beta_a = \frac{1}{12}$$

$$M = \frac{PL}{4}$$

對簡支梁承受均佈荷重之即時最大撓度：

$$\Delta = \frac{5wL^4}{384E_cI_e} = \frac{5}{48}\cdot\frac{(\frac{1}{8}wL^2)L^2}{E_cI_e} \tag{3.4.4}$$

與前公式比較結果，可得：

$$\beta_a = \frac{5}{48}$$

$$M = \frac{1}{8}wL^2$$

對於承受均佈載重連續梁之內跨，一般其所受之彎矩圖如圖 3-4-1 所示。

由彎矩平衡知

$$M_o = M_s + \frac{1}{2}\left(M_L + M_R\right) \tag{3.4.5}$$

$$而且\,M_o = \frac{1}{8}wL^2 \tag{3.4.6}$$

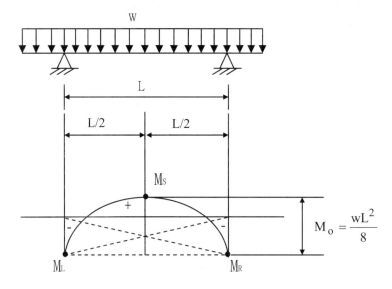

圖 3-4-1 承受均佈載重之連續梁內跨之彎矩圖

根據 M_o，M_L 及 M_R 之彎矩圖，利用共軛梁法(Conjugate Beam Method)，很快可求出跨度中央之變位量爲：

$$\Delta_m = \Delta_o - \Delta_L - \Delta_R$$

$$= \frac{5M_o L^2}{48EI} - \frac{M_L L^2}{16EI} - \frac{M_R L^2}{16EI}$$

$$= \frac{L^2}{48EI}\left[5M_o - 3(M_L + M_R)\right] \qquad (3.4.7)$$

將公式 3.4.5 代入 3.4.7 中，可得：

$$\Delta_m = \frac{L^2}{48EI}\left[5M_S + \frac{5}{2}(M_L + M_R) - 3(M_L + M_R)\right]$$

$$= \frac{L^2}{48EI}\left[5M_S - 0.5(M_L + M_R)\right]$$

$$= \frac{5L^2}{48EI}\left[M_S - 0.1(M_L + M_R)\right] \qquad (3.4.8)$$

公式 3.4.8 可用來計算連續線跨度中央之變位值。其他各種不同載重情形之梁變位，一般可在各種結構設計手冊中查得，表 3-4-2 中列舉幾種常用者供參考。

表 3-4-2 各類支承梁之最大變位公式

編號	梁及載重類型	最大變位位置	最大變位值(Δmax)
1		在跨度中央	$\dfrac{5wL^4}{384EI}$
2		X = 0.4215L (距左支承)	$\dfrac{wL^4}{185EI}$
3		在跨度中央	$\dfrac{wL^4}{384EI}$
4		在懸臂端	$\dfrac{wL^4}{8EI}$
5		X=0.5193L(距左支承)	$0.01304\dfrac{wL^3}{EI}$
6		在懸臂端	$\dfrac{PL^3}{3EI}$

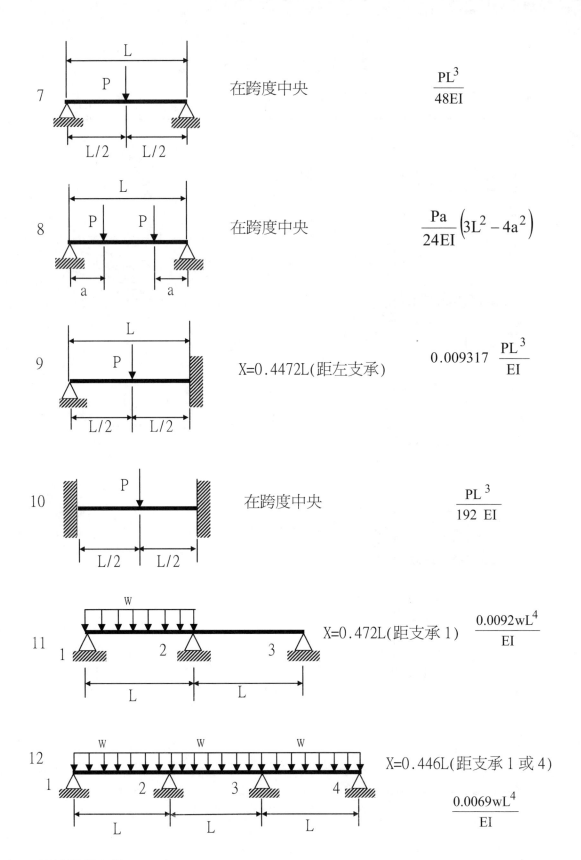

7　　在跨度中央　　$\dfrac{PL^3}{48EI}$

8　　在跨度中央　　$\dfrac{Pa}{24EI}\left(3L^2-4a^2\right)$

9　　X=0.4472L(距左支承)　　$0.009317\,\dfrac{PL^3}{EI}$

10　　在跨度中央　　$\dfrac{PL^3}{192\,EI}$

11　　X=0.472L(距支承1)　　$\dfrac{0.0092wL^4}{EI}$

12　　X=0.446L(距支承1或4)

$\dfrac{0.0069wL^4}{EI}$

13

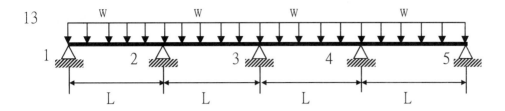

X=0.440L(距支承 1 或 5)

$$\frac{0.0065wL^4}{EI}$$

在鋼筋混凝土梁中，其有效橫斷面積之慣性矩將沿著構材的長度而變，如下圖所示：

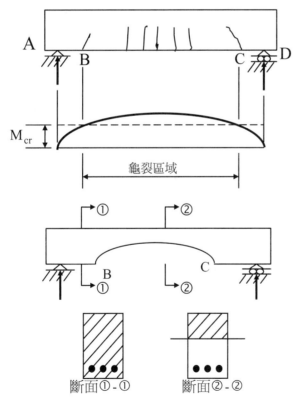

斷面①-①　　斷面②-②

圖 3-4-2 開裂斷面梁沿梁長之有效面積慣性矩圖

在梁斷面彎矩小於開裂彎矩 M_{cr} 的低彎矩區（AB 及 CD 區），梁內並無裂縫存在，所以這區的面積慣性矩將為全面積慣性矩。而在彎矩大於開裂彎矩 M_{cr} 的高彎矩區（BC 區），其有效面積慣性矩將根據開裂轉換斷面之慣性矩。

依我國混凝土設計規範及 ACI Code 之規定，斷面之有效慣性矩 I_e：

$$I_e = (\frac{M_{cr}}{M_a})^3 I_g + [1 - (\frac{M_{cr}}{M_a})^3] I_{cr} \le I_g \tag{3.4.9}$$

式中：

M_{cr}：梁斷面之開裂彎矩。

$$M_{cr} = \frac{f_r I_g}{y_t}$$

M_a：計算撓度時，梁斷面處所承受最大彎矩。

I_g：總斷面積之面積慣性矩。

$$矩形斷面\ I_g = \frac{bh^3}{12}$$

$$三角形斷面\ I_g = \frac{bh^3}{36}$$

I_{cr}：開裂斷面之面積慣性矩。

在實際使用上，公式 3.4.9 可分成下列三段個別考慮：

(1) $I_e = I_g$　　　　；當 $\frac{M_a}{M_{cr}} < 1$ 時

(2) $I_e = 公式\ 3.4.9$；當 $1 \le \frac{M_a}{M_{cr}} \le 3$ 時

(3) $I_e = I_{cr}$　　　　；當 $\frac{M_a}{M_{cr}} > 3$ 時

上列三段式之有效慣性矩亦可以下圖表示之：

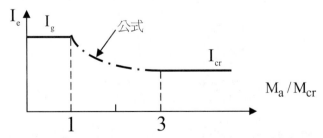

圖 3-4-3 有效斷面慣性矩與 M_a/M_{cr} 之關係圖

上列公式爲對某一梁斷面之有效面積慣性矩，而在必須計算撓度之梁，沿其梁全長各點所受之彎矩 M_a 均不同，此時在計算梁撓度時，對 I_e 值的估算，有下列三種方法[3.14]：

一、跨度中央值法(Method of Midspan Value Alone)：

本法係以簡支梁或連續梁跨度中央及懸臂梁支承處斷面之有效面積慣性矩，作爲整支梁之有效面積慣性矩。本法爲最簡單之計算方法，使用本法之誤差（指與使用眞正變化 I_e 值計算的結果互相比較），若梁之反曲點距支承處在 0.2 L 範圍以內，且

$$0.33 \leq \frac{跨度中央之I_e}{端點之I_e} \leq 1.0 ，則誤差約爲 20 \% ；若$$

$$0.50 \leq \frac{跨度中央之I_e}{端點之I_e} \leq 1.0 ，則誤差約爲 5 \% 。$$

二、權重平均法（Method of Weighted Average）：

本法系依據梁兩端彎矩之大小調整其 I_e 值。

兩端連續梁：

$$\text{Average } I_e = 0.70\, I_m + 0.15\,(I_{e1} + I_{e2}) \tag{3.4.10}$$

一端連續梁：

$$\text{Average } I_e = 0.85\, I_m + 0.15\, I_{e1} \tag{3.4.11}$$

式中：

I_m：跨度中央之有效面積慣性矩。

I_{e1}、I_{e2}：兩端之有效面積慣性矩。

三、直接平均法（Method of Simple Average）：

兩端連續梁：

$$\text{Average } I_e = \frac{I_m + 0.5\,(I_{e1} + I_{e2})}{2} \tag{3.4.12}$$

一端連續梁：

$$\text{Average } I_e = 0.75\, I_m + 0.25\, I_{e1} \tag{3.4.13}$$

式中：

I_m：跨度中央之有效面積慣性矩。

I_{e1}、I_{e2}：兩端之有效面積慣性矩。

對承受均佈載重之連續梁而言，權重平均法較跨度中央值法稍微準確（約 5 %）；但對集中載重梁而言，則較爲不準確。因此，對於承受集中載重較大之梁，若使用平均法（直接平均法及權重平均法）將較爲不準確，而應該改使用跨度中央值法爲宜[3.15]。

例 3-4-1

一鋼筋混凝土簡支梁,如下圖所示,承受一均佈靜載重 $w_D = 1.0$ t/m(包括自重)及一均佈活載重 $w_L = 2.0$ t/m,梁之跨度 L = 5 m,已知斷面尺寸 b = 25 cm、d = 54 cm、h = 60 cm,使用 3 - # 8 張力鋼筋、材料 $f_c' = 280$ kgf / cm² 、 $f_y = 2800$ kgf / cm² ,試求該梁之即時撓度。

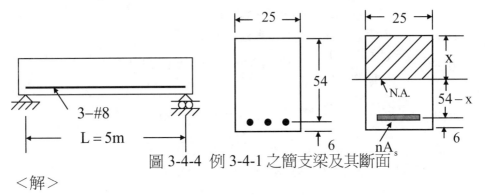

圖 3-4-4 例 3-4-1 之簡支梁及其斷面

<解>

1、求全斷面之面積慣性矩 I_g :

$$I_g = \frac{bh^3}{12}$$

$$= \frac{25 \times 60^3}{12} = 450000 \ cm^4$$

2、求開裂斷面之面積慣性矩 I_{cr} :

$$A_s = 3 \times 5.067 = 15.201 \ cm^2$$

$$nA_s = 8 \times 15.201 = 121.608 \ cm^2$$

中性軸位置:

$$25 \times (x) \times (\frac{x}{2}) = 121.608 \times (54 - x)$$

解上列方程式,得:
$$x = 18.57 \ cm$$

開裂斷面之面積慣性矩 I_{cr} :

$$I_{cr} = \frac{25 \times 18.57^3}{3} + 121.608 \times (54 - 18.57)^2 = 206017 \ cm^4$$

3、計算梁斷面之開裂彎矩 M_{cr} :

$$f_r = 2.0\sqrt{f_c'} = 2.0 \times \sqrt{280} = 33.47 \ kgf / cm^2$$

$$M_{cr} = \frac{f_r I_g}{y_t} = \frac{33.47 \times 450000}{30} = 502050 \ \text{kgf - cm}$$

$$= 5.021 \ \text{t} - \text{m}$$

4、計算梁內跨度中央承受之最大彎矩 M_a：

靜載重單獨作用時

$$W_T = W_D = 1.0 \ \text{t/m}$$

$$M_a = \frac{W_T L^2}{8} = \frac{1 \times 5^2}{8} = 3.125 \ \text{t - m}$$

靜載重+活載重時

$$W_T = W_D + W_L = 1.0 + 2.0 = 3.0 \ \text{t} / \text{m}$$

$$M_a = \frac{W_T L^2}{8} = \frac{3 \times 5^2}{8} = 9.375 \ \text{t} - \text{m}$$

5、計算梁斷面之有效面積慣性矩 I_e：

靜載重單獨作用時

$$\frac{M_a}{M_{cr}} = \frac{3.125}{5.021} = 0.622 \ < 1.0$$

$$\therefore I_e = I_g = 450000 \ \text{cm}^4$$

靜載重+活載重時

$$\frac{M_a}{M_{cr}} = \frac{9.375}{5.021} = 1.867 \ ; \ 因 \quad 1 \leq \frac{M_a}{M_{cr}} \leq 3$$

所以，採用公式計算 I_e 值：

$$I_e = (\frac{M_{cr}}{M_a})^3 I_g + [1 - (\frac{M_{cr}}{M_a})^3] I_{cr} \leq I_g$$

$$= (\frac{5.021}{9.375})^3 \times 450000 + [1 - (\frac{5.021}{9.375})^3] \times 206017$$

$$= 243498 \ \text{cm}^4$$

6、計算梁之即時變位：

(1) 對簡支梁承受均佈荷重；保守一點採用跨度中央值法：

$$I_e = I_m$$

(2) 依規範規定，因靜載重產生之即時撓度：

$$W_T = W_D = 1.0 \ \text{t/m} = 10 \ \text{kgf/cm}$$

$$E_c = 15000\sqrt{280} = 250998$$

$$(\Delta_i)_D = \frac{5w_T L^4}{384 E_c I_e} = \frac{5 \times 10 \times 500^4}{384 \times 250998 \times 450000}$$

$$= 0.072 \ \text{cm}$$

(3) 靜載重＋活載重之總變位：

$$W_T = W_D + W_L = 1.0 + 2.0 = 3.0 \ t / m = 30 \ kgf / cm$$

$$(\Delta_i)_{D+L} = \frac{5w_T L^4}{384 E_c I_e} = \frac{5 \times 30 \times 500^4}{384 \times 250998 \times 243498}$$
$$= 0.399 \ cm$$

(4) 活載重產生之變位量

$$(\Delta_i)_L = (\Delta_i)_{D+L} - (\Delta_i)_D = 0.399 - 0.072 = 0.327 \ cm$$

在實務設計上，一般對撓度之控制常採以控制梁深及鋼筋用量爲之，以上例爲例，檢核如下：

檢核梁深： 依規範之規定：

$$f_y = 2800 kgf / cm^2$$

$$h_{min} = \frac{L}{16} \times (0.4 + \frac{2800}{7000})$$
$$= \frac{L}{16} \times 0.8 = \frac{L}{20} = \frac{500}{20} = 25.0 \ cm$$

本梁 $h = 60 \ cm > h_{min}$ OK#

檢核鋼筋量：$d = d_t$

$$\rho_{max} = \frac{3}{7} \beta_1 \frac{0.85 f_c'}{f_y} \frac{d_t}{d} = \frac{3}{7} \times 0.85 \frac{0.85 \times 280}{2800} = 0.031$$

本梁 $\rho = \frac{A_s}{bd} = \frac{15.201}{25 \times 54} = 0.011 < \frac{1}{2} \rho_{max} = 0.0155$ O.K.

所以，本梁不必檢核撓度。

例 3-4-2

一鋼筋混凝土簡支梁，如圖 3-4-5 所示，梁之跨度 L = 12 m，承受一均佈靜載重（含自重）$w_D = 0.7 \ t / m$ 及一集中活載重 $P_L = 11.5 \ t$，已知：斷面尺寸 b = 45 cm、d = 51 cm、d_t= 53.5 cm 、h = 60 cm，使用 4 - ＃8 及 4 - ＃9 張力筋，$f_c' = 280 \ kgf / cm^2$、$f_y = 4200 \ kgf / cm^2$，試依我國規範之規定檢核其撓度。

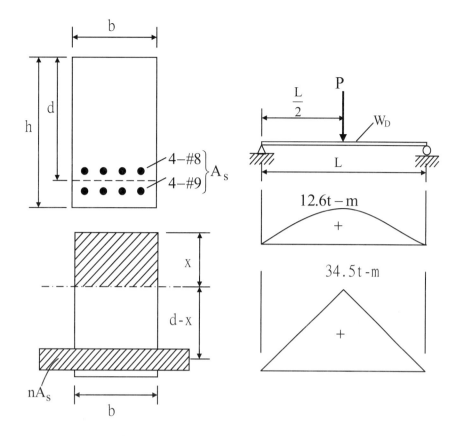

圖 3-4-5 例 3-4-2 簡支梁及其斷面圖

<解>

　1、求全斷面之面積慣性矩 I_g：

$$I_g = \frac{bh^3}{12} = \frac{45 \times 60^3}{12} = 8.1 \times 10^5 \text{ cm}^4$$

　2、求開裂斷面之面積慣性矩 I_{cr}：

$$A_s = 4 \times 5.067 + 4 \times 6.469 = 46.144 \text{ cm}^2$$

$$nA_s = 8 \times 46.144 = 369.152 \text{ cm}^2$$

　　中性軸位置：

$$45 \times (x) \times (\frac{x}{2}) = 369.152 \times (51.0 - x)$$

　　解上列方程式，得：

　　　x = 21.86 cm

　　開裂斷面之面積慣性矩 I_{cr}：

$$I_{cr} = \frac{45.0 \times 21.86^3}{3} + 369.152 \times (51.0 - 21.86)^2 = 470152 \ \text{cm}^4$$

3、計算梁斷面之開裂彎矩 M_{cr}：

$$f_r = 2.0\sqrt{f_c'} = 2.0 \times \sqrt{280} = 33.47 \ \text{kgf}/\text{cm}^2$$

$$M_{cr} = \frac{f_r I_g}{y_t} = \frac{33.47 \times 8.10 \times 10^5}{30.0} = 9.037 \times 10^5 \ \text{kgf-cm}$$

$$= 9.037 \ \text{t-m}$$

4、計算靜載重作用力對梁之跨度中央最大彎矩 M_a：

$$w_D = 0.7 \ \text{t}/\text{m}$$

$$M_a = M_D = \frac{w_D L^2}{8} = \frac{0.7 \times 12^2}{8} = 12.6 \ \text{t-m}$$

5、計算簡支梁之即時變位：

(1) 對簡支梁承受均佈靜荷重之變位：

(a) 計算梁斷面之有效面積慣性矩 I_e：

$$\frac{M_a}{M_{cr}} = \frac{12.6}{9.037} = 1.394$$

因　$1 \le \dfrac{M_a}{M_{cr}} \le 3$

所以，採用公式計算 I_e 值：

$$I_e = (\frac{M_{cr}}{M_a})^3 I_g + [1 - (\frac{M_{cr}}{M_a})^3] I_{cr} \le I_g$$

$$= (\frac{9.037}{12.6})^3 \times 8.1 \times 10^5 + [1 - (\frac{9.037}{12.6})^3] \times 470152$$

$$= 595537 \ \text{cm}^4$$

因本梁為簡支梁，採用跨度中央值法：

$$I_e = I_m = 595537 \ \text{cm}^4$$

(b) 計算承受均佈靜荷重之變位：

$$w_D = 0.7 \ \text{t}/\text{m} = 7.0 \ \text{kgf}/\text{cm}$$

混凝土彈性模數：

$$E_c = 15000\sqrt{f_c'} = 15000 \times \sqrt{280} = 250998 \ \text{kgf}/\text{cm}^2$$

$$(\Delta_i)_D = \frac{5 w_D L^4}{384 E_c I_e} = \frac{5 \times 7.0 \times 1200^4}{384 \times 250998 \times 595537} = 1.264 \ \text{cm}$$

(2) 對簡支梁承受均佈靜荷重＋活載重之總變位：

(a) 計算梁斷面之有效面積慣性矩 I_e：

$$w_D = 0.7 \text{ t / m} = 7.0 \text{ kgf / cm}$$

$$M_D = \frac{w_D L^2}{8} = 12.6 \text{ t-m}$$

$$P_L = 11.5 \text{ t}$$

$$M_L = \frac{P_L L}{4} = \frac{11.5 \times 12.0}{4} = 34.5 \text{ t - m}$$

$$M_a = M_D + M_L = 12.6 + 34.5 = 47.1 \text{ t - m}$$

$$\frac{M_a}{M_{cr}} = \frac{47.1}{9.037} = 5.21$$

因 $\quad \dfrac{M_a}{M_{cr}} > 3$

所以，$I_e = I_{cr} = 470152 \text{ cm}^4$。

(b) 計算承受均佈靜荷重＋活載重之總變位：

承受均佈靜載重之變位：

$$(\Delta_i)_D = \frac{5 w_D L^4}{384 E_c I_e} = \frac{5 \times 7.0 \times 1200^4}{384 \times 250998 \times 470152} = 1.602 \text{ cm}$$

承受活載重之變位：

$$(\Delta_i)_L = \frac{P_L L^3}{48 E_c I_e} = \frac{11500 \times 1200^3}{48 \times 250998 \times 470152} = 3.508 \text{ cm}$$

承受均佈靜載重＋活載重之總變位：

$$(\Delta_i)_{D+L} = (\Delta_i)_D + (\Delta_i)_L$$
$$= 1.602 + 3.508 = 5.110 \text{ cm}$$

6、檢核是否符合規範之規定：

檢核對活載重之即時變位：

依規範之規定因活載重產生之即時撓度：

$$(\Delta_i)_L \leq \frac{L}{360} \leq \frac{1200}{360} = 3.333 \text{ cm}$$

本梁對活載重之即時變位：

$$(\Delta_i)_L = (\Delta_i)_{D+L} - (\Delta_i)_D = 5.11 - 1.264 = 3.846 \text{ cm}$$

本梁 $(\Delta_i)_L = 3.846 \text{ cm} > 3.333 \text{ cm}$ $\qquad$ (不合)

依上式計算本例之梁在活載重作用其即時撓度已超過規範規定。以下再檢核其設計是否符合梁深及鋼筋用量之規定。

檢核梁深：

依我國規範之規定：

簡支梁 $f_y = 4200 \text{ kgf/cm}^2$，

$$h_{min} = \frac{L}{16} = \frac{1200}{16} = 75 \text{ cm}$$

本梁 $h = 60 \text{ cm} < h_{min}$

檢核鋼筋量：

依我國規範之規定：

$$\rho_{max} = \frac{3}{7}\beta_1 \frac{0.85f_c'}{f_y} \frac{d_t}{d} = \frac{3}{7} \times 0.85 \frac{0.85 \times 280}{4200} \frac{53.5}{51} = 0.0217$$

本梁 $\rho = \frac{A_s}{bd} = \frac{46.144}{45 \times 51} = 0.0201 > \frac{1}{2}\rho_{max} = 0.0108$

所以，本梁必須檢核撓度。

例 3-4-3

有一連續梁之內跨，跨度為 10 公尺，承受均佈之工作載重，在靜載重作用下，梁兩端之負彎矩 M_D = -32.0 t-m，跨度中央之正彎矩 M_D =+20 t-m。而在活載重作用下，梁兩端之負彎矩 M_L = -25.0 t-m，跨度中央之正彎矩為 M_L =16.0 t-m，其配筋如下圖所示：梁斷面為 40×85 cm(d=78 cm)，f_c'=210 kgf/cm^2，f_y=4200 kgf/cm^2，試求：(a)在靜載重作用下，跨度中央之即時垂直變位，(b)在活載重作用下，跨度中央之即時垂直變位。

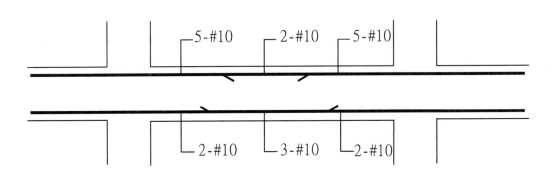

<解>

1、求全斷面之面積慣性矩 I_g：

$$I_g = \frac{bh^3}{12} = \frac{40 \times 85^3}{12} = 2047083 \text{ cm}^4$$

2、求開裂面之面積慣性矩 I_{cr}：

(a)梁端： $A_s = 5 \times 8.143 = 40.715 \text{ cm}^2$

$nA_s = 9 \times 40.715 = 366.435 \text{ cm}^2$

中性軸位置：

$$40 \times \frac{x^2}{2} = 366.435(78 - x)$$

解上式得 x = 29.74

開裂斷面之面積慣性矩 I_{cr}：

$$I_{cr} = \frac{40 \times 29.74^3}{3} + 366.435 \times (78 - 29.74)^2$$
$$= 1204158 \ cm^4$$

(b)中央： As = 3×8.143 = 24.429 cm^2

nAs = 9×24.429 = 219.861 cm^2

中性軸位置：

$$40 \times \frac{x^2}{2} = 219.86(78 - x)$$

解上式得 x = 24.30

開裂斷面之面積慣性矩 I_{cr}：

$$I_{cr} = \frac{40 \times 24.30^3}{3} + 219.861 \times (78 - 24.3)^2 = 825330 \ cm^4$$

3、計算梁斷面之開裂彎矩 M_{cr}：

$$f_r = 2.0\sqrt{fc'} = 28.983 \ kgf / cm^2$$

$$M_{cr} = \frac{f_r I_g}{y_t} = \frac{28.983 \times 2047083}{42.5}$$
$$= 1396014 \ kgf - cm = 13.960 \ t - m$$

4、靜載重作用下

梁端 M_a = 32.0 t–m

中央 M_a = 20.0 t–m

5、計算在靜載重作用下連續梁之有效斷面慣性矩：

梁端：

$$\frac{M_a}{M_{cr}} = \frac{32.0}{13.96} = 2.292 < 3.0$$

$$\therefore I_e = \left(\frac{M_{cr}}{M_a}\right)^3 \times I_g + \left[1 - \left(\frac{M_{cr}}{M_a}\right)^3\right] \times I_{cr}$$

$$= \left(\frac{13.96}{32.0}\right)^3 \times 2047083 + \left[1 - \left(\frac{13.96}{32.0}\right)^3\right] \times 1204158$$

$$= 1274141 \ cm^4$$

中央：

$$\frac{M_a}{M_{cr}} = \frac{20}{13.96} = 1.433 < 3.0$$

$$\therefore I_e = \left(\frac{13.96}{20}\right)^3 \times 2047083 + \left[1 - \left(\frac{13.96}{20}\right)^3\right] \times 825330$$

$$= 1240810 \text{ cm}^4$$

本梁爲連續梁承受均佈載重，計算有效面積慣性矩採權重平均法，即

$$I_e = 0.70 I_m + 0.15(I_{e1} + I_{e2})$$

$$= 0.7 \times 1240810 + 0.15 \times (1274141 + 1274141)$$

$$= 1250809 \text{ cm}^4$$

6、計算 $(\Delta_i)_D$，$E_c = 15000\sqrt{fc'} = 217371 \text{ kgf/cm}^2$

$$(\Delta i)_D = \frac{5L^2}{48EI_e} \left[M_S - 0.1(M_L + M_R)\right]$$

$$= \frac{5 \times 1000^2}{48 \times 217371 \times 1250809} \left[2000000 - 0.1 \times (2 \times 3200000)\right]$$

$$= 0.521 \text{ cm}$$

7、計算 $(\Delta_i)_{D+L}$ 及 $(\Delta_i)_L$

在靜載重及活載重共同作用下：

梁端 $M_a = 32 + 25 = 57$ t–m

中央 $M_a = 20 + 16 = 36$ t–m

在梁端：

$$\frac{M_a}{M_{cr}} = \frac{57}{13.96} = 4.08 > 3.0$$

$$\therefore I_e = I_{cr} = 1204158 \text{ cm}^4$$

在中央：

$$\frac{M_a}{M_{cr}} = \frac{36}{13.96} = 2.579 < 3.0$$

$$\therefore I_e = \left(\frac{13.96}{36}\right)^3 \times 2047083 + \left[1 - \left(\frac{13.96}{36}\right)^3\right] \times 825330$$

$$= 896571 \text{ cm}^4$$

取平均權重法：

$$I_e = 0.70 I_m + 0.15(I_{e1} + I_{e2})$$

$$= 0.7 \times 896571 + 0.15 \times 2 \times 1204158 = 988847 \text{ cm}^4$$

$$\therefore (\Delta i)_{D+L} = \frac{5L^2}{48EI_e}\left[M_S - 0.1(M_L + M_R)\right]$$

$$= \frac{5 \times 1000^2}{48 \times 217371 \times 988847}\left[3600000 - 0.1 \times 2 \times 5700000\right]$$

$$= 1.192 \text{ cm}$$

$$\therefore (\Delta_i)_L = 1.192 - 0.521 = 0.671 \text{ cm}$$

3-5 長時垂直變位

鋼筋混凝土梁的垂直變位，除了第 3-4 節所敘述之即時變位外，由於混凝土的乾縮及潛變之影響，梁之垂直變位在載重施加後的若干時間內，仍會隨著時間的增加而繼續不斷的增大，其增加率會逐漸地降低，這種長期變位可能超過即時變位很多，最大可達到即時變位的 2 倍以上。長期變位的計算理論相當複雜，一般皆使用半經驗公式。

由於持續載重所造成混凝土的乾縮及潛變之變位 Δ_{sh+cp}，可按所承載載重之即時撓度乘以係數 λ 計算而得，目前 ACI Code 及我國規範 [3.1,3.2,3.3,3.16] 對於經驗係數 λ 作了更精確之修正。

對於因持續載重(Sustained Load)所造成混凝土的乾縮及潛變之變位 Δ_{sh+cp}，規範之規定如下：

$$\Delta_{sh+cp} = \lambda(\Delta_i)_D \qquad\qquad (3.5.1)$$

式中：

$(\Delta_i)_D$：由持續載重（通常為靜載重）所造成即時變位。

λ：經驗係數。

$$\lambda = \frac{\xi}{1+50\rho'} \qquad\qquad (3.5.2)$$

ρ'：壓力鋼筋比。

ξ：時間效應因素，其數值如下：

表 3-5-1 時間效應因素

持續承載載重之總時間	ξ
五年或五年以上	2.0
十二個月	1.4
六個月	1.2
三個月	1.0

依 3-4 及 3-5 節例子所計算得之撓度，設計規範[3.1,3.2,3.3,3.16]規定，不得超過表 3-5-2 所列之值。

表 3-5-2 容許計算撓度

構材形式	考慮之撓度	撓度值限制
平屋頂，不支承或不連繫於因其較大撓度而易遭破壞之非結構體者。	因活載重產生之即時撓度。 $(\Delta_i)_L$	$L/180$ *
樓版，不支承或不連繫於因其較大撓度而易遭破壞之非結構體者。		$L/360$
屋頂或樓版，支承或連繫於因其較大撓度而易遭破壞之非結構體者。	與非結構體連繫後所增之撓度（持續載重之長時撓度與任何增加活載重之即時撓度之和 +）。 $\Delta_{sh+cp} + (\Delta_i)_L$	$L/480$ ++
屋頂或樓版，支承或連繫於不因其較大撓度而易遭破壞之非結構體者。		$L/240$ §

註：

* 本限制並未計及屋頂積水，積水之情況必須經過適宜之撓度計算，同時必須考慮持續載重、拱度、施工誤差，以及排水設施之可靠性所產生之長期影響。

+ 長時撓度可依規範[3.3]第 2.11.2.5 及 2.11.4.2 節之規定計算，但連繫於非結構體前之撓度可予扣減，扣減值可按類似構材之時間-撓度特性曲線估算之。

++ 支承或連續之構體，若已有適宜之措施預防破壞時，可超過本值。

§ 本值不得大於非結構體之容許限度，如設有拱度時，可超過本值，但總撓度扣除拱度後不得超過本值。

例 3-5-1

試計算例 3-4-2 所示之梁的長時垂直變位。

＜解＞

1、對簡支梁承受均佈荷重之變位：

由例 3-4-2，得知： $(\Delta_i)_D = 1.264$ cm

2、對靜載重＋活載重之總變位：

由例 3-4-2，得知： $(\Delta_i)_{D+L} = 5.110$ cm

3、計算長時垂直變位：

若持續承載荷重之總時間為五年或五年以上，則

$$\xi = 2.0$$

$$\lambda = \frac{\xi}{1 + 50\rho'} = \frac{2.0}{1 + 50 \times 0} = 2.0$$

$$\Delta_{sh+cp} = \lambda(\Delta_i)_D = 2.0 \times 1.264 = 2.528 \text{ cm}$$

$$\Delta = \Delta_i + \Delta_{sh+cp} = 5.110 + 2.528 = 7.638 \text{ cm}$$

$$\Delta_{sh+cp} + (\Delta_i)_L \leq \frac{L}{480}$$

$$\Delta_{sh+cp} + (\Delta_i)_L = 2.528 + 3.846 = 6.374 > \begin{cases} \dfrac{L}{480} = \dfrac{1200}{480} = 2.5\text{cm} \\ \dfrac{L}{240} = \dfrac{1200}{240} = 5.0\text{cm} \end{cases}$$

無法滿足規範規定。

例 3-5-2

試計算例 3-4-3 所示之梁的長時總垂直變位。

＜解＞

由例 3-4-3，得知： $(\Delta_i)_D = 0.521$ cm ； $(\Delta_i)_{D+L} = 1.192$ cm

而 $\Delta_{sh+cp} = \lambda(\Delta_i)_D$

$$\lambda = \frac{\xi}{1 + 50\rho'}$$

$$\xi = 2.0$$

$$\rho' = \frac{2.0 \times 8.143}{40 \times 78} = 0.00522$$

$$\therefore \lambda = \frac{2.0}{1 + 50 \times 0.00522} = 1.586$$

$$\therefore \Delta_{sh+cp} = 1.586 \times 0.521 = 0.826 \text{ cm}$$

$$\therefore \Delta = (\Delta_i)_{D+L} + \Delta_{sh+cp}$$
$$= 1.192 + 0.826 = 2.018 \text{ cm}$$

參考文獻

3.1 ACI Committee 318, "Building Code Requirements for Structural Concrete (ACI 318-99)," American Concrete Institute, 1999

3.2 ACI Committee 318, "Building Code Requirements for Structural Concrete (ACI 318-02)," American Concrete Institute, 2002

3.3 中國土木水利工程學會，混凝土工程設計規範與解說，土木 401-93，混凝土工程委員會，科技圖書股份有限公司，民國 93 年 12 月。

3.4 最新建築技術規則，詹氏書局，民國 96 年 4 月。

3.5 C.K. Wang & C.G. Salmon, Reinforced Concrete Design, 5th Ed., 1992, Haper Collins Publishers Inc.

3.6 ACI Committee 224, "Control of Cracking in Concrete Structure," Concrete International, 2, October 1980.

3.7 ACI Committee 224, "Causes, Evaluation, and Repair of Cracks in Concrete Structures," ACI Jaurnal, Proceeding, 81, May-June 1984.

3.8 Peter Gergely and LeRoy A. Lutz, "Maximum Crack Width in Reinforced Concrete Flexural Members," Causes, Mechanism, and Control of Cracking in Concrete, Detroit, ACI, 1968.

3.9 ACI committee 350, "Concrete Sanitary Engineering Structures," ACI Journal, Proceeding, 80, Nov.-Dec. 1983.

3.10 Darwin, D., et at., "Debate:Crack Width, Cover, andCorrosion," Concrete International, V.7, No. 5, May 1985, ACI, Farmington Hills, MI. pp.20-35

3.11 Oesterle, R.G., "The Role of Concrete Cover in Crack Control Criteria and Corrosion Protection," RD serial No. 2054, Portland Cement Association, Skokie, IL, 1997

3.12 Gregory C. Frantz and John E. Breen, "Cracking on the Side Faces of Large Reinforced Concrete Beam," ACI Journal, Proceeding, 77, Sept.-Oct. 1980.

3.13 Frosch, R.J., "Another Look at cracking and Crack Control in Reinforced Concrete," ACI Structural Journal, V.96, No.3, May-June 1999, pp437-442

3.14 ACI Committee 435, Subcommittee 7, "Deflection of Continuous Beams," ACI Journal, Proceedings, 70, Dec. 1973.

3.15 P. D. Zuraski, C. G. Salmon & A. Fattah Shaikh, "Calculation of Instantaneous Deflection for Continuous Reinforced Conceret Beams," Deflection of Conceret Structures, Detroit, ACI, 1974.

3.16 ACI Committee 318, "Building Code Requirements for Structural Concrete (ACI 318-05)," American Concrete Institute, 2005.

習題
3-1 試解釋下列各名詞：
　　1.適用性 (Serviceability)
　　2.彈性模數比 (Modulus of Elasticity Ratio)
　　3.斷面轉換法 (Method of Transformed Section)
　　4.開裂彎矩 (Cracking Moment)
　　5.理想鋼筋斷面 (Ideally Reinforcement Section)
　　6.即時撓度 (Instantaneous Deflection)
　　7.理想位置 (Ideal Location)

3-2 矩形梁之工作應力設計法（WSD）的基本假設為何？並說明我國建築技術規則對於鋼筋及混凝土兩者容許應力之規定。

3-3 在鋼筋混凝土結構物中，若已產生裂縫，且裂縫過大，則其可能發生的後果為何？並請說明一般控制裂縫之原則、影響裂縫大小之因素與控制裂縫的方法。

3-4 一單筋矩形梁斷面，如下圖所示，已知：$b = 35$ cm、$d = 55$ cm、$h = 65$ cm、$f_c' = 350$ kgf/cm^2，$f_y = 4200$ kgf/cm^2，使用 4-#8 張力筋。試求：(1) 該斷面之開裂彎矩 M_{cr}。 (2) 該斷面在工作載重作用下之撓曲彎矩 M_w。

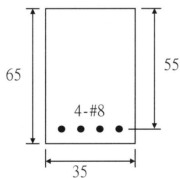

3-5 有一單筋矩形梁，已知 $b_w = 40$cm，$h = 80$cm，$d = 71$cm，$f_c' = 210$ kgf/cm^2，$f_y = 4200$ kgf/cm^2。使用 10-#8 鋼筋（雙層配筋）。試求：(1)該斷面之開裂彎矩 M_{cr}。 (2) 該斷面在工作載重下之撓曲彎矩 M_w。

3-6 一鋼筋混凝土梁斷面，已知 $b = 40$cm，$h = 80$cm，$d = 70$cm，使用 10-#8 張力筋（雙層配筋），若在工作載重作用下，在跨度中央所承受之最大撓曲彎矩 $M_w = 35 t-m$，試求混凝土及鋼筋所受之最大應力 f_c 及 f_s。$f_c' = 210$ kgf/cm^2，$f_y = 4200$ kgf/cm^2。

3-7 一鋼筋混凝土簡支梁，如下圖所示，梁之跨度 $L = 800cm$，該量承受均佈活載重 $W_L = 5t/m$ 及均佈靜載重 $W_D = 3t/m$（含梁自重）。使用 12-#10 雙層張力筋及 #4U 型箍筋間距 25 公分。已知：$b_w = 45cm$、$h = 85cm$、$f'_c = 280\ kgf/cm^2$，$f_y = 2800\ kgf/cm^2$。 試求：(1)該梁在工作載重作用下之裂縫寬度 w。(2)若該梁位在室外場合，檢核裂縫控制是否符合 ACI Code 之規定？

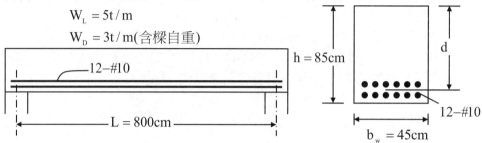

3-8 如下圖所示之梁，試求(1)開裂彎矩 $M_{cr} = ?$ (2)當作用彎矩為 $2M_{cr}$ 時，其裂縫寬度為何？$f'_c = 280\ kgf/cm^2$，$f_y = 4200\ kgf/cm^2$。

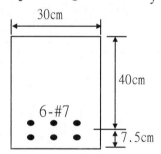

3-9 有一暴露於室外之梁，其斷面如下圖所示，在工作載重作用下，其 $M_{D+L} = 20t\text{-}m$，若規範要求 $Z = f_s\sqrt[3]{d_c A} \leq 26000\ kgf/cm^2$，試求(1)在 M_{D+L} 作用下，梁主筋之拉應力 $f_s = ?$ (2)檢核該斷面之裂縫控制是否符合規範要求。$f'_c = 280\ kgf/cm^2$，$f_y = 4200\ kgf/cm^2$。

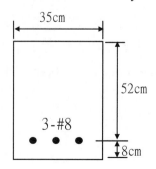

3-10 有一跨度為7.0公尺之鋼筋混凝土梁,其斷面如下圖所示,該梁暴露於室外,其上承載0.7t/m之均佈靜載重(含梁自重)及3.0t之集中載重作用於跨度中央,試求在工作載重下之鋼筋應力,並檢核該斷面之裂縫控制設計。f_c'=210 kgf/cm^2,f_y=4200 kgf/cm^2。(箍筋使用#3@25)

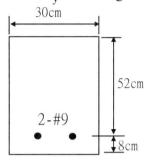

3-11 有一鋼筋混凝土梁斷面,已知b=50cm,h=150cm使用12-#10(雙層配筋)之張力筋及#4箍筋,試依ACI Code之規定,設計其表層筋。f_c'=210 kgf/cm^2,f_y=2800 kgf/cm^2。

3-12 有一跨度為12m之鋼筋混凝土簡支梁,在工作載重下在跨度中央承受集中靜載重(含梁自重)$P_D = 8T$,集中活載重$P_L = 10T$,已知$b_w = 40cm$,$h = 90cm$,$d = 81cm$,f_c'=280 kgf/cm^2,f_y=2800 kgf/cm^2。使用12-#8張力鋼筋(雙層配筋),試求該梁在活載重作用下在跨度中央之即時垂直變位。

3-13 一鋼筋混凝土簡支梁,跨度L = 10 m,在工作載重作用下,承受一均佈靜載重(含梁自重)$W_D = 1.0$ t/m及一集中活載重$P_L = 10$ t,為一單筋矩形梁斷面,已知:b = 45 cm、d = 70 cm、h = 80 cm。f_c'=210 kgf/cm^2,f_y=2800 kgf/cm^2。使用8 - #10 張力筋(雙層配筋)。試求:該梁之長時總垂直變位Δ(假設持續載重只有靜載重)。

3-14 有一跨度為8公尺之簡支梁,其斷面如下圖所示,若於梁上施加2t/m之均佈靜載重(含梁自重)後,再施加3t/m之均佈活載重,試求以此梁跨度中央由活載重引起之即時垂直變位為何?f_c'=210 kgf/cm^2,f_y=4200 kgf/cm^2。

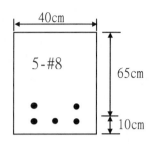

3-15 有一跨度為3.5 m之鋼筋混凝土懸臂梁,在工作載重下在懸臂端承受集中靜載重 $P_D = 5$ t,集中活載重 $P_L = 8$ t,已知$b_w = 40$ cm,h$= 70$ cm,d $= 60$ cm,fc'$=210$ kgf$/$cm^2, $f_y$$=4200$ kgf$/$cm^2,使用10 - # 8張力鋼筋(雙層配筋),若規範規定活載重之即時垂直變位不得超過L/360及持續載重之長期垂直變位不得超過L/240,試求該梁(1)在懸臂端之即時垂直變位,(2)在懸臂端之長期垂直變位。同時檢核是否合乎法規的要求。(梁自重可忽略不計)

3-16 有一跨度為 10 公尺之簡支梁其斷面如下圖所示,其上承載均佈活載重 1.6t$/$m,均佈靜載重1.5t$/$m(含梁自重)。試計算:(1)瞬間之垂直變位。(2)長期之垂直變位(假設時間為 5 年以上,且無活載重為持續載重)。如果該梁之活載重加長期之潛變及乾縮所允許之最大垂直變位不得超過(L/560),試問該梁合不合乎規定?若不合又如何改善?(計算梁之有效 I_e 值時以跨度中值法計算)。 $f_c' =210$ kgf$/$cm^2, $f_y =2800$ kgf$/$cm^2,依 ACI Code 規定。

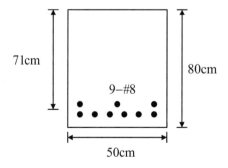

3-17 如下圖之梁斷面,其靜跨度為 6 公尺,承受均佈靜載重(含梁自重) W_D $=0.5$t/m,5 年後再追加均佈活載重 $W_L =3.5$t/m,試求當承載 W_L 時之總撓度$= ?$ $f_c' =210$ kgf$/$cm^2, $f_y =4200$ kgf$/$cm^2。

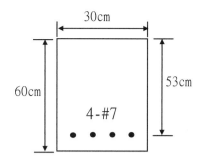

30cm

60cm   53cm

4-#7

3-18 有一跨度為 6 公尺之簡支梁,其斷面如下圖所示,其上承受工作均佈靜載重 W_D =1.0t/m,均佈工作活載重 W_L =2t/m,試求(1)在 $W_D + W_L$ 作用下,跨度中央之混凝土及鋼筋最大應力為何?(2)試求跨度中央因活載重 W_L 作用所產生之即時撓度。(3)假設在加載 5 年後混凝土之潛變係數 λ =2..0,試繪圖說明跨度中央點斷面之混凝土應力分佈。 f_c' =280 kgf / cm^2 , f_y =4200 kgf / cm^2 。

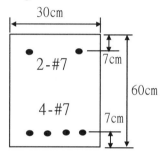

30cm

2-#7   7cm

60cm

4-#7   7cm

3-19 有一跨度 9 公尺之簡支梁,其斷面如下圖所示,其上承載均佈靜載重 W_D =1.2t/m(含梁自重)均佈活載重 W_L =2.0t/m,試求跨度中央活載重造成之撓度,並求 5 年後之總撓度。 f_c' =210 kgf / cm^2 , f_y =4200 kgf / cm^2 。

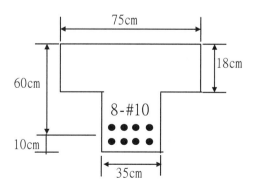

75cm

60cm   18cm

8-#10

10cm

35cm

3-20 有一連續梁之內跨，跨度為 8 公尺，承受均佈之工作載重，在靜載重作用下，梁兩端之負彎矩 M_D = -10.0 t-m，跨度中央之正彎矩 M_D =8.0 t-m。而在活載重作用下，梁兩端之負彎矩 M_L = -7.0 t-m，跨度中央之正彎矩為 M_L =6.0 t-m，其配筋如下圖所示：梁斷面為 30×50 cm(d=44 cm)，f_c' =210 kgf/cm^2，f_y =4200 kgf/cm^2。試求：(1)在活載重作用下跨度中央之即時垂直變位，(2)在跨度中央之長時變位。

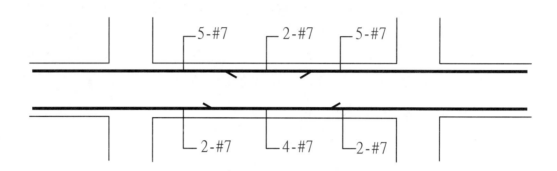

3-21 有一連續梁之端跨，跨度為 6 公尺，承受均佈之工作載重，在靜載重作用下內支承處外側之負彎矩 M_D = -10t/m，跨度中央之正彎矩 M_D = 7.0t/m，而在活載重作用下，梁兩端之負彎矩 M_L = -7.0t/m，跨度中央之正彎矩為 M_L = 4.0t/m，其配筋如下圖所示：梁斷面為 30×50cm(d = 44cm)，f_c' =210 kgf/cm^2， =4200 kgf/cm^2。試求：(1)在活載重作用下跨度中央之即時垂直變位，(2)在跨度中央之長時變位。

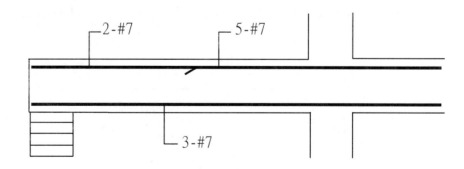

剪力筋及扭力筋 4

4-1 概述

梁為抵抗撓曲彎矩之需要而設計的張力鋼筋，已在第二章及第三章介紹過，本章將開始介紹有關剪力及扭力對鋼筋混凝土構件所造成的影響及如何設計剪力及扭力鋼筋。在梁之斷面內，一般除為抵抗撓曲而產生之撓曲彎矩(M)外，為達到垂直力的平衡，在斷面內會有剪力(V)的產生，如下圖所示：

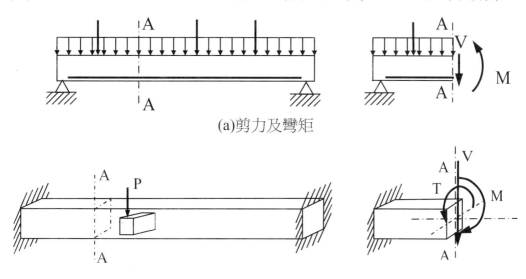

(a)剪力及彎矩

(b)剪力、扭力及彎矩

圖 4-1-1　簡支梁的剪力與彎矩

一般而言，剪力很少單獨存在，大部份與彎矩及軸向力或扭力同時作用，因此，在本章亦將探討剪力與軸力相互間的影響。相同的，扭力也很少單獨作用，一般都與剪力同時作用。因此，設計扭力筋時一般都與剪力筋一併考慮。本章最後面將介紹扭力與剪力聯合作用下之扭力筋的設計。

在鋼筋混凝土梁中，剪力及扭力所造成之應力通常比彎矩造成者為小。所以，在梁之設計中，一般均先考量彎矩的作用，藉以分析設計梁之斷面及鋼筋量，等完成設計後，再回過頭來檢核其剪力及扭力強度是否滿足規範之要求，以及設計剪力筋及扭力筋。

4-2 剪應力公式

在材料力學公式，梁構件的兩個最基本應力公式為：

剪應力　$v = \dfrac{VQ}{Ib}$ (4.2.1)

撓曲應力　$f = \dfrac{My}{I}$ (4.2.2)

最大剪應力發生在梁斷面的中性軸上，而最大撓曲應力則發生在梁斷面的最外緣，在梁斷面內不同的位置所受到的應力大小及其組合是隨位置不同而變化的。如圖 4-2-1 中位置 1 正好在斷面的中性軸上，所受的是純剪應力的作用，而位置 2 位於受張側，受到的是剪應力與撓曲張應力的聯合作用。位置 3 位於受壓側，受到的是剪應力與撓曲壓應力的聯合作用。

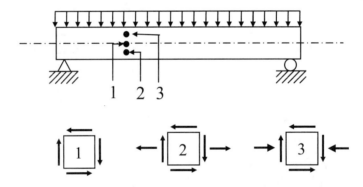

圖 4-2-1　梁中之剪應力與撓曲應力作用方向圖

當剪應力與撓曲應力聯合作用時，其力平衡狀態如下：

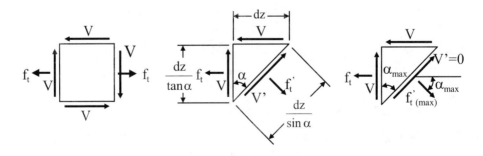

圖 4-2-2　剪應力與撓曲應力之聯合作用方向圖

$$f'_t = \frac{1}{2}f_t(1 + \cos 2\alpha) + v \sin 2\alpha \qquad (4.2.3)$$

$$v' = \frac{1}{2}f_t \sin 2\alpha - v \cos 2\alpha \qquad (4.2.4)$$

$$\tan 2\alpha_{max} = \frac{v}{\frac{1}{2}f_t} \qquad (4.2.5)$$

$$f_{t,max} = \frac{1}{2}f_t + \sqrt{(\frac{1}{2}f_t)^2 + v^2} \qquad (4.2.6)$$

在中性軸處，$f_t = 0$ 即為純剪應力作用，此時

$$2\alpha_{max} = 90°$$

$$\alpha_{max} = 45°$$

$$f_{t,max} = \sqrt{v^2} = v$$

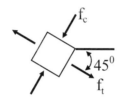

圖 4-2-3　純剪應力作用之主應力方向圖

當 $v = 0$，即為純張應力作用(在均佈載重梁之跨度中央處)。

$$\alpha_{max} = 0°$$

$$f_{t,max} = f_t$$

下圖為一簡支梁各部位之主張應力及裂縫形成之方向圖。

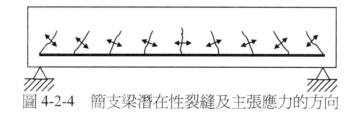

圖 4-2-4　簡支梁潛在性裂縫及主張應力的方向

　　由上圖主應力之方向可知，在跨度中央的裂縫主要是由於撓曲應力所產生(無剪應力作用)，因此其裂縫延伸方向大致垂直中性軸方向。在接近支承

處，此處無撓曲應力(因爲無彎矩作用也就無撓曲應力產生)，因此其爲純剪應力作用，其裂縫延伸方向大致與中性軸成45°角度。

因此，除在支承處及跨度中央處外，梁構件其他位置之裂縫延伸方向，大致如下圖所示。

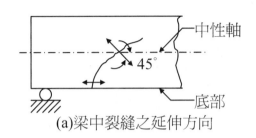

(a)梁中裂縫之延伸方向

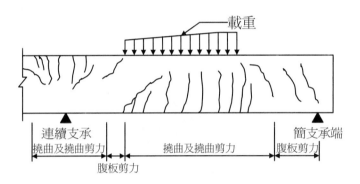

(b)混凝土梁開裂之類型
圖 4-2-5 混凝土梁之裂縫

4-3 無剪力筋梁之行爲

在純混凝土梁(無張力筋之配置)中，當承受載重後，若梁中最大張應力超過混凝土之抗張強度後，在最大張力處開始劈裂，並立即發生破壞，在這種情況，剪力對梁的強度影響非常小。

在鋼筋混凝土梁中因有張力鋼筋的存在，其行爲則完全不同。在裂縫增大後，由於張力筋的作用，使梁能承受更大的載重，而載重的加大，其結果亦使剪應力隨著加大，而剪應力與撓曲應力的聯合作用，造成斜拉應力亦隨著加大，形成斜向延伸之裂縫。在無剪力筋存在的鋼筋混凝土梁的開裂面，其內應力之分佈大致如下圖所示[4.1]：

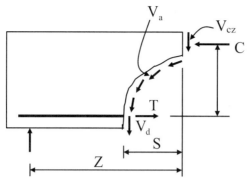

圖 4-3-1　無剪力筋梁開裂斷面之內力分佈圖

在鋼筋混凝土梁中，剪應力可分成下列幾部份[4.1]：

1、V_{cz}：未開裂部份混凝土之剪力強度，約佔 20～40 %。

2、V_a：在斜向開裂面骨材間的互鎖作用強度(摩擦作用)

(Aggregate Interlock) ，約佔 33～50 %。

3、V_d：縱向張力鋼筋之橫向抵抗強度，約佔 15～25 %。

一、斜向裂縫

由圖 4-2-2 及圖 4-2-5 可說明裂縫之方向係垂直於最大主張應力方向，其裂縫的成長或延伸係根據其撓曲應力 f_t 及剪應力 v 之相對大小而定。這些造成斜向裂縫(Inclined Cracks)的主要作用力可以下列方式表示：

剪應力　$v = \dfrac{VQ}{Ib} = \dfrac{V}{\alpha_1 bd^3 \cdot b / \alpha_2 bd^2}$　(4.3.1)

上式可以平均剪應力方式表示如下：

$$v = k_1 \dfrac{V}{bd} \tag{4.3.2}$$

撓曲應力　$f_t = \dfrac{M \cdot y}{I} = \dfrac{M}{\alpha_1 bd^3 / \alpha_2 d}$　(4.3.3)

上式可以平均剪應力方式表示如下：

$$f_t = k_2 \dfrac{M}{bd^2} \tag{4.3.4}$$

則撓曲應力與剪應力之相對比值可表示為：

$$\dfrac{f_t}{v} = \dfrac{k_2}{k_1} \cdot \dfrac{M}{Vd} = k_3 \cdot \dfrac{M}{Vd} = k_3 \cdot \dfrac{a}{d} \tag{4.3.5}$$

式中：

k_1、k_2、k_3：比例常數

a：剪力跨，$a = \dfrac{M}{V}$

V：梁斜裂縫面的剪力

M：梁斜裂縫面的彎矩

上式中之剪力跨定義為彎矩與剪力之比值，且在剪力跨 a 範圍內之剪力為常數。(換句話說，以常數 V 的剪力要產生 M 的彎矩所需之距離)。如下圖所示：

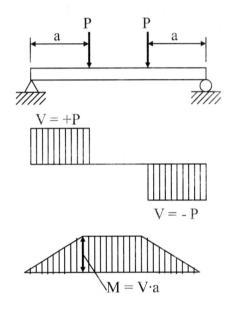

圖 4 -3-2　剪力跨示意圖

根據研究顯示[4.1~4.5]梁之剪力強度受到剪力跨與梁深之比值(a/d)之影響很大。當其它因素固定不變時，矩形梁之剪力強度與 a/d 之間的關係如圖 4-3-3 所示，由圖中可看出當 a/d 小於 2.5 時，斷面強度主要由剪-壓強度控制；但當 a/d 大於 2.5 小於 6 時，斷面強度主要由斜向裂縫強度控制；而當 a/d 大於 6 時，斷面強度則由撓曲彎矩強度控制，不再由剪力控制。

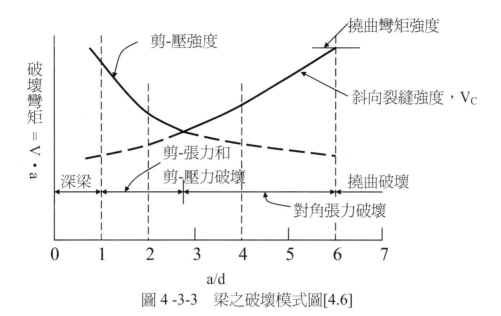

圖 4-3-3　梁之破壞模式圖[4.6]

根據上圖，一般將梁的破壞行為區分成下列四種情形[4.6]：

1、$\dfrac{a}{d} \leq 1$：此種情況之梁，稱為深梁(Deep Beam)，其破壞行為

　　　如下圖所示：

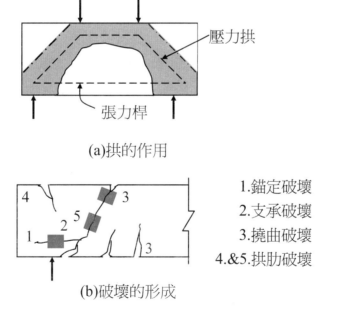

(a)拱的作用

(b)破壞的形成

圖 4-3-4　深梁破壞模式圖

此種梁之破壞行為主要受剪應力的控制，在斜向裂縫產生向上延伸後，最後形成一有拉桿之拱(Tied Arch)。此時，荷重將由混凝土拱以純壓力強度來承受，而張力鋼筋在此時扮演張力拉桿的作用。此種梁最終的破壞情況如圖 4-3-4 所示：

  (1) 錨定破壞(Anchorage Failure)：支承處之張力筋被拉出破壞。

  (2) 混凝土承壓破壞(Concrete Bearing Failure)：支承處之混凝土被壓碎。

  (3) 撓曲破壞(Flexure Failure)：因撓曲作用使張力筋降伏或頂部混凝土被壓碎。

  (4) 拱肋破壞(Arch-Rib Failure)：由於拱肋的擠壓可能造成支承頂部的張力裂縫或是拱肋處混凝土的壓碎破壞。

2、$1 < \dfrac{a}{d} \le 2.5$：此種情況之梁，稱為短梁(Short Beam)，其破壞行為如下圖所示：

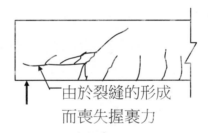

由於裂縫的形成
而喪失握裹力

(a)剪—張破壞

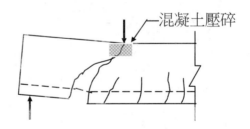

混凝土壓碎

(b)剪—壓破壞

圖 4-3-5 短梁之破壞模式圖

此種短梁之剪力強度亦將超過其斜向開裂強度，因此，在產生撓剪裂縫(Flexure-Shear Crack)之後，當載重再增加時，裂縫將繼續延伸到壓力區內，而造成混凝土的壓碎，稱為剪力—壓力破壞(Shear-Compression Flexure)。在張力區內亦有可能沿著張力筋方向，產生所謂的「二次裂縫」(Secondary Crack)，結果導致張力筋錨定破壞。

3、$2.5 < \dfrac{a}{d} \le 6$：此種情況之梁，稱為一般梁(Usual Beam)或中等長度梁 (Intermediate Length Beam)，其破壞模式如下圖所示：

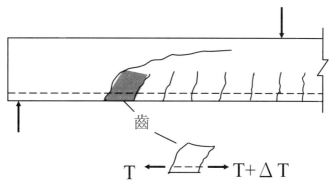

$T \longleftarrow \ \ \longrightarrow T+\Delta T$

圖 4-3-6 中等長度梁破壞模式圖

此種一般梁撓剪裂縫之數目，將隨著載重的加大而增大，最後在裂縫與裂縫間形成齒狀的節塊。當節塊太小，以致節塊根部無法承受不平衡之力 ΔT 時，節塊斷裂而形成撓剪裂縫。此種梁之破壞模式為斜拉破壞(Diagonal - Tension Flexure)。

4、$\dfrac{a}{d} > 6$：此種情況之梁，稱為長梁(Long Beam)，此種長梁之破壞模式係因張力筋的降伏，導致較大的變形，最後造成受壓區混凝土的壓碎。因此，梁之強度將由最大撓曲彎矩控制，剪力對此種梁的影響不大。

二、混凝土梁之剪應力強度

混凝土的剪力破壞，事實上是一種斜拉破壞模式[4.2~4.4]。因此，混凝土的剪力強度與抗拉強度有關，是為 $\sqrt{f_c'}$ 的函數。

梁在破壞前，若彎矩很小，則斷面上剪力強度 V_c 將接近：

$$0.93\sqrt{f_c'}\,b_w d \quad \text{kgf} \qquad\qquad (公制) \qquad\qquad (4.3.6)$$

$$[\,3.5\sqrt{f_c'}\,b_w d \quad \text{lb}\,]$$

若彎矩很大時，則斷面上剪力強度 V_c 將降至

$$0.50\sqrt{f_c'}\,b_w d \quad \text{kgf} \qquad\qquad\qquad\qquad (4.3.7)$$

$$[\ 1.9\sqrt{f_c'}\,b_w d\quad lb\ ]$$

規範規定[4.7,4.8]鋼筋混凝土構材之混凝土容許剪應力強度：

簡化公式：

$$V_c = 0.53\sqrt{f_c'}\,b_w d\quad kgf \tag{4.3.8}$$

$$[\ V_c = 2\sqrt{f_c'}\,b_w d\quad (lb)\ ]$$

詳細公式

$$V_c = (0.50\sqrt{f_c'} + 175\rho_w\frac{V_u d}{M_u})b_w d \le 0.93\sqrt{f_c'}\,b_w d\quad kgf \tag{4.3.9}$$

$$[\ V_c = [1.9\sqrt{f_c'} + 2500\rho_w\frac{V_u d}{M_u}]b_w d \le 3.5\sqrt{f_c'}\,b_w d\quad (lb)\ ]$$

式中：

b_w ：梁之腹寬

d：梁之有效深度

$$\rho_w = \frac{A_s}{b_w d}$$

$$\frac{V_u d}{M_u} \le 1.0$$

由上式可知，$\sqrt{f_c'}$、ρ_w 及 $V_u d/M_u$ 三項變數影響鋼筋混凝土構材之剪力強度，部分文獻[4.9,4.10]指出公式 4.3.9 有超估 $\sqrt{f_c'}$ 項之影響，而低估 ρ_w 及 $V_u d/M_u$ 項之影響。此外亦有文獻[4.11]指出剪力強度將隨構材總深度之增加而減少。

對連續梁，由於在正負彎矩之間會產生壓桿(Compression Strut)，且壓桿間將有一反曲點存在。但在反曲點處並無支承反力，以造成剪力跨。因此，對連續梁(純混凝土梁)之剪力強度，建議如下[4.12]：

$$V_c = 0.53\sqrt{f_c'}\,b_w d\quad (kgf) \tag{4.3.10}$$

$$[\ V_c = 2\sqrt{f_c'}\,b_w d\quad (lb)\ ]$$

對輕質混凝土，其剪力強度應用下列方法之一修正之[4.13,4.14]：

(1) 當 f_{ct} 已予規定時，V_c 之公式須以 $f_{ct}/1.8$ 替代 $\sqrt{f_c'}$ 修正之，但 $f_{ct}/1.8$ 不得超過 $\sqrt{f_c'}$。

(2) 當 f_{ct} 未予規定時，V_c 公式中之 $\sqrt{f_c'}$ 值，對全輕質混凝土須乘 0.75，對常重砂輕質混凝土須乘 0.85，介於以上二者間之含有部份輕質細粒料之混凝土可以內插法決定之。

例：（1）f_{ct} 已定且 $f_{ct}/1.8 \leq \sqrt{f'_c}$

$$則 V_c = (0.50\frac{f_{ct}}{1.8} + 175\rho_w \frac{V_u d}{M_u})b_w d \leq (0.93\frac{f_{ct}}{1.8})b_w d \quad kgf$$

（2）f_{ct} 未定，全輕質混凝土

$$則 V_c = (0.75\times0.50\sqrt{f'_c} + 175\rho_w \frac{V_u d}{M_u})b_w d$$

$$\leq (0.75\times0.93\sqrt{f'_c})b_w d \ kgf$$

　　對高強度混凝土之剪力強度有文獻[4.15,4.16]指出，梁斜拉開裂載重之增加速率不如公式 4.3.8 及 4.3.9 所建議者。因至目前爲止，尙未建立規範。因此 ACI 318 委員會建議上列公式只適用到 $f'_c = 700$ kgf/cm² （10000 lb/in²），也就是 $\sqrt{f'_c}$ 不得超過 26.5 kgf/cm²，只有在某些特殊條件下，才得使用 $\sqrt{f'_c} > 26.5$ kgf/cm²。

例 4-3-1

有一鋼筋混凝土梁斷面如圖 4-3-7 所示，在設計載重作用下，其受力爲 $V_u = 25t$，$M_u = 12t\text{-}m$，試求其混凝土之剪力強度 $V_c = ?$ $f'_c = 210$ kgf/cm²

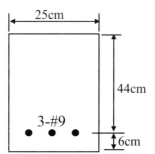

圖 4 -3-7 例 4 -3-1 之梁斷面

＜解＞

$$As = 3\times6.469 = 19.407 \ cm^2$$

利用詳細公式

$$\rho_w = \frac{A_s}{bd} = \frac{19.407}{25\times44} = 0.0176$$

$$\frac{V_u d}{M_u} = \frac{25000\times44}{1200000} = 0.917 < 1.0$$

$$\therefore V_c = (0.5\sqrt{f'_c} + 175\rho_w \frac{V_u d}{M_u})b_w d \leq 0.93\sqrt{f'_c}b_w d$$

$$= (0.5\sqrt{210} + 175 \times 0.0176 \times 0.917) \times 25 \times 44$$

$$= 11077 \text{ kgf} \leq 0.93\sqrt{210} \times 25 \times 44 = 14825 \text{ kgf}$$

$$\therefore V_c = 11.08t$$

利用簡化公式

$$V_c = 0.53\sqrt{f_c'} b_w d = 0.53\sqrt{210} \times 25 \times 44$$

$$= 8448 \text{ kgf}$$

$$= 8.45 \text{ t}$$

4-4 剪力筋

當梁斷面作用的最大剪力超過了混凝土的剪力強度時,可於梁內加入垂直鋼筋,以增加其剪力強度,該鋼筋即為俗稱之「剪力筋」。剪力筋乃利用鋼筋張力強度來抵抗斷面所承受之剪力,而不是利用鋼筋的剪力強度來抵抗斷面所承受之剪力。

一般常用到的剪力筋有下列數種:

　　1、垂直箍筋(Vertical Stirrups)。

　　2、熔接之鋼線網(Weld Wire Fabric)。

　　3、傾斜箍筋(Inclined Stirrups)。

　　4、縱向張力鋼筋之上彎。

　　5、前面四種鋼筋的任意組合。

　　6、螺箍筋。

一般房屋結構中,最常用為第一種垂直箍筋。傾斜箍筋由於有其施工上的困難度,在一般建築工地也並不多見。縱向張力鋼筋的上彎,在早期由於鋼筋材料價格比起工人之工資高出很多,為節省材料常將縱向張力筋以起弓的方式彎折,以節省鋼筋重疊部份之材料,這種施工方式也是一種比較耗工的施工方式,目前由於台灣地區工人工資高漲,這種比較耗工的施工方式也就少見了。圖4-4-1為上述六種剪力筋的配置示意圖。

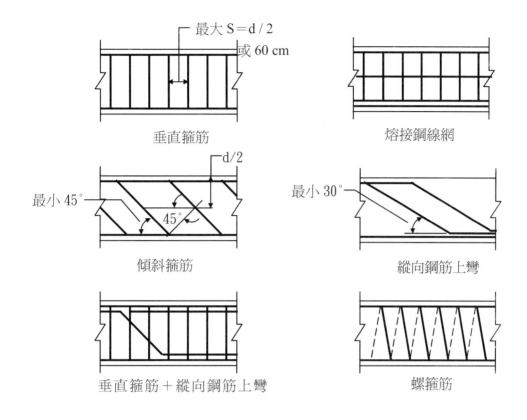

圖 4-4-1　剪力鋼筋之種類及配置

　　剪力筋在梁中所扮演之角色及其功能，一般可依圖 4-4-2 之桁架模式 (Truss Model)[4.17]來加以說明。混凝土在桁架中扮演壓力桿的角色(上弦桿及斜桿)，而剪力筋則扮演張力桿，縱向張力主筋則成為下弦桿。也就是混凝土主要以承受壓力為主，而鋼筋則以承受張力為主。為了避免剪力裂縫過大影響骨材間的互鎖作用，降低斷面之剪力強度，規範規定剪力筋之設計降伏強度不得大於 4200 kgf/cm^2，但熔接麻面鋼線網之設計降伏強度不得大於 5600 kgf/cm^2。

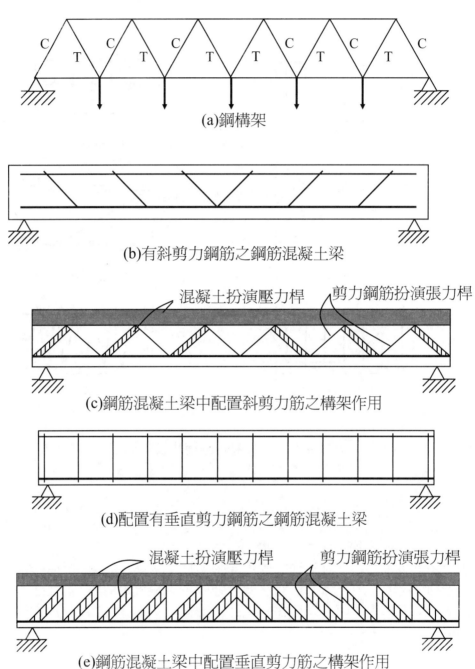

(a)鋼構架

(b)有斜剪力鋼筋之鋼筋混凝土梁

混凝土扮演壓力桿　　剪力鋼筋扮演張力桿

(c)鋼筋混凝土梁中配置斜剪力筋之構架作用

(d)配置有垂直剪力鋼筋之鋼筋混凝土梁

混凝土扮演壓力桿　　剪力鋼筋扮演張力桿

(e)鋼筋混凝土梁中配置垂直剪力筋之構架作用

圖 4-4-2　鋼筋混凝土梁之桁架模式

4-5 有剪力筋梁之剪力強度

　　有剪力筋之鋼筋混凝土梁之標稱剪力強度 V_n，一般可分成兩部分，一部分由混凝土提供，另一部分由剪力筋提供，其表示式如下：

$$V_n = V_c + V_s \tag{4.5.1}$$

V_c：梁斷面內由混凝土承受之剪力強度。

V_s：梁斷面內由剪力筋承受之剪力強度。

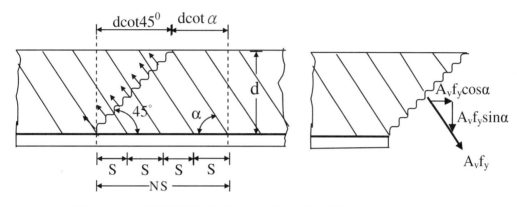

圖 4-5-1　鋼筋混凝土梁中之剪力筋作用

　　有剪力筋之鋼筋混凝土梁其斜向裂縫破壞機構可參考圖 4-5-1，若假設斜拉裂縫與縱向張力鋼筋成 45°，則穿過裂縫之剪力筋張力在垂直向之分力為：

$$V_s = \sum A_v f_y \sin \alpha = N A_v f_y \sin \alpha \tag{4.5.2}$$

利用三角幾何關係，水平距離 NS 可表示如下：

$$NS = d(\cot 45° + \cot \alpha) = d(1 + \cot \alpha)$$

$$N = \frac{d(1 + \cot \alpha)}{S} \tag{4.5.3}$$

則剪力筋強度可表示如下：

$$V_s = \frac{d(1 + \cot \alpha)}{S} A_v f_y \sin \alpha \tag{4.5.4}$$

$$= \frac{A_v f_y d}{S}(\sin \alpha + \cos \alpha)$$

若使用垂直箍筋，$\alpha = 90°$，則

$$V_s = \frac{A_v f_y d}{S} \tag{4.5.5}$$

例 4-5-1

如圖 4-5-2 之梁斷面，如其剪力筋爲使用#4@15 之 U 型箍筋，試求其剪力筋
承受之剪力強度 $V_s=$? f_y=2800 kgf/cm^2。

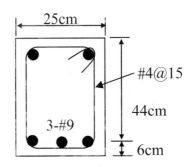

圖 4-5-2，例 4-5-1 之梁斷面

<解>　#4 鋼筋斷面積=1.267cm^2

$$V_s = \frac{A_v f_y d}{S} = \frac{2 \times 1.267 \times 2800 \times 44}{15}$$
$$= 20813 \text{ kgf} = 20.8 \text{ t}$$

4-6 剪力設計

　　梁剪力設計的要求爲梁斷面材料所提供的剪力強度必需大於外力作用
下該梁斷面所承受之剪力。

　　依 ACI Code 及我國規範規定[4.7,4.8]，梁斷面剪力強度公式爲：

$$\phi V_n \geq V_u \tag{4.6.1}$$

　　式中：

　　　V_n：標稱剪力強度

　　　V_u：設計剪力強度

　　　ϕ：強度折減因數，對梁之剪力強度而言　$\phi = 0.75$

鋼筋混凝土梁之標稱剪力強度 V_n 可表示為：

$$V_n = V_c + V_s \tag{4.6.2}$$

其中由混凝土承受之剪力強度 V_c 為：

$$V_c = 0.53\sqrt{f_c'}\,b_w d \quad (kgf) \tag{4.6.3}$$

式中：

　　b_w：梁之腹寬

　　d：梁之有效深度

由剪力筋承受之剪力強度 V_s 為：

$$V_s = \frac{A_v f_y d}{S}(\sin\alpha + \cos\alpha) \tag{4.6.4}$$

若使用垂直箍筋，$\alpha = 90°$，則

$$V_s = \frac{A_v f_y d}{S} \tag{4.6.5}$$

由公式 4.6.1 及 4.6.2 可知如果梁斷面夠大的話，使得混凝土剪力強度 ϕV_c 大於斷面所承受剪力 V_u 的話，則基本上該斷面是無需使用剪力鋼筋。

一、剪力筋之設計

由公式 4.6.4 可將梁斷面所需的剪力鋼筋斷面積改寫如下：

$$A_v = \frac{V_s S}{f_y d(\sin\alpha + \cos\alpha)} \tag{4.6.6}$$

若使用垂直箍筋，$\alpha = 90°$，則公式 4.6.6 剪力鋼筋斷面積公式變成：

$$A_v = \frac{V_s S}{f_y d} \tag{4.6.7}$$

二、最小剪力筋

剪力筋的功能在於防止斜拉裂縫的伸展，增加韌性及結構物破壞前之預警作用，因此在裂縫形成時，為使剪力筋有充分強度吸收混凝土轉移之斜拉力，不致於造成突然之破壞，因此有最小剪力筋鋼筋量的要求。

規範規定在鋼筋混凝土受撓構材在 $V_u \geq \dfrac{1}{2}\phi V_c$ 處，均須配置規定之最少

量剪力鋼筋，其鋼筋量為：

$$A_{v,min} = 0.2\sqrt{f_c'}\,\frac{b_w S}{f_y} \geq 3.5\,\frac{b_w S}{f_y} \quad (cm^2) \tag{4.6.8}$$

$$[\,A_{v,min} = 0.75\sqrt{f_c'}\,\frac{b_w S}{f_y} \geq 50\,\frac{b_w S}{f_y} \quad (in^2)\,]$$

比較公式 4.6.7 及 4.6.8 可知，規範規定對於 $f_c' \leq 280kgf/cm^2$ 之梁斷面剪力筋必需提供的最小剪應力 $v_s = \dfrac{V_s}{b_w d} = 3.5kgf/cm^2$。

三、最大剪力筋

為避免裂縫尖端區域發生高壓應力與剪應力造成的混凝土壓碎，依規範規定，由剪力筋承受之剪力 V_s，不得超過下列值：

$$V_{s,max} = 2.12\sqrt{f_c'}\,b_w d \quad (kgf) \tag{4.6.9}$$

$$[\,V_{s,max} = 8\sqrt{f_c'}\,b_w d \quad (lb)\,]$$

將公式 4.6.9 及 4.6.3 代入公式 4.6.2，可得梁斷面可承受之最大剪力值為：

$$V_{n,max} = 2.65\sqrt{f_c'}\,b_w d \tag{4.6.10}$$

如果梁斷面所受到的剪力超過公式 4.6.10，則表示該梁斷面不足，必需加大梁斷面，而無法以增加剪力筋用量的方式來提高其剪力強度。

四、剪力筋設計步驟

本節將前述剪力筋設計有關之規範規定，重新整理出梁剪力筋之設計步驟如下：

1、計算梁所承受之剪力 V_u： $V_u = 1.2V_D + 1.6V_L$

2、如果 $V_u \leq 0.5\phi V_c$，則不必配置剪力筋。

3、如果 $0.5\phi V_c < V_u \leq (\phi V_c + \phi V_{s,min})$，則梁屬最小剪力筋用量，

使用 $V_s = V_{s,min} = max\left[0.2\sqrt{f_c'}\,b_w d,\ 3.5b_w d\right]$，配置最小量剪力筋。

此時，剪力筋間距：

$$S_{max} = \frac{A_v f_y d}{V_{s,min}} \quad cm$$

$$S_{max} \le \frac{d}{2} \quad cm$$

$$\le 60 \quad cm$$

4、如果 $(\phi V_c + \phi V_{s,min}) < V_u \le [\phi V_c + \frac{1}{2}\phi V_{s,max}]$，則梁屬普通剪力筋用量範圍，使用

$$\phi V_s = V_u - \phi V_c$$

或 $\quad V_s = \frac{V_u}{\phi} - V_c$

此時，剪力筋間距：

$$S = \frac{A_v f_y d}{V_s} \quad cm$$

$$S_{max} \le \frac{d}{2} \quad cm$$

$$\le 60 \quad cm$$

$$V_{s,max} = 2.12\sqrt{f'_c} b_w d$$

5、如果 $[\phi V_c + \frac{1}{2}\phi V_{s,max}] < V_u \le [\phi V_c + \phi V_{s,max}]$，則梁落入高剪力筋用量範圍，使用

$$\phi V_s = V_u - \phi V_c$$

或 $V_s = \frac{V_u}{\phi} - V_c$

此時，剪力筋間距：

$$S = \frac{A_v f_y d}{V_s} \quad cm$$

$$S_{max} \le \frac{d}{4} \quad cm$$

$$\le 30 \quad cm$$

6、檢核最大剪力 V_s 是否符合規定：

$$V_{s,max} = 2.12\sqrt{f'_c} b_w d$$

$$V_s \le V_{s,max}$$

如果 V_s 超過 $V_{s,max}$，表示梁剪力斷面不足，必需重新設計斷面選用斷面較大之梁。基本上在上述第 4 及第 5 步驟中，梁在普通剪力範圍及高剪力範圍所使用公式是完全一樣，所不同者為對剪力筋最大間距要求不同。在高剪力筋用量範圍其最大間距必需減半。

規範對於梁剪力筋設計之其他規定：

1、剪力筋最大間距 S_{max}：

為確保每一潛在之斜裂縫在通過中性軸以前，至少碰到一根剪力筋，所以規範規定剪力筋最大間距 $S_{max} \leq d/2$。又在高剪力區內，當 $v_s \geq 1.06\sqrt{f_c'}$ 時，剪力筋最大間距 S_{max} 必須降為 $d/4$，此乃為確保每一可能之斜拉裂縫大約可碰到三根剪力筋；同時規定剪力筋最大間距 $S_{max} = 30$ cm。

2、剪力筋錨定：

為防止剪力筋於降伏時，可能被拔出而造成破壞，所以，我國規範規定，要求剪力筋應儘可能伸入壓力區的最高處，並增加彎鉤，藉以有效錨定其端部，如圖 4-6-1 所示。

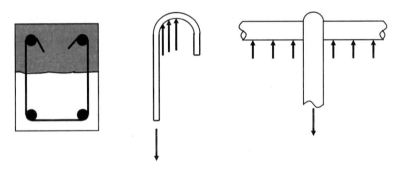

圖 4-6-1　剪力筋之錨定

3、裂縫寬度的控制：

斜拉裂縫寬度係為剪力筋應變的直接函數，因此對裂縫寬度的限制，可直接限制剪力筋的降伏強度；依規範規定剪力筋之降伏強度不得大於 4200 kgf/cm^2(60000 lb/in^2)。限制剪力筋之最大降伏強度，亦可降低剪力筋端部所需的錨定力量，以減少混凝土發生局部承壓破壞的可能性。

在梁之支承處，因支承反力所造成的壓應力，會限制斜拉裂縫的形成，增加混凝土抗剪強度。另外接近梁支承處之斜拉裂縫，一般由支承面向上延伸到距支承面處 d 之壓力區，如圖 4-6-2 所示，因此穿過裂縫之剪力筋所承受之力量將來自下面自由體之載重，而作用於支承面及距支承面 d 間之載重將直接由裂縫上之腹版直接傳遞至支承。因此，規範規定允許靠近支承處的剪力筋，可由距支承面有效深度 d 處的剪力強度來設計；此距離有效深度 d 處位置稱為剪力臨界斷面(Critical Section)，如圖 4 -6-2 所示：

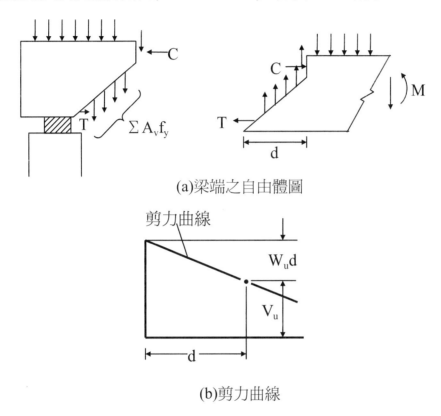

(a)梁端之自由體圖

(b)剪力曲線

圖 4-6-2　梁之剪力臨界斷面

圖 4-6-3[4.7]之(a)-(c)為設計臨界斷面取距支承面 d 處之典型支承情況。但當構材的支承不是使混凝土產生壓力，或是構材之載重情況使支承面與距支承面 d 處之剪力產生極端的不同，如集中載重加在距支承面 d 範圍內，則其臨界斷面必需取在支承面，如圖 4-6-3 之(d)-(e)。圖(f)為梁柱接頭水平剪力作用位置。

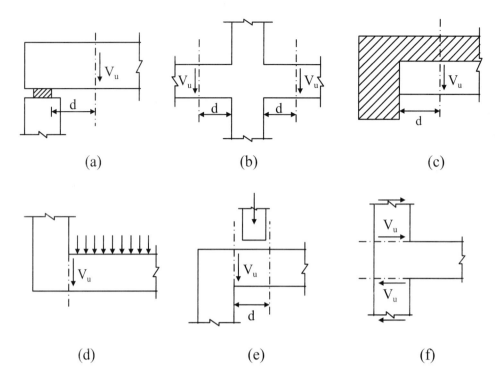

(a)   (b)   (c)

(d)   (e)   (f)

圖 4-6-3　各種支承條件下剪力臨界斷面[4.7]

五、鋼筋混凝土梁的剪力圖

　　在設計鋼筋混凝土梁的剪力筋之前，通常需先繪製該梁的最大剪力包絡線(Maximum Shear Envelope)，以方便排置剪力筋，如圖 4-6-4 所示。一般在考慮跨度中央之最大剪力時，需使用影響線(Influence Line)的觀念，來佈放活載重，對受均佈載重的梁來說，欲得到跨度中央之最大剪力需將活載重佈放於半跨上，而不是全跨佈放。一般梁如果承受之載重為對稱，則剪力作用力也為對稱，所以一般在設計上只取半跨來做設計即可，如圖 4-6-4 所示。梁之剪力筋設計其考慮要點如下：

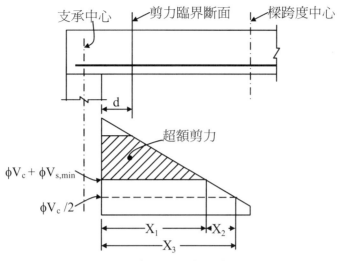

X₁：理論上需要配置剪力筋的範圍
X₂：配置最小剪力筋的範圍
X₃：實際上需要配置剪力筋的範圍

圖 4-6-4　梁之剪力包絡線

1、若設計剪力強度 $V_u \leq 0.5\phi V_c$ 時，則在該段範圍內不必配置剪力筋。

2、若設計剪力強度 V_u 介於 $0.5\phi V_c$ 與 $\phi V_c + \phi V_{s,min}$ 之間，則在該段範圍內配置最小剪力筋 $\min A_v$。

3、若設計剪力強度 $V_u \geq \phi V_c + \phi V_{s,min}$ 時，則在該段範圍內必須配置剪力筋 A_v，以承擔額外剪力強度 $V_u - \phi V_c$。

4、由剪力包絡線可發現，梁在跨度中央之剪力並不是等於零，此乃係活載重作用影響之故。

例 4-6-1

有一梁斷面(單向版)，在無剪力筋配置情況下如圖 4-6-5 所示，已知 $b_w = 50$ cm、d = 21 cm、h = 25 cm、$f_c' = 210$　kgf/cm^2、$f_y = 4200$　kgf/cm^2，試求該斷面允許之最大剪力 V_u。

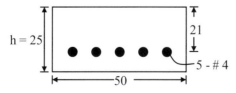

圖 4-6-5　例 4-6-1 單向版斷面圖

<解>

計算該斷面允許之最大剪力 V_u：

$$V_u = \phi V_c$$
$$= \phi(0.53\sqrt{f_c'})b_w d$$
$$= 0.75 \times (0.53 \times \sqrt{210}) \times 50 \times 21$$
$$= 6048 \quad kgf$$
$$= 6.05 \quad t$$

例 4-6-2

一鋼筋混凝土矩形懸臂梁，該梁之跨度 L = 4.0 m，梁上承受之均佈靜載重（含梁之自重） $W_D = 2.9$ t／m 及均佈活載重 $W_L = 4.0$ t／m，如下圖所示。已知：斷面尺寸： $b_w = 30$ cm、d = 50.0 cm、h = 60 cm，材料之 $f_c' = 210$ kgf／cm^2、 $f_y = 2800$ kgf／cm^2，使用#5腹筋，試求支承面所需腹筋的間距 S。

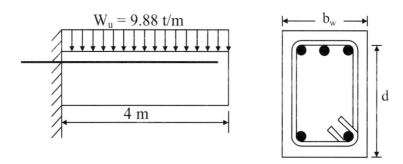

圖 4-6-6 例 4-6-2 懸臂梁及斷面尺寸

<解>

1、計算在支承面(端點)處之最大剪力：

$$w_u = 1.2w_D + 1.6w_L$$
$$= 1.2 \times 2.9 + 1.6 \times 4.0$$
$$= 9.88 \quad t／m$$
$$V_u = w_u L = 9.88 \times 4.0 = 39.52 \quad t$$

2、計算混凝土設計強度 ϕV_c：

$$\phi V_c = \phi(0.53\sqrt{f_c'})b_w d$$
$$= 0.75 \times (0.53 \times \sqrt{210}) \times 30 \times 50$$
$$= 8640 \quad kgf = 8.64 \quad t$$

3、檢核是否需使用剪力筋：

$$\frac{1}{2}\phi V_c = \frac{1}{2} \times 8.64 = 4.32 \quad t$$

因 $V_u > \frac{1}{2}\phi V_c$

所以，需使用剪力筋。

4、計算在臨界斷面處所需之最大 ϕV_s：

$$\phi V_s = V_u - \phi V_c = 39.52 - 8.64 = 30.88 \ t$$

5、依規範之規定計算 $\frac{1}{2}\phi V_{s,max}$：

(1) $\frac{1}{2}\phi V_{s,max} = \phi(1.06\sqrt{f_c'}\,b_w d)$

$$= 0.75 \times (1.06 \times \sqrt{210}) \times 30 \times 50$$
$$= 17281 \quad kgf$$
$$= 17.28 \quad t \quad < 30.88\ t$$

(2) $\phi V_{s,max} = \phi(2.12\sqrt{f_c'}\,b_w d)$

$$= 0.75 \times (2.12 \times \sqrt{210}) \times 30 \times 50$$
$$= 34562 \quad kgf$$
$$= 34.56 \quad t > 30.88\ t$$

6、決定剪力筋間距 S：

因 $[\phi V_c + \phi(1.06\sqrt{f_c'})b_w d] < V_u \le [\phi V_c + \phi(2.12\sqrt{f_c'})b_w d]$

所以，剪力筋間距由下列決定之：

$$S = \frac{A_v f_y d}{V_s} \quad cm$$

$$S_{max} \le \frac{d}{4} \quad cm \qquad (取小者)$$

$$S_{max} \le 30 \quad cm$$

使用 #5 U 型箍筋為剪力筋，則

$$A_v = 2 \times 1.986 = 3.972 \quad cm^2$$

在臨界斷面之剪力筋間距 S：

$$S = \frac{\phi A_v f_y d}{\phi V_s} = \frac{0.75 \times 3.972 \times 2800 \times 50}{30.88 \times 10^3}$$
$$= 13.51 \quad cm$$

規範允許之剪力筋最大間距：

$$S_{max} = \frac{d}{4} = \frac{50}{4} = 12.5 \quad cm \qquad (控制)$$

$$S_{max} \leq 30 \quad cm$$

所以，取 $S_{max} = \dfrac{d}{4} = \dfrac{50}{4} = 12.5 \quad cm$

使用 # 5 @ 12 cm 之剪力筋。

例 4-6-3

有一單跨簡支鋼筋混凝土梁，如圖 4-6-7 所示，請設計該梁支承處所需之剪力筋。靜載重已包含梁自重。$f_c' = 280 \quad kgf/cm^2$、$f_y = 2800 \quad kgf/cm^2$。

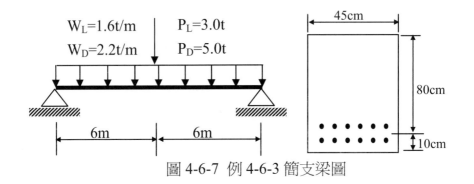

圖 4-6-7 例 4-6-3 簡支梁圖

<解>

P_u=1.2P_D+1.6P_L=1.2×5+1.6×3=10.8t

W_u=1.2W_D+1.6W_L=1.2×2.2+1.6×1.6=5.2t/m

支承處最大剪力(反力)：

$$R_u = \frac{P_u}{2} + \frac{W_u L}{2} = \frac{10.8}{2} + \frac{5.2 \times 12}{2} = 36.6t$$

臨界斷面處之剪力：

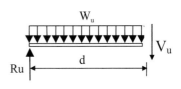

V_u=R_u-W_ud

　　=36.6-5.2×0.8

　　=32.44 t

設計剪力使用 32.44 t

$$V_c = 0.53\sqrt{f_c'} b_w d = 0.53\sqrt{280} \times 45 \times 80/1000 = 31.93t$$

ϕV_c=0.75×31.93=23.95 t

$V_u > 0.5\phi V_c$　　∴需配剪力筋

$\phi V_{s,min}$ =0.75×0.2 $\sqrt{280}$ ×45×80/1000=9.036 t

$$\phi V_{s,min} = 0.75 \times 3.5 \times b_w d = 0.75 \times 3.5 \times 45 \times 80/1000 = 9.45 \text{ t} \quad < - 控制$$

$$\phi V_s = V_u - \phi V_c = 32.44 - 23.95 = 8.49 \text{ t} < \phi V_{s,min}$$

$\therefore$使用$\phi V_{s,min}$及#3 箍筋

$$S = \frac{\phi A_v f_y d}{\phi V_{s,min}} = \frac{0.75 \times 2 \times 0.713 \times 2800 \times 80}{9450} = 25.35 \text{ cm}$$

$$S_{max} = \frac{d}{2} = 40 \text{ cm}$$

$\therefore$使用#3@25 之腹筋

例 4-6-4

有一跨度為 6 公尺之簡支鋼筋混凝土矩形梁,如圖 4-6-8 所示,其斷面為 b=30 cm、h=60 cm 及 d=52 cm,梁上承載 W_D=4.667 t/m 之均佈靜載重(含梁自重) 及距右支承 1.5m 處 P_L=10.094 t 之集中活載重,試求(1)梁上需配置剪力筋的 範圍,(2)接近左支承之臨界斷面處,所需之剪力筋,(3)集中載重處所需之剪 力筋(使用#3U 型箍筋)? $f_c' = 210 \text{ kgf/cm}^2$、$f_y = 2800 \text{ kgf/cm}^2$,支承寬 為 30cm。

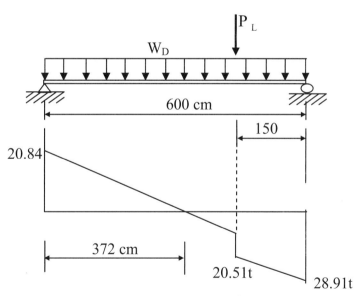

圖 4-6-8　例 4-6-4 簡支梁圖及其剪力圖

<解>

$$W_u = 1.2 W_D = 1.2 \times 4.667 = 5.6 \text{ t/m}$$

$$P_u = 1.6 P_L = 1.6 \times 10.094 = 16.15 \text{ t}$$

其剪力圖如圖 4-6-8 所示

1、需配剪力筋範圍

$$V_c = 0.53\sqrt{f_c'}\,b_w d = 0.53\sqrt{210} \times 30 \times 52/1000 = 11.98 \quad t$$

$$\phi V_c = 0.75 \times 11.98 = 8.985$$

$$1/2\,\phi V_c = 8.985/2 = 4.493 \ t$$

當 $V_u > 1/2\phi V_c$ 時，就必需配置剪力筋

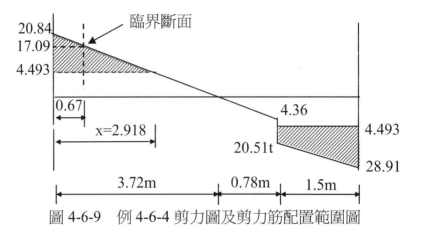

圖 4-6-9　例 4-6-4 剪力圖及剪力筋配置範圍圖

左半跨之範圍：

$$\frac{20.84 - 4.493}{x} = \frac{20.84}{3.72}$$

得 x= 2.918 m，即由左支承向右 2.918 公尺範圍內皆須配置剪力筋

右半跨之範圍：

由圖 4-6-8 可看出集中載重到右支承之前皆需配置剪力筋。

2、近左支承之臨界斷面位置

$$x = \frac{a}{2} + d = \frac{30}{2} + 52 = 67 \quad cm$$

$$\frac{20.84 - V_u}{0.67} = \frac{20.84}{3.72}$$

得 $V_u = 17.09 \ t$

$$\phi V_s = V_u - \phi V_c = 17.09 - 8.985 = 8.105 \ t$$

$$\phi V_{s,min} = 0.75 \times 0.2\sqrt{210} \times 30 \times 52/1000 = 3.26 t$$

$$\phi V_{s,min} = 0.75 \times 3.5 b_w d = 0.75 \times 3.5 \times 30 \times 52/1000 = 4.095 \ t < \phi V_s$$

$$\phi V_{s,max} = 0.75 \times 2.12\sqrt{f_c'}\,b_w d = 35.94 \quad t \ , \ 1/2\,\phi V_{s,max} = 17.97 \ t$$

∴使用 $\phi V_s = 8.105 \ t$

$$S = \frac{\phi A_v f_y d}{\phi V_s} = \frac{0.75 \times 2 \times 0.713 \times 2800 \times 52}{8105} = 19.21 \quad cm$$

$$S_{max} \le \frac{d}{2} = 26 \quad cm$$

$$\le 60 \quad cm$$

$$\therefore 使用 \#3@19 之箍筋$$

3、集中載重處由剪力圖得最大剪力為 20.51 t

$$\phi V_s = V_u - \phi V_c = 20.51 - 8.985 = 11.525$$

$$\phi V_{s,min} < \phi V_s < \frac{1}{2} \phi V_{s,max}$$

$$\therefore S = \frac{\phi A_v f_y d}{\phi V_s} = \frac{0.75 \times 2 \times 0.713 \times 2800 \times 52}{11525} = 13.51 \quad cm$$

$$S_{max} \le \frac{d}{2} = 26 \quad cm$$

$$\le 60 \quad cm$$

$$\therefore 使用 \#3@13 之箍筋$$

例 4-6-5

一鋼筋混凝土簡支梁,該梁支承中心至支承中心之跨度 L = 7.00 m,如圖 4-6-10 所示,支承面之寬度 B = 30 cm,梁上承受之均佈靜載重(含梁之自重)$W_D = 3.5$ t/m 及均佈活載重 $W_L = 5.5$ t/m。梁之斷面尺寸:$b_w = 35$ cm、d = 55.85 cm、h = 65 cm,材料之 $f'_c = 280$ kgf/cm^2、$f_y = 4200$ kgf/cm^2,試設計該梁剪力筋。

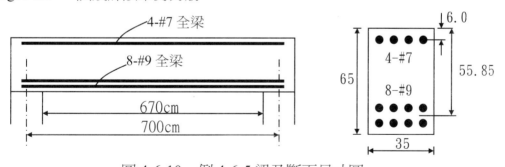

圖 4-6-10 例 4-6-5 梁及斷面尺寸圖

＜解＞
1、計算最大剪力：
　　(1) 在支承中心(端點)處之最大剪力：
$$W_u = 1.2W_D + 1.6W_L$$
$$= 1.2 \times 3.50 + 1.6 \times 5.50 = 13.0 \quad t/m$$
$$V_u = \frac{W_u L}{2} = \frac{13.0 \times 7.0}{2} = 45.5 \quad t$$
　　(2) 在跨度中心處之最大剪力：
　　　　注意：靜載重 W_D 作用在全跨時，在跨度中央處之最大剪力
　　　　　　　值為零 $V_u = 0$，而活載重會讓跨度中央產生最大剪力
　　　　　　　的配置方式為只佈放左半跨或右半跨的均佈活載重
　　　　　　　W_L，此時在跨度中央處產生之最大剪力為：
$$V_u = \frac{W_u L}{8}$$
$$W_u = 1.2W_D + 1.6W_L$$
$$= 1.2 \times 0 + 1.6 \times 5.5 = 8.8 \quad t/m$$
$$V_u = \frac{W_u L}{8} = \frac{8.8 \times 7.0}{8} = 7.7 \quad t$$
2、計算臨界斷面位置：
　　　d = 55.85 cm
　　自支承中心起算：
　　　x = 55.85 + 15.0 = 70.85 cm
3、計算在臨界斷面處之最大剪力：
$$V_u = 45.5 - (\frac{45.5 - 7.7}{3.5}) \times 0.7085 = 37.85 \quad t$$
4、計算混凝土設計強度 ϕV_c：
$$\phi V_c = \phi(0.53\sqrt{f_c'})b_w d = 0.75 \times (0.53 \times \sqrt{280}) \times 35 \times 55.85$$
$$= 13002 \quad kgf = 13.0 \quad t$$
5、計算在臨界斷面處所需之最大 ϕV_s：
　　需求之 $\phi V_s = V_u - \phi V_c = 37.85 - 13.0 = 24.85$ t
6、依規範之規定計算 $\phi V_{s,min}$：
$$\phi V_{s,min} = 0.75 \times 0.2\sqrt{280} \times 35 \times 55.85/1000 = 4.91t$$
$$\phi V_{s,min} = \phi(3.5b_w d) = 0.75 \times (3.5 \times 35 \times 55.85)/1000$$
$$= 5.131 \quad t$$
$$\therefore \phi V_{s,min} = 5.131 \quad t < 24.85t$$
　　所以，剪力筋面積大於 min A_v。

7、依規範之規定計算 $\frac{1}{2}\phi V_{s,max}$ ：

$$\frac{1}{2}\phi V_{s,max} = \phi(1.06\sqrt{f_c'}\,b_w d)$$

$$= 0.75 \times (1.06 \times \sqrt{280} \times 35 \times 55.85)$$

$$= 26004 \ \ kgf = 26.0 \ \ t > 24.85 \ t$$

8、決定剪力筋間距 S：

因 $[\phi V_c + \phi V_{s,min}] < V_u \leq [\phi V_c + \frac{1}{2}\phi V_{s,max}]$

所以，剪力筋間距由下列決定之：

$$S = \frac{A_v f_y d}{V_s} \ \ cm$$

$$S_{max} \leq \frac{d}{2} \ \ cm \qquad\qquad (取小者)$$

$$S_{max} \leq 60 \ \ cm$$

本梁剪力筋最大間距：

$$S_{max} \leq \frac{d}{2} = \frac{55.85}{2} = 27.93 \ \ cm \qquad\qquad (控制)$$

$$S_{max} \leq 60 \ \ cm$$

若使用# 3 U 型箍筋爲剪力筋，則

$$A_v = 2 \times 0.713 = 1.426 \ \ cm^2$$

(1) 在臨界斷面之剪力筋間距 S：

$$S_{min} = \frac{\phi A_v f_y d}{\phi V_s} = \frac{0.75 \times 1.426 \times 4200 \times 55.85}{24.85 \times 10^3} = 10.095 \ cm$$

(2) 在 min $A_v (\phi V_c + \phi V_{s,min})$ 處剪力筋之間距 S：

$$S_{max} = \frac{\phi A_v f_y d}{\phi V_{s,min}} = \frac{0.75 \times 1.426 \times 4200 \times 55.85}{5131}$$

$$= 48.99 \ \ cm > 27.93 \ cm$$

一般剪力筋間距 S 取整數，所以，取 $S_{max} = 25 \ \ cm$。其餘各位置剪力筋間距 S 亦取整數即 $S_{max} = 10 \text{、} 15 \text{、} 20 \text{、} 25 \ cm$ 四種配置。

9、計算相對應之位置：

假設 Z 爲由支承面算起之位置，由相似三角形之比可得 ϕV_s 與 Z 之關係式如下：

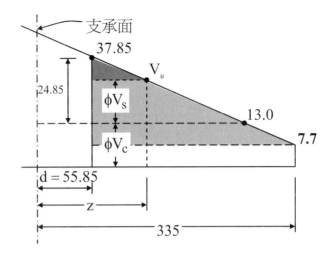

圖 4-6-11　例 4-6-5 梁左半跨剪力圖

$$\frac{24.85 - \phi V_s}{Z - 55.85} = \frac{37.85 - 7.7}{335 - 55.85}$$

$$Z = 55.85 + \frac{24.85 - \phi V_s}{37.85 - 7.7} \times (335 - 55.85)$$

$$= 55.85 + 9.259 \times (24.85 - \phi V_s)$$

$$= 285.94 - 9.259 \times (\phi V_s) \quad cm$$

又 ϕV_s 與箍筋間距 S 之關係式如下：

$$\phi V_s = \frac{\phi A_v f_y d}{S} = \frac{0.75 \times 1.426 \times 4200 \times 55.85 / 1000}{S} = \frac{250.87}{S} t$$

代入上式，可計算求得自支承面起算之位置。

支承面至跨度中心：

$$\frac{L_n}{2} = 335 \quad cm$$

上式各值列表計算如下：

表 4-6-1 例 4-6-5 剪力筋計算表

間距 S (cm)	ϕV_s (kg)	Z (cm)	剪力筋(cm)	實際 Z (cm)
10.095	24.85	55.85	5	
			+	
15	16.73	131.04	13 @ 10 = 130	135
			+	
20	12.54	169.83	3 @ 15 = 45	180
			+	
25	10.03	193.07	1 @ 20+6 @22.5 = 155	335

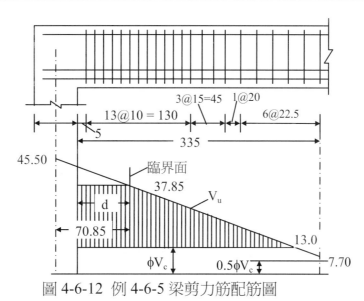

圖 4-6-12 例 4-6-5 梁剪力筋配筋圖

例 4-6-6

如同例 4-6-5 之梁，如果全梁使用 8-#9 之張力筋，試以詳細之剪力公式(包括

$\rho_w \dfrac{V_u d}{M_u}$ 一項)，計算在靠近支承處(臨界斷面處)剪力筋之間距 S。

＜解＞

1、計算最大剪力：

　(1) 在支承中心(端點)處之最大剪力：

$$W_u = 1.2W_D + 1.6W_L$$
$$= 1.2 \times 3.50 + 1.6 \times 5.5 = 13.0 \quad t/m$$
$$V_u = \frac{W_u L}{2} = \frac{13.0 \times 7.0}{2} = 45.5 \quad t$$

　(2)在跨度中心處之最大剪力：

　　注意：靜載重 W_D 在跨度中心處之最大剪力為零

$$V_u = 0$$

活載重 W_L 在跨度中心處之最大剪力：

$$V_u = \frac{w_u L}{8}$$

$$W_u = 1.2W_D + 1.6W_L = 1.2 \times 0 + 1.6 \times 5.5 = 8.8 \quad t/m$$

$$V_u = \frac{W_u L}{8} = \frac{8.8 \times 7.0}{8} = 7.7 \quad t$$

2、計算臨界斷面位置：

d = 55.85 cm

自支承中心起算：

x = 55.85 + 15.00 = 70.85 cm

3、計算在臨界斷面處之最大剪力：

$$V_u = 45.5 - (\frac{45.5 - 7.7}{3.5}) \times 0.7085$$

$$= 37.85 \quad t$$

4、計算混凝土設計強度 ϕV_c：

$$M_u = \frac{w_u L}{2} \cdot a - \frac{w_u}{2} \cdot a^2$$

$$= \frac{13.0 \times 7.00}{2} \times 0.7085 - \frac{13.0}{2} \times 0.7085^2 = 28.974 \quad t\text{-}m$$

$$\rho_w = \frac{A_s}{bd} = \frac{8 \times 6.469}{35 \times 55.85} = 0.0265$$

$$\frac{V_u d}{M_u} = \frac{37.85 \times 0.5585}{28.974} = 0.730 \le 1.0 \qquad OK\#$$

$$V_c = (0.50\sqrt{f_c'} + 175\rho_w \frac{V_u d}{M_u})b_w d$$

$$= (0.50\sqrt{280} + 175 \times 0.0265 \times 0.730) \times 35 \times 55.85$$

$$= 22972 \quad kgf = 22.972 \quad t$$

$$\phi V_c = 0.75 \times 22.972 = 17.23 \quad t$$

5、計算在臨界斷面處所需之最大 ϕV_s：

$$\frac{1}{2}\phi V_{s,max} = \phi \times 1.06\sqrt{f_c'}b_w d$$

$$= 0.75 \times 1.06\sqrt{280} \times 35 \times 55.85/1000 = 26.0t$$

需求之 $\phi V_s = V_u - \phi V_c = 37.85 - 17.23$

$$= 20.62 \quad t \le \frac{1}{2}\phi V_{s,max} = 26.0t$$

6、決定剪力筋間距 S：

　　若使用#3 U 型箍筋為剪力筋，則

　　　　$A_v = 2 \times 0.713 = 1.426$

　　在近支承處(臨界斷面處)剪力筋之間距 S：

$$S = \frac{\phi A_v f_y d}{\phi V_s} = \frac{0.75 \times 1.426 \times 4200 \times 55.85}{20.62 \times 10^3} = 12.17 \quad cm$$

$$S \leq \frac{d}{2} = 27.93 \quad cm$$

$$S \leq 60 \quad cm$$

　　所以，在近支承處可改用# 3 @ 12 cm 之剪力筋。

4-7 軸向作用力的影響

　　軸向作用力將影響斜拉力的大小，當軸向力為壓力時，將降低斜拉力，而提高混凝土的抗剪強度。若軸向力為張力時，將提高斜拉力，而降低了抗剪強度[4.2~4.4,4.18]。

一、軸向壓力

　　鋼筋混凝土構材在軸向壓力作用下，其容許剪力強度 V_c：

簡化公式：

$$V_c = 0.53(1 + \frac{N_u}{140 A_g})\sqrt{f'_c} b_w d \quad (kgf) \tag{4.7.1}$$

$$[V_c = 2(1 + \frac{N_u}{2000 A_g})\sqrt{f'_c} b_w d \quad (lb)]$$

詳細公式：

$$V_c = (0.50\sqrt{f'_c} + 175\rho_w \frac{V_u d}{M_m}) b_w d$$

$$\leq 0.93\sqrt{f'_c} b_w d \sqrt{1 + \frac{N_u}{35 A_g}} \quad (kgf) \tag{4.7.2}$$

　　式中：

　　　N_u：垂直於斷面之設計軸向壓力　kgf

A_g：構材之總斷面積　cm^2

$$M_m = M_u - N_u \frac{4h-d}{8}$$

式(4.7.2)中之　$\dfrac{V_u d}{M_m}$　值不受 1.0 之限制，可大於 1.0。

式(4.7.2)中之 M_m 若爲負值，

則 $V_c = V_{c,max} = 0.93\sqrt{f'_c}\,b_w d\sqrt{1+\dfrac{N_u}{35A_g}}$

$$
\left[
\begin{array}{l}
V_c = (1.9\sqrt{f'_c} + 2500\rho_w \dfrac{V_u d}{M_m})b_w d \le 3.5\sqrt{f'_c}\,b_w d\sqrt{1+\dfrac{N_u}{500A_g}} \qquad \text{(lb)} \\[4mm]
\text{式中：} \\
\quad N_u：垂直於斷面之設計軸向壓力 \quad \text{lb} \\
\quad A_g：構材之總斷面積 \quad in^2 \\
\quad M_m = M_u - N_u \dfrac{4h-d}{8} \\
\quad 其中\dfrac{V_u d}{M_m}之值不受限制，可大於1.0
\end{array}
\right]
$$

二、軸向張力

　　鋼筋混凝土構材在軸向張力作用下其容許剪力強度 V_c：
簡化公式：
　　$V_c = 0$
詳細公式：

$$V_c = 0.53(1+\frac{N_u}{35A_g})\sqrt{f'_c}\,b_w d \quad \text{(kgf)} \tag{4.7.3}$$

　　式中：
　　　N_u：垂直於斷面之設計軸向張力，取負值　(kgf)

　　　A_g：構材之總斷面積（cm^2）

$$
\left[
\begin{array}{l}
V_c = 2(1+\dfrac{N_u}{500A_g})\sqrt{f'_c}\,b_w d \quad \text{(lb)} \\[3mm]
式中： \\
\quad N_u：垂直於斷面之設計軸向張力，取負值 \quad \text{(lb)} \\
\quad A_g：構材之總斷面積 \quad (in^2)
\end{array}
\right]
$$

例 4-7-1

如圖 4-7-1 所示之矩形梁，使用 3-#9 張力筋及# 3 箍筋，若該斷面承受 $V_u = 25$ t、$N_u = 4.5$ t(軸向壓力)、$M_u = 4$ t − m。該梁之斷面尺寸 $b_w = 25$ cm、$d = 44$ cm、$h = 50$ cm，材料之 $f'_c = 280$ kgf / cm^2、$f_y = 4200$ kgf / cm^2，試求該斷面所需之剪力筋間距 S。

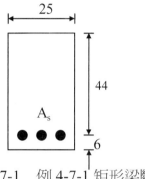

圖 4-7-1　例 4-7-1 矩形梁斷面圖

＜解＞

1、計算混凝土設計強度 ϕV_c：

$$M_m = M_u - N_u \frac{4h - d}{8}$$

$$= 4 - 4.5 \times \frac{4 \times 0.5 - 0.44}{8} = 3.12 \quad \text{t - m}$$

$$\frac{V_u d}{M_m} = \frac{25 \times 0.44}{3.12} = 3.53$$

$$\rho_w = \frac{A_s}{bd} = \frac{3 \times 6.469}{25 \times 44} = 0.0176$$

$$V_c = [0.50\sqrt{f'_c} + 175\rho_w \frac{V_u d}{M_m}]b_w d$$

$$= (0.50 \times \sqrt{280} + 175 \times 0.0176 \times 3.53) \times 25 \times 44$$

$$= 21163 \quad \text{kgf} = 21.16 \quad \text{t}$$

$$V_{c,max} = 0.93\sqrt{f'_c} b_w d \sqrt{1 + \frac{N_u}{35A_g}}$$

$$= 0.93\sqrt{280} \times 25 \times 44 \times \sqrt{1 + \frac{4500}{35 \times 25 \times 50}}$$

$$= 17977 \text{kgf} = 17.98\text{t}$$

∵ $V_c = 21.16\text{t} > V_{c,max} = 17.98\text{t}$

∴ 採用 $V_c = 17.98$

$$\phi V_c = 0.75 \times 17.98 = 13.485t$$

2、計算該斷面所需之最大 ϕV_s：

$$\phi V_s = V_u - \phi V_c$$
$$= 25 - 13.485 = 11.515 \ t$$

3、依規範之規定計算 $\phi V_{s,min}$：

$$\phi V_{s,min} = 0.75 \times 0.2\sqrt{280} \times 25 \times 44/1000$$
$$= 2.76 \ t$$
$$\phi V_{s,min} = \phi(3.5b_w d)$$
$$= 0.75 \times (3.5 \times 25 \times 44)$$
$$= 2888 \ \text{kgf}$$
$$= 2.888 \ t$$
$$\therefore \phi V_{s,min} = 2.888 \ t < 11.515 \ t$$

4、依規範之規定計算 $\frac{1}{2}\phi V_{s,max}$：

$$\frac{1}{2}\phi V_{s,max} = \phi(1.06\sqrt{f_c'}\,b_w d)$$
$$= 0.75 \times (1.06 \times \sqrt{280}) \times 25 \times 44/1000$$
$$= 14.633 \ t > 11.515 \ t$$

5、決定剪力筋間距 S：

因 $[\phi V_c + \phi V_{s,min}] < V_u \le [\phi V_c + \phi(1.06\sqrt{f_c'})b_w d]$

所以，剪力筋間距 S 由下列三式決定之：

$$S = \frac{A_v f_y d}{V_s} \ \text{cm}$$

$$S_{max} \le \frac{d}{2} \ \text{cm}$$

$$S_{max} \le 60 \ \text{cm} \qquad (取小者)$$

若使用 # 3 U 型箍筋為剪力筋，則

$$A_v = 2 \times 0.713 = 1.426 \ \text{cm}^2$$

在該斷面之剪力筋間距 S：

$$S = \frac{\phi A_v f_y d}{\phi V_s} = \frac{0.75 \times 1.426 \times 4200 \times 44}{11.515 \times 10^3} = 17.16 \ \text{cm}$$

規範允許之剪力筋最大間距：

$$S_{max} = \frac{d}{2} = \frac{44}{2} = 22 \ \text{cm} \qquad (控制)$$

$$S_{max} \le 60 \quad cm$$

取　$S_{max} = \dfrac{d}{2} = \dfrac{44}{2} = 22 \quad cm$

所以，使用 # 3 @ 17 cm 之剪力筋。

例 4-7-2

如同例 4-7-1，但 $N_u = 4.5 \quad t$ 改為軸向張力，試重新設計該斷面所需之剪力筋間距 S。

＜解＞

1、計算混凝土設計強度 ϕV_c：

$$V_c = 0.53(1 + \frac{N_u}{35A_g})\sqrt{f'_c}\,b_w d$$

$$= 0.53 \times (1 + \frac{-4500}{35 \times 25 \times 50}) \times \sqrt{280} \times 25 \times 44$$

$$= 8752 \quad kgf = 8.75 \quad t$$

$$\phi V_c = 0.75 \times 8.75 = 6.563 \quad t$$

2、計算該斷面所需之最大 ϕV_s：

$$\phi V_s = V_u - \phi V_c = 25 - 6.563 = 18.437 \ t$$

3、依規範之規定計算 $\dfrac{1}{2}\phi V_{s,max}$：

(1) $\dfrac{1}{2}\phi V_{s,max} = \phi(1.06\sqrt{f'_c}\,b_w d)$

$$= 0.75 \times (1.06 \times \sqrt{280}) \times 25 \times 44/1000$$

$$= 14.633 \quad t < 18.437\,t$$

(2) $\phi V_{s,max} = \phi(2.12\sqrt{f'_c}\,b_w d)$

$$= 0.75 \times (2.12 \times \sqrt{280}) \times 25 \times 44/1000$$

$$= 29.266 \quad t > 18.437\,t$$

4、決定剪力筋間距 S：

因 $[\phi V_c + \phi(1.06\sqrt{f'_c})b_w d] < V_u \le [\phi V_c + \phi(2.12\sqrt{f'_c})b_w d]$

所以，剪力筋間距 S 由下列三式決定之：

$$S = \frac{A_v f_y d}{V_s} \quad cm$$

$$S_{max} \le \frac{d}{4} \quad cm \qquad (取小者)$$

$$S_{max} \le 30 \quad cm$$

若使用#3 U 型箍筋為剪力筋,則

$$A_v = 2 \times 0.713 = 1.426 \quad cm^2$$

在該斷面之剪力筋間距 S:

$$S = \frac{\phi A_v f_y d}{\phi V_s} = \frac{0.75 \times 1.426 \times 4200 \times 44}{18.437 \times 10^3} = 10.72 \quad cm$$

規範允許之剪力筋最大間距:

$$S_{max} = \frac{d}{4} = \frac{44}{4} = 11 \quad cm \qquad (控制)$$

$$S_{max} \leq 30 \quad cm$$

取 $\quad S_{max} = \frac{d}{4} = \frac{44}{4} = 11 \quad cm$

所以,使用#3 @ 10 cm 之剪力筋。

4-8 深梁

　　如 4-3 節所討論，當梁之剪力跨(a=M/V)較小時，當裂縫形成後，一簡支梁將形成一有拉力桿之壓力拱如圖 4-8-1(a)所示，對於這一類的梁如果未設置任何補強鋼筋時，其裂縫寬度將較大如圖 4-8-1(b)所示，為了避免過大的裂縫產生，可如圖 4-8-1(c)所示，在水平及垂直方向配置適當的補強鋼筋。有關深梁的行為研究可參考文獻[4.17,4.19~4.21]。

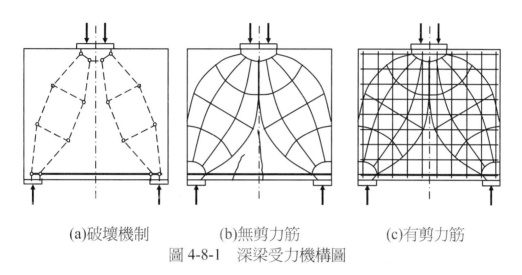

(a)破壞機制　　　　(b)無剪力筋　　　　(c)有剪力筋

圖 4-8-1　　深梁受力機構圖

　　當 $\dfrac{L_n}{h} < 4.0$ [4.7,4.8](ACI 318 11.8, 我國規範 3.8)時，且構材頂部(或壓力面)承受載重或是集中載重位於距支承面 2 倍梁總深度以內時，則該梁必須以深梁設計。深梁的設計必須依非線性應變分佈或依 ACI Code 及我國規範附篇 A，壓拉桿模式（Strut and Tie Method）設計之。對深梁而言，其斜裂縫與垂直方向的角度，通常小於45°，且近於垂直。所以，一般深梁均配置有垂直與水平兩方向的剪力筋。

　　1、最小剪力筋之鋼筋量及間距：
　　　(1) 最小垂直剪力筋：

$$\min \ A_v = 0.0025 b_w S \quad (cm^2)$$ 　　　　　　　(4.8.1)

$$S \le \frac{d}{5} \quad cm$$

$$S \le 30 \quad cm$$

　　　(2) 最小水平剪力筋：

$$\min \quad A_{vh} = 0.0015b_w S_2 \quad (cm^2)$$ (4.8.2)

$$S_2 \le \frac{d}{5} \quad cm$$

$$S_2 \le 30 \quad cm$$

2、允許之最大設計剪力強度 $\max V_n$：

依規範規定，允許之最大設計剪力強度 $\max V_n$：

$$\max \quad V_n = 2.65\sqrt{f_c'}\,b_w d \quad (kgf)$$ (4.8.3)

4-9 剪力摩擦

一般梁之裂縫大部份為斜向裂縫，因此前述剪力筋之設計，主要以防止斜向裂縫的產生。但當梁深較大時，裂縫將變得較為垂直向，此時，若無剪力筋穿越裂縫時，可能沿著裂縫面而產生滑動。對此種深梁，則前幾節所介紹敘述的剪力筋設計公式將不再適用，而必須採用剪力摩擦理論。

剪力摩擦的作用機構如圖 4-9-1 所示，當構件沿 a-a 斷面被剪斷時，因為混凝土中粗骨材的存在，使得剪斷面為一鋸齒狀之粗糙面，當被剪斷之兩部分要產生相對滑動時，勢必需要克服鋸齒狀之粗糙面，而形成一拉開的現象，此時如果在破壞面上有鋼筋穿過時，此一拉開的位移將使鋼筋產生張力及作用在混凝土上的反作用壓力。而當混凝土上有反作用壓力存在時，即產生了所謂的摩擦力。其作用力示意圖如圖 4-9-2 所示。有關剪力摩擦之研究可參考文獻[4.22,4.23,4.24]。

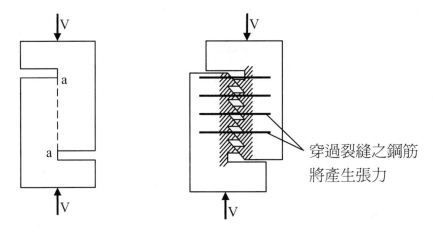

圖 4-9-1　剪力摩擦機構[4.6]

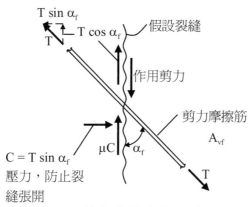

圖 4-9-2　剪力摩擦之作用力[4.6]

形成剪力摩擦的理想機構，一般需符合下列條件：

　1、沿開裂面爲一粗糙面。

　2、鋼筋有被拉開的趨勢(受張力)。

　3、滑動的位移將產生一分離的作用。

　4、將產生一壓力作用在混凝土，因而產生摩擦力。

一般適用剪力摩擦理論的情況，大致有下列幾種[4.6]，如圖 4-9-3：

　1、在不同時間澆注混凝土的界面。

　2、在柱與托架的接合處。

　3、在預鑄構件的接合處。

　4、在鋼骨與混凝土的接合界面。

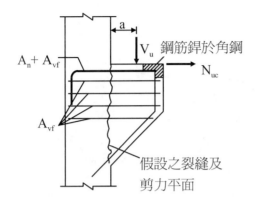

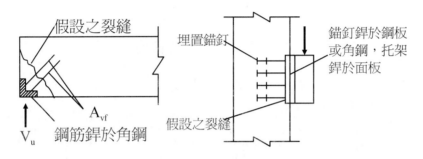

圖 4-9-3　適用剪力摩擦之結構型式[4.6]

參考圖 4-9-2，若假設斜拉裂縫與縱向張力鋼筋成 α_f，則作用之剪力：

$$V_n = \mu C + T \cos \alpha_f$$
$$= \mu A_{vf} f_y \sin \alpha_f + A_{vf} f_y \cos \alpha_f$$
$$= A_{vf} f_y (\mu \sin \alpha_f + \cos \alpha_f) \tag{4.9.1}$$

理論之摩擦剪力強度：

$$V_n = \frac{V_u}{\phi}$$

通過裂縫之剪力筋：

$$A_{vf} = \frac{V_u}{\phi f_y (\mu \sin \alpha_f + \cos \alpha_f)} \tag{4.9.2}$$

若使用剪力筋垂直於裂縫時，$\alpha_f = 90°$，則

$$A_{vf} = \frac{V_u}{\phi f_y \mu} \tag{4.9.3}$$

水平作用力所需鋼筋量

$$A_n = \frac{N_{uc}}{\phi f_y} \qquad (4.9.4)$$

依規範[4.7,4.8]規定沿著裂縫面之摩擦係數 μ 之值如下：
    1、混凝土為整體澆置時 $\mu = 1.4\lambda$
    2、澆置於業已硬化之混凝土面時 $\mu = 1.0\lambda$
       （但其表面為粗糙面）
    3、澆置於業已硬化之混凝土面時 $\mu = 0.6\lambda$
       （但其表面為光滑面）
    4、混凝土澆置於型鋼表面 $\mu = 0.7\lambda$
       （且以剪力釘或鋼筋錨定者）

而係數 λ 之規定值如下：
    1、常重混凝土 $\lambda = 1.0$
    2、常重砂輕質混凝土 $\lambda = 0.85$
    3、全輕質骨材混凝土 $\lambda = 0.75$

應用剪力摩擦理論時，其最大剪力強度之規定如下：
$$\max \quad V_n = v_n A_c = 0.2 f'_c A_c \le 56 A_c \, (kgf) \qquad (4.9.5)$$
$$[\max \quad V_n = v_n A_c = 0.2 f'_c A_c \le 800 A_c \quad (lb)]$$

    剪力摩擦設計所用之鋼筋，依規定降伏強度不得超過 $4200\,kgf/cm^2$。剪力摩擦理論的應用，一般比較常見者為托架結構，將在下一節討論，另外在預鑄構架系統內也常需用的剪力摩擦的理論，此部分可參考 PCI 的資料 [4.25]。

4-10 托架設計

　　托架是一種突出柱表面的很短之懸臂梁，一般常見於有天車之廠房，或是預鑄結構系統中。因為懸臂梁部分很短，其受力行為與懸臂梁之撓曲行為有所不同而是接近(4-9)節所討論之剪力摩擦行為。因此規範規定，當 $a/d < 2.0$ 時可依規範附篇 A[4.7,4.8]之壓拉桿模式設計之。而當 $a/d < 1.0$ 且承受之水平力 N_{uc} 不大於 V_u 時，則此構件可依規範托架之特殊規定設計，如本節以下所推導之公式。有關托架之研究可參考文獻[4.10,4.26~4.29]。圖 4-10-1 為托架的受力圖及其內力平衡圖。基本上托架可能的破壞模式為(1)托架與支撐構材間的剪力破壞，(2)主張力鋼筋(As)的降伏，(3)內部受壓區的混凝土壓碎，(4)支承鈑下之局部支承或剪力破壞如下圖所示。

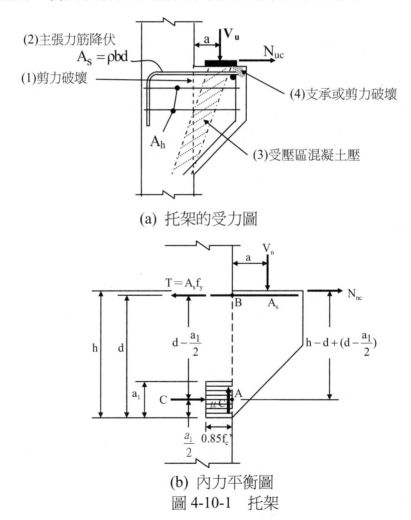

(a) 托架的受力圖

(b) 內力平衡圖

圖 4-10-1　托架

依圖 4-10-1(b) 由力之平衡關係，可得：

$$\sum F_x = 0$$

$$N_{nc} = T - C \tag{4.10.1}$$

式中：

$$T = A_s f_y$$

$$\sum F_y = 0$$

$$V_n = \mu C \tag{4.10.2}$$

$$C = \frac{V_n}{\mu}$$

$$\sum M_A = 0$$

$$V_n a + N_{nc}(h - \frac{a_1}{2}) = T(d - \frac{a_1}{2}) \tag{4.10.3}$$

由水平力平衡，可得：

$$N_{nc} = A_s f_y - \frac{V_n}{\mu}$$

$$A_s = \frac{V_n}{\mu f_y} + \frac{N_{nc}}{f_y} \tag{4.10.4}$$

由彎矩平衡，可得：

$$V_n a + N_{nc}(h - d) + N_{nc}(d - \frac{a_1}{2}) = A_s f_y(d - \frac{a_1}{2})$$

$$A_s = \frac{V_n a + N_{nc}(h - d)}{f_y(d - \frac{a_1}{2})} + \frac{N_{nc}}{f_y} \tag{4.10.5}$$

式中：

$$V_n a + N_{nc}(h - d) \text{ 為當量之 } M_n$$

若設定：

$$\frac{V_n}{f_y \mu} = \frac{V_u}{\phi f_y \mu} = A_{vf} \tag{4.10.6}$$

$$\frac{N_{nc}}{f_y} = \frac{N_{uc}}{\phi f_y} = A_n \tag{4.10.7}$$

$$\frac{V_n a + N_{nc}(h - d)}{f_y(d - \frac{a_1}{2})} = \frac{V_u a + N_{uc}(h - d)}{\phi f_y(d - \frac{a_1}{2})} = \frac{M_u}{\phi f_y(d - \frac{a_1}{2})} = A_f \tag{4.10.8}$$

式中 $\phi = 0.75$，將上列三式代入前面 A_s 式中可得：

$$需要之 A_s = A_{vf} + A_n = A_f + A_n \tag{4.10.9}$$

對於托架除了必需提供 A_s 之鋼筋外，為了避免過早的張力破壞，在穿過剪力破壞面部分必需配置適量的水平鋼筋 A_h，此水平鋼筋一般是使用閉合箍筋，而且應均勻分佈於鄰接主拉力鋼筋之(2/3)d 範圍內。

當使用水平筋 A_h 時，則

$$需要之 A_s = A_{vf} + A_n - A_h \tag{4.10.10}$$

根據實驗[4.30]顯示，托架所需之最小水平箍筋量為：

$$\min \quad A_h \geq \frac{1}{2} A_f \tag{4.10.11}$$

$$\min \quad A_h \geq \frac{1}{3} A_{vf} \tag{4.10.12}$$

規範規定，托架所需使用鋼筋之規定如下：

$$1、需要之 A_s = \frac{2}{3} A_{vf} + A_n \tag{4.10.13}$$

$$A_s = A_f + A_n \quad 以上兩者取大值 \tag{4.10.14}$$

$$2、需要之 A_h \geq 0.5(A_s - A_n) \geq \frac{1}{3} A_{vf} \tag{4.10.15}$$

3、拉力筋最小鋼筋比：

$$\min \quad \rho = \frac{A_s}{bd} \geq 0.04 \frac{f'_c}{f_y} \tag{4.10.16}$$

托架設計之最大剪力強度，規範規定如下：

常重混凝土

$$\max \quad V_n \leq 0.2 f'_c b_w d \leq 56 b_w d \quad (kgf) \tag{4.10.17}$$

$$[\max \quad V_n \leq 0.2 f'_c b_w d \leq 800 b_w d (lb)]$$

全輕質或常重砂輕質混凝土：

$$\max V_n \leq (0.2 - 0.07 \frac{a}{d}) f'_c b_w d \leq (56 - 20 \frac{a}{d}) b_w d \quad (kgf) \tag{4.10.18}$$

$$[\max V_n \leq (0.2 - 0.07 \frac{a}{d}) f'_c b_w d \leq (800 - 280 \frac{a}{d}) b_w d (lb)]$$

同時為了避免瞬間破壞以及能夠在托架底側形成壓力肢[4.31]，如圖4-10-2 所示，以確保在裂縫形成後，托架仍有足夠的承載能力，托架之端部必需有最小深度的規定。規範的規定為在承重面積外緣處其有效深度 d_1 不得小於柱表面處有效深度之一半 d/2，如圖 4-10-3 所示。

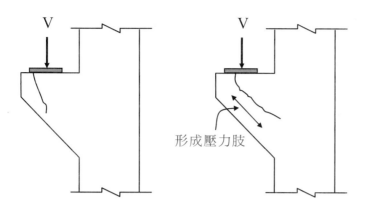

(a)托架端部太淺　　　(b)托架端部有足夠深度

圖 4-10-2　托架可能破壞模式[4.30]

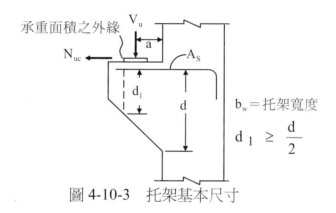

圖 4-10-3　托架基本尺寸

規範對托架的規定：

$\quad$ 1、$N_{uc} < V_u$ $\hfill$ (4.10.19)

$\quad$ 2、$N_{uc} \geq 0.20 V_u$ $\hfill$ (4.10.20)

$\quad$ 3、$d \leq 2d_1$ $\;$ (或 $d_1 \geq \dfrac{d}{2}$) $\hfill$ (4.10.21)

$\quad$ 4、$\phi = 0.75$(考慮混凝土承壓強度時 $\phi = 0.65$)

$\quad$ 5、$\rho_{min} = 0.04 \dfrac{f'_c}{f_y}$ $\hfill$ (4.10.22)

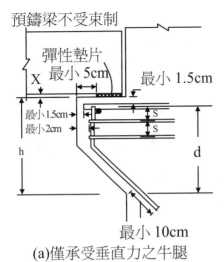

預鑄梁不受束制　　　　　　預鑄梁受束制

彈性墊片　　　　　　　　　最小 5cm　　支承鋼板
最小 5cm　　　　　　　　　　　　　　　　鋼版

X　　　最小 1.5cm　　　　　X

最小 1.5cm　　　　　　　　　最小 1.5cm
最小 2cm　　　　　　　　　　最小 2cm

h　　　　　d　　　　　　　　h　　　　　d

最小 10cm　　　　　　　　　最小 10cm

(a)僅承受垂直力之牛腿　　　(b)牛腿承受垂直載重及潛變或
　　　　　　　　　　　　　　　收縮等束制力

注意：

距離 X 應有足夠大小
以防止當梁轉動時，
牛腿邊緣與梁接觸。

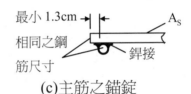

最小 1.3cm　　　　　A_s

相同之鋼　　　　　　銲接
筋尺寸

(c)主筋之錨錠

圖 4-10-4　托架配筋詳圖[4.2]

例 4-10-1

有一一體灌鑄成型之托架，承載之靜載重 $P_D = 10.0$ t 及活載重 $P_L = 15.0$ t，集中載重之中心距柱表面為 20 cm，柱為 30 cm 之方形柱，由於乾縮及潛變之影響，以致造成的水平力 $N_c = 5.0$ t，材料之 $f'_c = 210$ kgf/cm^2、$f_y = 2800$

kgf/cm^2，試設計此托架。

＜解＞

1、檢核 $\dfrac{N_{uc}}{V_u}$ 是否符合規定：

$$V_u = 1.2P_D + 1.6P_L$$
$$= 1.2 \times 10.0 + 1.6 \times 15.0 = 36.0 \text{ t}$$
$$N_{uc} = 1.6N_c$$
$$= 1.6 \times 5.0 = 8.0 \text{ t}$$

$$\dfrac{N_{uc}}{V_u} = \dfrac{8.0}{36.0} = 0.222 \; > 0.2 \qquad \text{O.K.}$$

2、計算支承墊長度：

依 ACI Code 規定混凝土承壓強度 $f_p = 0.85f'_c$，$\phi = 0.65$

所需支承墊長度 $= \dfrac{V_u}{\phi 0.85 f'_c b}$

$$= \dfrac{36.0 \times 10^3}{0.65 \times 0.85 \times 210 \times 30}$$

$$= 10.3 \quad cm$$

使用長度為 11.0 cm 之支承墊。

3、計算托架深度：

(1) 由托架設計之最大剪力，得知：

$$\max \quad V_n \leq 0.2 f'_c b_w d \leq 56 b_w d$$

因 $\quad 0.2 f'_c = 0.2 \times 210 = 42 < 56 \quad kgf/cm^2$

所以，由 $42 \ kgf/cm^2$ 控制。

$$\min \quad d = \dfrac{V_n}{42 b_w} = \dfrac{V_u}{\phi(42 b_w)}$$

$$= \dfrac{36 \times 10^3}{0.75 \times 42 \times 30}$$

$$= 38.10 \quad cm$$

(2) 由撓曲彎矩，得知：

當量之 $\quad M_u = V_u a + N_{uc}(h - d)$

$$= 36.0 \times 20 + 8.0 \times (h - d)$$

預估 $\quad h - d = 5 \quad cm$，則

當量之 $\quad M_u = V_u a + N_{uc}(h - d)$

$$= 36.0 \times 20 + 8.0 \times 5$$

$$= 760.0 \quad t\text{-}cm$$

使用最小鋼筋比：

$$\min \quad \rho = 0.04 \dfrac{f'_c}{f_y}$$

$$= 0.04 \times \dfrac{210}{2800} = 0.003$$

$$m = \dfrac{f_y}{0.85 f'_c}$$

$$= \dfrac{2800}{0.85 \times 210} = 15.69$$

相對之 $\quad R_n = \rho f_y (1 - \dfrac{1}{2} m\rho)$

$$= 0.003 \times 2800 \times (1 - \frac{1}{2} \times 15.69 \times 0.003)$$

$$= 8.20 \quad kgf/cm^2$$

$$\phi = 0.75$$

$$M_n = R_n bd^2$$

需要之 $d = \sqrt{\dfrac{M_n}{R_n b}} = \sqrt{\dfrac{M_u}{\phi R_n b}} = \sqrt{\dfrac{760 \times 10^3}{0.75 \times 8.20 \times 30}} = 64.18\ cm$

(3)由托架之規範定義：

$$\frac{a}{d} < 1.0 \text{，又 } a = 20\ cm$$

所以，min d = 20 cm

比較(1)(2)(3)得托架深度 $38.10 \le d \le 64.18$ cm

試選用托架總深度：

$$h = 55\ cm$$

$$d \approx 50\ cm$$

4、計算托架之鋼筋量：

需要之 $A_{vf} = \dfrac{V_u}{\phi f_y \mu} = \dfrac{36 \times 10^3}{0.75 \times 2800 \times 1.4} = 12.24\quad cm^2$

需要之 $A_n = \dfrac{N_{uc}}{\phi f_y} = \dfrac{8.0 \times 10^3}{0.75 \times 2800} = 3.81\quad cm^2$

需要之 A_f：

$$R_n = \frac{M_u}{\phi bd^2} = \frac{760 \times 10^3}{0.75 \times 30 \times 50^2} = 13.51\quad kgf/cm^2$$

需要之 $\rho = \dfrac{1}{m}[1 - \sqrt{1 - \dfrac{2mR_n}{f_y}}]$

$$= \frac{1}{15.69} \times [1 - \sqrt{1 - \frac{2 \times 15.69 \times 13.51}{2800}}]$$

$$= 0.00502$$

需要之 $A_f = \rho bd = 0.00502 \times 30 \times 50 = 7.53\quad cm^2$

需要之 $A_s = A_f + A_n = 7.53 + 3.81 = 11.34\quad cm^2$

或 $A_s = \dfrac{2}{3} A_{vf} + A_n = \dfrac{2}{3} \times 12.24 + 3.81 = 11.97\quad cm^2$

取 $A_s = 11.97\quad cm^2$

使用 3 - #8 主筋：

$$A_s = 3 \times 5.067 = 15.201 \quad cm^2$$

需要之 $A_h = \dfrac{1}{2} A_f = \dfrac{1}{2} \times 7.53 = 3.77 \quad cm^2$

$$\geq \dfrac{1}{3} A_{vf} = \dfrac{1}{3} \times (12.24) = 4.08 \quad cm^2$$

∴使用 $A_h = 4.08 \quad cm^2$，使用 2-#4 箍筋：

$$A_h = 2 \times 2 \times 1.267 = 5.068 \quad cm^2 > 4.08 \quad cm^2 \qquad O.K.$$

配置在主筋 $\dfrac{2}{3} \times 50 = 33.3 \quad cm$ 範圍內。

5、設計托架之尺寸：

托架總深度： $h = 55 \quad cm \quad (d = 49.75)$

突出長度：

$$5 + \dfrac{1}{2}(支承墊之長度) + 20$$

$$= 5 + \dfrac{1}{2} \times 11 + 20 = 30.5 \quad cm$$

外緣深度 $= \dfrac{h}{2} = \dfrac{55}{2} = 27.5 \quad cm$

$$d_1 = 27.5 + \dfrac{5}{30.5} \times 27.5 - (4 + 1.27) = 26.74 > \dfrac{49.75}{2} \approx 24.88 \quad O.K.$$

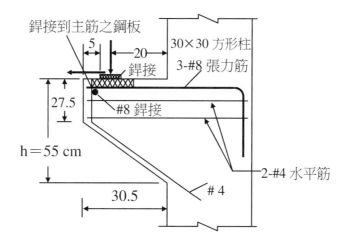

圖 4-10-5　例 4-10-1 托架配筋詳圖

4-11 扭力理論

當鋼筋混凝土構件受到沿構件軸心之扭轉作用如圖 4-11-1 所示時，則這類構件將承受扭力(Torsion)作用。當構件受到扭力作用時，會在構件斷面形成剪應力的分佈，其基本理論公式簡述如下：

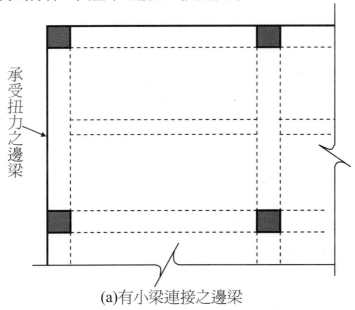

(a)有小梁連接之邊梁

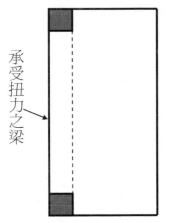

(b)單側有懸臂版大梁平面

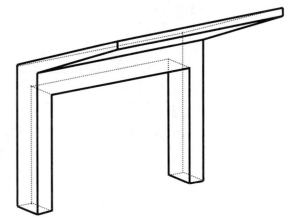

(c) 單側有懸臂版大梁立體示意圖

圖 4-11-1　會有扭力產生之構件

一、實心圓形斷面：如圖 4-11-2(a)之實心圓形斷面，在扭力 T 作用下，其斷面在扭力作用前後，皆能維持平面。因此其剪應力大小與該點距斷面中心之距離成正比，斷面內之剪應力分佈如圖 4.11.2(b)所示。其理論公式爲：

構件扭轉角　$\phi = \dfrac{T \cdot L}{G \cdot J}$ (4.11.1)

單位長度扭轉角：$\theta = \dfrac{T}{G \cdot J}$ (4.11.2)

$\tau = \dfrac{T \cdot r}{J}$ (4.11.3)

$\tau_{max} = \dfrac{T \cdot R}{J}$ (4.11.4)

式中　　　T： 作用之扭力
　　　　　L： 構件長度
　　　τ_{max} ：最大剪應力
　　　R ：圓形斷面之半徑
　　　J ：斷面極轉動慣性矩(Polar Moment of Inertia)= $\pi R^4 / 2$
　　　r ：計算扭曲剪應力之點距圓心之距離

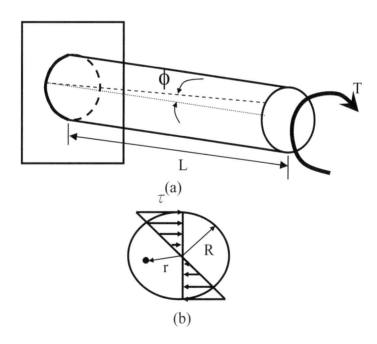

圖 4-11-2　實心圓形斷面之扭力作用

二、實心矩形斷面：當斷面爲非圓形斷面時，其斷面無法在扭力作用後，仍維持為平面，會產生翹曲作用(Warping)。其理論公式相當複雜。根據彈性力學理論[4.32]，矩形斷面極轉動慣性矩 J 可用下式表示：

$$J = \beta x^3 y \qquad (4.11.5)$$

式中　β：　斷面係數
　　　　x：　斷面短邊
　　　　y：　斷面長邊

β 之值可由下表查得[4.32]：

表 4-11-1　矩形斷面極轉動慣性矩係數　β

y/x	1.0	1.2	1.5	2.0	2.5	3.0	5.0	∞
β	0.141	0.166	0.196	0.229	0.249	0.263	0.291	0.333

矩形斷面之最大扭曲剪應力發生在長邊的中間處，其值如下式所示：

$$\tau = \frac{T}{\alpha x^2 y} \qquad (4.11.6)$$

α 之值可由下表查得[4.32]：

表 4-11-2　矩形斷面最大剪應力公式係數　α

y/x	1.0	1.2	1.5	2.0	2.5	3.0	5.0	∞
α	0.208	0.219	0.231	0.246	0.256	0.267	0.290	0.333

或由下列近似公式計算

$$\alpha = \frac{1}{3 + \dfrac{1.8}{y/x}} \qquad (4.11.7)$$

由上列數據可知，正方形斷面 y/x=1，α=0.208，而對無限長條斷面 y/x=∞，α=0.333。

三、T、L、C 及 I 形斷面：當斷面為 T、L、C 及 I 形斷面時，可將斷面分解成矩形斷面的組成如圖 4-11-3 所示。當分解之矩形斷面有較大之 y/x 值時，根據文[4.32]建議，其近似公式可用下式表示：

$$J = \sum \frac{1}{3} x^3 y \qquad (4.11.8)$$

但當 y/x 之比值小於 10 時，比較精確公式應為：

$$J = \sum \frac{1}{3} x^3 y (1 - 0.63 \frac{x}{y}) \qquad (4.11.9)$$

最大剪應力會產生在長邊的中間點處，其公式爲：

$$\tau_{max} = \frac{T \cdot x_i}{J} \tag{4.11.10}$$

式中 x_i 爲長邊之厚度。當斷面爲等厚度時，則公式 4.11.10 可表示爲：

$$\tau_{max} = \frac{T}{\Sigma(\frac{1}{3} x^2 y)} \tag{4.11.11}$$

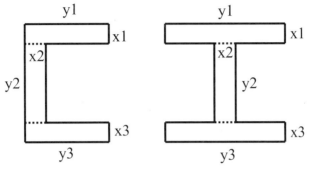

圖 4-11-3　C 及 I 形斷面之分解爲矩形組合

四、閉合之薄壁斷面：當斷面爲閉合之薄壁斷面如下圖所示時，

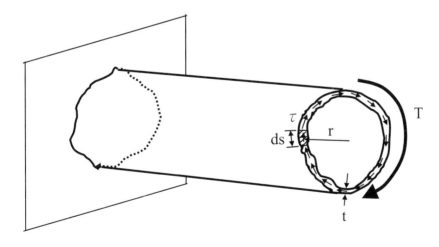

圖 4-11-4　閉合之薄壁斷面構件

$$T = \int \tau \cdot t \cdot ds \cdot r = \tau \cdot t \int r \cdot ds = 2\tau \cdot t \cdot A_o \tag{4.11.12}$$

$$\therefore \tau = \frac{T}{2A_o t} \tag{4.11.13}$$

薄壁單位長度之剪力爲

$$f_v = \tau \cdot t = \frac{T}{2A_o} \qquad (4.11.14)$$

式中 A_o 爲薄壁中心線所圍繞面積。

閉合薄壁斷面之極轉動慣性矩爲：

$$J = \frac{4A_o^2}{\oint \frac{ds}{t(s)}} = \frac{4A_o^2}{\sum (\frac{L(s)}{t(s)})} \qquad (4.11.15)$$

例 4-11-1

試計算下列斷面之極轉動慣性矩 J＝？

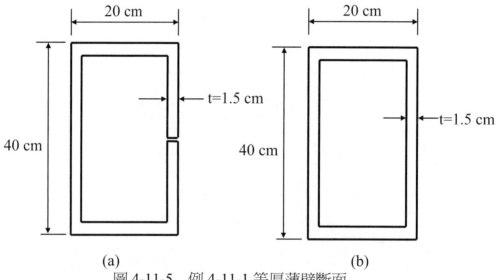

(a) (b)

圖 4-11-5　例 4-11-1 等厚薄壁斷面

＜解＞

(a)斷面爲非閉合等厚度斷面，因此

$$J = \sum \frac{1}{3}x^3 y$$

$$= \frac{1}{3}[1.5^3 \times 20 \times 2 + 1.5^3 \times (40 - 1.5 \times 2) + 1.5^3 \times (20 - 1.5) \times 2]$$

$$= 128.25 \text{ cm}^3$$

(b)斷面爲閉合等厚度斷面，因此

$$J = \frac{4A_o^2}{\oint \frac{ds}{t(s)}} = \frac{4A_o^2}{\sum (\frac{L(s)}{t(s)})}$$

$$= \frac{4(18.5 \times 38.5)^2}{(\frac{38.5 \times 2 + 18.5 \times 2}{1.5})} = 26700 \text{ cm}^3$$

例 4-11-2

如例 4-11-1 之斷面，如承受一扭矩 T=15 t-m 之作用，試求該斷面產生之最大剪應力 τ_{max} = ?

＜解＞

(a)斷面為非閉合等厚度斷面，因此

$$\tau_{max} = \frac{T \cdot x_i}{J} = \frac{1500 \times 1.5}{128.25} = 17.544 \text{ t/cm}^2$$

(b)斷面為閉合等厚度斷面，因此

$$\tau = \frac{T}{2A_o t} = \frac{1500}{2(18.5 \times 38.5) \times 1.5} = 0.702 \text{ t/cm}^2$$

例 4-11-3

如例 4-11-1 之斷面(b)，如果因為施工的錯誤其側壁厚只有 0.75 公分如圖 4-11-6 所示，其餘尺寸不變，當該斷面承受一扭矩 T=15 t-m 之作用時，試求該斷面產生之最大剪應力 τ_{max} = ?，又產生位置在何處？

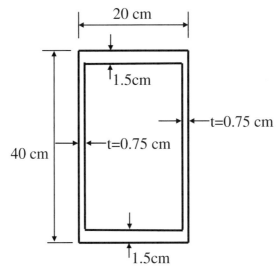

圖 4-11-6 例 4-11-3 不等厚薄壁斷面

＜解＞

斷面為閉合非等厚度斷面，因此作用在水平肢剪應力為：

$$\tau = \frac{T}{2A_o t} = \frac{1500}{2(19.25 \times 38.5) \times 1.5} = 0.675 \text{ t/cm}^2$$

作用在垂直肢剪應力為：

$$\tau = \frac{T}{2A_o t} = \frac{1500}{2(19.25 \times 38.5) \times 0.75} = 1.349 \text{ t/cm}^2$$

因此最大剪應力產生在垂直肢上。

4-12 扭力與剪力聯合作用

當扭力單獨作用在矩形梁上時，其剪應力作用方向及裂縫形成之方向如下圖(a)所示，而當剪力單獨作用時，其剪應力作用方向及裂縫形成之方向如下圖(b)所示。當扭力與剪力聯合作用時，在矩形梁產生之裂縫則如圖(c)所示：

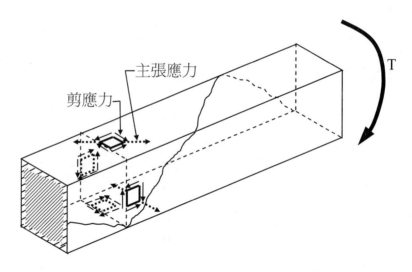

(a)純扭力作用

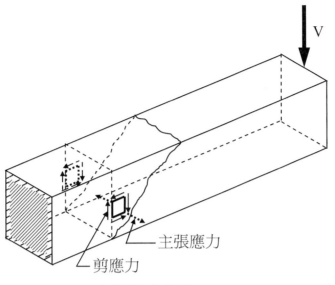

主張應力

剪應力

(b)純剪力作用

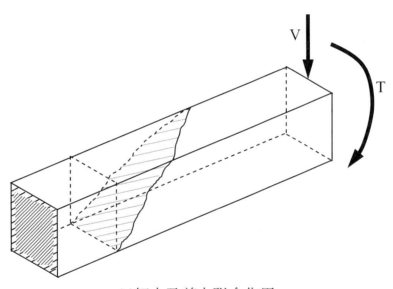

(c)扭力及剪力聯合作用

圖 4-12-1　構件承受扭力及剪力聯合作用

　　扭力很少單獨存在，一般都伴隨著彎矩或剪力作用。當鋼筋混凝土梁無箍筋存在時，根據實驗數據，文獻[4.33]建議使用下列公式來代表扭力與剪力聯合作用時之強度檢核公式：

$$(\frac{T_n}{T_{no}})^2 + (\frac{V_n}{V_{no}})^2 = 1 \tag{4.12.1}$$

式中　T_n、V_n：同時作用之標稱扭力及剪力

T_{no}：扭力單獨作用時之標稱扭力強度

V_{no}：剪力單獨作用時之標稱剪力強度

4-13 鋼筋混凝土梁之扭力筋設計

一、純混凝土梁之扭力強度

　　根據前述之扭力理論，純混凝土梁之標稱扭力強度應為：

$$T_n = \alpha x^2 y(\tau_{max}) \tag{4.13.1}$$

因為在純剪應力作用下，τ_{max} 將等於最大主張應力 $f_{t,max}$，所以上述公式可寫成：

$$T_n = \alpha x^2 y(f_{t,max}) \tag{4.13.2}$$

文獻 [4.34] 指出計算純混凝土梁之開裂扭力強度時可取 $f_{t,max}$ 介於 $1.32 \sim 1.59\sqrt{f_c'}$ 之間，而 α 為 $1/3$，所以公式 4.13.2 可寫成

$$T_{cr} = (1.32 \sim 1.59)\sqrt{f_c'}(\frac{1}{3}x^2 y) \tag{4.13.3}$$

另外一種理論是將梁當成一根閉合薄壁梁來看，依扭力理論，由公式 4.11.14：

$$f_v = \tau \cdot t = \frac{T}{2A_o}$$

根據文獻[4.35,4.36] 之建議，壁厚 t 可取為 $0.75A_{cp}/p_{cp}$，而 A_o 可取為 $2A_{cp}/3$。因此剪力公式可寫成：

$$\tau = \frac{T}{2A_o \cdot t} = \frac{T}{2}\frac{3}{2A_{cp}}\frac{p_{cp}}{0.75A_{cp}} = \frac{Tp_{cp}}{A_{cp}^2} \tag{4.13.4}$$

式中　　A_{cp}：斷面外緣所包圍之面積

　　　　p_{cp}：斷面之外周長

令　$\tau = f_{t,max} = 1.06\sqrt{f_c'}$

則　$\dfrac{T_{cr}p_{cp}}{A_{cp}^2} = 1.06\sqrt{f_c'}$

$$\therefore T_{cr} = 1.06\sqrt{f_c'}[\frac{A_{cp}^2}{p_{cp}}] \tag{4.13.5}$$

二、鋼筋混凝土梁之扭力強度

在計算鋼筋混凝土梁之扭力強度時，一般常用立體桁架(Space Truss)理論 [4.35,4.37~4.40]。當鋼筋混凝土梁承受扭力作用而產生裂縫時，其裂縫將繞著梁的周界產生，此時梁之扭力強度幾乎全部由鋼筋及包圍鋼筋附近之混凝土所提供，內部混凝土對強度的貢獻非常小，因此可以使用立體桁架的理想化模式來模擬，如圖 4.13.1 所示。在斷面四個角落的縱向鋼筋將承受張力，而裂縫間的條狀混凝土將承受壓力，而這些壓力將以環狀方式繞著斷面，提供水平及垂直方向的壓力。

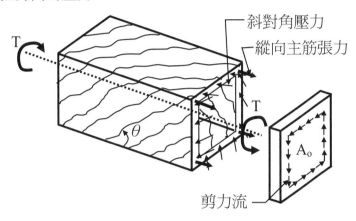

(a)閉合薄壁斷面行為

(b) 立體桁架
圖 4.13.1 立體桁架模型

根據前述扭力理論公式 4.11.13，對閉合薄壁斷面，其扭曲剪應力公式可以寫成：

$$\tau \cdot t = \frac{T}{2A_o}$$

$\tau \cdot t$ 為單位長度之剪力，或所謂的剪力流，因此圖 4.13.1(b)中的 V_2 可以寫成 $\tau \cdot t \cdot y_o$，或下式：

$$V_2 = \frac{T}{2A_o} \cdot y_o \tag{4.13.6}$$

或

$$V_1 = \frac{T}{2A_o} \cdot x_o \tag{4.13.7}$$

斷面總扭力 T 可以寫成；

$$T = V_1 \cdot y_o + V_2 \cdot x_o$$

$$= (\frac{T}{2A_o} \cdot x_o)y_o + (\frac{T}{2A_o} \cdot y_o)x_o$$

$$= \frac{T}{2A_o}(x_o y_o + x_o y_o) \tag{4.13.8}$$

$$= \frac{T}{A_o} x_o y_o$$

$$\therefore A_o = x_o \cdot y_o \tag{4.13.9}$$

由圖 4.13.2 中可知裂縫切過箍筋數爲

$$n = \frac{y_o \cot \theta}{S} \tag{4.13.10}$$

而被切斷箍筋之總拉力爲

$$nA_t f_{yv} = \frac{A_t f_{yv} y_o}{S} \cot \theta \tag{4.13.11}$$

其值應與 V_2 平衡得

$$V_2 = nA_t f_{yv} = \frac{A_t f_{yv} y_o}{S} \cot \theta \tag{4.13.12}$$

又由公式 4.13.6

$$V_2 = \frac{T_n}{2A_o} y_o = \frac{A_t f_{yv} y_o}{S} \cot \theta \qquad 得$$

$$T_n = \frac{2A_o A_t f_{yv}}{S} \cot \theta \tag{4.13.13}$$

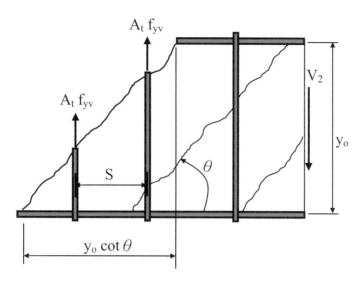

圖 4.13.2 立體桁架模型垂直邊之垂直作用力圖

在上列式中 θ 可以取 30 到 60°。ACI 11.6.3.6 對非預力鋼筋混凝土構件建議取 $\theta = 45^o$，且 $A_o = 0.85A_{oh}$，此處 A_{oh} 為箍筋外緣以內所包圍混凝土之面積。文獻[4.34]提供下列公式以計算更準確 A_o 值如下：

$$A_o = A_{cp} - \frac{2T_n p_{cp}}{A_{cp}f_c'} \tag{4.13.14}$$

上式中　p_{cp}　為混凝土斷面之周長

　　　　A_{cp}　為混凝土斷面積

三、扭力箍筋量

依公式 4.13.13，若 $\theta = 45^o$ 時

$$T_n = \frac{2A_o A_t f_{yv}}{S}$$

$$\therefore \text{req } A_t = \frac{T_n S}{2A_o f_{yv}} \tag{4.13.15}$$

而剪力箍筋公式

$$\text{req } A_v = \frac{V_s \cdot S}{d \cdot f_{yv}} \tag{4.13.16}$$

以一個閉合箍筋來說，對剪力為提供兩支箍筋斷面積，而對扭力而言，則只提供壹支箍筋斷面積。因此當剪力與扭力同時作用時，直接用線性疊加，則

$$\text{req } A_{vt} = \frac{T_n \cdot S}{2A_o \cdot f_{yv}} + \frac{V_s \cdot S}{2d \cdot f_{yv}} \tag{4.13.17}$$

$$\text{req } S = \frac{2A_{vt} \cdot f_{yv}}{(\dfrac{T_n}{A_o} + \dfrac{V_s}{d})} \tag{4.13.18}$$

四、縱向鋼筋量

在立體桁架模式中，縱向鋼筋必需用來承受在扭力作用下之縱向分力如下圖所示：

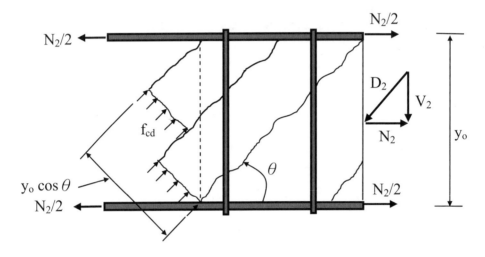

圖 4.13.3 立體桁架模型垂直邊之作用力分解圖

$$D_2 = \frac{V_2}{\sin\theta} \tag{4.13.19}$$
$$N_2 = V_2 \cot\theta \tag{4.13.20}$$

同理可得 D_1 及 N_1。對於矩形斷面共有四個面(上下兩水平面及左右兩垂直面)，每個面產生之軸向作用力 N_1 及 N_2，都由角落的縱向鋼筋來平均分擔。因此最後總軸力為：

$$\begin{aligned}
N &= 2(N_1 + N_2) \\
&= 2(V_1 \cot\theta + V_2 \cot\theta) \\
&= 2(V_1 + V_2)\cot\theta \\
&= 2(\frac{T_n}{2A_o}x_o + \frac{T_n}{2A_o}y_o)\cot\theta \\
&= \frac{T_n}{2A_o}(2x_o + 2y_o)\cot\theta = \frac{T_n p_h}{2A_o}\cot\theta
\end{aligned}$$

$$\therefore N = \frac{T_n p_h}{2A_o} \cot \theta \qquad\qquad (4.13.21)$$

上列式中 $p_h = 2x_o + 2y_o$

若縱向鋼筋斷面積爲 A_l 則

$$A_l \cdot f_{yl} = N$$

$$A_l = \frac{N}{f_{yl}} = \frac{T_n p_h}{2A_o f_{yl}} \cot \theta \qquad\qquad (4.13.22)$$

令 $A_o = 0.85A_{oh}$ ，且 $T_n = T_u / \phi$ 則：

$$A_l = \frac{(T_u / \phi) \cdot p_h}{1.7A_{oh} f_{yl}} \cot \theta \qquad\qquad (4.13.23)$$

上式也可以表示成

$$A_l = \frac{T_n \cdot p_h}{2A_o f_{yl}} \cot \theta$$

$$= (\frac{2A_o A_t f_{yv}}{S} \cot \theta) \frac{p_h}{2A_o f_{yl}} \cot \theta \qquad\qquad (4.13.24)$$

$$= (\frac{A_t}{S}) p_h (\frac{f_{yv}}{f_{yl}}) \cot^2 \theta$$

五、規範之扭力筋規定

當非預力鋼筋混凝土構件之作用扭力小於下列公式時，扭力作用可以忽略不計。

$$T_u \leq \phi \cdot 0.265 \sqrt{f_c'} (\frac{A_{cp}^2}{p_{cp}}) \qquad\qquad (4.13.25)$$

當構件有軸拉力或軸壓力作用時，則可使用下式：

$$T_u \leq \phi [0.265 \sqrt{f_c'} (\frac{A_{cp}^2}{p_{cp}}) \sqrt{1 + \frac{N_u}{1.06A_g \sqrt{f_c'}}}] \qquad\qquad (4.13.26)$$

在計算上述公式中之 A_{cp} 及 p_{cp} 時，若斷面含突出之梁翼版時，其懸出之寬度必需符合我國規範 6.3.4[4.7] 或 ACI 13.2.4[4.8] 之規定，也就是有效突出寬度等於該梁突出版上或版下之梁深，且不得大於四倍版厚。詳圖如圖 4.13.4。

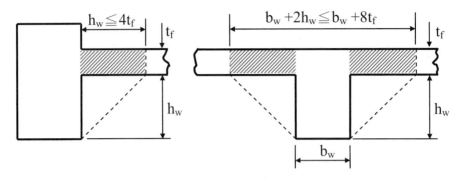

圖 4.13.4 版作梁有效翼緣圖

當構材之作用扭力超過上述公式時，則為了避免由剪力及扭力造成之斜壓應力引起表面的壓碎，規範規定：

(1)實心斷面：

$$\sqrt{(\frac{V_u}{b_w d})^2 + (\frac{T_u p_h}{1.7 A_{oh}^2})^2} \le \phi(\frac{V_c}{b_w d} + 2.12\sqrt{f_c^{'}})$$ (4.13.27)

(2)空心斷面：

$$(\frac{V_u}{b_w d}) + (\frac{T_u p_h}{1.7 A_{oh}^2}) \le \phi(\frac{V_c}{b_w d} + 2.12\sqrt{f_c^{'}})$$ (4.13.28)

若壁厚小於 A_{vh} / p_h 時，上列式中之 $T_u p_h /(1.7 A_{oh}^2)$ 應改為 $T_u /(1.7 A_{oh} \cdot t)$。

對非預力鋼筋之設計降伏強度不得超過 $4200\,kgf / cm^2$。

橫向扭力箍筋：

$$\phi T_n \ge T_u , \qquad \phi = 0.75$$ (4.13.29)

$$T_n = \frac{2A_o A_t f_{yv}}{S} \cot\theta$$ (4.13.30)

對非預力混凝土，$\theta = 45^o$

$$T_n = \frac{2A_o A_t f_{yv}}{S}$$ (4.13.31)

縱向扭力鋼筋：

$$A_l = (\frac{A_t}{S}) p_h (\frac{f_{yv}}{f_{yl}}) \cot^2 \theta$$

$$= (\frac{A_t}{S}) p_h (\frac{f_{yv}}{f_{yl}})$$ (4.13.32)

最小扭力鋼筋量：

$$(A_v + 2A_t) \geq 0.2\sqrt{f_c^{'}}\frac{b_w \cdot S}{f_{yv}} \geq 3.5\frac{b_w \cdot S}{f_{yv}} \tag{4.13.33}$$

$$A_{l,min} = \frac{1.33\sqrt{f_c^{'}}A_{cp}}{f_{yl}} - (\frac{A_t}{S})p_h(\frac{f_{yv}}{f_{yl}}) \tag{4.13.34}$$

式中　$\dfrac{A_t}{S} \geq 1.75\dfrac{b_w}{f_{yv}}$

扭力筋間距：橫向扭力鋼筋之間距必需符合下列規定：

$$S \leq \frac{p_h}{8} \leq 30 \text{ cm} \tag{4.13.35}$$

縱向扭力筋需分佈於閉合箍筋四周，$S \leq 30$ ㎝

縱向扭力筋之直徑 $d_b \geq \dfrac{S}{24} \geq D_{10}$ (#3筋)，S 為箍筋間距

對超靜定結構，因開裂後其內力會產生再分配，致使構材之扭矩減少時，其最大設計扭矩 T_u 可減為 T_{cr} 即：

$$T_u = \phi[1.06\sqrt{f_c^{'}}(\frac{A_{cp}^2}{p_{cp}})] \tag{4.13.36}$$

若同時承受軸拉力或軸壓力時

$$T_u = \phi[1.06\sqrt{f_c^{'}}(\frac{A_{cp}^2}{p_{cp}})\sqrt{1 + \frac{N_u}{1.06A_g\sqrt{f_c^{'}}}}] \tag{4.13.37}$$

扭力臨界斷面與剪力相同，為距支承面 d 處。

六、扭力筋設計步驟；

　　1、檢核是否需要考慮扭力設計

　　　　如果 $T_u \leq \phi \cdot 0.265\sqrt{f_c^{'}}(\dfrac{A_{cp}^2}{p_{cp}})$ 則不必考慮 T_u 作用，

　　　　即令 $T_u = 0$

　　　　如果為超靜定結構考慮開裂後的內力重分配，則可使用

$$T_u = \phi[1.06\sqrt{f_c^{'}}(\frac{A_{cp}^2}{p_{cp}})]$$

　　　　式中　$\phi = 0.75$

　　2、檢核斷面尺寸是否足夠

　　　　(1)實心斷面：

$$\sqrt{(\frac{V_u}{b_w d})^2 + (\frac{T_u p_h}{1.7A_{oh}^2})^2} \leq \phi(\frac{V_c}{b_w d} + 2.12\sqrt{f_c'})$$

(2)空心斷面：

$$(\frac{V_u}{b_w d}) + (\frac{T_u p_h}{1.7A_{oh}^2}) \leq \phi(\frac{V_c}{b_w d} + 2.12\sqrt{f_c'})$$

若壁厚小於 A_{vh}/p_h 時，上列式中之 $T_u p_h/(1.7A_{oh}^2)$ 應改爲 $T_u/(1.7A_{oh} \cdot t)$。

3、設計橫向扭力筋

$$T_n = \frac{2A_o A_t f_{yv}}{S}\cot\theta \;;\; 取 \theta = 45^o，A_o = 0.85A_{oh}，則$$

$$T_n = \frac{2A_o A_t f_{yv}}{S} \quad 或$$

$$T_n = \frac{1.7A_{oh} A_t f_{yv}}{S}$$

橫向扭力箍筋：

$$\frac{A_t}{S} = \frac{T_u/\phi}{2A_o f_{yv}} \quad 或$$

$$\frac{A_t}{S} = \frac{T_u/\phi}{1.7A_{oh} f_{yv}} \quad (A_t 爲單根箍筋斷面積)$$

一般橫向扭力筋都併入剪力箍筋一齊設計，剪力箍筋公式如下

$$\frac{A_v}{S} = \frac{V_s}{f_{yv}d} \quad (A_v 爲每一剪斷面鋼筋斷面積，一般在使用 U 型剪力$$

筋下，爲 2 根箍筋斷面積)

單肢箍筋斷面積(含剪力及扭力一齊作用)可由下式計算：

$$\frac{A_t}{S} + \frac{A_v}{2S} = \frac{T_u/\phi}{1.7A_{oh} f_{yv}} + \frac{V_s}{2f_{yv}d}$$

4、設計縱向扭力筋

縱向扭力鋼筋：

$$A_l = (\frac{A_t}{S})p_h(\frac{f_{yv}}{f_{yl}})$$

上列公式中(A_t/S)之值，必需使用由橫向扭力箍筋公式計算所得之

值。

5、檢核最小扭力筋量

$$(A_v + 2A_t) \geq 0.2\sqrt{f_c'}\frac{b_w \cdot S}{f_{yv}} \geq 3.5\frac{b_w \cdot S}{f_{yv}}$$

$$A_{l,min} = \frac{1.33\sqrt{f_c'}A_{cp}}{f_{yl}} - (\frac{A_t}{S})p_h(\frac{f_{yv}}{f_{yl}})$$

式中 $\frac{A_t}{S} \geq 1.75\frac{b_w}{f_{yv}}$

6、檢核扭力筋間距

橫向扭力鋼筋:

$$S \leq \frac{p_h}{8} \leq 30 \text{ cm}$$

縱向扭力筋:

$$S \leq 30 \text{ cm}$$

$$d_b \geq \frac{S}{24} \geq D_{10}(\#3筋)，S 為箍筋間距$$

例 4-13-1

有一梁斷面經過撓曲及剪力設計後其配筋如下圖所示，試計算(1)該斷面之開裂扭矩 $\phi T_{cr} = ?$ (2)不需考慮扭力筋設計時最大能承受之 $T_u = ?$ 材料之 $f_c' = 210 \text{ kgf}/cm^2$、$f_{yv} = f_{yl} = 2800 \text{ kgf}/cm^2$、$f_y = 4200 \text{ kgf}/cm^2$。

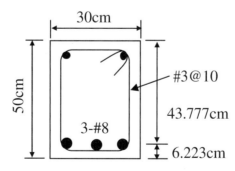

圖 4-13-5　例 4-13-1 矩形斷面

<解>

(1) $T_{cr} = 1.06\sqrt{f_c'}[\frac{A_{cp}^2}{p_{cp}}]$

$$p_{cp} = 2(30 + 50) = 160 \text{ cm}$$

$$A_{cp} = 30 \times 50 = 1500 \text{ cm}^2$$

$$T_{cr} = 1.06\sqrt{f_c^{'}}\,[\frac{A_{cp}^2}{p_{cp}}] = 1.06\sqrt{210}\,\frac{1500^2}{160} = 216012 \text{ kgf} - \text{cm}$$

$$= 2.16 \text{ t} - \text{m}$$

$$\phi T_{cr} = 0.75 \times 2.16 = 1.62 \text{ t} - \text{m}$$

(2)不需考慮扭力筋設計時，最大能承受之 T_u

$$T_u \leq \phi \cdot 0.265\sqrt{f_c^{'}}\,(\frac{A_{cp}^2}{p_{cp}})$$

$$= 0.75 \times 0.265\sqrt{210}\,(\frac{1500^2}{160}) = 40502 \text{ kgf} - \text{cm} = 0.405 \text{ t} - \text{m}$$

例 4-13-2

如例 4-13-1 之梁斷面，如果其所受之設計剪力、彎矩、及扭力各為 $V_u = 16.0$ t，$M_u = 18.0$ t-m 及 $T_u = 2.0$ t-m。試檢核該斷面大小是否符合規範之規定？

<解>

本斷面為實心斷面，根據規範規定

$$\sqrt{(\frac{V_u}{b_w d})^2 + (\frac{T_u p_h}{1.7 A_{oh}^2})^2} \leq \phi(\frac{V_c}{b_w d} + 2.12\sqrt{f_c^{'}})$$

$$V_c = 0.53\sqrt{f_c^{'}}\,b_w d$$

$$\phi(\frac{V_c}{b_w d} + 2.12\sqrt{f_c^{'}}) = 0.75(0.53\sqrt{210} + 2.12\sqrt{210}) = 28.802 \text{ kgf}/\text{cm}^2$$

$$x_o = 30 - 2 \times 4 - 0.953 = 21.047$$

$$y_o = 50 - 2 \times 4 - 0.953 = 41.047$$

$$p_h = 2(x_o + y_o) = 2[21.047 + 41.047] = 124.188 \text{ cm}$$

$$A_{oh} = x_o \cdot y_o = 21.047 \times 41.047 = 863.916 \text{ cm}^2$$

$$\sqrt{(\frac{V_u}{b_w d})^2 + \frac{T_u p_h}{1.7 A_{oh}^2})^2} = \sqrt{(\frac{16000}{30 \times 43.777})^2 + (\frac{200000 \times 124.188}{1.7 \times 863.916^2})^2}$$

$$= 23.06 \text{ kgf}/\text{cm}^2 < 28.802 \text{ kgf}/\text{cm}^2 \quad \text{OK\#}$$

所以斷面大小是可以的。

例 4-13-3

如例 4-13-2 之梁斷面，試設計其橫向及縱向扭力筋？

<解>

$$p_h = 2(x_o + y_o) = 124.188 \text{ cm}$$

$$A_{oh} = x_o \cdot y_o = 21.047 \times 41.047 = 863.916 \text{ cm}^2$$

橫向扭力鋼筋：

$$\text{req} \frac{A_t}{S} = \frac{T_u/\phi}{1.7 A_{oh} f_{yv}} = \frac{200000/0.75}{1.7 \times 863.916 \times 2800} = 0.0648 \text{ cm}^2/\text{cm}/\text{支}$$

將橫向扭力筋及剪力筋合併設計，

$$V_s = V_u/\phi - V_c = 16000/0.75 - 0.53\sqrt{210} \times 30 \times 43.777 = 11247 \text{ kgf}$$

$$\text{req} \frac{A_v}{S} = \frac{V_s}{f_{yv}d} = \frac{11247}{2800 \times 43.777} = 0.0918 \text{ cm}^2/\text{cm}/2 \text{ 支}$$

扭力筋及剪力筋合併

$$\frac{A_t}{S} + \frac{A_v}{2S} = \frac{1}{S}(A_t + \frac{A_v}{2}) = 0.0648 + 0.0918/2 = 0.1107$$

如果使用#4 橫向筋則 $A_t + \dfrac{A_v}{2} = 1.267$

$$\text{req } S = \frac{1.267}{0.1107} = 11.45$$

使用#4@10 之橫向箍筋

縱向扭力鋼筋：

$$A_l = (\frac{A_t}{S})p_h(\frac{f_{yv}}{f_{yl}}) = (0.0648) \times 124.188 \times (\frac{2800}{2800})$$

$$= 8.05 \text{ cm}^2$$

使用 4-#6 縱向扭力鋼筋 $A_l = 4 \times 2.865 = 11.46 \text{ cm}^2 > 8.05 \text{ cm}^2$　OK#

檢核最小扭力筋量：

$$(A_v + 2A_t) \geq 0.2\sqrt{f_c'}\frac{b_w \cdot S}{f_{yv}} \geq 3.5\frac{b_w \cdot S}{f_{yv}}$$

$$0.2\sqrt{f_c'}\frac{b_w \cdot S}{f_{yv}} = 0.2\sqrt{210}\frac{30 \times 10}{2800} = 0.311$$

$$3.5\frac{b_w \cdot S}{f_{yv}} = 3.5\frac{30 \times 10}{2800} = 0.375 \; \leftarrow \text{ 控制}$$

$$(A_v + 2A_t) = 2 \times 1.267 = 2.534 > 0.375 \quad \text{OK}\#$$

$$1.75 \frac{b_w}{f_{yv}} = 1.75 \frac{30}{2800} = 0.0188$$

$$\frac{A_t}{S} = 0.0648 > 0.0188$$

$$A_{cp} = 30 \times 50 = 1500 \ cm^2$$

$$A_{l,min} = \frac{1.33\sqrt{f_c^{'}} A_{cp}}{f_{yl}} - (\frac{A_t}{S}) p_h (\frac{f_{yv}}{f_{yl}})$$

$$= \frac{1.33\sqrt{210} \times 1500}{2800} - (0.0648) \times 124.188 \times (\frac{2800}{2800}) = 2.28 \ cm^2$$

使用 $A_l = 11.46$ (4-#6) > 2.28　　OK#

橫箍筋　$S = 10 \le \dfrac{p_h}{8} = \dfrac{124.188}{8} = 15.5 \le 30 \ cm$　　OK#

縱向扭力筋 $d_b = 1.91 > \dfrac{S}{24} = 0.417$

$\qquad\qquad\qquad > D_{10}$(#3筋)　　OK#

例 4-13-4

有一鋼筋混凝土版梁系統之邊梁斷面如下圖所示,其設計作用力如下:
$- M_u = 42$ t-m,$V_u = 35$ t,$T_u = 3$ t-m。試設計該斷面之扭力筋。材料之 $f_c^{'} = 280$ kgf / cm^2、$f_{yv} = f_{yl} = 2800$　kgf / cm^2、$f_y = 4200$ kgf / cm^2。

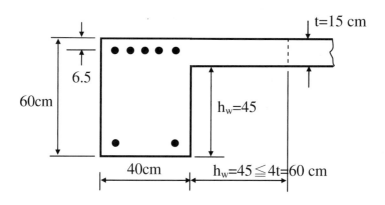

圖 4-13-6　例 4-13-4 單翼 T 形斷面

＜解＞

　1、檢核是否需要考慮扭力設計
　　　　$p_{cp} = 2(40 + 60) + 60 + 45 = 290 \ cm$

$$A_{cp} = 40 \times 60 + 45 \times 15 = 3075 \text{ cm}^2$$

$$T_u = \phi \cdot 0.265 \sqrt{f_c'} \left(\frac{A_{cp}^2}{p_{cp}} \right) = 0.75 \times 0.265 \sqrt{280} \times \left(\frac{3075^2}{290} \right)$$

$$= 108437 \text{ kgf} - \text{cm} = 1.084 \text{ t} - \text{m}$$

設計 $T_u = 3$ t-m > 1.084

所以需考慮扭力筋之設計。

2、檢核斷面尺寸是否足夠

假設使用#4 箍筋，斷面外緣到箍筋中心距離=4+1.27/2=4.635

為了計算方便，可以保守的忽略突出之翼版部份，則：

$$p_h = \sum 2(x_o + y_o) = 2[(40 - 2 \times 4.635) + (60 - 2 \times 4.635)] = 162.92 \text{ cm}$$

$$A_{oh} = \sum x_o \times y_o = 30.73 \times 50.73 = 1558.933 \text{ cm}^2$$

$$\phi \left(\frac{V_c}{b_w d} + 2.12 \sqrt{f_c'} \right) = 0.75 \left(0.53 \sqrt{f_c'} + 2.12 \sqrt{f_c'} \right) = 0.75 \times 2.65 \sqrt{f_c'}$$

$$= 0.75 \times 2.65 \sqrt{280} = 33.257 \text{ kgf}/\text{cm}^2$$

$$\sqrt{\left(\frac{V_u}{b_w d} \right)^2 + \left(\frac{T_u p_h}{1.7 A_{oh}^2} \right)^2} = \sqrt{\left(\frac{35000}{40 \times 53.5} \right)^2 + \left(\frac{300000 \times 162.92}{1.7 \times 1558.933^2} \right)^2}$$

$$= 20.185 < 33.254 \quad \text{OK\#}$$

所以斷面尺寸足夠。

3、設計橫向扭力筋

將橫向扭力筋及剪力筋合併設計，

$$V_s = V_u / \phi - V_c = 35000 / 0.75 - 0.53 \sqrt{280} \times 40 \times 53.5 = 27688 \text{ kgf}$$

$$< 2.12 \sqrt{f_c'} b_w d = 2.12 \sqrt{280} \times 40 \times 53.5 = 75915 \text{ kgf} \quad \text{OK\#}$$

$$\text{req} \frac{A_v}{S} = \frac{V_s}{f_{yv} d} = \frac{27688}{2800 \times 53.5} = 0.185 / 2 \text{ 支}$$

$$\text{req} \frac{A_t}{S} = \frac{T_u / \phi}{1.7 A_{oh} f_{yv}} = \frac{300000 / 0.75}{1.7 \times 1558.933 \times 2800} = 0.0539 \text{ cm}^2 / \text{cm} / \text{支}$$

扭力筋及剪力筋合併

$$\frac{A_t}{S} + \frac{A_v}{2S} = \frac{1}{S} \left(A_t + \frac{A_v}{2} \right) = 0.0539 + 0.0925 = 0.1464$$

如果使用#4 橫向筋則 $A_t + \dfrac{A_v}{2} = 1.267$

$$\text{req } S = \frac{1.267}{0.1464} = 8.65$$

使用#4@8.5 之橫向箍筋

4、設計縱向扭力筋

縱向扭力鋼筋：

$$A_l = (\frac{A_t}{S})p_h(\frac{f_{yv}}{f_{yl}}) = 0.0539 \times 162.92 \times 1 = 8.78$$

使用 4-#6 縱向扭力鋼筋 $A_l = 4 \times 2.865 = 11.46 \text{ cm}^2 > 8.78 \text{ cm}^2$ OK#

5、檢核最小扭力筋量

$$(A_v + 2A_t) \geq 0.2\sqrt{f_c'}\frac{b_w \cdot S}{f_{yv}} \geq 3.5\frac{b_w \cdot S}{f_{yv}}$$

$$0.2\sqrt{f_c'}\frac{b_w \cdot S}{f_{yv}} = 0.2\sqrt{280}\frac{40 \times 8.5}{2800} = 0.406$$

$$3.5\frac{b_w \cdot S}{f_{yv}} = 3.5\frac{40 \times 8.5}{2800} = 0.425 \quad \leftarrow 控制$$

$$(A_v + 2A_t) = 2 \times 1.267 = 2.534 > 0.425 \quad OK\#$$

$$1.75\frac{b_w}{f_{yv}} = 1.75\frac{40}{2800} = 0.025$$

$$\frac{A_t}{S} = 0.0539 > 0.025 \quad OK\#$$

$$A_{l,min} = \frac{1.33\sqrt{f_c'}A_{cp}}{f_{yl}} - (\frac{A_t}{S})p_h(\frac{f_{yv}}{f_{yl}})$$

$$= \frac{1.33\sqrt{280} \times 3075}{2800} - (0.0539) \times 162.9 \times (\frac{2800}{2800}) = 15.661 \text{ cm}^2$$

4-#6 縱向扭力鋼筋 A_l=11.46＜15.661

改用 6-#6 縱向扭力鋼筋 A_l=6×2.865=17.19 ＞ 15.661 OK#

縱向扭力筋基本上，部份可併入縱向主筋設計，本斷面需要之張力筋為：

$$R_n = \frac{M_n}{bd^2} = \frac{4200000/0.9}{40 \times 53.5^2} = 40.76$$

$$m = \frac{f_y}{0.85f'_c} = \frac{4200}{0.85 \times 280} = 17.647$$

$$\rho = \frac{1}{m}[1 - \sqrt{1 - \frac{2mR_n}{f_y}}] = \frac{1}{17.647}[1 - \sqrt{1 - \frac{2 \times 17.647 \times 40.76}{4200}}]$$

$$= 0.0107$$

$$< \quad \rho_{max} = \frac{3}{7}\beta_1 \frac{0.85f'_c}{f_y} = \frac{3}{7}0.85\frac{0.85 \times 280}{4200} = 0.02064 \quad \text{OK}$$

$A_s = 0.0107 \times 40 \times 53.5 = 22.898 \ cm^2$

扭力筋分三層，每層需鋼筋量為 15.661/3=5.220

所以最後 $A_s = 22.898 + 5.220 = 28.118 \ cm^2$

使用 6-#8 $A_s = 6 \times 5.067 = 30.402 > 28.118$ OK#

6、檢核扭力筋間距

　　橫向扭力鋼筋：

橫箍筋 $S = 8.5 \le \frac{p_h}{8} = \frac{162.92}{8} = 20.37 \le 30 \ cm$ OK#

縱向扭力筋 $d_b = 2.22 > \frac{S}{24} = 0.354$

$> D_{10}(\text{#3筋})$ OK#

　　最後配筋圖如下：

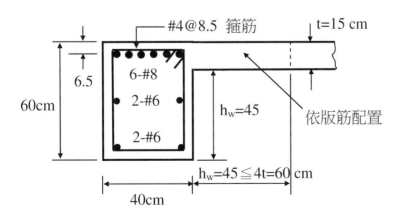

參考文獻

4.1 ACI-ASCE Committee 426, "The Shear Strength of Reinforced Concrete Members, " Chapters 1 to 4, Journal of the Structural Division, ASCE, 99, ST6, June 1973, 1091-1187.

4.2 ACI-ASCE Committee 326, "Shear and Diagonal Tension, " ACI Journal Proceedings, V.59, No.1, Jan 1962, pp.1-30.

4.3 ACI-ASCE Committee 326, "Shear and Diagonal Tension, " ACI Journal Proceedings, V.59, No.2, Feb 1962, pp.277-324.

4.4 ACI-ASCE Committee 326, "Shear and Diagonal Tension, " ACI Journal Proceedings, V.59, No.3, Mar 1962, pp.352-396.

4.5 JoDean Morrow and I. M. Viect, "Shear Strength of Reinforced, Concrete Frame Member without Web. Reinforcement," ACI Journal, Proceedings, 53, March 1957.

4.6 C.K. Wang & C. G. Salmon, "Reinforced Concrete Design, " 5th ed. , Harper Collins Publishers Inc, 1992.

4.7 中國土木水利工程學會，混凝土工程設計規範與解說，土木 401-93，混凝土工程委員會，科技圖書股份有限公司，民國 93 年 12 月。

4.8 ACI Committee 318, "Buildings Code Requirements for Structural Concrete (ACI 381-02), " American Concrete Institute, 2002

4.9 ACI-ASCE Committee 426, "Shear Strength of Reinforced Concrete Members," Chapters 1 to 4, Proceeding, ASCE, V.99, No.ST6, June 1973, pp.1148-1157.

4.10 Kani, G. N. J., "Basic Facts Concerning Shear Failure," ACI Journal, Proceeding V.63, No.6, June 1966, pp.675-692.

4.11 Kani, G. N. J., "How Safe Are Our Large Reinforced Concrete Beams," ACI Journal, Proceedings V.64, No.3, Mar 1967, pp.128-141.

4.12 ACI-ASCE Committee 426, "Suggested Revision to Shear Provisions for Building Codes, "ACI Journal, Proceedings, 24, Sept 1977.

4.13 Hanson, J. A., "Tensile Strength and Diagonal Tension Resistance of Structural Lightweight Concrete," ACI Journal, Proceedings V.58, No.1, July 1961, pp.1-40.

4.14 Ivey, D. L. & Buth, E., "Shear Capacity of Lightweight Concrete Beams," ACI Journal, Proceedings V.64, No.10, Oct 1967, pp.634-643.

4.15 Mphonde, A. G. & Frantz, G. C., "Shear Tests of High- and Low- Strength Concrete Beams without Stirrups," ACI Journal, Proceedings V.81, No.4, July-Aug 1984, pp.350-357.

4.16 Elzanaty, A. H., Nilson, A. H. & Slate, F. O., "Shear Capacity of Reinforced Concrete Beams-Using High Strength Concrete," ACI Journal, Proceedings V.83, No.2, Mar-Apr 1986, pp.290-296.

4.17 Jorg Schlaich, Kurt Schafer & Mattias Jennewein, "Toward a Consistent Design of Structures Concrete," PCI Journal, 32, May-June 1987, pp.74-150.

4.18 MacGregor, J. G. & Hason, J. M., "Proposed Changes in Shear Provisions for Reinforced and Prestressed Concrete Beams," ACI Journal, Proceedings V.66, No.4, Apr 1969, pp.276-288.

4.19 D. M. Rogowsky and J. G. MacGregor, "Design of Reinforced Concrete Deep Beams," Concrete International, 8, Aug 1986, pp.47-58.

4.20 Michael Schlaich & Georg Anagnostou, "Stress Fields for Nodes of Strut-and-Tie Models," Journal of Structural Engineer, ASCE, 116, Jan 1990, pp.13-23.

4.21 William D. Cook and Denis Mitchell, "Studies of Disturbed Regions near Discontinuities in Reinforced Concrete Members," ACI Structural Journal, 85, Mar-April 1988, pp.206-216.

4.22 J. A. Hofbeck, I. O. Ibrahim and A. H. Mattock, "Shear Transfer in Reinforced Concrete," ACI Journal, Proceedings, 66, Feb 1969, pp.119-128.

4.23 A.H.Mattock and N.M.Hawkins, " Shear Transfer in Reinforced Concrete--Recent Research," J.PCI, Vol.17, No.2, 1972, pp,55-75.

4.24 Thomas T. C. Hsu, S. T. Mau and Bin Chen, "Theory of Shear Transfer Strength of Reinforced Concrete," ACI Structural Journal, Proceedings, 84, March-April 1987, pp.149-160.

4.25 PCI, PCI Design Handbook-Precast and Prestressed Concrete, Chicago, Prestressed Concrete Institute, 1995.

4.26 J. G. MacGregor and N. M. Hawkins, "Suggested Revisions to ACI Building Code Clauses Dealing with Shear Friction and Shear in Deep Beams and Corbels," ACI Journal, Proceedings, 74, Nov 1977, pp.537-545. Disc., 75, May 1978, pp.221-224.

4.27 Alan H. Mattock, "Design Proposals for Reinforced Concrete Corbels," PCI Journal, 21, May-June 1976, pp.18-42. Disc., 22, March-April 1977, pp.90-109.

4.28 A. Fattah Shaikh, "Proposed Divisions to Shear-Friction Provision," PCI Journal, 23, March-April 1976, pp.12-21.

4.29 Himat Solanki and Gajanan M. Sabins, "Reinforced Concrete Corbels-Simplified," ACI Structural Journal, 84, Sept-Oct 1987, pp.428-432.

4.30 Alan H. Mattock, W. K. Li & T. C. Wang, "Shear Transfer in Lightweight Reinforced Concrete," PCI Journal, 21, Jan-Feb 1976.

4.31 L. B. Kriz and C.H. Raths, "Connections in Precast Concrete Structures-Strength of Corbels," PCI Journal, 10, Feb 1965, pp.16-47.

4.32 S.P. Timoshenko and J.N. Goodier, Theory of Elasticity, 2nd Ed., McGraw-Hill, New York, 1951

4.33 Ugor Ersoy & P.M. Ferguson, "Concrete Beams Subjected to Combined Torsion and Shear-Experimental Trends," Torsion of Structural Concrete, ACI Publication SP-18, American Concrete Institute, 1968, pp.441-460

4.34 Thomas T.C. Hsu, "Torsion of Structural Concrete-Plain Concrete Rectangular Sections," Torsion of Structural Concrete, ACI Publication SP-18, American Concrete Institute, 1968, pp.203-238

4.35 J.G. MacGregor & M.G. Ghoneim, "Design for Torsion," ACI Structural Journal, 92, March-April 1995, pp.211-218

4.36 CSA, Design of Concrete Structures for Buildings (CAN3-A23.3-M84), Canadian Standards Association, 1984, pp.281

4.37 Paul Lampert & Bruno Thurlimann, "Ultimate Strength and Design of Reinforced Concrete Beams in Torsion and Bending," Publications International Association for Bridge and Structural Engineering, 31-1, 1971, pp.107-131

4.38 Paul Lampert and M.P. Collins, "Torsion, Bending and Confusion—An Attempt to Establish the Facts," ACI Journal, Proceedings, 69, August 1972, pp.500-504

4.39 P. Muller, "Failure Mechanisms for Reinforced Concrete Beams in Torsion and Bending," Publications, International Association for Bridge and Structural Engineering, 36-II, 1976, pp.146-163

4.40 M.P. Collins & Denis Mitchell, "Shear and Torsion Design of Prestressed and Non-Prestressed Concrete Beams," PCI Journal, 25, Sept./Oct. 1980, pp.32-100, Disc., 26, Nov./Dec. 1981, pp.96-118

習題

4-1 試敘述剪力筋的功用；並說明我國建築技術規則對於剪力筋最大間距之規定。

4-2 在鋼筋混凝土梁中，剪力強度的來源為何？

4-3 試說明深梁之剪力破壞行為？

4-4 試說明普通梁之剪力破壞行為？

4-5 試說明軸力對鋼筋混凝土構件剪力強度之影響？

4-6 對於深梁（Deep Beam）剪力筋之設計，一般必需採用剪力摩擦理論，其理由為何？並說明是用剪力摩擦理論之場合情況。

4-7 何謂剪力跨(Shear Span)？依剪力跨a與梁有效深度d之比值a/d大小，一般梁之破壞模式可分為那幾種？試敘述之。

4-8 對於托架剪力筋的設計，一般必需採用剪力摩擦理論，其理由為何？

4-9 試說明形成剪力摩擦之理想機構為何？一般適用剪力摩擦的構件有哪些？

4-10 有一梁斷面如下圖所示，該斷面在設計載重作用下，其受力為 V_u=30.0 t、M_u=30 t-m，(a)試以詳細公式計算其混凝土之剪力強度 V_c=？(b)計算其剪力筋之剪力強度 V_s=？f_c'=280 kgf/cm^2，f_y=4200 kgf/cm^2。

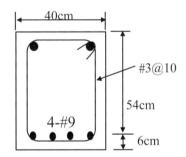

4-11 有一鋼筋混凝土梁斷面如下圖所示，在設計載重下受力為 V_u=25 t、M_u=20 t-m，試檢核該斷面之剪力強度是否足夠？f_c'=210 kgf/cm^2，f_y=2800 kgf/cm^2。

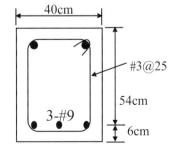

4-12 在一跨度為 6 公尺之矩形簡支梁其斷面如下圖所示，若其上所承載之均佈靜載重為 W_D=1.5 t/m，試求該梁可承載之最大均佈活載重為何？f'_c=280 kgf/cm²，f_y=4200 kgf/cm²。

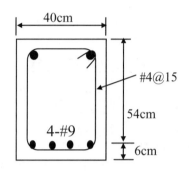

4-13 如下圖之梁斷面，試求其剪力筋之間距 S = ？當(a)V_u = 5.0 t，(b)V_u = 30.0 t，(c)V_u = 60.0 t 時，f'_c=210 kgf/cm²，f_y=4200 kgf/cm²。

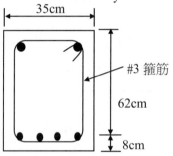

4-14 有一跨度為 10 公尺之簡支梁斷面如下圖所示，承受均佈載重，剪力筋使用#4U 型箍筋，全梁等間距排列，若欲使此梁為撓曲破壞控制，試求剪力筋所能採用之最大間距為何？f'_c=210 kgf/cm²，f_y=4200 kgf/cm²。

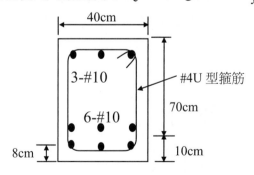

4-15 試求下圖 RC 梁支承 B 左側之剪力筋，已知 f_c' =280 kgf/cm^2， f_y =2800 kgf/cm^2。

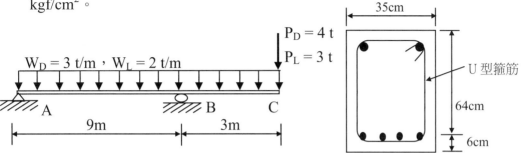

4-16 有一簡支梁如下圖所示，試設計在跨度中央所需之剪力筋。 f_c' =280 kgf/cm^2， f_y =2800 kgf/cm^2。

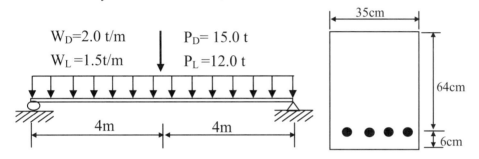

4-17 有一跨度為 5 公尺之簡支梁如下圖所示，假設其剪力臨界斷面 A 為距離支承中心 40 cm，試設計 AB 間所需之剪力筋， f_c' =210 kgf/cm^2， f_y =2800 kgf/cm^2。

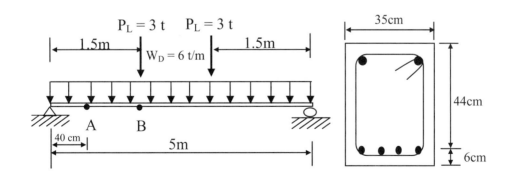

4-18 一鋼筋混凝土簡支梁，支承中心至支承中心跨度 L = 9公尺，支承面寬度 B = 50 cm，在工作載重作用下，該梁承受之均佈靜載重 $w_D = 6$ t/m(含梁之自重)及均佈活載重 $w_L = 3$ t/m。已知：$b_w = 35$ cm、d = 50 cm、h = 60 cm。$f'_c = 280$ kgf/cm^2、$f_y = 2800$ kgf/cm^2。使用#4U 型箍筋。試求：(1) 在臨界斷面處剪力筋之間距 S。 (2) 設計全梁之剪力筋。

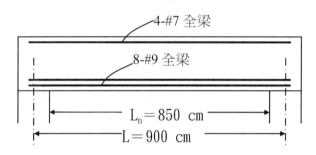

4-19 如習題 4-10 之斷面，如果同時承受(a)軸壓力 10 t(b)軸張力 10.0 t 時，其混凝土之剪力強度 V_c = ？

4-20 如習題 4-19 之斷面，試設計其所需之剪力鋼筋，使用#3U 型箍筋。

4-21 一鋼筋混凝土簡支梁，如圖所示，支承中心至支承中心跨度 L = 4.4 公尺，支承面寬度 B = 40 cm，該梁承受之均佈靜載重 $w_D = 20$ t/m(含梁之自重)及均佈活載重 $w_L = 10$ t/m。全梁使用4-#9張力筋，試求在臨界斷面處垂直剪力筋間距 S 及水平剪力筋間距 S_2。$f'_c = 350$ kgf/cm^2，$f_y = 3500$ kgf/cm^2，垂直U型箍筋及水平筋皆使用 #4 鋼筋。

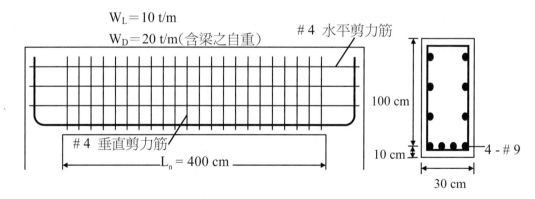

4-22 有一淨跨度爲 3 公尺之簡支梁如下圖所示，如果其自重可忽略不計，試設計其所需之剪力筋，f_c'=350 kgf/cm²，f_y=4200 kgf/cm²。

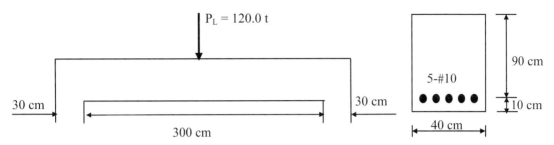

P_L = 120.0 t

30 cm · 300 cm · 30 cm

90 cm
5-#10
● ● ● ● ●
10 cm
40 cm

4-23 有一三跨連續梁之內跨，其淨跨度爲4公尺，梁尺寸爲60×250 cm(有效梁深d =235 cm)，在設計載重作用下，該梁在支承面處之受力爲M_u = 350 t-m、V_u = 300 t，張力筋使用10-#8雙層配筋，f_c'=210 kgf/cm²，f_y=4200 kgf/cm²。試設計其剪力筋。

4-24 某一鋼筋混凝土托架，如圖所示，該托架承受之集中靜載重 P_D =10 t及集中活載重 P_L =15 t；集中載重中心至柱表面間距爲40 cm，該柱爲50×50 cm之方形柱；由於潛變之影響，以致造成 N_c = 3.5 t的水平力。f_c' = 350 kgf/cm²、f_y = 3500 kgf/cm²，使用 #7 主筋及 #3 U 型箍筋。試設計此托架。

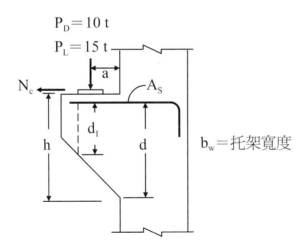

P_D = 10 t
P_L = 15 t
a
A_S
N_c
d_1
h · d · b_w=托架寬度

4-25 有一鋼筋混凝土托架，承載之靜載重 P_D= 15 t，活載重 P_L =25 t ，集中載重中心至柱表面間距爲 30 cm，該柱爲一 40×40 cm 之方形柱，試設計此托架。f_c'=210 kgf/cm²，f_y =4200 kgf/cm²，使用#7 主筋及#3U 型箍筋。

4-26 試計算下列斷面之極轉動慣性矩 J= ？

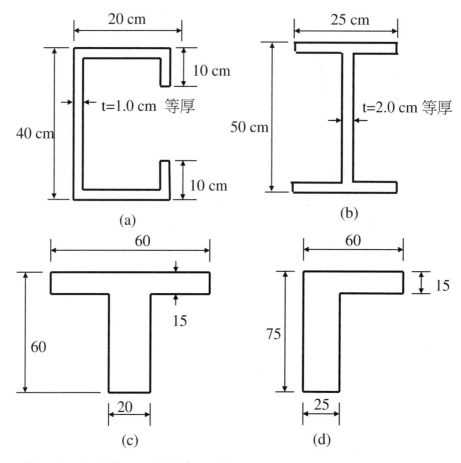

(a)

(b)

(c)

(d)

4-27 梁斷面如下圖所示,試計算(1)該斷面之開裂扭矩 ϕT_{cr} = ? (2)不需考慮扭力筋設計時最大能承受之 T_u = ? 材料之 f_c' = 210 kgf / cm^2。

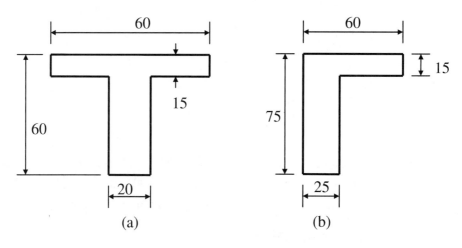

(a)

(b)

4-28 梁斷面如下圖所示，試計算(1)該斷面之開裂扭矩 $\phi T_{cr} = ?$ (2)不需考慮扭力筋設計時最大能承受之 $T_u = ?$ 材料之 $f_c' = 210$ kgf / cm^2。

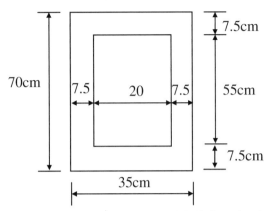

4-29 梁斷面如下圖所示，該斷面承受之設計剪力及扭力各為 $V_u = 15.0$ t，$T_u = 1.5$ t-m。試設計該斷面所需之扭力鋼筋？$f_c' = 280$ kgf/cm^2，$f_y = 4200$ kgf/cm^2，使#3U 型箍筋。

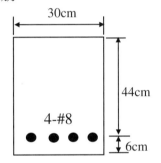

4-30 梁斷面如下圖所示，該斷面承受之設計剪力及扭力各為 $V_u = 40.0$ t，$T_u = 3.5$ t-m。試設計該斷面所需之扭力鋼筋？$f_c' = 210$ kgf/cm^2，$f_y = 4200$ kgf/cm^2，使#4U 型箍筋。

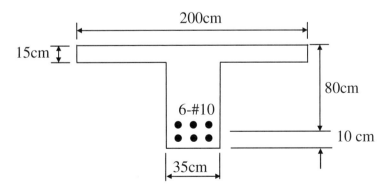

4-31 梁斷面如下圖所示，該斷面承受之設計剪力及扭力各為 V_u =140.0 t，
T_u =70 t-m。f_c' =280 kgf/cm^2，f_y =4200 kgf/cm^2。設外側兩根箍筋用以抵
抗扭矩，試求箍筋間距應為多少？混凝土淨保護層厚 4 公分。

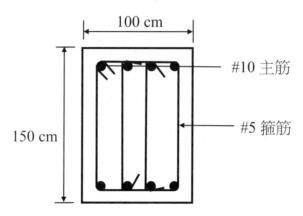

4-32 梁斷面如下圖(a)所示，該斷面承受之設計剪力及扭力各為 V_u =14.0 t，
T_u =5 t-m。f_c' =280 kgf/cm^2，f_y =4200 kgf/cm^2。其抵抗彎矩所需之拉力筋
A_s =14.0cm^2，壓力筋 A_s' =5.0cm^2。試設計扭力鋼筋。使用#3 箍筋。

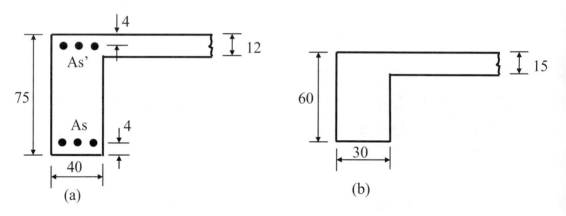

4-33 有一連續之邊梁，梁斷面如上圖(b)所示，在臨界斷面處所受之設計彎
矩、剪力及扭力各為 M_u =12.0 t-m，V_u =9.0 t，T_u =5.5 t-m。f_c' =280
kgf/cm^2，f_y =4200 kgf/cm^2。試設計該梁之縱向及橫向鋼筋量。

錨定、握裹及伸展長度 5

5-1 概述

在鋼筋混凝土設計中，一個最基本的要求，就是混凝土與鋼筋間不能有相對的滑動，也就是在鋼筋混凝土中必須有適當的機構，將鋼筋的力量傳遞到其周圍的混凝土上；這種傳遞的機構有可能是鋼筋表面的粘著力，亦有可能是變形鋼筋凸起的節所產生的壓力等。此種防止鋼筋與其周圍混凝土產生滑動的交互作用力，在傳統上稱為握裹(Bond)。鋼筋埋入混凝土的長度，在該長度內鋼筋的力量，將由尾端的零逐漸遞增到埋入點的全額強度，如果要求鋼筋要能達到其最大強度，則此全額強度即為其降伏強度，則該鋼筋之長度一般稱為伸展長度(Development Length)。

對光面鋼筋或是小號鋼筋而言，其破壞模式為滑動型，也就是沿著鋼筋表面產生相對滑動，其伸展長度一般與鋼筋之直徑成正比，此種破壞又稱為拉出破壞(Pullout Failure)。而對竹節鋼筋最常看到的破壞模式為劈裂破壞(Splitting)，此種破壞主要是因鋼筋的節將過大的承壓力加在混凝土上，而使鋼筋周圍的混凝土沿著保護層較薄的一側被往外壓出而造成沿鋼筋方向之裂縫的產生，此種類型破壞其伸展長度一般與鋼筋斷面積成正比。而且劈裂破壞的破壞行為主要與混凝土對張力的抵抗力有關，因此其防止方法為增加混凝土的保護層厚度、鋼筋間距及使用箍筋等[5.1]。

5-2 握裹應力與撓曲握裹應力

如圖 5-2-1，將鋼筋埋入混凝土內一段長度，使鋼筋之最大作用力可達其降伏強度，則其最大張力為 $f_y \dfrac{\pi d_b^2}{4}$。假如其破壞模式為拉出破壞，而且拉出係沿著鋼筋表面，如果在滑動破壞時其抵抗應力為 u_s，則在埋入長度 L_1 所產生之抵抗力為 $u_s \pi d_b L_1$

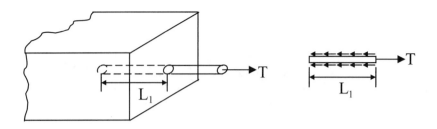

圖 5-2-1　握裹應力作用

$$T = f_y \cdot A_b = f_y \frac{\pi d_b^2}{4} = u_s \cdot \pi d_b \cdot L_1$$

$$\therefore L_1 = \frac{f_y}{4u_s} d_b \tag{5.2.1}$$

上式亦可解釋為，如果欲達到鋼筋的最大應力強度，鋼筋所需埋入混凝土之最小長度 L_1 與鋼筋直徑 d_b 成正比。

如果破壞的模式係因為鋼筋突起的節對周圍混凝土造成過大的壓應力，以致超過混凝的承壓強度 u_b，若以 A_{br} 表示混凝土單位長度之平均承壓面積，則

$$u_b \cdot A_{br} \cdot L_1 = f_y \frac{\pi d_b^2}{4}$$

$$\therefore L_1 = \frac{f_y \cdot \pi}{A_{br} u_b} \cdot \frac{d_b^2}{4} \tag{5.2.2}$$

由上列公式可知埋入長度 L_1 與鋼筋斷面積成正比。一般如果因為空間的限制無法提供足夠的伸展長度 L_1，則必須將鋼筋尾端作成標準彎鉤(Standard Hooks)，其目的主要是利用彎鉤的機械性作用來達到錨定(Anchor)的效果，以減小伸展長度所需空間。

一、撓曲握裹力

當梁內的彎矩沿著梁方向變化時，則梁內鋼筋所受的拉力也隨著改變，因此使得鋼筋表面產生抵抗的應力，此種應力即為一般所稱撓曲握裹力 (Flexural Bond Stress)，如圖 5-2-2 所示。若 D 點之彎矩為 M_D、D′ 點之彎矩為 M'_D，則其相對應之內力分別為：

$$T_D = \frac{M_D}{\text{力臂}} \qquad 及 \qquad T'_D = \frac{M'_D}{\text{力臂}}$$

因　$M_D \neq M'_D$

故　$T_D \neq T'_D$

由平衡方程式，可得：

$$u_s \pi d_b(dz) + u_b A_{br}(dz) = T'_D - T_D \qquad (5.2.3)$$

式中：

u_s：與混凝土正向接觸之鋼筋表面抵抗滑動之應力。

u_b：變形鋼筋的節與混凝土之承壓應力。

事實上，若要區分 u_s 與 u_b 兩者並不容易，一般係以兩者合併之應力 u 表示之。

若 U 為沿著鋼筋單位長度之握裹力，即：

$$U = u \cdot \sum_o$$

根據研究[5.2,5.3]，每一英吋長度之平均之極限握裹力大約為

$$[U_n = 35\sqrt{f'_c} \quad (lb/in)] \qquad (5.2.4)$$

則可將 5.2.3 式表示成：

$$U(dz) = T'_D - T_D \qquad (5.2.5)$$

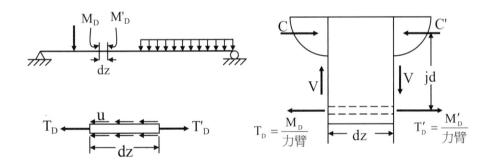

圖 5-2-2 撓曲握裹力作用

令　$M'_D = M_D + dM \Rightarrow dM = M'_D - M_D$

$T'_D = T_D + dT \Rightarrow dT = T'_D - T_D = U(dz)$

則　$T'_D = T_D + dT = T_D + U(dz)$

由上式可知：

$$U = \frac{dT}{dz} = \frac{dM}{(jd)(dz)} = \frac{1}{(jd)} \cdot \frac{dM}{(dz)} = \frac{V}{jd} \qquad (5.2.6)$$

所以，混凝土之撓曲握裹應力 u：

$$u = \frac{U}{\Sigma_o} = \frac{V}{\Sigma_o(jd)}$$ (5.2.7)

由此可知，撓曲握裹應力與剪力大小有關，若剪力愈大，則握裹應力愈高。一般需檢核撓曲握裹應力的位置有下列各處：

1、連續梁中負鋼筋之支承面處。
2、連續梁中正鋼筋之反曲點處。
3、鋼筋的切斷點位置。
4、簡支梁的支承面處。
5、懸臂梁的固定端處。

由上列公式得知，為降低撓曲握裹力及防止握裹之破壞，可採取下列之措施：

1、增加梁深 jd，以減少混凝土之撓曲握裹應力 u 值。
2、採用多根小號鋼筋，可增加總周長 Σ_o，以減少 u 值。

二、 握裹破壞之力學行為

早期使用在鋼筋混凝土中之鋼筋為一光滑之圓形鋼棒，其在混凝土中抵抗滑動的強度是靠混凝土與鋼筋表面間之粘著力，但當撓曲裂縫產生後，在靠近裂縫處之鋼筋會產生滑動而破壞鋼筋與混凝土間之粘著力，而此時剩下的就只有兩者間相對滑動時產生的摩擦力。後來變形鋼筋(Deformed Bar)開始普遍使用在鋼筋混凝土以後，其破壞機制就有所不同，由原來主要靠粘著力與摩擦力改變為主要靠混凝土之承壓強度(對鋼筋之突緣)。以目前所使用之竹節鋼筋來說，影響握裹強度的因素主要有：

1、化學粘著力。
2、摩擦力。
3、鋼筋表面的突出。

握裹抵抗力之大小直接受鋼筋應力大小影響，當鋼筋應力大時，則握裹抵抗力亦跟著大；當鋼筋應力小時，主要之握裹強度大部份由化學粘著力所提供，當鋼筋開始滑動之後，粘著力隨即消失；此時，握裹強度主要由摩擦力與混凝土作用於鋼筋表面的突出之支承力共同提供[5.1]。

因此，混凝土與鋼筋之間握裹強度主要是由摩擦力及鋼筋表面的突出所控制，而其中鋼筋表面的突出作用最為重要。鋼筋表面的突出與混凝土間之作用力，如圖 5-2-3 所示：

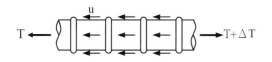
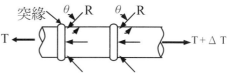

(a)摩擦力與粘著力所提供的　　　(b)混凝土作用於突緣所造成
　　握裏應力　　　　　　　　　　　的承壓力

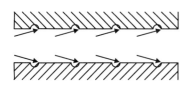
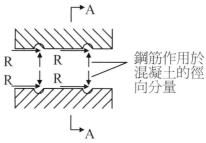

(c)鋼筋突緣作用在混凝土上之力　(d)作用在混凝土之分力

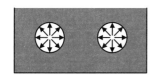

斷面 A-A

圖 5-2-3　鋼筋與混凝土間之握裏作用

　　對變形鋼筋而言，若理置長度不足時，則混凝土將產生劈裂破壞，此種劈裂破壞將造成環繞鋼筋之混凝土產生平行鋼筋方向之裂縫，這種裂縫將沿著鋼筋與最接近的混凝土表面間產生[5.3,5.4]，如圖 5-2-4 所示：

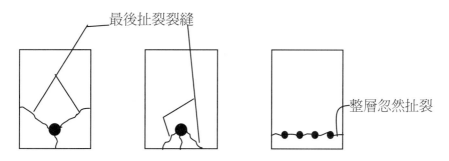

圖 5-2-4　鋼筋在混凝土內之劈裂破壞

當鋼筋保護層厚度足夠時，此時發生之破壞，乃是鋼筋的突出將周圍混凝土壓碎而造成鋼筋的拉出破壞(Pullout Failure)，並不是周圍混凝土的劈裂破壞。根據實驗結果[5.5]，當邊緣保護層大於 $2.5d_b$，且鋼筋淨間距大於 $5d_b$ 時，此種拉出破壞經常產生。由此可知，鋼筋保護層厚度及鋼筋的淨間距將會影響握裹強度。

根據實驗顯示[5.6,5.7]，當鋼筋埋入混凝土中，其混凝土深度大於 30 公分(12 英吋)以上時，其握裹強度明顯的較底層鋼筋為低，主要是由於頂部混凝土一般水份及空氣含量(由於浮水及氣泡上升)均較高，因此會降低其握裹強度。若伸展鋼筋的錨定長度上有橫向圍束鋼筋(腹筋、箍筋等)，則混凝土之劈裂破壞將會減少，而使握裹強度增高。

5-3 極限握裹強度與伸展長度

對握裹強度之研究最透徹者首推文獻[5.5]，係針對 254 個測試數據以統計學原理分析建議，下列公式又稱為 OJB 模式：

$$u_{OJB} = (0.32 + 0.8\frac{c}{d_b} + 13.25\frac{d_b}{L_d} + \frac{A_{tr}f_{yt}}{132Sd_bn})\sqrt{f'_c} \tag{5.3.1}$$

$$\frac{c}{d_b} \le 2.5$$

$$\frac{A_{tr}f_{yt}}{132Sd_bn} \le 0.8$$

其中 u_{OJB} 為計算之握裹強度 (kgf/cm^2)，c 為 C_c 或 C_s 之較小值(cm)，C_c 及 C_s 如圖 5-3-1 所示：

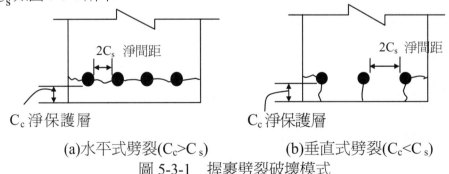

    (a)水平式劈裂($C_c>C_s$)   (b)垂直式劈裂($C_c<C_s$)

圖 5-3-1　握裹劈裂破壞模式

其中C_c為待伸展鋼筋表面至混凝土拉力外緣之淨保護層(cm)，C_s為下列兩項較小者：(a)在待伸展鋼筋層面上所量之淨保護層(cm)，或(b) 在待伸展鋼筋層面上鋼筋淨間距之半(cm)，d_b為待伸展鋼筋之直徑(cm)；L_d為伸展長度；A_{tr}為在 S 距離內且垂直於握裹劈裂面之箍筋總截面積(cm^2)；n 為在握裹劈裂面上待伸展鋼筋根數，f_{yt}為伸展區內箍筋之降伏強度(kgf/cm^2)，S 為伸展區內箍筋之間距(cm)，f'_c為混凝土之抗壓強度(kgf/cm^2)。n 及A_{tr}之計算示意如圖 5-3-2：

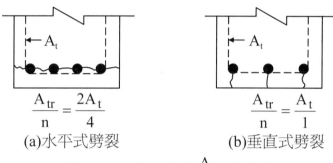

$$\frac{A_{tr}}{n} = \frac{2A_t}{4}$$　　　　$$\frac{A_{tr}}{n} = \frac{A_t}{1}$$

(a)水平式劈裂　　　　　　　(b)垂直式劈裂

圖 5-3-2　橫向箍筋$\frac{A_{tr}}{n}$之計算

文獻[5.5]同時所指出上列模式除適用於伸展長度外，亦適用於搭接長度之預估。如果利用$A_b f_s = u \cdot \pi d_b \cdot L_d$，則$u = \frac{A_b f_s}{\pi d_b \cdot L_d}$；如果將此 u 值等於$u_{OJB}$則可得

$$L_d = \frac{\frac{d_b f_s}{\sqrt{f'_c}}(\frac{1-53\sqrt{f'_c}/f_s}{4})}{0.32 + 0.8\frac{c}{d_b} + \frac{A_{tr}f_{yt}}{132Sd_b n}} \quad\quad (5.3.2)$$

以常用之材料強度$f_s = f_y = 4200\ kgf/cm^2$及$f_c' = 280\ kgf/cm^2$

代入$\frac{1-53\sqrt{f_c'}/f_s}{4}$，得 0.1972，

再令$k_{tr} = \frac{A_{tr}f_{yt}}{105Sn}$，則

$$L_d = \frac{0.1972\frac{d_b f_s}{\sqrt{f'_c}}}{0.32 + 0.8\frac{c}{d_b} + \frac{k_{tr}}{1.257d_b}} \quad\quad (5.3.3)$$

重整上式得

$$L_d = \frac{0.2465 d_b{}^2}{(0.4d_b + c + k_{tr})} \frac{f_s}{\sqrt{f_c'}} \qquad (5.3.4)$$

如果再重新定義 c 為從鋼筋中心起算，則 $c = 0.5 d_b + c$，則 $(0.5 d_b + c)$ / $(0.4 d_b + c)$ 之比值將介於 1.04 至 1.08 之間，取其平均值 1.06 做為修正係數，則公式變成：

$$L_d = \frac{0.2613 d_b{}^2}{c + k_{tr}} \frac{f_s}{\sqrt{f_c'}} \qquad (5.3.5)$$

最後規範[5.8,5.9]採用之公式為

$$L_d = \frac{0.28 d_b f_y}{\sqrt{f_c'}} \frac{d_b}{c + k_{tr}} \qquad (5.3.6)$$

5-4 拉力鋼筋之伸展長度

在 1989 年版之 ACI 規範對拉力鋼筋伸展長度之規定主要是根據實驗結果[5.5,5.10,5.11]。而從 1995 年版開始對拉力鋼筋伸展長度之設計，其基本考量為(1)同時提供詳細計算法及簡易估算法，由設計工程師自行決定選擇使用。簡易估算法可節省設計時間，但較保守而需使用較多的鋼筋。詳細計算法則較繁瑣，但可節省鋼筋用量；規範對此並未強制規定必需使用詳細公式設計。(2)規範之設計程序，為一安全規範程序，也就是先要求一極大的伸展長度，再依不同的條件給予適當的折減係數，將其長度縮短，當設計工程師未詳細檢核所有相關係數時，將會得到較長之伸展長度，因此任何人為疏忽只會增加鋼筋用量，不致造成對結構安全的危害[5.12]。(3)規範之主要根據仍然以實驗研究為基礎，並考慮設計條文的簡潔性。

我國混凝土工程設計規範對受拉鋼筋伸展長度之規定如下[5.9]:

一、基本伸展長度 L_{db}：

一般小號鋼筋之握裹行為較佳，根據測試數據[5.5,5.10]顯示公式 5.3.6 太過保守，應可作 20%伸展長度的折減，因此我國規範對受拉鋼筋之基本伸展長度規定如表 5-4-1。

表 5-4-1　拉力鋼筋之基本伸展長度

鋼筋或鋼線之尺寸	L_{db} (cm)
(1)D19 鋼筋或較小之鋼筋及麻面鋼線	$\dfrac{0.23d_b f_y}{\sqrt{f'_c}}$
(2)D22 或較大之鋼筋	$\dfrac{0.28d_b f_y}{\sqrt{f'_c}}$

二、拉力鋼筋伸展長度之相關修正因數：

　　當鋼筋混凝土在澆置時，一般粗骨材會往下沉，而氣泡及水份會上浮，如果此時其頂部有水平鋼筋存在時，這些上浮的氣泡及水份極易累積在鋼筋下側，造成鋼筋於混凝土中之握裏強度降低。因此規範規定水平鋼筋其下方混凝土一次澆置之厚度如大於 30 公分者，其伸展長度需加以放大 1.3 倍。鋼筋若為了防止腐蝕問題而以環氧樹脂塗佈時，根據文獻研究結果[5.13,5.14]顯示，鋼筋與混凝土間之黏著力大受影響，以致鋼筋握裏強度降低。一般若鋼筋束制情況良好的話，其握裏強度降低之幅度較小。當混凝土使用輕質骨材時，比較容易產生拉出破壞，因此其伸展長度也需適當的加大。

表 5-4-2　拉力鋼筋之修正因數 α、β、λ

鋼筋情況	修正因數
1.鋼筋位置因數(α) 　(1)水平鋼筋其下混凝土一次澆置厚度大於 30cm 者 　(2)其他	1.3 1.0
2.鋼筋塗布因數(β)* 　(1)環氧樹脂塗布鋼筋之保護層小於 $3d_b$ 或其淨 　　　距小於 $6d_b$ 者 　(2)其他之環氧樹脂塗布鋼筋 　(3)未塗布鋼筋	1.5 1.2 1.0
3.輕質混凝土因數(λ) 　(1)於輕質骨材混凝土內之鋼筋，未知 f_{ct} 　(2)於輕質骨材混凝土內之鋼筋，已知 f_{ct} 　(3)於常重混凝土內之鋼筋	1.3 $\dfrac{1.8\sqrt{f'_c}}{f_{ct}} \geq 1.0$ 1.0

*環氧樹脂塗布鋼筋為頂層鋼筋時，該兩項修正因數之乘積($\alpha\beta$)不超過 1.7。

三、鋼筋束制修正因數：鋼筋束制修正因數主要考慮兩個參數，一為混凝土束制參數 c，另一為箍筋束制參數 k_{tr}。當待伸展鋼筋之束制情況比較好時，也就是說有較厚保護層或有適當的箍筋圍束時，其握裹破壞模式會由劈裂破壞模式轉為拉出破壞，握裹強度會提高。規範提供了詳細計算公式及簡化表兩種方式供設計工程師參酌選用。

(一)詳細計算公式：$\dfrac{d_b}{c + k_{tr}} \geq 0.4$；其中

d_b =待伸展鋼筋或鋼線之標稱直徑 cm。

c =混凝土束制指標，其值為下列兩項之較小值：
   (1)鋼筋中心至混凝土外緣之最小值。
   (2)待伸展鋼筋層面上鋼筋中心到中心間距之半 cm。

k_{tr} =橫向鋼筋束制指標；有關 A_{tr} / n 之計算，詳圖 5-3-2。

$$= \frac{A_{tr} f_{yt}}{105 Sn}$$

A_{tr}：在 S 距離內且垂直於待伸展或續接鋼筋之握裹劈裂面的橫向鋼筋總面積 cm^2。

f_{yt}：橫向鋼筋之規定降伏強度 kgf / cm^2。

S：在伸展或搭接長度內橫向鋼筋之最大間距(中心到中心)cm。

n：在握裹劈裂面上待伸展或續接之鋼筋根數。

為了簡化設計，對已配置橫向鋼筋之情況，亦可使用 $k_{tr} = 0$ 計算。

(二) 簡化表：鋼筋束制情況之折減因數除依前項之詳細公式計算外，亦可按下表之規定。

表 5-4-3 拉力鋼筋之束制修正係數簡化表

鋼筋束制情況	折減因數
1.鋼筋之最小淨保護層厚不小於 d_b，且	
(1)鋼筋最小淨間距不小於 $2 d_b$ 者。	0.67
(2)鋼筋最小淨間距不小於 d_b，且配置於伸展長度範圍內之 f_{yt}=4200 kgf / cm^2 橫向鋼筋符合受壓構材相關橫箍筋之規定，或符合剪力鋼筋間距及最小剪力鋼筋量之規定。	0.67
(3) 淨間距不小於 d_b，且配置於伸展長度範圍內之 f_{yt}=2800 kgf / cm^2 橫向鋼筋符合受壓構材有關橫箍筋之規定，或符合剪力鋼筋間距及最小剪力鋼筋量之規定。	0.75
2.其他	1.0

所以依我國規範之規定，張力鋼筋伸展長度之計算流程如圖 5-4-1 所示。

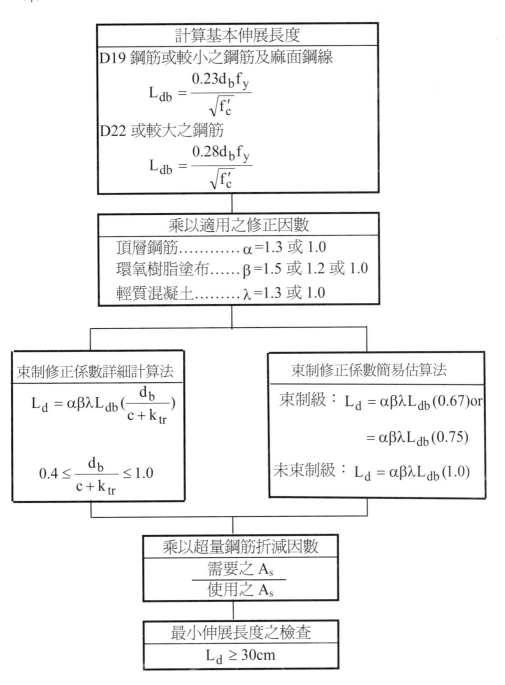

圖 5-4-1　抗拉伸展長度之設計流程圖[5.9]

ACI Code 對張力鋼筋伸展長度之規定如下[5.8]：

一、符合下列兩項規定之任一項者，以本條公式計算之：

(1)在伸展長度範圍內，其鋼筋淨間距大於 $2d_b$，且淨保護層厚度不小於 d_b 者。

(2)在伸展長度範圍內，其鋼筋淨間距大於 d_b，且淨保護層厚度不小於 d_b 者，而且橫向箍筋量之取置符合本規範之規定者。

(a)鋼筋小於#6（含）及異形鋼線

$$\frac{L_d}{d_b} = \frac{0.15f_y}{\sqrt{f'_c}} \alpha \cdot \beta \cdot \lambda \tag{5.4.1}$$

$$[\frac{L_d}{d_b} = \frac{f_y}{25\sqrt{f'_c}} \alpha \cdot \beta \cdot \lambda]$$

(b)鋼筋大於#7

$$\frac{L_d}{d_b} = \frac{0.19f_y}{\sqrt{f'_c}} \alpha \cdot \beta \cdot \lambda \tag{5.4.2}$$

$$[\frac{L_d}{d_b} = \frac{f_y}{20\sqrt{f'_c}} \alpha \cdot \beta \cdot \lambda]$$

二、不符合前項規定者：

(a)鋼筋小於#6（含）及異形鋼線

$$\frac{L_d}{d_b} = \frac{0.23f_y}{\sqrt{f'_c}} \alpha \cdot \beta \cdot \lambda \tag{5.4.3}$$

$$[\frac{L_d}{d_b} = \frac{3f_y}{50\sqrt{f'_c}} \alpha \cdot \beta \cdot \lambda]$$

(b)鋼筋大於#7

$$\frac{L_d}{d_b} = \frac{0.28f_y}{\sqrt{f'_c}} \alpha \cdot \beta \cdot \lambda \tag{5.4.4}$$

$$[\frac{L_d}{d_b} = \frac{3f_y}{40\sqrt{f'_c}} \alpha \cdot \beta \cdot \lambda]$$

另外亦可以下列詳細公式計算伸展長度：

$$\frac{L_d}{d_b} = \frac{0.28f_y}{\sqrt{f'_c}} \frac{\alpha\beta\lambda\gamma}{\left(\frac{c+k_{tr}}{d_b}\right)} \tag{5.4.5}$$

$$\left[\frac{L_d}{d_b} = \frac{3f_y}{40\sqrt{f_c'}}\frac{\alpha\beta\lambda\gamma}{\left(\dfrac{c+k_{tr}}{d_b}\right)}\right]$$

上式中 $\dfrac{c+k_{tr}}{d_b} \le 2.5$

式中：

　c：混凝土束制指標，取下列兩者之小值

　　(1)鋼筋中心至混凝土之最外緣。

　　(2)待伸展鋼筋中心至中心間距之半。

　k_{tr}：橫向鋼筋指標

$$k_{tr} = \frac{A_{tr}f_{yt}}{105Sn}$$

$$\left[k_{tr} = \frac{A_{tr}f_{yt}}{1500Sn}\right]$$

　A_{tr}：在 S 距離內垂直於待伸展鋼筋之握裹劈裂面的橫向鋼筋總
　　　面積。

　f_{yt}：橫向鋼筋之降伏強度。

　S：在伸展長度內橫向鋼筋之最大間距。

　n：在握裹劈裂面上待伸展之鋼筋根數。

　為了簡化設計，上列 k_{tr} 可取 0 設計之。

修正係數之規定：

　1、鋼筋位置因數 α：

　　(1)水平鋼筋其下混凝土一次澆置厚度大於 30cm，　　　　α =1.3

　　(2)其他　　　　　　　　　　　　　　　　　　　　　　　α =1.0

　2、鋼筋塗布因數 β：

　　(1)環氧樹脂塗布鋼筋之保護層小於 $3\,d_b$

　　　或其淨間距小於 $6\,d_b$ 者　　　　　　　　　　　　　β =1.5

　　(2)其他之環氧樹脂塗布鋼筋　　　　　　　　　　　　　β =1.2

　　(3)未塗布鋼筋　　　　　　　　　　　　　　　　　　　β =1.0

　3、輕質混凝土因數 λ：

　　(1)輕質骨材混凝土，未知 f_{ct}　　　　　　　　　　　λ =1.3

　　(2)輕質骨材混凝土，已知 f_{ct}　　　　　$\lambda = \dfrac{1.8\sqrt{f_c'}}{f_{ct}} \ge 1.0$

$$[\lambda = \frac{6.7\sqrt{f'_c}}{f_{ct}} \geq 1.0]$$

    (3)常重混凝土 $\lambda = 1.0$

  4、鋼筋號數因數 γ：

   (1)#6 及較小鋼筋： $\gamma = 0.8$

   (2)#7 以上鋼筋： $\gamma = 1.0$

  5、除了上列修正因數外，若有使用超量鋼筋，可再以下列公式修正之。

$$超量鋼筋修正因數 C_o = \frac{需要之A_s}{使用之A_s} = \frac{A_{s,req}}{A_{s,prov}}$$

在上列修正因數中， $\alpha\beta \leq 1.7$ ，且 $L_d \geq 30cm$

例 5-4-1

依我國規範之規定，若 $f'_c = 280 \ kgf/cm^2$ 、 $f_y = 4200 \ kgf/cm^2$ ，試求#5 及#9 鋼筋所需之基本伸展長度 L_{db} 。

＜解＞

  1、計算# 5 鋼筋之基本伸展長度：

$$L_{db} = \frac{0.23f_y d_b}{\sqrt{f'_c}}$$
$$= \frac{0.23 \times 4200 \times 1.59}{\sqrt{280}} = 91.79 \ cm$$

  2、計算# 9 鋼筋之基本伸展長度：

$$L_{db} = \frac{0.28f_y d_b}{\sqrt{f'_c}}$$
$$= \frac{0.28 \times 4200 \times 2.87}{\sqrt{280}} = 201.70 \ cm$$

例 5-4-2

一鋼筋混凝土矩形懸臂梁，懸臂長 $L = 155 \ cm$ ，已知該梁斷面尺寸 $b_w = 25$ cm、 $d = 44 \ cm$ 、 $f'_c = 210 \ kgf/cm^2$ 、 $f_y = 4200 \ kgf/cm^2$ ，在支承面處所需之負鋼筋量 $A_s = 15.5 \ cm^2$ ，使用 2-#10 鋼筋，淨保護層厚度為 5cm，如圖 5-4-2 所示，箍筋使用#3@15，箍筋 $f_y = 2800 \ kgf/cm^2$ ，試依混凝土設計規範檢核其埋置長度是否足夠？若不足夠，再求其可用之鋼筋最大號數。

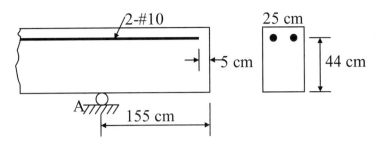

圖 5-4-2 懸臂梁及斷面尺寸

＜解＞

(一)使用詳細計算法

#10 鋼筋之基本伸展長度：

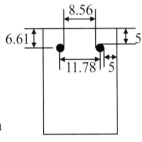

$$L_{db} = \frac{0.28f_y d_b}{\sqrt{f_c'}}$$

$$= \frac{0.28 \times 4200 \times 3.22}{\sqrt{210}} = 261.3 \text{ cm}$$

修正因數：

(1) $\alpha = 1.3$(水平鋼筋下之混凝土厚度大於 30 cm)

(2) $C_o = \dfrac{A_{s,req}}{A_{s,prov}} = \dfrac{15.5}{2 \times 8.143} = 0.95$ （超量鋼筋）

(3) C_r ：束制修正係數

$$C_r = \frac{d_b}{c + k_{tr}}$$

$$d_b = 3.22$$

$$c = \begin{Bmatrix} 6.61 \\ 11.78/2 = 5.89 \end{Bmatrix} \text{取小值，} \therefore c = 5.89$$

$$k_{tr} = \frac{A_{tr}f_{yt}}{105Sn} = \frac{2 \times 0.713 \times 2800}{105 \times 15 \times 2} = 1.268$$

$$\therefore C_r = \frac{3.22}{5.89 + 1.268} = 0.450$$

$\therefore$#10 鋼筋所需之伸展長度：

$$L_d = 261.3 \times 1.3 \times 0.95 \times 0.450 \qquad \text{OK\#}$$

$$= 145.2 \text{ cm} \quad < 155 - 5 = 150 \text{ cm}$$

(二)使用簡化法

若本題不用上列詳細算法計算 C_r 值而取簡化法 $C_r = 0.67$，則

$$L_d = 261.3 \times 1.3 \times 0.95 \times 0.67 \qquad \text{NG}$$
$$= 216.2 \text{ cm} \quad > 150 \text{ cm}$$

則可用之最大鋼筋號數為：

$$L_d = 155 - 5 = 150 \text{ cm}$$

$$L_d = \alpha \cdot Co \cdot Cr \cdot L_{db}$$

需要之 $L_{db} = \dfrac{L_d}{\alpha \cdot C_o \cdot C_r}$

$$= \dfrac{150}{1.3 \times 0.95 \times 0.75} \text{ (此時鋼筋根數增加，間距減小，取}$$

$$C_r = 0.75)$$

$$= 161.9 \text{ cm}$$

#7 以上鋼筋：

$$L_{db} = \dfrac{0.28 f_y d_b}{\sqrt{f_c'}} = \dfrac{0.28 \times 4200 \times d_b}{\sqrt{210}} \le 161.9 \text{ cm}$$

$$\Rightarrow d_b < 2.0 \text{cm} \leftarrow 必須使用#6 以下鋼筋$$

則 $L_{db} = \dfrac{0.23 \times 4200 \times d_b}{\sqrt{210}} < 161.9 \text{ cm}$

$$\Rightarrow d_b < 2.43 \text{ cm} \quad \therefore 必須使用#6 以下鋼筋$$

6 鋼筋 $A_s = 2.865 \text{ cm}^2$

$\therefore 2\text{-}\#10$ 必需改成 $6\text{-}\#6 (A_s = 17.19 \text{ cm}^2)$

則 $C_o = \dfrac{15.5}{17.19} = 0.90$

$$L_d = 1.3 \times 0.9 \times 0.75 \times \dfrac{0.23 \times 4200 \times 1.91}{\sqrt{210}} \qquad \text{OK\#}$$
$$= 111.7 \text{ cm} < 150 \text{ cm}$$

例 5-4-3

若以環氧樹脂塗佈保護之#5 鋼筋使用在 35 公分厚樓版之上層筋時，試計算所需之最小伸展長度為何？該樓版之頂層筋配置為#5@10。鋼筋淨保護層厚為 2 公分。 $f_c' = 210 \text{ kgf} / \text{cm}^2$ 、 $f_y = 2800 \text{ kgf} / \text{cm}^2$ 。

<解>

#5 鋼筋之基本伸展長度

$$L_{db} = \frac{0.23f_y d_b}{\sqrt{f_c'}}$$

$$= \frac{0.23 \times 2800 \times 1.59}{\sqrt{210}} = 70.66 \text{ cm}$$

修正因數：

(1) $\alpha = 1.3$ (水平鋼筋下之混凝土厚度大於 30 cm)

(2) $\beta = 1.5$ (淨保護層厚 $< 3\,d_b = 4.77$)

$\alpha \cdot \beta = 1.3 \times 1.5 = 1.95 > 1.7$

∴ 使用 $\alpha \cdot \beta = 1.7$

$$c = \begin{cases} 2 + 1.59/2 = 2.795 \\ 10/2 = 5 \end{cases} \text{取小值，} \therefore c = 2.795$$

此處為版筋，無圍束筋，∴ $k_{tr} = 0$

$$C_r = \frac{d_b}{c + k_{tr}} = \frac{1.59}{2.795} = 0.57$$

$$L_d = \alpha \cdot \beta \cdot C_r \cdot L_{db} = 1.7 \times 0.57 \times 70.66 = 68.5 \text{ cm} > 30 \text{ cm}$$

5-5 壓力鋼筋之伸展長度

一般承受壓力的鋼筋，因周圍混凝土不會有開裂現象產生。因此比承受拉力鋼筋需要之伸展長度較短；且在鋼筋端部，混凝土可提供支承抵抗力，因此，可減少其所需之錨定長度。

依規範規定[5.8,5.9]，壓力筋之伸展長度：

$$L_{db} = \frac{0.075d_b f_y}{\sqrt{f_c'}} \geq 0.0043d_b f_y \qquad \text{(cm)} \tag{5.5.1}$$

$$[L_{db} = \frac{0.02d_b f_y}{\sqrt{f_c'}} \geq 0.0003d_b f_y \qquad \text{(in)}]$$

與張力筋類似，壓力筋根據其不同的情況需考慮下列之修正係數：

1、超量鋼筋：鋼筋實際之使用量超過分析之需要量

$$C_o = \frac{需要之A_s}{使用之A_s}$$

2、螺箍筋：鋼筋被直徑不小於 6 公厘之螺箍筋所圍封，且其螺距 $S \le 10$ cm 者

$$C_s = 0.75$$

3、橫箍筋：鋼筋被符合規範所規定之 D13 筋橫箍筋所圍封，且其中心間距 $S \le 10$ cm 者

$$C_s = 0.75$$

所以，壓力筋之伸展長度：

$$L_d = L_{db} \cdot C_o \cdot C_s \ge 20\,\text{cm} \tag{5.5.2}$$

例 5-5-1

如下圖所示之柱，已知：$f'_c = 280\ \text{kgf}/\text{cm}^2$、$f_y = 4200\ \text{kgf}/\text{cm}^2$，與基礎之接合係依靠著 4-#8 鋼筋，試求其伸入基腳之最小長度 L_{min}。

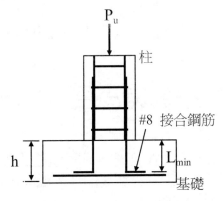

圖 5-5-1　例 5-5-1 獨立基腳

<解>

1、計算 #8 鋼筋最小伸入長度：

$$L_{db} = \frac{0.075 d_b f_y}{\sqrt{f'_c}}$$

$$= \frac{0.075 \times 2.54 \times 4200}{\sqrt{280}} = 47.8 \ \text{cm}$$

且　$L_{db} \ge 0.0043 d_b f_y$

$$= 0.0043 \times 2.54 \times 4200 = 45.9 \ \text{cm} \qquad \text{OK\#}$$

所以，#8 鋼筋最小伸入長度：

$L_{db} = 47.8$ cm

$h = 47.8 + 10 = 57.8$ cm

則該柱所需基礎厚度大約為 60 cm 之基腳。

2、計算#5 鋼筋最小伸入長度：

若基腳厚度小於 60 cm 時，可採用最小號數鋼筋
代替，如使用#5 鋼筋代替，則最小伸入長度：

$$L_{db} = \frac{0.075 d_b f_y}{\sqrt{f_c'}}$$

$$= \frac{0.075 \times 1.59 \times 4200}{\sqrt{280}} = 29.91 \text{ cm}$$

且　$L_{db} \geq 0.0043 d_b f_y$

$$= 0.0043 \times 1.59 \times 4200 = 28.7 \text{ cm}$$

所以，#5 鋼筋最小伸入長度：

$L_{db} = 29.9$ cm

$h = 29.9 + 10 = 39.9$ cm

則該柱所需基礎厚度大約為 40 cm 之基腳。

5-6 成束鋼筋

當構材的鋼筋用量太大或需要較大淨空便於施工時，此時，經常把平行之鋼筋捆紮成束，成為束筋(Bundled Bars)。

依規範規定，每束鋼筋不得超過四根，且#11 以上鋼筋不得使用束筋，其原因乃是為了裂縫的控制。常見之束筋有下列幾種，如圖 5-6-1 所示：

圖 5-6-1　常用束筋之排列方式

當使用束筋時，因鋼筋表面在靠束筋內緣部份很難激發握裹力的傳遞，因此需要比較長的伸展長度。使用三根一束或四根一束的束筋，如果考慮每根鋼筋周圍都為有標稱直徑的圓柱體混凝土圍繞時，其總接觸面積將各減少 $16\frac{2}{3}$% 及 25%。而規範規定三根一束之束筋伸展長度 L_d 必需增加 20 %，四根一束之束筋伸展長度 L_d 必需增加 33 %。而在計算伸展長度時，所使用的

鋼筋直徑必需將全束鋼筋當成單根鋼筋而取其當量直徑爲單根之直徑。使用束筋時，必須注意下列事項：

1、同一束鋼筋要切斷時，不得在同一位置爲之，其間隔至少在 $40\,d_b$ 以上。

2、對伸展長度 L_d，應依下列規定增加長度：

(1)三根一束：伸展長度 L_d 應增加 20%。

(2)四根一束：伸展長度 L_d 應增加 33%。

不管拉力筋或壓力筋，皆需依上述規定增加伸展長度 L_d。

5-7 張力筋標準彎鉤之錨定

當在張力區內，鋼筋的直線錨定長度不足或必須在很短的長度內達到充分的錨定時，通常將鋼筋末端彎成 $90°$ 或 $180°$ 的彎鉤(Hook)，以達到充分的錨定效果。鋼筋之標準彎鉤如圖 5-7-1 所示：

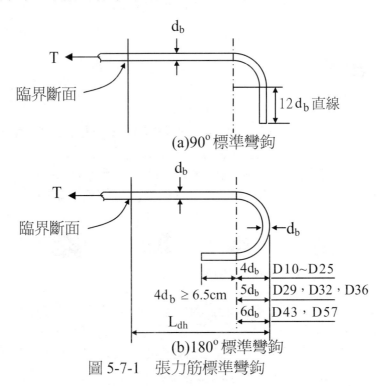

圖 5-7-1　張力筋標準彎鉤

張力筋標準彎鉤的破壞模式有兩種，一為轉彎段兩側混凝土的劈裂，另一種是轉彎段內側混凝土的被壓碎。因此為了避免這種破壞的產生，一般是降低在轉彎段內的鋼筋拉應力。因此制定 L_{dh} 的目的就是希望透過握裹應力在 L_{dh} 範圍內的作用，能將鋼筋在臨界點的最大張應力 f_y，逐漸降低到轉彎段時已不足造成轉彎段混凝土的劈裂或壓碎。所以反過來說 L_{dh} 是臨界拉應力折減所需的最小長度。

規範規定每一標準彎鉤能使鋼筋充分發展其降伏強度所需的基本伸展長度(Basic Development Length)，定義為 L_{hb}：

$$L_{hb} = \frac{0.075 d_b f_y}{\sqrt{f'_c}} \quad \text{(cm)} \tag{5.7.1}$$

$$[L_{hb} = \frac{0.02 d_b f_y}{\sqrt{f'_c}} \quad \text{(in)}]$$

標準彎鉤伸展長度的修正係數有使用超量鋼筋、輕質混凝土、環氧樹脂塗佈及抵抗劈裂的束制效應[5.11,5.12]。標準彎鉤無頂層效應，而且在受壓力狀況時無效。所以在鋼筋受壓時不計彎鉤的伸展效應。規範[5.8,5.9]規定標準彎鉤的修正係數如下：

表 5-7-1 標準彎鉤伸展長度修正係數

項　　　目	修正係數
1.鋼筋保護層：對 D36 以下鋼筋，其側面保護層(垂直彎鉤平面)厚度大於 6.5 cm (2.5in)；如為 90° 彎鉤，除上述條件外，再加上彎鉤直線段保護層大於 5 cm(2 in)。	0.70
2.箍筋：對 D36 以下鋼筋在 L_{dh} 範圍內，箍筋間距小於 $3d_b$（d_b 為彎鉤鋼筋直徑）。	0.80
3.超量鋼筋：鋼筋實際之使用量超過分析之需要量。 (a) 鋼筋錨定或延伸經特別要求須能發展至 f_y 或依第 15.3.1.5 節設計者 (b) 其它	1.0 $\dfrac{需要之 A_s}{使用之 A_s}$
4. 輕質骨材混凝土	1.3
5. 環氧樹脂塗佈	1.2

受拉竹節鋼筋其末端具標準彎鉤者，其所需之伸展長度 L_{dh} 是以上述之基本伸展長度 L_{hb} 乘上適當的修正係數，而且 L_{dh} 不得小於 $8 d_b$ 或 15cm。但彎鉤的兩側保護層及其頂面與底面保護層較薄時，則受拉彎鉤常有劈裂其周邊混凝土之虞。因此在混凝土所提供的束制較小時就必需使用箍筋來改善彎鉤的束制條件。因此規範規定在構材不連續端內之標準彎鉤，其兩側面及其頂面或底面保護層小於 6.5cm 時，其彎鉤之全部伸展長度 L_{dh} 範圍內需以 $S \leq 3 d_b$ 之箍筋圍束之。(d_b 為彎鉤鋼筋之直徑)。

例 5-7-1

如圖 5-7-2 所示之梁，其中頂層鋼筋在柱面最大張應力假設為 f_y，如果使用#5 鋼筋，且有 90° 標準彎鉤，$f'_c = 210$ kgf / cm^2、$f_y = 4200$ kgf / cm^2，箍筋 $f_{yt} = 2800$ kgf / cm^2。試依我國規範規定，檢核其伸展長度是否足夠？

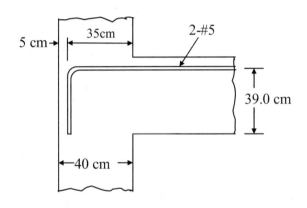

圖 5-7-2　例 5-7-1 梁端使用標準彎鉤

<解>

　　　　計算每一標準彎鉤相當之直線鋼筋長度：
　　　　＃5 頂層鋼筋：

$$L_d = \frac{0.23 f_y d_b}{\sqrt{f'_c}} \times 1.3 \times 0.75$$

$$= \frac{0.23 \times 4200 \times 1.59}{\sqrt{210}} \times 1.3 \times 0.75$$

$$= 103.3 > 35 \text{ cm} \qquad\qquad NG$$

　　　所以需使用標準彎鉤
　　　＃5 筋標準彎鉤之基本伸展長度

$$L_{hb} = \frac{0.075d_b f_y}{\sqrt{f_c'}} = \frac{0.075 \times 1.59 \times 4200}{\sqrt{210}} = 34.56 \text{ cm}$$

標準彎鉤符合保護層修正係數0.7

$$L_{dh} = L_{hb} \times 0.7 = 24.19 \text{ cm}$$
$$\geq 8db = 12.8 \text{ cm}$$
$$\geq 15 \text{ cm}$$
$$L_{dh} = 24.19 \text{ cm} < 35 \text{ cm} \quad \text{OK\#}$$

例 5-7-2

如下圖所示之懸臂梁，在支承面處#8 鋼筋之最大張應力為 f_y，$f_c' = 280$ kgf/cm^2、$f_y = 3500 \text{ kgf}/cm^2$，箍筋使用#3@15，箍筋 $f_{yt} = 2800 \text{ kgf}/cm^2$。試依我國規範規定，求所需之最小懸臂長度 L_{min}。

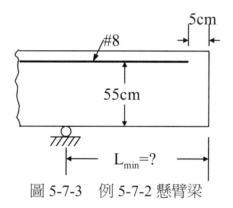

圖 5-7-3　例 5-7-2 懸臂梁

＜解＞

(1) 若採用直線鋼筋：

$$L_{db} = \frac{0.28f_y d_b}{\sqrt{f_c'}} = \frac{0.28 \times 3500 \times 2.54}{\sqrt{280}} = 148.76 \quad \text{cm}$$

$$\alpha = 1.3 \quad （頂層筋）$$
$$C_r = 0.75$$
$$L_d = 148.76 \times 1.3 \times 0.75 = 145.0 \text{ cm}$$

所需最小懸臂長度=145.0+5=150.0 cm

(2) 若採用 90° 標準彎鉤：

$$L_{hb} = \frac{0.075d_b f_y}{\sqrt{f_c'}} = \frac{0.075 \times 2.54 \times 3500}{\sqrt{280}} = 39.8 \text{ cm}$$

如不考慮保護層修正係數，則

$$\therefore L_{dh} = 39.8 \text{ cm}$$
$$\geq 8d_b = 20 \text{ cm}$$
$$\geq 15 \text{cm}$$

所需最小懸臂長度：39.8+5.0=44.8 cm

例 5-7-3

如圖 5-7-4 所示之牆基礎，若使用#7 鋼筋，末端做成180°之標準彎鉤，已知 $f_c' = 350 \text{ kgf / cm}^2$、$f_y = 4200 \text{ kgf / cm}^2$，試檢核是否符合規定：

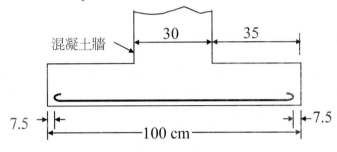

圖 5-7-4 獨立基礎

＜解＞

$$L_{hb} = \frac{0.075 d_b f_y}{\sqrt{f_c'}} = \frac{0.075 \times 2.22 \times 4200}{\sqrt{350}} = 37.4 \text{ cm}$$

一般版皆可符合保護層修正係數 0.7

$$L_{dh} \geq L_{hb} \times 修正係數$$
$$= 37.4 \times 0.7 = 26.2 \text{ cm} \qquad (控制)$$
$$L_{dh} \geq 8d_b = 8 \times 2.22 = 17.76 \text{ cm}$$
$$L_{dh} \geq 15 \text{ cm}$$

實際長度 $= \dfrac{100-30}{2} - 7.5 = 27.5 \text{ cm}$

$$> 26.2 \text{ cm} \qquad \text{OK\#}$$

所以，符合規範之規定。

5-8 鋼筋的切斷及起彎點

　　在鋼筋混凝土梁內，一般鋼筋的需要量 A_s 幾乎與彎矩 M 成正比。因此，可由構件之彎矩圖來決定梁內鋼筋之切斷位置，或在連續梁中將鋼筋彎起之位置。一般鋼筋理論切斷點之決定如圖 5-8-1 所示：

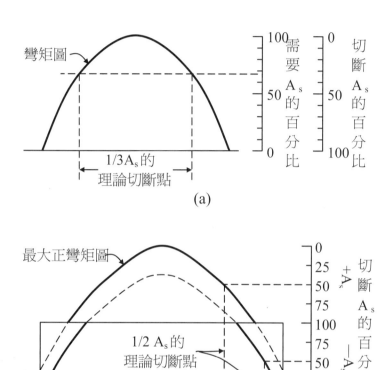

圖 5-8-1　鋼筋理論切斷點

　　上圖(a)為簡支梁之設計彎矩圖，右側附需要鋼筋量及鋼筋切斷量的百分比圖，其百分比係以最大彎矩處所需之鋼筋量為基準。在跨度中央彎矩最大，需全額鋼筋 A_s 因此其切斷百分比為零；在支承處之設計彎矩為零，所以，鋼筋可百分之百切斷。如欲切斷三分之一，則可如圖找出其切斷位置。

　　在圖(b)中為連續梁之設計彎矩圖，最大彎矩有二處，一為在跨度中央的最大正彎矩，一為在支承面的最大負彎矩。由於活載重之佈設的不同，最大正彎矩及最大負彎矩一般不會同時產生，因此其設計彎矩圖將有二條，如圖所示。此時鋼筋之切斷點，可分為正彎矩鋼筋之切斷及負彎矩鋼筋之切斷，求法與上述相同。

為考慮切斷點位置，會受到活載重佈放的位置、支承下陷或其他因素的影響，可能會造成較高之彎矩值。因此規範規定鋼筋必須延伸超過理論切斷點$12d_b$或d(取大者)之距離後，方得切斷，如圖 5-8-2 所示。

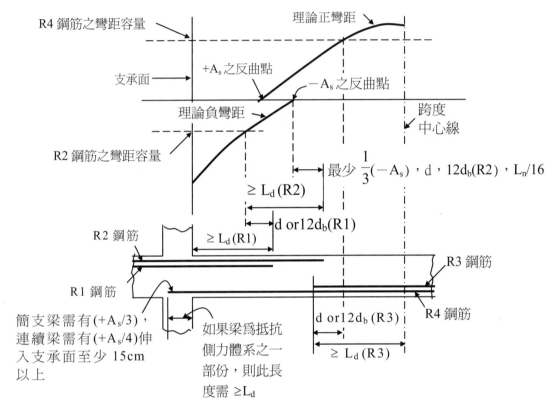

圖 5-8-2　鋼筋理論切斷點與實際切斷點

對連續梁負彎矩鋼筋切斷點之決定，如圖 5-8-3 所示：

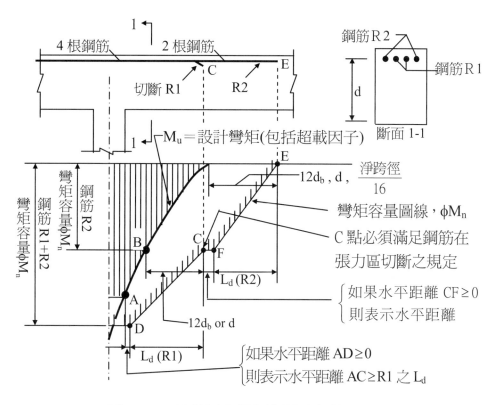

圖 5-8-3　連續梁負彎矩鋼筋之切斷[5.1]

　　在圖 5-8-3 中由設計彎矩曲線可定出對應 R2 彎矩容量之 B 點，規範規定由此點往跨度中心方向延伸 $12d_b$（指 R1 之 d_b）或 d 的距離後為 R1 之實際切斷點位置 C，而 R1 鋼筋在距柱表面處（A 點位置）之最大應力必須達到降伏強度，因此必須保證 AC 之水平距離大於 R1 之伸展長度 L_d，也就是 AD 間需有水平段存在，否則切斷點必須再往跨度中心延伸到 AC 之水平距離大於 R1 之 L_d。同時在通過反曲點之後，理論上是不再需要任何負彎矩鋼筋（－A_s），但規範規定必須最少有三分之一的鋼筋（－A_s）通過反曲點，並往跨度中心延伸 $12d_b$，d 或 $L_n/16$ 三者之較大值。因此 R2 之實際切斷點必須延伸至 E 點。同理在 R1 的實際切斷點 C 處，R2 鋼筋之應力也必須達到降伏強度 f_y，因為 B 點係以 R2 之彎矩容量得到的，這表示水平距離 CE 必須大於 R2 隻伸展長度 L_d，否則 R2 之彎矩容量將無法完全發揮。要使得 CE 之水平距離大於 R2 之 L_d，則水平段 CF 必須存在，否則 R2 之切斷點 E 必須再往跨度中心延伸，一直到 CE 之水平距離大於 R2 之伸展長度 L_d。

　　在選擇切斷面位置時最好保持水平段 CF 及 AD 之存在，否則代表有部分鋼筋之伸展長度恐怕無法符合規範的要求，必須進一步的檢討[5.1]。

對連續梁正彎矩鋼筋切斷點之決定，如圖 5-8-4 所示：

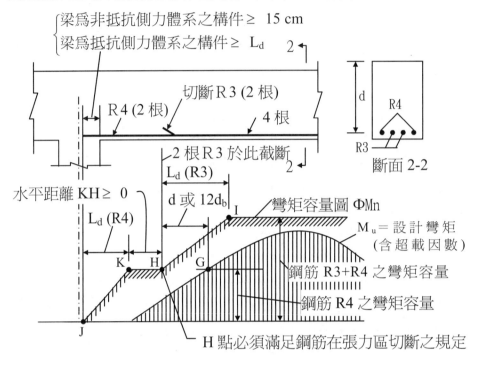

圖 5-8-4　連續梁正彎矩鋼筋之切斷點[5.1]

在圖中由鋼筋 R4 之彎矩容量可在設計彎矩曲線上定出 R3 之理論切斷點位置 G 點，但依規範規定，此點必須再往支承方向延伸 d 或 $12d_b$ 的距離後到 H 點才是 R3 的實際切斷點位置，而 R3 的鋼筋在達到跨度中央時，其設計應力應達到降伏強度 f_y，因此 H 點到跨度中央的水平距離必須大於鋼筋 R3 的伸展長度 L_d，也就是 I 點不可超越跨度中心（往另一支承側），因此彎矩容量圖在跨度中心處必須有水平段存在，否則切斷點 H 必須再往支承側伸展到 H 距跨度中心之距離大於 R3 之 L_d。另外，規範也要求必須至少有 1/3（簡支梁）或 1/4（連續梁）的張力鋼筋量延伸超過支承面至少 15cm（梁非抵抗側力系統之構件）或 L_d（梁為抵抗側力系統之構件）之距離。因此，鋼筋 R4 的切斷點為 J，而 R4 鋼筋在達到 R3 的實際切斷點 H 時，其應力應達降伏應力 f_y；因此，JH 之水平距離必須大於 R4 之伸展長度 L_d，也就是必須有水平段 KH 的存在，否則 J 點必須再往支承內延伸。在選擇 R3，R4 切斷點位置時最好保持水平段 KH 及 I 至跨度中心的存在，否則代表可能有部分鋼筋的伸展長度無法符合規範的要求，必須進一步的檢討[5.1]。

規範對於鋼筋切斷點之其它規定如下：

1、正彎矩鋼筋：簡支梁最少 1/3，連續梁最少 1/4 的鋼筋量必需延伸入支承面最少 15 cm，如果梁為非抵抗側力系統的構件，如果梁為抵抗側力系統之構件，則必需至少延伸入之承面 L_d 之距離。

2、負彎矩鋼筋：最少 1/3 的鋼筋量延伸至反曲點以外，且至少超過

   (1)   d

   (2) $12d_b$

   (3) $\dfrac{1}{16}L_n$

   以上三式中，取較大之距離者。

3、鋼筋在張力區之切斷，必須滿足下列規定之一：

   (1) 切斷鋼筋處之剪力未超過構材之抗剪強度之 $\dfrac{2}{3}$ 也就是：

$$V_u \leq \frac{2}{3}\phi(V_c + V_s) = \frac{2}{3}\phi(V_c + \frac{A_v f_y d}{S}) \qquad (5.8.1)$$

   (2) 在切斷點以外 $\dfrac{3}{4}d$ 之範圍內提供額外腹筋，並滿足下列條件：

$$A_v \geq 4.2\frac{b_w S}{f_y} \qquad (5.8.2)$$

$$[A_v \geq 60\frac{b_w S}{f_y}]$$

$$S \leq \frac{d}{8\beta_b} \qquad (5.8.3)$$

   式中：

$$\beta_b = \frac{切斷之受拉鋼筋斷面積}{受拉鋼筋之總斷面積}$$

   (3) D36 及以下鋼筋，切斷處餘留鋼筋之面積大於實際受撓需要的面積 2 倍以上，且其剪力未超過該處構材抗剪強度之 $\dfrac{3}{4}$ 以上。

由公式 5.2.7 之撓曲握裹應力公式 $u = \dfrac{V}{\Sigma o(jd)}$ 可得知，在梁中若剪力(V)大，鋼筋量少或鋼筋尺寸較大(Σo 小)時，其撓曲握裹應力可能增高。而在梁的簡支承及反曲點作用處，其作用之撓曲彎矩為零，因此其配置之鋼筋量可能較少，且其剪力可能較大，故可能造成較大之撓曲握裹應力。因此規範對

這些點之鋼筋直徑有特別管制。也就是利用限制 L_d 來控制鋼筋的直徑。一般係考慮若撓曲握裹應力小於端錨握裹應力則為合宜,即:

$$u = \frac{V_u}{\Sigma_o jd} = \frac{A_s f_y}{\Sigma_o L_d} \quad 得$$

$$L_d \leq \frac{A_s \cdot f_y \cdot jd}{V_u} = \frac{M_n}{V_u} \tag{5.8.4}$$

規範規定如下:

一、簡支梁:

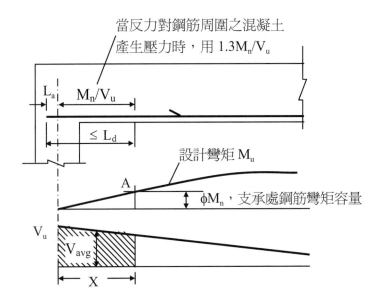

圖 5-8-5　簡支梁支承處鋼筋伸展長度之要求

$$L_d \leq \frac{M_n}{V_u} + L_a \tag{5.8.5}$$

當反力對鋼筋周圍之混凝土產生壓力作用時:

$$L_d \leq 1.3 \frac{M_n}{V_u} + L_a \tag{5.8.6}$$

式中:

M_n:支承處之標稱撓曲彎矩　$M_n = A_s f_y (d - \dfrac{a}{2})$

V_u:在支承處之設計剪力(放大載重之剪力)

L_a:超過支承中心之埋置長度

當鋼筋在超過簡支承中心線外端錨定爲標準彎鉤或相當標準彎鉤之機械錨定者，可不受上列公式之限制。

二、連續梁：

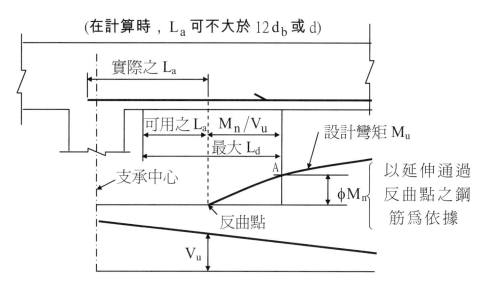

圖 5-8-6　連續梁反曲點處鋼筋伸展長度之要求

$$L_d \leq \frac{M_n}{V_u} + L_a \tag{5.8.7}$$

式中：

M_n：反曲點處之標稱撓曲彎矩

$$M_n = A_s f_y (d - \frac{a}{2})$$

V_u：在反曲點之設計剪力(放大載重之剪力)

L_a：超過反曲點之最大有效埋置長度

$$L_a \leq 12d_b \quad 或 \quad d$$

在實務設計上，可以下列方式來達到滿足上列規定公式的要求：

1、選用小號鋼筋，以降低 L_d。

2、使用較多的連續鋼筋穿過簡支梁處或反曲點處，以增加 M_n 值。

3、對簡支承處增加 L_a 或作彎鉤錨定。

例 5-8-1

如圖 5-8-7 所示之簡支梁，在跨度中央之正彎矩為 31 t-m，其所需之鋼筋面積為 17.5 cm^2，已知：b = 30 cm、d = 53.5 cm、f'_c = 210 kgf / cm^2、張力筋 f_y = 4200 kgf / cm^2、剪力筋 f_y = 2800 kgf / cm^2，選用 2-#7 及 2-#8 鋼筋，剪力筋為#3@15。試求：

　(1)2-#7 鋼筋的理論切斷位置。

　(2)依規範規定#7 鋼筋延伸跨度中心兩側之長度為何？

　(3)檢核#7 鋼筋之錨定。

　(4)若#8 鋼筋穿過支承中心之伸展長度 L_a = 20 cm，檢核其是否符合規範之規定。

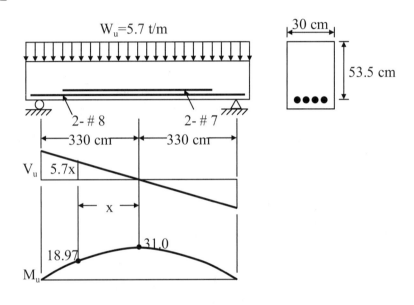

圖 5-8-7　簡支梁及斷面圖

＜解＞

　1、決定 2-#7 鋼筋的理論切斷位置：

　　(1)2-#7 及 2-#8 鋼筋面積：

$$A_s = 2 \times 3.871 + 2 \times 5.067 = 17.876 \quad cm^2$$

當僅選用 2-#8 鋼筋時：

$$a = \frac{A_s f_y}{0.85 f'_c b}$$

$$= \frac{10.134 \times 4200}{0.85 \times 210 \times 30} = 7.95 \quad cm$$

$$M_n = A_s f_y (d - \frac{a}{2})$$

$$= 10.134 \times 4200 \times (53.5 - \frac{7.95}{2})$$

$$= 2107923 \quad \text{kgf-cm}$$

$$= 21.08 \quad \text{t-m}$$

$$x = a/\beta_1 = 7.95/0.85 = 9.35 \quad \text{cm}$$

$$d_t = d = 53.5 \quad \text{cm}$$

$$x/d_t = 9.35/53.5 = 0.175 < 0.375$$

$$\therefore \phi = 0.9$$

$$M_u = \phi M_n = 0.9 \times 21.08 = 18.97 \quad \text{t-m}$$

(2) 由剪力圖，求 2 - # 7 鋼筋的理論切斷位置：

$$\frac{1}{2} \cdot (5.7x) \cdot (x) = 31.0 - 18.97$$

$$x = 2.05 \quad \text{m} = 205 \quad \text{cm}$$

所以，2 - # 7 鋼筋的理論切斷位置：

$$x = 205 \quad \text{cm}$$

2、計算# 7 鋼筋延伸跨度中心兩側之長度：

(1) 依規範規定：

$$12d_b = 12 \times 2.22 = 26.6 \quad \text{cm}$$

$$d = 53.5 \quad \text{cm}$$

(2) 實際切斷點位置：

$$x = 205 + 53.5 = 258.5 \quad \text{cm}$$

3、檢核# 7 鋼筋之錨定：

(1) 計算# 7 鋼筋之伸展長度：

$$L_{db} = \frac{0.28 d_b f_y}{\sqrt{f'_c}}$$

$$= \frac{0.28 \times 2.22 \times 4200}{\sqrt{210}} = 180.2 \text{ cm}$$

淨間距=(30 - 4×2 - 1×2 - 2×2.22 - 2×2.54)/3=3.5 cm $< 2 d_b$

鋼筋束制修正係數 0.75，所以# 7 鋼筋之伸展長度：

$$L_d = 180.2 \times 0.75 = 135 \quad \text{cm}$$

(2) 檢核# 7 鋼筋之錨定長度：

實際長度 $L = 258.5$ cm $> L_d$ \quad OK#

4、檢核是否符合規範之規定：

(1) 在支承處為 2 # 8 鋼筋之伸展長度：

$$L_{db} = \frac{0.28 d_b f_y}{\sqrt{f'_c}}$$

$$= \frac{0.28 \times 2.54 \times 4200}{\sqrt{210}} = 206.1 \text{ cm}$$

$$C_c = 4 + 0.95 = 4.95 \text{ cm}$$

$$C_s = (30 - 2 \times 4.95 - 2 \times 2.54)/2 == 7.51 \text{ cm}$$

$$C_s > C_c$$

$$\therefore k_{tr} = \frac{0.713 \times 2800}{105 \times 15 \times 1} = 1.286$$

$$c = \begin{cases} 4.95 + 2.54/2 = 6.22 \\ 7.51 + 2.54/2 = 8.78 \end{cases} 取小值 c = 6.22 \text{ cm}$$

$$C_r = \frac{2.54}{6.22 + 1.268} = 0.339 < 0.40$$

∴使用 $C_r = 0.4$

$$\therefore L_d = 206.1 \times 0.4 = 82.4 \text{ cm}$$

距離 2 - # 7 實際切斷點之實際長度

$$L = 20 + 330 - 258.5 = 91.5 \text{ cm}$$

$$> L_d = 82.4 \text{ cm} \quad \text{OK\#}$$

(2) 檢核是否符合規範之規定：

$$M_n = 21.08 \text{ t-m}$$

$$V_u = 5.7 \times 3.3 = 18.81 \text{ t}$$

$$L_a = 20 \text{ cm}$$

$$L_d \le 1.3 \frac{M_n}{V_u} + L_a$$

$$1.3 \frac{M_n}{V_u} + L_a = 1.3 \times \frac{21.08}{18.81} \times 100 + 20 = 165.69 \text{ cm}$$

$$> L_d = 82.4 \text{ cm} \quad \text{OK\#}$$

例 5-8-2

如圖 5-8-8 所示之懸臂梁，承受 $W_L = 4.83 \text{ t/m}$ 之均佈活載重及 $W_D = 1.1 \text{ t/m}$ 之均佈靜載重(含梁之自重)，$f'_c = 210 \text{ kgf/cm}^2$、$f_y = 2800 \text{ kgf/cm}^2$，在臨界斷面使用 4#11 之抗拉鋼筋，有效梁深為 60 cm。試求：(1)計算在臨界斷面

處# 11 鋼筋之錨定長度 x = ？(2)假設在 C 點附近之腹筋為# 3@25cm，如果其中兩根鋼筋要在 C 點被切斷，是否適當？若不恰當，應如何改善？

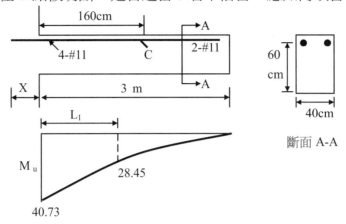

圖 5-8-8　懸臂梁及斷面圖

<解>

1、計算在臨界斷面處# 11 鋼筋之錨定長度：

11 頂層鋼筋：

$$L_{db} = \frac{0.28 d_b f_y}{\sqrt{f_c'}}$$

$$= \frac{0.28 \times 3.58 \times 2800}{\sqrt{210}} = 193.7 \text{ cm}$$

$$C_c = 4 + 0.95 = 4.95 \text{ cm}$$

$$C_s = (40 - 2 \times 4.95 - 4 \times 3.58)/(3 \times 2) = 2.63 \text{ cm}$$

$$C_c > C_s$$

$$\therefore k_{tr} = \frac{A_{tr} f_{yt}}{105 Sn} = \frac{2 \times 0.713 \times 2800}{105 \times 25 \times 4} = 0.38$$

$$c = \begin{cases} 4.95 + \dfrac{3.58}{2} = 6.74 \\ 2.63 + \dfrac{3.58}{2} = 4.42 \leftarrow 控制 \end{cases}$$

$$C_r = \frac{d_b}{c + k_{tr}} = \frac{3.58}{4.42 + 0.38} = 0.75$$

因頂層鋼筋之修正係數為 1.3，所以，# 11 鋼筋之伸展長度：

$$L_d = 193.7 \times 1.3 \times 0.75 = 188.9 \text{ cm} > 30 \text{ cm} \quad OK\#$$

2、計算 2- # 11 鋼筋之設計彎矩：

$$A_s = 2 \times 10.07 = 20.14 \quad \text{cm}^2$$

$$a = \frac{A_s f_y}{0.85 f'_c b}$$

$$= \frac{20.14 \times 2800}{0.85 \times 210 \times 40} = 7.898 \quad \text{cm}$$

$$M_n = A_s f_y (d - \frac{a}{2})$$

$$= 20.14 \times 2800 \times (60 - \frac{7.898}{2})$$

$$= 3160828 \quad \text{kgf-cm}$$

$$= 31.608 \quad \text{t-m}$$

$$x = a/\beta_1 = 7.898/0.85 = 9.292 \quad \text{cm}$$

$$d_t = d = 60 \quad \text{cm}$$

$$x/d_t = 9.292/60 = 0.155 < 0.375$$

$$\therefore \phi = 0.9$$

$$M_u = \phi M_n = 0.9 \times 31.608 = 28.45 \quad \text{t-m}$$

計算梁承受載重之最大彎矩：

$$W_u = 1.2 W_D + 1.6 W_L$$

$$= 1.2 \times 1.1 + 1.6 \times 4.83 = 9.05 \quad \text{t/m}$$

$$\text{max} \quad M_u = \frac{1}{2} W_u L^2$$

$$= \frac{1}{2} \times 9.05 \times 3^2 = 40.73 \quad \text{t-m}$$

決定理論切斷點位置：

$$\frac{28.45}{40.73} = \frac{(3 - L_1)^2}{3^2}$$

$$L_1^2 - 6L_1 + 9 = 6.287$$

$$L_1^2 - 6L_1 + 2.713 = 0$$

$$L_1 = 0.493 \text{ m} = 49.3 \text{ cm}$$

所以，2 - #11 鋼筋的理論切斷點位置：

$$L_1 = 49.3 \quad \text{cm}$$

又 $12 d_b = 12 \times 3.58 = 42.96 \quad \text{cm}$

$$d = 60.0 \quad \text{cm} \qquad (控制)$$

所以，實際切斷點位置：

$L_1 = 49.3 + 60 = 109.3$ cm $<$ $L_d = 188.9$ cm

依規範之規定，在 160 cm 處，2 - # 11 鋼筋不可被切斷。

若箍筋改使用#4@10，則

$Cc = 4 + 1.27 = 5.27$ cm

$Cs = (40 - 2 \times 5.27 - 4 \times 3.58)/(3 \times 2) = 2.52$ cm

$C_c > C_s$

$c = 2.52 + 3.58/2 = 4.31$ cm

$k_{tr} = \dfrac{2 \times 1.27 \times 2800}{105 \times 10 \times 4} = 1.693$

$C_r = \dfrac{3.58}{4.31 + 1.693} = 0.596$

$L_d = 193.7 \times 1.3 \times 0.596 = 150.08$ cm

則可在 160cm 處切斷

3、當箍筋改用#4@10 時，檢核是否符合規範之規定：

切斷點之剪力容量：

$V_u = 9.05 \times (3 - 1.6) = 12.67$ t

腹筋提供之剪力強度 V_s (#4@10)：

$$V_s = \frac{A_v f_y d}{S}$$

$$= \frac{2 \times 1.27 \times 2800 \times 60}{10} = 42672 \text{ kgf}$$

$$= 42.67 \text{ t} < V_{s,max} = 2.12\sqrt{210} \times 40 \times 60/1000 = 73.7 \text{ t}$$

混凝土之剪力強度 V_c：

$$V_c = 0.53\sqrt{f_c'}\,bd$$

$$= 0.53 \times \sqrt{210} \times 40 \times 60 = 18433 \text{ kgf} = 18.43 \text{ t}$$

$$V_n = V_s + V_c = 42.67 + 18.43 = 61.10 \text{ t}$$

$$V_u \le \frac{2}{3}\phi(V_c + V_s) = \frac{2}{3}\phi V_n$$

$$12.67 \le \frac{2}{3} \times 0.75 \times 61.10 = 30.55 \text{ t} \qquad OK\#$$

例 5-8-3

如圖 5-8-9 所示之懸臂簡支梁，在放大荷重作用之下，其剪力圖及彎矩圖如圖所示，已知：$b = 30$ cm、$d = d_t = 50$ cm、材料之 $f'_c = 210$ kgf/cm^2、$f_y = 3500$ kgf/cm^2(張力筋及剪力筋)。試依規範規定設計此梁之張力筋，並繪其細部圖。（支承寬度忽略不計）

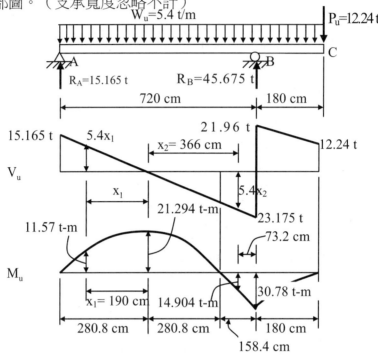

圖 5-8-9　懸臂簡支梁

<解>

1、AB 跨度間之正鋼筋量：

$M_u = 21.294$ t-m

假設張力控制斷面，$\phi = 0.90$

$$m = \frac{f_y}{0.85 f'_c} = \frac{3500}{0.85 \times 210} = 19.608$$

$$R_n = \frac{M_u}{\phi b d^2} = \frac{21.294 \times 10^5}{0.9 \times 30 \times 50^2} = 31.547 \quad \text{kgf/cm}^2$$

$$\rho = \frac{1}{m}(1 - \sqrt{1 - \frac{2mR_n}{f_y}})$$

$$= \frac{1}{19.608}(1 - \sqrt{1 - \frac{2 \times 19.608 \times 31.547}{3500}}) = 0.010$$

$$\rho_{max} = \frac{3}{7} \times \left(\frac{0.85f_c'}{f_y} \right) \beta_1 \frac{d_t}{d} = \frac{3}{7} \times \frac{0.85 \times 210}{3500} \times 0.85 = 0.0186$$

$$\rho_{min} = 0.004$$

$$A_{s,max} = 0.0186 \times 30 \times 50 = 27.9 \ cm^2$$

$$\rho_{min} < \rho < \rho_{max}$$

$$A_s = \rho bd = 0.010 \times 30 \times 50 = 15.00 \ cm^2 < A_{s,max}$$

使用 2 # 7 及 2 # 8 鋼筋：

$$b_{min} = 4.95 \times 2 + 2 \times 2.22 + 2 \times 2.54 + 2 \times 2.54 + 2.5 = 27.0 < 30$$

$$A_s = 2 \times 3.871 + 2 \times 5.067 = 17.876 \ cm^2 > 15.00 \ cm^2 \qquad OK\#$$

檢核 ϕ：

$$a = \frac{A_s f_y}{0.85 f_c' b} = \frac{17.876 \times 3500}{0.85 \times 210 \times 30} = 11.684 \ cm$$

$$x = a/\beta_1 = 11.684/0.85 = 13.746 \ cm$$

$$d_t = d = 50 \ cm$$

$$x/d_t = 13.746/50 = 0.275 < 0.375$$

$$\therefore \phi = 0.9 \qquad OK\#$$

負彎矩鋼筋：

$$M_u = 30.78 \ t\text{-}m$$

假設張力控制斷面 $\phi = 0.9$

$$m = \frac{f_y}{0.85 f_c'}$$

$$= \frac{3500}{0.85 \times 210} = 19.608$$

$$R_n = \frac{M_u}{\phi bd^2}$$

$$= \frac{30.78 \times 10^5}{0.9 \times 30 \times 50^2} = 45.6 \ kgf/cm^2$$

$$\rho = \frac{1}{m}(1 - \sqrt{1 - \frac{2mR_n}{f_y}})$$

$$= \frac{1}{19.608}(1 - \sqrt{1 - \frac{2 \times 19.608 \times 45.6}{3500}})$$

$$= 0.0153 < \rho_{max}$$

$$A_s = \rho bd = 0.0153 \times 30 \times 50 = 22.95 \quad cm^2$$

使用 2-#8 及 2-#10 鋼筋：

$$b_{min} = 4.95 \times 2 + 2 \times 3.22 + 2 \times 2.54 + 2 \times 3.22 + 2.54 = 30.4 \approx 30$$

$$A_s = 2 \times 5.067 + 2 \times 8.143 = 26.42 \quad cm^2 > 22.95 \quad cm^2 \quad OK\#$$

檢核 ϕ：

$$a = \frac{26.42 \times 3500}{0.85 \times 210 \times 30} = 17.268 \quad cm$$

$$x = a/\beta_1 = 20.32 \quad cm$$

$$d_t = d = 50 \quad cm$$

$$x/d_t = 20.32/50 = 0.406 > 0.375$$

$$\therefore \phi = 0.23 + 0.25/0.406 = 0.846$$

$$\phi M_n = 0.846 \times 26.42 \times 3500 \times \left(50 - \frac{17.268}{2}\right) \times 10^{-5}$$

$$= 32.36 \quad t\text{-}m > \quad 30.78 \quad t\text{-}m \quad\quad OK\#$$

2、剪力筋設計：

左支承處：

在臨界斷面之剪力強度 V_u：

$$V_u = 15.165 - 5.4 \times 0.5 = 12.465 \quad t$$

混凝土之剪力強度 V_c：

$$V_c = 0.53\sqrt{f_c'}\, bd$$

$$= 0.53 \times \sqrt{210} \times 30 \times 50$$

$$= 11520 \quad kgf = 11.52 \quad t$$

剪力筋需提供之剪力強度 V_s：

$$V_n = \frac{V_u}{\phi} = V_s + V_c$$

$$V_s = \frac{V_u}{\phi} - V_c$$

$$= \frac{12.465}{0.75} - 11.52 = 5.10 \quad t$$

$$< 0.5 V_{s,max} = 1.06\sqrt{f_c'}\, bd = 23.04 \, t$$

決定剪力筋之間距：

假設使用#3U 型剪力筋

$$S = \frac{A_v f_y d}{V_s} = \frac{2 \times 0.713 \times 3500 \times 50}{5100} = 48.9 \quad cm$$

$$S = \frac{d}{2} = \frac{50}{2} = 25 \quad cm \qquad \text{(控制)}$$

$$S = 60 \quad cm$$

所以，剪力筋採用# 3 @ 25 cm。

右支承處：

在臨界斷面之 V_u：

$$V_u = 23.715 - 5.4 \times 0.5 = 21.015 \quad t$$

混凝土之剪力強度 V_c：

$$V_c = 11.52 \quad t$$

剪力筋需提供之剪力強度 V_s：

$$V_n = \frac{V_u}{\phi} = V_s + V_c$$

$$V_s = \frac{V_u}{\phi} - V_c = \frac{21.015}{0.75} - 11.52 = 16.50 \quad t$$

$$< 0.5 V_{s,max} = 1.06 \sqrt{f_c'} \, bd = 23.04 \, t$$

決定剪力筋之間距：

$$S = \frac{A_v f_y d}{V_s}$$

$$= \frac{2 \times 0.713 \times 3500 \times 50}{16.50} = 15.12 \quad cm \quad \text{(控制)}$$

$$S = \frac{d}{2} = \frac{50}{2} = 25 \quad cm$$

$$S = 60 \quad cm$$

所以，剪力筋採用# 3 @ 15 cm。

3、正彎矩鋼筋切斷點：

依規範之規定，必須有 $\frac{1}{3}$ 鋼筋延伸過支承 15 cm(非抵抗側力系統規範規定之最小值)。因此保留 2- # 7 鋼筋延伸入支承 2- # 7 鋼筋：

$$A_s = 2 \times 3.871 = 7.742 \quad cm^2$$

檢核 2 - # 7 鋼筋之錨定長度：

$$L_{db} = \frac{0.28 d_b f_y}{\sqrt{f_c'}}$$

$$= \frac{0.28 \times 2.22 \times 3500}{\sqrt{210}} = 150.13 \text{ cm}$$

$$C_c = 4 + 0.95 = 4.95 \text{ cm}$$

$$C_s = (30 - 2 \times 4.95 - 2 \times 2.22)/2 = 7.83 \text{ cm} \qquad 取小值$$

$$C_c < C_s$$

$$\therefore c = 4.95 + 2.22/2 = 6.06 \text{ cm}$$

$$k_{tr} = \frac{0.713 \times 3500}{105 \times 25 \times 1} = 0.951$$

$$C_r = \frac{d_b}{c + k_{tr}} = \frac{2.22}{6.06 + 0.951} = 0.317 < 0.4$$

使用$C_r = 0.40$

$$\therefore L_d = 150.13 \times 0.4 = 60.05 \text{ cm}$$

所以，2 - #7 鋼筋之伸展長度：

$$L_d = 60.05 \text{ cm}$$

計算 2 - #7 鋼筋之標稱彎矩強度M_n：

$$A_s = 2 \times 3.871 = 7.742 \text{ cm}^2$$

$$a = \frac{A_s f_y}{0.85 f_c' b}$$

$$= \frac{7.742 \times 3500}{0.85 \times 210 \times 30} = 5.06 \text{ cm}$$

$$M_n = A_s f_y (d - \frac{a}{2})$$

$$= 7.742 \times 3500 \times (50 - \frac{5.06}{2})$$

$$= 1286000 \text{ kg - cm} = 12.86 \text{ t-m}$$

在支承處：

假設超過支承處之埋置長度 $L_a = 15 \text{ cm}$

依規範規定：

$$L_d \leq 1.3 \frac{M_n}{V_u} + L_a$$

$$1.3 \frac{M_n}{V_u} + L_a = 1.3 \times \frac{12.86}{15.165} \times 100 + 15 = 125.24 \quad \text{cm}$$

$$> L_d = 60.05 \quad \text{cm} \qquad \text{OK}\#$$

在反曲點處：

保留 2-#7 鋼筋通過反曲點

依規範規定：

$$12d_b = 12 \times 2.22 = 26.64 \quad \text{cm}$$

$$d = 50 \quad \text{cm} \qquad \text{(控制)}$$

所以，超過反曲點之埋置長度 $L_a = 50$ cm

$$L_d \leq \frac{M_n}{V_u} + L_a$$

$$\frac{M_n}{V_u} + L_a = \frac{12.86}{15.165} \times 100 + 50 = 134.8 \quad \text{cm} > L_d$$

$$\therefore L_d = 60.05 < 134.8 \qquad \text{OK}\#$$

決定 2 - #8 鋼筋切斷點位置：

計算 2 - #7 鋼筋之標稱彎矩強度：

$$M_n = 12.86 \quad \text{t-m}$$

張力控制斷面 $\therefore \phi = 0.9$

$$M_u = \phi M_n = 0.9 \times 12.86 = 11.57 \quad \text{t-m}$$

理論切斷點位置：

$$\frac{1}{2} \cdot (5.4x_1) \cdot (x_1) = 21.294 - 11.57$$

$$x_1 = 1.90 \quad \text{m} = 190 \quad \text{cm}$$

依規範規定：

$$12d_b = 12 \times 2.54 = 30.5 \quad \text{cm}$$

$$d = 50 \quad \text{cm} \qquad \text{(控制)}$$

實際切斷點位置：

$$x_1 = 190 + 50 = 240 \quad \text{cm}$$

(如圖 5-8-9 及 5-8-10 所示，距左支承=280.8-240 =40.8cm，距右支承= 280.8+158.4-240=199.2cm)

檢核 #8 鋼筋之錨定長度：

$$L_{db} = \frac{0.28d_b f_y}{\sqrt{f_c'}} = \frac{0.28 \times 2.54 \times 3500}{\sqrt{210}} = 171.77 \quad \text{cm}$$

$$C_c = 4 + 0.95 = 4.95 \text{ cm}$$

$$C_s = (30 - 2 \times 4.95 - 2 \times 2.22 - 2 \times 2.54)/6 = 1.763 \text{ cm}$$

$$C_c > C_s$$

$$\therefore c = 1.763 + 2.54/2 = 3.033 \text{ cm}$$

$$k_{tr} = \frac{2 \times 0.713 \times 3500}{105 \times 25 \times 4} = 0.475$$

$$\therefore C_r = \frac{2.54}{3.033 + 0.475} = 0.724$$

所以，#8 鋼筋之伸展長度：

$$L_d = 171.77 \times 0.724 = 124.36 \text{ cm}$$

實際之伸展長度：

$$x = 240 \text{ cm} > L_d \quad OK\#$$

檢核切斷點之剪力強度是否符合規範之規定：

切斷點之剪力強度：

$$V_u = 5.4x_1 = 5.4 \times 2.4 = 12.96 \text{ t}$$

剪力筋提供之剪力強度 V_s：

$$V_s = \frac{A_v f_y d}{S}$$

$$= \frac{2 \times 0.713 \times 3500 \times 50}{25} = 9982 \text{ kgf} = 9.98 \text{ t}$$

混凝土之剪力強度 V_c：

$$V_c = 0.53\sqrt{f_c'}\,bd$$

$$= 0.53 \times \sqrt{210} \times 30 \times 50 = 11520 \text{ kgf} = 11.52 \text{ t}$$

$$\phi V_n = \phi(V_s + V_c)$$

$$= 0.75 \times (9.98 + 11.52) = 16.125 \text{ t}$$

$$\frac{2}{3}\phi(V_c + V_s) = \frac{2}{3}\phi V_n$$

$$= \frac{2}{3} \times 16.125 = 10.75 \text{ t} < V_u = 12.96 \text{ t} \quad NG$$

所以，不符合 $V_u \leq \dfrac{2}{3}\phi(V_c + V_s)$ 之規定。

因此，必須提高剪力筋之剪力強度 V_s，即在切斷處將剪力筋間距加密，剪力筋改採用#3@15cm。

重新檢核切斷點之剪力強度是否符合規範之規定：

剪力筋提供之剪力強度 V_s ：

$$V_s = \frac{A_v f_y d}{S}$$

$$= \frac{2 \times 0.713 \times 3500 \times 50}{15} = 16637 \quad kgf = 16.637 \quad t$$

$$\phi V_n = \phi(V_s + V_c)$$

$$= 0.75 \times (16.637 + 11.52) = 21.12 \quad t$$

$$V_u \leq \frac{2}{3} \phi(V_c + V_s) = \frac{2}{3} \phi V_n$$

$$= \frac{2}{3} \times 21.12 = 14.08 \quad t \quad > V_u = 12.96$$

所以，符合 $V_u \leq \frac{2}{3} \phi(V_c + V_s)$ 之規定。

4、決定 2 - #10 負彎矩鋼筋在支承 B 左側之切斷點位置：

計算 2 - #8 鋼筋之標稱彎矩強度：

$$A_s = 2 \times 5.067 = 10.134 \quad cm^2$$

$$a = \frac{A_s f_y}{0.85 f_c' b}$$

$$= \frac{10.134 \times 3500}{0.85 \times 210 \times 30} = 6.62 \quad cm$$

$$M_n = A_s f_y (d - \frac{a}{2})$$

$$= 10.134 \times 3500 \times (50 - \frac{6.62}{2})$$

$$= 1656048 \quad kgf\text{-}cm = 16.56 \quad t\text{-}m$$

張力控制斷面 $\therefore \phi = 0.9$

$$M_u = \phi M_n = 0.9 \times 16.56 = 14.904 \quad t\text{-}m$$

決定理論切斷點位置：

$$\frac{1}{2} \cdot (5.4x_2) \cdot (x_2) = 21.294 + 14.904$$

$$x_2 = 3.66 \quad m = 366 \quad cm$$

距支承 B 之距離：

$$720 - 280.8 - 366 = 73.2 \quad cm$$

依規範規定：

$$12d_b = 12 \times 3.22 = 38.64 \quad cm$$

$$d = 50 \quad cm \qquad (控制)$$

所以 2-#10 法規規定之切斷點距支承 B 之距離：

$$x_2 = 73.2 + 50 = 123.2 \ \text{cm}$$

檢核 ＃10 鋼筋之錨定長度：

$$L_{db} = \frac{0.28 d_b f_y}{\sqrt{f_c'}} = \frac{0.28 \times 3.22 \times 3500}{\sqrt{210}} = 217.76 \ \text{cm}$$

參考前面#8 筋之計算，直接使用簡化式：

$$C_r = 0.75$$

因頂層筋，修正係數為 1.3，所以，＃10 鋼筋之伸展長度：

$$\therefore L_d = 217.76 \times 1.3 \times 0.75 \times \frac{22.95}{26.42} = 184.4 \ \text{cm} > 123.2 \ \text{cm}$$

取 2-#10 鋼筋切斷點距支承 B 之實際長度：

$$x = 185 \ \text{cm} \quad > \quad L_d \quad \text{OK\#}$$

檢核切斷點之剪力強度是否符合規範之規定：
切斷點之剪力強度：

$$720 - 280.8 - 185 = 254.2 \ \text{cm}$$

$$V_u = 5.4 \times 2.542 = 13.73 \ \text{t}$$

剪力筋提供之剪力強度 V_s：

選用 ＃3 @ 15 cm 時

$$V_s = \frac{A_v f_y d}{S}$$

$$= \frac{2 \times 0.713 \times 3500 \times 50}{15} = 16637 \ \text{kgf} = 16.637 \ \text{t}$$

混凝土之剪力強度 V_c：

$$V_c = 0.53 \sqrt{f_c'} bd$$
$$= 0.53 \times \sqrt{210} \times 30 \times 50$$
$$= 11520 \ \text{kgf} = 11.52 \ \text{t}$$
$$\phi V_n = \phi (V_s + V_c)$$
$$= 0.75 \times (16.637 + 11.52) = 21.12 \ \text{t}$$
$$V_u \leq \frac{2}{3} \phi (V_c + V_s) = \frac{2}{3} \phi V_n$$
$$= \frac{2}{3} \times 21.12 = 14.08 \ \text{t} > V_u = 13.73 \ \text{t}$$

5、決定#8 鋼筋在支承 B 左側之切斷點：

負彎矩鋼筋至少有 $\frac{1}{3}$ 通過反曲點或 d、$12 d_b$ 或 $\frac{L_n}{16}$：

$$d = 50 \quad cm \qquad\qquad (控制)$$

$$12d_b = 12 \times 2.54 = 30.48 \quad cm$$

$$\frac{1}{16}L_n = \frac{1}{16} \times 720 = 45 \quad cm$$

所以，切斷點距支承 B 之距離：

$$x = 158.4 + 50 = 208.4 \quad cm$$

#8 鋼筋應超過#10 鋼筋之理論切斷點之最小長度應達 L_d 以上

計算#8 鋼筋之錨定長度：

$$L_{db} = \frac{0.28 d_b f_y}{\sqrt{f_c'}}$$

$$= \frac{0.28 \times 2.54 \times 3500}{\sqrt{210}} = 171.77 \ cm$$

取簡化式 $C_r = 0.75$

#8 頂層筋之伸展長度：

$$L_d = 171.77 \times 1.3 \times 0.75 = 167.48 \ cm$$

實際長度 $L = 208.4 - 73.2 = 135.2 < L_d = 167.48 \ cm$　　NG

故切斷點選取在距離支承 B 左側 167.48+73.2=240.68 cm，取 250 cm 處。

6、#10 鋼筋懸臂部份之錨定：

$$L_{db} = 217.76 \quad cm$$

取簡化式 $C_r = 0.75$

$$\therefore L_d = 217.76 \times 1.3 \times 0.75 \times \frac{22.95}{26.42} = 184.4 \quad cm$$

實際長度 $= 180 - 5 = 175 \quad cm \qquad < L_d \qquad$ NG

如果箍筋改用#4@10 則

$$C_c > C_s$$

$$c = \frac{(30 - 2 \times 5.27 - 2 \times 3.22 - 2 \times 2.54)}{6} + \frac{3.22}{2} = 2.93$$

$$k_{tr} = \frac{2 \times 1.267 \times 3500}{105 \times 10 \times 4} = 2.11$$

$$\therefore C_r = \frac{3.22}{2.93 + 2.11} = 0.639$$

$$\therefore L_d = 217.76 \times 1.3 \times 0.639 \times \frac{22.95}{26.42} = 157 < 175 \ OK\#$$

7、配筋圖

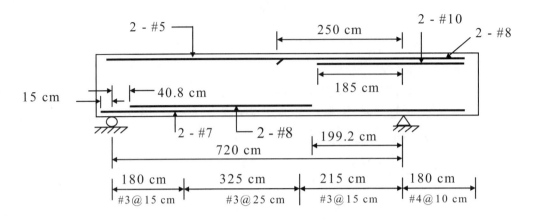

圖 5-8-10　配筋圖

　　由上例的計算可知，在計算一根梁主筋切斷點位置的過程是一項相當繁瑣的工作。而在一般實務界，對於主筋切斷點的決定常依照所謂標準圖來決定如圖 5-8-11 及圖 5-8-12 所示[5.16,5.17]。

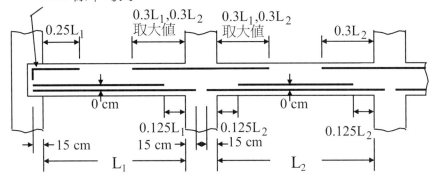

(a)連續梁之端跨及內跨

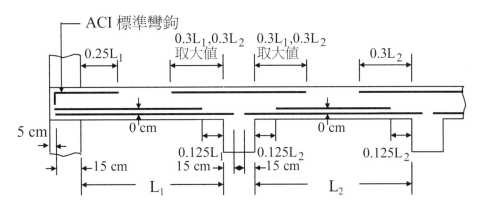

(b)連續單向版之端跨及內跨

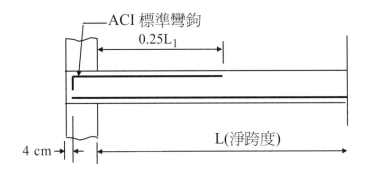

(c)簡支單跨單向版

圖 5-8-11　ACI 常用鋼筋切斷位置圖[5.16]

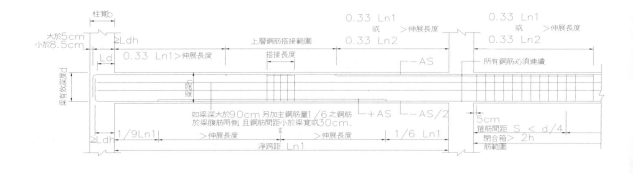

(a)連續梁之端跨

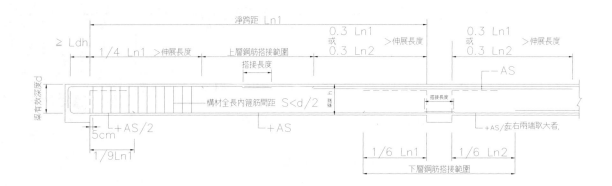

(b)小梁端跨

圖 5-8-12　國內常用鋼筋切斷及起彎位置圖[5.17]

5-9 鋼筋的續接

鋼筋在之工廠出廠時，一般有一定的長度，通常有 6 公尺、12 公尺及 18 公尺等尺寸。在工地施工時，較短鋼筋的施工較方便，因此常需用到續接鋼筋。最常用之續接方式為如圖 5-9-1 之搭接。

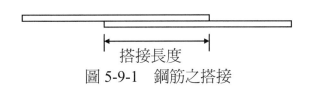

搭接長度

圖 5-9-1　鋼筋之搭接

鋼筋續接時，除需避開鋼筋應力最大點外，還需注意不可因續接造成鋼筋過度密集而影響混凝土的澆濤。一般續接時必須注意下列事項：
1、避免在最大應力作用位置續接。
2、多根鋼筋需續接時，不要集中在同一斷面上。
鋼筋續接方式，通常有下列兩種：
1、搭接(Lapping)：　11 號以內鋼筋，一般使用此法，搭接時，應儘量使鋼筋接觸或用鉛絲捆緊，以免澆置混凝土時造成鋼筋的分離。當鋼筋作不接觸搭接時，其側向間距不得大於搭接長度之 1/5 或 15 cm。鋼筋搭接所需長度，依受力情形有所不同：
  (1) 張力鋼筋：可採用伸展長度為搭接長度，另外依鋼筋用量及續接百分比。最小搭接長度為：甲級：$1.0L_d$，乙級：$1.3L_d$，此時之 L_d 不可作超量鋼筋之修正，其值不得小於 30 cm。甲級及乙級分類如下表：

表 5-9-1　抗拉竹節鋼筋之搭接長度等級

搭接鋼筋面積百分比　　鋼筋使用量	≤50%	>50%
使用之A_s／需要之A_s ≥ 2	甲級	乙級
使用之A_s／需要之A_s < 2	乙級	乙級

束筋之搭接長度亦可用上表所列之值，但三根一束鋼筋長度需增加 20 %，四根一束鋼筋需增加 33 %。

(2) 壓力鋼筋：

當 $f'_c \geq 210$ kgf/cm^2 時

(a) $f_y \leq 4200$ kgf/cm^2

$$L_{lap} = 0.0071d_bf_y \geq 30 \text{ cm}$$

$$[L_{lap} = 0.0005d_bf_y \geq 12 \text{ in}]$$

(b) $f_y > 4200$ kgf/cm^2

$$L_{lap} = (0.013d_bf_y - 24)d_b \geq 30 \text{ cm}$$

$$[L_{lap} = (0.0009d_bf_y - 24)d_b \geq 12 \text{ in}]$$

當 $f'_c < 210$ kgf/cm^2 時上述之長度，必須增加 $\dfrac{1}{3}$。

2、銲接或機械式續接器：一般使用在大號數鋼筋上，如#14、#18等鋼筋，或是施工位置特殊，無法以搭接方式施工者，如地下室之邊柱，往往受到擋土設施圍令之限制，使得柱預留筋長度無法滿足搭接之要求，此時必須以銲接或續接器對接方式施工。使用全銲續接時，鋼筋必需使用可銲鋼筋，其接合處之抗拉強度至少達鋼筋以 $1.25f_y$ 計算得之強度。如果使用機械式續接器續接時，其抗拉或抗壓強度至少達鋼筋以 $1.25f_y$ 計算得之強度外，尚需考慮滑動量、延展性、伸長率、實測強度、續接位置、續接器間距、保護層厚度等對構材之影響，並符合其他有關規定。國內對鋼筋續接器之相關規範研究，請參考文獻[5.18,5.19]。

<u>參考文獻</u>

5.1 C.K. Wang, & C.G. Salmon, Reinforced Concrete Design, 5th ed., Harper Collins, 1992.

5.2 A.H. Nilson & George Winter, Design of Concrete Structures, 11th ed., McGRAW - Hill, 1991.

5.3 ACI committee 408, "Bond-Stress-The State of the Art, " ACI J., Proceedings Vol.63, No.11, 1966, pp.1161-1190.

5.4 Emory L. Kemp, "Bond in Reinforced Concrete: Behavior and design Criteria," ACI Journal, Proceedings, 83, Jan.-Feb. 1986, pp.50-57

5.5 C.O. Orangun, J.O. Jirsa & J.E. Breen, "A Reevaluation of Test Data on Development Length and Splices, " ACI J., Proceedings Vol.74, No.3 Mar, 1997, pp.114-122

5.6 J.O. Jirsa & J.E. Breen, "Influence of Casting Position and Shear on Development and Splice Length-Design Recommendations, " Research Report 242-3F, Center of Transportation Research, Brean of Engineering Research, The U of Texas at Austin, Nov.1981.

5.7 P.R. Jeanty, Dennis Mitchell & M.S. Mirza, "Investigation of Top Bar Effects in Beams, " ACI Structural J., Vol.85, No.3, May-June 1988, pp.251-257.

5.8 ACI Committee 318, "Building Code Requirement for Reinforced Concrete (ACI 318-02)", American Concrete Institute, 2002

5.9 中國土木水利工程學會，混凝土工程設計規範與解說[土木 401-93]，混凝土工程委員會，科技圖書公司，民國 93 年 12 月

5.10 LeRoy A. Lutz, "Crack Control Factor for Bundled Bars and for Bars of Different Sizes," ACI Journal, Proceedings.71, January 1974.

5.11 ACI Committee 408, "Suggested Development, Splice, and Standard Hook Provisions for Deformed Bars in Tension," ACI Detroit, 1990.

5.12 J.O. Jirsa, L.A. Lutz and Peter Gergely, "Rationale for Suggested Development, Splice, and Standard Hook Provisions for Deformed Bars in Tension, " Concrete International：Design & Construction, Vol.1, No.7, July 1979.

5.13 J.P. Moehle, J.W. Wallace & S.J. Hwang, "Anchorage Lengths for Straight Bars in Tension," ACI Structural Journal, Vol.88, No.5, 1991, pp.531-537

5.14 R.A. Treece & J.O. Jirsa, "Bond Strength of Epoxy-Coated Reinforcing Bars," ACI Material J., Vol.86, No.2, 1989, PP.167-174

5.15 R.G. Mathy & J.R. Clifton, "Bond of Coated Reinforcing Bars in Concrete," J. of the Structural D., ASCE, Vol.102, No. ST1, Jan. 1976, pp.215-228

5.16 ACI Committee 315. "ACI Detailing Manual-1994." ACI, Detroit, 1994

5.17 台灣省結構工程技師公會， "鋼筋混凝土工程施工標準圖" ，2001

5.18 陳正誠、沈進發，"鋼筋續接器續接之施工規範與使用準則研究"，財團法人台灣工業技術研究發展基金會，民國 86 年。

5.19 何明錦、陳正誠、黃伯誠，" 鋼筋續接器續接設計規範與施工規範及解

說研修”，內政部建築研究所研究報告，民國 93 年 12 月。

習題

5-1 何謂撓曲握裹應力(Flexural Bond Stress)及錨定握裹應力(Anchorage Bond Stress)？並分別推導兩者之計算公式。

5-2 何謂伸展長度(Development Length)？並說明影響之因素有那些？

5-3 何謂成束鋼筋(Bundled Bars)？並說明我國建築技術規則對成束鋼筋之規定及其應注意事項。

5-4 何謂標準彎鉤(Standard Hook)？並說明我國建築技術規則對標準彎鉤之規定。

5-5 如圖所示之標準彎鉤，使用#10 頂層張力筋，已知：材料 $f'_c = 210$ kgf/cm^2、$f_y = 2800$ kgf/cm^2，柱使用#3@10 之箍筋，依 ACI Code 之規定，試求：(1) 該標準彎鉤所需之最小長度。(2) 該標準彎鉤相當之直線鋼筋長度。

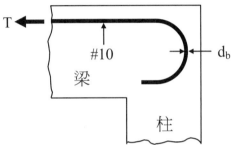

5-6 在梁柱交接處，梁中使用# 6 頂層張力筋延伸入柱內，末端附有標準彎鉤，如圖所示。已知：材料之 $f'_c = 280$ kgf/cm^2、$f_y = 2800$ kgf/cm^2，依我國規範規定，試求：張力筋延伸入柱內所需之最小長度(自梁柱交接面 C 點起算)。

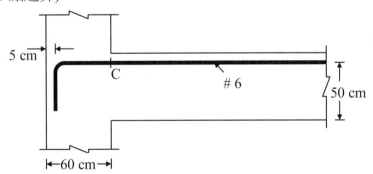

5-7 如下圖所示之鋼筋混凝土版，已知：$f'_c = 210$ kgf/cm^2、$f_y = 2800$ kgf/cm^2，版淨保護層厚為 2 公分試求其上、下層鋼筋所需之伸展長度為何？

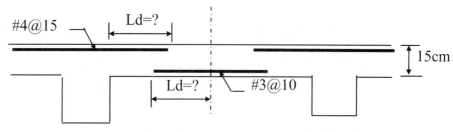

5-8 如下圖所示之鋼筋混凝土版，試求其上、下層鋼筋所需之伸展長度為何？已知：$f'_c = 210 \text{ kgf} / \text{cm}^2$、$f_y = 2800 \text{ kgf} / \text{cm}^2$，版淨保護層厚為 2 公分。

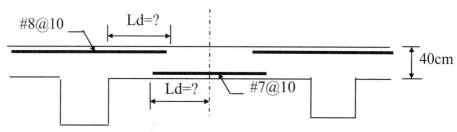

5-9 如習題 5-7，但其混凝土材料使用輕質骨材，試求其上、下層鋼筋所需之伸展長度為何？

5-10 如習題 5-8，但其鋼筋為防止腐蝕作用而以環氧樹脂塗佈，版淨保護層厚加厚為 5 公分，試求其上、下層鋼筋所需之伸展長度為何？

5-11 有一梁柱接頭如下圖所示 $f'_c = 210 \text{ kgf} / \text{cm}^2$，梁柱接頭之圍束筋為 #4@10，$f_{yt} = 2800 \text{ kgf} / \text{cm}^2$，梁有效深度 d=60cm，如果梁張力筋使用 (a)#5 筋 $f_y = 2800 \text{ kgf} / \text{cm}^2$，(b)#7 筋 $f_y = 4200 \text{ kgf} / \text{cm}^2$，(c)#8 筋 $f_y = 4200 \text{ kgf} / \text{cm}^2$，時求該柱最小之尺寸 D_{min}=?。

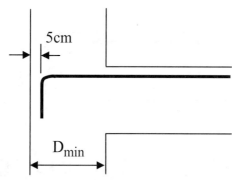

5-12 如習題 5-11，但假設張力筋不使用標準彎鉤錨定時，所需柱之最小尺寸 Dmin 為何？

5-13 如圖所示之懸臂梁，該梁之懸臂長度 $L_1 = 300$ cm，伸入柱內長度 $L_2 = 120$ cm，承受均佈靜載重 $W_D = 1$ t/m (含梁自重)，均佈活載重 $W_L = 1.5$ t/m，在梁之臨界斷面處排置 4-#8 鋼筋，如圖斷面 A-A 所示，全梁使用 #3 箍筋。欲在距臨界斷面 180 cm 處將其中兩根 #8 鋼筋切斷，此處箍筋之間距 $S = 15$ cm。已知：$b = 30$ cm、$h = 60$ cm、$d = 50$ cm、材料之 $f'_c = 280$ kgf/cm^2、$f_y = 2800$ kgf/cm^2。試依我國規範檢核(1)該鋼筋的切斷點位置是否符合規定？(2)該鋼筋之埋置(錨定)長度是否足夠？

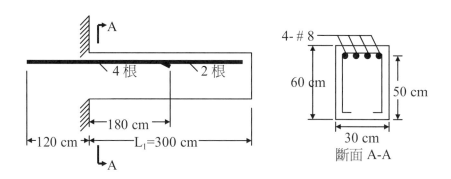

斷面 A-A

5-14 如下圖所示之懸臂梁，$f'_c = 280$ kgf/cm^2、$f_y = 4200$ kgf/cm^2，試檢核其伸展長度是否符合我國規範之要求？

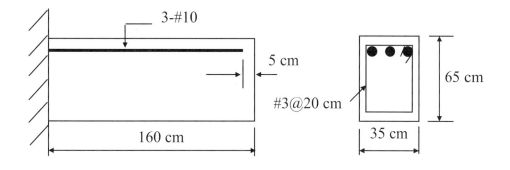

5-15 有一簡支梁如下圖所示，梁斷面為 40×60，使用 6-#8 張力筋，假如分兩次切斷鋼筋，每次切兩根，$f'_c = 210$ kgf/cm^2，張力筋 $f_y = 4200$ kgf/cm^2，剪力筋 $f_y = 2800$ kgf/cm^2。假設剪力筋全梁

皆配置 #3@15 。載重含梁自重。試求其切斷點位置？

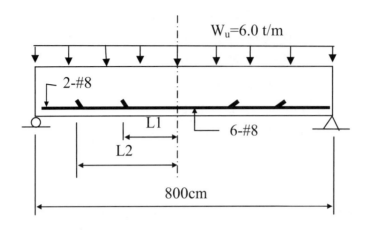

5-16 如習題 5-15，假設其支承寬 40 公分，且剩下之 2-#8 張力筋延伸入支承面內 20 公分，試依我國規範規定，檢核在支承處張力筋之伸展長度是否符合規定。

5-17 有一懸臂梁長 4 公尺，懸臂端承受一集中靜載重 18 噸，集中活載重 14 噸，試以最大鋼筋量 $0.5\rho_{max}$ 設計該梁，假設有一半的張力筋將被切斷，梁自重可忽略不計。$f'_c = 280 \text{ kgf / cm}^2$、張力筋 $f_y = 4200 \text{ kgf / cm}^2$，剪力筋 $f_y = 2800 \text{ kgf / cm}^2$。請決定其適當之切斷點。

5-18 有一跨度為 7 公尺之矩形簡支梁，支承寬 50 公分，其上承載均佈靜載重(含自重) 4.5 t/m 及均佈活載重 5 t/m，試以最大鋼筋量 $0.5\rho_{max}$ 設計該梁主筋，假設有一半的主筋將被切斷，而剩下鋼筋將延伸入支承面內 20 公分，$f'_c = 280 \text{ kgf / cm}^2$、張力筋 $f_y = 4200 \text{ kgf / cm}^2$，剪力筋 $f_y = 2800 \text{ kgf / cm}^2$。請繪製完整配筋圖(含剪力筋)，並檢核所有伸展長度是否符合規範要求。

5-19 如習題 5-18 之梁，但其承載之載重改為在跨度中央處承受一集中靜載重 30 t 及一集中活載重 25 t，假設梁自重已含在集中靜載重中。

版之設計 6

6-1 概述

在傳統鋼筋混凝土結構中，荷重的傳遞順序，一般係先由版承受載重，再傳至梁及柱，最後再傳遞至基礎。其中，版傳遞荷重至梁的實際情形，除受到支承的邊界條件及載重分佈狀況的影響外，還與版的長短跨度比有關。假設版之長跨與短跨之長度分別為 L 及 S，如圖 6-1-1(a)所示，如果在版中央承載一集中載重，此載重將由版傳遞到四周的梁上，此時可順著版中心往長向及短向各取單位版寬，如果版為簡支承版時，則其承載機構可簡化如圖 6-1-1（b）所示。此時可將 P 分成 P_L 及 P_S 兩部份，分別由長跨(L)及短跨(S)來承載，如圖 6-1-1(c)所示。

版在長跨方向之中央垂直變位 δ_L：

$$\delta_L = \frac{P_L L^3}{48EI} \tag{6.1.1}$$

版在短跨方向之中央垂直變位 δ_S：

$$\delta_S = \frac{P_S S^3}{48EI} \tag{6.1.2}$$

因版之長跨與短跨，在中央位置之垂直變位相同，得：

$$\delta = \delta_L = \delta_S \tag{6.1.3}$$

$$P_L L^3 = P_S S^3 \tag{6.1.4}$$

經移項整理後，可得：

$$\frac{P_L}{P_S} = \frac{S^3}{L^3} \tag{6.1.5}$$

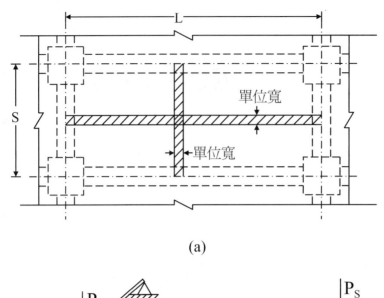

(a)

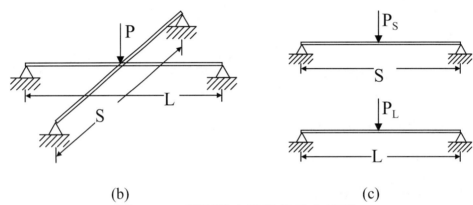

(b)   (c)

圖 6-1-1　樓版雙向傳遞載重之情形

又由力量平衡得

$$P = P_L + P_S$$

$$= P_L + \frac{L^3}{S^3} P_L = (\frac{S^3 + L^3}{S^3}) P_L \tag{6.1.6}$$

$$P_L = \frac{S^3}{S^3 + L^3} P = \frac{1}{1 + (\frac{L}{S})^3} P \tag{6.1.7}$$

$$P_S = \frac{L^3}{S^3 + L^3} P = \frac{(\frac{L}{S})^3}{1 + (\frac{L}{S})^3} P \tag{6.1.8}$$

　　比較(6.1.7)及(6.1.8)兩式明顯可知，短邊比長邊要負擔較大的載重，例如長跨為短跨之兩倍時，代入(6.1.7)及(6.1.8)兩式，可得：

$$P_L = \frac{S^3}{S^3 + L^3}P = \frac{1^3}{1^3 + 2^3}P = \frac{1}{9}P$$

$$P_S = \frac{L^3}{S^3 + L^3}P = \frac{2^3}{1^3 + 2^3}P = \frac{8}{9}P$$

由上式得知，長跨方向分擔之載重只有短跨方向的八分之一。如果上述的載重爲均佈載重的話，則其變位公式爲 $\delta = 5wL^4 / 384EI$，則其分配的載重將爲 $w_L = (1/17)w$，$w_S = (16/17)w$ 很明顯幾乎所有載重都由短跨所承擔。因此，其變形爲單向(短向)，主要之撓曲彎矩也產生在短向，此時之撓曲鋼筋主要配置在短跨方向上，所以稱爲「單向版」。如果長短跨之比值小於 2，則長跨及短跨兩方向均分擔相當比例之載重，撓曲彎矩在長跨及短跨方向都會產生。此時，在長跨及短跨方向上均需配置撓曲鋼筋。有關雙向版之設計，將有另章討論，不在本章範圍。

因爲在單向版上，其載重主要由短跨方向來承擔，因此一般在分析及設計時，都把單向版視同一單筋矩形連續梁來處理。此時，其梁寬爲取單位版寬，梁深即爲版厚。有關詳細分析及設計將於後面詳述。

6-2 版的種類

通常鋼筋混凝土版是一塊水平平板，用於提供建築物所需之平面空間，與梁、柱、牆及基礎共同構成空間結構系統。版通常係由版四邊(或三邊至一邊)底下之鋼筋混凝土梁、鋼筋混凝土牆、磚牆或鋼梁支承。配合空間的需求及結構系統的配置，版常以各種不同型態出現在結構系統內，常用版的種類一般可分成下列各種[6.1]：

1、單向版(One-Way Slab)：
當樓版由平行的一對梁支承時，則荷重係由垂直於梁方向之版負擔，其作用爲單向如圖 6-2-1(a) 所示。另外，如第 6-1 節所敍述，當版之長短跨度比大於 2 以上時，此時之載重主要係由短跨方向的版所支承，其作用亦接近單向作用圖 6-2-1(c) 所示。此兩類之版都是屬於單向版。

2、雙向版(Two - Way Slab)：
樓版由四根梁所支承，且其長短跨度比小於 2，故載重則由兩向共同分擔，如圖 6-2-1(b)所示。

3、無柱頭版平板 (Flat Slab)：
版不用梁，而直接由柱支承者，如圖 6-2-1(d)所示。

4、有柱頭版平版：

版不用梁支撐，直接由柱支承，但在柱頂常向外擴大成柱冠（Capital）；或再於柱頂加一塊增厚之托版(Drop Panel)，如圖 6-2-1(e)所示。

5、格子梁版(Grid Slab)：

為減輕實心混凝土樓版靜載重，將樓版內挖成許多方形空隙而形成水平及垂直兩方向的格子梁，如圖 6-2-1(f)所示。

除了上述幾種常見之版外，另外在道路及機場跑道亦常用到將鋼筋混凝土版直接舖設在經過良好夯壓之基礎層上，也就是一般公路工程所稱的剛性路面，這也是版的一種，但因其行為為一連續梁作用在一彈性基礎上，不在本書探討範圍內。本章主要是針對單向版的分析及設計加以探討。

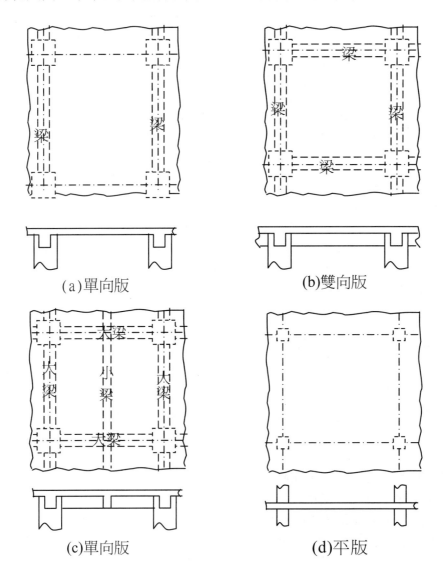

(a)單向版　　　　　　　(b)雙向版

(c)單向版　　　　　　　(d)平版

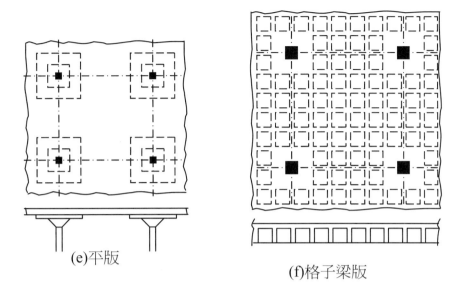

(e)平版

(f)格子梁版

圖 6-2-1 版的種類

6-3　活載重的佈置

　　單向版的載重一般皆假設以均佈載重的形式，均佈的作用在整個板上，而分析時係假設其為一連續的簡支梁，也就是所有梁(大梁及小梁)柱位置皆假設為一簡支承。因此在分析時，可將此一連續梁視為一根寬度與深度比很大的鋼筋混凝土梁來分析，一般可取一單位寬度的版帶，以矩形梁方式進行分析及設計，如圖 6-3-1 所示：

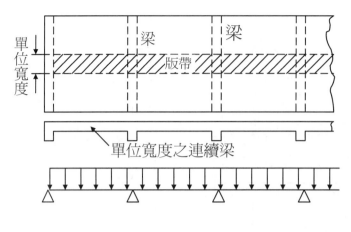

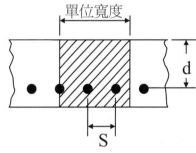

圖 6-3-1 單向版之連續梁作用

　　任何結構除了承受靜載重之外，尚需承受活載重；而活載重本身爲一可移動式的載重，其加載方式必須考慮到對結構最不利的情況，以作爲設計的依據。一般利用影響線圖(Influence Lines)來判斷活載重的佈置方式，如圖6-3-2及圖6-3-3所示。

　　圖 6-3-2 爲一連續梁之彎矩影響線示意圖，一般不必經過繁雜的計算，可用很簡單的方式得到該連續梁內各點之彎矩影響線。其法爲在該點加入一人工鉸及一組正向內力彎矩，如圖 6-3-2(d)所示，在正向內力彎矩作用下，所得之梁變形曲線，即爲該點彎矩之影響線圖，如圖 6-3-2(b) 所示。在圖6-3-2(c)中之影響線圖，很明顯因靠近支承在無法拉昇作用下，會造成兩側梁的凹陷作用。

　　圖 6-3-3 爲一連續梁之剪力影響線示意圖，與前述彎矩影響線相似，可用簡單的方式來得到所點之剪力影響線。其法爲將欲求剪力影響線之處切開並加入一組正向內剪力，如圖 6-3-3(e)所示，在正向內剪力作用，所得之梁變形曲線，即爲該處剪力之影響線圖，如圖 6-3-3(b)所示。當所選點接近支承時，此時由於支承的拘束作用，其影響線圖將如圖 6-3-3(b)及(d)所示。

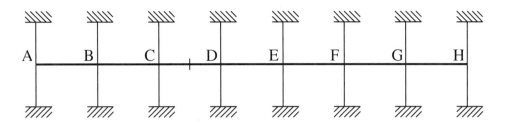

(a)多跨連續梁立面示意圖

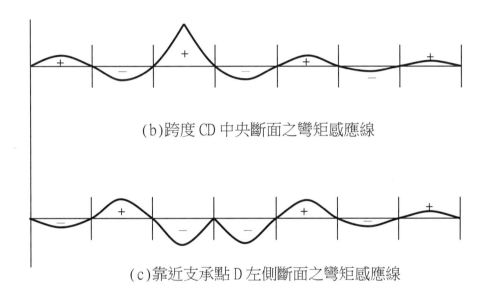

(b)跨度 CD 中央斷面之彎矩感應線

(c)靠近支承點 D 左側斷面之彎矩感應線

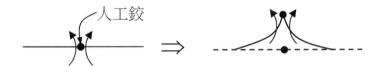

(d)人工鉸及正向內彎矩示意圖

圖 6-3-2　連續梁正負彎矩之感應線圖

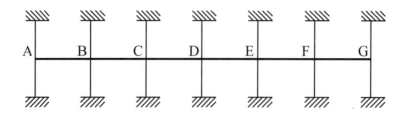

(a)多跨連續梁立面示意圖

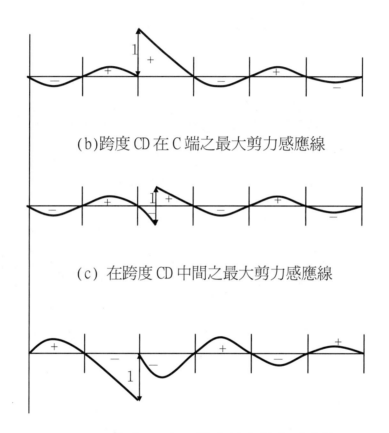

(b)跨度 CD 在 C 端之最大剪力感應線

(c) 在跨度 CD 中間之最大剪力感應線

(d) 跨度 BC 在 C 端之最大剪力感應線

(e) 斷面切開及剪力內力示意圖

圖 6-3-3　　連續梁剪力之感應線圖

利用圖 6-3-2 及圖 6-3-3 之影響線圖，對於連續梁上，活載重之佈放位置可整理如下：

1、跨度中央最大正彎矩：
在該跨度上及所有相隔的跨度上佈置活載重，可產生最大之正彎矩。此時的載重，是為主要之載重情況，因其所產生的彎矩符號，與靜載重產生的彎矩符號相同。

2、跨度間最大負彎矩：
在該跨度相鄰兩側跨度上及所有相隔跨度上佈置活載重，可產生最大負彎矩；此時的載重，是為次要之載重情況，因其產生的彎矩符號，與靜載重產生的彎矩符號相反。

3、支承處最大負彎矩：
在該支承處相鄰兩側跨度上及所有相隔跨度上佈置活載重，可產生最大負彎矩；此時的載重，是為主要之載重情況，因其產生的彎矩符號，與靜載重產生的彎矩符號相同。

4、支承處最大正彎矩：
在該支承處相鄰兩側跨度之相鄰跨度上及所有相隔跨度上佈置活載重，可產生最大正彎矩，此時的載重，是為次要之載重情況，因其產生的彎矩符號，與靜載重產生的彎矩符號相反。

5、支承處最大剪力：
在該支承處相鄰兩側跨度上及所有相隔跨度上佈置活載重，可產生最大剪力。

6、跨度間最大剪力：
在該跨度的半跨及另半跨的相鄰跨度上及所有相隔跨度上佈置活載重，可產生最大剪力。

規範[6.2,6.3]對於活載重分佈之規定基本上只規定下列兩者(1)設計活載重佈滿於相鄰兩跨間及(2)設計活載重佈滿於每隔一跨間。這規定基本上已滿足最大正彎矩，最大負彎矩及最大支承剪力之需求。

6-4 單向版分析方法

　　單向版之分析，可利用各種超靜定連續梁精確之彈性解析法分析之，如(1)勁度矩陣法(Stiffness Matrix Method)，(2)傾角變位法(Slope Deflection Method)等等，或是近似分析法中之彎矩分配法(Moment Distribution Method)等。

　　另外亦可利用一般結構設計手冊所提供之圖表，查出各種連續梁在各種不同載重情形下，其所對應之最大彎矩，剪力，甚至變位等 [6.4,6.5,6.6]。

　　除了利用結構分析法(精確分析或近似分析)及查圖表方式以外，若各跨之跨度約略相等，且載重為均佈載重，活載重不大於靜載重的 3 倍以上時，亦可利用 ACI Code [6.3] 係數法，作為單向版分析及設計的依據。

6-5 單向版 ACI Code 係數法

　　為簡化結構之分析，若連續梁構架滿足下列條件，可採用彎矩與剪力係數分析及設計該連續梁構架。其限制條件為(1)兩跨度以上，(2)相鄰兩跨度中較大者不超過較小者之 1.2 倍，(3)承受均佈載重，(4)活載重不超過靜載重之 3 倍，(5)均勻斷面桿件。

　　茲將彎矩及剪力係數分析及設計方法介紹說明如下[6.2,6.3]，下列式中：L_n 在計算正彎矩及剪力時為該跨之淨跨度，在計算負彎矩時為相鄰淨跨度平均長度。 w_u 為梁單位長度之均佈載重(含梁之自重)。

一、 正彎矩係數：

　　1、端跨，不連續端不受束制者： 　　　　$\dfrac{1}{11}w_u L_n^2$

　　2、端跨，不連續端與支承築成一體者： $\dfrac{1}{14}w_u L_n^2$

　　3、內跨： 　　　　　　　　　　　　　　$\dfrac{1}{16}w_u L_n^2$

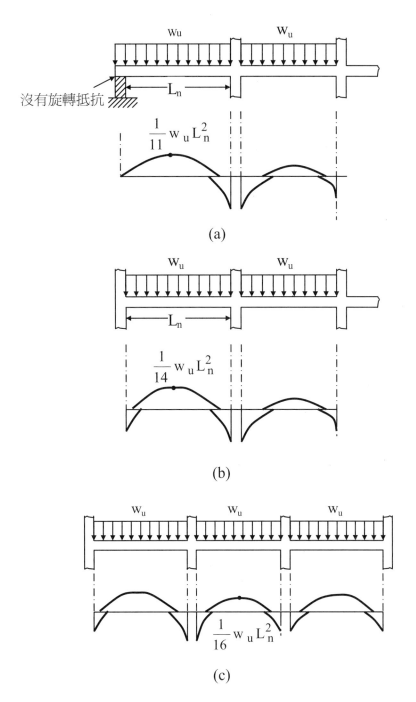

圖 6-5-1 連續梁正彎矩係數

二、 負彎矩係數：

1、第一內支承外面處，兩連續跨度： $\dfrac{1}{9}w_u L_n^2$

2、第一內支承外面處，三連續跨度以上： $\dfrac{1}{10}w_u L_n^2$

3、其他內支承面處： $\dfrac{1}{11}w_u L_n^2$

4、外支承內面處，構材端與支承梁築成一體時： $\dfrac{1}{24}w_u L_n^2$

5、外支承內面處，構材端與支承柱築成一體時： $\dfrac{1}{16}w_u L_n^2$

6、版之跨度不超過三公尺，或連續梁在梁端處柱之
勁度和與梁勁度比大於八，其所有支承面處： $\dfrac{1}{12}w_u L_n^2$

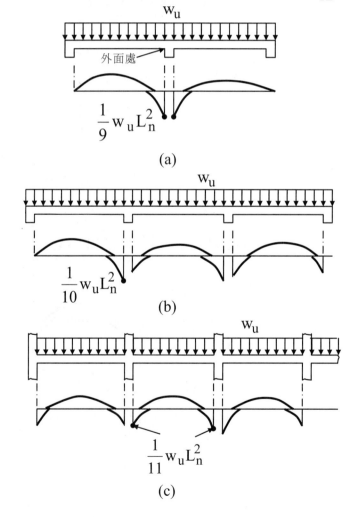

(a)

(b)

(c)

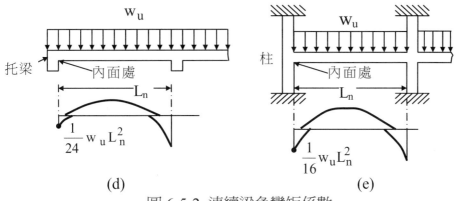

(d)　　　　　　　　　　　　　(e)

圖 6-5-2 連續梁負彎矩係數

三、剪力係數：

　1. 端跨，第一內支承面處：　$\dfrac{1.15}{2}w_uL_n$

　2. 其他支承面處：　　　　　$\dfrac{1}{2}w_uL_n$

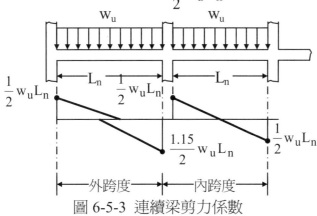

圖 6-5-3 連續梁剪力係數

　　　　利用上述之係數法進行梁設計，當需考慮鋼筋切斷點位置時，需繪製梁全跨之彎矩圖，此時不能將前述之正負彎矩係數同時使用在同一跨度上，因為在係數法中的各項係數皆已適當的考量活載重不同配置的影響，也就是正彎矩係數與負彎矩係數可能是在不同的活載重配置狀況，因此如果同時使用時將無法滿足平衡條件，必須正負彎矩分別考慮之。在不同的考量下，大致可將三連續跨度以上之內外跨的最大正負彎矩，歸納出下列幾種彎矩圖形[6.4]：

1、端跨，不連續端不受束制者，依 ACI Code 其中央及右端之最大彎矩係

　數為：　$+\dfrac{1}{11}w_uL_n^2$ 、　$-\dfrac{1}{10}w_uL_n^2$

當以最大正彎矩為依據時，其相對應之剪力及彎矩圖如圖 6-5-4(a)所示，反過來如果以最大負彎矩為依據時，其對應之剪力及彎矩圖如圖 6-5-4(b)。

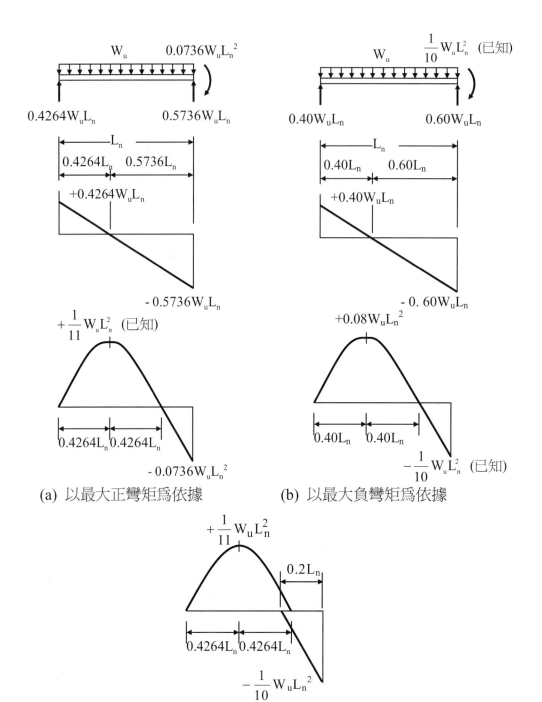

(a) 以最大正彎矩為依據　　　　(b) 以最大負彎矩為依據

(c)設計用之彎矩圖

圖 6-5-4　連續梁端跨且不連續端不受束制時之彎矩圖

由圖 6-5-4 之彎矩圖可知要設計正彎矩鋼筋及其切斷點時必需應用圖 6-5-4(a)
之正彎矩圖為依據，而負彎矩鋼筋應取圖 6-5-4(b)之負彎矩圖為依據。因此
其設計用彎矩圖如圖 6-5-4(c)所示。

2、端跨，不連續端與梁築成一體者，依 ACI Code 其左端.中央及右端之彎

矩係數各為： $-\dfrac{1}{24}w_uL_n^2$ 、 $+\dfrac{1}{14}w_uL_n^2$ 、 $-\dfrac{1}{10}w_uL_n^2$

當以左端之負彎矩與正彎矩為依據時，其剪力圖及彎矩圖如圖 6-5-5(a)
所示，另外如果以兩端之負彎矩為依據時，其結果如圖 6-5-5(b)所示。

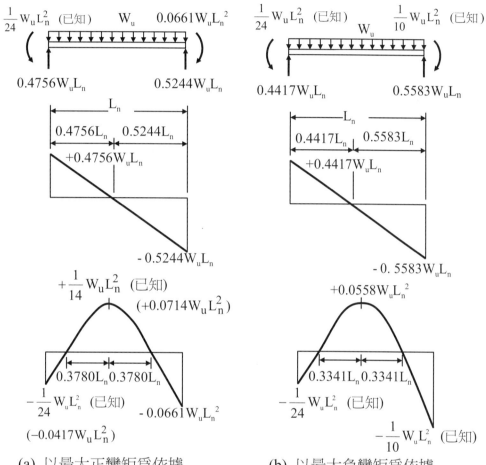

(a) 以最大正彎矩為依據   (b) 以最大負彎矩為依據

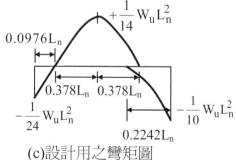

(c)設計用之彎矩圖

圖 6-5-5 連續梁端跨且不連續端與梁築成一體時之彎矩圖

由圖 6-5-5 之彎矩圖可知要設計正彎矩鋼筋時必需以最大正彎矩係數搭配較小(絕對值)之負彎矩係數所得之正彎矩圖為依據，另外，設計負彎矩鋼筋時，必需以兩端之最大負彎矩係數為依據所得之負彎矩圖為設計之依據。

3、 端跨，不連續端與柱築成一體者，依 ACI Code 其左端.中央及右端之彎矩係數各為： $-\dfrac{1}{16}w_uL_n^2$ 、 $+\dfrac{1}{14}w_uL_n^2$ 、 $-\dfrac{1}{10}w_uL_n^2$

當以左端之負彎矩與正彎矩係數為依據時，其剪力圖及彎矩圖如圖 6-5-6(a)所示。如果以兩端之負彎矩係數為依據時，其剪力圖及彎矩圖如圖 6-5-6(b)所示。

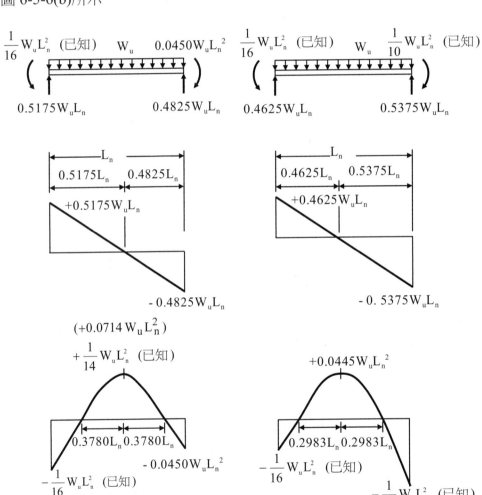

(a) 以最大正彎矩為依據　　　(b) 以最大負彎矩為依據

圖 6-5-6　連續梁端跨且不連續端與柱築成一體時之彎矩圖

同樣在圖 6-5-6 可看出再設計正彎矩鋼筋及負彎矩鋼筋時必需採用不同的係數組合。

4、內跨，依 ACI Code 其左端.中央及右端之彎矩係數各為：

$$-\frac{1}{11}w_u L_n^2 \quad 、 \quad +\frac{1}{16}w_u L_n^2 \quad 、 \quad -\frac{1}{11}w_u L_n^2$$

此時因梁兩側反力對稱，因此如果以最大正彎矩係數為依據時，其剪力圖及彎矩圖如圖 6-5-7(a)，如果以兩端最大負彎矩係數為主時，其結果如圖 6-5-7(b)所示。

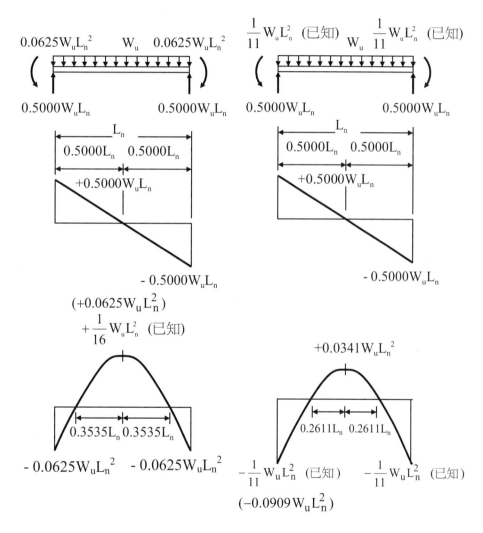

(a) 以最大正彎矩為依據　　　(b) 以最大負彎矩為依據

圖 6-5-7 連續梁內跨之彎矩圖

在圖 6-5-7 中同樣可看出與前述類似的情況。而且由前述結果可看出利用最大彎矩係數所得之剪力都小於 ACI Code 提供之剪力係數，因此剪力設計時不可使用彎矩係數所求得之剪力當設計值，必需直接使用 ACI Code 提供之剪力係數計算之。

6-6 單向版版厚

因版屬於淺梁，深度不可能太大，實際上，排置剪力筋或壓力鋼筋不太可能。所以，一般設計皆以無剪力筋之單筋矩形梁設計為準。一般規範均以控制版厚，作為控制撓度的依據。單向版之最小版厚，依規範 [6.2,6.3] 規定如下：

表 6-6-1　單向版最小版厚　(cm)(L 以 cm 表示)

簡支梁	一端連續梁	兩端連續梁	懸臂梁
$\dfrac{L}{20}$	$\dfrac{L}{24}$	$\dfrac{L}{28}$	$\dfrac{L}{10}$

上列之係數，係針對常重混凝土 $w_c = 2.3 \, t/m^3$ 及 $f_y = 4200 \, kgf/cm^2$ 之非預力鋼筋場合。若不是屬於這兩種材料，則上列之最小版厚必須再乘以下列修正係數 m_1：

1、輕質混凝土($w_c = 1.4 \sim 1.9 \, t/m^3$)：
$$m_1 = 1.65 - 0.315 w_c \geq 1.09$$

2、$f_y \neq 4200 \quad kgf/cm^2$：
$$m_1 = 0.4 + f_y / 7000$$

上列規定值係假設該版不支承或聯結於因版產生較大撓度而會遭破壞之隔間或其他構造物者。如果版之變位會造成其支承或聯結之結構物的破壞時，則必需根據規範規定之最大容許變位量檢核之(如第三章之變位計算)。如果經撓度計算，證明可用較小厚度而無不良影響時，可不受表 6-6-1 之限制。

6-7 收縮及溫度鋼筋

當混凝土開始硬化後，發生乾縮是不可避免的。而版為一大面積之平面結構，在澆注完成後，其與空氣接觸面積遠大於其它構件如梁、柱等，也就是其水分蒸發要比梁及柱來的快，因此版在凝結收縮過程中，很容易產生一些微小的龜裂。為減少乾縮造成鋼筋混凝土版發生龜裂現象，我國規範及 ACI Code 規定，樓版及屋面版垂直於主筋方向需額外配置鋼筋，稱為溫度或收縮鋼筋(Shrinkage and Temperature Reinforcement)，又稱為副鋼筋。所以，溫度或收縮鋼筋具有下列兩種功用：

1、防止混凝土的膨脹或收縮。

2、減少裂縫深度，並使裂縫在張力區內均勻分佈。

依我國規範及 ACI Code 規定，若版之溫度鋼筋比為 $\rho_t = \dfrac{(A_{st})}{(b \times t)}$ ，則溫度鋼筋比及溫度鋼筋間距必須滿足下列要求：

1、竹節鋼筋，$f_y < 4200$ kgf / cm^2 時

$$\rho_t \geq 0.002 \tag{6.7.1}$$

2、竹節鋼筋，$f_y = 4200$ kgf / cm^2 或熔接鋼線網

$$\rho_t = 0.0018 \tag{6.7.2}$$

3、竹節鋼筋，$f_y > 4200$ kgf / cm^2

$$\rho_t \geq \frac{0.0018 \times 4200}{f_y} \geq 0.0014 \tag{6.7.3}$$

4、溫度鋼筋之間距：

$$S \leq 5t \text{(五倍版厚)} \tag{6.7.4}$$

$$S \leq 45 \text{ cm}$$

上述溫度鋼筋可配合版主筋以單側配置或分上、下兩側平均配置，如上下兩側平均配置，則兩側使用量各為上列公式之半。

6-8 單向版鋼筋之配置詳圖

　　根據 ACI Code 之剪力或彎矩係數及 6-5 節之方法所得到的剪力及彎矩圖，就可決定鋼筋適當的切斷點或起彎點，但在實務設計上為了簡化繁複的計算，一般鋼筋混凝土設計手冊[6.5,6.6]都會提供單向版鋼筋切斷點之標準圖如圖 6-8-1 所示，當然與圖 6-5-4 至 6-5-7 比較起來，這些手冊所定的切斷點位置一般來說是採比較保守值，其優點是可使設計工作單純化。

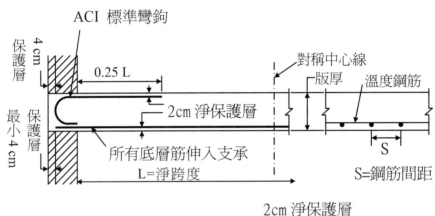

(a)單一跨度，簡支承

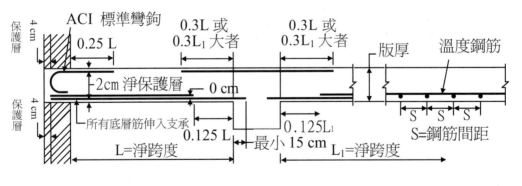

(b)邊跨，簡支承

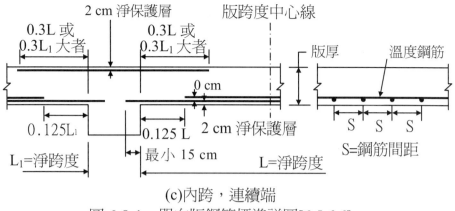

(c)內跨，連續端

圖 6-8-1　單向版鋼筋標準詳圖[6.5,6.6]

　　一般主鋼筋及溫度鋼筋配置詳圖，如圖 6-8-2 所示，一般主鋼筋係配置於短跨方向上，而且為了發揮最大鋼筋效益(獲得最大有效深度)，都將主鋼筋配置在最外層如圖 6-8-2(b)所示，等厚版主筋之最少箍筋量應符合乾縮與溫度鋼筋之規定，而其最大鋼筋間距不得大於版厚三倍或 45 公分取小者。

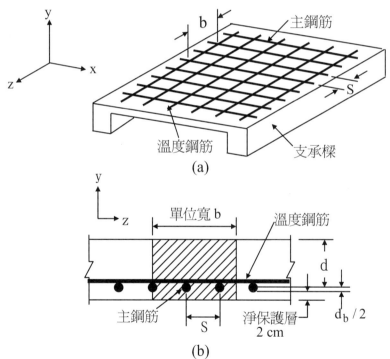

圖 6-8-2　主筋及溫度鋼筋配置詳圖

一般單向版的設計都是把單向版視為一連續之矩形梁，其梁寬取單位寬度（1公尺）為單位，總梁深即為總版厚，唯一不同的是淨保護層厚度。規範規定室內版之淨保護層厚度為2公分，而梁為4公分。其設計步驟如下：

1、根據 6-5 節之係數法，計算設計彎矩及剪力。
2、決定版厚：依第 6-6 節所述，決定單向版之最小版厚。
3、檢核版剪力強度:依決定之版厚檢核其剪力強度是否足夠，若不足則加厚版之厚度。
4、計算主鋼筋量：

$$m = \frac{f_y}{0.85f_c}$$

$$R_n = \frac{M_n}{bd^2} \quad kgf/cm^2$$

$$\rho = \frac{1}{m}(1 - \sqrt{1 - \frac{2mR_n}{f_y}})$$

$$\rho_{min} \leq \rho \leq \rho_{max}$$

ρ_{max} 依第二章之規定計算，ρ_{min} 則依溫度鋼筋之最小鋼筋量計算

$$A_s = \rho bd \quad cm^2$$

5、計算單位版寬所需之主鋼筋根數 N：

$$需要之 N = \frac{A_s}{A_b} \quad 根$$

　　式中：　A_s：主鋼筋總面積。　A_b：每根鋼筋面積

6、計算主鋼筋之間距 S：　$S = \frac{100}{N} \quad cm$

　　主筋之間距 S 需符合下列規定:
　　　$S \leq 3t$ (三倍版厚)
　　　$S \leq 45\, cm$

7、設計溫度鋼筋：　$A_{st} = \rho_t bt \quad cm^2$

　　　ρ_t 依 6-7 節規定計算之。

　　溫度鋼筋間距 $S \leq 5t$ (五倍版厚)
　　　　　　　$S \leq 45 \quad cm$

例 6-8-1

如圖 6-8-3 所示，爲兩孔等跨之連續版，使用# 4 主鋼筋，已知：主鋼筋中心至混凝土表面之保護層厚度 2.5cm、版厚 $t = 20$ cm，材料之 $f_c' = 210\ kgf / cm^2$、$f_y = 2800\ kgf / cm^2$，試利用 ACI Code 係數法計算該樓版所能承載之最大活荷重。

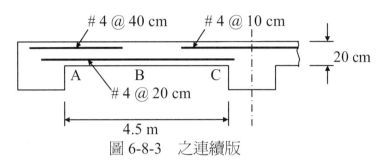

圖 6-8-3　之連續版

<解>

1、斷面 A：

單位版寬：$b = 100$　cm

$$A_s = 1.267 \times \frac{100}{40} = 3.168\ \ cm^2$$

$$a = \frac{A_s f_y}{0.85 f_c' b}$$

$$= \frac{3.168 \times 2800}{0.85 \times 210 \times 100} = 0.497\ \ cm$$

$$x = a/\beta_1 = 0.497/0.85 = 0.585\ \ cm$$

$$d_t = d = 17.5\ \ cm$$

$$x/d_t = 0.033 < 0.375$$

$$\therefore \phi = 0.9$$

$$M_u = \phi M_n = \phi A_s f_y (d - \frac{a}{2})$$

$$= 0.9 \times 3.168 \times 2800 \times (17.5 - \frac{0.497}{2})$$

$$= 137700\ \ kgf\text{-}cm$$

$$= 1.377\ \ t\text{-}m$$

利用 ACI Code 係數法：

$$M_{u,A} = \frac{1}{24} w_u L^2$$

$$1.377 = \frac{1}{24} \times w_u \times 4.5^2$$

$$w_u = 1.632 \quad t/m$$

2、斷面 B：

單位版寬：$b = 100 \quad cm$

$$A_s = 1.267 \times \frac{100}{20} = 6.335 \quad cm^2$$

$$a = \frac{A_s f_y}{0.85 f_c' b}$$

$$= \frac{6.335 \times 2800}{0.85 \times 210 \times 100} = 0.994 \quad cm$$

參考斷面 A 應爲張力控制斷面 $\therefore \phi = 0.9$

$$M_u = \phi M_n = \phi A_s f_y (d - \frac{a}{2})$$

$$= 0.9 \times 6.335 \times 2800 \times (17.5 - \frac{0.994}{2})$$

$$= 279300 \quad kgf\text{-}cm$$

$$= 2.793 \quad t\text{-}m$$

利用 ACI Code 係數法：

$$M_{u,B} = \frac{1}{14} w_u L^2$$

$$2.793 = \frac{1}{14} \times w_u \times 4.5^2$$

$$w_u = 1.931 \quad t/m$$

3、斷面 C：

單位版寬：$b = 100 \quad cm$

$$A_s = 1.267 \times \frac{100}{10} = 12.67 \quad cm^2$$

$$a = \frac{A_s f_y}{0.85 f_c' b}$$

$$= \frac{12.67 \times 2800}{0.85 \times 210 \times 100} = 1.987 \quad cm$$

$$x = a/\beta_1 = 2.338 \quad cm$$

$$x/d_t = 0.134 < 0.375$$

$$\therefore \phi = 0.9$$

$$M_u = \phi M_n = \phi A_s f_y (d - \frac{a}{2})$$

$$= 0.9 \times 12.67 \times 2800 \times (17.5 - \frac{1.987}{2})$$

$$= 527000 \ \text{kgf-cm} = 5.27 \ \text{t-m}$$

利用 ACI Code 係數法：

$$M_{u,C} = \frac{1}{9} w_u L^2$$

$$5.27 = \frac{1}{9} \times w_u \times 4.5^2$$

$$w_u = 2.342 \ \text{t/m}$$

所以，由斷面 A 控制，可得：

$$w_u = 1.632 \ \text{t/m}$$

版之自重：

$$w_D = 2.4 \times 1.0 \times 0.2 = 0.48 \ \text{t/m}$$

$$w_u = 1.2 w_D + 1.6 w_L$$

$$1.632 = 1.2 \times 0.48 + 1.6 w_L$$

所以，該樓版能承載之最大活荷重：

$$w_L = 0.66 \ \text{t/m}$$

例 6-8-2

一簡支單向版，如圖 6-8-4 所示，跨度 $L = 5.0 \text{ m}$，承受之均佈活載重 $w_L = 2.24 \text{ t/m}$，使用 # 7 鋼筋，已知：版厚 $t = 35 \text{ cm}$，有效深度 $d = 31 \text{ cm}$，$f_c' = 210 \text{ kgf/cm}^2$、$f_y = 2800 \text{ kgf/cm}^2$，試設計主鋼筋及溫度鋼筋。

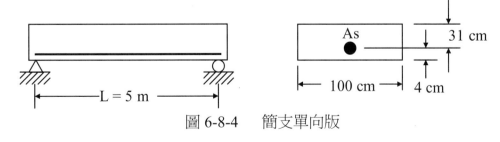

圖 6-8-4　簡支單向版

<解>

1、設計主鋼筋：

版之自重：

$$w_D = 2.4 \times 1.0 \times 0.35 = 0.84 \quad t/m$$

$$w_u = 1.2 w_D + 1.6 w_L$$

$$= 1.2 \times 0.84 + 1.6 \times 2.24 = 4.592 \quad t/m$$

$$M_u = \frac{1}{8} w_u L^2$$

$$= \frac{1}{8} \times 4.592 \times 5^2 = 14.35 \quad t\text{-}m$$

假設為張力控制斷面 $\phi = 0.9$

$$M_n = \frac{M_u}{\phi}$$

$$= \frac{14.35}{0.9} = 15.944 \quad t\text{-}m$$

$$m = \frac{f_y}{0.85 f_c'}$$

$$= \frac{2800}{0.85 \times 210} = 15.69$$

$$R_n = \frac{M_n}{bd^2}$$

$$= \frac{15.944 \times 10^5}{100 \times 31^2} = 16.591 \quad kgf/cm^2$$

$$\rho = \frac{1}{m}(1 - \sqrt{1 - \frac{2mR_n}{f_y}})$$

$$= \frac{1}{15.69}(1 - \sqrt{1 - \frac{2 \times 15.69 \times 16.591}{2800}})$$

$$= 0.00623 \quad < \rho_{max} = \frac{3}{7}\left(\frac{0.85 fc'}{fy}\right)\beta_1 \frac{d_t}{d}$$

$$= \frac{3}{7} \times \frac{0.85 \times 210}{2800} \times 0.85$$

$$= 0.0232$$

$$A_s = \rho bd$$

$$= 0.00623 \times 100 \times 31 = 19.313 \quad cm^2$$

$$> A_{s,min} = 0.002 \times 100 \times 35 = 7 \quad cm^2$$

使用#7 鋼筋：

$$A_s = 3.871 \quad cm^2$$

需要之 $N = \dfrac{19.313}{3.871} = 4.99$ 根

$$S = \dfrac{100}{4.99} = 20.04 \quad cm$$

$$< 3t = 3 \times 35 = 105 \quad cm$$
$$< 45 \, cm \qquad\qquad OK\#$$

所以，使用#7@20 cm

檢核：

$$A_s = 3.871 \times \dfrac{100}{20} = 19.355 \, cm^2 / m$$

$$A = \dfrac{A_s f_y}{0.85 f_c' b} = \dfrac{19.355 \times 2800}{0.85 \times 210 \times 100} = 3.036$$

$$x = a/\beta_1 = 3.572$$

$$x/d_t = 3.572/31 = 0.115 < 0.375$$

$$\therefore \phi = 0.9 \qquad OK\#$$

2、設計溫度鋼筋：

$$\rho_t = 0.002$$

$$A_{st} = \rho_t bt$$

$$= 0.002 \times 100 \times 35 = 7.0 \quad cm^2$$

配合主筋以單側配置，需要之 $N = \dfrac{7.0}{3.871} = 1.81$ 根

$$S = \dfrac{100}{1.81} = 55.2 \quad cm > 45 \, cm$$

所以，使用 #7 @ 45 cm

例 6-8-3

有一梁版系統如圖 6-8-5 所示，請設計版 S1 及 S2 之版厚及配筋，該版承載之均佈靜載重 $w_D = 1.1 \, t/m^2$ (含版及牆重)，均佈活載重 $w_L = 0.9 \, t/m^2$，$f_c' = 210 \, kgf/cm^2$、$f_y = 2800 \, kgf/cm^2$，所有大小梁寬皆為 40 公分。

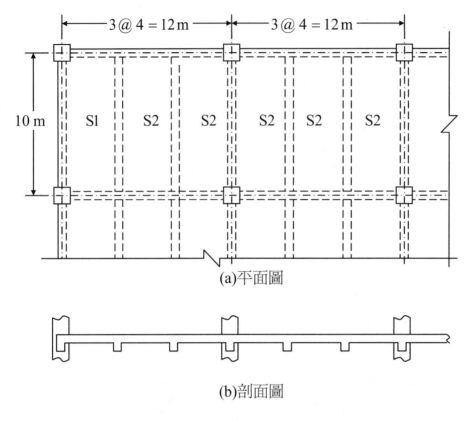

(a)平面圖

(b)剖面圖

圖 6-8-5　連續版平面及剖面圖

<解>

1、依 ACI Code 係數法計算該彎矩及剪力

$$w_u = 1.2w_D + 1.6w_L$$

$$= 1.2 \times 1.1 + 1.6 \times 0.9 = 2.76 \quad t/m^2$$

$$L_n = 4.0\text{-}0.4 = 3.6 \text{ m}$$

計算彎矩係數:

$$-\frac{1}{24}w_uL_n^2 \quad -\frac{1}{10}w_uL_n^2 \quad -\frac{1}{11}w_uL_n^2 \quad -\frac{1}{11}w_uL_n^2$$

S1　　　　　　　　　S2　　　　　　　　S2

$$+\frac{1}{14}w_uL_n^2 \qquad +\frac{1}{16}w_uL_n^2$$

356　*鋼筋混凝土學*

設計剪力係數

$$\frac{1}{2}w_uL_n \qquad \frac{1.15}{2}w_uL_n \qquad \frac{1}{2}w_uL_n \qquad \frac{1}{2}w_uL_n$$

S1　S2　S2

S1:

跨度中央之設計正彎矩值為

$$+M_u = +\frac{1}{14}W_uL_n^2 = +\frac{1}{14} \times 2.76 \times 3.6^2 = 2.555 \quad t-m/m$$

左支承設計負彎矩值為

$$-M_{uL} = -\frac{1}{24}W_uL_n^2 = -\frac{1}{24} \times 2.76 \times 3.6^2 = -1.490 \quad t-m/m$$

右支承設計負彎矩值為

$$-M_{uR} = -\frac{1}{10}W_uL_n^2 = -\frac{1}{10} \times 2.76 \times 3.6^2 = -3.577 \quad t-m/m$$

外支承設計剪力值:

$$V_{uL} = \frac{1}{2}W_uL_n = \frac{1}{2} \times 2.76 \times 3.6 = 4.968 \quad t/m$$

內支承設計剪力值:

$$V_{uR} = \frac{1.15}{2}W_uL_n = \frac{1.15}{2} \times 2.76 \times 3.6 = 5.713 \quad t/m$$

S2:

跨度中央之設計正彎矩值為

$$+M_u = +\frac{1}{16}W_uL_n^2 = +\frac{1}{16} \times 2.76 \times 3.6^2 = 2.236 \quad t-m/m$$

左右支承設計負彎矩值為

$$-M_u = -\frac{1}{11}W_uL_n^2 = -\frac{1}{11} \times 2.76 \times 3.6^2 = -3.252 \quad t-m/m$$

支承設計剪力值:

$$V_u = \frac{1}{2}W_uL_n = \frac{1}{2} \times 2.76 \times 3.6 = 4.968 \quad t/m$$

2、決定版厚:

$$S1: t \geq \frac{L}{24} = \frac{400}{24} = 16.67 \quad cm$$

$$S2: t \geq \frac{L}{28} = \frac{400}{28} = 14.28 \quad cm$$

取版厚 t=18 cm (d = 18 - 2.5 = 15.5 cm)

3、檢核剪力強度:

$$\phi V_n \geq V_u$$

$$\phi V_n = 0.75 \times 0.53\sqrt{210} \times 100 \times (18 - 2.5) = 8928 \quad kgf \qquad OK\#$$
$$= 8.928 \; t/m \; > 5.713 \; t/m$$

4、設計主筋:

S1:

跨度中央

$$M_u = 2.555 \quad t - m/m$$

假設張力控制斷面 $\phi = 0.9$

$$M_n = \frac{M_u}{\phi} = \frac{2.555}{0.9} = 2.839 \; t - m/m$$

$$m = \frac{f_y}{0.85f_c'} = \frac{2800}{0.85 \times 210} = 15.686$$

$$R_n = \frac{M_n}{bd^2} = \frac{2.839 \times 10^5}{100 \times 15.5^2} = 11.817 \quad kgf/cm^2$$

$$\rho = \frac{1}{m}(1 - \sqrt{1 - \frac{2mR_n}{f_y}})$$

$$= \frac{1}{15.686}(1 - \sqrt{1 - \frac{2 \times 15.686 \times 11.817}{2800}})$$

$$= 0.00437 < \quad \rho_{max} = \frac{3}{7}\left(\frac{0.85fc'}{fy}\right)\beta_1 \frac{d_t}{d}$$

$$= \frac{3}{7} \times \frac{0.85 \times 210}{2800} \times 0.85$$

$$= 0.0232$$

$$A_s = \rho bd$$

$$= 0.00437 \times 100 \times 15.5 = 6.77 \quad cm^2/m > \; A_{s,min}$$

$$A_{s,min} = 0.002bh = 0.002 \times 100 \times 18$$

$$= 3.6 \quad cm^2/m$$

使用 #4 主筋, $A_s = 1.267 \quad cm^2$

需要之 $N = \dfrac{6.77}{1.267} = 5.34$ 根

$S = \dfrac{100}{5.34} = 18.73$ cm

$< \quad 3t = 54$ cm

< 45 cm $\qquad\qquad$ OK#

所以，使用 #4 @ 18 cm，$As = \dfrac{100}{18} \times 1.267 = 7.039$ cm^2/m

檢核 ϕ：

$a = \dfrac{7.039 \times 2800}{0.85 \times 210 \times 100} = 1.104$ cm

$x = a/\beta_1 = 1.299$ cm

$x/dt = 1.299/15.5 = 0.084 < 0.375$

$\therefore \phi = 0.9$ $\qquad\qquad$ OK#

左支承側：

假設 $\phi = 0.9$

$-Mn = -1.49/0.9 = -1.656$ t$-$m/m

$m = 15.686$

$Rn = \dfrac{Mn}{bd^2} = \dfrac{1.656 \times 10^5}{100 \times 15.5^2} = 6.893$

$\rho = 0.00251 < \rho_{max}$

$As = \rho bd$

$= 0.00251 \times 100 \times 15.5$

$= 3.891$ cm^2/m $> As, min = 3.6$ cm^2/m

需要之 $N = \dfrac{3.891}{1.267} = 3.07$ 根

$S = \dfrac{100}{3.07} = 32.5$ cm

$< 3t = 54$ cm

< 45 cm

$\therefore$ 使用#4@30 cm

右支承側：

$-M_u = -3.577$ t$-$m/m

假設 $\phi = 0.9$

$$-M_n = -3.577 / 0.9 = -3.974 \ t - m / m$$

m=15.686

$$R_n = \frac{M_n}{bd^2} = \frac{3.974 \times 10^5}{100 \times 15.5^2} = 16.541 \quad kgf / cm^2$$

$$\rho = 0.0062 < \rho_{max}$$

$$A_s = \rho bd$$

$$= 0.00621 \times 100 \times 15.5 = 9.63 \quad cm^2 / m > A_{s,min}$$

使用# 4@12，$A_s = 10.56 \quad cm^2 / m$

檢核ϕ：

a = 1.656

x = 1.949

x/dt = 0.126 < 0.375

$\therefore \phi = 0.9$ OK#

S2:

跨度中央

$$M_u = 2.236 \ t - m / m$$

$$M_n = \frac{M_u}{\phi} = \frac{2.236}{0.9} = 2.484 \ t - m / m$$

Rn = 10.339

$$\rho = 0.0038 < \rho_{max}$$

$$As = 0.00381 \times 100 \times 15.5 = 5.906 \ cm^2 / m$$

$$> A_{s,min} = 3.6 \ cm^2 / m$$

需要之 $N = \dfrac{5.906}{1.267} = 4.7$ 根

$$S = \frac{100}{4.7} = 21.27 < 3t = 54$$

$$< 45$$

$\therefore$ 使用#4@20

左右支承側：

$$-M_u = -3.252 \ t - m / m$$

$$-M_n = -3.252 / 0.9 = -3.613 \ t - m / m$$

$$R_n = 15.039 \quad kgf / cm^2$$

$$\rho = 0.00562 < \rho_{max} \qquad OK\#$$

$$A_s = \rho bd = 0.00562 \times 100 \times 15.5 = 8.711 \quad cm^2/m$$

$$> A_{s,min} = 3.6 \quad cm^2/m$$

使用# 4@14，$A_s = 9.05 \quad cm^2/m$

5、設計溫度鋼筋：

$$\rho_t = 0.002$$

$$A_s = \rho bt$$

$$= 0.002 \times 100 \times 18 = 3.6 \, cm^2/m$$

溫度鋼筋以目前工程常用施作方式分上、下兩層對稱配置，則

需要之 $N = \dfrac{3.6/2}{1.267} = 1.42$

$S = \dfrac{100}{1.42} = 70.42 \quad cm$

使用# 4@45cm<5t=90 cm

$\leq$ 45 cm

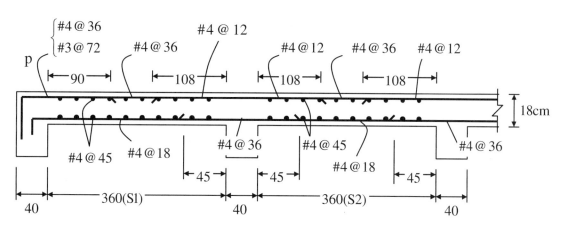

圖 6-8-6 版配筋圖 （單位：cm）

為了施工便利性，將 S1 左支承之$-A_s$ 由 #4@30 cm 改成用 #4@36 cm +
#3@72 cm，得 $-A_s = \dfrac{100}{36} \times 1.267 + \dfrac{100}{72} \times 0.713 = 4.51 \quad cm^2/m$

$$> 需要之 -A_s = 3.891 \quad cm^2/m$$

而 S2 左、右支承原配筋為 #4 @ 14 cm也配合 S1 右支承鋼筋直通，修正為 #4
@12 cm，得版之配筋圖如圖 6-8-6 所示，圖 6-8-6 中主筋切斷點位置是參考
圖 6-8-1 之標準圖切斷點位置。

6-9 雙向版之分析及設計

當樓版是由四邊的梁所支承，且其長/短跨度比值小於 2 時，此時載重的傳遞是同時向長、短跨兩個方向傳遞，因此稱之為雙向版。雙向版的種類如本章第二節的介紹，除了傳統樓版系統之版四邊皆有梁的雙向版(圖 6-2-1(b))外，還有四邊皆無梁的無柱頭版平板(圖 6-2-1(d))及有柱頭版平版(圖 6-2-1(e))，有時平版系統只有在內柱線無梁，而在樓版系統的四週則有邊梁支承。另外由密集的縱橫兩向小梁組成的格子梁版(圖 6-2-1(f))是屬於比較特殊一種樓版系統，有些甚至只有密集小梁而無樓版，如科技廠房的無塵室，由於通風及迴風的需要，需大量的通風孔，一般皆不設樓版而直接由格子梁組成樓版系統(一般又稱為蜂巢版)。

雙向版的分析方法相當多，常見的有：(1)平版理論(Plate Theory)：此法雖然可以得到準確的理論解，但一般只能在理想化的邊界條件下求解，計算複雜，在實務上不易使用。因此常需藉助近似之數值解析法求解。(2)電腦有限元素法(Finite Element Method)：因電腦科技的進步，使得有限元素法的分析，在一般個人電腦即可快速的被執行，因此各種不同形狀及不同邊界條的雙向版，都可以很快藉由商業軟體的分析而得到不錯的結果。(3)降伏線法(Yield Line Theory)：在降伏線理論中，只考慮到版的撓曲強度，剪力強度及變位是另外分開考慮的。在崩塌機構(Collapse Mechanism)產生時之降伏線處之鋼筋皆達降伏，且其撓曲彎矩強度是沿著降伏線均勻分佈。此理論在實務應用上，只適合做設計後之檢核，無法應用在設計上。(4)直接設計法(Direct Design Method)：在滿足一些特定的條件下，將三度空間的雙向版系統，理想化成互為垂直的縱橫兩方向的平面構架，然後利用一些半經驗公式及係數進行分析及設計。(5)相當構架法(Equivalent Frame Method)：當實際的條件無法使用直接設計法時，則必需使用較為複雜的相當構架法。在本法中，立體構架將被分割成縱橫兩個方向的平面「相當構架」，每一個相當構架都由柱、梁及版共同組成。依實際受力情形進行分析及依構件間之勁度比做橫向分配後，即可進行版的設計及配筋。(6)條帶法(Strip Method)：條帶法是將雙向版視為兩組互相垂直之無數條帶狀版所組成，條帶版假設無法承受扭力，作用之載重將由互為垂直之條帶版共同承載。一般來說，在上述各法中，降伏線法可以看成是接近上限的近似法(Upper Bound Approach)，也就是說可能得到不保守的結果[6.1]。而條帶法是接近下限的近似法(Lower Bound Approach)，也就是說可能得到較保守的結果。另外還有一種最簡單，工程界最常用的所謂的(7)係數法(Coefficient Method)：在 1963 年的 ACI 規範[6.8]對四週有較大勁度邊梁支承的雙向版提供該法，供雙向版設計使用。本法不必進行複雜計算，而直接由版四週的邊界情況及其長/短邊跨度比，即可由係數表查得所對應的彎矩及剪力係數。此法因使用簡便，所以雖然從 1977 年開始，係數表就未再附於規範中，但工程實務界仍然一直在使用此表。

本章以下各節將針對工程界常用之係數法，以及規範內有詳細規定的直接設計法及相當構架法做進一步介紹。

6-10 雙向版—係數設計法

雙向版的係數法，基本上是把版分成柱列帶及中間帶如圖 6-10-1 所示。每一塊版在每一個方向都畫分為兩個側邊的柱列帶(各為四分之一版寬)及一個中間帶(為二分之一版寬)。而在兩個方向中間帶的彎矩，可由公式 6.10.1、公式 6.10.2 及表 6-10-1(a)至表 6-10-1(c)求得如下：

$$M_S = C_S \cdot w \cdot L_S \tag{6.10.1}$$

$$M_L = C_L \cdot w \cdot L_L \tag{6.10.2}$$

式中　　C_S：短向彎矩係數

　　　　C_L：長向彎矩係數

　　　　w：版上均佈載重

　　　　L_S：短向版淨跨度

　　　　L_L：長向版淨跨度

而兩個方向中間帶的剪力則可由公式 6.10.3、6.10.4 及表 6-10-1(d)求得如下：

$$V_S = W_S \cdot w \cdot L_S / 2 \tag{6.10.3}$$

$$V_L = W_L \cdot w \cdot L_L / 2 \tag{6.10.4}$$

在公式 6.10.1 及公式 6.10.2 中之 C_S 及 C_L 可由表 6-10-1(a)~(c)查得。而公式 6.10.3 及公式 6.10.4 中之 W_S 及 W_L 可由表 6-10-1(d)查得。在表 6-10-1(a)~(d) 中共分九種不同形式的樓版邊界，有斜線的邊代表該邊之樓版為連續，而無斜線的邊代表該邊之樓版為不連續。例如第一種情況(Case1)代表版四邊皆為不連續，第二種情況(Case2)為版四邊皆為連續，第三種情況(Case3)為版兩短邊為連續，而兩長邊為不連續，餘此類推[6.1,6.7]。

在表 6-10-1 中的係數基本上是依據彈性分析結果，再加上考慮非彈性的內力重分配後的結果。而且也考慮到活載重的配置對內力的影響。如表 6-10-1(a)的負彎矩係數是考慮兩緊鄰跨度置放活載重的情況，而表 6-10-1(c) 的最大正彎矩是考慮相隔一跨置放活載的情況所得到最大正彎矩係數。

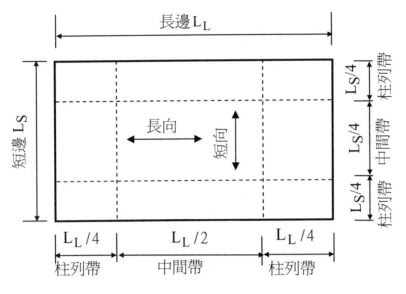

圖 6-10-1　雙向版之柱列帶及中間帶

　　在 6-10-1 中之負彎矩係數，為連續邊之負彎矩係數，不連續邊之負彎矩係數，直接使用該向正彎矩係數之三分之一。這個假設的原因是一般版的不連續是由梁所支承，而梁會提供適度的扭轉勁度來束制版的撓曲轉動，因此版在不連續邊仍然會有負彎矩的存在。利用表 6-10-1 所查得之係數，再利用公式 6.10.1 及 6.10.2，計算得兩個方向上中間帶的最大彎矩值，基本上這個彎矩是百分之百作用在中間帶上，到了柱列帶其值會逐漸變小，到了最邊緣(梁邊)，其值大概只有中間帶上的三分之一。在圖 6-10-2 中為一四邊不連續之版，在短向中間帶上之最大正彎矩 M_S，而其橫向的分佈，在整個中間帶上都是 M_S，一直到中間帶與柱列帶交界，進入柱列帶到開始線性遞減，一直到版邊其值變成 $M_S/3$。

　　至於表 6-10-1 中的九種邊界情況可利用圖 6-10-3 加以說明。S1 版為一長邊及一短邊不連續，屬於 Case1。版 S2 為一短邊不連續，屬於 Case9。版 S3 為兩短邊不連續，屬於 Case5。版 S4 為一長邊兩短邊不連續，屬於 Case6。

表 6-10-1(a)版負彎矩係數(靜載+活載)

跨度比 m=L_S/L_L		Case 1	Case 2	Case 3	Case 4	Case 5	Case 6	Case 7	Case 8	Case 9
1	$C_{S,neg}$		0.045		0.050	0.075	0.071		0.033	0.061
	$C_{L,neg}$		0.045	0.076	0.050			0.071	0.061	0.033
0.95	$C_{S,neg}$		0.050		0.055	0.079	0.075		0.038	0.065
	$C_{L,neg}$		0.041	0.072	0.045			0.067	0.056	0.029
0.9	$C_{S,neg}$		0.055		0.060	0.080	0.079		0.043	0.068
	$C_{L,neg}$		0.037	0.070	0.040			0.062	0.052	0.025
0.85	$C_{S,neg}$		0.060		0.066	0.082	0.083		0.049	0.072
	$C_{L,neg}$		0.031	0.065	0.034			0.057	0.046	0.021
0.8	$C_{S,neg}$		0.065		0.071	0.083	0.086		0.055	0.075
	$C_{L,neg}$		0.027	0.061	0.029			0.051	0.041	0.017
0.75	$C_{S,neg}$		0.069		0.076	0.085	0.088		0.061	0.078
	$C_{L,neg}$		0.022	0.056	0.024			0.044	0.036	0.014
0.7	$C_{S,neg}$		0.074		0.081	0.086	0.091		0.068	0.081
	$C_{L,neg}$		0.017	0.050	0.019			0.038	0.029	0.011
0.65	$C_{S,neg}$		0.077		0.085	0.087	0.093		0.074	0.083
	$C_{L,neg}$		0.014	0.043	0.015			0.031	0.024	0.008
0.6	$C_{S,neg}$		0.081		0.089	0.088	0.095		0.080	0.085
	$C_{L,neg}$		0.010	0.035	0.011			0.024	0.018	0.006
0.55	$C_{S,neg}$		0.084		0.092	0.089	0.096		0.085	0.086
	$C_{L,neg}$		0.007	0.028	0.008			0.019	0.014	0.005
0.5	$C_{S,neg}$		0.086		0.094	0.090	0.097		0.089	0.088
	$C_{L,neg}$		0.006	0.022	0.006			0.014	0.010	0.003

表 6-10-1(b)版正彎矩係數(靜載)

跨度比 m=L_S/L_L		Case 1	Case 2	Case 3	Case 4	Case 5	Case 6	Case 7	Case 8	Case 9
1	$C_{S,DL}$	0.036	0.018	0.018	0.027	0.027	0.033	0.027	0.020	0.023
	$C_{L,DL}$	0.036	0.018	0.027	0.027	0.018	0.027	0.033	0.023	0.020
0.95	$C_{S,DL}$	0.040	0.020	0.021	0.030	0.028	0.036	0.031	0.022	0.024
	$C_{L,DL}$	0.033	0.016	0.025	0.024	0.015	0.024	0.031	0.021	0.017
0.9	$C_{S,DL}$	0.045	0.022	0.025	0.033	0.029	0.039	0.035	0.025	0.026
	$C_{L,DL}$	0.029	0.014	0.024	0.022	0.013	0.021	0.028	0.019	0.015
0.85	$C_{S,DL}$	0.050	0.024	0.029	0.036	0.031	0.042	0.040	0.029	0.028
	$C_{L,DL}$	0.026	0.012	0.022	0.019	0.011	0.017	0.025	0.017	0.013
0.8	$C_{S,DL}$	0.056	0.026	0.034	0.039	0.032	0.045	0.045	0.032	0.029
	$C_{L,DL}$	0.023	0.011	0.020	0.016	0.009	0.015	0.022	0.015	0.010
0.75	$C_{S,DL}$	0.061	0.028	0.040	0.043	0.033	0.048	0.051	0.036	0.031
	$C_{L,DL}$	0.019	0.009	0.018	0.013	0.007	0.012	0.020	0.013	0.007
0.7	$C_{S,DL}$	0.068	0.030	0.046	0.046	0.035	0.051	0.058	0.040	0.033
	$C_{L,DL}$	0.016	0.007	0.016	0.011	0.005	0.009	0.017	0.011	0.006
0.65	$C_{S,DL}$	0.074	0.032	0.054	0.050	0.036	0.054	0.065	0.044	0.034
	$C_{L,DL}$	0.013	0.006	0.014	0.009	0.004	0.007	0.014	0.009	0.005
0.6	$C_{S,DL}$	0.081	0.034	0.062	0.053	0.037	0.056	0.073	0.048	0.036
	$C_{L,DL}$	0.010	0.004	0.011	0.007	0.003	0.006	0.012	0.007	0.004
0.55	$C_{S,DL}$	0.088	0.035	0.071	0.056	0.038	0.058	0.081	0.052	0.037
	$C_{L,DL}$	0.008	0.003	0.009	0.005	0.002	0.004	0.009	0.005	0.003
0.5	$C_{S,DL}$	0.095	0.037	0.080	0.059	0.039	0.061	0.089	0.056	0.038
	$C_{L,DL}$	0.006	0.002	0.007	0.004	0.001	0.003	0.007	0.004	0.002

表 6-10-1(c)版正彎矩係數(活載)

跨度比 $m=L_S/L_L$		Case 1 ▭	Case 2 ▱	Case 3 ▭	Case 4 ▭	Case 5 ▭	Case 6 ▭	Case 7 ▭	Case 8 ▭	Case 9 ▭
1	$C_{S,LL}$	0.036	0.027	0.027	0.032	0.032	0.035	0.032	0.028	0.030
	$C_{L,LL}$	0.036	0.027	0.032	0.032	0.027	0.032	0.035	0.030	0.028
0.95	$C_{S,LL}$	0.040	0.030	0.031	0.035	0.034	0.038	0.036	0.031	0.032
	$C_{L,LL}$	0.033	0.025	0.029	0.029	0.024	0.029	0.032	0.027	0.025
0.9	$C_{S,LL}$	0.045	0.034	0.035	0.039	0.037	0.042	0.040	0.035	0.036
	$C_{L,LL}$	0.029	0.022	0.027	0.026	0.021	0.025	0.029	0.024	0.022
0.85	$C_{S,LL}$	0.050	0.037	0.040	0.043	0.041	0.046	0.045	0.040	0.039
	$C_{L,LL}$	0.026	0.019	0.024	0.023	0.019	0.022	0.026	0.022	0.020
0.8	$C_{S,LL}$	0.056	0.041	0.045	0.048	0.044	0.051	0.051	0.044	0.042
	$C_{L,LL}$	0.023	0.017	0.022	0.020	0.016	0.019	0.023	0.019	0.017
0.75	$C_{S,LL}$	0.061	0.045	0.051	0.052	0.047	0.055	0.056	0.049	0.046
	$C_{L,LL}$	0.019	0.014	0.019	0.016	0.013	0.016	0.020	0.016	0.013
0.7	$C_{S,LL}$	0.068	0.049	0.057	0.057	0.051	0.060	0.063	0.054	0.050
	$C_{L,LL}$	0.016	0.012	0.016	0.014	0.011	0.013	0.017	0.014	0.011
0.65	$C_{S,LL}$	0.074	0.053	0.064	0.062	0.055	0.064	0.070	0.059	0.054
	$C_{L,LL}$	0.013	0.010	0.014	0.011	0.009	0.010	0.014	0.011	0.009
0.6	$C_{S,LL}$	0.081	0.058	0.071	0.067	0.059	0.068	0.077	0.065	0.059
	$C_{L,LL}$	0.010	0.007	0.011	0.009	0.007	0.008	0.011	0.009	0.007
0.55	$C_{S,LL}$	0.088	0.062	0.080	0.072	0.063	0.073	0.085	0.070	0.063
	$C_{L,LL}$	0.008	0.006	0.009	0.007	0.005	0.006	0.009	0.007	0.006
0.5	$C_{S,LL}$	0.095	0.066	0.088	0.077	0.067	0.078	0.092	0.076	0.067
	$C_{L,LL}$	0.006	0.004	0.007	0.005	0.004	0.005	0.007	0.005	0.004

表 6-10-1(d)版載重在短向及長向之分配係數(剪力計算)

跨度比 $m=L_S/L_L$		Case 1	Case 2	Case 3	Case 4	Case 5	Case 6	Case 7	Case 8	Case 9
1	W_S	0.50	0.50	0.17	0.50	0.83	0.71	0.29	0.33	0.67
	W_L	0.50	0.50	0.83	0.50	0.17	0.29	0.71	0.67	0.33
0.95	W_S	0.55	0.55	0.20	0.55	0.86	0.75	0.33	0.38	0.71
	W_L	0.45	0.45	0.80	0.45	0.14	0.25	0.67	0.62	0.29
0.9	W_S	0.60	0.60	0.23	0.60	0.88	0.79	0.38	0.43	0.75
	W_L	0.40	0.40	0.77	0.40	0.12	0.21	0.62	0.57	0.25
0.85	W_S	0.66	0.66	0.28	0.66	0.90	0.83	0.43	0.49	0.79
	W_L	0.34	0.34	0.72	0.34	0.10	0.17	0.57	0.51	0.21
0.8	W_S	0.71	0.71	0.33	0.71	0.92	0.86	0.49	0.55	0.83
	W_L	0.29	0.29	0.67	0.29	0.08	0.14	0.51	0.45	0.17
0.75	W_S	0.76	0.76	0.39	0.76	0.94	0.88	0.56	0.61	0.86
	W_L	0.24	0.24	0.61	0.24	0.06	0.12	0.44	0.39	0.14
0.7	W_S	0.81	0.81	0.45	0.81	0.95	0.91	0.62	0.68	0.89
	W_L	0.19	0.19	0.55	0.19	0.05	0.09	0.38	0.32	0.11
0.65	W_S	0.85	0.85	0.53	0.85	0.96	0.93	0.69	0.74	0.92
	W_L	0.15	0.15	0.47	0.15	0.04	0.07	0.31	0.26	0.08
0.6	W_S	0.89	0.89	0.61	0.89	0.97	0.95	0.76	0.80	0.94
	W_L	0.11	0.11	0.39	0.11	0.03	0.05	0.24	0.20	0.06
0.55	W_S	0.92	0.92	0.69	0.92	0.98	0.96	0.81	0.85	0.95
	W_L	0.08	0.08	0.31	0.08	0.02	0.04	0.19	0.15	0.05
0.5	W_S	0.94	0.94	0.76	0.94	0.99	0.97	0.86	0.89	0.97
	W_L	0.06	0.06	0.24	0.06	0.01	0.03	0.14	0.11	0.03

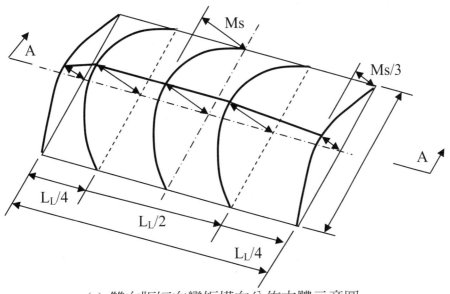

(a) 雙向版短向彎矩橫向分佈立體示意圖

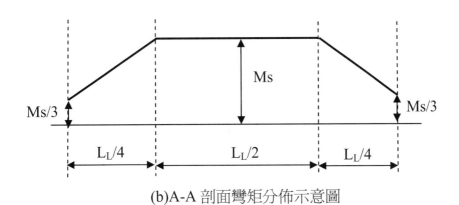

(b)A-A 剖面彎矩分佈示意圖

圖 6-10-2 中間帶及柱列帶正彎矩之橫向分佈

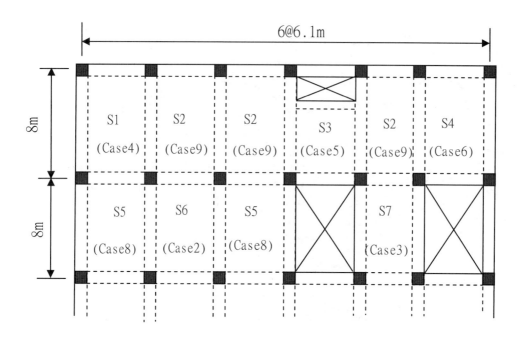

圖 6-10-3 各種不同邊界條件版之示意圖

例 6-10-1

如圖 6-10-3 所示之樓版系統，試由表 6-10-1 查出版 S1 及 S2 之長向及短向之中間帶之正負彎矩及剪力係數。假設所有梁寬皆為 40 cm。

<解>

版 S1：屬於 Case 4 情況，一長邊及一短邊不連續，

L_S =610-40=570

L_L =800-40=760

m= L_S / L_L =570/760=0.75

由表 6-10-1(a)查得短向負彎矩係數=0.076

長向負彎矩係數=0.024

由表 6-10-1(b)查得靜載重短向正彎矩係數=0.043

靜載重長向正彎矩係數=0.013

由表 6-10-1(c)查得活載重短向正彎矩係數=0.052

活載重長向正彎矩係數=0.016

由表 6-10-1(d)查得短向載重分配係數=0.76

長向載重分配係數=0.24

版 S2：屬於 Case9 情況，只有一短邊不連續，

L_S =610-40=570

L_L =800-40=760

$$m = L_S / L_L = 570/760 = 0.75$$

由表 6-10-1(a)查得短向負彎矩係數=0.078

長向負彎矩係數=0.014

由表 6-10-1(b)查得靜載重短向正彎矩係數=0.031

靜載重長向正彎矩係數=0.007

由表 6-10-1(c)查得活載重短向正彎矩係數=0.046

活載重長向正彎矩係數=0.013

由表 6-10-1(d)查得短向載重分配係數=0.86

長向載重分配係數=0.14

例 6-10-2

如圖 6-10-3 所示，假設 S1 版上除了版自重外，尚承載由牆及地版鋪面產生之均佈靜載重為 $0.2 \, t/m^2$，樓版活載重為 $0.3 \, t/m^2$。試依係數法求出短向中間帶及柱列帶之設計彎矩及剪力。假設所有梁寬皆為 40 cm，版厚為 15 公分。

＜解＞

根據例 6-10-1，S1 之係數如下：

短向負彎矩係數=0.076

短向靜載重正彎矩係數=0.043

短向活載重正彎矩係數=0.052

$$W_D = 0.2 + 0.15 \times 2.4 = 0.56 \quad t/m^2$$

$$W_L = 0.3 \quad t/m^2$$

$$W_u = 1.2W_D + 1.6W_L = 1.2 \times 0.56 + 1.6 \times 0.3 = 1.152 \quad t/m^2$$

中間帶：

連續邊： $-M_{u,max} = 0.076 \times W_u \times L_S^2 = 0.076 \times 1.152 \times 5.7^2$

$$= 2.845 \quad t-m/m$$

$+M_{u,max} = [0.043 \times (1.2W_D) + 0.052 \times (1.6W_L)] \times L_S^2$

$$= [0.043 \times 1.2 \times 0.56 + 0.052 \times 1.6 \times 0.3] \times 5.7^2 = 1.750 \quad t-m/m$$

不連續邊： $-M_{u,max} = \dfrac{+M_{u,max}}{3} = \dfrac{1.75}{3} = 0.583 \quad t-m/m$

柱列帶：

連續邊： $-M_{u,max} = \dfrac{2.845}{3} = 0.948 \quad t-m/m$

$+M_{u,max} = \dfrac{1.750}{3} = 0.583 \quad t-m/m$

不連續邊：$-M_{u,max} = \dfrac{0.583}{3} = 0.194$　$t-m/m$

整塊版總載重 $= 1.152 \times 5.7 \times 7.6 = 49.9$ t

短向分配載重 $= 0.76 \times 49.9 = 37.924$ t

$$V_{u,max} = \dfrac{37.924}{2 \times 7.6} = 2.40 \quad t/m$$

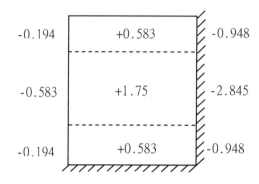

圖 6-10-4　例 6-10-2 版短向之設計彎矩

例 6-10-3

同例 6-10-2，試依係數法求出 S1 長向中間帶及柱列帶之設計彎矩及剪力。

＜解＞

根據例 6-10-1，S1 之係數如下：

長向負彎矩係數=0.024
長向靜載重正彎矩係數=0.013
長向活載重正彎矩係數=0.016
長向載重分配係數=0.24

中間帶：

連續邊：$-M_{u,max} = 0.024 \times W_u \times L_L^2 = 0.024 \times 1.152 \times 7.6^2$
$$= 1.597 \quad t-m/m$$

$+M_{u,max} = [0.013 \times (1.2W_D) + 0.016 \times (1.6W_L)] \times L_L^2$
$$= [0.013 \times 1.2 \times 0.56 + 0.016 \times 1.6 \times 0.3] \times 7.6^2 = 0.948 \quad t-m/m$$

不連續邊：$-M_{u,max} = \dfrac{+M_{u,max}}{3} = \dfrac{0.948}{3} = 0.316$　$t-m/m$

柱列帶：

連續邊：$-M_{u,max} = \dfrac{1.597}{3} = 0.532$　$t-m/m$

$+M_{u,max} = \dfrac{0.948}{3} = 0.316$　$t-m/m$

不連續邊：$-M_{u,max} = \dfrac{0.316}{3} = 0.105$ t－m／m

整塊版總載重＝$1.152 \times 5.7 \times 7.6 = 49.9$ t

短向分配載重＝$0.24 \times 49.9 = 11.976$ t

$$V_{u,max} = \dfrac{11.976}{2 \times 5.7} = 1.051 \quad t／m$$

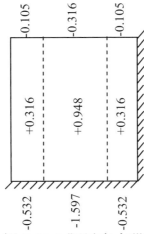

圖 6-10-5 例 6-10-3 版長向之設計彎矩

例 6-10-4

同例 6-10-2，試依係數法所求得設計彎矩及剪力，設計版 S1 之短向配筋。材料之 $f_c' = 210 \; kgf／cm^2$、$f_y = 2800 \; kgf／cm^2$。

＜解＞

由圖 6-10-3 得設計彎矩如下：

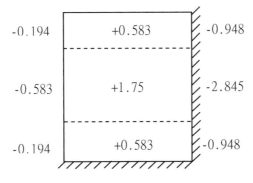

設計剪力 $V_{u,max} = 2.40 \quad t／m$

基本上版之剪力強度都是由混凝土提供，其剪力強度依單向版之理論計算，一般都取單位版寬來檢核。假設使用#4 主筋，依規範規定版之淨保護層厚為 2 公分，則

d=15-2-1.27/2=12.365 cm

$$\phi V_c = \phi(0.53\sqrt{f_c'})b_w d = 0.75 \times 0.53 \times \sqrt{210} \times 100 \times 12.365/1000$$

$$= 7.123 \quad t/m > V_u = 2.4 \quad t/m \quad OK\#$$

中間帶：右端 $-M_{u,max} = -2.845 \quad t-m/m$

$$m = \frac{f_y}{0.85f_c'} = \frac{2800}{0.85 \times 210} = 15.686$$

假設 $\phi = 0.9$

$$R_n = \frac{M_n}{bd^2} = \frac{284500}{0.9 \times 100 \times 12.365^2} = 20.675$$

$$\rho = \frac{1}{m}[1 - \sqrt{1 - \frac{2mR_n}{f_y}}]$$

$$= \frac{1}{15.686}[1 - \sqrt{1 - \frac{2 \times 15.686 \times 20.675}{2800}}] = 0.00787$$

$$A_s = \rho bd = 0.00787 \times 100 \times 12.365 = 9.731 \quad cm^2/m$$

$$A_{s,min} = \rho_{min}bt = 0.002 \times 100 \times 15 = 3.0 \quad cm^2/m$$

使用 $A_s = 9.731$

S=100/(9.731/1.267)=13 cm

使用#4@12 提供

$$A_s = 1.267 \times (100/12) = 10.558 > 9.731 \quad OK\#$$

設計結果之檢核：

$$T = A_s f_y = 10.558 \times 2800 = 29562 \quad kgf$$

$$a = \frac{T}{0.85f_c' b}$$

$$= \frac{29562}{0.85 \times 210 \times 100} = 1.656 \quad cm$$

$$x = a/\beta_1 = 1.656/0.85 = 1.948$$

$$d_t = d = 12.365$$

$$x/d_t = 1.948/12.365 = 0.158 < 0.375$$

$$\therefore \phi = 0.9$$

$$M_n = T(d - \frac{a}{2})$$

$$= 29562(12.365 - \frac{1.656}{2}) = 341057 \quad kgf-cm$$

$$= 3.41 \text{ t-m}$$

$$\phi M_n = 0.9 \times 3.41 = 3.067 > 2.845 \quad \text{t-m} \quad \text{OK\#}$$

左端 $-M_{u,max} = -0.583 \quad t-m/m$

$$R_n = \frac{M_n}{bd^2} = \frac{58300}{0.9 \times 100 \times 12.365^2} = 4.237$$

$$\rho = \frac{1}{m}[1 - \sqrt{1 - \frac{2mR_n}{f_y}}]$$

$$= \frac{1}{15.686}[1 - \sqrt{1 - \frac{2 \times 15.686 \times 4.237}{2800}}] = 0.00153$$

$$< \rho_{min} = 0.002$$

使用 $A_{s,min} = \rho_{min}bt = 0.002 \times 100 \times 15 = 3.0 \quad cm^2/m$

S=100/(3.0/1.267)=42.2 cm $<$ 3t=3×15=45

$$< 45$$

使用#4@40

中央 $+M_{u,max} = +1.75 \quad t-m/m$

$$R_n = \frac{M_n}{bd^2} = \frac{175000}{0.9 \times 100 \times 12.365^2} = 12.718$$

$$\rho = \frac{1}{m}[1 - \sqrt{1 - \frac{2mR_n}{f_y}}]$$

$$= \frac{1}{15.686}[1 - \sqrt{1 - \frac{2 \times 15.686 \times 12.718}{2800}}] = 0.00472$$

$$A_s = \rho bd = 0.00472 \times 100 \times 12.365 = 5.836 \quad cm^2/m$$

$$> A_{s,min} = \rho_{min}bt = 0.002 \times 100 \times 15 = 3$$

S=100/(5.836/1.267)=21.7 cm $<$ 45 OK\#

使用#4@20 提供

$$A_s = 1.267 \times (100/20) = 6.335 > 5.863 \quad \text{OK\#}$$

柱列帶：

右端：$-M_{u,max} = 0.948 \quad t-m/m$

$$R_n = \frac{M_n}{bd^2} = \frac{94800}{0.9 \times 100 \times 12.365^2} = 6.889$$

$$\rho = \frac{1}{m}[1 - \sqrt{1 - \frac{2mR_n}{f_y}}]$$

$$= \frac{1}{15.686}[1 - \sqrt{1 - \frac{2 \times 15.686 \times 6.889}{2800}}] = 0.00251$$

$$A_s = \rho bd = 0.00251 \times 100 \times 12.365 = 3.10 \quad cm^2/m$$

$$> A_{s,min} = \rho_{min} bt = 0.002 \times 100 \times 15 = 3.0 \quad cm^2/m$$

S=100/(3.1/1.267)=40.87 cm $<$ 3t=3×15=45

$<$ 45

使用#4@40

左端：$-M_{u,max} = \frac{0.583}{3} = 0.194 \quad t-m/m < 0.583$

直接使用最小鋼筋量

使用 $A_{s,min} = \rho_{min} bt = 0.002 \times 100 \times 15 = 3.0 \quad cm^2/m$

使用#4@40

中央 $+M_{u,max} = 0.583 \quad t-m/m$

直接使用最小鋼筋量

使用 $A_{s,min} = \rho_{min} bt = 0.002 \times 100 \times 15 = 3.0 \quad cm^2/m$

使用#4@40

6-11 雙向版—直接設計法

　　在目前的規範中[6.2,6.3]對於雙向版系統的分析,是將雙向版依各跨度之中心線分割成一系列的平面剛性構架,也就是所謂的相當構架(Equivalent Frame),如圖 6-11-1 所示。每一個構架基本上都是由版、梁及柱共同組成,共同承載外部載重。每一個相當構架都必需承載百分之百的載重。當樓版系統滿足下列條件時,則可使用比較簡易的半經驗設計法—直接設計法(Direct Design Method)。

1、每個方向至少有三連續跨。

2、版格間為矩形,格間之長/短跨度比值不超過 2。

3、相鄰跨之跨度差不得大於較長跨之三分之一。

4、柱偏離柱列帶中心線的偏心不得大於偏向跨度之十分之一。

5、載重皆為垂直載重(Gravity Load),且活載重不得大於靜載重之三倍。

6、如果格間四周皆有梁時,兩向互相垂直梁之相對勁度比 $\frac{\alpha_1 L_2}{\alpha_2 L_1}$ 必需介於 0.2 至 5 之間。

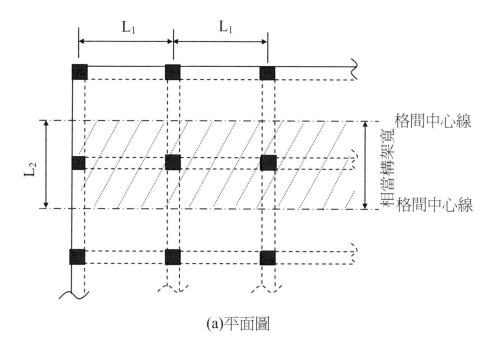

(a)平面圖

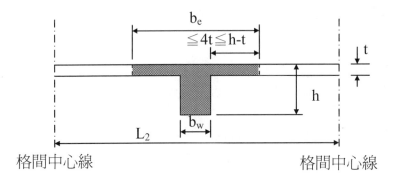

(b)版及梁剖面

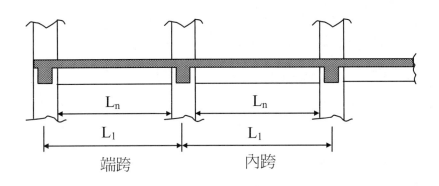

(c) 相當構架立面

圖 6-11-1 雙向版系統之相當構架

在直接設計法中，必需先求樓版之總靜定彎矩(Total Static Moment)如下：

$$Mo = \frac{W_u L_n^2}{8} = \frac{(w_u L_2) L_n^2}{8} \tag{6.11.1}$$

式中　　w_u 為樓版單位面積之均佈設計載重

　　　　L_2 為相當構架之版格間中心線寬

　　　　L_n 為相當構架之淨跨度，不得小於 $0.65 L_1$

根據公式 6.11.1 求得總靜定彎矩後，再依版之束制情況，進行彎矩縱向分配。內跨間負彎矩為總靜定彎矩之 65%，正彎矩為總靜定彎矩之 35%。端跨之正、負彎矩分配係數依版之邊界條件之不同，可由表 6.11.1 中查得 [6.2,6.3]。

表 6-11-1 端跨總靜定彎矩之縱向彎矩分配係數[6.2,6.3]

	1	2	3		5
	版外緣 無束制	版之所有支 承間皆有梁	版之內支承間皆無梁		版外緣有 完全束制
			無邊梁	有邊梁	
內支承負彎矩	0.75	0.70	0.70	0.70	0.65
正彎矩	0.63	0.57	0.52	0.50	0.35
外支承負彎矩	0	0.16	0.26	0.30	0.65

以一般樓版系統，版四周皆有梁支承之情況，其縱向彎矩分配係數如圖 6-11-2
所示。

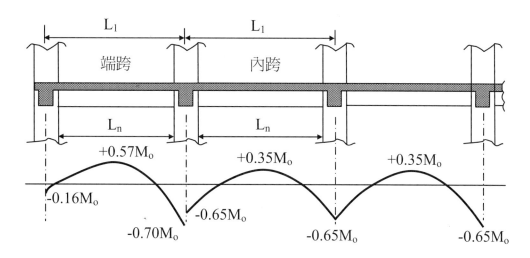

圖 6-11-2 直接設計法相當構架之縱向彎矩分配係數圖

將總靜定彎矩根據前述方式分配到正、負彎矩後，各正、負彎矩之作用
力都必需由版及梁來共同承擔，而版又有柱列帶及中間帶的分別。因此各彎
矩值必需根據柱列帶版、中間帶版及梁之相對勁度進行橫向的分配。而其分
配比例又與版之長/短跨度比 L_1 / L_2、版/梁相對勁度比及邊梁之扭轉勁度等
有關。相當構架之彎矩承載系統，其橫向分佈範圍示意如圖 6-11-3 所示。縱
向分配到各處之總靜定彎矩，必需再橫向分配給柱列帶及中間帶，分配給柱
列帶之彎矩百分比可由表 6-11-2 查得。表中之 α 為版及梁之相對勁度比，由
下列公式計算之：

$$\alpha = \frac{E_{cb}I_b}{E_{cs}I_s} \tag{6.11.2}$$

而 α_1 及 α_2 代表對應到 L_1 及 L_2 方向之 α 值。 E_{cb} 及 E_{cs} 分別代表梁及版混凝土之彈性模數比。 I_b 代表梁斷面有效面積慣性矩，其有效斷面詳如圖 6-11-1(b) 所示，有效翼寬限制如下：

$$b_e \le b_w + 2 \times \min((h-t),4t) \quad 內梁(雙翼)$$
$$b_e \le b_w + \min((h-t),4t) \quad\quad 邊梁(單翼) \quad\quad\quad (6.11.3)$$

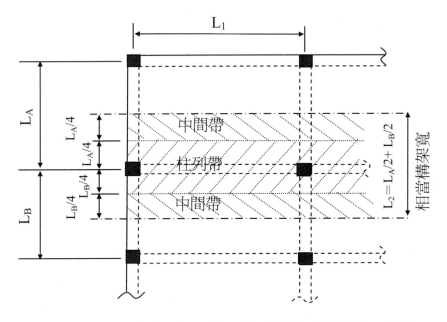

圖 6-11-3 相當構架之彎矩承載系統之橫向分佈範圍示意圖

表 6-11-2　柱列帶彎矩分配係數表[6.2,6.3]

			L_2/L_1		
			0.5	1.0	2.0
內側負彎矩	$\alpha_1 L_2/L_1 = 0$		75	75	75
	$\alpha_1 L_2/L_1 \ge 1$		90	75	45
外側負彎矩	$\alpha_1 L_2/L_1 = 0$	$\beta_t = 0$	100	100	100
		$\beta_t \ge 2.5$	75	75	75
	$\alpha_1 L_2/L_1 \ge 1$	$\beta_t = 0$	100	100	100
		$\beta_t \ge 2.5$	90	75	45
正彎矩	$\alpha_1 L_2/L_1 = 0$		60	60	60
	$\alpha_1 L_2/L_1 \ge 1$		90	75	45

I_s 代表版之總面積慣性矩。 β_t 為邊梁之扭矩勁度參數，其計算公式如下：

$$\beta_t = \frac{E_{cb}C}{2E_{cs}I_s} \tag{6.11.4}$$

公式 6.11.4 中之 E_{cb}、E_{cs} 及 I_s 之定義如前面所述。C 為梁有效斷面之扭力常數,梁有效斷面定義如圖 6-11-1(b) 及公式 6.11.3 所示。C 公式定義如下:

$$C = \sum(1 - 0.63\frac{x}{y})\frac{x^3y}{3} \tag{6.11.5}$$

x 代表斷面分割單元之厚度(較小尺寸者),y 代表斷面分割單元之寬度(較大尺寸者)。計算 C 值時,斷面之單元分割以能獲得最大值為原則。

　　如果其 $\alpha_1 L_2 / L_1 \geq 1$ 時,依表 6-11-2 之係數,計算得到之柱列帶彎矩,其中 85% 應由支承間之梁承受,其餘 15% 則由柱列帶版承受。而當 $0 < \alpha_1 L_2 / L_1 < 1$ 時,支承間之梁承受之柱列帶彎矩則介於 0%~85% 之間以線性內插之。另外直接作用在梁上的載重則完全由梁承載。

　　相當構架上之正、負彎矩除由柱列帶承受外,其餘彎矩應由柱列帶兩側之半中間帶承受之。格間內設計方向之正負彎矩可以做 10% 的增減調整,但其總靜定彎矩不得小於公式 6.11.1 計算之值。

　　當雙向版系統有梁存在時,如果其 $\alpha_1 L_2 / L_1 \geq 1$ 時,梁之剪力設計必需能承載圖 6-11-4 斜線樓版面積之載重所造成之剪力。而當 $0 < \alpha_1 L_2 / L_1 < 1$ 時,梁應承受之剪力可以線性內插法求之,並假設 $\alpha_1 = 0$ 時梁無承重。

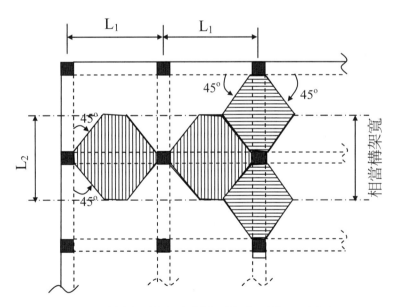

圖 6-11-4 計算梁剪力之樓版載重面積示意圖

當柱及牆是與樓版系統一起澆鑄時,柱及牆必需能承受版系統設計載重所產生之彎矩,除經分析外,於內支承處上、下柱或牆應按其勁度分別承受下式之彎矩:

$$M = 0.07[(w_D + 0.5w_L)L_2 L_n^2 - w_D' L_2' (L_n')^2]$$ (6.11.6)

式中 w_D'、L_2'、L_n' 為短跨者

雙向版系統為了確保其服務性能,不至有太大垂直撓度,在我國規範 2.11.3[6.2]及 ACI 9.5.3[6.3]中有最小版厚的要求。如果版內無梁橫跨其支承時,其最小版厚得按表 6-11-3 之規定,但不得小於下列之值:(1)無柱頭版者:12.5 公分。(2)有柱頭版者:10 公分。

表 6-11-3　無內梁雙向版之最小版厚

f_y^* kgf / cm^2	無柱頭版**			有柱頭版**		
	外格間		內格間	外格間		內格間
	無邊梁	有邊梁$^+$		無邊梁	有邊梁$^+$	
2800	$L_n/33$	$L_n/36$	$L_n/36$	$L_n/36$	$L_n/40$	$L_n/40$
4200	$L_n/30$	$L_n/33$	$L_n/33$	$L_n/33$	$L_n/36$	$L_n/36$
5250	$L_n/28$	$L_n/31$	$L_n/31$	$L_n/31$	$L_n/34$	$L_n/34$

註:

* 鋼筋之規定降伏強度 f_y 若介於表中之值,得以線性內插法求版厚。

** 柱頭版須按本設計規範第六章之規定。

+ 沿外緣支承柱上有梁者,其邊梁之 α 值不得小於 0.8。

如果版之四周有梁支承時,其版厚應依下列之規定:
(1) 版之 $\alpha_m \leq 0.2$ 者,依我國設計規範第 2.11.3.2 節之規定(表 6-11-3)。
(2) 版之 $0.2 < \alpha_m \leq 2.0$ 者,其厚度不得小於下式之規定,

$$t = \frac{L_n(800 + 0.0712f_y)}{36000 + 5000\beta(\alpha_m - 0.2)} \geq 12.5 \text{ cm}$$ (6.11.7)

(3) 版之 $\alpha_m > 2.0$ 者,其厚度不得小於下式之規定,

$$t = \frac{L_n(800 + 0.0712f_y)}{36000 + 9000\beta} \geq 9.0 \text{ cm}$$ (6.11.8)

(4) 不連續之版邊,應設置邊梁使其勁度比值至少為 0.8;或不連續格間之版厚按公式 6.11.7 或公式 6.11.8 計算所得之最小版厚再增加 10% 以上。

在上列規定中L_n爲版長向之淨跨度。α_m爲版四周各梁α之平均值,即

$\alpha_m = \dfrac{\sum \alpha}{n}$。 n爲版周圍之梁數。$\beta$爲雙向版之長/短跨淨跨度比值,即

$\beta = \dfrac{L_{Ln}}{L_{Sn}}$。

綜合上述,雙向版直接設計法之設計步驟彙整如下:

1、檢核樓版系統是否滿足規範規定的前五個基本條件。

2、計算版及梁之相對勁度比α,並檢核是否滿足規範規定的第六個基本條件。

3、檢核最小版厚。

4、計算總靜定彎矩M_o。

5、總靜定彎矩M_o之縱向分配。

6、計算柱列帶及中間帶彎矩之橫向分配。

7、計算柱列帶梁及版之彎矩分配。

8、設計版配筋。

例 6-11-1

有一樓版系統如下圖所示,樓版除自重外,尚需承載由牆及樓版鋪面等造成之均佈靜載重$250\,kgf/m^2$及均佈活載重$300\,kgf/m^2$。版厚t=15cm,梁B1~B4之尺寸爲35×70cm,梁G1~G4之尺寸爲30×60cm。材料之$f_c' = 210\ kgf/cm^2$、梁主筋$f_y = 4200\ kgf/cm^2$,剪力筋及版筋$f_y = 2800\ kgf/cm^2$。試依我國規範之規定,(1)檢核該樓版系統S1~S4是否符合直接設計法之條件。(2)設計版S3之配筋。梁主筋使用#8筋,剪力筋及版筋使用#4筋。

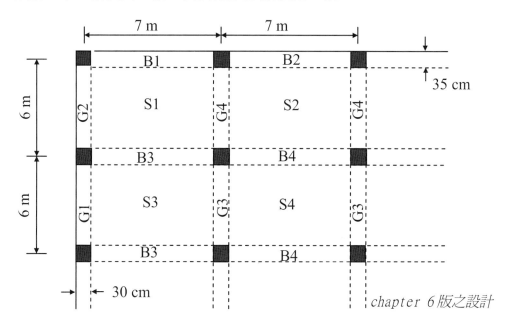

圖 6-11-5 例 6-11-1 之樓版系統平面圖

＜解＞

1、檢核該樓版系統 S1~S4 是否符合直接設計法之條件

　1) 檢核樓版系統是否滿足規範規定的前五個基本條件：

　　i)　　　每個方向至少有三連續跨，OK。

　　ii)　　版格間為矩形，格間之長/短跨度比值不超過2，

$$\frac{L_L}{L_S} = \frac{7.0}{6.0} = 1.17 < 2，OK。$$

　　iii)　　相鄰跨之跨度差不得大於較長跨之三分之一，本例為等跨，OK。

　　iv)　　柱偏離柱列帶中心線的偏心不得大於偏向跨度之十分之一，本例無偏心，OK。

　　v)　　載重皆為垂直載重，且活載重不得大於靜載重之三倍。

$$w_D = 0.15 \times 2.4 + 0.25 = 0.61 \ \text{t/m}^2$$

$$w_L = 0.30 \ \text{t/m}^2$$

$$w_L < 3 w_D \ \ \text{OK}$$

　2) 計算版及梁之相對勁度比 α，並檢核是否滿足規範規定的第六個基本條件：

　　B1、B2：

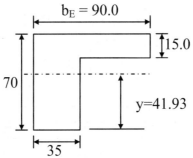

$$b_e = b_w + \min((h-t), 4t)$$

$$= 35 + \min(55, 60) = 90$$

y=[(70×35)×35+55×15×62.5]/(70×35+55×15)=41.93 cm

$$I_b = \frac{35 \times 70^3}{12} + 35 \times 70 \times (41.93 - 35)^2 + \frac{(90-35) \times 15^3}{12} +$$

$$(90-35) \times 15 \times (62.5 - 41.93)^2 = 1482624 \ \text{cm}^4$$

長向邊梁版寬=3.0+0.35/2=3.175 m

$$I_s = \frac{317.5 \times 15^3}{12} = 89297 \text{ cm}^4$$

$$\alpha = \frac{E_{cb}I_b}{E_{cs}I_s} = \frac{I_b}{I_s} = \frac{1482624}{89297} = 16.6$$

B3、B4：

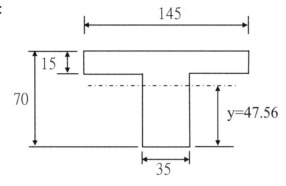

$$b_e = b_w + 2 \times \min((h-t), 4t)$$
$$\quad = 35 + 2 \times \min(55, 60) = 145$$

y=[(70×35)×35+110×15×62.5]/(70×35+110×15)=46.07 cm

$$I_b = \frac{35 \times 70^3}{12} + 35 \times 70 \times (46.07 - 35)^2 + \frac{110 \times 15^3}{12} +$$

$$110 \times 15 \times (62.5 - 46.07)^2 = 1776998$$

長向內梁版寬=6.0 m

$$I_s = \frac{600 \times 15^3}{12} = 168750$$

$$\alpha = \frac{E_{cb}I_b}{E_{cs}I_s} = \frac{I_b}{I_s} = \frac{1776998}{168750} = 10.53$$

G1、G2：

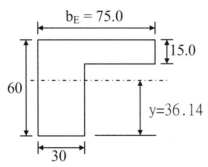

$$b_e = b_w + \min((h-t), 4t)$$
$$\quad = 30 + \min(45, 60) = 75$$

y=[(60×30)×30+45×15×52.5]/(60×30+45×15)=36.14 cm

$$I_b = \frac{30 \times 60^3}{12} + 30 \times 60 \times (36.14 - 30)^2 + \frac{(75 - 30) \times 15^3}{12} +$$

$$(75 - 30) \times 15 \times (52.5 - 36.14)^2 = 801179$$

短向邊梁版寬=3.5+0.30/2=3.65 m

$$I_s = \frac{365 \times 15^3}{12} = 102656$$

$$\alpha = \frac{E_{cb}I_b}{E_{cs}I_s} = \frac{I_b}{I_s} = \frac{801179}{102656} = 7.80$$

G3、G4：

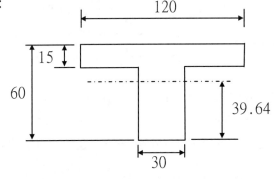

$$b_e = b_w + 2 \times \min((h - t), 4t)$$
$$= 30 + 2 \times \min(45, 60) = 120$$

y=[(60×30)×30+90×15×52.5]/(60×30+90×15)=39.64 cm

$$I_b = \frac{30 \times 60^3}{12} + 30 \times 60 \times (39.64 - 30)^2 + \frac{(120 - 30) \times 15^3}{12} +$$

$$(120 - 30) \times 15 \times (52.5 - 39.64)^2 = 955848$$

短向內梁版寬=7.0 m

$$I_s = \frac{700 \times 15^3}{12} = 196875$$

$$\alpha = \frac{E_{cb}I_b}{E_{cs}I_s} = \frac{I_b}{I_s} = \frac{955848}{196875} = 4.86$$

各格間之 α 值如下；

α=16.6　　　α=16.6

α=7.8　　S1　α=4.86　　S2　α=4.86

α=10.53　　α=10.53

α=7.8　　S3　α=4.86　　S4　α=4.86

α=10.53　　α=10.53

版 S1：

$$\frac{\alpha_1 L_2}{\alpha_2 L_1} = \frac{\frac{1}{2}(16.6 + 10.53) \times 6.0}{\frac{1}{2}(7.80 + 4.86) \times 7.0} = 1.837 \quad \text{OK\#}$$

版 S2：

$$\frac{\alpha_1 L_2}{\alpha_2 L_1} = \frac{\frac{1}{2}(16.6 + 10.53) \times 6.0}{\frac{1}{2}(4.86 + 4.86) \times 7.0} = 2.392 \quad \text{OK\#}$$

版 S3：

$$\frac{\alpha_1 L_2}{\alpha_2 L_1} = \frac{\frac{1}{2}(10.53 + 10.53) \times 6.0}{\frac{1}{2}(7.80 + 4.86) \times 7.0} = 1.426 \quad \text{OK\#}$$

版 S4：

$$\frac{\alpha_1 L_2}{\alpha_2 L_1} = \frac{\frac{1}{2}(10.53 + 10.53) \times 6.0}{\frac{1}{2}(4.86 + 4.86) \times 7.0} = 1.857 \quad \text{OK\#}$$

由以上計算可得到 S1~S4 之 $\frac{\alpha_1 L_2}{\alpha_2 L_1}$ 介於 0.2 至 5 之間，OK。

2) 檢核最小版厚：

版 S1：$\alpha_m = \frac{\sum \alpha}{n} = \frac{16.6 + 10.53 + 7.80 + 4.86}{4} = 9.95 > 2$

$$\beta = \frac{L_{Ln}}{L_{Sn}} = \frac{700-30}{600-35} = \frac{670}{565} = 1.186$$

$$\therefore t_{min} = \frac{L_n(800+0.0712f_y)}{36000+9000\beta} = \frac{670 \times (800+0.0712 \times 2800)}{36000+9000 \times 1.186}$$

$$= 14.35 \geq 9.0 \text{ cm}$$

版 S2：$\alpha_m = \dfrac{\sum \alpha}{n} = \dfrac{16.6+10.53+4.86+4.86}{4} = 9.213 > 2$

$\beta = 1.186$

$\therefore t_{min} = 14.35 \text{ cm}$

版 S3：$\alpha_m = \dfrac{\sum \alpha}{n} = \dfrac{10.53+10.53+7.8+4.86}{4} = 8.430 > 2$

$\beta = 1.186$

$\therefore t_{min} = 14.35 \text{ cm}$

版 S4：$\alpha_m = \dfrac{\sum \alpha}{n} = \dfrac{10.53+10.53+4.86+4.86}{4} = 7.70 > 2$

$\beta = 1.186$

$\therefore t_{min} = 14.35 \text{ cm}$

所以使用版厚 t=15 cm＞14.35 cm OK#

2、設計版 S3 之配筋

$$w_u = 1.2w_D + 1.6w_L = 1.2 \times 0.61 + 1.6 \times 0.3 = 1.212 \text{ t/m}^2$$

長向之總靜定彎矩：

$L_2/L_1 = 6/7 = 0.857$

淨跨度 $L_n = 700\text{-}30 = 670$

構架版寬 $L_2 = 600$

構架之總靜定彎矩：

$$M_o = \frac{(w_u L_2)L_n^2}{8} = \frac{1.212 \times 6.0 \times 6.7^2}{8} = 40.805 \text{ t} - \text{m}$$

縱向分配：內側負彎矩 $= -0.7\,M_o = -0.7 \times 40.805 = -28.564$

外側負彎矩 $= -0.16\,M_o = -0.16 \times 40.805 = -6.529$

正彎矩 $= +0.57\,M_o = +0.57 \times 40.805 = +23.259$

柱列帶彎矩：

外側負彎矩：

邊梁 G1、G2：

$$C = \sum(1 - 0.63\frac{x}{y})\frac{x^3 y}{3}$$

$$= (1 - 0.63 \times \frac{30}{60})\frac{30^3 \times 60}{3} + (1 - 0.63 \times \frac{15}{45})\frac{15^3 \times 45}{3} = 409894$$

或

$$C = (1 - 0.63 \times \frac{30}{45})\frac{30^3 \times 45}{3} + (1 - 0.63 \times \frac{15}{75})\frac{15^3 \times 75}{3} = 308644$$

所以使用 C=409894

$I_s = 168750$

$$\beta_t = \frac{E_{cb}C}{2E_{cs}I_s} = \frac{409894}{2 \times 168750} = 1.215$$

$\alpha_1 L_2 / L_1 = 10.53 \times 0.857 = 9.024 \geq 1.0$

查表 6-11-2

　　L_2 / L_1=0.857 & β_t=0 得柱列帶分配係數 100%

　　L_2 / L_1=0.857 & β_t=2.5 得柱列帶分配係數 79.29%

　　所以 β_t=1.215 時柱列帶分配係數為 89.93%

　　柱列帶彎矩＝－0.8993x6.529＝－5.872 t-m

　　　　由梁承受之彎矩＝－0.85x5.872＝－4.991

　　　　由版承受之彎矩＝－0.15x5.872＝－0.881

　　中間帶彎矩＝－(1－0.8993)x6.529＝－0.657 t-m

內側負彎矩：查表 6-11-2

　　∵ $\alpha_1 L_2 / L_1 = 10.53 \times 0.857 = 9.024 \geq 1.0$

　　∴ L_2 / L_1=0.5 時柱列帶分配係數為 90%

　　　L_2 / L_1=1.0 時柱列帶分配係數為 75%

　　　當 L_2 / L_1=0.857 時柱列帶分配係數為 79.29%

　　柱列帶彎矩＝－0.7929x28.564＝－22.648 t-m

　　　　由梁承受之彎矩＝－0.85x22.648＝－19.25

　　　　由版承受之彎矩＝－0.15x22.648＝－3.397

　　中間帶彎矩＝－(1－0.7929)x28.564＝－5.916 t-m

正彎矩：查表 6-11-2

　　∵ $\alpha_1 L_2 / L_1 = 10.53 \times 0.857 = 9.024 \geq 1.0$

　　∴分配係數同內側負彎矩之係數為 79.29%

　　柱列帶彎矩＝＋0.7929x23.259＝＋18.442 t-m

　　　　由梁承受之彎矩＝＋0.85x18.442＝＋15.676

　　　　由版承受之彎矩＝＋0.15x18.442＝＋2.766

　　中間帶彎矩＝＋(1－0.7929)x23.259＝＋4.817 t-m

短向之總靜定彎矩：

$L_2 / L_1 = 7/6 = 1.167$

淨跨度 $L_n = 600-35 = 565$

構架版寬：邊構架 $L_2 = 700/2+30/2 = 365$

　　　　　內構架 $L_2 = 700$

構架之總靜定彎矩：

$$邊構架 Mo = \frac{(w_u L_2)L_n^2}{8} = \frac{1.212 \times 3.65 \times 5.65^2}{8} = 17.652 \ t-m$$

$$內構架 Mo = \frac{(w_u L_2)L_n^2}{8} = \frac{1.212 \times 7.0 \times 5.65^2}{8} = 33.854 \ t-m$$

邊構架：

　縱向分配：

　　　負彎矩 $= -0.65 M_o = -0.65 \times 17.652 = -11.474$

　　　正彎矩 $= +0.35 M_o = +0.35 \times 17.652 = +6.178$

　柱列帶彎矩：

　　　$\alpha_1 L_2 / L_1 = 7.80 \times 1.167 = 9.103 \geq 1.0$

　　　負彎矩：查表 6-11-2

　　　　　$L_2 / L_1 = 1.0$ 時柱列帶分配係數爲 75%

　　　　　$L_2 / L_1 = 2.0$ 時柱列帶分配係數爲 45%

　　　　　當 $L_2 / L_1 = 1.167$ 時柱列帶分配係數爲 69.99%

　　　　柱列帶彎矩 $= -0.6999 \times 11.474 = -8.031$ t-m

　　　　　　由梁承受之彎矩 $= -0.85 \times 8.031 = -6.826$

　　　　　　由版承受之彎矩 $= -0.15 \times 8.031 = -1.205$

　　　　中間帶彎矩 $= -(1-0.6999) \times 11.474 = -3.443$ t-m

　　正彎矩：查表 6-11-2

　　　　正彎矩分配係數同負彎矩，柱列帶分配係數爲 69.99%

　　　　柱列帶彎矩 $= +0.6999 \times 6.178 = +4.324$ t-m

　　　　　　由梁承受之彎矩 $= +0.85 \times 4.324 = +3.675$

　　　　　　由版承受之彎矩 $= +0.15 \times 4.324 = +0.649$

　　　　中間帶彎矩 $= (1-0.6999) \times 6.178 = +1.854$ t-m

內構架：

　縱向分配：

　　　負彎矩 $= -0.65 M_o = -0.65 \times 33.854 = -22.005$

　　　正彎矩 $= +0.35 M_o = +0.35 \times 33.854 = +11.849$

　柱列帶彎矩：

　　　$\alpha_1 L_2 / L_1 = 4.86 \times 1.167 = 5.672 \geq 1.0$

負彎矩：查表 6-11-2

L_2 / L_1=1.0 時柱列帶分配係數為 75%

L_2 / L_1=2.0 時柱列帶分配係數為 45%

當 L_2 / L_1=1.167 時柱列帶分配係數為 69.99%

柱列帶彎矩 $= -0.6999 \times 22.005 = -15.401$ t-m

由梁承受之彎矩 $= -0.85 \times 15.401 = -13.091$

由版承受之彎矩 $= -0.15 \times 15.401 = -2.310$

中間帶彎矩 $= -(1-0.6999) \times 22.005 = -6.604$ t-m

正彎矩：查表 6-11-2

正彎矩分配係數同負彎矩，柱列帶分配係數為 69.99%

柱列帶彎矩 $= +0.6999 \times 11.849 = +8.293$ t-m

由梁承受之彎矩 $= +0.85 \times 8.293 = +7.049$

由版承受之彎矩 $= +0.15 \times 8.293 = +1.244$

中間帶彎矩 $= (1-0.6999) \times 11.849 = +3.556$ t-m

將上述計算結果列表如下：

長向			梁	柱列帶版	中間帶版	合計
L_1=7.0	外支承負彎矩		-4.991	-0.881	-0.657	-6.529
L_n=6.7	正彎矩		+15.676	+2.766	+4.817	+23.259
L_2=6.0	內支承負彎矩		-19.251	-3.397	-5.916	-28.564
短向	邊構架	負彎矩	-6.826	-1.205	-3.443	-11.474
L_1=6.0	L_2=3.65	正彎矩	+3.675	+0.649	+1.854	+6.178
L_n=5.65	內構架	負彎矩	-13.091	-2.310	-6.604	-22.005
	L_2=7.0	正彎矩	+7.049	+1.244	+3.556	+11.849

鋼筋量之設計以長向內支承負彎矩為列，計算如下：

梁：以矩形梁設計 BxH=35x70，d=70-4-1.27-2.54/2=63.46

$-M_{u,max} = 19.25 \quad t-m$

$$m = \frac{f_y}{0.85f_c'} = \frac{4200}{0.85 \times 210} = 23.529$$

$$R_n = \frac{M_n}{bd^2} = \frac{1925000}{0.9 \times 35 \times 63.46^2} = 15.174$$

$$\rho = \frac{1}{m}[1 - \sqrt{1 - \frac{2mR_n}{f_y}}]$$

$$= \frac{1}{23.529}[1 - \sqrt{1 - \frac{2 \times 23.529 \times 15.174}{4200}}] = 0.00378$$

$$\rho_{min} = 0.0033$$

$$\rho_{max} = 0.00155$$

$$A_s = \rho bd = 0.00378 \times 35 \times 63.46 = 8.396 \quad cm^2$$

使用 2-#8，$A_s = 5.067 \times 2 = 10.134\, cm^2$

柱列帶版：以矩形梁設計 BxH=(300-35)x15=265x15，短向鋼筋排外側，長向鋼筋排內側則：d=15-2-1.27-1.27/2=11.095

$$-M_{u,max} = 3.397 \quad t-m$$

$$m = \frac{f_y}{0.85f_c'} = \frac{2800}{0.85 \times 210} = 15.686$$

$$R_n = \frac{M_n}{bd^2} = \frac{339700}{0.9 \times 265 \times 11.095^2} = 11.571$$

$$\rho = \frac{1}{m}[1 - \sqrt{1 - \frac{2mR_n}{f_y}}]$$

$$= \frac{1}{15.686}[1 - \sqrt{1 - \frac{2 \times 15.686 \times 11.571}{2800}}] = 0.00428$$

$$A_s = \rho bd = 0.00428 \times 265 \times 11.095 = 12.584 \quad cm^2/3m$$

$$A_{s,min} = \rho_{min}bd = 0.002 \times 300 \times 15 = 9 \quad cm^2/3m$$

使用#4@25，$A_s = 1.267 \times 300/25 = 15.2\, cm^2 > 12.584$

中間帶版：以矩形梁設計 BxH=300x15，短向鋼筋排外側，長向鋼筋排內側則：d=15-2-1.27-1.27/2=11.095

$$-M_{u,max} = 5.916 \quad t-m$$

$$m = \frac{f_y}{0.85f_c'} = \frac{2800}{0.85 \times 210} = 15.686$$

$$R_n = \frac{M_n}{bd^2} = \frac{591600}{0.9 \times 300 \times 11.095^2} = 17.80$$

$$\rho = \frac{1}{m}[1 - \sqrt{1 - \frac{2mR_n}{f_y}}]$$

$$= \frac{1}{15.686}[1 - \sqrt{1 - \frac{2 \times 15.686 \times 17.80}{2800}}] = 0.00671$$

$$A_s = \rho bd = 0.00671 \times 300 \times 11.095 = 22.334 \quad cm^2/3m$$

$$A_{s,min} = \rho_{min}bd = 0.002 \times 300 \times 15 = 9 \quad cm^2/3m$$

使用#4@15，$A_s = 1.267 \times 300/15 = 25.34\,\mathrm{cm}^2 > 22.334$

其餘配筋詳如下表：

方向	位置			M_u	b	d	ρ	req A_s	$A_{s,min}$	配筋	pro. A_s
長向	外支承		柱列帶	-0.881	265	11.095	0.00108	3.18	7.95	#4@40	8.39
			中間帶	-0.657	300	11.095	0.00071	2.36	9.00	#4@40	9.50
	跨中央		柱列帶	+2.766	265	11.095	0.00346	10.17	7.95	#4@30	11.19
			中間帶	+4.817	300	11.095	0.00541	18.01	9.00	#4@20	19.01
	內支承		柱列帶	-3.397	265	11.095	0.00428	12.58	7.95	#4@25	15.20
			中間帶	-5.916	300	11.095	0.00671	22.34	9.00	#4@15	25.34
短向	邊構架	支承	柱列帶	-1.205	152.5	12.365	0.00208	3.92	4.58	#4@40	4.83
			中間帶	-3.443	182.5	12.365	0.00510	11.51	5.48	#4@20	11.56
		跨中央	柱列帶	+0.649	152.5	12.365	0.00111	2.09	4.58	#4@40	4.83
			中間帶	+1.854	182.5	12.365	0.00269	6.07	5.48	#4@35	6.61
	內構架	支承	柱列帶	-2.310	320	12.365	0.00190	7.52	9.60	#4@40	10.14
			中間帶	-6.604	350	12.365	0.00510	22.07	10.50	#4@20	22.17
		跨中央	柱列帶	+1.244	320	12.365	0.00102	4.04	9.60	#4@40	10.14
			中間帶	+3.556	350	12.365	0.00269	11.64	10.50	#4@35	12.67

6-12 雙向版—相當構架法

　　當一個雙向版系統無法符合 6-11 節直接設計法的六個條件時，則需要較正規的分析法。在設計規範中提供了相當構架法，來處理這一類的樓版系統。在相當構架法中，是把一個 3D 的結構系統，理想化成縱橫兩向的 2D 平面構架系統。每一個平面構架則由版、梁及柱等元件共同組成。平面構架模型建立後，利用各種結構分析方法來分析此平面構架，求得各設計斷面處之正負彎矩，再依照前節的直接設計法把彎矩作橫向分配，將正、負彎矩分配給梁、柱列帶版及中間帶版來承受[6.8,6.9,6.10]。所以相當構架法及直接設計法的基本差別是直接設計法的彎矩縱向分配是利用查表來得到正負彎矩的分配係數，而相當構架法則必需使用結構分析來得到這些正負彎矩值。

　　使用相當構架法進行分析時，常用的結構分析方法有：彎矩分配法(Moment Distribution Method)、勁度矩陣法(Stiffness Matrix Method)及有限元素法(Finite Element Method)等等。在早期電腦尚未普及，大都是以手算為主的情形下，彎矩分配法當推為首選。但是隨著電腦的普及與商用軟體的開發，使用個人電腦來模擬 3D 的結構系統已非難事，對於版、梁、柱、牆及基礎等構件的模擬也都可依照工程實際情況進行適度的參數設定來模擬。如目前國內常見的結構分析軟體 ETABS、SAP2000、STAAD PRO 及 MIDAS 等等皆是。當使用這些軟體進行 3D 的結構系統模擬時，在相當構架法中必需特別處理的扭力勁度等影響都會直接反應在分析模型中，而不必再額外處理。因為在相當構架法中是將 3D 結構系統簡化成 2D 平面構架，原本在實際結構系統中存在的扭力行為，無法反應在 2D 平面構架中，因此規範針對這部份也提供了模擬時必需考慮的事項。我國規範[2]6.8.2 對使用相當構架法時規定如下：

1、雙向版系統結構可視為以建物縱橫兩向柱列線為準之相當構架所組成。
2、相當構架係由一列柱或支承，與其兩側格間中線間之版梁所組成。
3、柱或支承應假設為經由橫向扭力構材連接於版梁，此扭力構材係延伸至柱兩側格間中心線。
4、外側相當構架為介於外側邊緣與其內側格間中線間之部份。
5、每一相當構架應可作整體分析，但垂直載重部份可作分層分析。分層分析時，每層版梁及其上下所連接之柱為一連續構架，並假設柱之遠端為固定。
6、於求某一支承處之版梁彎矩時，如版梁在離該支承處兩格間外仍連續者，則在兩格間外處之版梁支承處應可假設為固定端。

相當構架之定義以樓版平面示意如圖 6-12-1。

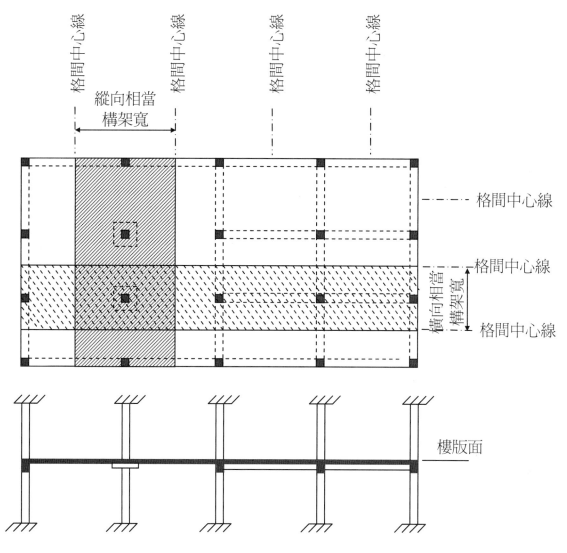

圖 6-12-1 相當構架之平面及立面示意圖

相當構架主要包括三個部份：
　　1、水平版梁，含與構架方向相同之梁。
　　2、柱或其他垂直支承構材，含版上及版下部份。
　　3、傳遞水平與垂直構材間彎矩之元件。
版梁之斷面慣性矩 I_{sb} 是以混凝土總斷面計算，並需考慮其沿軸向之變化。接頭區版梁之慣性矩 I_{jt} 可由下式求得：

$$I_{jt} = \frac{I_{sb}}{(1 - \frac{c_2}{L_2})^2} \tag{6.12.1}$$

上列式中 c_2 為垂直相當構架方向之柱寬，L_2 為垂直相當構架方向之版寬。
同時規範也要求，對於扭力構材，其扭力勁度可用下式計算：

$$K_t = \Sigma \frac{9E_{cs}C}{L_2(1 - \frac{c_2}{L_2})^3} \qquad (6.12.2)$$

上列式中 c_2 為柱寬與 L_2 為扭力構材之長度，C 為扭力常數如公式 6.11.5 之
定義。有關相當構架法之分析案例，因需使用到結構分析，計算冗長，故不
在本書中做詳細介紹。請參考「混凝土工程設計規範之應用」[6.11]，內有詳
細計算範例。

參考文獻

6.1 A.H. Nilson & George Winter, Design of Concrete Structures, 11th ed., 1991, McGraw-Hill.

6.2 混凝土工程設計規範與解說[土木 401-93]，中國土木水利工程學會，混凝土工程委員會，科技圖書公司，民國 93 年 12 月。

6.3 ACI Committee 318, "Building Code Requirement for Structural Concrete (ACI 318-02)," American Concrete Institute, 2002.

6.4 C.K. Wang & C.G. Salmon，"Reinforced Concrete Design", Harper Collins Publishers, 5th ed. , 1992.

6.5 ACI Committee 315, "ACI Detailing Manual-1994,"Detroit, American Concrete Institute, 1994.

6.6 CRSI, CRSI Design Handbook 1996 (8th ed.), Schaumberg, IL, Concrete Reinforcing Steel Institute, 1996.

6.7 ACI Committee 318, "Building Code Requirement for Reinforced Concrete (ACI 318-63)," American Concrete Institute, 1963

6.8 Corley, W.G., Sozen, M.A., & Siess, C.P., "Equivalent-Frame Analysis for reinforced Concrete Slabs," Civil Engineering Studies, Structural Research Series No. 218, University of Illinois, June 1961

6.9 Jirsa, J.O., Sozen, M.A.m & Siess, C.P., "Effects of Pattern Loading on Reinforced Concrete Floor Slabs," Civil Engineering Studies, Structural Research Series No. 269, University of Illinois, July 1961

6.10 Corly, W.G., & Jirsa, J.O., "Equivalent Frame Analysis for Slab Design," ACI Journal Proceedings Vol. 67, No. 11, Nov. 1970, pp.875-884

6.11 混凝土工程設計規範之應用[土木 404-90]上冊、下冊，中國土木水利工程學會，混凝土工程委員會，科技圖書公司，民國 90 年 8 月。

習題

6-1 何謂溫度鋼筋(Temperature Reinforcement)？並說明其功用及規範對溫度鋼筋比 ρ_t、溫度鋼筋間距 S 之規定。

6-2 何謂單向版(One-Way Slab)？何謂雙向版(Two-Way Slab)就力學行為而言，兩者如何區分？

6-3 如下圖所示為兩跨等跨度之樓版，且與梁築成一體。每一樓版淨跨度 $f_y = 4200\,cm$，已知：樓版厚度 t = 15 cm，使用#4 主鋼筋，主鋼筋中心至混凝土表面保護層厚度為 2.5 cm。主鋼筋之間距在 A 斷面為 20 cm、在 B 斷面為 10 cm、在 C 斷面為 12 cm，材料之 $f_c' = 280\,kgf/cm^2$、$f_y = 2800\,kgf/cm^2$，試利用 ACI Code 係數法計算該樓版允許承載之設計載重 w_u。

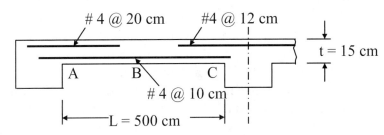

6-4 如下圖所示為三連續等跨度之端跨樓版，且與柱築成一體。每一樓版淨跨度 $f_y = 4200\,cm$，已知：樓版厚度 t = 25 cm，使用#6 主鋼筋，主鋼筋中心至混凝土表面保護層厚度為 2.5 cm。主鋼筋之間距在 A 斷面為 25 cm、在 B 斷面為 20cm、在 C 斷面為 10cm，材料之 $f_c' = 280\,kgf/cm^2$、$f_y = 2800\,kgf/cm^2$，試利用 ACI Code 係數法計算該樓版允許承載之設計載重 ω_u。

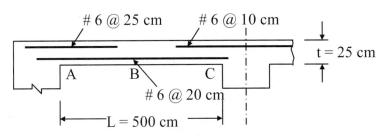

6-5 一簡支單向版,該版之跨度 $L = 500 \text{ cm}$,承受均佈靜載重 $w_D = 4 \text{ t/m}$ (含版之自重)及活載重 $w_L = 5 \text{ t/m}$。已知:版厚 $t = 40 \text{ cm}$,版之有效深度 $d = 36 \text{ cm}$,材料之 $f'_c = 280 \text{ kgf/cm}^2$、$f_y = 2800 \text{ kgf/cm}^2$、使用#8 主鋼筋,試求:(1)主鋼筋面積 A_s 及間距 S。(2)溫度鋼筋面積 A_{st} 及間距 S。

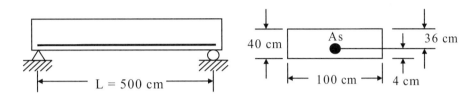

6-6 有一單向版系統其剖面圖如下圖所示,假設所有梁寬皆為 35cm,承載之活載重為 0.6 t/m^2,承載之靜載重為 0.8 t/m^2 (含版自重),$f'_c = 280 \text{ kgf/cm}^2$、$f_y = 4200 \text{ kgf/cm}^2$,請使用係數法設計該單向版系統之版厚、主筋及溫度鋼筋,並繪製其配筋詳圖。

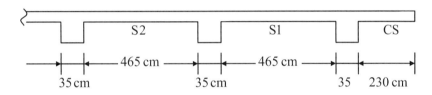

6-7 有一梁版系統如下圖所示,請設計版 S1 及 S2 之版厚及配筋,該版承載之均佈靜載重 $w_D = 1.2 \text{ t/m}^2$ (含版及牆重),均佈活載重 $w_L = 0.6 \text{ t/m}^2$。$f'_c = 210 \text{ kgf/cm}^2$、$f_y = 2800 \text{ kgf/cm}^2$,所有大小梁寬皆為 40 公分。

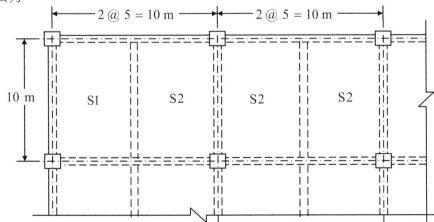

6-8 有一雙向版系統如下圖所示，試依 ACI 係數法查版 S1 及 S6 長短兩向各中間帶及柱列帶之設計彎矩係數各為多少？假設所有梁寬皆為 30 cm

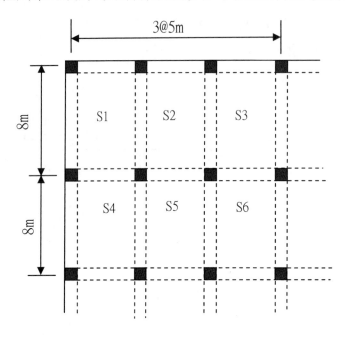

6-9 如上圖所示，假設 S2 版上除了版自重外，尚承載由牆及地版鋪面產生之均佈靜載重 $0.2 \, t/m^2$，樓版活載重為 $0.3 \, t/m^2$。試依 ACI 係數法求出短向中間帶及柱列帶之設計彎矩及剪力。假設所有梁寬皆為 30 cm，版厚為 15 公分。

6-10 同習題 6-9，設計版 S2 之短向配筋(包括中間帶及柱列帶)。材料之 $f_c' = 210 \, kgf/cm^2$、$f_y = 2800 \, kgf/cm^2$。

6-11 同習題 6-9，設計版 S2 之長向配筋(包括中間帶及柱列帶)。材料之 $f_c' = 210 \, kgf/cm^2$、$f_y = 2800 \, kgf/cm^2$。

6-12 何謂總靜定彎矩？如同習題 6-9 之雙向版系統，1)求其長向及短向邊構架之設計總靜定彎矩＝？2) 求其長向及短向中間構架之設計總靜定彎矩＝？。

6-13 如同習題 6-9 之雙向版系統，試依直接設計法設計版 S2 長向及短向之配筋。材料之 $f_c' = 210 \, kgf/cm^2$、$f_y = 2800 \, kgf/cm^2$。

6-14 有一樓版系統如下圖所示，樓版除自重外，尚需承載由牆及樓版鋪面等造成之均佈靜載重 $200 \, kgf/m^2$ 及均佈活載重 $300 \, kgf/m^2$。版厚t=18cm，所有梁尺寸為 $40 \times 70cm$。材料之 $f_c' = 210 \, kgf/cm^2$、梁主筋

$f_y = 4200 \text{ kgf} / \text{cm}^2$，剪力筋及版筋 $f_y = 2800 \text{ kgf} / \text{cm}^2$。試依我國規範之規定，設計版S6之配筋。梁主筋使用#8筋，剪力筋及版筋使用#4筋。

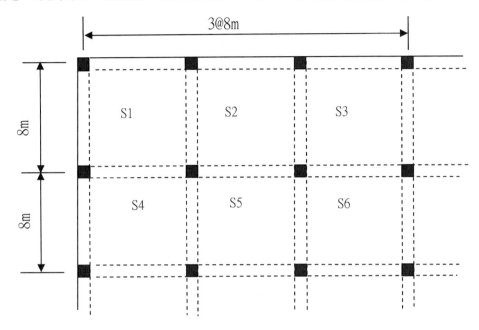

6-15 同習題6-14。試依ACI係數法，設計版S6之配筋。

短 柱 7

7-1 概述

　　對實際構架中構件之受力行為，一般很少僅承受純彎矩(梁構件)或承受純軸力(柱構件)，大部份是同時承受彎矩及軸力兩種作用力。只是當構件承受之軸力與所承受之彎矩比起來，顯得比較小時，這類構件一般均以「梁」來處理。反過來說，若構件承受之彎矩與所承受之軸力比起來，顯得很小時，這類構件一般均以「柱」來處理。

　　事實上一般所稱的柱，係指「梁－柱」(Beam－Column) 構件而言，如圖 7-1-1(a)構架中柱之受力情況，其彎矩與軸力之比值會較高；而在圖 7-1-1(b)構架中柱之受力情況，其彎矩與軸力之比值將會較小。

　　在本章所探討柱之標稱強度將不包含其長度效應，有關細長柱的標稱強度將於下一章討論。

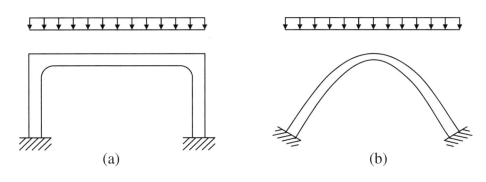

(a)   (b)

圖 7-1-1   不同構架之柱受力

　　ACI Code 對「柱」的定義：一構件主要用來抵抗軸向壓力，且其高度至少為其最小邊寬的三倍以上。又依 ACI Code 規定，若長度效應對強度的折減不超過 5 % 時，則柱之長度效應對其強度之影響可忽略不計。因此 ACI Code 規定，若柱之細長比不超過下列之限度時，可忽略細長比的影響。

若 $\dfrac{kL_u}{r} < 34 - 12\dfrac{M_{1b}}{M_{2b}}$ 有側撐結構   (7.1.1)

       $\dfrac{kL_u}{r} < 22$ 無側撐結構   (7.1.2)

式中： $M_{1b} \leq M_{2b}$

當變形曲線為單曲線時，$\dfrac{M_{1b}}{M_{2b}}$ 為正值。

當變形曲線為雙曲線時，$\dfrac{M_{1b}}{M_{2b}}$ 為負值。

　　根據研究報告[7.1]指出，對現存建築物之有側撐結構中，90 % 的柱都在上述之限度內；而在無側撐結構中，40 % 的柱在上述限度內。因此在一般情況下，RC 結構柱之長度效應均可忽略不計。基本上，我國規範規定與 ACI Code 規定相同，但要特別強調的，當 $\dfrac{kL_u}{r} > 100$ 時，應詳細計算其影響。

7-2 柱的種類

　　目前常見的鋼筋混凝土柱，如圖 7-2-1 所示，可分為純鋼筋混凝土柱及合成鋼骨鋼筋混凝土柱兩大類。

　　純鋼筋混凝土柱根據對縱向鋼筋固定方式的不同，一般將柱分成下列兩類：

1、橫箍筋柱(Tied Column)：使用個別的橫箍筋(Tied)來固定縱向鋼筋，柱之形狀可為方形或圓形，如圖 7-2-1(a)。

2、螺箍筋柱(Spiral Column)：使用間距較密集的連續螺旋筋(Spiral)來固定縱向鋼筋，其形狀可為圓形或方形，如圖 7-2-1(b)。

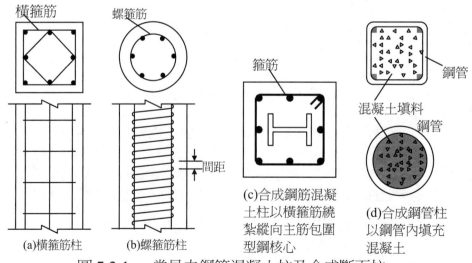

圖 7-2-1　常見之鋼筋混凝土柱及合成斷面柱

另外，若鋼筋混凝土與鋼骨構架合併使用時，就是一般所稱之鋼骨鋼筋混凝土結構，此種柱稱爲合成柱(Composite Column)。此時，鋼筋混凝土可外包於型鋼柱如圖 7-2-1(c)，亦可將混凝土灌入鋼管內如圖 7-2-1(d)。由於合成柱不是本章之探討範圍，以下只探討純鋼筋混凝土柱的行爲。

7-3 軸心荷重柱

當鋼筋混凝土柱承受荷重後，鋼筋與混凝土之間所分配到荷重的比例，將隨著時間的增長而一直不斷的在改變。在承載初期，其分配將依據彈性理論，鋼筋應力將爲混凝土應力之 E_s/E_c 倍；但隨著時間的增長，由於混凝土的潛變及乾縮等，鋼筋將逐漸承受較大的荷重。根據試驗印證[7.2]，承受軸心荷重柱之標稱強度 P_n，可以下式表示：

$$P_n = k_c f'_c A_c + f_y A_{st} + k_s f_{sy} A_{sp} \qquad (7.3.1)$$

式中：

k_c：混凝土強度修正係數(與標準試體強度爲準)

$k_c = 0.85$

f'_c：混凝土標準圓柱試體 28 天強度

A_c：混凝土淨斷面積(扣除縱向鋼筋斷面積)

f_y：縱向鋼筋降伏強度

A_{st}：縱向鋼筋斷面積

k_s：常數 1.5 ～ 2.5 平均值約 1.95

f_{sy}：螺箍筋之降伏強度

A_{sp}：每單位長度柱中螺箍筋之體積

柱之載重 - 變形圖，如圖 7-3-1 所示：

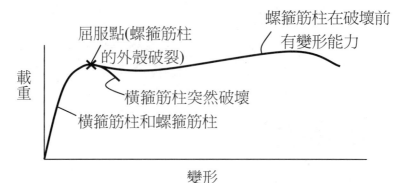

圖 7-3-1　　箍筋柱及螺筋柱之載重-變形曲線

對於橫箍筋柱而言，在荷重達到其極限強度時，其表殼混凝土將會產生剝落，縱向鋼筋將在兩橫箍筋間產生壓屈(Buckling)，與混凝土圓柱試體產生類似的瞬間破壞。

對於螺箍筋柱而言，在荷重達到極限強度，其表殼混凝土剝落後，此時緊密而連續之螺旋箍筋，將開始提供核心混凝土的圍壓作用，此圍壓作用使螺旋箍筋不但可以提高柱之軸壓強度，同時大大的增加柱的韌性[7.2,7.3,7.4,7.5]。

依 ACI Code 規定，軸心荷重柱之強度要求如下：

$$\phi P_n \geq P_u \tag{7.3.2}$$

式中：

$\phi = 0.65$　　橫箍筋柱

$\phi = 0.70$　　螺箍筋柱

對軸心荷重柱軸向最大標稱強度規定如下：

1、橫箍筋柱：

$$P_0 = 0.85f_c'(A_g - A_{st}) + f_y A_{st}$$

$$= A_g[0.85f_c'(1 - \rho_g) + f_y \rho_g]$$

$$= A_g[0.85f_c' + \rho_g(f_y - 0.85f_c)] \tag{7.3.3}$$

$$P_{n,max} = 0.8P_0 = 0.80 \times A_g[0.85f_c' + \rho_g(f_y - 0.85f_c')] \tag{7.3.4}$$

$$\phi P_{n,max} = 0.65 \times 0.80 \times A_g[0.85f_c' + \rho_g(f_y - 0.85f_c')] \tag{7.3.5}$$

式中：

$A_g = b \times h$：RC 柱之總斷面積

A_{st}：縱向鋼筋斷面積

$$\rho_g = \frac{A_{st}}{A_g} \; : 縱向鋼筋比$$

2、螺箍筋柱：

$$P_{n,max} = 0.85P_0 = 0.85A_g[0.85f_c' + \rho_g(f_y - 0.85f_c')] \tag{7.3.6}$$

$$\phi P_{n,max} = 0.70 \times 0.85A_g[0.85f_c' + \rho_g(f_y - 0.85f_c')] \tag{7.3.7}$$

根據試驗 [7.2]，由於螺旋箍筋作用，所額外提供之軸向標稱強度：

$$P = 2.0f_{sy}A_{sp} \tag{7.3.8}$$

式中：

A_{sp}：柱單位長度之螺旋箍筋體積

f_{sy}：螺旋箍筋之降伏強度

若將此部份強度剛好等於混凝土剝落部份之標稱強度，則

$$2.0f_{sy}A_{sp} = 0.9[0.85f_c'(A_g - A_c)] \approx 0.75f_c'(A_g - A_c) \tag{7.3.9}$$

A_c：柱單位長度之核心混凝土體積

（箍筋最外緣以內之混凝土）

此處，取表殼混凝土強度為核心混凝土之 90 %。

若取 $\rho_s = \dfrac{A_{sp}}{A_c}$ ，則

$$2.0f_{sy}\rho_s A_c = 0.75f_c'(A_g - A_c)$$

$$\rho_s = 0.375(\frac{A_g}{A_c} - 1)\frac{f_c'}{f_{sy}} \tag{7.3.10}$$

依 ACI Code 之規定，再提供 1.2 的安全係數，以確保螺旋筋所提供之強度大於剝落部份的混凝土強度，則所需最小的螺旋箍筋比 ρ_s：

$$\rho_s = 0.45(\frac{A_g}{A_c} - 1)\frac{f_c'}{f_{sy}} \tag{7.3.11}$$

式中螺旋箍筋之降伏強度 f_{sy} 不得大於 $4200 \;\; kgf/cm^2$。螺旋箍筋比 ρ_s 之計算方法如下：

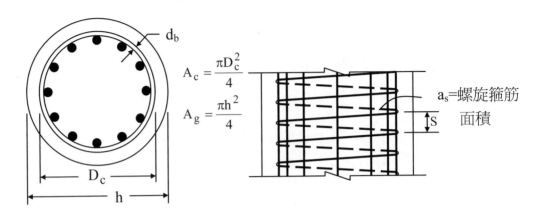

圖 7-3-2　　螺箍筋柱之標稱尺寸

$$\rho_s = \frac{A_{sp}}{A_c}$$

$$= \frac{每一節距間(S)螺旋箍筋之體積}{每一節距間(S)核心混凝土之體積}$$

$$= \frac{a_s \pi (D_c - d_b)}{\dfrac{\pi D_c^2}{4} S} \qquad\qquad (7.3.12)$$

式中：

a_s：螺旋箍筋之斷面積

d_b：螺旋箍筋之直徑

D_c：核心混凝土之直徑

7-4 矩形柱同時承受軸心荷重及彎曲力矩

　　當柱同時承受軸心載重 P_u 及彎矩 M_u 時，則可將 P_u 及 M_u 轉換成一距離中心軸 e 處之單一軸向載重，$e = M_u / P_u$ 如圖 7-4-1 所示。當偏心距 e 等於零時，即表示構件承受無偏心之軸向載重；當偏心距 e 等於無限大時，表示構件承受純彎矩作用。所以，當偏心距 e 較大時，構件將偏向於梁之行為；當偏心距 e 較小時，構件將偏向於柱之行為。

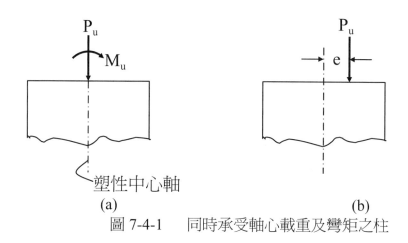

圖 7-4-1　　同時承受軸心載重及彎矩之柱

　　當柱同時承受軸心載重 P_u 及彎矩 M_u 時，P_u 使構件斷面產生均佈壓應力，而 M_u 則使斷面對形心軸造成一純旋轉，如圖 7-4-2 所示：

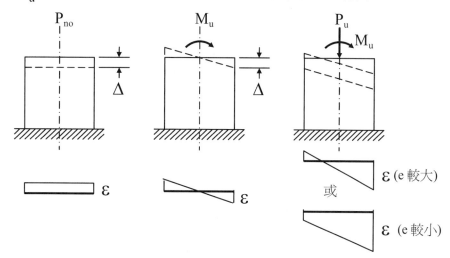

圖 7-4-2　　柱同時承受軸心載重及彎矩其斷面之應力分佈

根據斷面內應力分佈的不同，一般柱之破壞模式可分成下列三種不同的情形：(一)平衡偏心破壞、(二)混凝土壓力破壞、(三)鋼筋拉力破壞。

一、 平衡偏心破壞

　　當柱斷面在達到破壞狀態時，其壓力側之混凝土壓應變達到其極限壓應變 ε_{cu} 的同時，張力側的鋼筋也同時達到其降伏應變 ε_y。此時可利用其應變之相似三角形關係，定出平衡破壞時，中性軸的位置 x_b，如圖 7-4-3 所示。

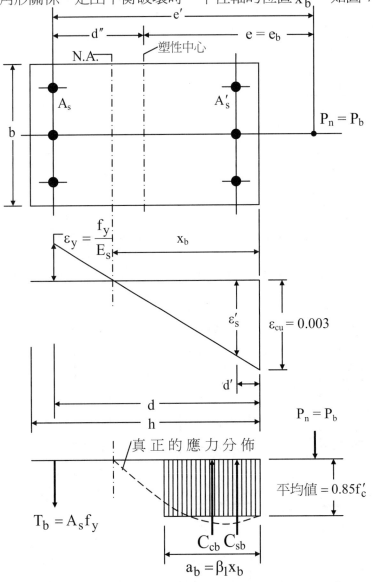

圖 7-4-3　　柱斷面平衡偏心破壞之應力分佈圖

平衡狀態下之應變關係如下：

$$\frac{x_b}{d} = \frac{0.003}{f_y/E_s + 0.003}$$

$$E_s = 2.04 \times 10^6 \quad \text{kgf}/\text{cm}^2$$

$$x_b = \frac{0.003}{f_y/E_s + 0.003}d = \frac{6120}{f_y + 6120}d \tag{7.4.1}$$

由力的平衡，可得：

$$P_b = C_{cb} + C_{sb} - T_b$$

$$C_{cb} = 0.85f_c'a_b b = 0.85f_c'\beta_1 x_b b$$

$$C_{sb} = A_s'(f_y - 0.85f_c') \quad （假設在平衡狀態，壓力筋已達降伏）$$

$$T_b = A_s f_y$$

$$P_b = 0.85f_c'\beta_1 x_b b + A_s'(f_y - 0.85f_c') - A_s f_y \tag{7.4.2}$$

對塑性中心，取力矩平衡：

$$P_b \cdot e_b = C_{cb}(d - \frac{a}{2} - d'') + C_{sb}(d - d' - d'') + T_b d'' \tag{7.4.3}$$

或對張力筋，取力矩平衡：

$$P_b \cdot (e_b + d'') = P_b \cdot e' = C_{cb}(d - \frac{a}{2}) + C_{sb}(d - d') \tag{7.4.4}$$

利用公式 7.4.2 至 7.4.4 即可求出柱斷面平衡破壞時之軸壓強度 P_b 及平衡偏心距 e_b。

例 7-4-1

如圖 7-4-4 所示之矩形柱斷面，使用 6 - #8 之縱向鋼筋，且為對稱配筋，已知：$b = 40$ cm、$h = 60$ cm、$d = 54$ cm、$d' = 6$ cm、$d'' = 24$ cm、$f_c' = 210$ kgf/cm^2、$f_y = 2800$ kgf/cm^2、$E_s = 2.04 \times 10^6$ kgf/cm^2，試求：(1) 該斷面平衡偏心距 e_b、 (2) 該斷面標稱軸壓強度 P_b。

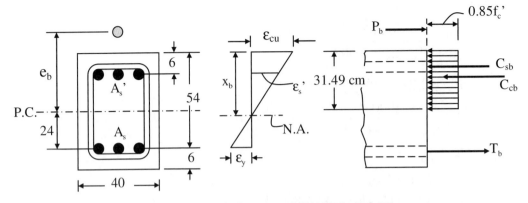

圖 7-4-4　柱斷面、應變圖及應力圖

<解>

平衡狀態下之應變關係：

$$x_b = \frac{0.003}{f_y/E_s + 0.003}d = \frac{6120}{f_y + 6120}d$$

$$= \frac{6120}{2800 + 6120} \times 54 = 37.05 \text{ cm}$$

$$a_b = \beta_1 x_b = 0.85 \times 37.05 = 31.49 \text{ cm}$$

檢核 ε_s' 是否已降伏：

$$\varepsilon_s' = 0.003 \times \frac{37.05 - 6}{37.05} = 0.00251 > \varepsilon_y = 0.00137 \quad \text{OK\#}$$

$$f_s' = f_y$$

$$C_{cb} = 0.85 f_c' a_b b = 0.85 f_c' \beta_1 x_b b$$

$$= 0.85 \times 210 \times 31.49 \times 40 \times 10^{-3} = 224.8 \text{ t}$$

$$C_{sb} = A_s'(f_y - 0.85 f_c')$$

$$= 3 \times 5.067 \times (2800 - 0.85 \times 210) \times 10^{-3} = 39.85 \text{ t}$$

$$T_b = A_s f_y$$

$$= 3 \times 5.067 \times 2800 \times 10^{-3} = 42.56 \text{ t}$$

由力的平衡，可得：

$$P_b = C_{cb} + C_{sb} - T_b$$

$$= 224.8 + 39.85 - 42.56 = 222.09 \text{ t}$$

對塑性中心，取力矩平衡：

$$P_b \cdot e_b = C_{cb}(d - \frac{a}{2} - d'') + C_{sb}(d - d' - d'') + T_b d''$$

$$222.09 \times e_b = 224.8 \times (54 - \frac{31.49}{2} - 24) +$$
$$39.85 \times (54 - 6 - 24) + 42.56 \times 24$$

解上列方程式，可得：

$$e_b = 23.33 \ cm$$

或對張力筋，取力矩平衡：

$$P_b \cdot (e_b + d'') = P_b \cdot e' = C_{cb}(d - \frac{a_b}{2}) + C_{sb}(d - d')$$

$$222.09 \times (e_b + 24) = 224.8 \times (54 - \frac{31.49}{2}) + 39.85 \times (54 - 6)$$

解上列方程式，可得：

$$e_b = 23.33 \ cm$$

二、混凝土壓力破壞

當實際載重偏心 $e < e_b$，在混凝土的最大壓縮應變達到 $\varepsilon_{cu} = 0.003$ 時，張力鋼筋還未達其降伏應變，此時之破壞行為為在鋼筋達到其降伏前混凝土已壓碎破壞，其內力為

$$C_c = 0.85 f'_c \beta_1 x b$$

$$C_s = A'_s (f_y - 0.85 f'_c) \qquad (一般壓力筋皆已達降伏)$$

$$T = A_s f_s = A_s E_s \frac{0.003}{x}(d - x)$$

式中：

$$f_s = E_s \varepsilon_s = E_s \frac{0.003}{x}(d - x)$$

由力的平衡，可得：

$$P_n = C_c + C_s - T$$

$$P_n = 0.85 f'_c \beta_1 x b + A'_s (f_y - 0.85 f'_c) - A_s E_s \frac{0.003}{x}(d - x) \qquad (7.4.5)$$

對張力筋，取力矩平衡：

$$P_n \cdot e' = C_c (d - \frac{a}{2}) + C_s (d - d') \qquad (7.4.6)$$

利用式 7.4.5 與 7.4.6，可解得中性軸 x 位置。

如果斷面內之鋼筋是以兩側單層筋對稱配置的話，懷特尼(Whitney)[7.6]提出下列的簡化公式以做為計算斷面之標稱強度。由公式 7.4.6 得

$$P_n \cdot (e + \frac{d - d'}{2}) = C_c(d - \frac{a}{2}) + C_s(d - d') \qquad (7.4.7)$$

將上式所使用的矩形應力區的深度 a ，取一平衡應變時之平均值，

$\qquad a \approx 0.54d$

將上值代入公式 7.4.7 得：

$$C_c = 0.85f_c'ab = 0.85f_c'b(0.54d) = 0.459f_c'bd$$

$$C_c(d - \frac{a}{2}) = 0.459f_c'bd(d - \frac{0.54d}{2}) = \frac{1}{3}f_c'bd^2$$

$$C_s = A_s'f_y$$

$$P_n \cdot (e + \frac{d - d'}{2}) = \frac{1}{3}f_c'bd^2 + A_s'f_y(d - d')$$

$$P_n = \frac{\frac{1}{3}f_c'bd^2}{(e + \frac{d - d'}{2})} + \frac{A_s'f_y(d - d')}{(e + \frac{d - d'}{2})}$$

$$= \frac{f_c'bh}{\frac{3he}{d^2} + \frac{3h(d - d')}{2d^2}} + \frac{A_s'f_y}{\frac{e}{(d - d')} + \frac{1}{2}} \qquad (7.4.8)$$

當　$e = 0$　時，則　$P_n = P_0$

根據第 7-3 節之公式，假設 $A_g - A_{st} \approx A_g$ 及 $A_{st} = 2A_s'$ 則：

$$P_0 = 0.85f_c'(A_g - A_{st}) + f_yA_{st}$$

$$\approx 0.85f_c'bh + 2f_yA_s'$$

又將公式 7.4.8 以 $e = 0$ 代入，則

$$P_n = \frac{f_c'bh}{\frac{3h(d - d')}{2d^2}} + \frac{A_s'f_y}{\frac{1}{2}}$$

比較上式二式可得：

$$\frac{3h(d - d')}{2d^2} = \frac{1}{0.85} = 1.18$$

將此值代入公式 7.4.8，可得懷特尼簡化公式：

$$P_n = \frac{f_c'bh}{\frac{3he}{d^2} + 1.18} + \frac{A_s'f_y}{\frac{e}{(d - d')} + \frac{1}{2}} \qquad (7.4.9)$$

若以無因次表示則為：

$$P_n = A_g \left[\frac{f'_c}{(\frac{3}{\xi^2})(\frac{e}{h}) + 1.18} + \frac{\rho_g f_y}{(\frac{2}{\gamma})(\frac{e}{h}) + 1} \right] \tag{7.4.10}$$

式中：

$$A_g = b \times h$$

$$h\xi = d$$

$$\xi = \frac{d}{h}$$

$$A_s = A'_s$$

$$\rho_g = \frac{2A'_s}{A_g}$$

$$\gamma h = d - d'$$

一般使用懷特尼公式時，對偏心距 e 值較小者，可以得到較保守的結果。此仍因在較小偏心下，真正壓應力塊之深度將較所假設之 0.54d 來得大，公式 7.4.9 將低估其軸壓強度。但當 e 值接近 e_b 時，使用此公式反而不保守，因為此時真正壓應力塊之深度將小於假設值 0.54d，此時公式 7.4.9 將高估其軸壓應力。

例 7-4-2
同例 7-4-1 之柱斷面，當偏心距 e = 20 cm 時，求該斷面之極限偏心載重。
＜解＞

由例 7-4-1 得知：

$$e_b = 23.33 \ cm$$

因　$e < e_b$

所以，該斷面為壓力破壞。

假設　$\varepsilon'_s > \varepsilon_y$，則

$$C_c = 0.85 f'_c \beta_1 x b$$

$$= 0.85 \times 210 \times 0.85 x \times 40 \times 10^{-3} = 6.07x \quad t$$

$$C_s = A'_s (f_y - 0.85 f'_c)$$

$$= 3 \times 5.067 \times (2800 - 0.85 \times 210) \times 10^{-3} = 39.85 \quad t$$

$$f_s = E_s \varepsilon_s = E_s \frac{0.003}{x}(d - x)$$

$$T = A_s f_s = A_s E_s \frac{0.003}{x}(d-x)$$

$$= 3 \times 5.067 \times 2.04 \times 10^6 \times \frac{0.003}{x} \times (54-x) \times 10^{-3}$$

$$= \frac{5024 - 93x}{x} \quad t$$

由力的平衡，可得：

$$P_n = C_c + C_s - T$$

$$P_n = 6.07x + 39.85 - \frac{5024 - 93x}{x}$$

對張力筋，取力矩平衡：

$$P_n \cdot e' = C_c(d - \frac{a}{2}) + C_s(d - d')$$

$$P_n \times (20 + 24) = 6.07x \times (54 - \frac{0.85x}{2}) + 39.85 \times (54 - 6)$$

利用上列二式，解得中性軸位置 x：

$$x = 39.63 \quad cm$$

檢核 ε_s' 是否與原假設 $\varepsilon_s' > \varepsilon_y$ 相符：

$$\varepsilon_y = \frac{f_y}{E_s}$$

$$= \frac{2800}{2.04 \times 10^6} = 0.00137$$

$$\varepsilon_s' = \frac{0.003}{x} \cdot (x - d')$$

$$= \frac{0.003}{39.63} \times (39.63 - 6) = 0.00255 > \varepsilon_y = 0.00137 \qquad OK\#$$

所以，與原假設 $\varepsilon_s' > \varepsilon_y$ 相符，則 $f_s' = f_y$。

$$P_n \cdot e' = C_c \cdot (d - \frac{a}{2}) + C_s \cdot (d - d')$$

$$P_n \cdot (20 + 24) = 6.07 \times 39.63 \times (54 - \frac{0.85 \times 39.63}{2}) + 39.85 \cdot (54 - 6)$$

解上列方程式，可得：

$$P_n = 246.62 \quad t$$

例 7-4-3

利用懷特尼公式重新分析例 7-4-2。

＜解＞

懷特尼公式：

$$P_n = \frac{f_c' bh}{\dfrac{3he}{d^2} + 1.18} + \frac{A_s' f_y}{\dfrac{e}{(d-d')} + \dfrac{1}{2}}$$

$$= \frac{210 \times 40 \times 60}{\dfrac{3 \times 60 \times 20}{54^2} + 1.18} + \frac{3 \times 5.067 \times 2800}{\dfrac{20}{(54-6)} + \dfrac{1}{2}}$$

$$= 255165 \quad \text{kgf}$$

$$= 255.17 \quad \text{t}$$

與例 7-4-2 所得之 $P_n = 246.62$ t 比較結果，本公式較不保守約 3 %。

三、鋼筋拉力破壞

當載重偏心 $e > e_b$，在混凝土的最大壓縮應變達到 $\varepsilon_{cu} = 0.003$ 時，張力鋼筋已先達到其降伏點，此時

$$C_c = 0.85 f_c' \beta_1 x \cdot b$$

$$C_s = A_s'(f_y - 0.85 f_c') \qquad (一般壓力鋼筋皆已達降伏，\varepsilon_s' \geq \varepsilon_y)$$

$$T = A_s f_y$$

由力的平衡，可得：

$$P_n = C_c + C_s - T$$

$$P_n = 0.85 f_c' \beta_1 x \cdot b + A_s'(f_y - 0.85 f_c') - A_s f_y \qquad (7.4.11)$$

對張力筋，取力矩平衡：

$$P_n \cdot e' = C_c \left(d - \frac{a}{2}\right) + C_s (d - d') \qquad (7.4.12)$$

有時為了計算的方便，可將上列公式以簡化公式來計算，如下：

令　$\rho = \dfrac{A_s}{bd}$

　　$\rho' = \dfrac{A_s'}{bd}$

$$m = \frac{f_y}{0.85f_c'}$$

則
$$P_n = 0.85f_c'[\beta_1 x \cdot b + \frac{A_s'}{0.85f_c'}(f_y - 0.85f_c') - A_s \frac{f_y}{0.85f_c'}]$$

$$= 0.85f_c'bd[\frac{\beta_1 x}{d} + \rho'(m-1) - \rho m] \tag{7.4.13}$$

對張力筋，取力矩平衡：

$$P_n \cdot e' = 0.85f_c'\beta_1 x \cdot b(d - \frac{\beta_1 x}{2}) + A_s'(f_y - 0.85f_c')(d - d')$$

$$= 0.85f_c'bd[\beta_1 x - \frac{(\beta_1 x)^2}{2d} + \rho'(m-1)(d - d')] \tag{7.4.14}$$

將式 7.4.13 代入式 7.4.14，得：

$$e' \cdot [(\frac{\beta_1 x}{d}) + \rho'(m-1) - \rho m] = [\beta_1 x - \frac{(\beta_1 x)^2}{2d} + \rho'(m-1)(d - d')]$$

$$x^2 + (\frac{2\beta_1 e'}{\beta_1^2} - \frac{2\beta_1 d}{\beta_1^2})x + \frac{e'm(\rho' - \rho) - e'\rho' - \rho'(m-1)(d - d')}{\beta_1^2} \times 2d = 0$$

解上列方程式，可得：

$$x = \frac{d - e'}{\beta_1} + \sqrt{(\frac{d - e'}{\beta_1})^2 + \frac{2d[\rho'(m-1)(d - d') + e'\rho' + e'm(\rho - \rho')]}{\beta_1^2}}$$

$$\frac{x}{d} = \frac{1 - \frac{e'}{d}}{\beta_1} + \sqrt{(\frac{1 - \frac{e'}{d}}{\beta_1})^2 + \frac{2[\rho'(m-1)(1 - \frac{d'}{d}) + \frac{e'}{d}\rho' + \frac{e'}{d}m(\rho - \rho')]}{\beta_1^2}} \tag{7.4.15}$$

將式 7.4.15 代入式 7.4.13，則

$$P_n = 0.85f_c'bd\{\rho'(m-1) - m\rho + (1 - \frac{e'}{d}) +$$

$$\sqrt{(1 - \frac{e'}{d})^2 + 2[\rho'(m-1)(1 - \frac{d'}{d}) + \frac{e'}{d}(\rho' + m\rho - m\rho')]}\} \tag{7.4.16}$$

當 $\rho' = \rho$ 時，則

$$P_n = 0.85f_c'bd\{-\rho + 1 - \frac{e'}{d} + \sqrt{(1 - \frac{e'}{d})^2 + 2\rho[(m-1)(1 - \frac{d'}{d}) + \frac{e'}{d}]}\} \tag{7.4.17}$$

如果無壓力筋時 $\rho' = 0$，則

$$P_n = 0.85f_c'bd[-\rho m + 1 - \frac{e'}{d} + \sqrt{(1 + \frac{e'}{d})^2 + \frac{2e'\rho m}{d}}] \tag{7.4.18}$$

使用上列公式時，係假設壓力筋已降伏，如果壓力筋尚未降伏時，使用上式將會有誤差。

例 7-4-4

同例 7-4-1 之柱斷面，當偏心距 $e = 35 \text{ cm}$ 時，求該斷面之極限偏心載重。

＜解＞

由例 7-4-1 得知：

$$e_b = 23.33 \text{ cm}$$

因　　$e > e_b$

所以，該斷面為拉力破壞。

$$T = A_s f_y$$

$$= 3 \times 5.067 \times 2800 \times 10^{-3} = 42.56 \text{ t}$$

假設 $\varepsilon_s' > \varepsilon_y$，則

$$C_c = 0.85 f_c' \beta_1 x b$$

$$= 0.85 \times 210 \times 0.85x \times 40 \times 10^{-3} = 6.07x \text{ t}$$

$$C_s = A_s'(f_y - 0.85 f_c')$$

$$= 3 \times 5.067 \times (2800 - 0.85 \times 210) \times 10^{-3} = 39.85 \text{ t}$$

由力的平衡，可得：

$$P_n = C_c + C_s - T$$

$$P_n = 6.07x + 39.85 - 42.56 = 6.07x - 2.71 \text{ t}$$

對張力筋，取力矩平衡：

$$P_n \cdot e' = C_c(d - \frac{a}{2}) + C_s(d - d')$$

$$(6.07x - 2.71) \cdot (35 + 24) = 6.07x \cdot (54 - \frac{0.85x}{2}) + 39.85 \cdot (54 - 6)$$

利用上列二次式，可解得中性軸位置 x：

$$x = 23.07 \text{ cm}$$

檢核 ε_s' 是否與原假設 $\varepsilon_s' > \varepsilon_y$ 相符：

$$\varepsilon_y = \frac{f_y}{E_s} = \frac{280000}{2.04 \times 10^6} = 0.00137$$

$$\varepsilon_s' = \frac{0.003}{x} \cdot (x - d') = \frac{0.003}{23.07} \times (23.07 - 6) = 0.0022$$

$$> \varepsilon_y = 0.00137 \qquad \text{OK\#}$$

所以，與原假設 $\varepsilon_s' > \varepsilon_y$ 相符，則 $f_s' = f_y$。

$$P_n = 6.07x - 2.71 = 6.07 \times 23.07 - 2.71 = 137.32 \quad t$$

如果使用簡化公式則：

$$\rho = \frac{A_s}{bd} = \frac{3 \times 5.067}{40 \times 54} = 0.00704$$

$$m = \frac{f_y}{0.85f_c'} = \frac{2800}{0.85 \times 210} = 15.686$$

$$e' = 35 + 24 = 59 \quad cm$$

$$P_n = 0.85f_c'bd\{-\rho + 1 - \frac{e'}{d} + \sqrt{(1-\frac{e'}{d})^2 + 2\rho[(m-1)(1-\frac{d'}{d}) + \frac{e'}{d}]}\}$$

$$= 0.85 \times 210 \times 40 \times 54 \times \{-0.00704 + 1 - \frac{59}{54} +$$

$$\sqrt{(1-\frac{59}{54})^2 + 2 \times 0.00704 \times [(15.686-1)(1-\frac{6}{54}) + \frac{59}{54}]}\}$$

$$= 137327 \quad kgf = 137.33 \quad t$$

7-5 強度交互影響圖

當構件同時承受軸壓力及彎矩時，若構件之長細比(Slenderness Ratio)非常小，則在構件破壞時，不會有壓屈(Buckling)現象產生，而是由斷面的材料強度所控制。也就是說，在柱達到其最大強度時，在受壓側最外緣的混凝土應變將達到破壞應變 $\varepsilon_{cu} = 0.003$。

根據 P_n 與 M_n 之比例大小，在柱達到其最大強度時，依混凝土與鋼筋之應變是否已達其最大應變，可將柱分成下列兩大類：

1、混凝土最大壓應變已達其壓碎應變 $\varepsilon_{cu} = 0.003$，而張力鋼筋尚未達到其降伏應變 ε_y，此類之柱稱為壓力控制。

2、混凝土最大壓應變達到 $\varepsilon_{cu} = 0.003$ 時，張力鋼筋早已達到其降伏強度，此類之柱稱為張力控制。

介於壓力控制及張力控制間之情況為平衡狀態，也就是在混凝土最大壓應變達到 $\varepsilon_{cu} = 0.003$ 的同時，張力鋼筋之應變也同時達到 ε_y。

對同一個斷面，可能存在著無限多組 P_n 與 M_n 的組合，這些不同的 P_n 與 M_n 的組合，將可繪製出一條曲線，如圖 7-5-1 所示：

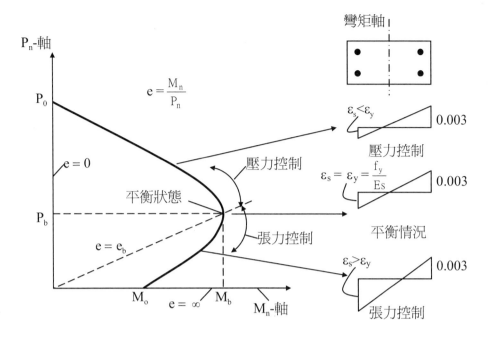

圖 7-5-1　受軸向壓力及單向彎矩柱之強度交互影響圖

　　上面繪製之曲線又稱爲柱斷面交互影響圖(Interaction Diagram)。當 $M_n = 0$，則 $P_n = P_0$ 是爲受純軸向作用下，該斷面所能承受之最大軸心作用力。當 $P_n = 0$，則 $M_n = M_0$ 是爲受撓曲作用下，該斷面(梁)所能承受之最大彎矩。若該斷面受到任何載重組合 P_n 及 M_n，若該點位於該曲線內，則該柱在這組載重作用下不會引起破壞；惟若該點位於該曲線外，則表示該柱無法承擔該組之載重組合，將引起破壞。由座標原點拉出，在連接線上任何一點之徑向線，則表示特定偏心矩。如在圖 7-5-1 中，連接 (P_b, M_b) 點與原點(0,0)之直線即代表平衡偏心距 e_b。

　　若長細比之影響可忽略不計時，則該斷面所能承受之最大軸心標稱強度 $P_{n,max}$，ACI Code 規定如下：
　　1、橫箍筋柱：

$$P_{n,max} = 0.80P_0 \qquad\qquad (7.5.1)$$

　　2、螺箍筋柱：

$$P_{n,max} = 0.85P_0 \qquad\qquad (7.5.2)$$

$$此處：P_0 = 0.85f'_c(A_g - A_{st}) + f_y A_{st} \qquad\qquad (7.5.3)$$

加了這項最大軸心標稱強度之限制後，其強度交互影響圖將如圖 7-5-2 所示。

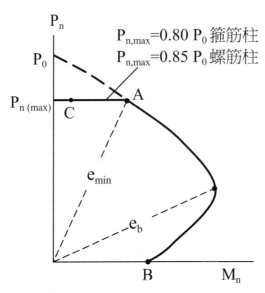

圖 7-5-2　最大軸心作用力 $P_{n,max}$

基本上，$P_{n,max} = 0.80P_0$ (或$0.85P_0$)之規定與早期規範（1971 以前之 ACI Code）規定之最小偏心作用意義類似，以目前的規定值，其標稱強度大約相當於 $e_{min}/h = 0.05 \approx 0.10$ 之偏心柱之強度。

西元 1971 年以前，ACI Code 規定之柱之最小偏心為：

1、橫箍筋柱：

$$min \ e = 0.1h \geq 2.5 \ cm \tag{7.5.4}$$

2、螺箍筋柱：

$$min \ e = 0.05h \geq 2.5 \ cm \tag{7.5.5}$$

當柱之長細效應必須考慮時，規範仍定有最小偏心的要求如下：

$$e \ min = 1.5 + 0.03h \ (cm) \tag{7.5.6}$$

$$[e \ min = 0.6 + 0.03h \ (in)]$$

一般這項規定是配合無側位移之彎矩放大係數使用如下：

$$M_{2,min} = P_u e_{min} \tag{7.5.7}$$

$$M_c = \delta_{ns} \cdot M_2 \tag{7.5.8}$$

有關細長柱的設計將在第八章中討論。

受壓力及撓曲共同作用之構件，當其斷面為壓力控制斷面時(即張力筋之 $\varepsilon_t \leq 0.002$ 時)，其強度折減係數之規定如下：

1、橫箍筋柱：$\phi = 0.65$

2、螺箍筋柱：$\phi = 0.70$

而當張力筋之張應變 ε_t 介於 0.002 到 0.005 之間時，其折減係數依圖 2-5-1 及公式 2.5.4 及 2.5.5 計算之。當張力筋之張應變 ε_t 大於 0.005 時，則強度折減係數 $\phi = 0.90$。經過此項修正後之強度交互影響曲線如圖 7-5-3 所示。

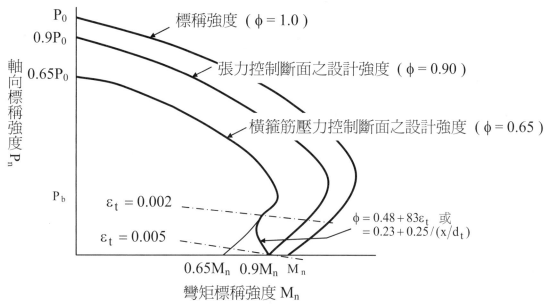

圖 7-5-3　梁-柱之強度交互影響圖之 ϕ 值修正

根據前述之最大軸壓標稱強度 $P_{n,max}$ 的限制以及折減係數的漸變考量，對任何柱斷面在某一特定鋼筋量下，其強度交互影響曲線，如圖 7-5-4 所示。

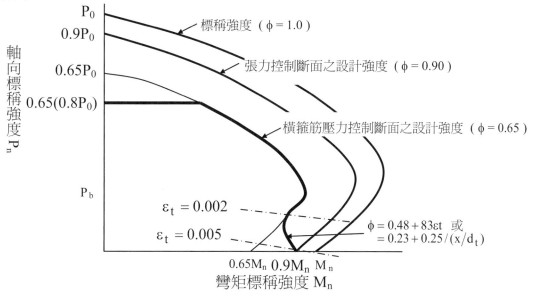

圖 7-5-4　梁-柱之強度交互影響圖

在各種不同的工具書及設計手冊上常可見到各種不同表示法的交互影響曲線。常看到的有(1)中國土木水利工程學會混凝土工程設計規範之應用[7.8]，以 $\phi P_n / A_g$ 及 $\phi M_n / A_g \cdot h$ 為參數。(2)卓瑞年編著之房屋結構設計手冊[7.9]，直接以 P_u 及 M_u 或是以 $P_u / f'_c bt$ 及 $M_u / f'_c bt^2$ 為參數。(3)ACI 強度設計手冊[7.10]，其參數為 $\phi P_n / A_g$ 及 $\phi M_n / A_g \cdot h$。(4)ACI 設計手冊 ACI 340R-97[7.11]，如圖 7-5-5 及圖 7-5-6。其中圖 7-5-5 為矩形柱四側均勻配置鋼筋，而圖 7-5-6 只有在受力兩側對稱配置鋼筋。在原 ACI 304R-97 圖中同時標示 $\varepsilon_t = 0.005$ 及 $\varepsilon_t = 0.0035$，未標示 $\varepsilon_t = 0.002$，在本書中將 $\varepsilon_t = 0.002$ 及 e/h 之直線補入，以方便練習使用。因此由交互影響圖也可很容易判斷斷面是壓力控制斷面或是張力控制斷面，同時可據此計算相對應之 ϕ 值。

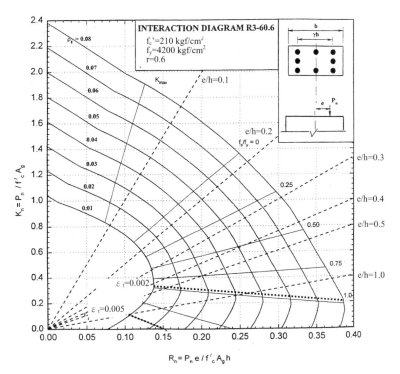

圖 7-5-5(a)　ACI 柱之交互影響圖(由[7.11]修正，僅供練習)

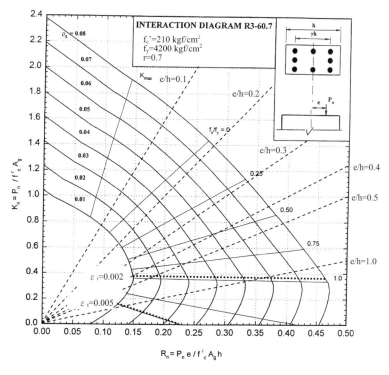

圖 7-5-5(b)　ACI 柱之交互影響圖(由[7.11]修正，僅供練習)

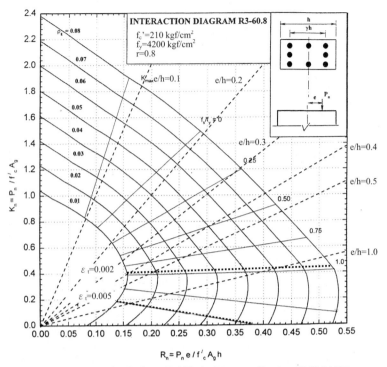

圖 7-5-5(c)　ACI 柱之交互影響圖(由[7.11]修正，僅供練習)

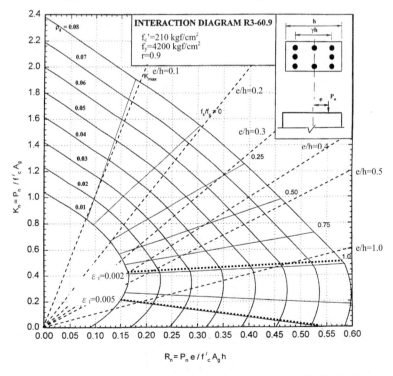

圖 7-5-5(d)　ACI 柱之交互影響圖(由[7.11]修正，僅供練習)

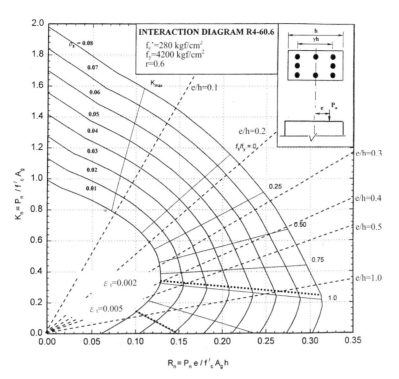

圖 7-5-5(e)　ACI 柱之交互影響圖(由[7.11]修正，僅供練習)

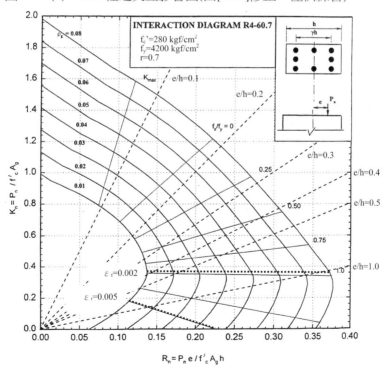

圖 7-5-5(f)　ACI 柱之交互影響圖(由[7.11]修正，僅供練習)

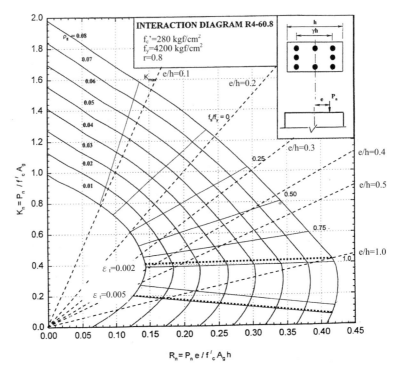

圖 7-5-5(g)　ACI 柱之交互影響圖(由[7.11]修正，僅供練習)

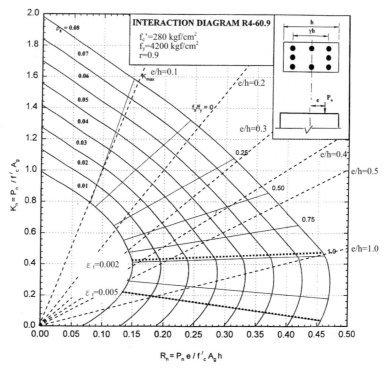

圖 7-5-5(h)　ACI 柱之交互影響圖(由[7.11]修正，僅供練習)

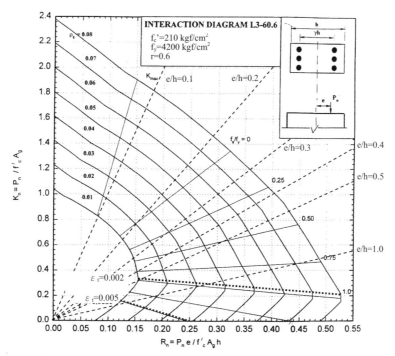

圖 7-5-6(a)　ACI 柱之交互影響圖(由[7.11]修正，僅供練習)

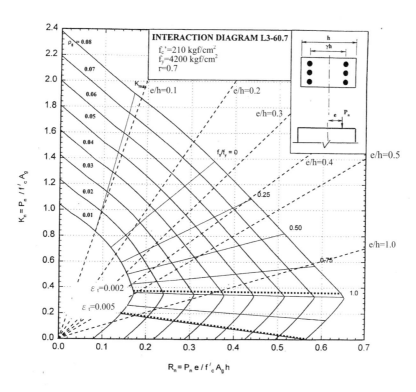

圖 7-5-6(b)　ACI 柱之交互影響圖(由[7.11]修正，僅供練習)

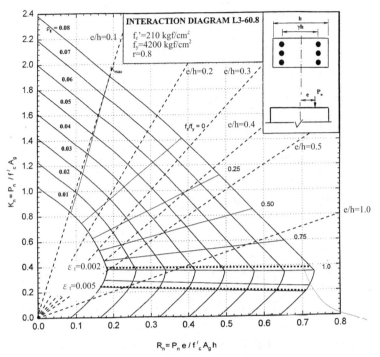

圖 7-5-6(c) ACI 柱之交互影響圖(由[7.11]修正，僅供練習)

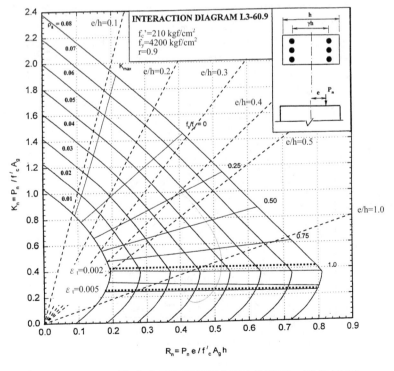

圖 7-5-6(d) ACI 柱之交互影響圖(由[7.11]修正，僅供練習)

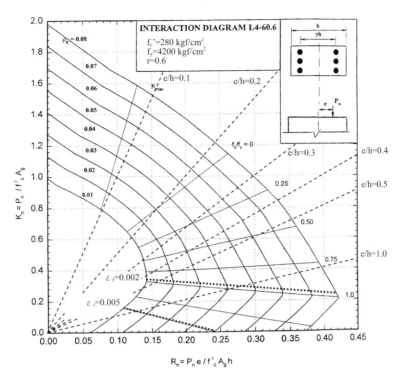

圖 7-5-6(e)　ACI 柱之交互影響圖(由[7.11]修正，僅供練習)

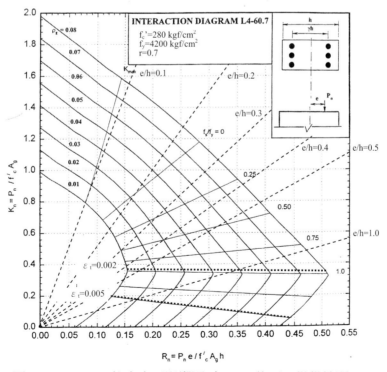

圖 7-5-6(f)　ACI 柱之交互影響圖(由[7.11]修正，僅供練習)

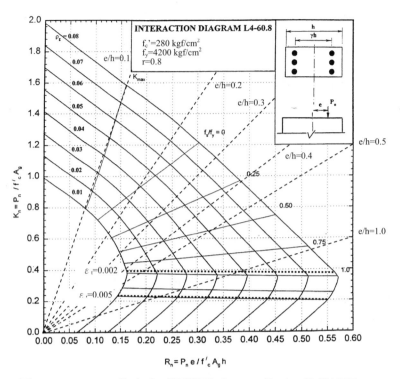

圖 7-5-6(g)　ACI 柱之交互影響圖(由[7.11]修正，僅供練習)

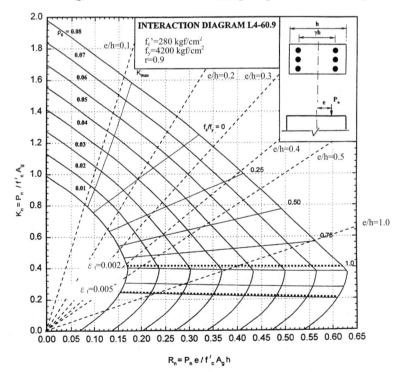

圖 7-5-6(h)　ACI 柱之交互影響圖(由[7.11]修正，僅供練習)

7-6 橫箍筋及螺箍筋

一、 橫箍筋

　　橫箍筋的作用有二，一是做爲固定縱向主筋之用，二是做爲縱向主筋的橫向支撐，使得縱向主筋在受軸壓要產生壓屈時，只能在兩橫箍筋之間產生彎曲。早期的研究[7.2]就指出橫箍筋對柱的強度並無太大的幫助，但事實上橫箍筋在柱內的行爲是相當複雜的，當一根橫箍筋柱承受載重至破壞時，首先將是箍筋以外的混凝土的剝落，然後其載重轉移到柱核心及縱向主筋，最後是縱向主筋的壓屈外彎及核心混凝土的壓碎而至整個構件的破壞，如圖7-6-1 所示[7.12]，此種破壞模式是一種在極短時間內產生的突然破壞。如果能將柱橫箍筋之間距盡量縮小，也就是配置比較緊密的橫箍筋時，則對核心部份之混凝土將提供較大的圍束作用，使得其壓碎應變大於規範規定的 0.003以上[7.13,7.14]。

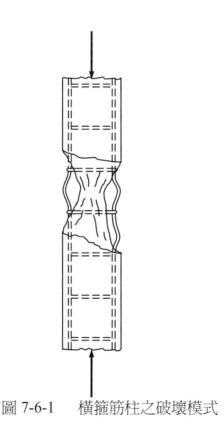

圖 7-6-1　　橫箍筋柱之破壞模式

規範[7.15,7.16]對於箍筋之相關規定如下：

1、當主筋≤＃10 時，使用 ＃3 箍筋。

2、當主筋≥＃11 及束筋時，使用 ＃4 箍筋。

3、箍筋間距：

$$S_{max} \leq 16D_b (主筋直徑)$$

$$S_{max} \leq 48d_b (箍筋直徑) \qquad (取小值)$$

$$S_{max} \leq 柱之最小邊寬$$

4、柱之四角縱向主筋應以箍筋圍紮之，其餘柱筋每隔一根仍應以箍筋圍紮，並以之作為箍筋之側支撐，但其夾角不得大於135°，且與相鄰之主筋間距不得大於 15 cm (6 in)。

規範建議的箍筋綁紮方式如圖 7-6-2 所示

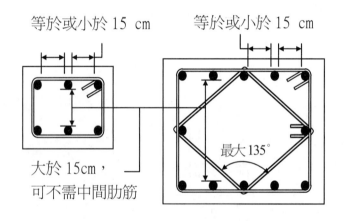

圖 7-6-2　橫箍之配置

另外規範[7.15,7.16]在耐震設計之韌性構件特別要求在柱兩端有可能產生撓曲降伏斷面兩側必需使用圍束閉合箍筋，並使用耐震彎鉤。此處所指耐震彎鉤係指彎鉤其彎角不少於 135°，且彎後至少延伸$6d_b$（不小於 7.5cm）。彎鉤並須圍繞縱向鋼筋後埋入箍筋所圍束區域之內部。此耐震彎鉤之目的仍在於確保當箍筋以外之混凝土剝落後，箍筋仍能有效的被錨定在核心部份之混凝土內，以確保其圍束作用能夠發揮，其配置如圖 7-6-3 所示

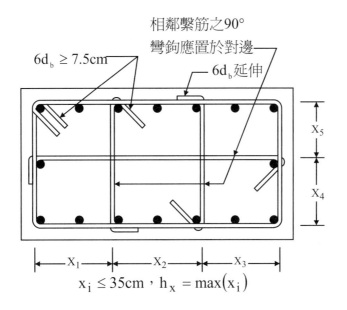

相鄰繫筋之90°
彎鉤應置於對邊

$6d_b \geq 7.5cm$

$6d_b$延伸

x_5

x_4

x_1　　x_2　　x_3

$x_i \leq 35cm$，$h_x = max(x_i)$

圖 7-6-3　柱圍束箍筋配置圖

耐震設計對柱橫向鋼筋之最大間距規定不得超過下列三者：

1、構材斷面最小尺度之$1/4$

2、6 倍主筋直徑

3、$S_x = 10 + \left(\dfrac{35 - h_x}{3} \right) \leq 15$

二、　螺箍筋

　　柱之螺箍筋除了能提供柱在達到破壞前吸收大量變形的能力以外[7.17]，而且能增加柱的承載能力[7.2]。ACI Code 是比較保守的假定螺箍筋所能提高柱核心部份的承載能力，為相當於螺箍筋以外混凝土之承載強度如7-3 節所述。螺箍筋在軸壓作用下其破壞模式如圖 7-6-4 所示。規範[7.15]對於螺旋筋之相關規定如下：

　　1、螺箍筋淨間距最小 2.5 cm (1 in)；最大 7.5 cm (3 in)。

　　2、螺箍筋最小直徑 1.0 cm (3/8 in)。

　　3、螺箍筋之最小錨定長度為 1.5 圈。

　　4、螺箍筋之續接採用疊接，其疊接長度不得小於 30cm(12in)或下列(1)
　　　　至(5)項之大者。

(1)無塗佈(Uncoated)之竹節鋼筋或鋼線 $48\,d_b$

(2)無塗佈之光面鋼筋或鋼線 $72\,d_b$

(3)環氧樹脂塗佈之竹節鋼筋或鋼線 $72\,d_b$

(4)無塗佈之光面鋼筋或鋼線，其兩端具符合規範規定之標準彎鉤，且彎鉤埋入螺箍筋圍束之柱核心內 $48\,d_b$

(5)環氧樹脂塗佈之鋼筋或鋼線，其兩端具符合規範規定之標準彎鉤，且彎鉤埋入梁箍筋圍束之柱核心內 $48\,d_b$

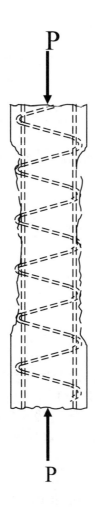

圖 7-6-4　螺箍筋之破壞模式

7-7 柱之設計

柱之設計必須同時滿足下列二式：

$$\phi P_n \geq P_u \tag{7.7.1}$$

與

$$\phi M_n \geq M_u \tag{7.7.2}$$

根據 ACI Code 之規定，一般將柱分成三類設計，如圖 7-7-1 所示：

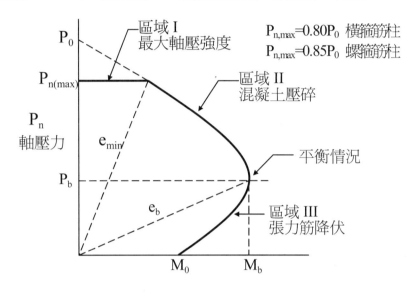

圖 7-7-1　交互影響圖上柱之分類

第一類柱：當構件僅承受很小或可忽略不計之撓曲彎矩時，此時，柱之強度由最大容許軸向壓力所控制：

1、橫箍筋柱：

$$P_{n,max} = 0.80P_0 \tag{7.7.3}$$

2、螺箍筋柱：

$$P_{n,max} = 0.85P_0 \tag{7.7.4}$$

第二類柱：為混凝土壓碎控制，此類柱在達到破壞時張力側之張力鋼筋應力尚未達到其降伏強度，而是壓力側之混凝土先被壓碎。但 $P_n < P_{n,max}$。

第三類柱：為張力筋降伏控制。此類柱其彎矩作用之影響較大，因此在破壞時，張力側之鋼筋應力早已達其降伏強度。

當有下列情況發生時，該柱必須以第一類柱方式進行設計：
1、對有側撐柱，柱之長度效應可忽略不計時：
    (1) 受軸力構件，其撓曲彎矩可忽略而未計算時。

    (2) 有撓曲彎矩，但其偏心 $e = \dfrac{M_u}{P_u} < e_{min}$ 時。

2、對有側撐柱，柱之長度效應必須考慮時：

    (1) $e = \dfrac{M_u}{P_u} < (1.5 + 0.03h)$，且 $\delta_b (1.5 + 0.03h) < e_{min}$。
    此處 δ_b 為細長柱之放大係數。

    (2) $e = \dfrac{M_u}{P_u} > (1.5 + 0.03h)$，且 $\delta_b \cdot e < e_{min}$。
    此處 δ_b 為細長柱之放大係數。

一般對無側撐柱，很少是屬於第一類柱的範圍。

例 7-7-1
試依 ACI Code 相關規定，設計一在有側撐構架中承受無偏心荷重之螺筋圓柱。假設無細長比的問題；承受靜載重 $P_D = 145\,t$ 及活載重 $P_L = 163\,t$ 之軸壓力，材料之 $f'_c = 280\,kgf/cm^2$、$f_y = 4200\,kgf/cm^2$，使用 3.5 %的鋼筋比。

＜解＞
    1、計算標稱軸向荷重：
$$P_u = 1.2P_D + 1.6P_L$$
$$= 1.2 \times 145 + 1.6 \times 163 = 434.8 \quad t$$
壓力控制斷面之螺箍筋柱 $\phi = 0.70$

$$P_n = \frac{P_u}{\phi} = \frac{434.8}{0.70} = 621.1 \quad t$$

    2、計算圓柱所需之面積：
因構件僅承受無偏心荷重，亦即撓曲彎矩可忽略不計，此時柱之強度由軸向荷重所控制，所以屬於第一類柱。
螺箍筋柱：
$$P_{n,max} = 0.85P_0$$
$$P_{n,max} = 0.85A_g[0.85f'_c + \rho_g(f_y - 0.85f'_c)]$$
$$621.1 \times 10^3 = 0.85 \times A_g \cdot [0.85 \times 280 + 0.035 \cdot (4200 - 0.85 \times 280)]$$
解上式，可得圓柱所需之面積：

$$A_g = \frac{621.1 \times 10^3}{320.17} = 1939.9 \quad cm^2$$

3、決定圓柱之直徑及真正之面積：

因　$A_g = \frac{\pi D^2}{4} = 1939.9 \quad cm^2$

解上式，可得圓柱之直徑：

　　$D = 49.7 \quad cm$

選用 $D = 50 \quad cm$

圓柱真正之面積

$$A_g = \frac{\pi D^2}{4} = \frac{\pi \times 50^2}{4} = 1963.5 \quad cm^2$$

4、計算真正需要之 ρ_g ：

$$P_{n,max} = 0.85 A_g [0.85 f'_c + \rho_g (f_y - 0.85 f'_c)]$$

$$621.1 \times 10^3 = 0.85 \times 1963.5 \times [0.85 \times 280 + \rho_g \times (4200 - 0.85 \times 280)]$$

解上式，可得真正需要之 ρ_g ：

$$\rho_g = 0.0339$$

5、設計縱向鋼筋：

$$A_{st} = \rho_g A_g = 0.0339 \times 1963.5 = 66.56 \quad cm^2$$

使用　7 - #11　鋼筋

$$A_{st} = 7 \times 10.07 = 70.49 \quad cm^2 > 66.56 \quad cm^2 \qquad OK\#$$

6、設計螺箍筋：

$$\rho_s = 0.45 \times (\frac{A_g}{A_c} - 1) \frac{f'_c}{f_y}$$

$$A_g = 1963.5 \quad cm^2$$

$$A_c = \frac{\pi \times D_c^2}{4}$$

$$= \frac{\pi \times (50 - 8.0)^2}{4} = 1385.44 \quad cm^2$$

$$\rho_s = 0.45(\frac{1963.5}{1385.44} - 1) \times \frac{280}{4200} = 0.0125$$

$$S_{max} = \frac{a_s \pi (D_c - d_b)}{\rho_s A_c}$$

$$= \frac{a_s \pi (42.0 - d_b)}{0.0125 \times 1385.44}$$

	d_b (cm)	a_s (cm^2)	S_{max} (cm)	淨間距 （cm）
#3	0.953	0.713	5.660	4.709
#4	1.270	1.267	9.980	8.710

依規範規定：
最大淨間距= 7.5 cm
最小淨間距= 2.5 cm
所以，使用# 3 @ 5 cm 螺筋。

例 7-7-2
已知一橫箍筋柱承受下列荷重：靜載重 $P_D = 104$ t、$M_D = 7.1$ t-m；活載重 $P_L = 60$ t、$M_L = 3.11$ t-m，材料之 $f'_c = 210$ kgf / cm^2、$f_y = 2800$ kgf / cm^2，使用鋼筋比 $\rho_g \approx 0.03$。

<解>
1、計算標稱軸向荷重及撓曲彎矩：
$$P_u = 1.2P_D + 1.6P_L$$
$$= 1.2 \times 104 + 1.6 \times 60 = 220.8 \text{ t}$$
假設壓力控制斷面 $\phi = 0.65$
$$P_n = \frac{P_u}{\phi} = \frac{220.8}{0.65} = 339.7 \text{ t}$$
$$M_u = 1.2M_D + 1.6M_L$$
$$= 1.2 \times 7 + 1.6 \times 3.11 = 13.50 \text{ t-m}$$
$$M_n = \frac{M_u}{\phi} = \frac{13.50}{0.65} = 20.77 \text{ t-m}$$
2、計算偏心距：
$$e = \frac{M_n}{P_n} = \frac{20.77 \times 10^5}{339.70 \times 10^3} = 6.1 \text{ cm}$$

若 $e_{min} \approx 0.1h$，當斷面尺寸小於 61 cm 時，則有可能會落入第二類柱之設計。

3、計算柱所需之面積：

令　$P_n = P_b = 339.70$　t，則所需柱之尺寸：

$$x_b = \frac{0.003}{0.003 + f_y/E_s} d$$

$$= \frac{0.003}{0.003 + 2800/2.04 \times 10^6} \cdot d = 0.686d \quad cm$$

$$P_b = 0.85f_c'\beta_1 xb + A_s'(f_y - 0.85f_c') - A_s f_y$$

若使用對稱配筋

$$A_s' = A_s$$

則　$P_b \approx 0.85f_c'\beta_1 x_b b$

$$= 0.85 \times 210 \times 0.85 \times 0.686d \times b = 104.08bd \quad kgf$$

解上式，可得：

$$bd \approx \frac{339700}{104.08} = 3264 \quad cm^2$$

假設 $d \approx 0.9h$，則

$$A_g = \frac{3264}{0.9} = 3626 \quad cm^2$$

（60.2×60.2 cm　方柱）

由此可知，若使用之斷面 $A_g < 3626$ cm^2 時，則為混凝土壓碎控制(區域 II)。若使用之斷面 $A_g > 3626$ cm^2 時，則為張力筋降伏控制(區域 III)。試選用 55×55 cm 方柱，則為混凝土壓碎控制。

$$\rho_g \approx 0.03$$

$$\frac{e}{h} = \frac{6.1}{55} = 0.11$$

$$d - d' = 49 - 6 = 43 \quad cm$$

$$\gamma = \frac{d - d'}{h} = \frac{43}{55} = 0.78$$

$$\xi = \frac{d}{h} = \frac{49}{55} = 0.89$$

$$P_n = A_g\left[\frac{f'}{(\frac{3}{\xi^2})(\frac{e}{h}) + 1.18} + \frac{\rho_g f_y}{(\frac{2}{\gamma})(\frac{e}{h}) + 1}\right]$$

$$P_n = A_g[\frac{210}{(\frac{3}{0.89^2})(0.11)+1.18} + \frac{0.03 \times 2800}{(\frac{2}{0.78})(0.11)+1}]$$

$$339700 = A_g[131.53 + 65.52]$$

解上式，可得柱所需之面積：

$$A_g = 1724 \quad cm^2$$

試選用 45×45 cm 之方柱，則

$$A_g = 2025 \quad cm^2 > 1724 \quad cm^2 \quad OK\#$$

4、設計縱向鋼筋：

$$A_{st} = \rho_g A_g = 0.03 \times 2025 = 60.75 \quad cm^2$$

使用 10 - #9 縱向鋼筋

$$A_{st} = 10 \times 6.469 = 64.69 \quad cm^2 > 60.75 \quad cm^2 \qquad OK\#$$

使用#3 箍筋：d=45-4-0.95-2.87/2=45-6.385=38.615

d"=(38.615-6.385)/2=16.115

5、檢核是否符合規範之規定：

利用例 7-4-1 之方法：

$$x_b = \frac{0.003}{0.003 + f_y/E_s}d$$

$$= \frac{0.003}{0.003 + 2800/2.04 \times 10^6} \times 38.615 = 26.494 \quad cm$$

$$a_b = \beta_1 x_b = 0.85 \times 26.494 = 22.520 \quad cm$$

檢核 ε_s' 是否與原假設 $\varepsilon_s' > \varepsilon_y$ 相符：

$$\varepsilon_y = \frac{f_y}{E_s} = \frac{2800}{2.04 \times 10^6} = 0.00137$$

$$\varepsilon_s' = \frac{0.003}{x} \cdot (x - d')$$

$$= \frac{0.003}{26.494} \times (26.494 - 6.385) = 0.00228$$

$$> \varepsilon_y = 0.00137 \qquad OK\#$$

所以，與原假設 $\varepsilon_s' > \varepsilon_y$ 相符，則 $f_s' = f_y$。

$$C_{cb} = 0.85 f_c' a_b b$$

$$= 0.85 \times 210 \times 22.520 \times 45 \times 10^{-3} = 180.899 \quad t$$

$$C_{sb} = A'_s(f_y - 0.85f'_c)$$

$$= 5 \times 6.469 \times (2800 - 0.85 \times 210) \times 10^{-3} = 84.792 \quad t$$

$$T_b = A_s f_y$$

$$= 5 \times 6.469 \times 2800 \times 10^{-3} = 90.566 \quad t$$

由力的平衡，可得：

$$P_b = C_{cb} + C_{sb} - T_b$$

$$P_b = 180.899 + 84.792 - 90.566 = 175.12 \quad t$$

對張力筋，取力矩平衡：

$$P_b \cdot e' = C_{cb}(d - \frac{a}{2}) + C_{sb}(d - d')$$

$$175.12(e_b + 16.115) = 180.889(38.615 - \frac{22.52}{2}) + 84.792(38.615 - 6.385)$$

解上式，可得 e_b：

$$e_b = 27.75 \quad cm$$

因 $\quad P_n > P_b$，且 $\quad e < e_b$

所以，本柱係屬區域 II，混凝土壓碎控制無誤。

(1)使用詳細分析檢核：

$$C_c = 0.85f'_c\beta_1 xb = 0.85 \times 210 \times 0.85x \times 45 \times 10^{-3} = 6.828x$$

$$C_s = A'_s(f_y - 0.85f'_c) = 5 \times 6.469(2800 - 0.85 \times 210)10^{-3} = 84.792 \quad t$$

$$T = A_s f_s = A_s E_s \frac{d - x}{x} \times 0.003 \times 10^{-3} = 5 \times 6.469 \times 6.12 \times \frac{38.615 - x}{x}$$

$$= \frac{7643.89 - 197.95x}{x}$$

$$P_n = C_c + C_s - T = 6.828x + 84.792 - \frac{7643.89 - 197.95x}{x}$$

對張力筋取力矩平衡

$$P_n e' = C_c(d - a/2) + C_s(d - d')$$

$$P_n(6.1 + 16.115) = 6.828x \times (38.615 - 0.85x/2) + 84.792(38.615 - 6.385)$$

$$(6.828x + 84.792 - \frac{7643.89 - 197.95x}{x}) \times 22.215$$

$$= 263.663x - 2.902x^2 + 2732.85$$

$$2.902x^3 - 111.97x^2 + 3548.3x - 169809 = 0$$

利用試誤法解上式得 $x = 42.346$

檢核 $\varepsilon'_s = \dfrac{0.003}{42.346} \cdot (42.346 - 6.385) = 0.00255 > \varepsilon_y = 0.00137$

所以壓力筋降伏無誤

$$\therefore P_n = 6.828 \times 42.346 + 84.792 - \dfrac{7643.89 - 197.95 \times 42.346}{42.346}$$

$$= 289.138 + 84.792 - (-17.44) = 391.37\ t$$

$x > d = 38.615$

$\therefore \varepsilon_t < 0.002$

$\therefore$ 為壓力控制斷面 $\phi = 0.65$

$\phi P_n = 0.65 \times 391.525 = 254.49\ t > 220.8\ t$　　　OK#

(2)如果使用簡化公式檢核：

$$P_n = \dfrac{bhf'_c}{(\dfrac{3he}{d^2}) + 1.18} + \dfrac{A'_s f_y}{\dfrac{e}{(d-d')} + 0.5}$$

$$= \dfrac{45 \times 45 \times 210}{(\dfrac{3 \times 45 \times 6.1}{38.615^2}) + 1.18} + \dfrac{5 \times 6.469 \times 2800}{\dfrac{6.1}{(38.615 - 6.385)} + 0.5}$$

$$= 245487 + 131395$$

$$= 376882\ \ kgf$$

$$= 376.88\ \ t > 339.7\ \ t　　　　OK#$$

結果與理論值 $391.37\ t$ 比較約低估 3.7%

6、橫箍筋之設計：

(1)因主筋使用 #9，所以使用 #3 的橫箍筋。

(2)橫箍筋間距：

$S_{max} \leq 16D_b$(主筋直徑) $= 16 \times 2.87 = 45.92\ \ cm$

$S_{max} \leq 48d_b$(箍筋直徑) $= 48 \times 0.95 = 45.6\ \ cm$

$S_{max} \leq$ 柱之最小邊寬 $= 45\ \ cm$

上列三者取小值，$S = 45\ \ cm$。

所以，使用 #3 @ 45 cm 箍筋。

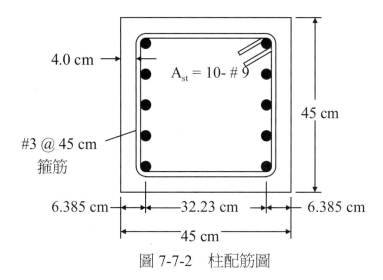

4.0 cm

$A_{st} = 10 - \# 9$

45 cm

#3 @ 45 cm
箍筋

6.385 cm — 32.23 cm — 6.385 cm

45 cm

圖 7-7-2　柱配筋圖

例 7-7-3

已知一橫箍筋柱承受下列荷重：靜載重 $P_D = 20.86$ t、$M_D = 14.42$ t-m；活載重 $P_L = 14.5$ t、$M_L = 11.8$ t-m，材料之 $f_c' = 315$ kgf/cm^2、$f_y = 3500$ kgf/cm^2，使用鋼筋比 $\rho_g \approx 0.03$。

<解>

　　1、計算標稱軸向荷重及撓曲彎矩：

$$P_u = 1.2P_D + 1.6P_L$$
$$= 1.2 \times 20.86 + 1.6 \times 14.5 = 48.23 \text{ t}$$

假設 $\varepsilon_t < 0.002$，$\phi = 0.65$

$$P_n = \frac{P_u}{\phi} = \frac{48.23}{0.65} = 74.2 \text{ t}$$

$$M_u = 1.2M_D + 1.6M_L$$
$$= 1.2 \times 14.42 + 1.6 \times 11.8 = 36.18 \text{ t-m}$$

$$M_n = \frac{M_u}{\phi} = \frac{36.18}{0.65} = 55.66 \text{ t-m}$$

　　2、計算偏心距：

$$e = \frac{M_n}{P_n} = \frac{55.66 \times 10^5}{74.2 \times 10^3} = 75 \text{ cm}$$

　　3、計算柱所需之面積：

　　令　$P_n = P_b = 74.2$ t 時，則所需柱之尺寸：

$$x_b = \frac{0.003}{0.003 + f_y/E_s} d$$

$$= \frac{0.003}{0.003 + 3500/2.04 \times 10^6} \cdot d = 0.636d \quad \text{cm}$$

$$P_b = 0.85 f_c' \beta_1 x_b b + A_s'(f_y - 0.85 f_c') - A_s f_y$$

若使用對稱配筋

$$A_s' = A_s$$

則　　$P_b \approx 0.85 f_c' \beta_1 x_b b$

$$= 0.85 \times 315 \times 0.825 \times 0.636d \times b = 140.488bd \quad \text{kgf}$$

解上式，可得：

$$bd \approx \frac{74200}{140.488} = 528.16 \quad \text{cm}^2$$

假設 $d \approx 0.9h$，則

$$A_g = \frac{528.16}{0.9} = 587 \quad \text{cm}^2 (\text{大約爲} 24 \times 24 \quad \text{cm 之方形柱})$$

很明顯的，本題之柱斷面將會大於平衡狀態所需之柱尺寸，因此，應爲區域Ⅲ鋼筋降伏控制斷面。

使用簡化公式：

因　　$\rho_g = 0.03$

則　　$\rho = \dfrac{\rho_g}{2} = \dfrac{0.03}{2} = 0.015$

$$m = \frac{f_y}{0.85 f_c'} = \frac{3500}{0.85 \times 315} = 13.07$$

預估 $\dfrac{e'}{d} = \dfrac{d - h/2 + e}{d} \approx 2.0$

$$\frac{d'}{d} \approx 0.1$$

$$P_n = 0.85 f_c' bd \{-\rho + 1 - \frac{e'}{d} +$$

$$\sqrt{(1 - \frac{e'}{d})^2 + 2\rho[(m-1)(1 - \frac{d'}{d}) + \frac{e'}{d}]}\}$$

$$= 0.85 \times 315 \times bd \times \{-0.015 + 1 - 2 +$$

$$\sqrt{(1-2)^2 + 2 \times 0.015 \times [(13.07 - 1)(1 - 0.1) + 2]}\}$$

$$= 43.439bd \quad \text{kgf}$$

解上式，可得：

$$bd = \frac{74200}{43.439} = 1708 \quad cm^2$$

試選用 35×45 cm 之柱，則

$$A_g = 35 \times 45 = 1575 \quad cm^2$$

$$\rho = \frac{\rho_g}{2} = \frac{0.03}{2} = 0.015$$

$$m = \frac{f_y}{0.85f'_c} = \frac{3500}{0.85 \times 315} = 13.07$$

$$\frac{e'}{d} = \frac{d - h/2 + e}{d} = \frac{39 - 45/2 + 75}{39} = 2.346$$

$$\frac{d'}{d} = \frac{6}{39} = 0.154$$

$$P_n = 0.85f'_c bd\{-\rho + 1 - \frac{e'}{d} + \sqrt{(1 - \frac{e'}{d})^2 + 2\rho[(m-1)(1 - \frac{d'}{d}) + \frac{e'}{d}]}\}$$

$$= 0.85 \times 315 \times bd \times \{-0.015 + 1 - 2.346 +$$

$$\sqrt{(1 - 2.346)^2 + 2 \times 0.015 \times [(13.07 - 1)(1 - 0.154) + 2.346]}\}$$

$$= 31.68bd \quad kgf$$

解上式，可得：

$$bd = \frac{74200}{31.68} = 2342 \quad cm^2$$

$$>>> \quad A_g = 1575 \quad cm^2 \qquad NG$$

試選用 35×50 cm 之柱，則

$$A_g = 35 \times 50 = 1750 \quad cm^2$$

$$\rho = \frac{\rho_g}{2} = \frac{0.03}{2} = 0.015$$

$$m = \frac{f_y}{0.85f'_c} = \frac{3500}{0.85 \times 315} \approx 13.07$$

$$\frac{e'}{d} = \frac{d - h/2 + e}{d} = \frac{44 - 50/2 + 75}{44} = 2.136$$

$$\frac{d'}{d} = \frac{6}{44} = 0.136$$

$$P_n = 0.85f'_c bd\{-\rho + 1 - \frac{e'}{d} + \sqrt{(1 - \frac{e'}{d})^2 + 2\rho[(m-1)(1 - \frac{d'}{d}) + \frac{e'}{d}]}\}$$

$$= 0.85 \times 315 \times bd \times \{-0.015 + 1 - 2.136 +$$

$$\sqrt{(1-2.136)^2 + 2\times 0.015 \times [(13.07-1)(1-0.136)+2.136]}\}$$
$$= 37.56bd \quad kgf$$

解上式，得：
$$bd = \frac{74200}{37.56} = 1975.5 \quad cm^2 > \ A_g = 1750 \quad cm^2$$

試選用 $35 \times 55 \quad cm$ 之柱，則
$$A_g = 35 \times 55 = 1925 \quad cm^2$$

$$\rho = \frac{\rho_g}{2} = \frac{0.03}{2} = 0.015$$

$$m = \frac{f_y}{0.85f_c'} = \frac{3500}{0.85 \times 315} = 13.07$$

$$\frac{e'}{d} = \frac{d - h/2 + e}{d} = \frac{49 - 55/2 + 75}{49} = 1.97$$

$$\frac{d'}{d} = \frac{6}{49} = 0.122$$

$$P_n = 0.85f_c'bd\{-\rho + 1 - \frac{e'}{d} + \sqrt{(1-\frac{e'}{d})^2 + 2\rho[(m-1)(1-\frac{d'}{d}) + \frac{e'}{d}]}\}$$
$$= 0.85 \times 315 \times bd \times \{-0.015 + 1 - 1.97 +$$
$$\sqrt{(1-1.97)^2 + 2\times 0.015 \times [(13.07-1)(1-0.122)+1.97]}\}$$
$$= 43.65bd \quad kgf$$

解上式，可得：
$$bd = \frac{74200}{43.65} = 1700 \quad cm^2$$
$$< \ A_g = 1925 \quad cm^2 \quad OK\#$$

選定 $35 \times 55 \quad cm$ 為設計斷面：
$$A_g = 35 \times 55 = 1925 \quad cm^2$$

4、設計縱向鋼筋：
$$P_n = 0.85f_c'ab + A_s'(f_y - 0.85f_c') - A_s f_y$$

若使用對稱配筋
$$A_s' = A_s$$

則 $\quad P_n \approx 0.85f_c'ab$
$$74200 = 0.85 \times 315 \times a \times 35$$

解上式，可得：
$$a = 7.92 \quad cm$$

$$x = a/\beta_1 = 7.92/0.825 = 9.6 \quad \text{cm}$$

$$\varepsilon_t = \frac{49 - 9.6}{9.6} \times 0.003 = 0.0123 > 0.005$$

$$\therefore \phi = 0.90$$

$$P_n = 48.23/0.9 = 53.59 \quad \text{t}$$

對混凝土壓應力塊中心取力矩平衡得：

$$P_n(e - \frac{h}{2} + \frac{a}{2}) = A_s f_y (d - d')$$

$$53590 \times (75 - \frac{55}{2} + \frac{7.92}{2}) = A_s \times 3500 \times (49 - 6)$$

解上式，可得：

$$A_s = 18.32 \quad \text{cm}^2$$

$$A_{st} = 2A_s = 2 \times 18.32 = 36.64 \quad \text{cm}^2$$

使用 6 - #10 縱向鋼筋

$$A_{st} = 6 \times 8.143 = 48.858 \quad \text{cm}^2 > 36.64 \quad \text{cm}^2$$

$$\rho_g = \frac{A_{st}}{bh} = \frac{48.858}{35 \times 55} = 0.0254$$

5、檢核是否符合規範之規定：

斷面 bxh=35x55, 6-#10 縱向鋼筋及#3 箍筋

d=55-4-0.95-3.22/2=55-6.56=48.44 cm

d"=(48.44-6.56)/2=20.94 cm

假設 $\varepsilon_s' > \varepsilon_y$ 則

$$C_c = 0.85 f_c' \beta_1 xb = 0.85 \times 315 \times 0.825x \times 35 \times 10^{-3} = 7.731x$$

$$C_s = A_s'(f_y - 0.85 f_c') = 3 \times 8.143(3500 - 0.85 \times 315)10^{-3} = 78.961 \text{ t}$$

$$T = A_s f_y = 3 \times 8.143 \times 3500 \times 10^{-3} = 85.502 \text{ t}$$

$$P_n = C_c + C_s - T = 7.731x + 78.961 - 85.502 = 7.731x - 6.541$$

對張力筋取力矩平衡

$$P_n e' = C_c(d - a/2) + C_s(d - d')$$

$$(7.731x - 6.541)(75 + 20.94) = 7.731x(48.44 - 0.825x/2) +$$

$$78.961(48.44 - 6.56)$$

$$741.712x - 627.544 = 374.490x - 3.189x^2 + 3306.887$$

$$3.189x^2 + 367.222x - 3934.431 = 0$$

x = 9.868

$$\text{檢核}\,\varepsilon_s' = \frac{x-d'}{x}\times 0.003 = \frac{(9.868-6.56)}{9.868}\times 0.003 = 0.0010$$

$$< \varepsilon_y = 0.00172$$

所以壓力筋未降伏

$$f_s' = E_s\varepsilon_s' = 2.04\times 10^6 \times \frac{x-6.56}{x}\times 0.003 = \frac{6120x-40147.2}{x}$$

$$C_c = 7.731x$$

$$C_s = A_s'(f_s' - 0.85f_c') = 3\times 8.143(\frac{6120x-40147.2}{x} - 0.85\times 315)10^{-3}$$

$$= \frac{142.965x-980.756}{x}$$

$$T = 85.502\ t$$

$$P_n = C_c + C_s - T = 7.731x + \frac{142.965x-980.756}{x} - 85.502$$

$$= \frac{7.731x^2 + 57.463x - 980.756}{x}$$

$$P_n e' = C_c(d-a/2) + C_s(d-d')$$

$$(\frac{7.731x^2 + 57.463x - 980.756}{x})(75+20.94) =$$

$$7.731x(48.44 - \frac{0.825x}{2}) + (\frac{142.965x-980.756}{x})(48.44-6.56)$$

$$3.189x^3 + 367.236x^2 - 474.347x - 53019.7 = 0$$

由試誤法得

$$x = 12.033$$

$$\therefore P_n = \frac{7.731\times 12.033^2 + 57.463\times 12.033 - 980.756}{12.033} = 68.985\ t$$

$$\varepsilon_t = \frac{d-x}{x}\varepsilon_{cu} = \frac{48.44-12.033}{12.033}\times 0.003$$

$$= 0.0091 > 0.005$$

$\therefore$ 為張力控制斷面

$$\phi = 0.90$$

$$\phi P_n = 0.90\times 68.985 = 62.09 > 48.23\quad t \qquad \text{OK\#}$$

如果直接使用簡化公式檢核：

$$\rho = \frac{3\times 8.143}{35\times 55} = 0.0127$$

$$m = \frac{f_y}{0.85 f_c'} = \frac{3500}{0.85 \times 315} = 13.07$$

$$\frac{e'}{d} = \frac{75 + 20.94}{48.44} = 1.981$$

$$\frac{d'}{d} = \frac{6.56}{48.44} = 0.135$$

$$P_n = 0.85 f_c' b d \{-\rho + 1 - \frac{e'}{d} + \sqrt{(1 - \frac{e'}{d})^2 + 2\rho[(m-1)(1 - \frac{d'}{d}) + \frac{e'}{d}]}\}$$

$$= 0.85 \times 315 \times 35 \times 48.44 \times \{-0.0127 + 1 - 1.981 +$$

$$\sqrt{(1 - 1.981)^2 + 2 \times 0.0127 \times [(13.07 - 1)(1 - 0.135) + 1.981]}\}$$

$$= 62067 \quad \text{kgf} \quad = 62.07 \text{ t}$$

$\phi = 0.9$ (張力控制斷面)

$\phi P_n = 0.9 \times 62.07 = 55.86 > 48.23 \quad \text{t} \qquad \text{OK\#}$

簡化公式與理論公式所計算值之不同，主要是因為壓力筋未降伏之故，因此簡化公式誤差約 10%(偏保守)。

6、橫箍筋之設計：

(1) 因主筋使用 #10，所以使用 #3 的箍筋。

(2) 箍筋間距： $S_{max} \le 16 D_b$ (主筋直徑) $= 16 \times 3.22 = 51.52$ cm

$\qquad\qquad\qquad S_{max} \le 48 d_b$ (箍筋直徑) $= 48 \times 0.95 = 45.6$ cm

$\qquad\qquad\qquad S_{max} \le$ 柱之最小邊寬 $= 35$ cm

上列三者取小值， $S = 35$ cm。所以，使用 #3 @ 35 cm 橫箍筋。

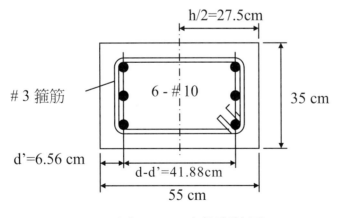

圖 7-7-3 　之柱配筋圖

7-8 設計輔助工具

　　一般柱的設計，其計算都比較繁複，因此一些設計手冊都提供了很多的設計輔助圖表，如在第 7-5 節所列的圖表就是。當使用這些圖表為工具時，基本上，不但可以快速的將所需鋼筋量求出，同時亦可判斷該斷面是屬於那一類的柱。本節就利用第 7-5 所附之交互影響圖舉例說明其用法。

例 7-8-1
有一對稱矩形柱斷面 $b \times h = 35 \times 55$ cm，如圖 7-8-1 所示之配筋，試求該柱在承受放大軸向壓力 $P_u = 52.0$ t 的載重下，可承受之撓曲彎矩 $M_u = ?$ $f_c' = 280$ kgf / cm^2、$f_y = 4200$ kgf / cm^2。

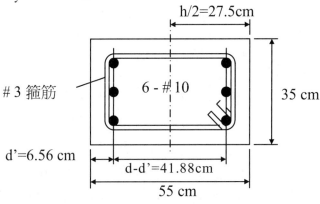

圖 7-8-1　柱斷面圖

＜解＞

　　假設 $\phi = 0.65$

　　　$P_n = 52/0.65 = 80.0$ t

　　利用圖 7-5-6ACI 之交互影響圖

　　　$r = \dfrac{41.88}{55} = 0.761$

　　　$A_g = 35 \times 55 = 1925$

　　　$\rho_g = \dfrac{6 \times 8.143}{1925} = 0.0254$

　　　$K_n = \dfrac{P_n}{f_c' A_g} = \dfrac{80.000}{280 \times 1925} = 0.148$

　　查圖 7-5-6(f) r =0.7 得　$R_n = \dfrac{P_n e}{f_c' A_g h} = 0.19$

查圖 7-5-6(g) r =0.8 得 $R_n = 0.21$ kgf/cm^2

所以當 r =0.761 時得

$$R_n = 0.19 + \frac{0.21 - 0.19}{0.8 - 0.70}(0.761 - 0.70) = 0.20 \quad kgf/cm^2$$

所以本斷面在軸力 P_n=80.0t 下可承載之 M_n

$$M_n = R_n \cdot f'_c A_g \cdot h = 0.2 \times 280 \times 1925 \times 55 \times 10^{-5} = 59.29 \quad t\text{-}m$$

$$M_u = \phi M_n = 0.65 \times 59.29 = 38.54 \quad t\text{-}m$$

又由 7-5-6(f)及 7-5-6(g)圖中可發現該斷面落在 $\varepsilon_t > 0.005$ 範圍內

$$\therefore \phi = 0.9$$

$$\therefore P_n = 52/0.9 = 57.78$$

重新修正 $K_n = 0.107$

當 r = 0.7

$$R_n = 0.18$$

當 r = 0.8

$$R_n = 0.19$$

所以當 r = 0.761 時

$$R_n = 0.186$$

$$\therefore M_n = 0.186 \times 280 \times 1925 \times 55 \times 10^{-5} = 55.14 \quad t\text{-}m$$

$$M_u = \phi M_n = 0.9 \times 55.14 = 49.63 \quad t\text{-}m$$

例 7-8-2

有一對稱矩形柱斷面 $b \times h = 35 \times 55$ cm 如下圖，承受載重如下：軸向壓力 P_u =52.0t 撓曲彎矩 M_u =49.0t-m，試設計該斷面之縱向主筋？$f'_c = 280$ kgf/cm^2、$f_y = 4200$ kgf/cm^2。(使用#10 主筋)

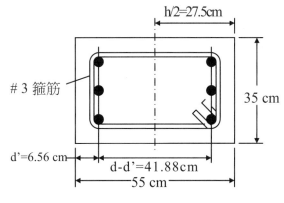

圖 7-8-2 柱斷面圖

<解>

利用圖 7-5-6 之交互影響圖

$$d' = 4 + 0.95 + 3.22 / 2 = 6.56 \text{ cm}$$

$$d = 55 - 6.56 = 48.44 \text{ cm}$$

$$d - d' = 48.44 - 6.56 = 41.88 \text{ cm}$$

$$r = \frac{41.88}{55} = 0.761$$

$$A_g = 35 \times 55 = 1925$$

假設 $\phi = 0.65$

$$K_n = \frac{P_u}{\phi f_c' A_g} = \frac{52000}{0.65 \times 280 \times 35 \times 55} = 0.148$$

$$R_n = \frac{P_u e}{\phi f_c' A_g h} = \frac{4900000}{0.65 \times 280 \times 35 \times 55^2} = 0.254$$

查圖 7-5-6(f) r =0.7 得 $\rho_g = 0.038$

查圖 7-5-6(g) r =0.8 得 $\rho_g = 0.033$

由上兩圖得知本斷面為張力控制斷面 $\phi = 0.9$

重新修正 $K_n = 0.107$，$R_n = 0.184$

當 r = 0.7 時，得 $\rho_g = 0.027$

當 r = 0.8 時，得 $\rho_g = 0.023$

$$\therefore 當 \ r = 0.761 \ 時 \ \rho_g = 0.027 + \frac{0.761 - 0.7}{0.8 - 0.7}(0.023 - 0.027) = 0.0246$$

$$\therefore A_{st} = 0.0246 \times 35 \times 55 = 47.36 \ \text{cm}^2$$

使用 6-#10，$A_{st} = 6 \times 8.143 = 48.86 \ \text{cm}^2 > 47.36 \text{ cm}^2$ OK#

例 7-8-3

有一對稱矩形柱斷面 $b \times h = 30 \times 50$ cm，該柱承受靜載重 $P_D = 40$ t、$M_D = 12$ t-m；活載重 $P_L = 50$ t、$M_L = 10$ t-m；$f_c' = 280 \ kgf / cm^2$、$f_y = 4200 \ kgf / cm^2$，試求該斷面所需之鋼筋量。(使用#3 箍筋及#8 主筋)

<解>

利用圖 7-5-6 之圖表：

$$P_u = 1.2 P_D + 1.6 P_L = 1.2 \times 40 + 1.6 \times 50 = 128 \ \text{t}$$

$$M_u = 1.2 M_D + 1.6 M_L = 1.2 \times 12 + 1.6 \times 10 = 30.4 \ \text{t-m}$$

$$d' = 4.0 + 0.95 + 2.54/2 = 6.22 \text{ cm}$$

$$d = 50 - 6.22 = 43.78 \text{ cm}$$

$$d - d' = 43.78 - 6.22 = 37.56 \text{ cm}$$

$$r = \frac{37.56}{50} = 0.75$$

假設 $\phi = 0.65$

$$K_n = \frac{P_n}{f_c' A_g} = \frac{128000}{0.65 \times 280 \times 30 \times 50} = 0.469$$

$$R_n = \frac{P_n \cdot e}{f_c' A_g h} = \frac{3040000}{0.65 \times 280 \times 30 \times 50 \times 50} = 0.223$$

由圖 7-5-6(f)　$r = 0.7$，得：　$\rho_g = 0.028$

由圖 7-5-6(g)　$r = 0.8$，得：　$\rho_g = 0.024$

當 $r = 0.75$　時，由內插法計算可得：

$$\rho_g = 0.028 + \frac{0.75 - 0.7}{0.8 - 0.7}(0.024 - 0.028) = 0.026$$

由圖 7-5-6(f)及 7-5-6(g)，本斷面落在壓力控制斷面 $\phi = 0.65$　　OK#

$$\therefore A_{st} = \rho_g \cdot A_g = 0.026 \times 30 \times 50 = 39 \quad \text{cm}^2$$

使用 8 - #8 鋼筋，每側各 4 根。

$$A_{st} = 8 \times 5.067 = 40.54 \quad \text{cm}^2 > 39 \quad \text{cm}^2$$

例 7-8-4

有一方形柱承受下列載重：靜載重 $P_D = 30.0 \text{ t}$、$M_D = 13.5 \text{ t-m}$；活載重 $P_L = 21.0 \text{ t}$、$M_L = 11.8 \text{ t-m}$，如果最大鋼筋比不超過 0.03，試設計該斷面之縱向主筋？$f_c' = 280 \text{ kgf}/\text{cm}^2$、$f_y = 4200 \text{ kgf}/\text{cm}^2$。假設使用#3 箍筋及#8 主筋。

<解>

利用圖 7-5-6 之圖表：

$$P_u = 1.2P_D + 1.6P_L = 1.2 \times 30.0 + 1.6 \times 21.0 = 69.6 \text{ t}$$

$$M_u = 1.2M_D + 1.6M_L = 1.2 \times 13.5 + 1.6 \times 11.8 = 35.08 \quad \text{t-m}$$

#8 主筋，則 $d' = 4.0 + 0.95 + 2.54/2 = 6.22$

預估使用 40 cm 方形柱，則

$$d' = 6.22 \text{ cm}$$
$$d = 40 - 6.22 = 33.78 \text{ cm}$$
$$d - d' = 27.56 \text{ cm}$$

$$r = \frac{27.56}{40} = 0.689$$

$$A_g = 40 \times 40 = 1600 \quad cm^2$$

假設 $\phi = 0.65$

$$K_n = \frac{P_n}{f'_c A_g} = \frac{69.6 \times 10^3}{0.65 \times 280 \times 1600} = 0.239$$

$$R_n = \frac{M_n}{f'_c A_g h} = \frac{35.08 \times 10^5}{0.65 \times 280 \times 1600 \times 40} = 0.301 \quad kgf / cm^2$$

查圖 7-5-6(e) r =0.6 時，得 $\rho_g = 0.05$

查圖 7-5-6(f) r =0.7 時，得 $\rho_g = 0.043$

很明顯 $\rho_g > 0.03$

所以斷面太小，改使用 45cm 之方形斷面

$$r = \frac{45 - 6.22 \times 2}{45} = 0.724$$

$$A_g = 45 \times 45 = 2025$$

$$K_n = \frac{69.6 \times 10^3}{0.65 \times 280 \times 2025} = 0.189$$

$$R_n = \frac{35.08 \times 10^5}{0.65 \times 280 \times 2025 \times 45} = 0.212$$

查圖 7-5-6(f) r =0.7 時， 得 $\rho_g = 0.028$

查圖 7-5-6(g) r =0.8 時，得 $\rho_g = 0.024$

由圖中顯示本斷面為張力控制斷面 $\therefore \phi = 0.9$

修正 $K_n = 0.136$ ，$R_n = 0.153$

查圖 7-5-6(f) r =0.7 得 $\rho_g = 0.02$

查圖 7-5-6(g) r =0.8 得 $\rho_g = 0.018$

所以當 r =0.724 時得

$$\rho_g = 0.020 + \frac{0.724 - 0.7}{0.8 - 0.7}(0.018 - 0.02) = 0.020 < 0.03 \quad OK\#$$

$$A_{st} = \rho_g bh = 0.020 \times 45 \times 45 = 40.5 \quad cm^2$$

使用 8 - # 8 鋼筋，每側各 4 根。

$$A_{st} = 8 \times 5.067 = 40.54 \quad cm^2$$

7-9 承受雙軸彎矩及軸力之矩形柱

當柱承受雙軸彎矩時，前面各節所敘述之理論仍然適用，只是此時其中性軸不再平行 X 軸或 Y 軸，而是介於兩軸之間，如圖 7-9-1 所示，柱斷面兩主軸設爲 X 及 Y，圖 7-9-1(a)表示該斷面承受一個繞 Y 軸彎曲作用之力矩 M_{ny} 及軸力 P_n，因此相當於一作用於斷面 X 軸上偏心爲 e_x 之 P_n 作用力，該作用力相對應之交互影響曲線爲圖 7-9-1(d)中位於 $P_n - M_{ny}$ 平面上的(a)曲線。圖 7-9-1(b) 表示該斷面承受一個繞 X 軸彎曲作用之力矩 M_{nx} 及軸力 P_n，相當於一作用於斷面 Y 軸上偏心爲 e_y 之 P_n 作用力，其相對應之交互影響曲線爲圖 7-9-1(d)中位於 $P_n - M_{nx}$ 平面上的(b)曲線。此兩條曲線即爲 7-5 節中所討論者。當柱斷面承受雙軸向之彎矩力矩時，如圖 7-9-1(c)所示，此時真正的偏心方向可用與斷面 Y 軸之夾角 β 來表示：

$$\beta = \tan^{-1}(\frac{e_x}{e_y}) = \tan^{-1}(\frac{M_{ny}}{M_{nx}}) \tag{7.9.1}$$

在此種作用下，其交互影響曲線如圖 7-9-1(d)中之(c)曲線，爲一與 $P_n - M_{nx}$ 平面成一固定夾角 β 之平面，在該平面上所得之交互影響曲線與單軸彎曲柱之曲線類似，對於不同之 β 值可得不同平面及交互影響曲線，各交互影響曲線所圍成者即爲所謂破壞面。如果實際之 (P_n, M_{nx}, M_{ny}) 位於該破壞面內，則斷面爲安全，反之，如果真正之 (P_n, M_{nx}, M_{ny}) 位於該破壞面之外，則該斷面爲不安全之斷面。這裡所定義的破壞面可以由前述之各組垂直 $M_{nx} - M_{ny}$ 平面(及不同 β 值所定義之平面)之交互影響線來定義，另外也可用平行 $M_{nx} - M_{ny}$ 平面的曲線(即 P_n 爲常數的平面)也就是所謂的等載重曲線，如圖 7-9-1 中之 $M_{nxo} - M_{nyo}$ 曲線來定義。

要建立如圖 7-9-1 的柱交互影響破壞面，所用的方式與柱受單軸向彎曲的方式類似，其方式爲根據所選斷面尺寸及鋼筋配置情形，先選定一個 β (或 α)角度，然後選定其中性軸位置 x，再利用應變諧和及應力-應變關係計算所有鋼筋的張、壓力及混凝土之壓力，最後在利用內力平衡得到在該組 β 及 x 之數據下所對應之 P_n，M_{nx} 及 M_{ny} 值，因此可得到該交互影響面上的一點。重複上述的計算步驟，最後即可建立完整的交互影響面。但是上述的計算事實上是一個非常繁複的工作，在實務設計上爲不切實際，也不可行。

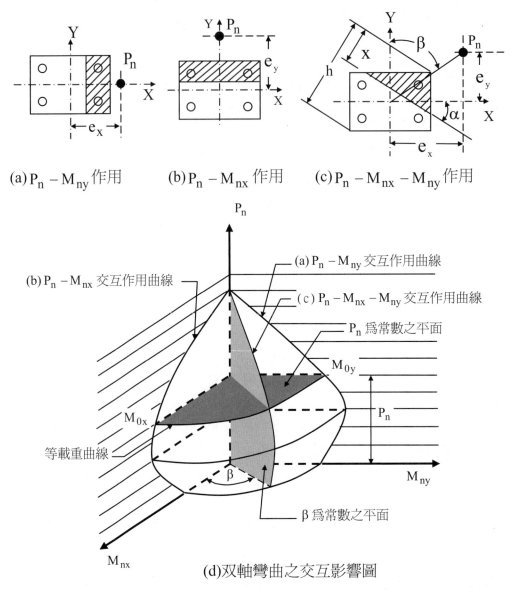

(a) $P_n - M_{ny}$ 作用　(b) $P_n - M_{nx}$ 作用　(c) $P_n - M_{nx} - M_{ny}$ 作用

(d)双軸彎曲之交互影響圖

圖 7-9-1 受雙軸彎曲之柱斷面

　　對於此種構件，想描述其行為常用的方法為使用上述破壞面的觀念 [7.18,7.19,7.20]。目前有三種破壞面被定義來說明雙軸彎曲柱之行為，第一種 稱為 S_1 破壞面，係由 P_n, e_x, e_y 三個變數所定義出來的一個曲面，如圖 7-9-2 所示[7.18]。第二種稱為 S_2 破壞面，是由 $1/P_n, e_x, e_y$ 三個變數所定義出來， 如圖 7-9-3 所示[7.18]。第三種稱為 S_3 破壞面，是由 P_n, M_{nx}, M_{ny} 三個變數所 定義出來，如圖 7-9-4 所示[7.18]。

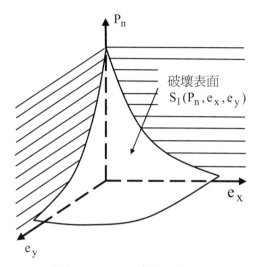

圖 7-9-2　S_1 破壞面[7.18]

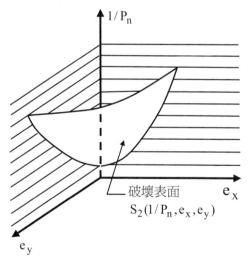

圖 7-9-3　S_2 破壞面[7.18]

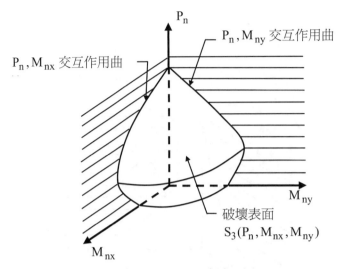

圖 7-9-4　S_3 破壞面[7.18]

　　利用上述破壞面的觀念，目前用來分析承受雙軸彎曲柱的常用簡易近似法，有等偏心距法或載重倒數法(Reciprocal Load Method)[7.18]及等載重線法(Load Contour Method)[7.21]。

一、　等偏心距法或載重倒數法

　　本法是假設以一個通過 ABC 三點的平面 S_2' 上的一點（ $1/P_i , e_{xA} , e_{yB}$ ）來趨近於 S_2 曲面上的一點（ $1/P_{n1} , e_{xA} , e_{yB}$ ），如圖 7-9-5[7.18]所示。因此在真正破壞面上的每一點都將有一個不同的趨近平面，因此整個破壞面將由無限個的平面來定義。以圖 7-9-5 的 S_2' 平面來說，其平面可由下列公式來定義：

$$A_1 x + A_2 y + A_3 z + A_4 = 0 \tag{7.9.2}$$

　　而圖上 A，B，C 三點之座標各爲（ e_{xA} ， 0， $1/P_y$ ），（ 0， e_{yB} ， $1/P_x$ ），（ 0， 0， $1/P_o$ ），將此已知三點之座標代入上式可得下列三聯立公式：

$$A_1 e_{xB} + \quad 0 \quad + A_3 \frac{1}{P_y} + A_4 = 0$$

$$0 \quad + A_2 e_{yB} + A_3 \frac{1}{P_x} + A_4 = 0 \tag{7.9.3}$$

$$0 \quad + \quad 0 \quad + A_3 \frac{1}{P_0} + A_4 = 0$$

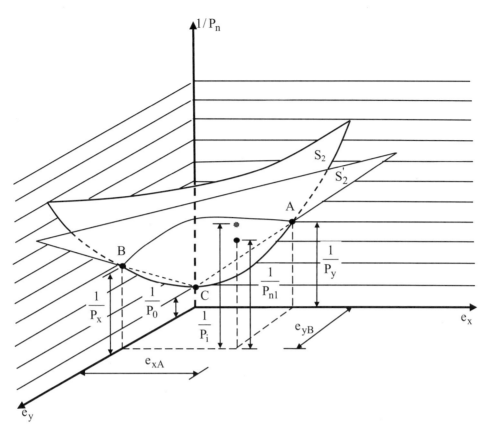

圖 7-9-5 等偏心距法之破壞曲面[7.18]

解上列三聯立式可得：

$$A_1 = \frac{1}{e_{xA}}(\frac{P_0}{P_y} - 1)A_4$$

$$A_2 = \frac{1}{e_{yB}}(\frac{P_0}{P_x} - 1)A_4 \qquad (7.9.4)$$

$$A_3 = -P_0 A_4$$

因此可得：

$$A_4\left[\frac{x}{e_{xA}}\left(\frac{P_0}{P_y} - 1\right) + \frac{y}{e_{yB}}\left(\frac{P_0}{P_x} - 1\right) - P_0 z + 1\right] = 0 \qquad (7.9.5)$$

將上式除以 $A_4 P_0$ 得：

$$\frac{x}{e_{xA}}\left(\frac{1}{P_y} - \frac{1}{P_0}\right) + \frac{y}{e_{yB}}\left(\frac{1}{P_x} - \frac{1}{P_0}\right) - z + \frac{1}{P_0} = 0 \qquad (7.9.6)$$

再假設讓 P_i 點儘量趨近 P_{n1}，可令 $x = e_{xA}$、$y = e_{yB}$ 及 $z = \dfrac{1}{P_i}$，因此可得：

$$\left(\frac{1}{P_y} - \frac{1}{P_0}\right) + \left(\frac{1}{P_x} - \frac{1}{P_0}\right) - \frac{1}{P_i} + \frac{1}{P_0} = 0 \tag{7.9.7}$$

$$\therefore \frac{1}{P_i} = \frac{1}{P_x} + \frac{1}{P_y} - \frac{1}{P_0} \tag{7.9.8}$$

因此對矩形柱雙軸向的承載能力一般表示公式為：

$$\frac{1}{P_n} = \frac{1}{P_{nx}} + \frac{1}{P_{ny}} - \frac{1}{P_0} \tag{7.9.9}$$

式中：

P_n：雙軸偏心之標稱抗壓強度

P_{nx}：當只有 y 軸偏心時($e_x = 0$)之標稱抗壓強度

P_{ny}：當只有 x 軸偏心時($e_y = 0$)之標稱抗壓強度

P_0：無偏心時($e_x = 0$、$e_y = 0$)之標稱抗壓強度

根據研究報告指出[7.18]上述公式計算所得之 P_n 值與試驗值相當接近，其平均偏差只有 3.3 %。一般上式較適用於 P_{nx} 及 P_{ny} 個別小於 P_b 的情況。另外文獻[7.19]也指出上式不適用於 P_n / P_0 小於 0.06 的情況，一般在這種小軸力情形，構件較適合以撓曲構件來設計。

例 7-9-1

有一對稱之方形箍筋柱，如圖 7-9-6 所示，柱斷面尺寸為 $40 \times 40\,cm$，使用 8 - ＃ 9 鋼筋及#3 之箍筋，該柱斷面承受 $P_u = 65.0$ t、$M_{ux} = 16.5$ t-m、$M_{uy} = 7.5$ t-m；$f'_c = 280$ kgf / cm^2、$f_y = 4200$ kgf / cm^2，試檢核該柱之適用性。

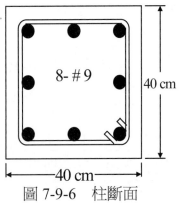

圖 7-9-6　柱斷面

<解>

由圖 7-9-6 計算 $r = \dfrac{40 - 8 - 2 \times 0.95 - 2.87}{40} = 0.68$

$\rho_g = \dfrac{8 \times 6.469}{40 \times 40} = 0.0323$

若只對 y 軸撓曲($e_y = 0$) $e_x = \dfrac{M_{uy}}{P_u} = \dfrac{7.5}{65} = 0.115$

$\therefore e / h = \dfrac{0.115}{0.40} = 0.288$

以 $\rho_g = 0.0323$ 及 $e / h = 0.288$

假設為壓力控制斷面，而且 $r = 0.68 \approx 0.70$ 直接使用圖 7-5-5(f)，$r = 0.7$

查得 $K_n = 0.64$，為壓力控制斷面

$\therefore P_{ny} = 0.64 \times 280 \times 1600 = 286720$ kgf $= 286.72$ t

若只對 x 軸撓曲$\left(e_x = 0\right)$ $e_y = \dfrac{M_{ux}}{P_u} = \dfrac{16.5}{65} = 0.254$ m

$\therefore e / h = \dfrac{0.254}{0.40} = 0.635$

以 $\rho_g = 0.0323$ 及 $e / h = 0.635$ 由圖 7-5-5(f)查得

$K_n = 0.36$，為壓力控制斷面

$\therefore P_{nx} = 0.36 \times 280 \times 1600 = 161280$ kgf $= 161.28$ t

又 $P_0 = 0.85 f_c' bh + A_{st}\left(f_y - 0.85 f_c'\right)$

$= 0.85 \times 280 \times 1600 + 8 \times 6.469\left(4200 - 0.85 \times 280\right)$

$= 585841$ kgf $= 585.8$ t

$\dfrac{1}{P_n} = \dfrac{1}{P_{nx}} + \dfrac{1}{P_{ny}} - \dfrac{1}{P_0}$

$= \dfrac{1}{161.28} + \dfrac{1}{286.72} - \dfrac{1}{585.8} = 0.00798$

$\therefore P_n = 125.3$ t

$\phi P_n = 0.65 \times 125.3 = 81.44$ t $> P_u = 65.0$ t   OK#

二、 等載重線法

等載重線法是將雙軸彎曲之曲面 S_3，在等載重 P_n 處取得 $M_{0x} - M_{0y}$ 平面曲線，如圖 7-9-7 所示[7.18]：

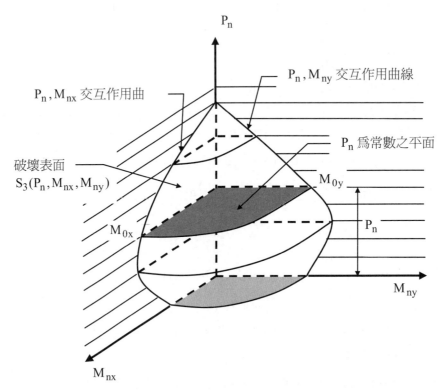

圖 7-9-7 等載重線法之破壞曲面[7.18]

該曲線一般可滿足下列公式：

$$(\frac{M_{nx}}{M_{0x}})^\alpha + (\frac{M_{ny}}{M_{0y}})^\alpha = 1.0 \qquad (7.9.10)$$

式中：

$M_{nx} = P_n e_y$

$M_{ny} = P_n e_x$

M_{0x}：當 $M_{ny} = 0$ 時之 M_{nx} 值

M_{0y}：當 $M_{nx} = 0$ 時之 M_{ny} 值

α：為材料強度、斷面尺寸、鋼筋用量、鋼筋位置及保護層厚度等之相關係數。

Parme [7.21]在 $M_{nx} - M_{ny}$ 曲線上定出一點 B 如圖 7-9-8 所示，在此點

$$\frac{M_{ny}}{M_{nx}} = \frac{M_{0y}}{M_{0x}} \tag{7.9.11}$$

或　　$M_{nx} = \beta M_{0x}$ ；　　$M_{ny} = \beta M_{0y}$

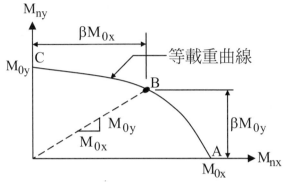

圖 7-9-8　在等載重 P_n 下由破壞面 S_3 切出之等載重曲線

利用此關係可將圖 7-9-8 轉換成圖 7-9-9 之無因次等載重曲線，其關係式變成：

$$(\frac{\beta M_{0x}}{M_{0x}})^\alpha + (\frac{\beta M_{0y}}{M_{0y}})^\alpha = 1.0 \tag{7.9.12}$$

$$2\beta^\alpha = 1.0$$

$$\beta^\alpha = \frac{1}{2}$$

$$\alpha \log \beta = \log 0.5$$

$$\alpha = \frac{\log 0.5}{\log \beta}$$

將 α 代入 7.9.13 式，其關係式變成

$$(\frac{M_{nx}}{M_{0x}})^{\frac{\log 0.5}{\log \beta}} + (\frac{M_{ny}}{M_{0y}})^{\frac{\log 0.5}{\log \beta}} = 1.0 \tag{7.9.13}$$

有關 β 之關係圖如圖 7-9-10 所示[7.11,7.21]。

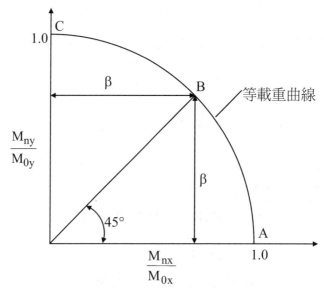

圖 7-9-9　無因次之等載重 P_n 曲線

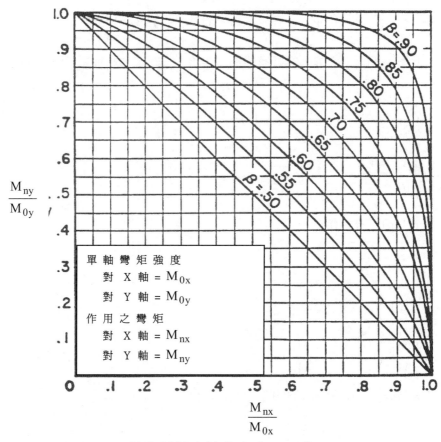

圖 7-9-10　值與雙軸向撓曲之交互影響圖[7.11,7.21]

為了使用的方便可將圖 7-9-9 之圓弧曲線用兩段式的直線來表示，如圖 7-9-11 所示。則 $M_{nx} - M_{ny}$ 之曲線公式可寫成：

當　$\dfrac{M_{ny}}{M_{0y}} > \dfrac{M_{nx}}{M_{0x}}$　時　　　$\dfrac{M_{ny}}{M_{0y}} + \dfrac{M_{nx}}{M_{0x}}(\dfrac{1-\beta}{\beta}) = 1.0$　　　(7.9.14)

當　$\dfrac{M_{ny}}{M_{0y}} < \dfrac{M_{nx}}{M_{0x}}$　時　　　$\dfrac{M_{nx}}{M_{0x}} + \dfrac{M_{ny}}{M_{0y}}(\dfrac{1-\beta}{\beta}) = 1.0$　　　(7.9.15)

設計時，可改寫成下列式子：

當　$\dfrac{M_{ny}}{M_{nx}} \geq \dfrac{M_{0y}}{M_{0x}}$　時　　　$M_{ny} + M_{nx}\dfrac{M_{0y}}{M_{0x}}(\dfrac{1-\beta}{\beta}) = M_{0y}$　　　(7.9.16)

當　$\dfrac{M_{ny}}{M_{nx}} \leq \dfrac{M_{0y}}{M_{0x}}$　時　　　$M_{nx} + M_{ny}\dfrac{M_{0x}}{M_{0y}}(\dfrac{1-\beta}{\beta}) = M_{0x}$　　　(7.9.17)

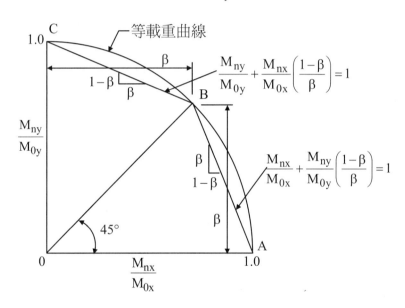

7-9-11　直線化之等載重曲線

當斷面四週平均佈置鋼筋，且 $\dfrac{M_{0y}}{M_{0x}} \approx \dfrac{b}{h}$ 時，則上述公式可改寫成：

當　$\dfrac{M_{ny}}{M_{nx}} \geq \dfrac{b}{h}$　時　　　$M_{ny} + M_{nx}(\dfrac{b}{h})(\dfrac{1-\beta}{\beta}) \approx M_{0y}$　　　(7.9.18)

當　$\dfrac{M_{ny}}{M_{nx}} \leq \dfrac{b}{h}$　時　　　$M_{nx} + M_{ny}(\dfrac{h}{b})(\dfrac{1-\beta}{\beta}) \approx M_{0x}$　　　(7.9.19)

β 值大小根據配筋方式之不同，可由 Parme[7.11,7.21]所提供之圖如圖
7-9-12[7.21]求得。

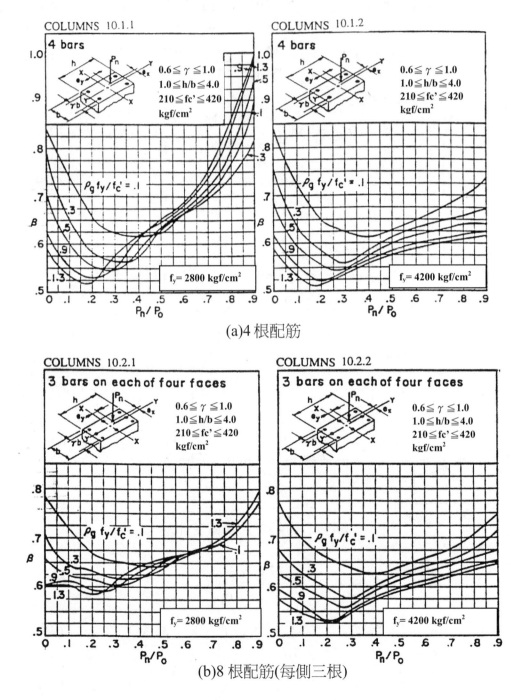

(a)4 根配筋

(b)8 根配筋(每側三根)

圖 7-9-12 雙軸向撓曲設計係數β [7.21]

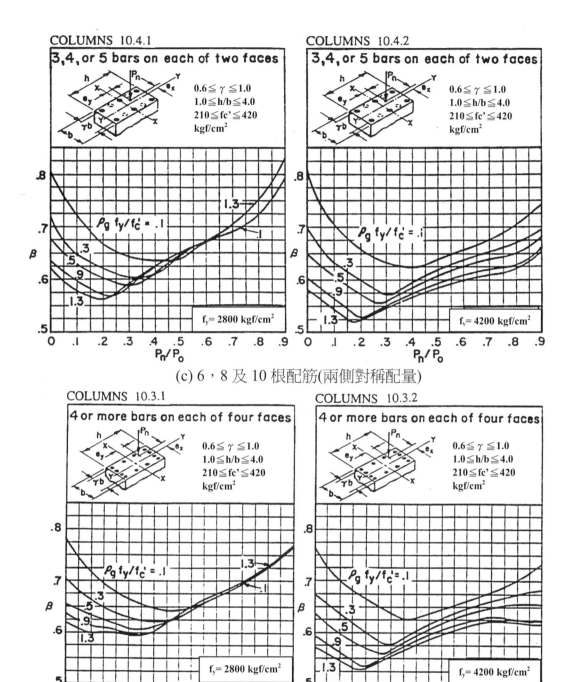

(c) 6，8 及 10 根配筋(兩側對稱配量)

(d) 12 根以上配筋(每側 4 根以上)

圖 7-9-12 雙軸向撓曲設計係數 β [7.21]

一般使用等載重線法評估已知柱配筋之斷面時，其步驟如下：

1、由柱配筋依 P_n / P_0 及 $\rho_g f_y / f_c'$ 由圖 7-9-12 查得 β 值

2、由 β 值依公式 7.9.19 及 7.9.20 計算 M_{0x} 及 M_{0y}

3、由 β 及 $\dfrac{M_{ux}/\phi}{M_{0x}}$ 從圖 7-9-10 查得 M_{ny}/M_{0y}，可計算得 M_{ny}。

4、檢核 $\phi M_{ny} \geq M_{uy}$

當等載重線法應用在初步設計時，其步驟如下：

1、先預估 β 值，一般可取 $\beta = 0.65$

　　假設 $\phi = 0.65$

$$M_{nx} = M_{ux} / \phi$$
$$M_{ny} = M_{uy} / \phi$$

2、假設 $\dfrac{b}{h} \approx \dfrac{M_{uy}}{M_{ux}}$

　　如果 $M_{ny} > M_{nx}$ 則計算

$$M_{0y} = M_{ny} + M_{nx}\left(\frac{b}{h}\right)\left(\frac{1-\beta}{\beta}\right)$$

　　如果 $M_{ny} < M_{nx}$ 則計算

$$M_{0x} = M_{nx} + M_{ny}\left(\frac{h}{b}\right)\left(\frac{1-\beta}{\beta}\right)$$

3、由 $\dfrac{P_n}{f_c' A_g}$ 及 $M_{0y}/(f_c' A_g h)$[或 $M_{0x}/f_c' A_g h$] 查圖 7-5-5 及 7-5-6 之單向

　　撓曲交互影響圖可得其配筋量，或是用單向撓曲理論公式來計算所需鋼筋量。

4、檢核

例 7-9-2

試設計一矩形柱斷面，該柱斷面承受下列荷重：

靜載重：$P_D = 42.48\,t$、$M_{Dx} = 6.47\,t\text{-}m$、$M_{Dy} = 3.23\,t\text{-}m$。

活載重：$P_L = 15.40\,t$、$M_{Lx} = 7.06\,t\text{-}m$、$M_{Ly} = 2.36\,t\text{-}m$。

材料之 $f_c' = 280\ kgf/cm^2$、$f_y = 4200\ kgf/cm^2$，使用鋼筋比 $\rho_g \approx 0.04$。

(使用#3 箍筋及#8 主筋)

<解>

計算標稱軸向荷重及撓曲彎矩：

$$P_u = 1.2P_D + 1.6P_L$$
$$= 1.2 \times 42.48 + 1.6 \times 15.40 = 75.62 \quad t$$
$$M_{ux} = 1.2M_{Dx} + 1.6M_{Lx}$$
$$= 1.2 \times 6.47 + 1.6 \times 7.06 = 19.06 \quad t\text{-}m$$
$$M_{uy} = 1.2M_{Dy} + 1.6M_{Ly}$$
$$= 1.2 \times 3.23 + 1.6 \times 2.36 = 7.65 \quad t\text{-}m$$

預估 $\beta = 0.65$

假設 $\dfrac{h}{b} \approx \dfrac{M_{ux}}{M_{uy}} = \dfrac{19.06}{7.65} \approx 2.5$

$\because M_{ux} > M_{uy}$

所以當量 $M_{0x} = M_{nx} + M_{ny}(\dfrac{h}{b})(\dfrac{1-\beta}{\beta})$

當量 $\phi M_{0x} = M_{ux} + M_{uy}(\dfrac{h}{b})(\dfrac{1-\beta}{\beta})$

$$= 19.06 + 7.65 \times 2.5 \times (\dfrac{1-0.65}{0.65}) = 29.36 \quad t\text{-}m$$

採用 $P_u = 75.62 \quad t$

$\quad M_u = $ 當量 $\phi M_{0x} = 29.36 \quad t\text{-}m$

依上列 P_u 及 M_u 來設計該柱。

假設為壓力控制 $\phi = 0.65$

假設 $P_b = \dfrac{P_u}{\phi} = \dfrac{75.62}{0.65} = 116.338 \quad t$

$$x_b = \dfrac{0.003}{0.003 + f_y/E_s}d$$

$$= \dfrac{0.003}{0.003 + 4200/2.04 \times 10^6} \cdot d = 0.593d \quad cm$$

$$P_b = 0.85f_c'\beta_1 xb + A_s'(f_y - 0.85f_c') - A_s f_y$$

若使用對稱配筋，則

$$A_s' = A_s$$
$$\rho' = \rho$$
$$P_b \approx C_c = 0.85f_c'\beta_1 x_b b$$
$$116338 = 0.85 \times 280 \times 0.85 \times 0.593d \times b$$

解上式，可得：

$$bd = 970 \quad cm^2$$

假設 $d \approx 0.9h$，則

$$A_g = \frac{970}{0.9} = 1078 \quad cm^2$$

若　$\frac{h}{b} \approx 2.5$，則

$$b = 20 \quad cm \qquad h = 50 \quad cm$$

對柱而言，因 $b = 20$ cm，其寬度顯然不夠，所選用柱斷面將會比上式大。因此，可能會落於第三類柱，為張力筋降伏控制斷面。

使用簡化公式：

$$\rho_g \approx 0.04$$

$$\rho = \frac{\rho_g}{2} = \frac{0.04}{2} = 0.02$$

$$m = \frac{f_y}{0.85f_c'} = \frac{4200}{0.85 \times 280} = 17.6$$

$$\frac{e'}{d} = \frac{d - h/2 + e}{d} = \frac{0.5 - 0.25 + 29.36/75.62}{0.5} \approx 1.3$$

$$\frac{d'}{d} = \frac{6}{50 - 6} \approx 0.14$$

$$P_n = 0.85f_c'bd\{-\rho + 1 - \frac{e'}{d} +$$
$$\sqrt{(1 - \frac{e'}{d})^2 + 2\rho[(m-1)(1 - \frac{d'}{d}) + \frac{e'}{d}]}\}$$
$$= 0.85 \times 280 \times bd \times \{-0.02 + 1 - 1.3 +$$
$$\sqrt{(1 - 1.3)^2 + 2 \times 0.02 \times [(17.6 - 1)(1 - 0.14) + 1.3]}\}$$
$$= 124.81bd \quad kgf$$

解上式，可得：

$$bd = \frac{116338}{124.81} = 932 \quad cm^2$$

選用 $b = 30$ cm，則

$$d = 31 \quad cm$$

所以，使用 $h \approx 40$ cm。

再以 $\dfrac{h}{b} = \dfrac{40}{30} = 1.33$ 重新計算：

$$當量 \phi M_{0x} = M_{ux} + M_{uy}(\frac{h}{b})(\frac{1-\beta}{\beta})$$

$$= 19.06 + 7.65 \times 1.33 \times (\frac{1-0.65}{0.65}) = 24.54 \quad \text{t-m}$$

採用 $P_u = 75.62 \quad \text{t}$

$$M_u = 當量 \phi M_{0x} = 24.54 \quad \text{t-m}$$

再依上列 P_u 及 M_u 重新設計該柱。

$$P_n = \frac{P_u}{\phi} = \frac{75.62}{0.65} = 116.338 \quad \text{t}$$

$$M_n = \frac{\phi M_{0x}}{\phi} = \frac{24.54}{0.65} = 37.75 \quad \text{t-m}$$

$$e_y = \frac{M_n}{P_n} = \frac{37.75 \times 10^5}{116.338 \times 10^3} = 32.45 \quad \text{cm}$$

$$\rho_g \approx 0.04$$

$$\rho = \frac{\rho_g}{2} = \frac{0.04}{2} = 0.02$$

$$m = \frac{f_y}{0.85 f'_c} = \frac{4200}{0.85 \times 280} = 17.6$$

$$\frac{e'}{d} = \frac{d - h/2 + e_y}{d} = \frac{34 - 40/2 + 32.45}{34} = 1.37$$

$$\frac{d'}{d} = \frac{6}{34} = 0.176$$

$$P_n = 0.85 f'_c bd\{-\rho + 1 - \frac{e'}{d} +$$

$$\sqrt{(1 - \frac{e'}{d})^2 + 2\rho[(m-1)(1 - \frac{d'}{d}) + \frac{e'}{d}]}\}$$

$$= 0.85 \times 280 \times bd \times \{-0.02 + 1 - 1.37 +$$

$$\sqrt{(1 - 1.37)^2 + 2 \times 0.02 \times [(17.6 - 1)(1 - 0.176) + 1.37]}\}$$

$$= 111.75 bd \quad \text{kgf}$$

解上式，得：

$$bd = \frac{116338}{111.75} = 1041 \quad \text{cm}^2$$

選用 $b = 30 \quad \text{cm}$，則 $d = 34.7 \quad \text{cm}$。

所以，選用 $h = 40 \quad \text{cm}$，柱斷面稍微不足。

最後，使用較深斷面 $b \times h = 30 \times 45$ cm

則　　$A_{st} = 0.04 \times 30 \times 45 = 54$ cm^2

使用 $12 - \#8$ 鋼筋，四周平均配筋，如圖 7-9-13(a)

$$A_{st} = 12 \times 5.067 = 60.8 \text{ cm}^2$$

$$> 54 \text{ cm}^2 \quad OK\#$$

$$e_y = \frac{M_{ux}}{P_u} = \frac{19.06 \times 10^5}{75.62 \times 10^3} = 25.2 \text{ cm}$$

$$e_x = \frac{M_{uy}}{P_u} = \frac{7.65 \times 10^5}{75.62 \times 10^3} = 10.12 \text{ cm}$$

$$\frac{e_y}{h} = \frac{25.2}{45} = 0.56$$

$$\frac{e_x}{b} = \frac{10.12}{30} = 0.34$$

當考慮單向作用時，可使用圖 7-5-5(e-h)之交互影響圖，則

$$\rho_g = \frac{12 \times 5.067}{30 \times 45} = 0.045$$

$$d' = 4.0 + 0.95 + 2.54 / 2 = 6.22 \text{ cm}$$

$$d = 45 - 6.22 = 38.78 \text{ cm}$$

$$d - d' = 38.78 - 6.22 = 32.56 \text{ cm}$$

當 h=45 cm 得 r =32.56/45=0.72，$\dfrac{e_y}{h} = 0.56$

由圖 7-5-5(f)(r=0.70) 得 $K_n = 0.44$，壓力控制斷面。

由圖 7-5-5(g)(r=0.80) 得 $K_n = 0.50$，壓力控制斷面。

當 r=0.72　$K_n = 0.44 + \dfrac{0.02}{0.1}(0.50 - 0.44) = 0.452$

所以 $P_{nx} = 0.452 \times 280 \times 30 \times 45 = 170856$ kgf $=170.86$ t

又當 h=30 cm 得 r =17.56/30=0.59 ≈ 0.60，$\dfrac{e_x}{b} = 0.34$，

$\rho_g = 0.045$，由圖 7-5-5(e)得

$K_n = 0.6$，壓力控制斷面。

$\therefore P_{ny} = 0.6 \times 280 \times 30 \times 45 = 226800$ kgf $= 226.8$ t

$P_0 = 0.85f'_c bh + A_{st}(f_y - 0.85f'_c)$

$$= 0.85 \times 280 \times 30 \times 45 + 60.8 \times (4200 - 0.85 \times 280)$$
$$= 562190 \quad \text{kgf}$$
$$= 562.2 \quad \text{t}$$

利用 Bresler 倒數法，計算雙軸偏心之標稱抗壓強度：

$$\frac{1}{P_n} = \frac{1}{P_{nx}} + \frac{1}{P_{ny}} - \frac{1}{P_0}$$

$$\frac{1}{P_n} = \frac{1}{170.86} + \frac{1}{226.8} - \frac{1}{562.2}$$

$$P_n = 117.88 \quad \text{t}$$

$$\phi P_n = 0.65 \times 117.88 = 76.62 \quad \text{t}$$
$$> P_u = 75.62 \quad \text{t} \qquad \text{OK\#}$$

使用 30×45 cm 之斷面及 $12 - \#8$ 之配筋，如圖 7-9-13(a)所示。

利用 Parme 荷重等高線法檢核：

$$q = \rho_g \frac{f_y}{f_c'} = \frac{60.8}{30 \times 45} \cdot \frac{4200}{280} = 0.67$$

$$P_n = \frac{P_u}{\phi} = \frac{75.62}{0.65} = 116.338 \quad \text{t}$$

$$\frac{P_n}{P_0} = \frac{116.338}{562.2} = 0.207$$

由圖 7-9-12(d) β 曲線查得：

$$\beta = 0.56$$

當只對 x 軸撓曲時，$e_y / h = 0.73$

再由圖 7-5-5(f) $P_n - M_{nx}$ 曲線：

$$r = 0.70 \text{，當 } K_n = \frac{P_n}{f_c' A_g} = \frac{116338}{280 \times 30 \times 45} = 0.308 \text{，} \rho_g = 0.045 \text{ 時，}$$

得 $R_n = 0.264$，ϕ 介於 0.65 與 0.9 之間。

$r = 0.80$，當 $K_n = 0.308$，$\rho_g = 0.045$ 時，

得 $R_n = 0.29$，ϕ 介於 0.65 與 0.9 之間。

當 $r = 0.72$ 時，$R_n = 0.264 + \dfrac{0.02}{0.1}(0.292 - 0.262) = 0.270$

保守計仍以 $\phi = 0.65$ 計算，

$$\therefore M_{0x} = 0.270 \times 280 \times 30 \times 45 \times 45 \times 10^{-5}$$
$$= 4591000 \ kgf - cm = 45.93 \quad t\text{-}m$$

$$\frac{M_{nx}}{M_{0x}} = \frac{19.06/0.65}{45.59} = 0.643$$

由圖 7-9-10，以 $\beta = 0.56$ 及 $\dfrac{M_{nx}}{M_{0x}} = 0.643$ ，可得：

$$\frac{M_{ny}}{M_{0y}} = 0.48$$

$$\therefore M_{ny} = 0.48 M_{0y}$$

當只對 y 軸撓曲時，$e_x / h = 0.6$

再由圖 7-5-5(b) $P_n - M_{ny}$ 曲線：

r $= 0.60$，當 $K_n = \dfrac{116338}{280 \times 30 \times 45} = 0.308$, $\rho_g = 0.045$ 時，

得其對應之 $R_n = 0.22$

$$M_{0y} = 0.22 \times 280 \times 30 \times 45 \times 30 = 2494800 \quad kgf\text{-}cm$$
$$= 24.95 \quad t\text{-}m$$

$$M_{ny} = 0.48 M_{0y} = 11.98 \quad t\text{-}m$$

$$\phi M_{ny} = 0.65 \times 11.98 = 7.78 \quad t\text{-}m$$
$$> \ 7.65 \quad t\text{-}m \qquad OK\#$$

有關本例題柱斷面配筋圖及各單向作用之 P-M 交互影響圖，如圖 7-9-13 所示。

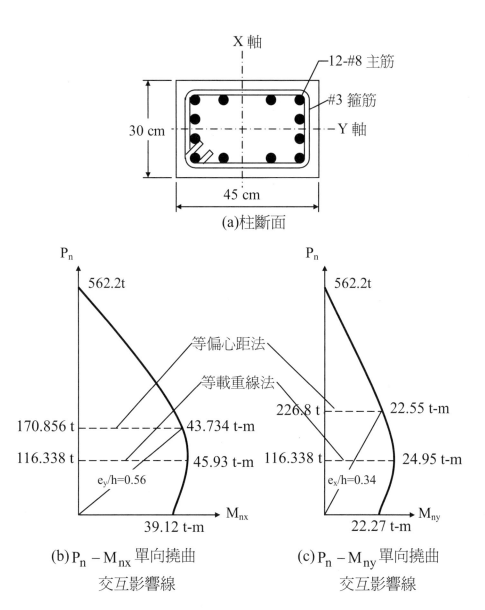

(a)柱斷面

(b) $P_n - M_{nx}$ 單向撓曲
交互影響線

(c) $P_n - M_{ny}$ 單向撓曲
交互影響線

圖 7-9-13　例 7-9-2 之柱斷面及兩組單向撓曲交互影響線

參考文獻

7.1 J.G. MacGregor, J.E. Breen & E.O. Pfrang, "Design of Slender Concrete Columns," ACI Journal, Proceedings 67, January 1970.

7.2 ACI Committee 105, "Reinforced Concrete Column Investigation," ACI Journal, Proceedings 26,27,28,29,30, April 1930~Nov.-Dec. 1933.

7.3 M.J.N. Priestley, R. Park & R.T. Potangaroa, "Ductility of Spirally-Confined Concrete Columns," J. of the Structural Division, ASCE, 107, ST1, Jan. 1981.

7.4 S.H. Ahmad & S.P. Shah, "Stress-strain Curves of Concrete Confined by Spiral Reinforcement," ACI Journal, Proceeding, 79, Nov.-Dec. 1982.

7.5 S. Martinez, A.H. Nilson & F.O. Slate, "Spirally Reinforced High Strength Concrete Columns," ACI Journal, Vol. 81, No. 5, 1984.

7.6 M.O. Whithey, "Tests of Reinforced Concrete," Bulletin, No. 300, 1910 & No. 466, 1911, U. of Wisconsin, Madison.

7.7 C.K. Wang & C.G. Salmon, Reinforced Concrete Design, 5th Ed., Harper Collins Publishers, 1992.

7.8 中國土木水利工程學會，混凝土工程設計規範之應用(土木 404-90)，科技圖書公司，民國 90 年 8 月。

7.9 卓瑞年，鋼筋混凝土結構設計手冊—強度設計法，科技圖書公司。

7.10 ACI Committee 340, Design Handbook in Accordance with the Strength Design Method of ACI 318-89, Vol.2 Columns, 1990.

7.11 ACI Committee 340, ACI Design Handbook, Design of Structural Reinforced Concrete Elements in Accordance with the Strength Design Method of ACI 318-95 (ACI 340R-97), 1997.

7.12 A.H. Nilson & G. Winter, Design of Concrete Structures, 11th Ed.

7.13 B.D. Scott, R. Park & M.J.N. Priestly, "Stress-Strain Behavior of Concrete Confined by Overlapping Hoops at Low and High Strain Rates, "ACI Journal, Proceeding, 79, Jan.-Feb. 1982.

7.14 J.S. Ford, D.C. Chang & J.E. Breen, "Behavior of Concrete Columns under Controlled Lateral Deformation," ACI Journal, Proceeding, 78, Jan.-Feb. 1981.

7.15 ACI Committee 318, "Building Code Requirements for Structural Concrete (ACI 318-02) and Commentary (ACI 318R-02), American Concrete Institute, 2002.

7.16 中國土木水利工程學會，混凝土工程設計規範與解說，土木 401-93，混凝土工程委員會，科技圖書股份有限公司，民國 93 年 12 月。

7.17 M.J.N. Priestley, R. Park & R.T. Potangaroa, "Ductility of Spirally-confined Concrete Columns," J. of the Structure Division, ASCE, 107, ST1, Jan. 1981.

7.18 B. Bresler, "Design Criteria for Reinforced Columns under Axial Load and Biaxial Bending," ACI Journal, Proceedings 57, No.11, Nov. 1960, pp. 481~490.

7.19 F.N. Pannell, "Failures Surfaces for Members in Compression and Biaxial Bending," ACI Journal, Proceedings, V60, Jan. 1963.

7.20 C.T. Thomas Hsu, "Analysis and Design of Square and Rectangular Columns by Equation of Failure Surface," ACI Structural Journal, 85, March-April 1988.

7.21 A.C. Parme, J.M. Nieves & Albert Gouwens, "Capacity of Reinforced Rectangular Columns Subject to Biaxial Bending," ACI Journal, Proceedings, V63, No.9, pp.911~923, Sept. 1966.

習題

1. 試敘述我國建築技術規則對橫箍筋及螺箍筋之相關規定。

2. 何謂柱之交互影響圖(Interaction Diagram of Column.)？並簡略繪製示意圖及說明該圖曲線上特定位置(點)所表示之意義。

3. 如下圖所示之螺箍筋圓柱斷面，承受無偏心載重；且不考慮細長柱效應之影響，使用 # 9 之縱向鋼筋及 # 3 螺旋筋。已知：軸向壓力為靜載重 $P_D = 150\,t$、活載重 $P_L = 200\,t$、螺箍筋圓柱之直徑 $D = 60\,cm$、淨保護層厚度 $t = 4.0\,cm$、材料之 $f_c' = 280\,kgf/cm^2$、$f_y = 2800\,kgf/cm^2$。試求：(1) 縱向鋼筋面積 A_{st}。 (2) 螺旋筋間距 S。

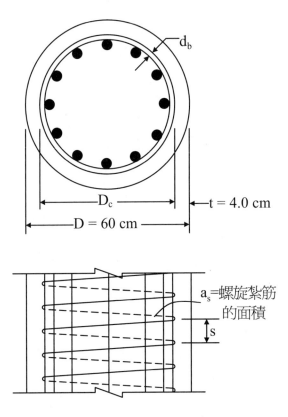

4. 如下圖所示之矩形柱斷面，使用 6 - # 8 之縱向鋼筋，且對稱配筋。已知：$b = 35\,cm$、$h = 60\,cm$、$d = 54\,cm$、$d' = 6\,cm$、$d'' = 24\,cm$、$E_s = 2.04 \times 10^6$ kgf/cm^2、材料之 $f_c' = 350\,kgf/cm^2$、$f_y = 3500\,kgf/cm^2$。試求：(1) 該斷面平衡偏心距 e_b。 (2) 該斷面標稱軸壓強度 P_b。

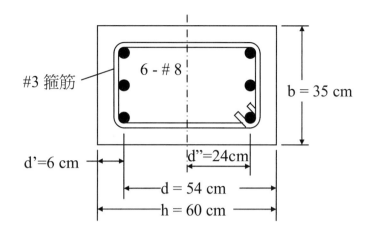

6 - # 8

#3 箍筋

b = 35 cm

d'=6 cm

d''=24cm

d = 54 cm

h = 60 cm

5. 有一短柱其斷面如下圖，試求其對 X 軸之：(1)平衡偏心距 e_b。 (2)標稱軸壓強度 P_b。請使用基本靜力平衡公式， 材料之 $f'_c = 280 \text{ kgf} / \text{cm}^2$、 $f_y = 4200 \text{ kgf} / \text{cm}^2$。

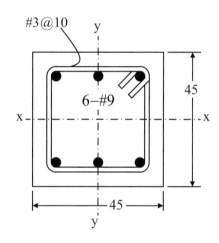

#3@10

y

6–#9

45

x

x

45

y

6. 有一短柱其斷面如下圖，試求其對 X 軸之：(1)平衡偏心距 e_b。 (2)標稱軸壓強度 P_b。請使用基本靜力平衡公式， 材料之 $f'_c = 210 \text{ kgf} / \text{cm}^2$、 $f_y = 2800 \text{ kgf} / \text{cm}^2$。

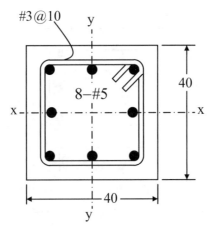

7. 有一短柱其斷面如習題 5，當其作用偏心 e_y=4.5 公分時，試求該斷面能承載之最大標稱軸壓強度 P_n=?，請使用基本靜力平衡公式。

8. 如習題 5，但 e_y=50 公分，計算其 P_n 值。

9. 有一短柱其斷面如下圖，若壓力作用於 A 點，試以靜力法求此柱之軸壓強度 P_n =?材料之 $f'_c = 280 \text{ kgf} / \text{cm}^2$、$f_y = 4200 \text{ kgf} / \text{cm}^2$。

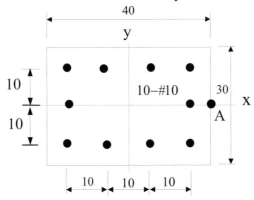

10. 試設計一矩形橫箍筋柱，並使其柱深度 h 為 50 公分。如果該柱承受軸向靜載重 $P_D = 120t$、活載重 $P_L = 80t$。材料之 $f'_c = 280 \text{ kgf} / \text{cm}^2$、$f_y = 4200 \text{ kgf} / \text{cm}^2$。柱主筋採用#8 筋，並取鋼筋比 $\rho_g \approx 0.03$。

11. 有一短柱其斷面如下圖，若該斷面同時承受軸壓力及對 Y 軸之撓曲彎矩，當標稱軸壓力 P_n=230t 時，該斷面能承受之標稱撓曲強度 M_n=?材料之 $f'_c = 280 \text{ kgf} / \text{cm}^2$、$f_y = 4200 \text{ kgf} / \text{cm}^2$。

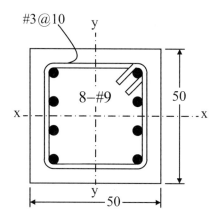

12. 如習題 11，當 $P_n = 0$ 時，其 $M_n = ?$

13. 如習題 11，當 $M_n = 0$ 時，其 $P_n = ?$

14. 有一短柱其斷面如下圖，若該斷面同時承受軸壓力及對 Y 軸之撓曲彎矩，當標稱軸壓力 $P_n = 100t$ 時，該斷面能承受之標稱撓曲強度 $M_n = ?$ 材料之 $f'_c = 280 \ kgf/cm^2$、$f_y = 4200 \ kg/cm^2$。

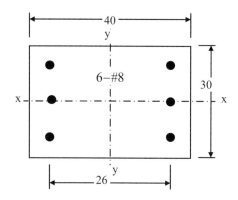

15. 有一短柱其斷面如下圖，若該斷面同時承受軸壓力及對 Y 軸之撓曲彎矩，當標稱軸壓力 $P_n = 200t$ 時，該斷面能承受之標稱撓曲強度 $M_n = ?$ 材料之 $f'_c = 280 \ kgf/cm^2$、$f_y = 4200 \ kg/cm^2$。

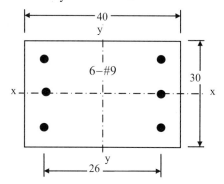

16.有一對稱矩形柱斷面 bxh=40×60 cm 如下圖所示，承受載重如下：軸向壓力 $P_{u} = 200\,t$ ， $M_{uy} = 50\,t-m$ 。試設計該斷面之縱向主筋？$f_{c}' = 280\,kgf/cm^2$、$f_{y} = 4200\,kg/cm^2$。(使用#3 箍筋，#10 主筋)

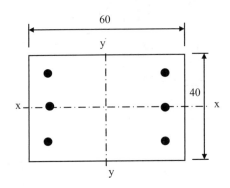

17.同習題 16 之柱斷面，但其承受之載重如下：軸向壓力 $P_{u} = 60\,t$，$M_{uy} = 70\,t-m$。試設計該斷面之縱向主筋？$f_{c}' = 280\,kgf/cm^2$、$f_{y} = 4200\,kgf/cm^2$。(使用#3 箍筋，#10 主筋)

18. 有一短柱斷面如下圖所示，如該斷面承受一單向彎曲作用(繞 Y 軸彎曲)，試建立該斷面之理論交互影響曲線，該曲線至少包含五點以上，其中必需包含：(1)純軸壓作用時，(2)純撓曲作用時，(3)平衡破壞時等三點在內。材料之 $f_{c}' = 280\,kgf/cm^2$、$f_{y} = 4200\,kgf/cm^2$，使用#4 箍筋。

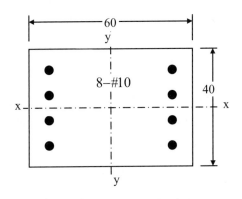

19.依據 ACI Code 相關規定修正習題 18 之交互影響曲線。

20.一箍筋柱使用 #10 之縱向鋼筋及 #3 箍筋，鋼筋比 $\rho_{g} \approx 0.03$。已知：箍筋柱承受下列荷重：靜載重 $P_{D} = 100\,t$，$M_{D} = 10\,t-m$，活載重 $P_{L} = 50\,t$，$M_{L} = 5\,t-m$。材料之 $f_{c}' = 280\,kgf/cm^2$、$f_{y} = 2800\,kgf/cm^2$。試依 ACI Code 相關規定設計該箍筋柱。假設該柱斷面方形，鋼筋為兩側對稱配置。

21. 設計一方形箍筋柱，承載之載重爲靜載重作用下：$P_D = 102\,t$，$M_{Dx} = 32.5$ t-m，$M_{Dy} = 15.0$ t-m。在活載重作用下：$P_L = 90\,t$，$M_{Lx} = 28.0$ t-m，$M_{Ly} = 9.0$ t-m。使用鋼筋比 $\rho_g \approx 0.04$，材料之 $f_c' = 280\ kgf / cm^2$，$f_y = 4200\ kgf / cm^2$。

22. 如習題 21 之柱，假設,該柱之寬/深比大約爲 2：3 且鋼筋爲兩側對稱配置，該依 ACI 規範規定設計之。

23. 如習題 21 之方柱，當鋼筋爲四邊平均配置時，該設計之。

24. 如習題 22 之矩形柱，當鋼筋爲四邊平均配置時，該設計之。

細長柱 8

8-1 概述

在第七章中所討論的柱，主要是針對一受壓短柱，其主要變形為軸向壓縮變形，而其極限強度主要是由於材料的破壞，也就是混凝土的壓碎破壞所控制。但當柱的長度逐漸變長以後，在受軸向壓力時，有可能斷面的材料強度並還未達到其極限強度，該構件已失去了其承載能力，而產生向外的側向壓屈(Buckling)破壞。如果構件會產生壓屈破壞時，如圖 8-1-1 所示，這種破壞模式將會對構件產生二次彎矩(Secondary Bending Moment)，而降低受壓桿件的軸向承壓強度。

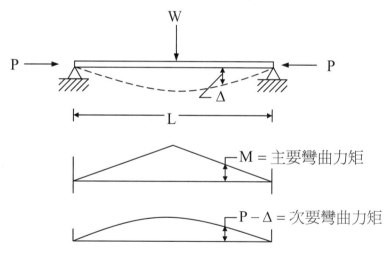

圖 8-1-1　受壓桿件之 P-Δ 效應

這種由於側向壓屈產生的二次彎矩一般又稱為次要彎矩，以有別於原來之主要彎矩。而這種因壓屈而增加桿件之彎曲力矩的作用稱之為 P-Δ 效應，或者二次效應(Secondary Effective)。圖 8-1-1 為一受壓構件之主要彎矩圖與次要彎矩圖。一般用來衡量次要彎矩是否會對壓力構件造成太大影響的參數是構件的長細比(Slenderness Ration)，其定義為構件的長度 L 與其斷面之迴轉半徑 r (Radius of Gyration，$r = \sqrt{I/A}$)之比值。當構件之長細比 L/r 比較大時，代表該構件為一比較細長之構件，也就是說其斷面積相對於其長度來說顯得比較小；反過來說，如果 L/r 比較小，則代表該構件為一比較粗短的構件，也就是其斷面積相對於其長度來說顯得比較大。所以，一般長細比較小的構件，其二次效應可忽略不計，但對於長細比較大的構件，則其效應不可忽略。規範[8.1,8.2]規定，在有側撐構架中，柱之長細比若小於 22，則其二次效應可以忽略不計。而在無側撐構架中，若長細比小於 34-12(M_1/M_2)，則其二次效應可忽略不計。近年來由於高強度材料的使用，如高性能混凝土(High Performance Concrete，HPC)及高拉力鋼筋等，使得鋼筋混凝土構件的斷面也跟著變小，因此其長細比也有增大的趨勢，因此長細比對柱設計的影響也變得不能忽視，因此本章將就細長柱的行為及設計作簡單的探討。

8-2 軸心荷重柱之壓屈

早在十七世紀時，瑞士數學家歐拉(Euler)就提出了受軸心載重柱的彈性壓屈強度公式，在圖 8-2-1 之軸心載重柱中，假設柱產生側向壓屈時，柱上任一點 x 處，其側向變位為 y 時，則其撓曲彎矩 M 將為：

$$M = Py \qquad (8.2.1)$$

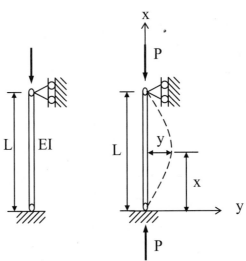

圖 8-2-1 　受軸心載重柱之彈性壓屈

就一微小變形 y 而言，上式可以微分方程式來表示如下：

$$EI\frac{d^2y}{dx^2} = -M = -P \cdot y \qquad (8.2.2)$$

令　$k^2 = \dfrac{P}{EI}$

經移項整理後，得：

$$\dfrac{d^2y}{dx^2} + k^2y = 0 \tag{8.2.3}$$

此微分方程式之通解為：

$$y = A\cos kx + B\sin kx \tag{8.2.4}$$

其中 A、B 為常數，可由邊界條件求得如下：

1、當　$x = 0$　時，　$y = 0$

故　$A = 0$

當　$x = L$　時，　$y = 0$

則　$B\sin kL = 0$

故　$kL = n\pi(n = 1,2,3,\ldots\ldots)$

(1) 當　$n = 1$　時，$kL = \pi$

則　$\sqrt{\dfrac{P}{EI}}\,L = \pi$

故　$P_{cr} = \dfrac{\pi^2 EI}{L^2} \tag{8.2.5}$

(2) 當　$n = 2$　時，$kL = 2\pi$

則　$\sqrt{\dfrac{P}{EI}}\,L = 2\pi$

故　$P_{cr} = \dfrac{4\pi^2 EI}{L^2} \tag{8.2.6}$

(3) 當　$n = 3$　時，$kL = 3\pi$

則　$\sqrt{\dfrac{P}{EI}}\,L = 3\pi$

故　$P_{cr} = \dfrac{9\pi^2 EI}{L^2} \tag{8.2.7}$

在不同的 n 值下，代表該構件不同的變形模態，其變形曲線如圖 8-2-2。上式中之最小值，即 $n = 1$ 時，為其臨界強度，或稱之為歐拉臨界載重(Euler Load)。

對於不同邊界條件(支承狀況)之柱，利用前述之偏微分方程式可推導出其不同之臨界強度值如圖 8-2-3。

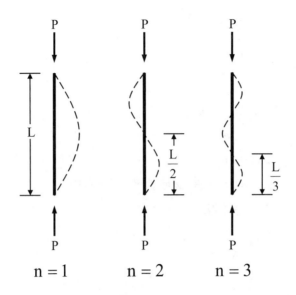

n = 1　　　　n = 2　　　　n = 3

圖 8-2-2　　受軸壓柱之不同模態變形曲線

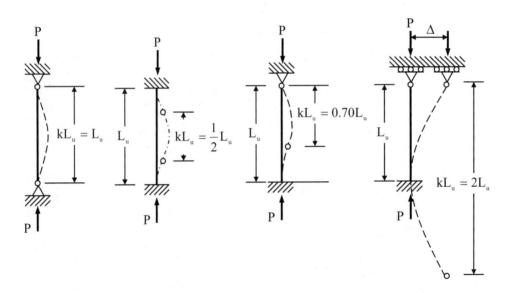

(a)自由旋轉端　(b)完全固定端　(c)一端固定，另　(d)一端自由旋轉，
　　　　　　　　　　　　　　　　　一端自由旋轉　　　另一端固定

$$P_{cr} = \frac{\pi^2 EI}{L^2} \qquad P_{cr} = \frac{4\pi^2 EI}{L^2} \qquad P_{cr} = \frac{2.04\pi^2 EI}{L^2} \qquad P_{cr} = \frac{\pi^2 EI}{4L^2}$$

$$= \frac{\pi^2 EI}{(1.0L)^2} \qquad = \frac{\pi^2 EI}{(\frac{L}{2})^2} \qquad = \frac{\pi^2 EI}{(0.7L)^2} \qquad = \frac{\pi^2 EI}{(2L)^2}$$

圖 8-2-3　　各種不同邊界條件之歐拉臨界載重

將上列不同的臨界強度值可以一通式來表示如下：

$$P_{cr} = \frac{\pi^2 EI}{(kL)^2} = \frac{\pi^2 EA}{(kL/r)^2}$$

此處 kL 稱為有效長度(Effective Length)，k 為有效長度係數(Effective Length Factor)，代表在不同邊界條件下柱反曲點間之長度值。在歐拉的公式推導過程，其主要根據為該柱為一理想柱，也就是(1)構件本身並無幾何瑕疵(Geometric Imperfection)。(2)載重為軸心載重，無偏心。(3)變形前後永遠保持平面。(4)材料符合虎克定律(Hooke's Law)，也就是彈性材料。(5)變位很小。(6)變位是由撓曲所產生，無剪力變形。

由歐拉公式中可以明顯看出，當構件之長細比增加時，其臨界載重值將快速的下降。

實際的混凝土材料，並不是一種彈性材料，如果將混凝土材料看成非彈性體，一般最常採用的應力－應變模式如圖 8-2-4 所示[8.4]：

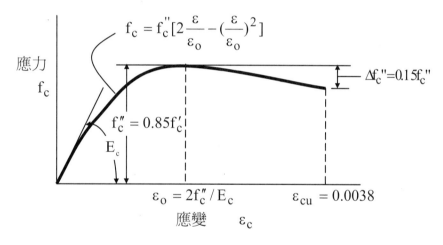

圖 8-2-4 混凝土之非彈性應力-應變曲線[8.4]

在圖 8-2-4 中：

$$E_c = 126000 + 500f_c'' \quad kgf/cm^2 \tag{8.2.8}$$
$$[E_c = 1800000 + 500f_c'' \quad psi]$$
$$f_c'' = 0.85f_c'$$

則此曲線之切線值，在 $\varepsilon_c < \varepsilon_0$ 時為：

$$E_t = \frac{df_c}{d\varepsilon} = f_c''(\frac{2}{\varepsilon_0} - \frac{2\varepsilon}{\varepsilon_0^2}) = E_c - \frac{E_c\varepsilon}{\varepsilon_0} = E_c(1 - \frac{\varepsilon}{\varepsilon_0}) \tag{8.2.9}$$

當考慮材料為非線性(非彈性體)時，受軸心荷重柱之壓屈強度，可以下式表示

$$P_{cr} = \frac{\pi^2 E_t A}{(kL/r)^2} \qquad\qquad (8.2.10)$$

式中：E_t 又稱切線模數

當柱之壓屈強度以應力方式表示時：

$$\sigma_{cr} = \frac{P_{cr}}{A} = \frac{\pi^2 E}{(kL/r)^2} \qquad\qquad (8.2.11)$$

上式之分母為柱之幾何性質，分子為材料性質。因此，柱之壓屈強度同時受到幾何條件及材料性質的影響，一般上列方程式可用圖 8-2-5 來表示，此圖又稱為柱強度曲線圖(Strength Curve of Column.)。

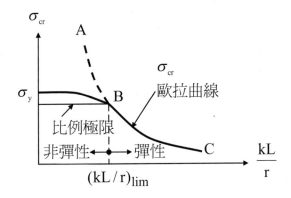

圖 8-2-5　柱之強度曲線

在圖 8-2-5 中，當 kL/r 小於時 $(kL/r)_{lim}$，構件之強度是受到斷面材料強度的控制，也就是在構件破壞時，其斷面內之材料有部份已進入非彈性範圍，而當 kL/r 大於 $(kL/r)_{lim}$ 時，構件之強度是受到歐拉臨界載重的控制，也就是構件在破壞時，其斷面內之材料還完全在彈性範圍。

8-3　有效長度

對於兩端為非鉸接(Pin end)的桿件，一般大多以當量鉸接長度(Equivalent Pin - end Length)作為該桿件的有效長度。一般其有效長度即為該桿件變形曲線之兩反曲點的距離，如上節所示，AISC、ACI Code 及我國設計規範均有明文規定。在兩端為理想狀態下，構件之有效長度值如表 8-3-1 所示[8.2,8.5,8.6]。

表 8-3-1　各種不同端點束制條件之理論 k 值

	(a)	(b)	(c)	(d)	(e)	(f)
示意圖（虛線示柱之挫屈）						
理論之 k 值	0.5	0.7	1.0	1.0	2.0	2.0
當接近理想條件時所設之 k 值	0.65	0.80	1.2	1.0	2.1	2.0
端部形式	轉動固定，移動固定。		轉動固定，移動自由。			
	轉動自由，移動固定。		轉動自由，移動自由。			

　　但在真正的結構物中，任一構件兩端的束制情況絕無如表 8-3-1 中所列的理想情況，也就是無達到百分之百的鉸接，縱然只用一根螺栓來結合兩根構件，其螺栓鎖緊所產生的摩擦力也或多或少可抵抗一點旋轉變位的能力。因此在真正構架中的任一構件，其兩端點的實際受束制情況是一個非常複雜的行為，與所連接構件的勁度有直接的關係。要以理論方式來得到正確值在實務設計上是較不切實際，一般皆採用 SSRC (Structural Stability Research Council)所提供的連線圖[8.4,8.8,8.9]來計算構架中柱之有效長度係數。

8-4 連線圖

　　目前決定當量鉸接長度(有效長度)最常用的方法，為使用 SSRC 所提供圖 8-4-1 之連線圖[8.7,8.8,8.9]；在此圖中，柱之有效長度係由柱兩端點之柱梁相對勁度比來決定。

　　柱梁之相對勁度比定義為：

$$\psi = \frac{(\sum EI/L)_{col}}{(\sum EI/L)_{beam}} \tag{8.4.1}$$

　　上式分子代表該節點上所有柱構件的勁度(EI/L)的總和，分母代表該節點上所有梁構件勁度(EI/L)的總和。

　　當 $\psi = \infty$：代表為鉸接節點。

　　當 $\psi = 0$：代表為固定端。

　　在建立圖 8-4-1 之連線圖時，其基本假設為[8.7]：

　　對有側撐構架：(1)所有柱都同時達到其臨界載重。(2)構架為一對稱之矩形構架。(3)在任何節點，梁對柱所提供的束制彎矩是依據柱之勁度來分配。(4)梁不受軸力。(5)梁兩端之彈性束制是由柱所提供，在壓屈變形時，梁兩端之撓曲變形為相同且成對稱，即其變形曲線為一單曲線變形。

　　而對無側撐構架，其假設與前述(1)至(4)點相同，但其梁之兩端變形將為同向且大小相等，也就是其變形曲線為一雙曲線變形。

　　但在實際情況下，構件內沒有所謂純鉸接的節點(至少有摩擦力的存在)，所以，對鉸接節點一般取 $\psi = 10$。同樣的構件內也沒有所謂百分之百的固定端，所以，對固定端一般取 $\psi = 1.0$。

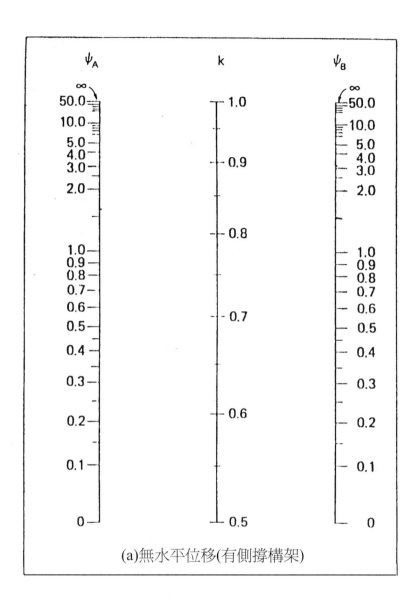

(a)無水平位移(有側撐構架)

圖 8-4-1(a) 連線圖[8.7]

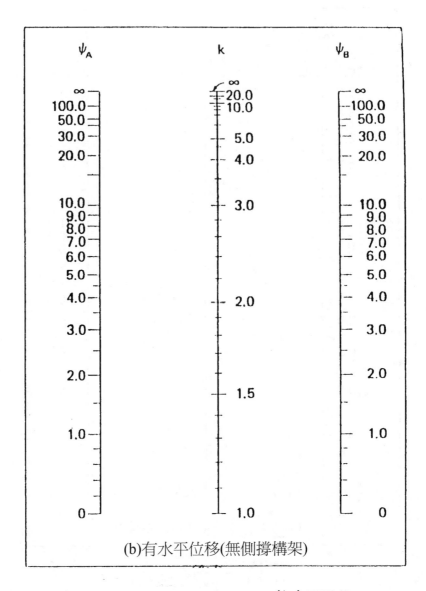

(b)有水平位移(無側撐構架)

柱有效長度之連線圖，其中 $\psi = \dfrac{柱之\sum EI/L}{樑之\sum EI/L}$

L 為構件節點中心距

圖 8-4-1(b) 連線圖[8.7]

在使用圖 8-4-1 時，是先將欲計算有效長度係數 k 之柱上下兩端點之柱梁相對勁度比值 ψ 計算出來各代表 ψ_A 及 ψ_B，然後再依據構架的性質，爲有側撐構架或無側撐構架，選擇圖 8-4-1(a)或 8-4-1(b)，在左右兩條線上各點出其相對 ψ 值之位置點，然後以直線連接此兩點，此時連接之直線將穿越中央直線，其交點之值即代表該構件之相對應有效長度係數。

由圖 8-4-1(a)中可看出，對有側撐構架 k = 0.5~1.0，一般保守設計可取 k = 1.0。同樣由圖 8-4-1(b)中可看出，對無側撐構架 k 值一定大於 1.0，在此情況無法得到保守之估計值，而必需根據構件兩端的實際連接狀況詳細計算。

另外英國設計規範[8.10、8.11、8.12]也採用下列簡化公式來計算柱之有效長度係數，此法比前述連線圖的使用來得更爲方便。

對有側撐構架，取下列兩公式之較小值：

$$k = 0.7 + 0.05(\psi_A + \psi_B) \leq 1.0 \tag{8.4.2}$$

$$k = 0.85 + 0.05\psi_{min} \leq 1.0 \tag{8.4.3}$$

式中 ψ_A 及 ψ_B 爲柱兩端之 ψ 值，ψ_{min} 爲兩值之較小者。

對無側撐構架，兩端固接者：

$$k = \frac{20 - \psi_m}{20}\sqrt{1 + \psi_m} \qquad 當 \psi_m < 2.0 \quad (高拘束) \tag{8.4.4}$$

$$k = 0.9\sqrt{1 + \psi_m} \qquad 當 \psi_m \geq 2.0 \quad (低拘束) \tag{8.4.5}$$

式中 ψ_m 爲柱兩端 ψ 值之平均值。

對無側撐構架，一端爲鉸接者：

$$k = 2.0 + 0.3\psi \tag{8.4.6}$$

式中 ψ 爲柱束制端之 ψ 值。

由於鋼筋混凝土構件，在承受載重下斷面將會開裂，而其開裂狀況將受到構件載重的型態本身鋼筋量多寡的影響，如柱之受軸力及撓曲，而其鋼筋比一般在 0.01~0.04 之間，而梁主要爲受撓曲其鋼筋比一般在 0.005~0.02 之間。雖然文獻研究[8.13]指出在評估柱端之相對勁度比時，柱可採用全斷面之面積慣性矩 I_g，而梁必需採用開裂斷面之面積慣性矩，但規範[8.1,8.2]仍規定在計算柱端之 ψ 值時，梁柱皆需使用開裂斷面之慣性矩，柱的面積慣性矩取 $0.70\,I_g$，而梁取 $0.35\,I_g$。很明顯這表示在一般情況下，梁將比柱開裂的嚴重。

8-5 細長比的影響

在第七章所討論短柱的交互影響圖，基本上是不考慮柱的細長效應，也就是以 $kL/r = 0$ 來考慮，當柱之細長比增加時，其交互影響圖將如圖 8-5-1 所示：

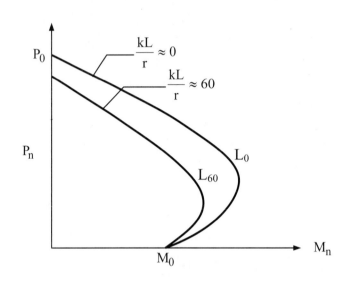

圖 8-5-1　長細比對柱交互影響圖之影響

在圖 8-5-1 中不考慮長細比效應的交互影響線為 L_0，而考慮長細比為 60 時之交互影響曲線為 L_{60}。由圖中顯示，當柱的長細比不為零時，由於二次彎矩的產生，使得該柱斷面在相同軸壓力作用下其標稱撓曲強度（主要彎矩加上二次彎矩）將比不考慮長細比效應之柱斷面來得小。

根據研究[8.14、8.15、8.16]當構件之細長比增加時，其破壞模式可能有下列兩種方式：

1、材料的破壞：其行為如同第七章短柱所討論者。

2、不穩定的破壞：當增加微小的軸向壓力，將造成構件側向變位的額外增量，致使構件無法保持平衡狀態。

在一般構架中，如為有側撐構架，其破壞模式大致為材料破壞，而在無側撐構架中較有可能產生不穩定的破壞。

在圖 8-5-2(a)中之交互影響圖，如果不考慮細長效應，點 A 代表該斷面在載重偏心 e_0 的情況下之極限承載能力，也就是說對短柱點 A 之載重組合（$P_{n\text{短柱}}$，$M_{n\text{短柱}}$）或（$P_{n\text{短柱}}$，$e_0 \cdot P_{n\text{短柱}}$）為該斷面之極限狀態。但當柱變得較細長時，則此時伴隨著軸力 P_n 的增加，彎矩放大效應將跟著加大，則此時柱之斷面最大彎矩將為 $M_{max} = M_0 + P_{n長柱} \cdot \Delta_{max}$，如圖 8-5-2(a)所示，隨著軸力 P_n 的增加，M_{max} 是以非線性的方式增加，而其與交互影響線的交點 B 即為細長柱在考慮細長效應下的極限承載能力，所以在圖 8-5-2(a)中之 OA 直線代表短柱在載重偏心 e_0 情況下其軸力與彎矩聯合作用之路徑，而 OB 曲線代表細長柱在載重偏心 e_0 情況下，其軸力與彎矩聯合作用的路徑。圖 8-5-2(b)為柱斷面在各種不同長細比下軸力與彎矩之交互影響圖。

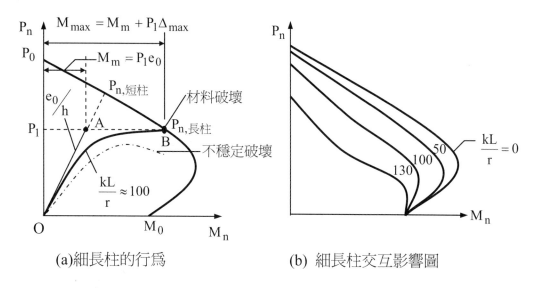

(a)細長柱的行為　　　　　(b) 細長柱交互影響圖

圖 8-5-2　長細效應對柱承載力之影響

　　由圖 8-5-2 中很明顯可看出柱的長細比，對其承載強度有相當大的影響，特別當其長細比較大時更明顯。而在實際結構物中，柱的一般長細比到底是多少呢？根據一項對大約 2 萬根柱的評估[8.16]發現，對於有側撐構架，大約 98 ％的柱，其 L/h 是小於 12.5（L/r ≈ 42），且其 e/h < 0.64。對無側撐構架，大約 98 ％的柱，其 L/h 是小於 18（L/r ≈ 60），且其 e/h < 0.84。並且發現在建築結構中的柱，其細長比之上限大約為 70。ACI Code 對於長細比之規定主要的依據為：如果長細比之效應影響柱之強度不超過 5 ％時，其長細比效應可不予考慮。因此，如果滿足下列條件的柱，其長細比效應可不予考慮：

1、有側撐構架：

$$\frac{kL_u}{r} < 34 - 12\frac{M_1}{M_2}$$ (8.5.1)

$M_1 \le M_2$

對單曲線變形，M_1 / M_2 為正值。對雙曲線變形，M_1 / M_2 為負值，而且 M_1 / M_2 不得小於-0.5。

2、無側撐構架：

$$\frac{kL_u}{r} < 22$$ (8.5.2)

對於 $\frac{kL_u}{r} > 100$ 以上之柱，必須使用詳細計算如第 8-9 節所述方式詳細計算柱之二次效應彎矩。

8-6 有側撐構架及無側撐構架

　　所謂有側撐構架係指構架有足夠側向支撐系統，使得該構架在達到其極限承載強度前不會有側向不穩定(Lateral Instability)行為的產生。

　　SSRC[8.8]對有側撐構架的定義如下：「構架抵抗側向載重及構架之不穩定是由樓版系統、核心結構、剪力牆、對角斜撐、K 字斜撐或者其它輔助之斜撐系統所共同承擔者。」而 AISC[8.20] 對於有側撐構架的定義為：「當構架之側向穩定(Lateral Stability)是由對角斜撐、剪力牆或其它類似系統與裝置所提供者。」由以上定義大概可瞭解所謂的有側撐結構，其水平載重是由其它的結構系統來承載，因此構架本身並未承載太大的水平載重，而只承載垂直載重，相對的其側向變形量將比較小，因此，不致有側向不穩定的現象發生。而無側撐構架則需單獨承載所有的水平及垂直載重，也就是構架本身的梁柱系統需單獨承載所有水平及垂直載重，並無其它側力抵抗系統的存在，因此相對的其側向變形量會較大，此時構架的極限承載能力是由結構的側向不穩定行為所控制。圖 8-6-1 為標準的有側撐構架及無側撐構架。事實上 SSRC 及 AISC 對有、無側撐構架的定義只是一個原則性的定義，並無簡易的量化的指標，只有真正對構架進行穩定分析(Stability Analysis)，才有可能區分是否為有側撐構架，這在實務設計上並不太可行。

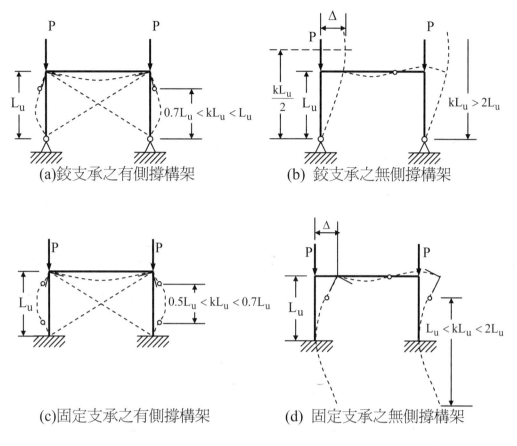

圖 8-6-1　有側撐構架及無側撐構架

　　ACI 規範中對有側撐構架的定義就比較具體，在 1989 年版之 ACI Code [8.21]對有側撐的定義是以該樓層中側力抵抗系統之側向勁度與柱之側向勁度之比值來區分有側撐構架及無側撐構架。

　　如果任何一層樓滿足下列的規定，則可將該層樓視為有側撐：

$$\frac{\text{斜撐或剪力牆的側向勁度之和}}{\text{柱在構架方向的水平勁度之和}} \geq 6 \tag{8.6.1}$$

　　而在 1999 及 2002 年版 ACI Code 中，對有側撐構架重新定義如下：

　　當柱端之彎矩由於二次效應(Second - Order Effects)的增加量，並未超過線性分析(或彈性分析)所得彎矩(First - Order End Moment)之 5 %時，該構架可稱之為有側撐構架。同時也提出另一公式，採用樓層穩定指數(Stability Index of a Story)Q，作為判別是否為有側撐構架之準則，其定義如下：

$$Q = \frac{\sum P_u \Delta_0}{V_u L_c} \tag{8.6.2}$$

式中：

$\sum P_u$：作用在該層樓之總垂直荷重

V_u：作用在該層樓之層間總剪力

Δ_0：線性或彈性分析所得層間側向變位值

L_c：該層樓高度(柱高)

如果 $Q \le 0.05$，則此構架可稱為有側撐構架。根據 ACI 規範規定，在計算樓層穩定指數 Q 時，必需同時計入軸力、桿件開裂區及載重期之長短等對桿件斷面性質的影響。ACI 建議採用下列斷面性質之修正係數[8.2]：

1、斷面慣性矩修正係數：

　　梁：　　　　0.35

　　柱：　　　　0.70

　　牆：未開裂　0.70

　　　：　開裂　0.35

　　平版：　　　0.25

2、斷面積修正係數：　　1.0

當桿件承受持續載重時，上列斷面慣性矩公式必須再除以 $(1 + \beta_d)$ 修正，β_d = 最大因數化持續軸向載重/最大因數化軸向載重。

當構架為有側撐及無側撐，其破壞行為完全不同，由 8-4 節的柱有效長度的探討就明顯可看出。因此當構架內之柱的長細比比較大時，其所反應出來的二次效應也不一樣，下面兩節就個別針對這兩種構架系統探討在規範中的處理其二次效應的方法。

8-7 有側撐構架之彎矩放大係數

一、 有構件荷重，無節點側向位移

當一構件在承受軸力的同時又承載側向載重如圖 8-7-1 所示時，圖中 Δ_0 代表該構件在側向載重 q 作用下所得之側向變位，其對應之撓曲彎矩為 M_m，而 Δ_1 為因為有軸力 P 及變位 Δ_0 所產生的二次效應所額外增加的變位量。該構件之側向變位的計算可根據力矩—面積原理(The Moment Area Principle)，跨度中央之變位 Δ_1 等於將支點與中央間的 M/EI 彎矩圖面積對支點取力矩而得，假設 Δ 之變形曲線為正弦波曲線，則根據幾何圖表其面積及形心位置，如圖 8-7-2 所示。

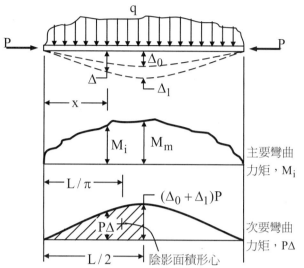

圖 8-7-1　梁柱構件上有側向載重時之主要及次要彎矩圖

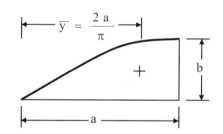

圖 8-7-2　正弦曲線所圍之面積及形心位置

因此該構件在跨度中央因二次效應所額外再增加之變位為：

$$\Delta_1 = \frac{P}{EI}(\Delta_0 + \Delta_1)(\frac{L}{2})(\frac{2}{\pi})(\frac{L}{\pi}) = (\Delta_0 + \Delta_1)\frac{PL^2}{\pi^2 EI} \tag{8.7.1}$$

經移項整理後，得：

$$\Delta_1 = \Delta_0 \left[\frac{PL^2/(\pi^2 EI)}{1 - PL^2/(\pi^2 EI)} \right] = \Delta_0 \left(\frac{\alpha}{1-\alpha} \right) \tag{8.7.2}$$

此時跨度中央之最大變位將為原來變位 Δ_0 加上 Δ_1

$$\Delta_{max} = \Delta_0 + \Delta_1 = \Delta_0 + \Delta_0 \left(\frac{\alpha}{1-\alpha} \right) = \frac{\Delta_0}{1-\alpha} \tag{8.7.3}$$

式中：

$$\alpha = \frac{PL^2}{\pi^2 EI}$$

該構件之最大彎曲力矩(含軸向載重效應) M_{max} 為

$$M_{max} = M_m + P \cdot \Delta_{max}$$

$$= M_m + P \left(\frac{\Delta_0}{1-\alpha} \right) \qquad (8.7.4)$$

當考慮不同的支承條件及載重情況可將上式寫成下列之通式：

$$M_{max} = M_m \left(\frac{C_m}{1-\alpha} \right)$$

$$= M_m \delta \qquad (8.7.5)$$

式中：

$$\delta = \frac{C_m}{1-\alpha} \text{ ，稱為放大係數}$$

各種不同邊界條件及載重情況時之 C_m 值，可以下式表示，或如表 8-7-1 中所列之式：

$$C_m = 1 + \left(\frac{\pi^2 EI\Delta_0}{M_m L^2} - 1 \right) \alpha \qquad (8.7.6)$$

表 8-7-1　各種不同邊界條件及載重情況時之 C_m 值[8.22]

情形		C_m 正彎矩	C_m 負彎矩	主要彎矩
1		$1.0 + 0.2\alpha$	—	M_m
2		1.0	—	M_m
3		$1.0 - 0.2\alpha$	—	M_m
4		$1.0 - 0.3\alpha$	$1.0 - 0.4\alpha$	M_m
5		$1.0 - 0.4\alpha$	$1.0 - 0.4\alpha$	M_m
6		$1.0 - 0.4\alpha$	$1.0 - 0.3\alpha$	M_m
7		$1.0 - 0.6\alpha$	$1.0 - 0.2\alpha$	M_m
8		$1 + \left(\dfrac{\pi^2 EI\Delta_0}{M_m L^2} - 1 \right)\alpha$	不適用	M_m

二、無桿件荷重，只受到節點彎矩作用，無節點側向位移

當構件只有在兩端點有受到彎矩作用，而構件上無側向載重，如一般柱在受側向地震力作用時，其受力情形即與此類似，此時其彎矩圖如 8-7-3 所示。這種情況下，當主要彎矩與次要彎矩疊加後，其產生最大彎矩的位置將視 M_1、M_2 及 P_y 的大小而變化有可能是在兩端點上，也可能在跨度正中央，也可能在構件上任何位置。這會造成分析及設計上的困擾。

一般常使用當量彎矩的觀念，即將不同形狀的彎矩圖轉換成兩端有相同大小的彎矩，如圖 8-7-4 所示，此時，可確保最大彎矩產生在跨度中央。

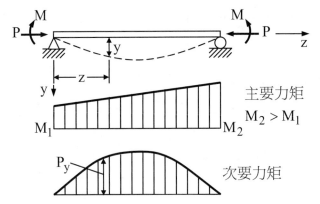

圖 8-7-3　梁柱構件兩端點有彎矩，構件上無
側向載重時之主要彎矩與次要彎矩

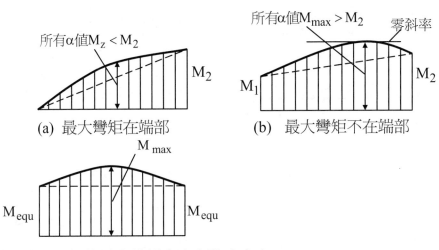

(a)　最大彎矩在端部　　　(b)　最大彎矩不在端部

(c)　當量彎矩使最大彎矩產生在跨度中央

圖 8-7-4　當量彎矩圖

當梁柱承受端點彎矩時，在跨度中央之最大彎矩，根據偏微分公式的推導[8.22]可得：

$$M_{max} = M_2 \sqrt{\frac{1 - 2(\frac{M_1}{M_2})\cos\lambda L + (\frac{M_1}{M_2})^2}{\sin^2\lambda L}} \tag{8.7.7}$$

假設 $M_{equ} = M_1 = M_2$

則

$$M_{max} = M_{equ} \sqrt{\frac{2(1 - \cos\lambda L)}{\sin^2\lambda L}}$$

$$\therefore M_2 \sqrt{\frac{1 - 2(\frac{M_1}{M_2})\cos\lambda L + (\frac{M_1}{M_2})^2}{\sin^2\lambda L}} = M_{equ} \sqrt{\frac{2(1 - \cos\lambda L)}{\sin^2\lambda L}} \tag{8.7.8}$$

可得

$$M_{equ} = M_2 \sqrt{\frac{(\frac{M_1}{M_2})^2 - 2(\frac{M_1}{M_2})\cos\lambda L + 1}{2(1 - \cos\lambda L)}} \tag{8.7.9}$$

式中：

$$\lambda = \sqrt{\frac{P}{EI}}$$

對於在跨度中央最大彎矩之近似值，根據前一節之推導，可以下式表示：

$$M_{max} = M_m \delta = M_m (\frac{C_m}{1 - \alpha}) \tag{8.7.10}$$

對於如圖 8-14(c)之當量彎矩 M_{equ}（爲一均勻分佈構件上均佈彎矩 $M_1 = M_2 = M_{equ}$）

$$\Delta_0 = \frac{M_{equ}L^2}{8EI} \tag{8.7.11}$$

$$M_m = M_{equ}$$

$$C_m = 1 + [(\frac{\pi^2 EI}{L^2})\frac{M_{equ}L^2}{8EIM_{equ}} - 1]\alpha \approx 1 \tag{8.7.12}$$

$$\therefore M_{max} = M_{equ} (\frac{1}{1 - \alpha})$$

$$= M_2 \sqrt{\frac{(\frac{M_1}{M_2})^2 - 2(\frac{M_1}{M_2})\cos\lambda L + 1}{2(1 - \cos\lambda L)}} (\frac{1}{1 - \alpha}) \tag{8.7.13}$$

$$= M_2 (\frac{C_m}{1-\alpha})$$

$$\text{則 } C_m = \sqrt{\frac{(\frac{M_1}{M_2})^2 - 2(\frac{M_1}{M_2})\cos\lambda L + 1}{2(1-\cos\lambda L)}} \tag{8.7.14}$$

由於上列公式在使用上相當不便，ACI Code 使用下列簡化公式取代之 [8.2,8.3]。式中：

$$C_m = 0.6 + 0.4\frac{M_{1ns}}{M_{2ns}} \geq 0.4 \tag{8.7.15}$$

一般保守使用 $C_m = 0.4$

由 8.7.1 節之推導可得構件之最大彎矩的近似值可表示成：

$$M_{max} = M_m + P \cdot \Delta_{max} = M_m + \frac{P\Delta_0}{1-\alpha} \tag{8.7.16}$$

最大力矩近似值 M_{max} 亦可用最大主要力矩 M_m 乘以放大係數 δ_{ns} 則 8.7.1 節所得結果與本節之結果皆可以下式表示之：

$$M_{max} = M_m (\frac{C_m}{1-\alpha}) = M_m \delta_{ns} \tag{8.7.17}$$

式中：

$$\delta_{ns} : \text{放大係數} \quad, \quad \delta_{ns} = \frac{C_m}{1-\alpha}$$

$$\alpha = \frac{P}{P_C}$$

$$P_C = \frac{\pi^2 EI}{(kL)^2}$$

對有側撐構架，一般實際使用：

$$\delta_{ns} = \frac{C_m}{1 - \frac{P_u}{\phi P_C}} \geq 1.0 \tag{8.7.18}$$

式中： $P_C = \frac{\pi^2 EI}{(kL)^2}$ ，k 可以保守取 1.0

當桿件有側向荷重時，則

$$C_m = 1.0 \tag{8.7.19}$$

當桿件只受端點力矩，無側向荷重時，則

$$C_m = 0.6 + 0.4\frac{M_{1ns}}{M_{2ns}} \geq 0.4 \tag{8.7.20}$$

當 $M_{2ns} > M_{1ns}$ 且

$\dfrac{M_{1ns}}{M_{2ns}} = $ "+" 單曲線(Single Curvature)彎曲時

$\dfrac{M_{1ns}}{M_{2ns}} = $ "-" 雙曲線(Double Curvature)彎曲時

當考慮到長期效應，斷面開裂及混凝土之非線性行為時，其 EI 值應取下列兩式之大值作為計算之依據[8.16]

$$EI = \frac{0.2E_cI_g + E_sI_{se}}{1+\beta_d} \tag{8.7.21}$$

或

$$EI = \frac{0.4E_cI_g}{1+\beta_d} \tag{8.7.22}$$

式中：

β_d：為持續載重與總載重之比值，一般情況下持續載重都是指靜載重，因此可表示如下：

$$\beta_d = \frac{\text{設計靜載重(Dead Load.)}}{\text{設計總載重 (Total Load.)}}$$

E_c：混凝土彈性係數

$$E_c = 15000\sqrt{f_c'} \quad (\text{kgf}/\text{cm}^2)$$

$$[E_c = 57000\sqrt{f_c'} \quad \text{psi}]$$

I_g：混凝土全斷面之慣性矩

I_{se}：鋼筋斷面對構材總斷面形心軸之慣性矩

上二式之推估值與理論值之比較，如圖 8-7-5 所示[8.16]，該圖係假設 $\beta_d = 0$ 情況下所得結果，因此他只能代表短期載重的結果，也就是在地震力及風力這種載重下的結果。

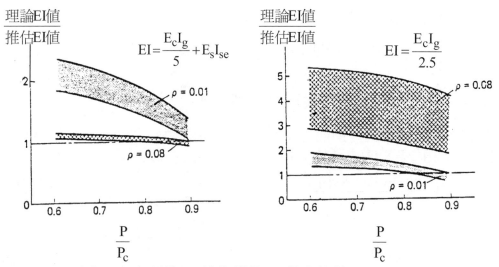

$$EI = \frac{E_c I_g}{5} + E_s I_{se}$$

$$EI = \frac{E_c I_g}{2.5}$$

圖 8-7-5　理論 EI 值與推估 EI 值之比較($\beta_d = 0$)[8.16]

8-8　無側撐構架之彎矩放大係數

當構件是屬於無側撐構架之柱時，其受力變形曲線將如圖 8-8-1 所示：

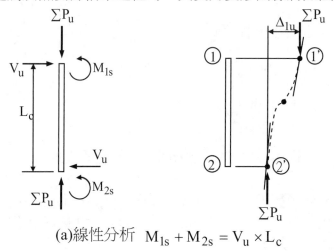

(a)線性分析　$M_{1s} + M_{2s} = V_u \times L_c$

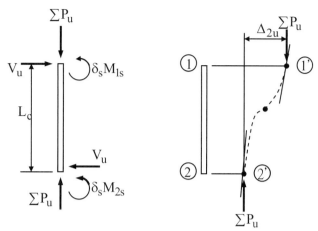

(b)非線性分析　$\delta_s(M_{1s} + M_{2s}) = V_u \times L_c + \Sigma P_u \Delta_{2u}$

圖 8-8-1　無側撐構架之受力變形曲線

　　結構分析可分線性分析及非線性分析兩種方法，一般常用到疊加法的分析方式就是線性分析，其桿見之內力平衡是以構件變形前的位置爲其平衡位置，一般只適用於小變形的結構系統，如果變形較大時，該法的分析結果將有較大的誤差。如果採用線性分析法(First-Order Analysis)，則如圖 8-8-1(a)所示柱端彎矩之總和：

$$M_{1s} + M_{2s} = V_u \cdot L_c \tag{8.8.1}$$

　　由於水平力 V_u 的作用造成 Δ_{1u} 的相對位移，使得荷重 ΣP_u 產生 Δ_{1u} 之偏心作用，而造成側向荷重彎矩 $V_u \cdot L_c$ 增加了 $\Sigma P_u \cdot \Delta_{1u}$ 的量。但是這部份的增量並未加入到構件的內力平衡內。

　　如果構架的分析採用非線性分析時(Second-Order Analysis)則其任一構件的平衡皆需以其變形後之真正位置爲基準，一般這種分析法必須靠反覆分析法或疊代分析法(Iteration Analysis)才有辦法處理這種變形後之位置的平衡要求，因爲在分析以前是不可先預估其可能的變形位置，因此必須不斷的反覆疊代，一直到位置收斂爲止。如圖 8-8-1(b)之構件。

　　當其達到平衡位置時，相對位移會增至 Δ_{2u} (比 Δ_{1u} 還大)，故作用於柱端彎矩(主要的加上次要的)之總和，可表示成：

$$\begin{aligned}
\delta_s(M_{1s} + M_{2s}) &= V_u \cdot L_c + \Sigma P_u \cdot \Delta_{2u} \\
&= (V_u + \frac{\Sigma P_u \cdot \Delta_{2u}}{L_c}) \cdot L_c
\end{aligned} \tag{8.8.2}$$

$$\delta_s = \frac{V_u \cdot L_c + \Sigma P_u \cdot \Delta_{2u}}{(M_{1s} + M_{2s})}$$

$$= \frac{V_u \cdot L_c + \sum P_u \cdot \Delta_{2u}}{V_u \cdot L_c} = 1 + \frac{\sum P_u \cdot \Delta_{2u}}{V_u \cdot L_c} \qquad (8.8.3)$$

對於有側撐構架一般其二次效應之彎矩 $P \cdot \Delta$ 都很小，可忽略不計，規範一般都利用如 8-7 節所討論的放大係數來處理這種因構架之側向位移所造成的二次效應。但對無側撐構架，由於側向位移 Δ 的相對增大，用此二次效應之彎矩，在設計時將不可忽視。

8-9 分析設計實務

一般考慮二次效應的分析最直接的方式，是應用二階構架分析法 (Second-Order Structural Analysis)直接求得已含二次效應的彎矩值，即 $\delta_s M_s$ 及 $\delta_{ns} M_{ns}$。使用二階分析法必須考慮到材料的非線性關係，構件的開裂，混凝土的乾縮及潛變基礎與結構的互制關係，構架幾何的非線性，載重的持續性，軸力對構件勁度的影響以及梁柱接頭非線性之彎矩與變位角關係等等因素，其分析工具並不是很普遍而且相當耗時，因此在實務設計上，一般常用者還是將傳統一階（線性）構架分析(First-Order Structural Analysis)得到的彎矩 M_s 及 M_{ns} 個別乘上相對應之彎矩放大係數 δ_s 及 δ_{ns}，以得到含二次效應之放大彎矩。

在實務設計上，對於二次效應的考慮，主要是以 ACI Code[8.2]的規定為主。ACI Code 設計法係利用彈性(線性)分析的方法，模擬非線性之分析結果。所以在分析時，一般先將載重歸納為兩類，一類為會引起明顯側向變位者，如水平載重之地震力，風力等。另一類為不會引起明顯側向變位者，如靜載重及活載重等之垂直載重。

一、 無側撐構架(有側撐構架)

對無側位移構架，考慮細長柱效應時之分析或設計步驟整理如下：
1、利用彈性分析結果，由 P_u 及 $M_u = M_2 = M_{ns}$，依短柱設計方式，利用第七章柱設計圖表，選擇一試用斷面。根據 ACI 規則規定，柱所受撓曲彎曲很小時(也就是受到很小的偏心時)，所使用之最小因數化撓曲彎矩 M_2 不得小於下式

$$M_{2,min} = P_u (1.5 + 0.03h) \qquad (8.9.1)$$

2、依構架種類(有側撐或無側撐)，利用圖 8-4-1 之連線圖，決定柱之有效長
度 kL，對有側撐構架，可保守採用 k=1.0。

3、查核所試選斷面之長細比 kL / r，評估是否需考慮該桿件之長細柱效應。

4、計算當量彎矩係數 C_m

$$C_m = 0.6 + 0.4 \frac{M_1}{M_2} \geq 0.4 \text{ ，其中} |M_2| \geq |M_1| \tag{8.9.2}$$

若桿件為單曲線變形則 $\frac{M_1}{M_2}$ 為正，若為雙曲線變形則為負，當柱有承受
桿件上之側向載重時，$C_m = 0.1$

5、計算 β_d，EI 及 P_c
EI 取下列二式之大值

$$EI = \frac{0.2E_c I_g + E_s I_{se}}{1 + \beta_d} \tag{8.9.3}$$

$$EI = \frac{0.4E_c I_g}{1 + \beta_d} \tag{8.9.4}$$

$$\beta_d = \frac{\text{因數化持續載重}}{\text{因數化總載重}} \tag{8.9.5}$$

$$P_c = \frac{\pi^2 EI}{(kL)^2} \tag{8.9.6}$$

6、計算彎矩放大係數 δ_{ns}，及放大彎矩 M_c

$$\delta_{ns} = \frac{C_m}{1 - P_u / (0.75P_c)} \geq 1 \tag{8.9.7}$$

$$M_c = \delta_{ns} \cdot M_2 \tag{8.9.8}$$

注意上列式中 M_2 必須滿足公式(8.9.1)【$M_{2,min}$】之規定。

7、利用前章短柱理論，檢核該斷面在設計軸力 P_u 及 $M_u = M_2$ 作用下是否恰
當。

8、如果斷面不恰當，則重複第 2 至第 6 步驟一直到斷面合適為止。

例 8-9-1

一有側撐構架，如圖 8-9-1 所示。已知柱尺寸為 $45 \times 45\,\mathrm{cm}$ 之方形柱，使用 10-#7 主筋，梁尺寸 $35 \times 60\,\mathrm{cm}$，材料之 $f'_c = 280\ \mathrm{kgf/cm^2}$、$f_y = 4200\ \mathrm{kgf/cm^2}$，$L_c = 450\,\mathrm{cm}$，假設 60 % 之軸向荷重為持續荷重，試檢核柱 A 之適用性。柱 A 所受內力如下：$P_D = 80.36\ \mathrm{t}$，$P_L = 53.57\ \mathrm{t}$，$M_{1D} = 4.28\ \mathrm{t\text{-}m}$，$M_{1L} = 2.86\ \mathrm{t\text{-}m}$，$M_{2D} = 4.82\ \mathrm{t\text{-}m}$，$M_{2L} = 3.22\ \mathrm{t\text{-}m}$

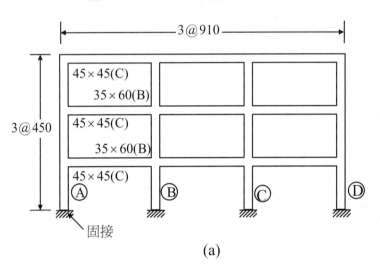

(a)

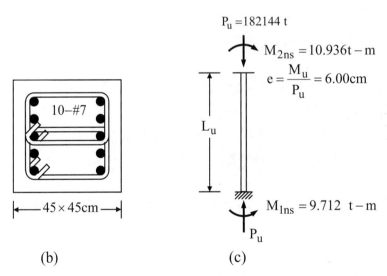

(b)　　　　　　　　(c)

圖 8-9-1　構架及柱配筋圖

<解>

已知該柱為 $45 \times 45\,cm$ 之方形柱

$$P_u = 1.2P_D + 1.6P_L = 182.144 \quad t$$

$$M_u = M_{2ns} = 1.2M_{2D} + 1.6M_{2L}$$

$$= 1.2 \times 4.82 + 1.6 \times 3.22 = 10.936 \quad t\text{-m}$$

則　$e = \dfrac{M_u}{P_u} = \dfrac{10.936 \times 10^2}{182.144} = 6.00 \quad cm$

$$M_{2,min} = P_u(1.5 + 0.03h)$$

$$= 182.144(1.5 + 0.03 \times 45)$$

$$= 519.11 \quad t\text{-cm}$$

$$= 5.19 \quad t\text{-m} < M_u = 10.936 \quad t\text{-m}$$

∴ 使用 $M_2 = M_u = 10.936 \quad t\text{-m}$

該構架為有側撐構架，可保守估計使用 $k = 1.0$ ，柱無側撐長度

$$L_u = 450 - 60 = 390\,cm$$

則　$\dfrac{kL_u}{r} = \dfrac{390}{0.3 \times 45} = 28.89$

$$34 - 12\dfrac{M_1}{M_2} = 34 - 12 \times \dfrac{9.712}{10.936} = 23.34 \quad < \dfrac{kL_u}{r}$$

∴ 需考慮細長比影響

計算 C_m ：

$$C_m = 0.6 + 0.4\dfrac{M_1}{M_2} = 0.6 + 0.4\dfrac{9.712}{10.936} = 0.955$$

計算 EI ：

$$E_c = 15000\sqrt{f_c'} = 15000 \times \sqrt{280} = 250998 \quad kgf/cm^2$$

$$I_g = \dfrac{bh^3}{12} = \dfrac{45 \times 45^3}{12} = 341719 \quad cm^4$$

$$I_{se} = 2 \times 5 \times 3.871 \times [(45 - 2 \times 6)/2]^2 = 10539 \quad cm^4$$

$$EI = 0.2E_cI_g + E_sI_{se}$$

$$= 0.2 \times 250998 \times 314719 + 2.04 \times 10^6 \times 10539$$

$$= 3.730 \times 10^{10} \quad kgf\text{-}cm^2$$

$$EI = 0.4E_cI_g$$

$$= 0.4 \times 250998 \times 314719 \quad kgf\text{-}cm^2$$

$$= 3.160 \times 10^{10} \quad kgf\text{-}cm^2$$

$$\therefore 使用 EI = 3.730 \times 10^{10} \quad kgf\text{-}cm^2$$

$$\beta_d = \frac{靜載重}{全載重} = 0.6$$

$$\frac{EI}{1+\beta_d} = \frac{3.730 \times 10^{10}}{1+0.6} = 2.331 \times 10^{10} \quad kgf\text{-}cm^2$$

$$P_c = \frac{\pi^2 EI}{(kL_u)^2}$$

$$= \frac{\pi^2 \times 2.331 \times 10^{10}}{(390)^2}$$
$$= 1512560 \text{ kgf}$$
$$= 1512.56 \text{ t}$$

因　$P_u = 182.144 \quad t$

故　$\dfrac{P_u}{0.75 P_c} = \dfrac{182.144}{0.75 \times 1512.56} = 0.161$

計算放大係數 δ_{ns}：

$$\delta_{ns} = \frac{C_m}{1 - \dfrac{P_u}{0.75 P_c}} \geq 1.0$$

$$\delta_{ns} = \frac{0.955}{1 - 0.161} = 1.138 \quad > 1.0$$

放大彎矩 $M_c = \delta_{ns} M_2 = 1.138 \times 10.936 \quad t\text{-}m$
$$= 12.44 \text{ t-m}$$

所以設計軸力 $P_u = 182.144 \text{ t}$ ，　設計彎矩 $M_u = 12.44 \quad t\text{-}m$

$$r = \frac{45-12}{45} = 0.73$$

$$A_s = 10 \times 3.871 = 38.71 \text{ cm}^2$$

$$\rho_g = \frac{38.71}{45 \times 45} = 0.0191$$

假設 $\phi = 0.65$

則 $K_n = \dfrac{P_n}{f_c' A_g} = \dfrac{P_u}{\phi f_c' A_g} = \dfrac{182.144}{0.65 \times 280 \times 45 \times 45} = 0.494$

由圖 7-5-6(f)及(g)得

當 $r = 0.7$ 時　$R_n = 0.180$

當 $r = 0.8$ 時　$R_n = 0.195$

$\therefore$ 當 $r = 0.73 \Rightarrow R_n = 0.185$

$$\therefore \frac{M_n}{f_c' A_g h} = 0.185$$

$$M_n = 0.185 \times 280 \times 45 \times 45 \times 45 = 4720275 \quad \text{kgf-cm}$$
$$= 47.20 \quad \text{t-m}$$

由圖 7-5-6(f)及(g)得知 $\phi = 0.65$

$\therefore M_u = \phi M_n = 0.65 \times 47.20 = 30.68 \quad \text{t-m} \quad > 12.44 \quad \text{t-m} \qquad OK\#$

二、 有側移構架(無側撐構架)

基本上在有側移構架中，由於樓板在平面上剛性較大，因此位於同一樓層的柱在產生側向位移變形時，是整層樓同時發生。因此在評估長細比效應時，必須整層樓同時評估。但是也有一種可能就是在無側撐構架中，單一柱可能會在重力載重下產生壓屈，在這種情況下，該柱會被同層樓其它勁度較大之柱(Stiffer Columns)所支撐，一直到整層樓之柱產生側移壓屈。因此在無側撐構架中之柱，在檢討其長細比效應時，仍須考慮在重力載重而無側位移情況下之彎矩放大效應。

在 ACI 設計法中，把載重分成兩類，一為不會產生側移之載重，一為會產生側移之載重，前者一般指的是靜載重及活載重等之重力方向載重，後者指的是一般風力及地震力等之水平側向載重。因此在 ACI 設計法中，結構分析必須分兩次進行。一次是針對不會產生側移的載重，分析所得彎矩稱為 M_{ns}，另一是針對會產生側移的載重，分析所得稱為 M_s。構架承受有側移載重時，最大放大彎矩(Magnified Moments)一般發生在柱兩端，而承受無側移載重時，其最大放大彎矩一般發生在柱內某一位置處(視柱兩端束制情況而定)。因此最大彎矩發生位置，在兩種載重情形下是產生在不同位置。而在大部分情況下，當考慮有側移之放大係數時，無側移之放大係數可不用考慮。也就是一般情況下，桿件產生之最大彎矩應不會超過放大之有側移彎矩加上未放大無側移彎矩。ACI 規定如下：

$$M_1 = M_{1ns} + \delta_s M_{1s} \tag{8.9.9}$$

$$M_2 = M_{2ns} + \delta_s M_{2s} \tag{8.9.10}$$

式中：

M_1：桿件端最小彎矩。

M_2：桿件端最大彎矩。

M_{1ns}：無側移載重下，以彈性分析所得桿件端最小因數化彎矩。

M_{2ns}：無側移載重下，以彈性分析所得桿件端最大因數化彎矩。

M_{1s}：有側移載重下，以彈性分析所得桿件端最小因數化彎矩。

M_{2s}：有側移載重下，以彈性分析所得桿件端最大因數化彎矩。

δ_s：無側撐構架中柱彎矩之放大係數

放大係數 δ_s 的計算如下：

$$\delta_s = \frac{1}{1-Q} \geq 1.0 \tag{8.9.11}$$

$$Q = \frac{\Sigma P_u \Delta_0}{V_u L_c} \tag{8.9.12}$$

式中：ΣP_u：該層垂直載重之總和

Δ_0：在層間剪力 V_u 之作用下，該層之層間側向變位量。

V_u：該層之層間剪力

L_c：該層之層高（梁心到梁心）

當上式中之 Q 小於 0.05 時，依規範規定，該構架可視為有側撐構架，也就是忽略 δ_s 之影響。如果上式計算得之 δ_s 大於 1.5 或 Q 大於 1/3，則必須使用二階分析來得到 $\delta_s M_s$ 之值，或是改用下列公式計算 δ_s 之值：

$$\delta_s = \frac{1}{1 - \dfrac{\sum P_u}{0.75 \sum P_c}} \geq 1.0 \tag{8.9.13}$$

$$P_c = \frac{\pi^2 EI}{(kL_u)^2}$$

式中：ΣP_u：該層垂直因數化載重之總和

ΣP_c：該層所有抵抗側力柱之 ΣP_c 值之總和

L_u：柱之無側撐長度

EI 值應取取下列二式之大值

$$EI = \frac{0.2E_c I_g + E_s I_{se}}{1 + \beta_d} \tag{8.9.14}$$

或　$$EI = \frac{0.4E_c I_g}{1 + \beta_d} \tag{8.9.15}$$

式中β_d的值在無側移及有側移構架中之定義並不完全相同，對無側移構架β_d為最大設計軸向持續載重與設計軸向全載重之比值。對有側位移構架，為該層最大設計側向持續剪力與設計側向全部剪力之比值。

　　除了上述的放大彎矩之考量外，ACI同時還要求在最大的因數化垂直載重（也就是 1.4DL+1.7LL）作用下，必須檢核整體結構的穩定性，其方法有下列三種：

1、當$\delta_s M_s$是直接由二階之構架分析得到時，也就是有使用二階構架分析時，在放大垂直載重（1.4DL+1.7LL）外，再加上水平載重時，其二階分析所得之側向變位量不得超過一階分析之側向變位量之2.5倍（在相同之載重情況下）。

$$\frac{\Delta_{u,2nd}}{\Delta_{u,1st}} \leq 2.5$$

2、當δ_s是由公式$\delta_s = \dfrac{1}{(1-Q)}$計算得到者，而其$\Sigma P_u$是以加載（1.4DL+1.7LL）之載重組合，此時其 Q 值不得超過 0.6，也就是$Q = \dfrac{\Sigma P_u \Delta_0}{V_u L_c} \leq 0.60$，事實上值之限制相當於限制$\delta_s \leq 2.5$。

3、當δ_s是由公式$\delta_s = \dfrac{1}{[1 - \Sigma P_u/(0.75\Sigma P_c)]}$計算得到者，而其$\Sigma P_u$及$\Sigma P_c$是以加載（1.4DL+1.7LL）之載重組合，此時其δ_s值必需為正數，且不得超過 2.5，也就是$\delta_s = \dfrac{1}{1 - \dfrac{\Sigma P_u}{0.75\Sigma P_c}} \leq 2.5$。

以下為計算無側撐構架中柱受有側移載重時之放大彎矩步驟：

1、 在側向工作載重下進行一階構架分析，以得到未含因數化係數之有側移彎矩，然後依規範規定乘上相對應之載重因數（依 ACI-9.2 節規定或我國設計規範 2.4 節規定），以得到側向因數化載重下之構件端彎矩M_s。同時計算各層之層間變位角Δ_0/L_c並與規範之規定值比較。在這一步驟的分析中，垂直載重（靜載重及活載重）尚未加到構架上。

2、 在垂直因數化載重下（1.4DL+1.7LL）進行一階構架分析，以得到彎矩M_{ns}。

3、 計算每一層之 Q 值

$$Q = \frac{\Sigma P_u \Delta_0}{V_u L_c} \tag{8.9.16}$$

上式中 ΣP_u 是由步驟 2 得到，V_u 是該層之放大剪力，Δ_0 是該層的層間變位值，計算 Δ_0 時，柱之 EI 值必須根據規範規定考慮開裂斷面的影響，也就是使用 0.70EI。V_u 及 Δ_0 的計算必須使用相同的載重條件，不管是使用工作載重或放大載重。如果 $0.05 \le Q \le 0.33$，則

$$\delta_s = \frac{1}{1-Q} \ge 1.0 \tag{8.9.17}$$

4、 計算在垂直載重及側向載重作用下之最大設計載重

$P_u =$ 垂直放大載重

$$M_1 = M_{1ns} + \delta_s M_{1s} \tag{8.9.18}$$

$$M_2 = M_{2ns} + \delta_s M_{2s} \tag{8.9.19}$$

式中：

P_u : 在步驟 2 中所得之構件軸力

M_{1ns} : 在步驟 2 中所得之構件兩端之較小彎矩

M_{2ns} : 在步驟 2 中所得之構件兩端之較大彎矩

M_{1s} : 在步驟 1 中所得之構件兩端之較小彎矩

M_{2s} : 在步驟 1 中所得之構件兩端之較大彎矩

δ_s : 彎矩放大係數

　　對於有側移構架考慮細長柱效應時之分析或設計步驟，除了上述計算放大彎矩不同外，其餘皆與前述無側移構架之分析設計步驟大致相同。

例 8-9-2

同例題 8-9-1 之構架，如爲一無側撐構架，柱 A 及柱 D 在靜載重、活載重及風力個別作用下之受力情形如下： $P_D = 80.36$ t、 $M_{1D} = 4.28$ t-m、 $M_{2D} = 4.82$ t-m、 $P_L = 53.57$ t、 $M_{1L} = 2.86$ t-m、 $M_{2L} = 3.22$ t-m、 $P_w = \pm 15$ t、 $V_w = 8.3$ t、 $M_{1w} = 12.5$ t-m、 $M_{2w} = 25.0$ t-m。柱 B 及柱 C 之受力情形如下： $P_D = 160.72$ t、 $P_L = 107.1$ t、 $P_w = \pm 5$ t、 $V_w = 16.6$ t。如果第一層柱(內、外柱相同)之配筋如圖 8-9-2 所示，使用 10-#10 主筋，請依 ACI 規範，檢核柱 A 之適用性。材料之 $f_c' = 280$ kgf/cm^2、 $f_y = 4200$ kgf/cm^2，假設因數化持續載重佔全載重之 60%。

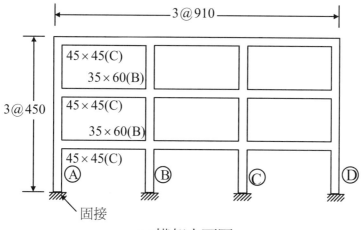

(a)構架立面圖

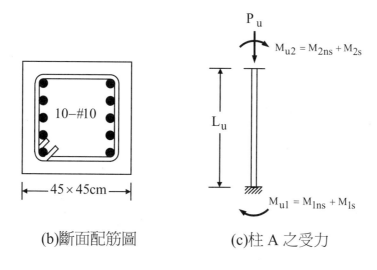

(b)斷面配筋圖　　　(c)柱 A 之受力

圖 8-9-2　無側撐構架

＜解＞

在風力作用下其控制載重組合可能如下：

1、1.2D+1.0L+1.6W

2、0.9D+1.6W

由題目已知內力情況判斷，應為第一種載重組合控制設計。

垂直軸力：(風力因左右柱互相抵不計入)

柱 A 及 D： $P_u = 1.2 \times 80.36 + 1.0 \times 53.57 = 150.0$　t

柱 B 及 C： $P_u = 1.2 \times 160.72 + 1.0 \times 107.1 = 300.0$　t

$\sum P_u = 150.0 \times 2 + 300.0 \times 2 = 900.0$　t

$$E_c = 15000\sqrt{f'_c} = 250998 \quad kgf/cm^2$$

梁斷面慣性矩，依 ACI 規定取 $I = 0.35I_g$

$$I = 0.35 \times \frac{35 \times 60^3}{12} = 220500 \quad cm^4$$

柱斷面面積慣性矩：

$$I_g = \frac{45 \times 45^3}{12} = 341719 \quad cm^4$$

$$I_{se} = 5 \times 2 \times 8.143 \times [(45 - 6 \times 2)/2]^2 = 22169 \quad cm^4$$

$$EI = 0.2E_cI_g + E_sI_{se}$$

$$= 0.2 \times 250998 \times 341719 + 2.04 \times 10^6 \times 22169$$

$$= 6.238 \times 10^{10} \quad kgf\text{-}cm^2$$

$$EI = 0.4E_cI_g$$

$$= 0.4 \times 250998 \times 341719 \quad kgf\text{-}cm^2$$

$$= 3.431 \times 10^{10} \quad kgf\text{-}cm^2$$

使用 $EI = 6.238 \times 10^{10} \quad kgf\text{-}cm^2$

$$\Psi_{A(外柱頂)} = \frac{(\sum EI/L)_{col}}{(\sum EI/L)_{beam}}$$

$$= \frac{2 \times 6.238 \times 10^{10}/450}{250998 \times 220500/910} = 4.56$$

$$\Psi_{A(內柱頂)} = \frac{(\sum EI/L)_{col}}{(\sum EI/L)_{beam}}$$

$$= \frac{2 \times 6.238 \times 10^{10}/450}{2 \times 250998 \times 220500/910} = 2.28$$

固定端　$\Psi_B = 1.0$

利用連線圖，查得：

外柱　$k = 1.68$

內柱　$k = 1.48$

對柱A　$\dfrac{kL_u}{r} = \dfrac{1.68 \times 390}{0.3 \times 45} = 48.5 > 22$

所以，必須考慮細長柱效應。

$$M_{1ns} = 1.2M_{1D} + 1.0M_{1L}$$

$$= 1.2 \times 4.28 + 1.0 \times 2.86 = 8.0 \quad t\text{-}m$$

$$M_{2ns} = 1.2M_{2D} + 1.0M_{2L}$$

$$= 1.2 \times 4.82 + 1.0 \times 3.22 = 9.0 \quad \text{t-m}$$

$$M_{1s} = 1.6M_{1n} = 1.6 \times 12.5 = 20.0 \quad \text{t-m}$$

$$M_{2s} = 1.6M_{2n} = 1.6 \times 25.0 = 40.0 \quad \text{t-m}$$

因數化持續載重佔全載重之 60%

所以 $\beta_d = 0.60$

$$\frac{EI}{1+\beta_d} = \frac{6.238 \times 10^{10}}{1+0.6} = 3.899 \times 10^{10} \quad \text{kgf-cm}^2$$

外柱：

$$P_c = \frac{\pi^2 EI}{(kL_u)^2} = \frac{\pi^2 \times 3.899 \times 10^{10}}{(1.68 \times 390)^2} = 896407 \text{ kgf} = 896 \text{ t}$$

內柱：

$$P_c = \frac{\pi^2 EI}{(kL_u)^2} = \frac{\pi^2 \times 3.899 \times 10^{10}}{(1.48 \times 390)^2} = 1155049 \text{ kgf} = 1155 \text{ t}$$

$$\sum P_c = 2(896 + 1155) = 4102 \text{ t}$$

$$\frac{\sum P_u}{0.75 \sum P_c} = \frac{900}{0.75 \times 4102} = 0.2925$$

$$\delta_s = \frac{1}{1 - \dfrac{\sum P_u}{0.75 \sum P_c}} = \frac{1}{1 - 0.2925} = 1.413$$

$$\delta_s M_{2s} = 1.413 \times 40 = 56.52 \quad \text{t-m}$$

$$M_2 = M_{2ns} + \delta_s M_{2s} = 9.0 + 56.52 = 65.52 \quad \text{t-m}$$

∴設計內力：

$$P_u = 150.0 \quad \text{t}$$

$$M_u = 65.52 \quad \text{t-m}$$

假設柱為壓力控制斷面 $\phi = 0.65$

$$P_n = \frac{150.0}{0.65} = 230.8 \text{ t}$$

$$\rho_g = \frac{10 \times 8.143}{45 \times 45} = 0.04$$

$$K_n = \frac{P_n}{f'_c A_g} = \frac{230800}{280 \times 45 \times 45} = 0.407$$

$$r = \frac{45 - 12}{45} = 0.73$$

由圖 7-5-6(f)及(g)查得

$$R_n = 0.292 \quad (r = 0.7)$$
$$R_n = 0.327 \quad (r = 0.8)$$

$$\therefore 當 r = 0.73 時， R_n = 0.292 + (0.327 - 0.292) \times \frac{0.73 - 0.7}{0.8 - 0.7} = 0.303$$

$$\therefore M_n = R_n \cdot f'_c \cdot A_g \cdot h = 0.303 \times 280 \times 45 \times 45 \times 45$$
$$= 7731045 \quad kgf\text{-}cm = 77.31 \quad t\text{-}m$$

又由圖中可知本斷面確實為壓力控制斷面 $\phi = 0.65$

$$\therefore M_u = \phi M_n = 0.65 \times 77.31 \quad t\text{-}m$$
$$= 50.25 \quad t\text{-}m < 65.52 \quad t\text{-}m$$

$\therefore$ 本斷面無法滿足規範規定。

（注意，如果不考慮細長效應，則 $M_u = 9.0 + 40.0 = 49.0 \quad t\text{-}m$，則本斷面符合規範規定）

又本斷面在 $1.4D + 1.7L$ 載重組合下之 P_u：

外柱：

$$P_u = 1.4 \times 80.36 + 1.7 \times 53.57 = 203.6 \, t$$

內柱：

$$P_u = 1.4 \times 160.72 + 1.7 \times 107.1 = 407.1 \, t$$

$$\sum P_u = 2(203.6 + 407.1) = 1221.4 \, t$$

$$\delta_s = \frac{1}{1 - \dfrac{\sum P_u}{0.75 \sum P_c}} = \frac{1}{1 - \dfrac{1221.4}{0.75 \times 4102}} = 1.658 < 2.5 \quad OK\#$$

符合 ACI 規範整體穩定性之要求。

例 8-9-3

有一無側撐構架如下圖所示，外柱 A 在工作載重下之一階線性分析所得內力為： $P_D = 160t$， $P_L = 120t$， $M_{1D} = 12.0 \, t\text{-}m$， $M_{1L} = 9.0 \, t\text{-}m$， $M_{1w} = 21.0 \, t\text{-}m$， $M_{2D} = 12.0 \, t\text{-}m$， $M_{2L} = 9.0 \, t\text{-}m$， $M_{2w} = 21.0 \, t\text{-}m$。 $f'_c = 280 kgf / cm^2$， $f_y = 4200 kgf / cm^2$，柱為方形柱，鋼筋為四側平均配置。使用 $\rho_g \approx 0.02$，持續載重為全部靜載重。試依 ACI 相關規定設計此柱。(在垂直載重下假設內柱軸力皆為外柱軸力之兩倍)。

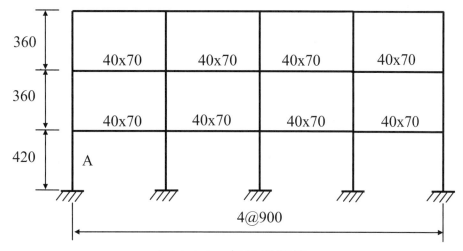

$$360$$

$$360$$

$$420$$

A

4@900

圖 8-9-3　無側撐構架

<解>

　　載重有靜載重、活載重及風力載重,因此可能控制之載重組合
為:

　　(1)$1.2D + 1.0L + 1.6W$

　　(2)$0.9D + 1.6W$

載重組合(1):

　　$P_u = 1.2 \times 160 + 1.0 \times 120 + 0 = 312$ t

　　$M_{u1} = M_{u2} = 1.2 \times 12 + 1.0 \times 9.0 + 1.6 \times 21.0 = 57$　t-m

載重組合(2):

　　$P_u = 0.9 \times 160 + 0 = 144$ t

　　$M_{u1} = M_{u2} = 0.9 \times 12 + 1.6 \times 21 = 44.4$　t-m

由上述內力判斷應為第一種載重組合控制設計。設計內力:

　　$P_u = 312$ t

　　$M_u = 57$　t-m

假設 $\phi = 0.65$

　　則 $P_n = 312 / 0.65 = 480$ t

　　$M_n = 57 / 0.65 = 87.69$　t-m

　　$e = M_n / P_n = 87.69 / 480 = 0.183$

由圖 7-5-5(f)(r=0.8)

當 $h = 60$ cm $\Rightarrow e / h = 0.305$,$\rho_g = 0.02$,得$K_n = 0.56$

$$\therefore A_g = \frac{P_n}{f'_c K_n} = \frac{480 \times 10^3}{280 \times 0.56} = 3061 \text{ cm}^2 \Rightarrow 56 \times 56$$

試用 $60\text{cm} \times 60\text{cm}$ 柱斷面：

$$r = \frac{60-12}{60} = 0.80$$

$$K_n = \frac{480 \times 10^3}{280 \times 60 \times 60} = 0.476$$

$$R_n = \frac{M_n}{f'_c A_g h} = \frac{87.69 \times 10^5}{280 \times 60^2 \times 60} = 0.145$$

由圖 7-5-5(g)，得 $\rho_g = 0.012$

$$\therefore A_s = 0.012 \times 60 \times 60 = 43.2 \text{ cm}^2$$

使用 12-#8，$A_s = 5.067 \times 12 = 60.804 \text{ cm}^2$

$$\rho_g = 0.0169$$

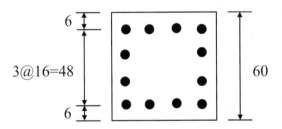

檢核二次效應：$E_c = 15000\sqrt{280} = 250998$ kgf/cm^2

梁斷面面積慣性矩，依 ACI 規定取 $I = 0.35 I_g$

$$I = 0.35 \times \frac{40 \times 70^3}{12} = 400167 \text{ cm}^4$$

柱斷面面積慣性矩：

$$I_g = \frac{60 \times 60^3}{12} = 1080000 \text{ cm}^4$$

$$I_{se} = 4 \times 5.067 \times [(60 - 6 \times 2)/2]^2 \times 2 + 2 \times 5.067 \times 8^2 \times 2$$
$$= 24646 \text{ cm}^4$$

$$EI = 0.2 E_c I_g + E_s I_{se}$$

$$= 0.2 \times 250998 \times 1080000 + 2.04 \times 10^6 \times 24646$$

$$= 1.045 \times 10^{11} \quad \text{kgf-cm}^2$$

$$\text{EI} = 0.4\,\text{E}_c\text{I}_g = 0.4 \times 250998 \times 1080000$$

$$= 1.084 \times 10^{11} \quad \text{kgf-cm}^2$$

使用 $\text{EI} = 1.084 \times 10^{11} \quad \text{kgf-cm}^2$

外柱：

$$\psi_A = \frac{\left(\sum \text{EI}/\text{L}\right)_{col}}{\left(\sum \text{EI}/\text{L}\right)_{beam}} = \frac{1.084 \times 10^{11}/420 + 1.084 \times 10^{11}/360}{250998 \times 400167/900} = 5.01$$

內柱：

$$\psi_A = \frac{1.084 \times 10^{11}/420 + 1.084 \times 10^{11}/360}{2 \times 250998 \times 400167/900} = 2.51$$

$\psi_B = 1.0$ （固定端）

利用連線圖查得：

外柱： k=1.71

內柱： k=1.51

$$\therefore \text{kL}/\text{r} = \frac{1.71 \times (420 - 70)}{0.3 \times 60} = 33.25 > 22$$

∴必須考慮細長柱效應。

$$M_{1ns} = 1.2M_{1D} + 1.0M_{1L}$$

$$= 1.2 \times 12.0 + 1.0 \times 9.0 = 23.4 \quad \text{t-m}$$

$$M_{2ns} = 1.2M_{2D} + 1.0M_{2L}$$

$$= 1.2 \times 12.0 + 1.0 \times 9.0 = 23.4 \quad \text{t-m}$$

$$M_{1s} = 1.6M_{1w} = 1.6 \times 21 = 33.6 \quad \text{t-m}$$

$$M_{2s} = 1.6M_{2w} = 1.6 \times 21 = 33.6 \quad \text{t-m}$$

$$\beta_d = \frac{1.2P_D}{1.2P_D + 1.0P_L + 1.6P_w} = \frac{1.2 \times 160}{312} = 0.615$$

柱修正 EI 值：

$$\frac{\text{EI}}{1 + \beta_d} = \frac{1.084 \times 10^{11}}{1.615} = 6.712 \times 10^{10} \quad \text{kgf-cm}^2$$

外柱：

$$\therefore P_c = \frac{\pi^2 \text{EI}}{\left(\text{kL}_u\right)^2} = \frac{\pi^2 \times 6.712 \times 10^{10}}{\left(1.71 \times 350\right)^2} = 1849368 \text{ kgf} = 1849 \text{ t}$$

內柱：

$$\therefore P_c = \frac{\pi^2 \text{EI}}{\left(\text{kL}_u\right)^2} = \frac{\pi^2 \times 6.712 \times 10^{10}}{\left(1.51 \times 350\right)^2} = 2371711 \text{ kgf} = 2372 \text{ t}$$

$$\sum P_c = 1849 \times 2 + 2372 \times 3 = 10814 \quad t$$

$$\sum P_u = 1.2 \times (160 \times 2 + 320 \times 3) +$$
$$1.0 \times (120 \times 2 + 240 \times 3) = 1.2 \times 1280 + 1.0 \times 960 = 2496 \quad t$$

$$\frac{\sum P_u}{0.75 \sum P_c} = \frac{2496}{0.75 \times 10814} = 0.308$$

$$\delta_s = \frac{1}{1 - \dfrac{\sum P_u}{0.75 \sum P_c}} = \frac{1}{1 - 0.308} = 1.445$$

$$M_2 = M_{2ns} + \delta_s \cdot M_{2s}$$
$$= 23.4 + 1.445 \times 33.6 = 71.95 \quad t\text{-}m$$

∴考慮細長效應後之設計內力：

$$P_u = 312 \quad t$$

$$M_u = 71.95 \quad t\text{-}m$$

假設為壓力控制斷面，$\phi = 0.65$

$$P_n = 312 / 0.65 = 480 \quad t$$

$$M_n = 71.95 / 0.65 = 110.69 \quad t\text{-}m$$

$$r = \frac{60 - 12}{60} = 0.8$$

$$K_n = \frac{P_n}{f_c' A_g} = \frac{480000}{280 \times 60 \times 60} = 0.476$$

$$\rho_g = 0.0169$$

查圖 7-5-5(g)得

$$R_n = 0.163$$

$$\therefore M_n = R_n f_c' A_g h = 0.163 \times 280 \times 60^2 \times 60 = 9858240 \quad kgf\text{-}cm$$
$$= 98.58 \quad t - m < 110.69 \quad t - m \quad NG$$

如果改用 12-#9 $A_s = 12 \times 6.469 = 77.628 \quad cm^2$

$$\rho_g = 0.0216$$

則 $I_{se} = 4 \times 6.469 \times [(60 - 12)/2]^2 \times 2 + 2 \times 6.469 \times 8^2 \times 2 = 31465 \quad cm^4$

$$EI = 0.2 E_c I_g + E_s I_{se}$$
$$= 0.2 \times 250998 \times 1080000 + 2.04 \times 10^6 \times 31465$$
$$= 1.184 \times 10^{11} \quad kgf\text{-}cm^2$$
$$EI = 0.4 E_c I_g = 0.4 \times 250998 \times 1080000$$

$$= 1.084 \times 10^{11} \ \text{kgf-cm}^2$$

使用 $EI = 1.184 \times 10^{11}$

內柱： $\psi = \dfrac{(1.184 \times 10^{11} / 420) + (1.184 \times 10^{11} / 360)}{250998 \times 400167 / 900} = 5.47$

外柱： $\psi = 2.74$

∴外柱　K=1.73

　內柱　K=1.53

柱修正 EI：

$$\frac{EI}{1 + \beta_d} = \frac{1.184 \times 10^{11}}{1.615} = 7.331 \times 10^{10}$$

外柱： $P_c = \dfrac{\pi^2 EI}{(kL)^2} = \dfrac{\pi^2 \times 7.331 \times 10^{10}}{(1.73 \times 350)^2} = 1973489 \ \text{kgf} = 1973 \ t$

內柱： $P_c = \dfrac{\pi^2 \times 7.331 \times 10^{10}}{(1.53 \times 350)^2} = 2523155 \ \text{kgf} = 2523 \ t$

$\sum P_c = 1973 \times 2 + 2523 \times 3 = 11515 \ t$

$\dfrac{\sum P_u}{0.75 \sum P_c} = \dfrac{2496}{0.75 \times 11515} = 0.289$

$\delta_s = \dfrac{1}{1 - 0.289} = 1.406$

∴ $M_2 = M_{2ns} + \delta_s M_{2s} = 23.4 + 1.406 \times 33.6 = 70.64 \ \text{t-m}$

∴設計內力：

$P_u = 312 \ t$

$M_u = 70.64 \ \text{t-m}$

設 $\phi = 0.65$

$P_n = 480 \ t$

$M_n = 108.68 \ \text{t-m}$

$K_n = 0.476$

$\rho_g = 0.0216$

查圖 7-5-5(g)，得 $R_n = 0.185$

∴ $M_n = 0.185 \times 280 \times 60^2 \times 60 = 11188800 \ \text{kgf-cm} = 111.89 \ \text{t-m}$

由圖 7-5-5(g)，得知 $\phi = 0.65$ 　　OK#

∴ $M_u = \phi M_n = 0.65 \times 111.89 \ \text{t-m}$

$$= 72.73 \text{ t-m} > M_u = 70.64 \text{ t-m} \qquad \text{OK\#}$$

最後使用斷面如下：

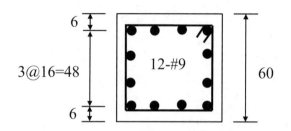

又本斷面在 1.4P+1.7L 載重組合下之 $\sum P_u$：

$$\sum P_u = 1.4 \times 1280 + 1.7 \times 960 = 3424 \text{ t}$$

$$\delta_s = \frac{1}{1 - \dfrac{\sum P_u}{0.75 \sum P_c}} = \frac{1}{1 - \dfrac{3424}{0.75 \times 11515}} = 1.66 < 2.5$$

∴符合 ACI 規範整體穩定性之要求。

參考文獻

8.1　中國土木水利工程學會，混凝土工程設計規範與解說，土木 401-93，混凝土工程委員會，科技圖書股份有限公司，民國 93 年 12 月。

8.2　ACI Committee 318, Building Code Requirements for Structural Concrete (ACI 318-02) and Commentary (ACI 318R-02, American Concrete Institute, 2002.

8.3　Euler, L., "De Curris Elasticis, Lausanne and Geneva," 1744, pp267-268 & "Surle Force de Colonnes," Memoires de l'Academie Royale des Sciences et Belles Lettres, Vol. 13, 1759, Berlin.

8.4　E. Hognestad, "A Study of Combined Bending and Axial Load in Reinforced Concrete Members," U. of Illinois Engr. Experimental Station, Bulletin Series No. 399, Nov. 1951.

8.5　AISC, Manual of Steel Construction-Allowable Stress Design, 9th Ed., AISC,1989.

8.6　內政部營建署編輯委員會，鋼構造建築物鋼結構設計技術規範(一)鋼結構容許應力設計規範及解說，營建雜誌社。

8.7　Thomas C. Kavanagh., "Effective Length of Framed Columns," Transactions ASCE, 127, Part III, 1962.

8.8　Galambos, T. V., Ed. Guide to Stability Design Criteria for Metal Structures 4rd Ed., Structural Stability Research Council, John Wiley & Sons, 1988.

8.9　O.G. Julian & L.S. Lawrence, "Notes on J and L Nomograms for Determination of Effective Lengths," Unpublished, 1959.

8.10　BSI, Code of Practice for Structural Use of Concrete, Part 1, Design Materials and Workmanship, CP110: Part 1, Nov. 1972, British Standards Institution, London, 1972.

8.11　Cranston, W.B., "Analysis and Design of Reinforced Concrete Columns," Research Report No. 20, Paper 41.020, Cement and Concrete Association, London, 1972.

8.12　R.W. Furlong, "Columns slenderness and Chart for Design," ACI Journal, Proceedings 68, Jan. 1971.

8.13　J.E. Breen, J.G. MacGregor & E.O. Pfrang, "Determination of Effective Length Factors for Slender Concrete Columns," ACI Journal, Proceeding, 69, Nov. 1972.

8.14　E.O. Pfrang & C.P.Siess, "Behavior of Restrained Reinforced Concrete Columns," J. of the Structural Division, ASCE, 90, ST5 (Oct.1964)

8.15　E.O. Pfrang, "Behavior of Reinforced Concrete Columns with Sideway," J. of the Structural Division, ASCE, 92, ST3 (Jan.1966)

8.16　J.G. MacGregor, J.E. Breen & E.O. Pfrang, "Design of Slender Concrete Columns," ACI Journal, Proceedings, 67, Jan. 1970.

8.17　E.F. Mockry & D. Darwin, "Slender Columns Interaction Diagrams," Concrete International 4, June 1982.

8.18　PCA, Design constant for Rectangular Long Columns, Advanced

Engineering Bulletin No. 12, Skokie, Ill.; Portland Cement Association, 1964.

8.19 A.L. Parme, "Capacity of Restrained Eccentrically Loaded Long columns," Symposium on reinforced Concrete Columns, Detroit, ACI, 1966.

8.20 AISC, "Manual of Steel Construction, Load & Resistance Factor Design," 2nd Ed., AISC, 1994.

8.21 ACI, Building Code Requirements for Reinforced Concrete and Commentary, American Concrete Institute, 1989.

8.22 C.K. Wang & C.G. salmon, Reinforced Concrete Design, 6th Ed., 1998, Addison Wesley Educational Publishers, Inc.

8.23 Charles Massonnet, "Stability Consideration in the design of Steel Columns," J. of the structural Division, ASCE, 85, ST7, Sept. 1959.

8.24 J.G. MacGregor & S.E. Hage, "Stability Analysis and Design of Concrete Frames," J. of the Structural Division, ASCE, 103, ST10, Oct. 1977.

習題

8.1 何謂柱之有效長度(Effective Length)？

8.2 何謂有側撐構架(Braced Frame)？何謂無側撐構架(Unbraced Frame)？

8.3 何謂長細比(Slenderness Ratio)？

8.4 何謂一階構架分析(First-Order Structural Analysis)？
何謂二階構架分析(Second-Order Structural Analysis)？

8.5 何謂二次彎矩(Secondary Bending Moment)？在構件允許端點位移及不允許端點位移情形下，其所代表意義有何不同？

8.6 何謂彎矩放大係數 δ_{ns} 及 δ_s。

8.7 有一無側撐構架如下圖所示，求柱 A～F 之有效長度？

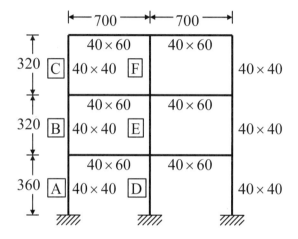

8.8 在習題 8.8 中之構架如為無側撐構架，則柱 A～F 之有效長度為何？

8.9 有一平面構架如下圖所示，試判斷柱 A 及柱 B 是屬於短柱或細長柱，如果(a)該構架為無側撐構架，(b)該構架為有側撐構架。

$f_c' = 210\,kgf/cm^2$，柱 A 及柱 B 所受撓曲作用力如下右圖所示。

8.10 如下圖之柱斷面，其受力情形如下：P_D=80 t，M_{1D}=4.0 t-m，M_{2D}=2.0 t-m ，P_L=45 t，M_{1L}=7.0 t-m，M_{2L}=3.5 t-m。如果該柱位於有側撐構架內，其有效長度 KL_u = 5.5公尺，請依 ACI 規則檢核該柱。$f_c' = 280 kgf/cm^2$，$f_y = 4200 kgf/cm^2$。

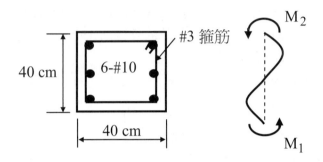

8.11 在一有側撐構架如下圖所示，如果所有梁斷面皆為 $B \times H = 50 \times 70$ ，所有柱斷面皆為 $40 \times 40 cm$，如果柱 A 之受力情形如下：P_D=65 t，M_{1D}=8.5 t-m，M_{2D}=6.0 t-m，P_L=42 t，M_{1L}=5.5 t-m，M_{2L}=3.9 t-m。柱在控制載重組合下，其變形曲線為單曲線變形。試依 ACI 規範檢核該柱之合適性。

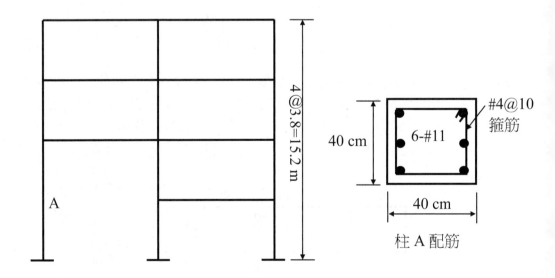

柱 A 配筋

8.12 有一無側撐構架如下圖所示，柱 A 尺寸為 50×50 cm 之方形柱，使用 12-#10 主筋四邊平均分佈，#3 箍筋，$f_c' = 280$ kgf / cm^2，$f_y = 4200$ kgf / cm^2。在一樓處之因數化載重 $\sum P_u = 1450$ t，假設因數化持續載重為全載重之 30%。整個構架梁尺寸皆為 35×60 cm，柱尺寸皆為 50×50 cm。設計控制載重組合為 $1.2D + 1.0L + 1.6W$。柱在控制載重組合下其變形曲線為單曲線變形。試依 ACI 規範檢核該柱之合適性。

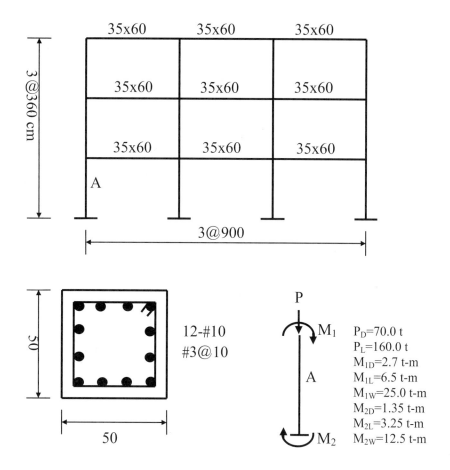

8.13 有一無側撐構架，在工作載重下內柱 A 在 1 樓線性一階分析結果之內力如下圖所示，試設計該柱(考慮細長效應)。假設全構架柱尺寸皆相同，而梁尺寸為 35×50 cm。假設所有靜載重皆為持續載重。$f_c' = 280$ kgf / cm^2，$f_y = 4200$ kgf / cm^2，柱為方形柱，張-壓兩側對應配筋。一樓所有柱之軸力和 $\sum P_D = 480$ t，$\sum P_L = 273$ t。

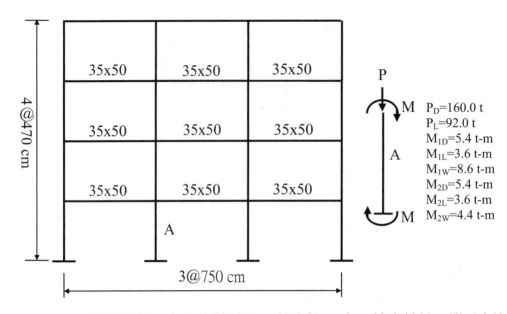

8.14 有一無側撐構架，在工作載重下，其內柱 A 在一樓之線性一階分析結果如下圖所示。試依 ACI 相關規定設計該柱。假設全構架柱尺寸皆相同，而梁尺寸為 40×60cm，假設持續載重為所有靜載重。$f_c' = 280 \text{kgf}/\text{cm}^2$，$f_y = 4200 \text{kgf}/\text{cm}^2$，柱為方形柱，四邊平均配置鋼筋，$\rho_g = 0.015$。一樓所有柱之軸力和 $\sum P_D = 1273 \text{t}$，$\sum P_L = 800 \text{t}$。

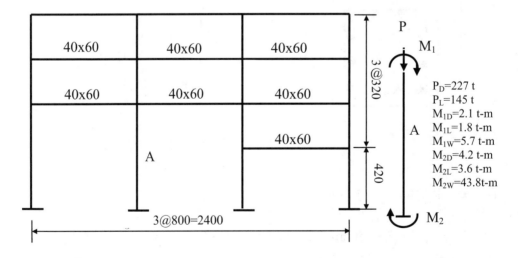

基　礎　9

9-1 概述

　　基礎為結構之主要構件之一，其主要功能係將上部結構物如柱、牆或擋土牆等之載重傳遞到土層內，因此基礎為上部結構體與其底下地層連接的介面構造，通常係指將上部結構之載重傳遞於地盤部分之總稱。

　　一般基礎底下的土壤，其承壓強度遠低於鋼筋混凝土基礎之抗壓強度，如何將上部結構的載重均勻的分佈到土層內，而不致造成基礎土壤的被壓破壞為基礎設計時首先要考慮的主要因素。在基礎設計時除了必須考慮到能將上部結構體的所有載重，包括垂直載重及水平載重順利的傳遞到地層中外，尚需考慮到上部結構能維持其應有的功能性。例如太大的總沈陷量造成了上部結構使用的不方便，太大的差異沈陷(或是所謂的不均勻沈陷)造成上部結構構件產生過大的應力及裂縫，影響結構物之承載能力及使用年限等等。因此基礎設計時，主要考慮的因素有下列四個：

1、基礎土壤承載力必需是以承擔上部結構傳遞下來的載重。如果上部結構傳遞到基礎下土壤內的應力超過土壤的承載能力則會造成土壤的破壞以致整個基礎無法承載上部結構的載重而失敗。配合現地地質條件，上部結構的型式及施工條件等等因素的考量，有各種不同型式或種類的基礎可供選擇，如擴散式基礎(Spread Foundation)，就是將載重分佈到比較大的面積上，獨立基礎，牆基礎，聯合基礎及筏式基礎等皆屬這一類的基礎，一般都為深度不大之淺基礎。另外又如樁基礎及沈箱基礎是將載重傳遞到較深的土層內，其深度較大，屬於深基礎。

2、基礎不得有過量的沈陷(Settlement)或轉動(Rotation)。當基礎底下的土壤過於疏鬆或是上部結構之載重超過土壤的承載力，則基礎就可能發生均勻的沈陷或是整個基礎產生均勻的傾斜，如果其變位值不是太大，雖然不致造成上部結構的立即性危險，但會造成使用功能上的困擾，或是潛在性的危險。史上最有名的比薩斜塔可說是其代表。我國建築技術規則建築構造篇第 78 條規定[9.1]，一般建築物其沈陷量不得超過十公分。

3、基礎必需有最小的不均勻沈陷量(Differential Settlement)。基本上，土壤並非一均質之可壓縮材料，在土壤內各不同位置的土壤性質不盡相同，在同一基地內，各基礎下的土壤性質及土層厚度也不盡相同，因此在相同的載重下，土壤被壓縮所造成的沈陷量也將會有所差異，因此也就自然存在著或多或少的不均勻沈陷，特別當基礎底下的土層變化太大時，例如，某一基礎底下的黏土層厚為二十公尺，而另一基礎底下的黏土層厚只有五公尺，或是基礎底下的土壤性質變異性太大，如某一基礎底下為砂質土壤，而另一基礎底下則為黏質土壤等等，這都可能造成太大的不均勻沈陷。這種沈陷量的產生，會直接造成上部結構的受損及破壞，這最常發生在都會區的地下深開挖，由於擋土壁的施工失敗，造成緊鄰開挖側其基礎底下土壤的流失，以致基礎的差異沈陷太大造成了許多損鄰的事件發生。我國建築技術規則基礎構造編第 78 條規定同一建築物沈陷相差兩公分以上處，均須設置接縫或將構造設計加強，使不致發生沈陷而損壞或傾斜。

4、基礎必須提供足夠的安全係數，以抵抗滑動(Sliding)及傾倒(Overturning)。當上部結構受到側向力，如地震力、風力、土壓力等作用時，這些水平載重最後還是會傳遞到基礎，因此基礎的設計除了目前所述的土壤承載力及沈陷量問題外，還需要考量的就是對水平滑動及傾倒的抵抗能力。我國建築技術規則建築構造篇第 86 條規定，抗滑動的安全係數為 1.5，而抗傾倒的安全係數一般取 2.0。

9-2 基礎的種類

配合上部結構系統的不同及基地地質狀況，通常會配合工期的需求選擇不同的基礎類型及施工方法。不同的基礎類型，除了基本上之施工方式及機具設備的不同外，其適用之設計方法也有所差異。一般基礎大致可約略分成兩大類，即淺基礎及深基礎。顧名思義，淺基礎一般適用在地質條件較好而且結構物並無傾倒或滑動的顧慮的系統上，係以擴大面積但深度較淺的方式開挖地盤，然後在地盤上直接構築基礎結構的施作方式。屬於這類施工方式之常見基礎有下列四種：

1、獨立基礎(Isolated Spread Foundation)：如圖 9-2-1(a)所示，是所有基礎中設計及施工最簡單的一種，係將柱接地處予於擴大而成，而形狀可為正方形，也可成長方形。基於其施工的便利性，在柱軸力不大或是基礎之承載力較高時，獨立基礎是有其經濟性的優點。但當柱軸力較大或是基礎之承載力較差時，可能會因為所需擴大面積太大以致失去了其經濟性。由獨立基礎由於是個別獨立，因此對於抵抗不均勻沈陷的能力較差，對於地質條件複雜的基地，使用此型基礎更需特別小心，如國內很多山坡地開發的建築，如其基地一部份為開挖區，而部份為回填區，此時要使用獨立基礎時，需特別慎重考慮。

2、牆基礎(Wall Foundation)：如圖 9-2-1(b)所示，又稱爲連續基礎(Continuous Foundation)或條型基礎(Strip Foundation)。當其上部結構爲一道牆，或視爲一排間距非常小的柱以致各柱之基礎相互重疊時所用的一種基礎。這一型基礎不管在施工或設計上，基本上與獨立基礎非常類似，只是在獨立基礎的基礎版其受力爲雙向，而連續基礎，基本上其基礎版受力爲單向，特別是其上部結構是牆時。

3、聯合基礎(Combined Foundation)：如圖 9-2-1(c)~(e)所示，當兩柱間距較小時，以致其基礎版相互重疊，或是因地界的關係，造成使用獨立基礎會有偏心顧慮時，可使用聯合基礎。當兩柱的軸向載重有較大差距時，此時基礎版之形狀必需加以適當的調整，使上部載重之合力位置與基礎版反力之合力位置一致，以免造成額外的偏心作用，圖 9-2-1(d)及(e)爲常用的形狀。

4、筏基(Mat Foundation)：如圖 9-2-1(f)及(g)所示，當基礎土壤之承載能力不是很高時，如果使用獨立基礎，可能造成所有基礎版都相互疊在一塊而形成一大片的基礎版。筏基版之主要組成一般視載重大小有幾種不同的組合型式，當載重較小時，最簡單者如圖 9-2-1(f)所示，完全由一塊較厚之基礎版所組成，其行爲爲一倒立之平版行爲。當載重加大時，由於平版之勁度較小，版厚可能會變得不經濟，因此一般以在柱間之版上加入筏基梁以提高基礎版之勁度，如圖 9-2-1(g)所示，此時之基礎係由筏基版與雙向之筏基梁共同組成。當筏基梁深度較大時，一般配合消防水箱的設置，會在筏基梁上方鋪上樓版，當最底層之地面版，如圖 9-2-1(h)所示，此時基礎係由較厚之底版、筏基梁及較薄之頂版所共同組成，此型之筏基具有最好之勁度。

當地盤表層的地質條件很差，無法使用前述幾種淺基礎將上部結構之載重安全傳遞到地盤內時，如台北盆地之特殊地質條件，或是基於上部結構傾倒之考慮，無法使用淺基礎時，如立體停車塔，因其結構平面尺寸不大，可能不超過十公尺，但其高度卻可高達三十六公尺，因此在地震力作用下，有一側之基礎爲受到很大的拉拔力，此時淺基礎一般無法克服拉拔力的作用，因此只有採用深基礎來克服。常用之深基礎有下列兩種：

1、樁基(Pile Foundation)：如圖 9-2-1(i)所示，樁基礎是利用各種類型的基樁如木樁、鋼管樁、場鑄 RC 樁、預鑄 PC 樁等將上部結構之載重傳遞到合適的土層內，其承載機制可能是靠樁尖的地盤的承載力，可能是靠樁身與土壤間的摩擦力，也可能是兩者之組合，端視地層狀況及設計者之理念而定。而其傳力方式可一根樁承載一根柱之載重，也可利用數根樁共同組成群樁來承載一根柱之載重，使用群樁時，樁頭需使用一塊具有相當厚度的鋼筋混凝土版或所謂的樁帽將所有樁頭連成一體。基樁的施工技術及成本皆較淺基礎來的高，近年來由於施工機具設備的改良及經驗的疊積，在台灣基樁的使用已成為相當普遍的一種基礎工法，尤其在台北盆地及一些山坡地開發的案例中，都有相當不錯的表現。基樁的最大樁徑有達 250 公分者。

2、沈箱基礎(Caisson Foundation)：如圖 9-2-1(j)及(k)所示，其傳遞載重的機制基本上與基樁類似，係利用箱體與土壤間之摩擦力及箱底之土壤承載力來達成。主要與樁基之差異在於其工法及結構體。沈箱一般為一口徑較大之中空箱體，其橫截斷面形狀可為圓形、方形、橢圓等形狀，可用單室也可使用複室箱體。其施工方式一般係先在地面製作一截箱體，在其達初期強度後以邊挖邊下沈及邊加長箱體的方式，將箱體沈到預定深度的基礎。與基樁比較起來，由於沈箱的橫斷面比基樁大很多，因此其側向勁度相對的比基樁來得大，比較能承載側向載重，沈箱用的最多的應該是橋墩的基礎。

本章的重點主要將集中在獨立基礎、牆基礎及聯合基礎，因這三種基礎的設計並不需要使用到複雜的結構分析。

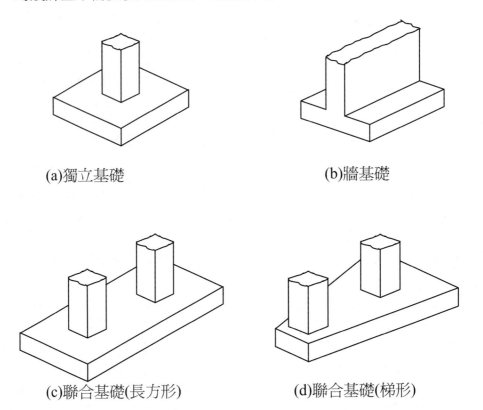

(a)獨立基礎   (b)牆基礎

(c)聯合基礎(長方形)   (d)聯合基礎(梯形)

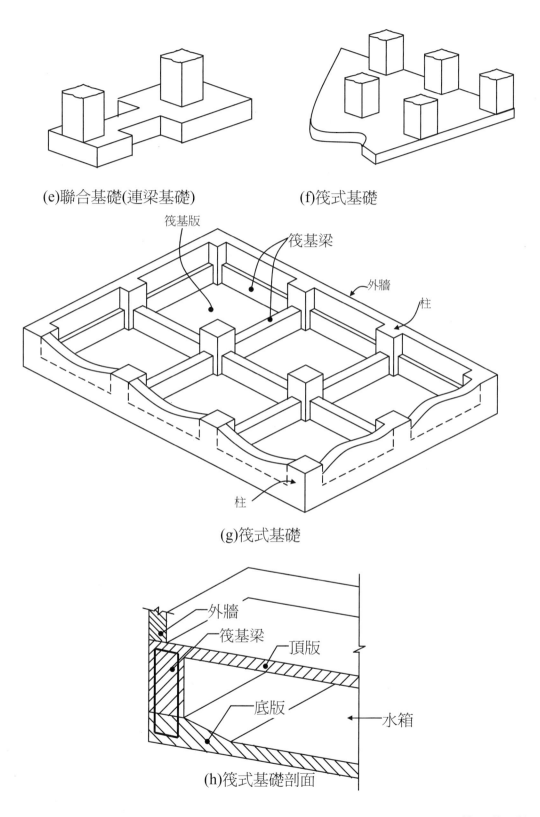

(e)聯合基礎(連梁基礎)　　　(f)筏式基礎

(g)筏式基礎

(h)筏式基礎剖面

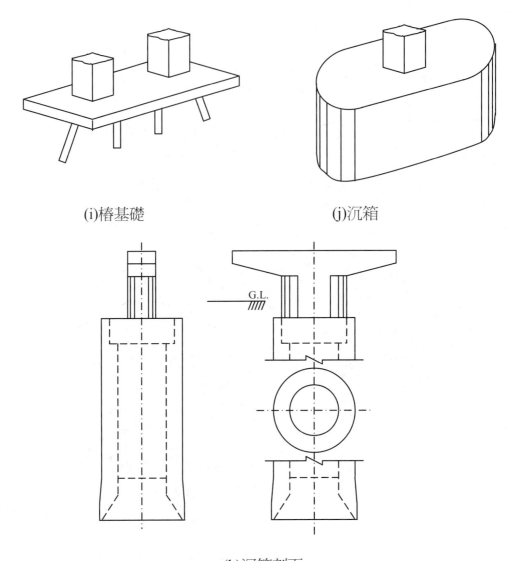

(i)樁基礎　　　　　　　　　　　　　　(j)沉箱

(k)沉箱剖面
圖 9-2-1 常見之基礎類型

9-3 地耐力

　　基礎的設計，其安全性的提供，除了基礎結構本身的強度以外，最主要的就是其下土壤之承載強度。而土壤之承載強度之評估一般都由下列兩項因素來考量：(一)上部結構之載重是否會造成基礎土壤的剪力破壞，因剪力破壞將造成基礎之下陷。(二) 上部結構之載重是否會造成基礎過大的沈陷量或過大的不均勻沈陷，以致造成上部結構體的龜裂或破壞。前者之控制因素爲土壤之抗剪強度，而後者是與土壤之變形特性有關與其抗剪強度無關。一般評估淺基礎地耐力的理論以 Terzaghi[9.2]所提供的公式使用最普遍。基礎之極限地耐力可以下式表示：

$$q_u = cN_c + r_2 D_f N_q + \frac{1}{2} r_1 B N_r \tag{9.3.1}$$

式中：N_c：凝聚力因素

$\quad\quad\quad N_q$：加載因素

$\quad\quad\quad N_r$：摩擦力因素

$\quad\quad\quad c$：基礎載重面以下土壤之凝聚力(t/m^2)

$\quad\quad\quad r_2$：基礎載重面以上土壤之單位重，如在地下水位以下者應爲在水中之土壤單位重 t/m^3

$\quad\quad\quad D_f$：基礎附近最低之地面線(GL)到基礎載重面之深度(m)

$\quad\quad\quad r_1$：基礎載重面以下土壤之單位重，如在地下水位以下者應爲水中之單位重 t/m^3

$\quad\quad\quad B$：基礎載重面之矩行短邊長度，如屬圓形則指其直徑(m)

基礎下方土壤內摩擦角 ϕ 與 N_c，N_q，N_r 之關係如表 9-3-1 所示。

表 9-3-1 土壤內摩擦角 ϕ 與 Terzaghi N_c，N_q，N_r 係數之關係表

ϕ	0	5	10	15	20	25	28	32	36	40 以上
N_c	5.3	5.3	5.3	6.5	7.9	9.9	11.4	20.9	42.2	95.7
N_q	3.0	3.4	3.9	4.7	5.9	7.6	9.1	16.1	33.6	83.2
N_r	0	0	0	1.2	2.0	3.3	4.4	10.6	30.5	114.0

建築物基礎構造設計規範[1]規定基礎之極限支承力如下：

$$q_u = cN_cF_{cs}F_{cd}F_{ci} + \gamma_2D_fN_qF_{qs}F_{qd}F_{qi} + 0.5\gamma_1BN_\gamma F_{rs}F_{rd}F_{ri} \qquad (9.3.2)$$

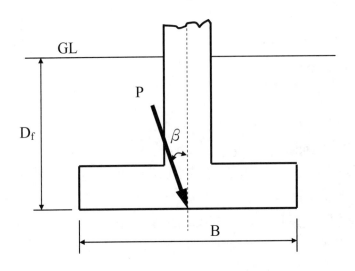

圖 9-3-1 淺基礎示意圖[1]

式內

q_u ＝極限支承力 (t/m^2)

C ＝基礎版底面以下之土壤凝聚力 (t/m^2)

γ_1 ＝基礎版底以下 B 深度範圍內之土壤平均單位重，在地下水位以下者，應爲其有效單位重 (t/m^3)

γ_2 ＝基礎版底以上之土壤平均單位重，在地下水位以下者，應爲其有效單位重 (t/m^3)

D_f ＝基礎附近之最低地面至基礎版面之深度，如鄰近有開挖，需考慮其可能之影響 (m)

B ＝矩形基腳之短邊長度，如屬圓形基腳則指其直徑 (m)

L ＝矩形基腳之長邊長度 (m)

β ＝載重方向與鉛直線之夾角(度)

N_c, N_q, N_γ ＝支承力因數，與土壤摩擦角 (ϕ) 之關係如表 9-3-2 所示

F_{cs}, F_{qs}, F_{rs} ＝形狀影響因素

F_{cd}, F_{qd}, F_{rd} ＝埋置深度影響因素

F_{ci}, F_{qi}, F_{ri} ＝載重傾斜影響因素

上述各形狀、埋置深度及載重傾斜影響因素分如表 9-3-3 所示。

表 9-3-2 支承力因數[1]

φ(度)	Nc	Nq	Nr	Nr*
0	5.3	1.0	0.0	0.0
1	5.3	1.1	0.0	0.0
2	5.3	1.1	0.0	0.0
3	5.3	1.2	0.0	0.0
4	5.3	1.3	0.0	0.0
5	5.3	1.4	0.0	0.0
6	5.3	1.5	0.0	0.0
7	5.3	1.6	0.0	0.0
8	5.3	1.7	0.0	0.0
9	5.3	1.8	0.0	0.0
10	5.3	1.9	0.0	0.0
11	5.5	2.1	0.0	0.0
12	5.8	2.2	0.0	0.0
13	6.0	2.4	0.0	0.0
14	6.2	2.5	1.1	0.9
15	6.5	2.7	1.2	1.1
16	6.7	2.9	1.3	1.4
17	7.0	3.1	1.5	1.7
18	7.3	3.4	1.6	2.0
19	7.6	3.6	1.8	2.4
20	7.9	3.9	2.0	2.9
21	8.2	4.2	2.2	3.4
22	8.6	4.5	2.4	4.1
23	9.0	4.8	2.7	4.8
24	9.4	5.2	3.0	5.7
25	9.9	5.6	3.3	6.8
26	10.4	6.0	3.6	8.0
27	10.9	6.5	4.0	9.6
28	11.4	7.1	4.4	11.2
29	13.2	8.3	5.4	13.5
30	15.3	9.8	6.6	15.7
31	17.9	11.7	8.4	18.9
32	20.9	14.1	10.6	22.0
33	24.7	17.0	13.7	25.6
34	29.3	20.8	17.8	31.1
35	35.1	25.5	23.2	37.8
36	42.2	31.6	30.5	44.4
37	51.2	39.6	41.4	54.2
38	62.5	49.8	57.6	64.0
39	77.0	63.4	80.0	78.8
40 以上	95.7	81.2	114.0	93.6

表 9-3-3　基礎極限支承力各項影響因素之計算式[1]

考慮影響項目		凝聚力(c)	超載(q)	土重(r)
形狀影響因素 (s)	$\phi = 0^0$	$F_{cs} = 1 + 0.2(\frac{B}{L}) \le 1.2$	$F_{qs} = 1.0$	$F_{rs} = 1.0$
	$\phi \ge 10^0$	$F_{cs} = 1 + 0.2(\frac{B}{L})\tan^2(45 + \frac{\phi}{2})$	$F_{qs} = 1 + 0.1(\frac{B}{L})\tan^2(45 + \frac{\phi}{2})$	$F_{rs} = 1 + 0.1(\frac{B}{L})\tan^2(45 + \frac{\phi}{2})$
埋置深度影響因素 (d)	$\phi = 0^0$	$F_{cd} = 1 + 0.2(\frac{D_f}{B}) \le 1.5$	$F_{qd} = 1.0$	$F_{rd} = 1.0$
	$\phi \ge 10^0$	$F_{cd} = 1 + 0.2(\frac{D_f}{B})\tan(45 + \frac{\phi}{2})$	$F_{qd} = 1 + 0.1(\frac{D_f}{B})\tan(45 + \frac{\phi}{2})$	$F_{rd} = 1 + 0.1(\frac{D_f}{B})\tan(45 + \frac{\phi}{2})$
載重傾斜影響因素 (i)	$\beta \ge \phi$	$F_{ci} = (1 - \frac{\beta}{90})^2$	$F_{qi} = (1 - \frac{\beta}{90})^2$	$F_{ri} = 0$
	$\beta < \phi$			$F_{ri} = (1 - \frac{\beta}{\phi})^2$

註：當 $\phi < 10^0$ 時使用 $\phi = 0^0$，此時形狀與埋置深度影響因素均有上限值。

　　當基礎承受偏心載重時(例如同時承受水平力或彎矩與垂直載重共同作用時)，基礎土壤反力呈非均勻分佈，此時其垂直容許承載力可採用有效面積法推求如下[1]，但在長期載重下，其最大偏心量不得大於基礎版寬之六分之一。而在短期載重下，最大偏心量不得大於基礎版寬之三分之一。

長方形基礎(如圖 9-3-2 所示)，其有效基礎大小的決定如下：
　　1、　單向偏心狀況
　　　　有效接觸面積　$A' = B'L$　　　　　　　　　　　　　　(9.3.3)
　　　　有效寬度　　　$B' = B - 2e_B$　　　　　　　　　　　　(9.3.4)
　　2、　雙向偏心狀況
　　　　有效接觸面積　　$A' = B'L'$　　　　　　　　　　　　(9.3.5)
　　　　有效寬度　　　　$B' = B - 2e_B$　　　　　　　　　　(9.3.6)
　　　　有效長度　　　　$L' = L - 2e_L$　　　　　　　　　　(9.3.7)
根據上述有效面積，淨極限支承力由下列公式計算，式中之 N_γ^* 如表 9-3-2 所示，而形狀影響因素 F_{cs}、F_{qs} 與 F_{rs} 則應按表 9-3-3 公式，並以有效接觸面積為 B' 或 L' 計算如下：

$$q'_u = cN_cF_{cs}F_{cd}F_{ci} + \gamma_2 D_f N_q F_{qs}F_{qd}F_{qi} + 0.5\gamma_1 B' N^*_\gamma F_{rs}F_{rd}F_{ri} - \gamma_2 D_f \quad (9.3.8)$$

基礎之容許偏心載重為容許支承力與有效面積之乘積，即

$$P_a = q'_u B'L'/FS + \gamma_2 D_f B'L' \quad (9.3.9)$$

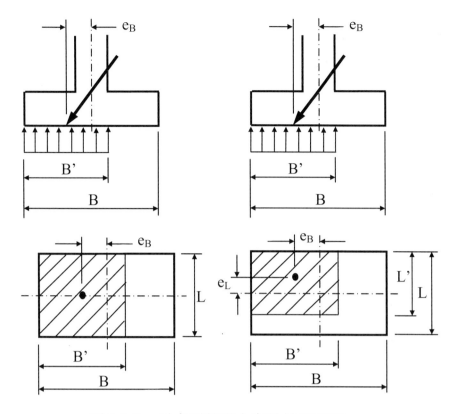

圖 9-3-2　長方形基礎之有效接觸面積

　　根據公式 9.3.1 或 9.3.2 所求得之地耐力是為極限地耐力，建築物基礎構造設計規範規定建築物基礎支承長期載重，其地耐力之安全因素不得小於3，而考慮短期性載重如地震、風力及積雪等，容許支承力得予提高百分之五十。

$$q_a = \frac{q_u}{FS} \qquad\qquad\qquad (9.3.10)$$

式中：
　　　FS=3.0

　　表 9-3-4 提供了一簡易表，供四層以下非供公眾使用之建物作為快速估算容許地耐力之用。

表 9-3-4 各類土壤之容許地耐力 q_a (t/m^2)

土壤分類	岩石	砂石	礫　石		砂　土			粘　土			
			緊密	不緊密	緊密	中度	較鬆	極硬	較硬	中度	柔軟
標準貫入值 N	>100	>50			30-50	20-30 10-20	5-10	15-30	8-15	4-8	2-4
容許地耐力 q_a (t/m^2)	100	50	60	30	30	20-10	5	20	10	5	2

　　對於基礎沈陷問題，一般都是在容許地耐力沒有問題後，接下來必須考慮的另一個重要因素。由於土壤為一可壓縮體，只要有上部結構之載重就一定或多或少會引起沈陷，甚至造成不均勻沈陷。如果上部結構韌性夠的話，尚能忍受一些不均勻沈陷，反之，如果上部結構並未具備足夠的韌性，則基礎設計時，則必須特別注意，若無法將基礎置於堅硬地盤上時，則儘量以剛性較大之筏式基礎來設計。至於詳細沈陷量的計算屬於大地工程的範圍，請參考大地相關書籍及建築技術規則相關規定。

9-4 基礎的破壞型式

　　在基礎設計時，特別是使用獨立基礎，基本上是假設其上部結構之載重垂直作用在基礎版上的，因此如果基礎版本身是剛性，而且對稱於柱心的話，則土壤作用在基礎版上的反作用力將是趨近於一均佈載重，如圖 9-2(a)所示。

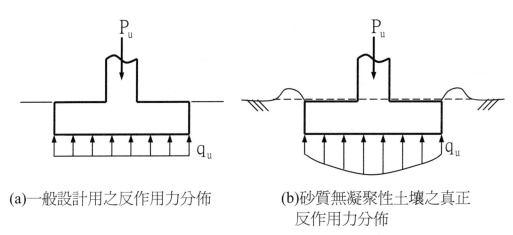

(a)一般設計用之反作用力分佈　　(b)砂質無凝聚性土壤之真正反作用力分佈

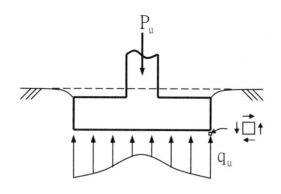

(c)黏質土壤之真正反作用力分佈

圖 9-4-1　作用在基礎版之反作用力分佈

　　而事實上真正的土壓力分佈是與基礎本身之剛度及基礎版下土壤之性質有關。對於砂質或無凝聚性的土壤，其真正的土壓力分佈將如圖 9-4-1(b)所示，這是因為接近基礎邊緣之土壤顆粒易於向應力較低區域擠壓移動，因此在邊緣部份其壓應力較中央部份為小。當基礎深度加大時，因土壤顆粒移動不易，則可得較均勻之土壓力分佈。而對於黏質土壤，其真正土壓力分佈則如圖 9-4-1(c)所示，此乃因黏質土壤具有凝聚力，而使得剪力強度得以延展，造成基礎周圍之土壤能提供剪力抵抗力而加入基礎邊緣之壓應力，使得邊緣部份之壓應力較中央部份大。在基礎設計時，一般不太容易去計算真正的土壓力分佈圖，如圖 9-4-1(b)及(c)所示，特別是基礎剛度也一併考慮時。而在另一方面這種不均勻的土壓力分佈，其不均勻之大小對於計算基礎版所受之剪力及撓曲彎矩值影響並不是很大。因此，在實務設計上仍然以圖 9-4-1(a)之均佈壓力為依據。

　　基礎的破壞模式，與第四章探討梁的破壞模式類似，是與其剪力跨/深度比 $\dfrac{a}{d}$ 或 $\dfrac{M_u}{V_u d}$ 之大小有直接的關係[9.3]，分別說明如下：

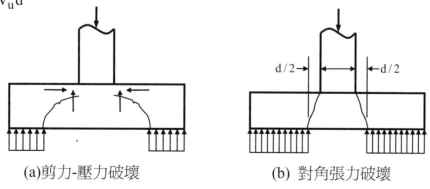

(a)剪力-壓力破壞　　　　　　　　(b) 對角張力破壞

圖 9-4-2　基礎之基本破壞模式

1、剪力-壓力破壞模式(Shear - Compression Failure)：
這種破壞模式一般發生在 a / d 很小時，也就是跨徑小、斷面深的基腳。其破壞的過程係當裂縫形成後，延伸到壓力區而使混凝土的壓力斷面積減少，造成混凝土壓應力增加而被壓碎，此種破壞為剪力與壓力的聯合作用所造成，如圖 9-4-2(a)。

2、斜裂縫形成後的撓曲破壞模式(Flexure Failure After Inclined Cracks Form)：
此種破壞模式也是發生在 a / d 比較小的情形，在斜裂縫形成後尚不至造成 破壞，而可繼續承受撓曲彎矩，如果設計得當，一般張力鋼筋可達到其降伏應力。

3、對角張力破壞模式(Diagonal Tension Failure)：
此種破壞模式一般發生在 a / d 值中等情況下，其破壞乃係由於在臨界斷面的四周均形成斜裂縫所造成，故此種破壞又稱為穿孔剪力破壞(Punching Failure)，其臨界斷面根據試驗顯示可取距離柱表面 d/2 之周圍，如圖 9-4-2(b)。

4、裂縫形成前之撓曲破壞模式(Flexure Failure Before Inclined Cracks Form)：
此種破壞模式一般發生在 a / d 比較大的情況下，在斜拉裂縫形成前，斷面的極限撓曲強度已到達，張力筋的降伏將造成斷面的破壞。

9-5 基礎版之強度

一、 剪力強度

基礎版在受到剪力作用時，一般可分成下列兩種情況：

(一)單向作用(One - Way Action.)又稱梁式剪力(Beam Shear) ，其剪力強度與梁之剪力強度值一樣如下式：

$$V_c = 0.53\sqrt{f'_c}\, b_0 d \quad \text{kgf} \tag{9.5.1}$$
$$[V_c = 2\sqrt{f'_c}\, b_0 d \quad (\text{lb})]$$

單向作用其臨界斷面係位於距離柱表面 d(版有效深度)之位置如圖 9-5-1(a)所示。

(二)雙向作用(Two - Way Action)又稱穿孔剪力(Punching Shear)：

基礎之穿孔剪力強度基本上與雙向版一樣，主要受下列六個因素所影響[9.4]：(1)混凝土之抗壓強度，(2)載重面積之邊長 b 與版之有效深度 d 之比值，(3)在臨界斷面處之剪力與撓曲彎矩之比值(V/M)，(4)柱斷面形狀轉換成矩形斷面後長邊對短邊尺寸之比值 β_c，(5)側向圍束作用，(6)載重加載速率。根據這些影響因素，對於無剪力筋之版，在臨界斷面處，ACI Code 建議，雙向穿孔剪力取下列三式較小者：

1、 $V_c = 0.265(2 + \dfrac{4}{\beta_c})\sqrt{f'_c}\,b_0 d$　kgf $\hspace{3cm}$ (9.5.2)

$\quad [V_c = (2 + \dfrac{4}{\beta_c})\sqrt{f'_c}\,b_0 d$　(lb)　]

2、 $V_c = 0.265(2 + \dfrac{\alpha_s d}{b_0})\sqrt{f'_c}\,b_0 d$　kgf $\hspace{2.5cm}$ (9.5.3)

$\quad [V_c = (2 + \dfrac{\alpha_s d}{b_0})\sqrt{f'_c}\,b_0 d$　(lb)]

3、 $V_c = 1.06\sqrt{f'_c}\,b_0 d$　kgf $\hspace{4cm}$ (9.5.4)

$\quad [V_c = 4\sqrt{f'_c}\,b_0 d$　(lb)]

式中：
β_c：承壓面積(柱集中載重)之長邊/短邊比值
b_0：臨界斷面處之周長
d ：版之有效深度
α_s：40 內柱(剪力臨界斷面有四邊周長)
　　30 邊柱(剪力臨界斷面有三邊周長)
　　20 角柱(剪力臨界斷面有二邊周長)

雙向作用其臨界斷面係位於距離柱表面 d/2 位置處，如圖 9-5-1(b)所示。我國混凝土設計規範[9.5]規定之基礎剪力強度與 ACI 規定相同。

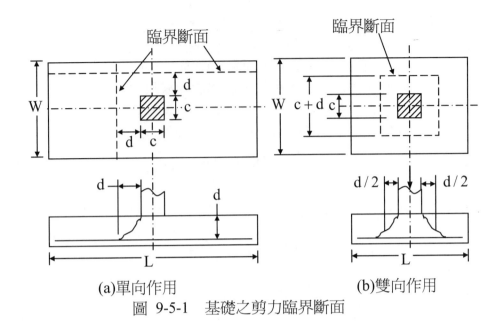

(a)單向作用   (b)雙向作用
圖 9-5-1　基礎之剪力臨界斷面

二、 *撓曲強度*

　　基礎版受基礎反力作用時，有如一懸臂梁之作用，如圖 9-5-2 所示，其梁寬爲單位版寬 b。基礎版之臨界斷面爲位於柱表面處，則其最大撓曲彎矩爲式 9.5.5。

$$M_u = q_u(\frac{1}{2}n^2) \tag{9.5.5}$$

利用第二章單筋矩形梁之撓曲理論，則單位版寬之標稱撓曲強度如式 9.5.6。

$$M_n = A_s f_y(d - \frac{a}{2}) \tag{9.5.6}$$

$$A_s f_y = 0.85 f_c' ba \tag{9.5.7}$$

$$\phi M_n \geq M_u \tag{9.5.8}$$

　　基礎版之撓曲強度設計主要是利用第二章之公式，如公式 9.5.6 至 9.5.8。當基礎版上承載之構件不是鋼筋混凝土柱而是圬工牆(如砌磚牆，砌石牆等)，則其撓曲斷面將位於牆面與牆心間一半之位置。

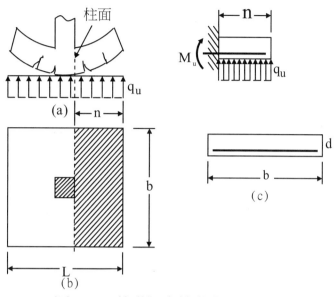

圖 9-5-2 基礎版之撓曲作用

我國規範 3.6.4[9.5]及 ACI 10.5.4[9.7]規定，等厚度基礎版之最小主鋼筋用量，是依乾縮及溫度鋼筋之規定如下：

　　1、竹節鋼筋，$f_y < 4200\text{kgf}/\text{cm}^2$；$\rho_{min} = 0.002$

　　2、竹節鋼筋，$f_y = 4200\text{kgf}/\text{cm}^2$，或熔接鋼線網；$\rho_{min} = 0.0018$

　　3、竹節鋼筋，$f_y > 4200\text{kgf}/\text{cm}^2$；$\rho_{min} = 0.0018 \times \dfrac{4200}{f_y} \geq 0.0014$

所需最小溫度鋼筋鋼筋量：

$$A_{s,min} = \rho_{min} \times b \times t \tag{9.5.9}$$

　　上式中 t 為總版厚

　　基礎版主鋼筋間距不得大於版厚三倍或 45 公分。而其餘溫度鋼筋之間距，不得大於版厚之五倍或 45 公分。

9-6 矩形基礎版尺寸

基礎版的尺寸，一般由其所承受的工作荷重及土壤的容許承載力來決定，一般在決定基礎版的尺寸時，必須考慮下列兩因素：

1、使各基礎之沉陷量一致，減少不均勻沉陷。

2、在持續的載重作用下，使土壤所受的壓力儘量為均勻壓力。

如果各基礎下之土壤性質類似，而且在工作載重下所受之壓力是相同的話，則一般可假定其沈陷量也是一致的，因此在基礎設計時，同一棟建築物內如果基礎下土壤性質變化不大，則選擇各基礎尺寸時需考慮儘量使各基礎下土壤所受壓力一致，以免造成不均勻的沈陷。如果同棟建築內各基礎下土壤性質變化較大時，則必需考慮不同性質土壤之壓縮特性，調整土壤所受壓力大小使其不均勻沈陷降至最低。在個別基礎設計時，基礎尺寸的選擇，應儘量使土壤在持續載重下所受壓力為均勻壓力，以避免基礎的轉動。這裡所謂的持續載重是指在結構物完成後會持續加載在結構物上之載重，一般為靜載重加上折減後的活載重，活載重折減率的大小與該柱所承載樓層數或樓地版面積有關，樓層數或樓地版面積愈大，其折減率愈高。

一、 承受軸向載重柱之基礎尺寸

當柱承受軸向載重，而無偏心時，其基礎版下之土壤反力將為一均佈之應力，如圖 9-6-1 所示，此時基礎版之尺寸必須使 $q \leq q'_a$ ，故其所需之基礎版面積為：

$$A = \frac{P_D + P_L}{q'_a} \tag{9.6.1}$$

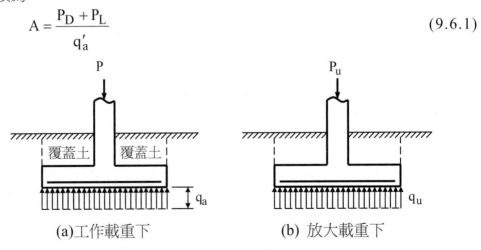

(a)工作載重下   (b) 放大載重下

圖 9-6-1 軸向載重柱之基礎反力

如考慮地震力時，容許地耐力可提高 50%，則所需之基礎版面積為：

$$A = \frac{P_D + P_L + P_E}{1.5 q'_a}$$ (9.6.2)

式中：

q'_a ：為土壤之有效容許承載力

$q'_a = q_a - 基礎自重 - 覆蓋土重$
$\quad = q_a - \gamma_c \cdot t - \gamma_s \cdot (D_f - t)$ (9.6.3)

q_a ：為土壤容許承載力 $= q_u / FS$

γ_c ：為混凝土單位重($2.4\,t/m^3$)

t ：為基礎版厚

γ_s ：為土壤單位重($1.9 \sim 2.1\,t/m^3$)

D_f ：為基礎版入土深度

二、 承受偏心荷重柱之矩形基礎尺寸

當柱接基礎處所受之力量除了軸力外同時有彎矩存在時，可將軸力與彎矩之組合力以一當量之偏心載重來表示，如圖 9-6-2 所示，

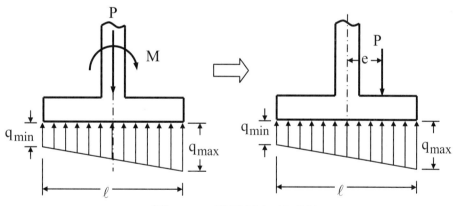

圖 9-6-2 當量偏心載重柱

此時基礎版下之土壤反力將為一線性分佈應力，其應力大小之分佈與偏心大小有關，當偏心小時，整個基礎版皆在受壓狀態，如圖 9-6-3(a)所示。當偏心變大時，則有可能基礎之一側會產生拉應力，如圖 9-6-3(c)所示。在這種情況下基礎版尺寸之選擇必須使 $q_{max} \leq q'_a$，基礎版的面積依偏心大小可分別計算如下：

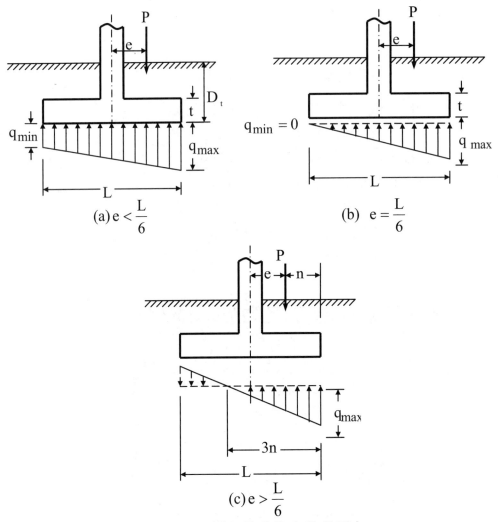

圖 9-6-3 偏心載重柱之基礎反力

(一) $e \le \dfrac{L}{6}$，當偏心小於偏心方向矩形基礎尺寸之六分之一時，其應力可依下式計算：

$$q_{\substack{max \\ min}} = \frac{P}{A} \pm \frac{P \times e \times L/2}{I} = \frac{P}{A}\left(1 \pm \frac{6e}{L}\right) \tag{9.6.4}$$

式中：

$$I = \frac{BL^3}{12}$$
$$A = B \times L$$

(二)$e > \dfrac{L}{6}$，當偏心大於偏心方向矩形基礎尺寸之六分之一以上時，則其最大應力可依下式計算：

$$q_{max} = \dfrac{2P}{3Bn} \tag{9.6.5}$$

式中：

$$n = \dfrac{L}{2} - e$$

根據上列公式選擇基礎尺寸，且必須控制使 $q_{max} \leq q_a'$。

9-7 獨立矩形基礎之設計

對柱軸力較輕及基礎地質條件不錯，且無不均勻沈陷顧慮之基礎，最常見的型式為獨立矩形基礎，在設計這型基礎時，基本上是先由地質之容許地耐力決定所需基礎版面積，再由混凝土剪力強度決定基礎版厚度，最後再依撓曲理論設計所需的鋼筋量，一般之設計步驟如下：

1、依據地層資料決定基礎有效容許地耐力 q_a'：
    (1) 計算需要之基礎面積：

$$\text{req} \quad A = \dfrac{P}{q_a'}$$

    (2) 決定基礎平面尺寸：
        基礎平面尺寸 $= B \times L$
2、計算基礎在放大載重下之反力：

$$q_u = \dfrac{P_u}{A}$$

3、依混凝土剪力強度設計基礎版厚度：
    必須同時考慮(1)單向作用及(2)雙向作用。
4、設計基礎版配筋：
    依單筋矩形梁理論。
5、檢核張力筋之延伸長度(握裹長度)。
6、檢核柱與基礎版接觸面之混凝土承壓強度。

例 9-7-1

有一獨立方形基礎版，已知柱之軸壓力在靜載重作用下為 150t，在活載重作用下為 80t，柱尺寸為 $60 \times 60\,cm$ 之方形柱，土壤容許承載力 $q_a = 20\,t/m^2$，$f'_c = 210\,kgf/cm^2$、$f_y = 2800\,kgf/cm^2$、基礎版上有 60 cm 覆土，覆土單位重 $\gamma_s = 1.8\,t/m^3$，試設計此獨立方形基礎版。

<解>

1、依據地層資料，決定基礎有效容許地耐力 q'_a：

$$\begin{aligned} q'_a &= q_a - \gamma_c \cdot t - \gamma_s \cdot (D_f - t) \\ &= 20 - 2.4 \times 0.6(假設 t = 60\,cm) - 1.8 \times 0.6 \\ &= 17.48 \ t/m^2 \end{aligned}$$

(1) 計算需要之基礎面積

$$P = P_D + P_L = 150 + 80 = 230 \ t$$

$$req \quad A = \frac{P}{q'_a} = \frac{230}{17.48} = 13.16\,m^2$$

(2) 決定基礎平面尺寸

$$L = \sqrt{A} = \sqrt{13.16} = 3.63 \ m$$

試用 $L = 3.7 \ m$

2、計算基礎之反力：

$$P_u = 1.2P_D + 1.6P_L = 1.2 \times 150 + 1.6 \times 80 = 308 \ t$$

$$q_u = \frac{P_u}{A} = \frac{308}{3.7 \times 3.7} = 22.50 \ t/m^2$$

3、設計基礎版厚度：

剪力：

試用 $t = 60 \ cm$

$d = 60 - 10 = 50 \ cm$

(保護層厚度 $= 7.5 + \dfrac{d_b}{2} \approx 10\,cm$)

(1)單向作用，如圖 9-7-1 所示，在臨界斷面處之最大剪力

$$V_u = q_u \cdot A_e = 22.50 \times 1.05 \times 3.7 = 87.41 \ t$$

$$V_c = 0.53\sqrt{f'_c}\,b_0 d \ kgf = 0.53\sqrt{210} \times 370 \times 50 = 142090 \ kgf$$

$$= 142.09 \ t$$

$\phi V_c = 0.75 \times 142.09 = 106.6 \ t \quad > V_u \qquad OK\#$

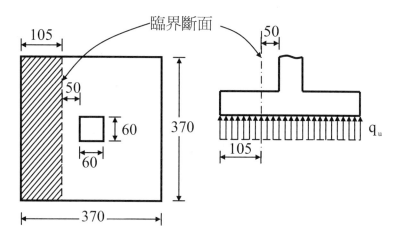

圖 9-7-1　　基礎版之單向剪力作用

(2)雙向作用，如圖 9-7-2 所示，在臨界斷面處之最大剪力：

$$V_u = q_u \cdot A_e = 22.5 \times [3.7 \times 3.7 - 1.1 \times 1.1] = 280.8 \quad t$$

$$V_c = 1.06\sqrt{f_c'} \, b_0 d \quad kgf = 1.06\sqrt{210} \times 4 \times 110 \times 50 = 337900 \quad kgf$$

$$= 337.9 \quad t$$

$$\phi V_c = 0.75 \times 337.9 = 253.4 \quad t \quad < V_u \qquad NG$$

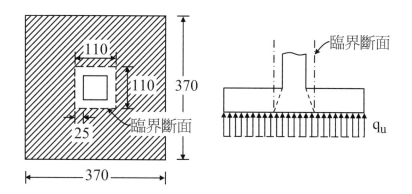

圖 9-7-2　　基礎版之雙向剪力作用

基礎版厚度不足，增加版厚，改用　t = 65 cm

　　　　d = 65 − 10 = 55 cm

雙向作用：

$$V_c = 1.06\sqrt{f_c'} \, b_0 d \quad kgf$$

$$= 1.06\sqrt{210} \times 4 \times 115 \times 55 = 388630 \quad \text{kgf}$$

$$= 388.6 \quad \text{t}$$

$$\phi V_c = 0.75 \times 388.63 = 291.5 \quad \text{t} \quad > V_u \quad \text{OK\#}$$

所以使用版厚 t = 65 cm

4、設計基礎版配筋(依單筋矩形梁理論)：

如圖 9-7-3，在撓曲臨界斷面處之最大撓曲彎矩為：

$$M_u = \frac{q_u}{2} Bn^2 = \frac{22.5}{2} \times 3.7 \times 1.55^2 = 100.0 \quad \text{t-m}$$

假設張力控制斷面 $\phi = 0.9$

$$M_n = \frac{M_u}{\phi} = \frac{100.0}{0.9} = 111.11 \quad \text{t-m}$$

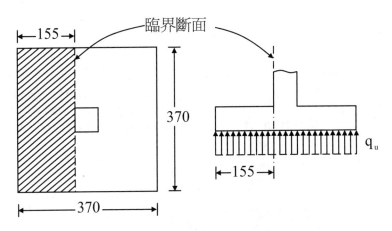

圖 9-7-3　基礎版之撓曲作用

$$m = \frac{f_y}{0.85 f_c'} = \frac{2800}{0.85 \times 210} = 15.686$$

$$R_n = \frac{M_n}{bd^2} = \frac{111.11 \times 10^5}{370 \times 55^2} = 9.927 \quad \text{kgf/cm}^2$$

$$\rho = \frac{1}{m}[1 - \sqrt{1 - \frac{2mR_n}{f_y}}]$$

$$= \frac{1}{15.686}[1 - \sqrt{1 - \frac{2 \times 15.686 \times 9.927}{2800}}] = 0.00365$$

依規範規定最小溫度鋼筋比 $\rho_{min} = 0.002$

$$\therefore A_{s,min} = 0.002 \times 370 \times 65 = 48.1 \quad \text{cm}^2$$

需要 $A_s = \rho bd = 0.00365 \times 370 \times 55 = 74.28 > 48.1$ cm^2 OK#

使用 15 - #8 鋼筋：

$$A_s = 15 \times 5.067 = 76.0 \quad cm^2 \qquad OK\#$$

間距 $S = \dfrac{370 - 20}{(15 - 1)} \approx 25$ cm

$$S_{max} = min(3t, 45) = min(3 \times 65, 45) = 45$$

$$\therefore S = 25 < S_{max}$$

使用 #8 @ 25 cm OK#

檢核：

$$a = \frac{A_s f_y}{0.85 f_c' b} = \frac{76 \times 2800}{0.85 \times 210 \times 370} = 3.22 \quad cm$$

$$x = a / \beta_1 = 3.79 \quad cm$$

$$x / d_t = 3.79 / 55 = 0.069 < 0.375$$

$$\therefore \phi = 0.9 \qquad OK\#$$

5、檢核張力筋之伸展長度(握裹長度)：

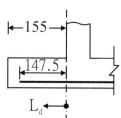

圖 9-7-4　基礎版之張力筋之握裹長度

#8 張力筋之基本伸展長度：

$$L_{db} = \frac{0.28 d_b f_y}{\sqrt{f_c'}} = \frac{0.28 \times 2.54 \times 2800}{\sqrt{210}} = 137.4 \quad cm$$

依我國設計規範對版筋其最小淨距不小於 $2d_b$ 者，束制修正係數可取 0.67，則需要之伸展長度為：

$$L_d = 0.67 \times 137.4 = 92.1 \quad cm \ > 30 \quad cm$$

實際伸展長度：

$$L_d = 155 - 7.5 = 147.5 \quad cm \ > 92.1 \quad cm \qquad OK\#$$

6、檢核柱與基礎版接觸面之混凝土承壓強度：

混凝土壓承壓強度：

$$f_b = 0.85f'_c$$

$$\begin{aligned}P_n &= f_b \cdot A_b = 0.85f'_c \cdot A_b\\ &= 0.85 \times 210 \times 60 \times 60 = 642600 \quad \text{kgf}\\ &= 642.6 \quad \text{t}\end{aligned}$$

$$\phi P_n = 0.65 \times 642.6 = 417.69 \quad \text{t} > P_u = 308 \quad \text{t} \qquad OK\#$$

最後基礎版之配筋圖如下：

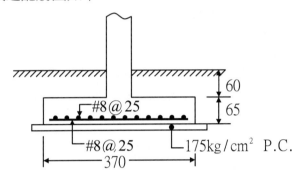

圖 9-7-5　基礎配筋圖

例 9-7-2

如例 9-7-1 之獨立基礎，如果柱心距建築線之距離為 1.2 公尺如下圖所示。而基礎所在位置之土壤為一砂質土，其內摩擦角 $\phi = 33^o$，土壤單位重為 $1.8\,t/m^3$，假設基礎版上有 0.6 公尺之覆土，試設計該獨立基礎。$f'_c = 210\,kgf/cm^2$、$f_y = 2800\,kgf/cm^2$。

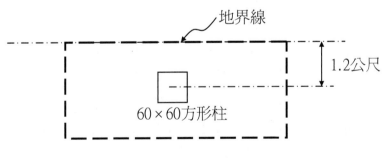

圖 9-7-6　基礎平面圖

<解>

1、決定基礎版所需面積：

砂質土，內摩擦角 $\phi = 33^o$ 時，由表 9-3-2 可得： $N_c = 24.7$ 、

$N_q = 17.0$ 、 $N_r = 13.70$ ，又對矩形基礎，

$$F_{cs} = 1 + 0.2\frac{B}{L}\tan^2\left(45 + \frac{\phi}{2}\right) = 1 + 0.68\left(\frac{B}{L}\right)$$

$$F_{qs} = 1.0 + 0.1\left(\frac{B}{L}\right)\tan^2\left(45 + \frac{\phi}{2}\right) = 1 + 0.34\left(\frac{B}{L}\right)$$

$$F_{rs} = 1.0 + 0.1\left(\frac{B}{L}\right)\tan^2\left(45 + \frac{\phi}{2}\right) = 1 + 0.34\left(\frac{B}{L}\right)$$

$$F_{cd} = 1.0 + 0.2\left(\frac{D_f}{B}\right)\tan\left(45 + \frac{\phi}{2}\right) = 1 + 0.37\left(\frac{D_f}{B}\right)$$

$$F_{qd} = 1.0 + 0.1\left(\frac{D_f}{B}\right)\tan\left(45 + \frac{\phi}{2}\right) = 1 + 0.18\left(\frac{D_f}{B}\right)$$

$$F_{rd} = 1.0 + 0.1\left(\frac{D_f}{B}\right)\tan\left(45 + \frac{\phi}{2}\right) = 1 + 0.18\left(\frac{D_f}{B}\right)$$

$\because \beta = 0$

$\therefore F_{ci} = F_{qi} = F_{ri} = 1.0$

$\therefore$ 極限承載力由公式(9.3.2)得

$$q_u = cN_cF_{cs}F_{cd}F_{ci} + r_2D_fN_qF_{qs}F_{qd}F_{qi} + 0.5r_1BN_rF_{rs}F_{rd}F_{ri}$$

$$= 0 + r_2D_fN_q\left(1 + 0.34\frac{B}{L}\right)\left(1 + 0.18\frac{D_f}{B}\right) +$$

$$0.5r_1BN_r\left(1 + 0.34\frac{B}{L}\right)\left(1 + 0.18\frac{D_f}{B}\right)$$

假設基礎版厚為 65 公分，則 $D_f = 0.6 + 0.65 = 1.25$ 公尺，設計基礎

寬為對稱柱心線，則 B=2.4 公尺， $D_f/B = 0.52$ 預估 $\frac{B}{L} = 0.6$ 則

$$q_u = 0 + 1.8 \times 1.25 \times 17.0 \times (1 + 0.34 \times 0.6)(1 + 0.18 \times 0.52) +$$

$$0.5 \times 1.8 \times 2.4 \times 13.7 \times (1 + 0.34 \times 0.6)(1 + 0.18 \times 0.52)$$

$$= 89.33 \text{ t/m}^2$$

$$q_a = q_u/FS = 89.33/3 = 29.78 \text{ t/m}^2$$

有效容許地耐力：

$$q'_a = 29.78 - 2.4 \times 0.65 - 1.8 \times 0.6 = 27.14 \text{ t/m}^2$$

需要之基礎版面積：

$$A = \frac{230}{27.14} = 8.47 \quad m^2$$

又 B=2.4 m

$$\therefore L = \frac{8.47}{2.4} = 3.53 \quad m$$

使用 $L \times B \times t = 360 \times 240 \times 65$ 之矩形基礎版，重新計算極限地耐力：
則 B/L=0.67

$$q_u = 0 + 1.8 \times 1.25 \times 17.0 \times (1 + 0.34 \times 0.67)(1 + 0.18 \times 0.52) +$$

$$0.5 \times 1.8 \times 2.4 \times 13.7 \times (1 + 0.34 \times 0.67)(1 + 0.18 \times 0.52) = 91.09 \ t/m^2$$

$$q_a = q_u / FS = 91.09 / 3 = 30.36 \ t/m^2 > \frac{230}{2.4 \times 3.6} = 26.62 \ t/m^2 \quad OK\#$$

2、設計基礎版厚度：

$$基礎反力 q_u = \frac{1.2 \times 150 + 1.6 \times 80}{2.4 \times 3.6} = 35.65 \ t/m^2$$

(1) 檢核單向剪力作用：其臨界斷面如圖 9-7-7 所示

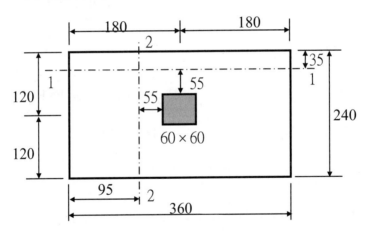

圖 9-7-7 單向剪力作用

斷面 1-1：

$$V_u = 35.65 \times 0.35 \times 3.6 = 44.92 \ t$$

$$\phi V_c = 0.75 \times 0.53 \times \sqrt{210} \times 360 \times 55 / 1000$$

$$= 114.05 \ t > 44.92 \ t \quad OK\#$$

斷面 2-2：

$$V_u = 35.65 \times 2.4 \times 0.95 = 81.3 \ t$$

$$\phi V_c = 0.75 \times 0.53 \times \sqrt{210} \times 240 \times 55/1000$$
$$= 76.04 \text{ t} < 81.3 \text{ t} \quad \text{NG}$$

所需最小版厚 $d \geq \dfrac{81300}{0.75 \times 0.53 \times \sqrt{210} \times 240} = 58.8 \text{ cm}$

選用 t=70 cm , d=60 cm

(2) 檢核雙向剪力作用

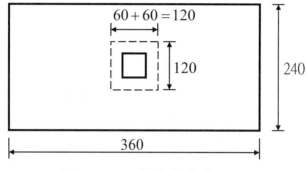

圖 9-7-8　雙向剪力作用

$$V_u = 35.65 \times [2.4 \times 3.6 - 1.2 \times 1.2] = 256.70 \text{ t}$$

$\phi V_c = 0.75 \times 1.06 \times \sqrt{210} \times 4 \times 120 \times 60/1000 = 331.8 \text{ t} > 256.70 \quad \text{OK\#}$

最後基礎版尺寸選用 $L \times B \times t = 360 \times 240 \times 70$ 之矩形基礎版，重新檢核容許地耐力：

$$D_f = 0.6 + 0.70 = 1.30$$

$$\therefore D_f / B = 1.3 / 2.4 = 0.54$$

$$q_u = 0 + 1.8 \times 1.3 \times 17.0 \times (1 + 0.34 \times 0.67)(1 + 0.18 \times 0.54) +$$
$$0.5 \times 1.8 \times 2.4 \times 13.7 \times (1 + 0.34 \times 0.67)(1 + 0.18 \times 0.54)$$
$$= 93.45 \text{ t/m}^2$$

$$q_a = 93.45 / 3 = 31.15 \text{ t/m}^2$$

$$q_a' = 31.15 - 2.4 \times 0.7 - 1.8 \times 0.6 = 28.39 \text{ t/m}^2 > 26.62 \text{ t/m}^2 \quad \text{OK\#}$$

3. 計算基礎版配筋：其臨界斷面如圖 9-7-9 所示：

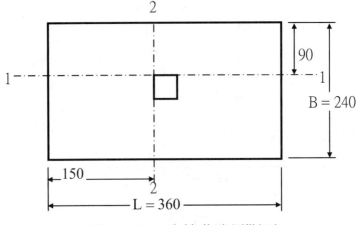

圖 9-7-9　　之撓曲臨界斷面

斷面 1-1(Y 向鋼筋)

$$M_u = \frac{q_u}{2} Ln^2 = \frac{35.65}{2} \times 3.6 \times 0.9^2 = 51.978 \quad \text{t-m}$$

假設 $\phi = 0.9$

$$M_n = \frac{M_u}{\phi} = \frac{51.978}{0.9} = 57.753 \quad \text{t-m}$$

$$m = \frac{f_y}{0.85 f_c'} = \frac{2800}{0.85 \times 210} = 15.686$$

$$R_n = \frac{M_n}{bd^2} = \frac{57.753 \times 10^5}{360 \times 60^2} = 4.456 \quad \text{kgf / cm}^2$$

$$\rho = \frac{1}{m}[1 - \sqrt{1 - \frac{2mR_n}{f_y}}]$$

$$= \frac{1}{15.686}[1 - \sqrt{1 - \frac{2 \times 15.686 \times 4.456}{2800}}] = 0.0016 < \rho_{min} = 0.002$$

$$\therefore A_{s,min} = \rho_{min} \times b \times t = 0.002 \times 360 \times 70 = 50.4 \quad \text{cm}^2$$

使用# 6 鋼筋，$A_s = 2.865 \text{ cm}^2$ /根：

$$N = \frac{50.4}{2.865} = 17.59 \text{ 根} \Rightarrow \text{使用18根}$$

$$S = \frac{(360 - 20)}{(18 - 1)} = 20.0 \text{ cm}$$

∴ 使用#6@20，提供

$$A_s = 2.865 \times \frac{360}{20} = 51.57 \text{ cm}^2 > 50.4 \text{ cm}^2 \quad \text{OK\#}$$

$$S = 20 < S_{max} = \min(3 \times 70, 45) = 45 \quad \text{OK\#}$$

檢核 ϕ：

$$a = \frac{A_s f_y}{0.85 f_c' b} = \frac{51.57 \times 2800}{0.85 \times 210 \times 360} = 2.247 \text{ cm}$$

$$x = 2.644 \text{ cm}$$

$$x/d_t < 0.375, \quad \therefore \phi = 0.9 \quad \text{OK\#}$$

檢核張力筋之伸展長度：

#6 鋼筋之基本伸展長度：

$$L_{db} = \frac{0.23 d_b f_y}{\sqrt{f_c'}} = \frac{0.23 \times 1.91 \times 2800}{\sqrt{210}} = 84.88 \text{ cm}$$

版之束制修正係數使用 0.67(鋼筋淨間距大於 2d)，需要之伸展長度：

$$L_d = 0.67 \times 84.88 = 56.87 \text{ cm} > 30 \text{ cm}$$

實際伸展長度：

$$90 - 7.5 = 82.5 \text{ cm} > 56.87 \text{ cm} \quad \text{OK\#}$$

斷面 2-2(X 向鋼筋)

$$M_u = \frac{q_u}{2} Ln^2 = \frac{35.65}{2} \times 2.4 \times 1.5^2 = 96.255 \text{ t-m}$$

依前面計算 $\phi = 0.9$

$$M_n = \frac{M_u}{\phi} = \frac{96.255}{0.9} = 106.95 \text{ t-m}$$

$$m = \frac{f_y}{0.85 f_c'} = \frac{2800}{0.85 \times 210} = 15.686$$

$$R_n = \frac{M_n}{bd^2} = \frac{106.95 \times 10^5}{240 \times 60^2} = 12.378 \text{ kgf/cm}^2$$

$$\rho = \frac{1}{m}[1 - \sqrt{1 - \frac{2mR_n}{f_y}}]$$

$$= \frac{1}{15.686}[1 - \sqrt{1 - \frac{2 \times 15.686 \times 12.378}{2800}}] = 0.00459$$

需要之鋼筋量 $A_s = 0.00459 \times 240 \times 60 = 66.10 \text{ cm}^2$

$$> A_{s,min} = 0.002 \times 240 \times 70 = 33.6 \text{ cm}^2$$

使用# 7 鋼筋，$A_s = 3.871 \, cm^2 /$根

$$N = \frac{66.1}{3.871} = 17.07 \, 根 \Rightarrow 使用18根$$

$$S = \frac{(240 - 20)}{(18 - 1)} = 12.94 \, cm$$

∴ 使用#7@12

$$提供 A_s = 3.871 \times \frac{240}{12} = 77.42 \, cm^2 > 66.1 \, cm^2 \quad OK\#$$

$$S = 12 < S_{max} = min(3 \times 70, 45) = 45 \qquad OK\#$$

檢核鋼筋之伸展長度：

#7 鋼筋之基本伸展長度：

$$L_{db} = \frac{0.28 d_b f_y}{\sqrt{f_c'}} = \frac{0.28 \times 2.22 \times 2800}{\sqrt{210}} = 120.1 \quad cm$$

版之束制修正係數使用 0.67(鋼筋淨間距大於 2d)，需要之伸展長度：

$$L_d = 0.67 \times 120.1 = 80.47 \quad cm \; > 30 \quad cm$$

實際伸展長度：

$$150 - 7.5 = 142.5 \; cm > 80.47 \; cm \qquad OK\#$$

最後基礎版之配筋圖如圖 9-7-10 所示。

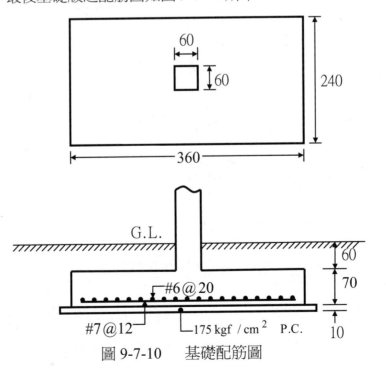

圖 9-7-10　基礎配筋圖

9-8 牆基礎設計

牆基礎基本上與矩形基礎類似,只是其長向可看成爲無窮大,所以並無雙向剪力作用問題。其設計步驟如下:

1、決定牆基礎版需要之寬度。
2、決定牆基礎版需要之厚度。
3、設計牆基礎版之撓曲鋼筋。
4、校核張力鋼筋握裏長度。

牆基礎之臨界斷面位置依牆本身爲混凝土或圬工牆而不同如圖 9-8-1 所示:

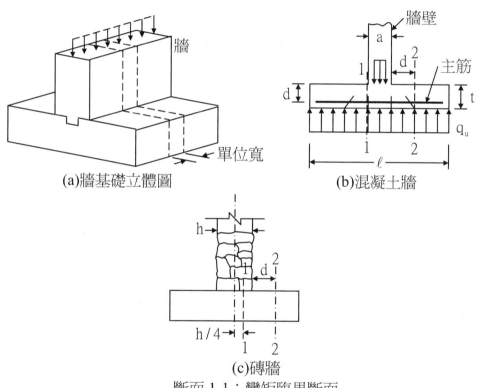

(a)牆基礎立體圖 (b)混凝土牆

(c)磚牆

斷面 1-1:彎矩臨界斷面
斷面 2-2:剪力臨界斷面

圖 9-8-1　牆基礎之臨界斷面位置

例 9-8-1

有一厚度爲 30 公分之無筋混凝土牆，已知承受靜載重 29 t / m，活載重 12 t / m，土壤容許承載力 $q_a = 29.3$ t / m^2，$f'_c = 210$ kgf / cm^2，混凝土版厚 70cm，基礎寬 180 cm。試依 ACI Code 相關規定，檢核該無筋混凝土牆之適用性。

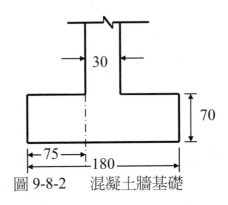

圖 9-8-2　　混凝土牆基礎

＜解＞

由於混凝土基礎基本上其強度都是由撓曲拉應力所控制，而非剪應力控制，因此本例只檢討撓曲應力。

$$W = W_D + W_L$$
$$= 29 + 12 + 0.70 \times 1.8 \times 2.4 = 44.02 \quad t / m$$
$$q = \frac{44.02}{1.8} = 24.46 \quad t / m^2 < q_a = 29.3 \quad t / m^2 \qquad OK\#$$
$$W_u = 1.2 W_D + 1.6 W_L = 1.2 \times 29 + 1.6 \times 12 = 54 \quad t / m$$
$$q_u = \frac{54}{1.8} = 30.0 \quad t / m^2$$

混凝土牆基礎彎矩之臨界斷面在牆面處，則基礎版之懸臂長爲 $n = (180 - 30) / 2 = 75$ cm，其彎矩爲：

$$M_u = \frac{1}{2} q_u n^2 = \frac{1}{2} \times 30.0 \times 0.75^2 = 8.438 \quad \text{t-m/m}$$

$$I_g = \frac{1}{12} bh^3 = \frac{1}{12} \times 100 \times 70^3 = 2858333 \quad cm^4$$

依我國設計規範，純混凝土之撓曲強度：

$$M_n = 1.33 \sqrt{f'_c} \, S$$

S 爲彈性斷面模式 $= I / (h / 2)$

$$\therefore S = \frac{2858333}{35} = 81666.7 \quad cm^3$$

$$M_n = 1.33\sqrt{210} \times 81666.7 \times 10^{-5}$$
$$= 15.74 \text{ t-m}$$
$$\phi M_n = 0.55 \times 15.74 = 8.657 \text{ t-m/m} > 8.438 \text{ t-m/m} \quad \text{OK\#}$$

例 9-8-2

有一磚牆,該牆厚度為 30cm,已知承載 15 t/m 之靜載重(含牆自重)及 7.5 t/m 之活載重,$f_c' = 210 \text{ kgf/cm}^2$、$f_y = 2800 \text{ kgf/cm}^2$,土壤容許承載力 $q_a = 19.5 \text{ t/m}^2$。試依 ACI Code 強度設計法相關規定,設計該牆之鋼筋混凝土基礎。

<解>

1、決定牆基礎需要之寬度:

假設基礎之版厚 $t = 25 \text{ cm}$

$$W = W_D + W_L$$
$$= (15 + 0.25 \times 2.4) + 7.5 = 23.1 \text{ t/m}$$

需要之版厚

$$B = \frac{23.1}{19.5} = 1.18 \text{ m}$$

使用 $B = 1.2 \text{ m}$

2、決定牆基礎需要之厚度:

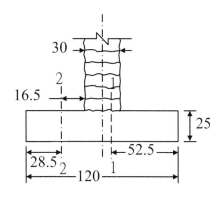

圖 9-8-3　磚牆之基礎

$$W_u = 1.2W_D + 1.6W_L$$
$$= 1.2 \times 15 + 1.6 \times 7.5 = 30 \quad t/m$$

$$q_u = \frac{30}{1.2} = 25.0 \quad t/m^2$$

$$V_c = 0.53\sqrt{f_c'} \, b_0 d$$
$$= 0.53\sqrt{210} \times 100 \times d \quad kgf$$

$$V_u \leq \phi V_c$$

磚牆之剪力臨界斷面位於距牆面 d 處

$$\frac{25 \times (45-d)}{100} \times 1 \leq \frac{0.75 \times 0.53\sqrt{210} \times 100 \times d}{1000}$$
$$11.25 - 0.281d \leq 0.576d$$
$$d = 13.13 \quad cm$$
$$t = 13.13 + 7.5 + 1 \approx 22 \quad cm$$

試用 $t = 25 \quad cm$ $\qquad\qquad$ OK#

$$d = 25 - 8.5 = 16.5 \quad cm$$

3、計算最大撓曲彎矩：

磚牆之撓曲臨界斷面位於牆面與牆心之一半處，因此由臨界斷面起算基礎版之懸臂長度：

$$n = 60 - \frac{30}{4} = 52.5 \quad cm$$

$$M_u = \frac{1}{2}q_u n^2 = \frac{1}{2} \times 25 \times 0.525^2 = 3.445 \quad t\text{-}m/m$$

$$\phi = 0.9$$

$$M_n = \frac{M_u}{\phi} = \frac{3.445}{0.9} = 3.828 \quad t\text{-}m$$

4、計算牆基礎之撓曲鋼筋：

$$m = \frac{f_y}{0.85f_c'} = \frac{2800}{0.85 \times 210} = 15.686$$

$$R_n = \frac{M_n}{bd^2} = \frac{3.828 \times 10^5}{100 \times 16.5^2} = 14.06 \quad kgf/cm^2$$

$$\rho = \frac{1}{m}[1 - \sqrt{1 - \frac{2mR_n}{f_y}}]$$

$$= \frac{1}{15.686}[1 - \sqrt{1 - \frac{2 \times 15.686 \times 14.06}{2800}}] = 0.00523$$

需要　$A_s = \rho bd = 0.00523 \times 100 \times 16.5 = 8.63$　cm^2

$\qquad > A_{s,min} = 0.002 \times 100 \times 25 = 5$　cm^2 　　　OK#

每根 #5 鋼筋之斷面積為：

$\qquad A_s = 1.986$　cm^2

使用 #5 @ 20 cm

$\qquad A_s = 1.986 \times \dfrac{100}{20} = 9.93$　$cm^2 > 8..63$ 　　　　OK#

$\qquad S = 20 < S_{max} = \min(3 \times 25, 45) = 45$ 　　OK#

5、檢核張力筋之伸展長度(握裹長度)：

$\quad$#5 鋼筋之基本伸展長度：

$$L_{db} = \frac{0.23 d_b f_y}{\sqrt{f_c'}} = \frac{0.23 \times 1.59 \times 2800}{\sqrt{210}} = 70.66 \ cm$$

$\quad$基礎版之束制修正係數直接取用 0.67，鋼筋淨間距大於 2d，需要之伸展長度：

$$L_d = 70.66 \times 0.67 = 47.34 \ cm > 30 \ cm$$

$\quad$實際之伸展長度：

$$L_d = 52.5 - 7.5 = 45 \ cm < 47.34 \ cm \quad NG$$

$\quad$改用 #4 @ 14 cm，提供之 $A_s = 1.267 \times \dfrac{100}{14} = 9.05 cm^2 > 8.63$ 　OK#

$\quad$#4 鋼筋之基本伸展長度：

$$L_{db} = \frac{0.23 d_b f_y}{\sqrt{f_c'}} = \frac{0.23 \times 1.27 \times 2800}{\sqrt{210}} = 56.44 \ cm$$

基礎版之束制修正係數直接取用 0.67，鋼筋淨間距大於 2d，需要之伸展長度：

$$L_d = 56.44 \times 0.67 = 37.81 cm > 30 cm$$

$$< 45 cm \quad OK#$$

9-9 聯合基礎之設計

當兩柱間之距離太靠近時,若使用獨立基礎,會造成基礎之重疊;或外柱太靠近建築線(地界線)時,此時,可能必須採用如下圖的聯合基礎:

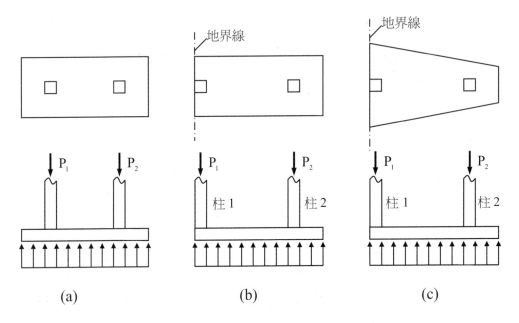

圖 9-9-1　各式聯合基礎之平面配置圖

聯合基礎的設計,其面積及基礎版之形狀,必須使基礎產生均勻的沉陷,也就是說,其長期的持續載重合力中心,必須與基礎反力的合力中心一致,也就是柱載種的合力位置必須與基礎版平面之形心一致。

如圖 9-9-1(a)所示,當兩柱之載重相同時,此時基礎版向兩側外側必需以對稱方式向外延伸。當外柱受地界線之限制,而且柱 1 之載重較柱 2 之載重小,此時基礎版可保持矩形而將基礎版往柱 2 外側延伸,以得到均勻的基礎反力,如圖 9-9-1(b)所示。但如反過來,是柱 1 的載重較柱 2 的載重大,則因柱 1 已緊臨地界線,基礎版無法往外延伸,如果要保持載重合力與基礎反力作用位置一致的話,就必須採用如圖 9-9-1(c)之梯形平面基礎版。

在強度設計法中,柱載重必須使用放大後之因數化載重。因此,其合力中心位置可能會與長期持續載重合力中心位置不一致,但一般其差異不致太大,因此分析時,可用簡化分析。

聯合基礎的設計步驟,基本上與矩形獨立基礎的設計步驟大同小異,只是其計算內容較為複雜一點。首先,也是由容許地耐力決定基礎所需之面積,同時配合柱載重合力位置決定基礎形狀。其次再由單向剪力強度與雙向剪力強度決定基礎版厚度，最後設計長向與短向鋼筋量。其長向鋼筋須均勻的配置在基礎之短向全寬內。而短向鋼筋之配置依 1940 ACI [9.3,9.6]之建議，將每一柱視為一獨立基礎，而將短向鋼筋配置在每根柱之柱寬加上兩側各一倍有效版厚之帶寬內，其餘位置則只需配置溫度鋼筋。而混凝土工程設計規範[9.5,9.7]規定，短向鋼筋總數中，必需將公式 9.9.1 部份均勻配置在柱中心線兩側寬度各等於 1/2 基礎短向寬度之範圍內，其餘鋼筋則均勻分置於該範圍外。前述兩種配筋方式，以前者較為保守。

$$\frac{\text{中心帶內鋼筋量}}{\text{基礎短向鋼筋總數量}} = \frac{2}{\dfrac{L}{B}+1} \tag{9.9.1}$$

式中：

　　L：基礎版長邊尺寸。

　　B：基礎版短邊尺寸。

例 9-9-1

試設計一聯合基礎以便其上能承載兩根柱，兩柱均為 60 公分之方形柱，在工作載重下，每柱承受之靜載重為 100t，活載重為 50t，柱中心間距為 4 公尺，基礎下土壤之容許承載力為 21.2 t/m²，使用材料 $f'_c = 210$ kgf/cm²、$f_y = 4200$ kgf/cm²。假設基礎上有 1 公尺厚之覆土，土壤單位重 $\gamma_s = 2.0$ t/m³。

<解>

　　1、決定基礎版所需面積：

　　　　兩柱之總載重 P=(100+50)×2=300 t

　　　　假設基礎版厚 60cm

　　　　基礎之容許承載力 $q'_a = 21.2 - 1 \times 2.0 - 0.6 \times 2.4 = 17.76$ t/m²

　　　　基礎版所需面積 $A = \dfrac{300}{17.76} = 16.89$ m²

　　　　如果基礎版寬度取 3 公尺，則所需長度為 $\dfrac{16.89}{3} = 5.63$ 公尺

　　　　如果基礎版寬度取 2.5 公尺，則所需長度為 $\dfrac{16.89}{2.5} = 6.76$ 公尺

　　　　試選用 680×250×60 之基礎版，其平面如下圖所示

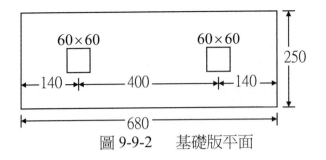

圖 9-9-2　基礎版平面

2、決定基礎版厚度：

放大載重：$P_u = 1.2P_D + 1.6P_L = 1.2 \times 100 + 1.6 \times 50 = 200$　t

$$q_u = \frac{200 \times 2}{2.5 \times 6.8} = 23.53 \quad t/m^2$$

(1)單向剪力作用

單向剪力作用之臨界斷面主要的有如圖 9-9-3 之 1-1，2-2，3-3 三個斷面：

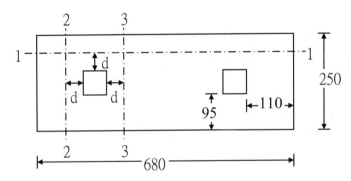

圖 9-9-3　單向剪力臨界斷面

<u>斷面 1-1</u>：d=60-10=50 cm

$$V_u = 23.53 \times (0.95 - 0.5) \times 6.8 = 72.0 \quad t$$

$$\phi V_c = 0.75 \times 0.53 \times \sqrt{210} \times 680 \times 50/1000$$
$$= 195.85 \quad t > 72.0 \quad t \quad OK\#$$

<u>斷面 2-2</u>：

$$V_u = 23.53 \times (1.10 - 0.5) \times 2.5 = 35.30 \quad t$$

$$\phi V_c = 0.75 \times 0.53 \times \sqrt{210} \times 250 \times 50/1000$$
$$= 72.0 \quad t > 35.30 \quad t \quad OK\#$$

<u>斷面 3-3</u>：

$$V_u = 23.53 \times (1.10 + 0.6 + 0.5) \times 2.5 - 200 = -70.59 \quad t$$

$$\phi V_c = 0.75 \times 0.53 \times \sqrt{210} \times 250 \times 50/1000$$
$$= 72.0 \quad t > 70.59 \quad t \quad O.K.\#$$

(2)雙向剪力作用，t=60cm，d=50cm，d/2=25cm，其臨界斷面如圖
　　9-9-4 所示：

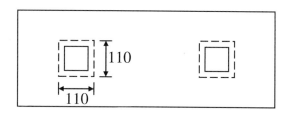

圖 9-9-4　雙向剪力臨界斷面

$$V_u = 200 - 23.53 \times 1.1 \times 1.1 = 171.53 \quad t$$

雙向剪力公式為下列三式中之最小者：

　　正方形柱：$\beta_c = 1.0$

　　剪力臨界斷面有四邊周長：$\alpha_s = 40$

$$V_c = 0.265(2 + \frac{4}{\beta_c})\sqrt{f_c'} \, b_0 d$$

$$= 0.265(2 + 4)\sqrt{f_c'} \, b_0 d = 1.59\sqrt{f_c'} \, b_0 d > 1.06\sqrt{f_c'} \, b_0 d$$

$$V_c = 0.265(2 + \frac{\alpha_s d}{b_0})\sqrt{f_c'} \, b_0 d$$

$$= 0.265(2 + \frac{40 \times 50}{4 \times 110})\sqrt{f_c'} \, b_0 d = 1.73\sqrt{f_c'} \, b_0 d > 1.06\sqrt{f_c'} \, b_0 d$$

$$\therefore V_c = 1.06\sqrt{f_c'} \, b_0 d = 1.06 \times \sqrt{210} \times 4 \times 110 \times 50/1000 = 337.94 \quad t$$

$$\phi V_c = 0.75 \times 337.94 \quad t = 253.45 \quad t > 171.53 \quad t \qquad OK\#$$

　　最後選用　680×250×60　之基礎版

3、鋼筋設計：

(1) 長向鋼筋：先繪製長向彎矩圖如圖 9-9-5 所示，

$$q_u = \frac{200 \times 2}{6.8} = 58.824 \quad t/m$$

$$M_1 = 58.824 \times 1.1 \times \frac{1.1}{2} = 35.59 \quad t\text{-}m$$

$$M_3 = 58.824 \times 1.70^2/2 - 200 \times 0.30 = 25.0 \quad t\text{-}m$$

$$M_4 = 58.824 \times 3.4^2/2 - 200 \times 2.0 = -60.0 \quad \text{t-m}$$

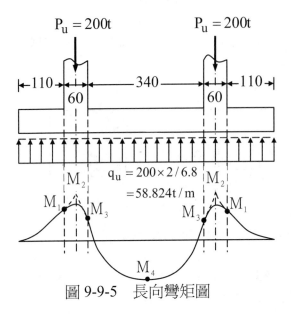

圖 9-9-5　長向彎矩圖

∴設計彎矩：

$$-M_u = 60.0 \quad \text{t-m} \quad (M_4)$$

$$+M_u = 35.59 \quad \text{t-m} \quad (M_1)$$

$$-M_u :$$

$$m = \frac{f_y}{0.85f_c'} = \frac{4200}{0.85 \times 210} = 23.529$$

使用 $\phi = 0.9$

$$M_n = \frac{M_u}{\phi} = \frac{60.0}{0.9} = 66.67$$

$$R_n = \frac{M_n}{bd^2} = \frac{66.67 \times 10^5}{250 \times 50^2} = 10.667$$

$$\rho = \frac{1}{m}[1 - \sqrt{1 - \frac{2mR_n}{f_y}}]$$

$$= \frac{1}{23.529}[1 - \sqrt{1 - \frac{2 \times 23.529 \times 10.667}{4200}}]$$

$$= 0.00262$$

需要之 $A_s = 0.00262 \times 250 \times 50 = 32.75 \quad \text{cm}^2$

$$A_{s,\min} = 0.0018 \times 250 \times 60 = 27 \quad \text{cm}^2$$

$$A_s > A_{s,min}$$

使用#6 鋼筋 $A_s = 2.865 \ cm^2 /$ 根

$$N = 32.75 / 2.865 = 11.43 \ 根 \Rightarrow S = 250 / 11.47 = 21.87 \ cm$$

使用#6@20 提供

$$A_s = 2.865 \times \frac{250}{20} = 35.8 cm^2 > 32.75 cm^2 \quad OK\#$$

$+ M_u$ ：

$$m = \frac{f_y}{0.85 f_c'} = \frac{4200}{0.85 \times 210} = 23.529$$

使用 $\phi = 0.9$

$$M_n = \frac{M_u}{\phi} = \frac{35.59}{0.9} = 39.54$$

$$R_n = \frac{M_n}{bd^2} = \frac{39.54 \times 10^5}{250 \times 50^2} = 6.326$$

$$\rho = \frac{1}{m}[1 - \sqrt{1 - \frac{2mR_n}{f_y}}]$$

$$= \frac{1}{23.529}[1 - \sqrt{1 - \frac{2 \times 23.529 \times 6.326}{4200}}]$$

$$= 0.00153 < \rho_{min} = 0.0018$$

使用 $\rho = 0.0018$

需要之 $A_s = 0.0018 \times 250 \times 60 = 27 \ cm^2$

使用#6 鋼筋 $A_s = 2.865 \ cm^2 /$ 根

$$N = 27 / 2.865 = 9.42 根 \Rightarrow S = 250 / 9.42 = 26.54 \ cm$$

使用#6@25 提供

$$A_s = 2.865 \times \frac{250}{25} = 28.65 \ cm^2 > 26.54 \ cm^2 \qquad OK\#$$

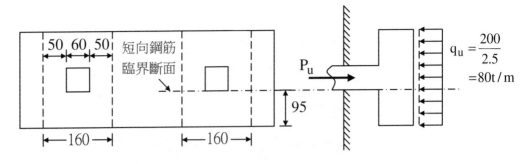

圖 9-9-6 　短向鋼筋柱帶寬示意圖

(2)短向鋼筋：依 1940 ACI 建議，柱帶寬為 W = 60 + 2×50 = 160　cm
　　如圖 9-9-6 所示：

$$q_u = \frac{200}{2.5} = 80 \text{ t / m}$$

$$M_u = \frac{1}{2} \times 80 \times 0.95^2 = 36.1 \text{ t-m}$$

使用 $\phi = 0.9$

$$M_n = 36.1 / 0.9 = 40.11 \text{ t-m}$$

$$R_n = \frac{M_n}{bd^2} = \frac{40.11 \times 10^5}{160 \times 50^2} = 10.028$$

$$\rho = \frac{1}{m}[1 - \sqrt{1 - \frac{2mR_n}{f_y}}]$$

$$= \frac{1}{23.529}[1 - \sqrt{1 - \frac{2 \times 23.529 \times 10.028}{4200}}]$$

$$= 0.00246$$

需要之 $A_s = 0.00246 \times 160 \times 50 = 19.68 \text{ cm}^2$

$$A_{s,min} = 0.0018 \times 160 \times 60 = 17.28 \text{ cm}^2 < A_s$$

使用#6 鋼筋 $A_s = 2.865 \text{ cm}^2 / 根$

　　$N = 19.68 / 2.865 = 6.86 根 \Rightarrow S = 160 / 6.86 = 23.32 \text{ cm}$

使用#6@20 提供

$$A_s = 2.865 \times \frac{160}{20} = 22.92 \text{ cm}^2 > 19.68 \text{ cm}^2 \quad OK\#$$

柱帶寬以外之範圍使用最小鋼筋量

$$A_{s,min} = 0.0018 \times 100 \times 60 = 10.8 \text{ cm}^2 / m$$

$$N = 10.8 / 2.865 = 3.77 根 \Rightarrow S = 100 / 3.77 = 26.5 \text{ cm}$$

使用#6@25 提供

$$A_s = 2.865 \times \frac{100}{25} = 11.46 \text{ cm}^2 > 10.8 \text{ cm}^2 \quad \text{OK\#}$$

#6 版筋之伸展長度

$$L_d = 0.67 \times \frac{0.23 \times 1.91 \times 4200}{\sqrt{210}} = 0.67 \times 127.3 = 85.3 \quad \text{cm}$$

頂層筋伸展長度：

$$L_d = 85.3 \times 1.3 = 110.9 \quad \text{cm}$$

底層筋最小懸臂長 95 公分，提供之伸展長度 = 95-7.5 = 87.5cm，頂層筋在版中央，所以本例使用#6 鋼筋無伸展長度不足問題。

基礎最後之主要鋼筋配置如圖 9-9-7 所示，

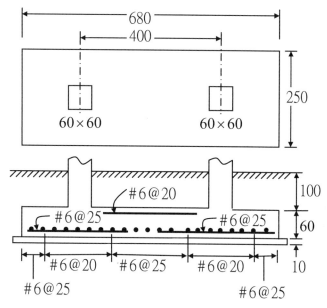

圖 9-9-7　主要鋼筋配置示意圖

例 9-9-2

有一聯合基礎承載兩根柱，外柱之外側緊鄰地界線，柱心間距為 5.0 公尺，如下圖所示。在工作載重下，已知外柱承受 100 t 之靜載重及 50 t 之活載重，內柱承受 200 t 之靜載重及 120 t 之活載重，土壤容許承載力 30 t/m²，基礎版上有覆土深度為 1.0m，土壤單位重 $\gamma_s = 2.0$ t/m³，$f_c' = 280$ kgf/cm²、$f_y = 4200$ kgf/cm²。假設柱所受之長期持續載重與柱之最大載重一致，試設計此聯合基礎。

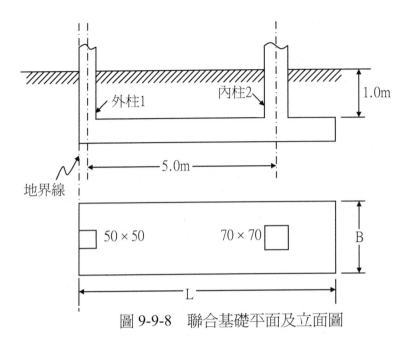

圖 9-9-8　聯合基礎平面及立面圖

<解>

1、決定基礎之總長度與寬度：

工作載重下，合力中心距離地界線之位置：

$$\bar{x} = \frac{150 \times 0.25 + 320 \times 5.25}{470} = 3.65 \ m$$

基礎總長度：

$$L = 3.65 \times 2 = 7.30 \ m$$

使用 $L = 7.30 \ m$

假設基礎版厚 $t = 110 \ cm$

基礎淨反力：

$$q'_a = q_a - \gamma_c \cdot t - \gamma_s \cdot (D - t)$$

$$= 30 - 2.4 \times 1.1 - 2.0 \times 1.0 = 25.36 \ t/m^2$$

$$P = P_D + P_L$$

$$= (100 + 200) + (50 + 120) = 470 \ t$$

$$B = \frac{P}{L \times q'_a} = \frac{470}{7.3 \times 25.36} = 2.54 \ m$$

使用 $B = 2.6 \ m$

2、設計基礎版厚度：

$$P_u = 1.2 P_D + 1.6 P_L$$

$$P_{u1} = 1.2 \times 100 + 1.6 \times 50 = 200 \ t$$

$$P_{u2} = 1.2 \times 200 + 1.6 \times 120 = 432 \quad t$$

基礎淨反力：

$$q'_u = \frac{200 + 432}{7.3 \times 2.6} = 33.30 \quad t/m^2$$

(1)單向剪力作用

單向剪力作用之臨界斷面主要的有如圖 9-9-9 之 1-1，2-2，3-3 三個斷面：

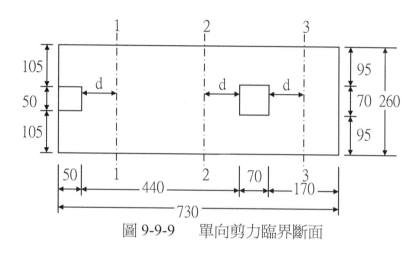

圖 9-9-9　單向剪力臨界斷面

斷面 1-1：d=110-10=100 cm

$$V_u = 33.30 \times (1.0 + 0.5) \times 2.6 - 200 = -70.13 \quad t$$

$$\phi V_c = 0.75 \times 0.53 \times \sqrt{210} \times 260 \times 100/1000$$
$$= 149.77 \; t > 70.13 \; t \quad OK\#$$

斷面 2-2：

$$V_u = 33.30 \times (0.5 + 4.4 - 1.0) \times 2.6 - 200 = 137.66 \quad t$$

$$\phi V_c = 0.75 \times 0.53 \times \sqrt{210} \times 260 \times 100/1000$$
$$= 149.77 \; t > 137.66 \; t \qquad OK\#$$

斷面 3-3：

$$V_u = 33.30 \times (1.7 - 1.0) \times 2.6 = 60.61 \; t < \phi V_c = 149.77 \; t \qquad OK\#$$

(2)雙向剪力作用，t=110 公分，d=100 公分，d/2=50 公分，其臨界斷面如圖 9-9-10 所示：

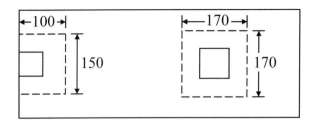

圖 9-9-10　　雙向剪力臨界斷面

外柱 1：

$$V_u = 200 - 33.30 \times 1.0 \times 1.5 = 150.05 \quad t$$

雙向剪力公式由下列三式中之最小值控制：

方形柱：$\beta_c = 1$

邊柱：$\alpha_s = 30$

$$V_c = 0.265(2 + \frac{4}{\beta_c})\sqrt{f'_c}\ b_0 d$$

$$= 0.265(2 + 4)\sqrt{f'_c}\ b_0 d = 1.59\sqrt{f'_c}\ b_0 d > 1.06\sqrt{f'_c}\ b_0 d$$

$$V_c = 0.265(2 + \frac{\alpha_s d}{b_0})\sqrt{f'_c}\ b_0 d$$

$$= 0.265[2 + \frac{30 \times 100}{(2 \times 100 + 150)}]\sqrt{f'_c}\ b_0 d$$

$$= 2.801\sqrt{f'_c}\ b_0 d > 1.06\sqrt{f'_c}\ b_0 d$$

$$\therefore V_c = 1.06\sqrt{f'_c}\ b_0 d$$

$$= 1.06 \times \sqrt{280} \times (2 \times 100 + 150) \times 100 / 1000$$

$$= 620.80 \quad t$$

$$\phi V_c = 0.75 \times 620.8 = 465.6\ t > 150.05\ t \qquad OK\#$$

內柱 2：

$$V_u = 432 - 33.30 \times 1.7 \times 1.7 = 335.76 \quad t$$

$$V_c = 1.06\sqrt{f'_c}\ b_0 d$$

$$= 1.06 \times \sqrt{280} \times 4 \times 170 \times 100 / 1000 = 1206.13 \quad t$$

$$\phi V_c = 0.75 \times 1206.13 = 904.60 \quad t > 335.76 \quad t \qquad OK\#$$

基礎版厚度由斷面 2-2 之單向剪力作用控制，最後選用基礎版
$L \times B \times t = 730 \times 260 \times 110$ 。

3、鋼筋設計：

(1)長向鋼筋：先繪製長向彎矩圖如圖 9-9-11 所示，

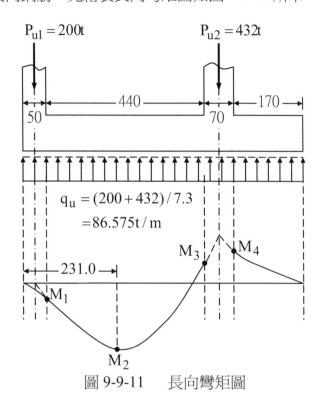

圖 9-9-11   長向彎矩圖

$$q_u = \frac{200 + 432}{7.3} = 86.575 \text{ t/m}$$

$$x_2 = \frac{200}{86.575} = 2.310 \text{ m}$$

$$M_1 = 86.575 \times \frac{1}{2} \times 0.5^2 - 200 \times 0.25 = -39.18 \text{ t-m}$$

$$M_2 = 86.575 \times \frac{1}{2} \times 2.310^2 - 200 \times (2.310 - 0.25) = -181.01 \text{ t-m}$$

$$M_3 = 86.575 \times \frac{1}{2} \times 4.9^2 - 200 \times (4.9 - 0.25) = 109.33 \text{ t-m}$$

$$M_4 = 86.575 \times \frac{1}{2} \times 5.6^2 - 200 \times (5.6 - 0.25) - 432 \times 0.35$$
$$= 136.30 \text{ t/m}$$

上列彎矩值是取左側版之自由體圖所得結果，如果取右側版之自由體圖所得值與上列值有一點誤差值存在，此仍因最後所選基礎版之平面中心與兩柱放大載重之合力中心有點並不完全一致，以致造成地盤反力並非完全為均佈，但因其誤差不大，本例仍以地盤反力視爲均佈反力。

最後採用之設計彎矩：

$-M_u = 181.01$ t-m(M_2)

$+M_u = 136.30$ t-m(M_4)

$-M_u$:

$$m = \frac{f_y}{0.85f_c'} = \frac{4200}{0.85 \times 280} = 17.647$$

使用 $\phi = 0.9$

$$M_n = \frac{M_u}{\phi} = \frac{181.01}{0.9} = 201.16 \text{ t-m}$$

$$R_n = \frac{M_n}{bd^2} = \frac{201.16 \times 10^5}{260 \times 100^2} = 7.737$$

$$\rho = \frac{1}{m}[1 - \sqrt{1 - \frac{2mR_n}{f_y}}]$$

$$= \frac{1}{17.647}[1 - \sqrt{1 - \frac{2 \times 17.647 \times 7.737}{4200}}]$$

$$= 0.00187$$

需要之 $A_s = 0.00187 \times 260 \times 100 = 48.62 \text{ cm}^2$

$$A_{s,min} = 0.0018 \times 260 \times 110 = 51.48 \text{ cm}^2$$

$\therefore$ 使用 $A_s = 51.48 \text{ cm}^2$

使用#7 鋼筋 $A_s = 3.871 \text{ cm}^2$ /根

$N = 51.48 / 3.871 = 13.3$根 $\Rightarrow S = 260 / 13.3 = 19.549 \text{ cm}$

使用#7@18 提供

$$A_s = 3.871 \times \frac{260}{18} = 55.91 \text{cm}^2 > 51.48 \text{cm}^2 \quad OK\#$$

$+M_u$:

$+M_u = 136.30 < 181.01$

$\therefore$ 根據前面計算，直接使用 $A_{s,min} = 51.48 \text{ cm}^2$

$\therefore$ 使用#7@18，$A_s = 55.91 \text{ cm}^2$

(2)短向鋼筋：依 1940 ACI 建議，柱 1 之帶寬為 W1 = 50＋100 = 150 cm，柱 2 之帶寬為 W2 = 70＋2×100 =270 cm，如圖 9-9-12 所示，

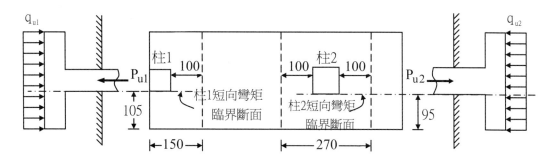

圖 9-9-12 短向鋼筋柱帶寬示意圖

外柱 1：$P_{u1} = 200$ t, $W = 150$ cm

$$q_{u1} = \frac{200}{2.6} = 76.923 \quad t/m$$

$$M_u = \frac{1}{2} \times 76.923 \times 1.05^2 = 42.404 \quad t\text{-}m$$

$$M_n = 42.404 / 0.9 = 47.116 \quad t\text{-}m$$

$$R_n = \frac{M_n}{bd^2} = \frac{47.116 \times 10^5}{150 \times 100^2} = 3.141$$

$$\rho = \frac{1}{m}[1 - \sqrt{1 - \frac{2mR_n}{f_y}}] = \frac{1}{17.647}[1 - \sqrt{1 - \frac{2 \times 17.647 \times 3.141}{4200}}]$$

$$= 0.000753 < \rho_{min} = 0.0018$$

使用 $\rho = \rho_{min} = 0.0018$

∴使用#7@18 之鋼筋

內柱 2：$P_{u2} = 432$ t, $W = 270$ cm

$$q_{u2} = \frac{432}{2.6} = 166.154 \quad t/m$$

$$M_u = \frac{1}{2} \times 166.154 \times 0.95^2 = 74.98 \quad t\text{-}m$$

使用 $\phi = 0.9$

$$M_n = 74.98 / 0.9 = 83.31 \quad t\text{-}m$$

$$R_n = \frac{M_n}{bd^2} = \frac{83.31 \times 10^5}{270 \times 100^2} = 3.086$$

$$\therefore \rho = \frac{1}{m}[1 - \sqrt{1 - \frac{2mR_n}{f_y}}]$$

$$= \frac{1}{17.647}[1 - \sqrt{1 - \frac{2 \times 17.647 \times 3.086}{4200}}]$$

$$= 0.000740 < \rho_{min} = 0.0018$$

使用 $\rho = \rho_{min} = 0.0018$

∴使用#7@18 之鋼筋

#7 版筋之伸展長度

$$L_d = 0.67 \times \frac{0.28 \times 2.22 \times 4200}{\sqrt{280}} = 0.67 \times 156 = 104.5 \quad cm$$

頂層筋則

$$L_d = 104.5 \times 1.3 = 135.9 \quad cm$$

底層筋短向鋼筋最小懸臂長 95cm

提供之伸展長度= 95 - 7.5 = 87.5cm < 104.5cm

所以短向鋼筋必需選用較小號數鋼筋重新選用：

$$A_s = 0.0018 \times 100 \times 110 = 19.8 \quad cm^2/m$$

使用#6@14 提供

$$A_s = 2.865 \times \frac{100}{14} = 20.46cm^2 > 19.8cm^2 \quad OK\#$$

#6 版筋之伸展長度

$$L_d = 0.67 \times \frac{0.23 \times 1.91 \times 4200}{\sqrt{280}}$$

$$= 73.88 \quad cm < 87.5 \quad cm \quad OK\#$$

長向鋼筋之底層及頂層鋼筋使用#7 鋼筋，並無伸展長度不足問題。基礎版之主要鋼筋配置如圖 9-9-13 所示，

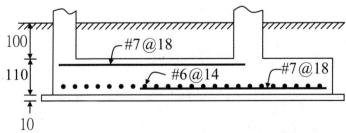

圖 9-9-13　　主要鋼筋配置示意圖

參考文獻

9.1 內政部，建築物基礎構造設計規範，中華民國大地工程學會主編，2001。

9.2 Terzaghi, K, Theoretical Soil Mechanics, John Wiley and Sons,1943

9.3 Wang, C.K. & Salmon, C.G. , Reinforced Concrete Design, 6th Ed.,1998, Addison Wesley ,1998.

9.4 ACI-ASCE Committee 426, Suggested Revisions to Shear Provisions for Building Code, Detroit, American Concrete Institute,1979.

9.5 中國土木水利工程學會，混凝土工程設計規範與解說，土木 401-93，混凝土工程委員會，科技圖書股份有限公司，民國 93 年 12 月。

9.6 Report of the Joint Committee of Standard Specifications for Concrete and Reinforced Concrete. Detroit, ACI, 1940.

9.7 ACI Committee 318, Building Code Requirements for Structural Concrete (ACI 318-02) and Commentary (ACI 318R-02, American Concrete Institute, 2002.

習題

9.1 試設計一 50×50cm 方形柱之獨立基礎，在工作載重下，該柱承載 150t 之靜載重及 100t 之活載重，假設基礎版底位於地面底下 2m 處，基礎土壤為一砂質土壤，其內摩擦角 $\phi = 32^{\circ}$，土壤單位重 $\gamma_s = 1.9$ t / m^3，鋼筋混凝土材料 $f'_c = 210$ kgf / cm^2，$f_y = 2800$ kgf / cm^2。

9.2 試設計一 60×80cm 矩形柱之獨立基礎，在工作載重下，該柱承載 200t 之靜載重及 140t 之活載重，假設基礎版底位於地面底下 1.5m 處，基礎土壤之容許承載力 $q_a = 20$ t / m^2，土壤單位重 $\gamma_s = 1.9$ t / m^3，鋼筋混凝土材料 $f'_c = 210$ kgf / cm^2，$f_y = 2800$ kgf / cm^2。

9.3 試設計一 40×40cm 方形柱之獨立基礎，該柱柱心距地界線為 1m，在工作載重下，該柱承載 120t 之靜載重及 50t 之活載重，假設基礎版上方有 1m 覆土，基礎土壤之容許承載力 $q_a = 18$ t / m^2，土壤單位重 $\gamma_s = 1.8$ t / m^3，鋼筋混凝土材料 $f'_c = 280$ kgf / cm^2，$f_y = 4200$ kgf / cm^2。

9.4 試設計一厚度為 24cm 之鋼筋混凝土牆之基礎，該牆基礎在工作載重下承受靜載重 10 t / m 及活載重 6 t / m，基礎土壤之容許承載力 $q_a = 10$ t / m^2，基礎版上並無覆土壓力，鋼筋混凝土材料 $f'_c = 210$ kgf / cm^2，$f_y = 2800$ kgf / cm^2。

9.5 試設計一純混凝土之磚牆基礎，該基礎在工作載重下承受靜載重 8 t / m 及活載重 4 t / m，牆厚 24cm，基礎土壤之容許承載力 $q_a = 10$ t / m^2，基礎版上並無覆土壓力，使用 $f'_c = 210$ kgf / cm^2。

9.6 試設計一聯合基礎以承載 2 根 60cm×60cm 之內柱，在工作載重下，每根柱承載 120t 之靜載重及 50t 之活載重，兩柱間之柱心距離為 4m，基礎土壤之容許承載力 $q_a = 12$ t / m^2，基礎版上有 50cm 之覆土，土壤單位重 $\gamma_s = 2.0$ t / m^3，使用材料 $f'_c = 210$ kgf / cm^2，$f_y = 2800$ kgf / cm^2。

9.7 同習題 9.6，但兩柱所受載重不同，在工作載重下，柱 1 承載 80t 之活載重及 40t 之靜載重，而柱 2 承載 100t 之活載重及 200t 之靜載重。

9.8 試設計一聯合基礎以承載 1 根 40cm×40cm 之外柱及 1 根 60cm×60cm 之內柱，外柱柱心距地界 1.5m，內外柱柱心間距為 4m。在工作載重下，外柱承載 70t 之靜載重及 50t 之活載重，內柱承載 100t 之靜載重及 50t 之活載重。基礎版上有 1m 之覆土，土壤容許承載力 $q_a = 10$ t / m^2，土壤單位重 $\gamma_s = 1.9$ t / m^3，使用材料 $f'_c = 210$ kgf / cm^2，$f_y = 2800$ kgf / cm^2。

9.9 同習題 9.8，但其外柱爲緊鄰地界線，試設計該聯合基礎。

9.10 試設計一聯合基礎以承載 2 根 60cm×60cm 之柱，其中柱 A 緊鄰地界線，在工作載重下，承載 200t 之靜載重及 140t 之活載重，而柱 B 距柱 A(柱心對柱心)爲 3.5m，在工作載重下，承載 100t 之靜載重及 70t 之活載重，基礎版上有 100cm 之覆土，基礎土壤之容許承載力 $q_a = 15$ t/m^2，土壤單位重 $\gamma_s = 2.0$ t/m^3，使用材料 $f'_c = 210$ kgf/cm^2，$f_y = 2800$ kgf/cm^2。

9.11 同習題 9.10，但其柱 A 柱心距地界線之距離爲 3m，試設計該聯合基礎。

懸臂式擋土牆 10

10-1 概述

在道路工程及山坡開發工程中，由於土地利用的需求，常需大量的整地；以改變大自然的地形及地貌，而造成了人為的地形落差。這種地形落差就必需靠各種護坡工程來保護邊坡的穩定。例如建造高速公路在經過低漥地區必需以回填土堤的方式來提昇路面高程，此時土堤兩側的邊坡就必需有適當的保護工法以減少所需土地面積，否則太緩的自然邊坡需較寬的土地面積，不符經濟效益。又如目前國內的山坡地開發工程，為了獲得最大的建築面積，其建築基地一般都採階梯式開發，此時就需要用到相當多的擋土結構。一般這一類擋土結構的設計，其最重要的考量除了本身的結構強度外，就是其外部的穩定性，包括抗滑動(Sliding)及抗傾倒(Overturning)的能力。另外尚有一類擋土結構主要是以抵抗側向土壓力為主，並無滑動及傾倒之顧慮者，如地下室的外牆及箱涵的側壁等就屬這類的擋土結構。在所有的擋土工法中以擋土牆的使用歷史最悠久。最近幾年來由於新材料及新工法的開發，除了傳統的混凝土及鋼筋混凝土擋土牆工法外，國內也引進了數種新的擋土工法如加勁式擋土工法。本章主要重點係針對使用最為廣泛的鋼筋混凝土懸臂式擋土牆之設計，做詳細的介紹。

10-2 擋土牆之種類

擋土牆是一種土工結構物，其作用為穩固住其背後之土壤，避免背後土壤產生太大變形，造成地面高程之突然變化。目前國內常見之擋土牆結構，大致有下列幾種：

1、漿砌卵石擋土牆(Mortar Cobble Wall)
2、重力式擋土牆(Gravity Wall)
3、懸臂式擋土牆(Cantilever Retaining Wall)
4、扶壁式擋土牆(Counter fort Wall)
5、蛇籠擋土牆(Gabion Mattress Wall)

6、格框式擋土牆(Crib Retaining Wall)

7、加勁式擋土擋(Reinforced Earth Retaining Wall)

8、箱涵(Box Culvert)

9、橋墩(Bridge Abutment)

10、地下室外牆(External Wall of Basement)

茲將該十種常用擋土牆結構之特性分別敘述如下：

1、漿砌卵石擋土牆
一般使用在高度5公尺以下的邊坡，利用其自重來抵抗側向壓力。早期的山坡地及河川簡易護坡用得相當多，主要為利用河川大卵石或大塊石加上混凝土或砂漿所砌築而成，如圖 10-2-1(1)，可就地取材，施工方便簡易，不需熟練之技術工。其缺點為高度不可太高，而且體積龐大，需較多卵石或塊石材料。

2、重力式擋土牆
一般使用純混凝土，現場澆置而成，如圖 10-2-1(2)，利用其自重來產生抵抗側向壓力，一般牆高小於5公尺，如果牆厚度較大時，有時為了節省混凝土用量，可在其內部填充大塊石。

3、懸臂式擋土牆
為最常見擋土結構物，一般為鋼筋混凝土構造物，如圖 10-2-1(3) 其牆版、前趾版、後跟版皆有如懸臂版之作用，故稱之。牆高一般為3公尺到8公尺。其優點為施工簡單，材料用量較前二者為少，適合各種變化地形。其缺點為側變形量較大，且易受基礎不均勻沉陷之影響。

4、扶壁式擋土牆
該型擋土牆是懸臂式擋土牆的改良結構，根據扶壁放置位置不同又可分成(a)後扶壁式擋土牆，如圖 10-2-1(4a)，及(b)前扶壁式擋土牆，如圖 10-2-1(4b)。後扶壁式擋土牆是將牆版及後跟版在等間隔位置以一塊垂直之扶壁將其連結成一體，此時扶壁版之作用有如一張力繫桿。而前扶壁式擋土牆，其扶壁版所連結的是牆版及前趾版，因此擋土結構完成後，其扶壁是外露，而不像後扶壁式擋土牆是埋藏的背填土內，此時扶壁版的作用有如受壓柱。這類擋土結構適用在高度較大的情形下，一般高度可達 15 公尺。其優點為適用在較高的邊坡，高度超過 10 公尺時，其經濟性優於懸臂式擋土牆，且其側向勁度較懸臂式擋土牆大，可減少牆體之側向變形量。其缺點為施工略為複雜，施工中所需臨時開挖面較大，高度不大時，其造價較懸臂式擋土牆來得高，一般在 8 公尺以下的擋土結構中使用較不經濟。

5、蛇籠擋土牆

是屬於一種軟性重力式擋土結構。其工法係先以鍍鋅鐵絲編織成長條籠型，在放置定位後於其內填充卵石或塊石而成，在河岸或橋台的護坡使用非常普遍。當長條型蛇籠縱橫交互堆砌，如圖 10-2-1(5) 時就可形成一軟式擋土結構。本工法之優點為柔性擋土結構可承受較大變形，不易受基礎不均勻沉陷之影響，適用於基礎土壤較為軟弱的地質條件。透水性佳，結構之穩定不受牆後水壓力的影響，而且其內填充之石材一般可就地取材。該型擋土結構適用高度一般在 2 公尺到 8 公尺之間。其缺點為耐久性較差。

6、格框式擋土牆

是屬於一種半剛性擋土結結構，由鋼筋混凝土預鑄之丁字形的丁條及順條所堆砌而成，如圖 10-2-1(6)，與蛇籠擋土牆類似，因其具有承受較大變形的能力，因此對不均勻沉陷的忍受力較其它剛性擋土牆如懸臂式或扶臂式擋土牆來得大，而且完工面的景觀效果較一般牆版式之擋土結構好，其透水性佳無背水壓問題，一般其高度可達 12 公尺。其缺點為施工較複雜，工資成本較高。

7、加勁式擋土牆

是屬於一種軟性擋土結構，為近年來引進的一種較新型擋土工法。其主要結構是由各類的加勁材如鋼板條，不織布及地工格網等與土壤交互分層夯壓而成，如圖 10-2-1(7)。牆面可附掛各式面版，或綠化植生，其高度可達 20 公尺以上。其優點為施工快速，可承受較大的不均勻沉陷，透水性佳，坡面可植生綠化，適合高填方之邊坡。其缺點為變形量較大，於設計時需預先考慮其變形的影響。如坡面無面版設計時，需注意火災或撞擊之破壞，特別是火災，因一般之不織布或地工格網並不具耐燃性質。

8、箱涵

鋼筋混凝土箱涵作用有如一封閉之剛性構架，如圖 10-2-1(8)，除了受側向土壓力外，還同時承受垂直之土壤及車輛載重。箱涵尺寸依其功能可大可小，大至如地下鐵結構為多孔多層結構，小至一般排水箱涵。

9、橋墩

在橋梁兩端之橋墩版,其作用類似懸臂式擋土牆,但橋面版提供橋墩頂部一額外的水平支撐。其高度限制與懸臂式擋土牆類似。

10、地下室外牆

一般地下室結構都屬版梁柱結構系統,如圖 10-2-1(10),此時其外牆是由垂直柱及水平梁所共同支承以抵抗室外之側土壓力,其行為與一般水平樓版類似,只是一般水平樓版承載均佈載重,而地下室外牆之側向土壓力為一梯形之線性載重,因此其設計可比照一般水平樓版以單向版或雙向版設計之。

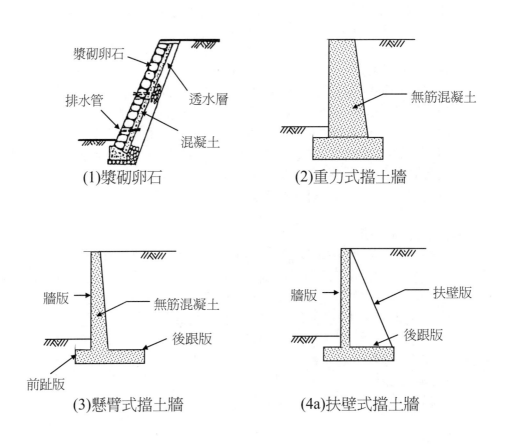

(1)漿砌卵石　　　　　　(2)重力式擋土牆

(3)懸臂式擋土牆　　　　(4a)扶壁式擋土牆

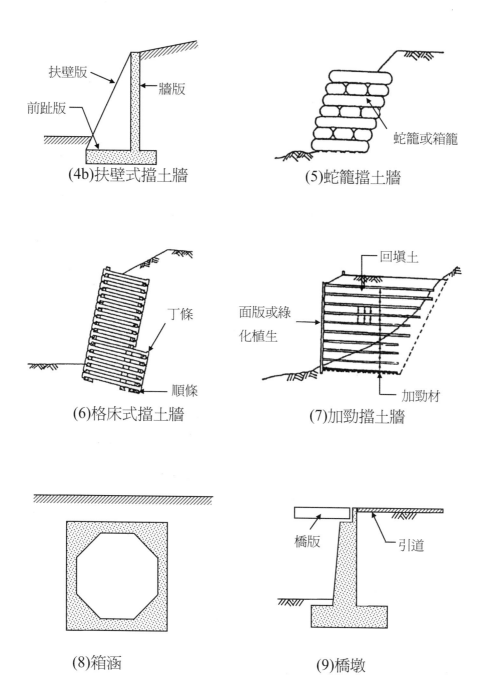

(4b)扶壁式擋土牆

扶壁版

牆版

前趾版

(5)蛇籠擋土牆

蛇籠或箱籠

(6)格床式擋土牆

丁條

順條

(7)加勁擋土牆

回填土

面版或綠化植生

加勁材

(8)箱涵

(9)橋墩

橋版

引道

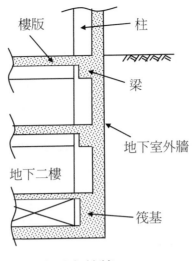

(10)地下室外牆

圖 10-2-1 常見擋土牆的型式

10-3 擋土牆之作用力

　　作用於擋土牆之作用力，除了依據擋土牆體與地層間之相對變位行為而定外，一般需同時考慮地下水位、地層特性、周圍載重狀況及地震等因素之影響。在設計時需考慮的作用力有下列各項：(1)側向土壓力。(2)水壓力。(3)地震所產生之土壓力、水壓力及慣性力。(4)地表上方之超載。(5)牆背回填土所產生之回脹壓力。(6)擋土結構體之靜載重。

　　不管擋土牆是屬於那一類型，其主要作用力為側向土壓力。側向土壓力的大小主要根據擋土結構的結構行為來決定，可應用基本土壤力學理論來求得，以下就幾個常用之土壓力公式做一簡單的介紹。

一、 *靜止土壓力*

當擋土結構具有相當大之側向勁度，使其幾乎不會發生側向變位時，如地下箱涵及地下室外牆等，此時作用於牆背的側向土壓力應採用靜止土壓力計算(如圖 10-3-1)。公式如下：

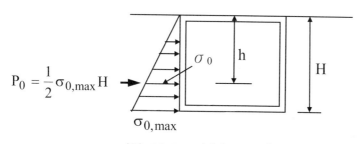

$$P_0 = \frac{1}{2}\sigma_{0,max}H$$

圖 10-3-1 靜止土壓力

$$\sigma_0 = K_0 \cdot \gamma \cdot h \tag{10.3.1}$$

$$\sigma_{0,max} = K_0 \cdot \gamma \cdot H \tag{10.3.2}$$

$$P_0 = \frac{1}{2} \cdot \sigma_{0,max} \cdot H = \frac{1}{2} \cdot K_0 \cdot \gamma \cdot H^2 \tag{10.3.3}$$

式中：

σ_0：在牆背深度 h 處，作用在牆面之單位面積側向靜止土壓力 (t/m^2)
P_0：靜止土壓力合力
K_0：靜止土壓力係數(Coefficient of Earth Pressure at Rest)
h：距地面之深度 (m)
H：自地面至基礎版底之總高度 (m)
γ：土壤單位重，位於地下水位以下者以有效單位重計(t/m^3)

有關靜止土壓力係數 K_0 的計算，可依下列規定[10.1]
1、對於擋土牆牆背垂直且地表面為水平之情況：

(1)非凝聚性土壤
$$K_0 = 1 - \sin\phi' \tag{10.3.4}$$
(2)正常壓密凝聚性土壤
$$K_0 = 0.95 - \sin\phi' \tag{10.3.5}$$
(3)過壓密凝聚性土壤
$$K_0 = (0.95 - \sin\phi')(OCR)^{0.5} \tag{10.3.6}$$

式中：

ϕ' 為牆背土壤之有效內摩擦角。

OCR 為過壓密比（Over Consolidation Ratio）

$$OCR = \frac{預壓密應力}{目前有效覆土壓力} \qquad (10.3.7)$$

2、對於擋土牆牆背垂直且地表面與水平面成 α 之交角狀況，其靜止土壓力係數為依上述公式(10.3.4)至(10.3.6)之 K_0 值再乘上（$1+\sin\alpha$）。

3、對於擋土牆牆背非垂直且地表面非水平之狀況，可假設其靜止土壓力係數與主動土壓力係數成比例之關係以推估其 K_0 值。

二、 主動土壓力

當擋土結構在受到側向土壓力時，允許擋土牆順土壓力方向向外變位時，作用於牆背之最小土壓力必需以主動土壓力來計算，其作用力方向及作用點位置如圖所示，合力作用位置在基礎版底以上三分之一牆高處。

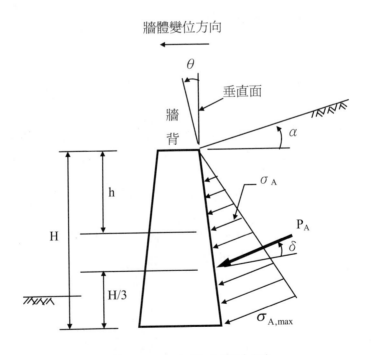

圖 10-3-2 主動土壓力圖

$$\sigma_A = K_A \cdot \gamma \cdot h \tag{10.3.8}$$

$$\sigma_{A,max} = K_A \cdot \gamma \cdot H \tag{10.3.9}$$

$$P_A = \frac{1}{2}\sigma_{A,max} \cdot H = \frac{1}{2}K_A \cdot \gamma \cdot H^2 \tag{10.3.10}$$

式中：

σ_A：在牆背深度 h 處作用在牆面之單位面積側向主動土壓力 (t/m^2)

P_A ：主動土壓力合力 (t)

γ ：土壤單位重，位於地下水位以下者以有效單位重計 (t/m^3)

h ：距地表面之深度 (m)

H ：自地表面至基礎底之高度 (m)

K_A：主動土壓力係數 (Coefficient of Active Earth Pressure)

主動土壓力係數 K_A 可依下列方式計算 [10.1]：

1、一般狀況時

$$K_A = \frac{\cos^2(\phi-\theta)}{\cos^2\theta\cos(\theta+\delta)[1+\sqrt{\frac{\sin(\phi+\delta)\sin(\phi-\alpha)}{\cos(\delta+\theta)\cos(\theta-\alpha)}}]^2} \tag{10.3.11}$$

若 $\phi < \alpha$，則假定 $\sin(\phi - \alpha) = 0$

2、地表呈水平、牆面為垂直且可不考慮牆面摩擦時，即 $\alpha = \theta = \delta = 0$，則

$$K_A = \tan^2(45° - \frac{\phi}{2}) \tag{10.3.12}$$

如果牆背土壤為具聚力者，則公式 10.3.8 至公式 10.3.10 中之 h 及 H 應以 h_c 及 H_c 代替，而且上列公式只適用在地面水平及牆背垂直狀況。

$$h_c = h - \frac{2c}{\gamma}\tan(45° + \frac{\phi}{2}) \tag{10.2.13}$$

$$H_c = H - \frac{2c}{\gamma}\tan(45° + \frac{\phi}{2}) \tag{10.3.14}$$

上列式中：

c ：土壤凝聚力(t/m^2)。

ϕ ：牆背土壤內摩擦角(度)。

δ ：牆背與土壤間之摩擦角(度)，一般可採用 $\frac{1}{2}\phi \sim \frac{2}{3}\phi$，若為

場鑄鋼筋混凝土版，牆面較粗糙可取 $\frac{2}{3}\phi$，若為預鑄鋼筋

混凝土版，因牆面較光滑可取 $\frac{1}{2}\phi$。一般此項對主動土壓

力係數之影響很小。

α：牆背地表面與水平面之交角(度)。

θ：牆背面與垂直面之交角，以逆時針方向為正，順時針方向
為負(度)。

三、 被動土壓力

　　當擋土結構的變形是向內，也就是向牆背之土壤造成擠壓之作用時，如
懸臂式擋牆之前趾版上有較深之覆土時，當牆版受到牆背主動土壓力之作用
而向前產生變形時會造成前趾版上土壤產生被擠壓之作用。此時作用在牆面
之土壓力必需以被動土壓力來計算；其作用力方向及作用點位置如圖 10-3-3
所示，其合力作用位置與主動土壓力相同，位於基礎版底以上三分之一牆高
處。

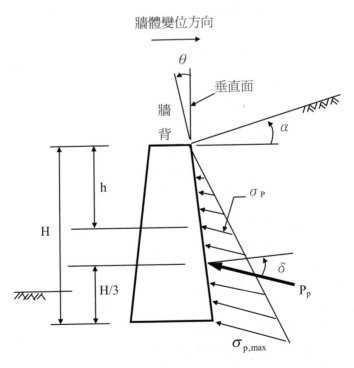

圖 10-3-3 被動土壓力圖

$$\sigma_p = K_p \cdot \gamma \cdot h \tag{10.3.15}$$

$$\sigma_{p,max} = K_p \cdot \gamma \cdot H \tag{10.3.16}$$

$$P_p = \frac{1}{2} \sigma_{p,max} \cdot H = \frac{1}{2} K_p \cdot \gamma \cdot H^2 \tag{10.3.17}$$

式中：

σ_p：在牆背深度 h 處作用牆面之單位面積側向被動土壓力 (t/m^2)

P_p：被動土壓力合力　(t)

γ：土壤單位重，在地下水位以下者，以有效單位重計算 (t/m^3)

h ：距地表面之深度　(m)

H ：自地面至基礎版底之高度　(m)

K_p：被動土壓力係數(Coefficient of Passive Earth Pressure)

被動土壓力係數 K_p 可依下列方式計算 [10.1]：

1、一般狀況時：

$$K_p = \frac{\cos^2(\theta + \phi)}{\cos^2\theta \cos(\theta - \delta)[1 - \sqrt{\dfrac{\sin(\phi + \delta)\sin(\phi + \alpha)}{\cos(\theta - \delta)\cos(\theta - \alpha)}}]^2} \tag{10.3.18}$$

2、地表呈水平面、牆背為垂直且可不考慮牆面摩擦時；即 $\alpha = \theta = \delta = 0$

$$K_p = \tan^2(45° + \frac{\phi}{2}) \tag{10.3.19}$$

上列式中符號之定義與 10-3-2 節定義相同。

四、　動態主動土壓力

在地震時，擋土牆所受之主動土壓力可依下式計算[10.1，10.2，10.3]

$$P_{AE} = \frac{1}{2} \gamma \cdot H^2 \cdot (1 - k_v) \cdot K_{AE} \tag{10.3.20}$$

其中 K_{AE} 為地震時之主動土壓力係數，可依下列公式計算：

$$K_{AE} = \frac{\cos^2(\phi - \theta - \beta)}{\cos\beta \cos^2\theta \cos(\theta + \delta + \beta)[1 + \sqrt{\dfrac{\sin(\phi + \delta)\sin(\phi - \alpha - \beta)}{\cos(\delta + \theta + \beta)\cos(\theta - \alpha)}}]^2} \tag{10.3.21}$$

式中：

$$\beta = \tan^{-1}\left(\frac{k_h}{1-k_v}\right)$$

(10.3.22)

k_v：垂直向地震係數

k_h：水平向地震係數

其餘符號與第 10-3-2 節相同。

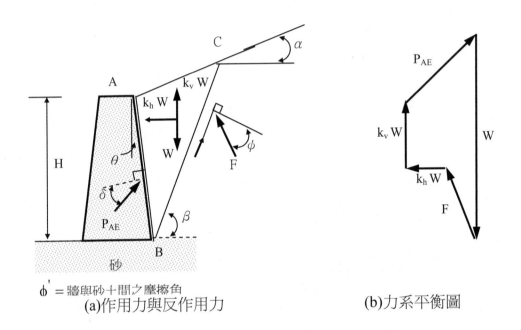

(a)作用力與反作用力   (b)力系平衡圖

(c)作用力位置

圖 10-3-4 動態主動土壓力作用圖

公式 10.3.21 原則上只適用於非凝聚性土壤之計算。在地震作用時,動態主動土壓力之作用點位置,依牆體位移類型之不同,可分別考慮如下[10.1,10.4]:

1、擋土牆對牆底旋轉時:

主動土壓力增量:

$$\Delta P_{AE} = P_{AE} - P_A \tag{10.3.23}$$

P_A 之作用點位於基礎底面以上 H / 3 牆高之處,如圖 10-3-4。

ΔP_{AE} 之作用點位於基礎底面以上 2H / 3 牆高之處,如圖 10-3-4。

2、擋土牆為滑移移時:

P_A 之作用點於基礎底面以上 0.42H 牆高之處。

P_{AE} 之作用點於基礎底面以上 0.48H 牆高之處。

3、擋土牆對頂旋轉時:

P_{AE} 之作用點為位於基礎面以上 0.55H 牆高之處。

在公式 10.3.22 中之水平向地震力係數,原則上可取基地地表水平向尖峰加速度值之半估計,但對於側向位移完全受限之情況,地震所引致之動態土壓力將因位移受限而大於上述之主動土壓力值,此時 k_h 值應取地表水平向尖峰加速度值之 1.5 倍估計。而垂直向地震係數 k_v,原則上可取基地地表垂直向尖峰加速度值之半估計,但對於遠距離之地震,通常可忽略垂直地震力之影響即取 $k_v = 0$。我國公路橋梁耐震設計規範[10.5]規定水平地震力係數 $k_h = ZI / 2$。而一般工程界常取垂直地震係數等於三分之二水平地震係數,也就是 $k_v = (2/3) \cdot k_h$ 作為邊坡穩定及動態地震力計算之用。

五、 動態被動土壓力

在地震時,擋土牆所受之被動土壓力可依下式計算[10.1,10.2,10.3]:

$$P_{PE} = \frac{1}{2} \gamma H^2 (1 - k_v) K_{PE} \tag{10.3.24}$$

其中 K_{PE} 為地震時之被動土壓力係數,可依下列公式計算:

$$K_{PE} = \frac{\cos^2(\phi + \theta - \beta)}{\cos\beta \cos^2\theta \cos(\delta - \theta + \beta)[1 - \sqrt{\frac{\sin(\phi + \delta)\sin(\phi + \alpha - \beta)}{\cos(\delta - \theta + \beta)\cos(\alpha - \theta)}}]^2} \tag{10.3.25}$$

式中:

$$\beta = \tan^{-1}(\frac{k_h}{1 - k_v})$$

其符號定義及地震力作用點位置與第 10-3-4 節相同。

10-4 擋土牆之穩定性

在決定擋土牆各部份尺寸之前，應先確保擋土牆之穩定性，一般穩定性之檢討最少需滿足下列三個條件：

1、抵抗傾倒力矩必須超過傾倒力矩，而使得抵抗擋土牆傾倒有足夠安全係數；長期載重狀況時之安全係數 F.S.≥2.0，地震時 F.S.≥1.5[1]。
2、摩擦阻力與前趾版的被動土壓力必須有足夠安全係數，以阻止側向推力所產生的滑動；長期載重狀況時之安全係數 F.S.≥1.5，地震時，F.S.≥1.2，考慮最高水位時 F.S.≥1.1[1]。
3、基礎土壤必須有足夠的承載力，也就是基礎版必需有足夠寬度，使其產生之壓應力不超過土壤之容許承載力。長期載重時土壤容許承載力之安全係數 F.S.≥3.0，當考慮短期性載重時，其容許支承力得予提高50%[1]。
4、牆底之寬度應儘量使作用力平均分佈在基礎土壤上，不致於產生過度的沉陷或轉動。

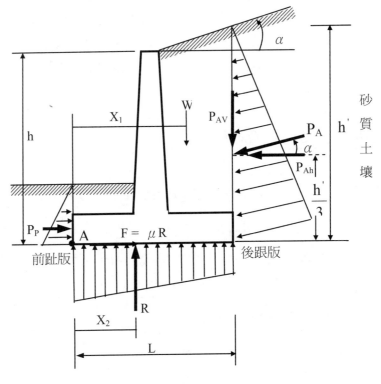

圖 10-4-1　擋土牆上之作用力

一、 傾倒作用(Overturning)

　　如圖 10-4-1 之作用力,作用在該擋土牆上之傾倒作用力主要為其背後之主動土壓力P_A。當會產生傾倒作用時,其旋轉點將為前趾版處之 A 點。由圖中顯示,當牆背地面線非水平時,其主動土壓力作用方向將平行地表面,此時其作用力可分成水平作用力P_{Ah}及垂直作用力P_{Av}。擋土牆之自重(含前趾版及後跟版上之土重)為 W,在P_A及 W 作用下,基礎版之反作用力為 R,由 R 產生之基礎版與土壤間之摩擦力為μR。主動土壓力之水平分量P_{Ah}對旋轉點所產生之傾倒力矩M_O為

$$M_O = P_{Ah} \cdot \frac{h'}{3} \tag{10.4.1}$$

而抵抗傾倒之力矩主要是由自重及主動土壓力之垂直分量所提供

$$M_R = W \cdot X_1 + P_{AV} \cdot L \tag{10.4.2}$$

則抵抗傾倒之安全係數可以下式表示:

$$
\begin{aligned}
F.S. &= \frac{抵抗力矩(Re\,sisting \quad Moment)}{傾倒力矩(Overturning \quad Moment)} \\
&= \frac{M_R}{M_O} \\
&= \frac{W \cdot X_1 + P_{AV} \cdot L}{P_{Ah} \cdot \dfrac{h'}{3}}
\end{aligned}
\tag{10.4.3}
$$

二、 滑動作用(Sliding)

　　由圖 10-4-1 之作用力圖可看出,作用在擋土結構之滑動作用力為主動土壓力之水平分力P_{Ah},而抵抗滑動的作用力有前趾版側的被動土壓力及其基礎版底與土壤接觸面之摩擦力μR。滑動作用力可以下式表示:

$$F_S = P_{Ah} \tag{10.4.4}$$

滑動抵抗力為

$$F_R = P_P + \mu R \tag{10.4.5}$$

則抵抗滑動之安全係數可以下式表示:

$$F.S. = \frac{滑動抵抗力}{滑動作用力}$$

$$= \frac{F_R}{F_s}$$

$$= \frac{P_P + \mu R}{P_{Ah}} \tag{10.4.6}$$

基礎版與土壤間之摩擦係數 μ 與土壤種類有關，一般常用值為：

　　$\mu = 0.60$：堅硬岩盤(粗糙面)

　　$\mu = 0.55$：不含泥質之粗顆粒土壤

　　$\mu = 0.45$：含泥質之粗顆粒土壤

　　$\mu = 0.35$：泥質土壤

當基礎版以下之土壤有詳細之 C、ϕ 值可供計算時，其摩擦力一項亦可以下式代替之：

$$\mu R = R \tan \phi + L \cdot C \tag{10.4.7}$$

三、 基礎土壤承載力

　　由圖 10-4-1 之作用力圖顯示，擋土牆在垂直力(W)及主動土壓力(P_A)作用下，是透過基礎版將其作用力傳遞到其下之土壤內，此時土壤之正向反作用力將垂直基礎版面，如圖 10-4-2 所示。其計算如下：

$$q = \frac{R}{A} \pm \frac{M \cdot C}{I} \tag{10.4.8}$$

式中：

　　$A = L \times 1$　(取單位寬度)

　　$M = R \cdot e$　(e 為合力 R 距基礎版中心之偏心距)

　　$C = \dfrac{L}{2}$

　　$I = \dfrac{1 \times L^3}{12}$

所以公式(10.4.8)可再以下式方式表示

$$q = \frac{R}{L} \pm \frac{R \cdot e(\frac{L}{2})}{(\frac{L^3}{12})} = \frac{R}{L}(1 \pm \frac{6e}{L}) \tag{10.4.9}$$

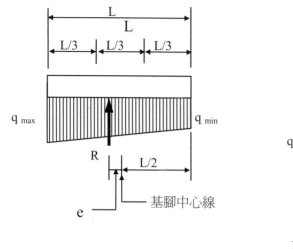 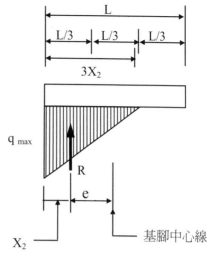

(a)合力在中間三分之一內　　　　(b)合力在中間三分之一外

圖 10-4-2 基礎版反作用力圖

如果合力 R 作用位置是在基礎版中間的 $\dfrac{L}{3}$ 內，如圖 10-4-2(a)所示，也就是

$e \leq \dfrac{L}{6}$，則此時整個基礎版皆在壓應力狀態。其最大及最小應力為

$$q_{max} = \dfrac{R}{L}(1 + \dfrac{6e}{L}) \tag{10.4.10}$$

$$q_{min} = \dfrac{R}{L}(1 - \dfrac{6e}{L}) \tag{10.4.11}$$

如果合力 R 作用位置是在基礎版中間 $\dfrac{L}{3}$ 以外，也就是 $e \geq \dfrac{L}{6}$，則此時 q_{min} 將
變成負值，也就是由壓應力變成張應力，而事實上土壤與基礎版間是不可能
有張力強度存在，因此其基礎版之反作用力將如圖 10-4-2(b)所示，此時合力
R 可以下式表示：

$$R = \dfrac{1}{2}q_{max}(3X_2) \tag{10.4.12}$$

或

$$q_{max} = \dfrac{2R}{3X_2} \tag{10.4.13}$$

上列式中之 q_{max} 為基礎版所受之最大壓應力，其值不得大於基礎土壤之容許
承載力(或稱容許地耐力) q_a。

土壤容許承載力公式爲：

$$q_a = \frac{q_{ult}}{F.S.}$$ (10.4.14)

式中 q_{ult} 爲基礎土壤之極限承載強度，可參考第九章之公式計算。

例 10-4-1

有一半重力式混凝土擋土牆如下圖所示，請檢核其適用性。牆背回填土單位重 $\gamma_m = 1.8\,t/m^3$，土壤內摩擦角 $\phi = 35^0$，牆底與土壤間之摩擦係數 $\mu = 0.45$，土壤容許承載力 $q_a = 20\,t/m^2$，混凝土抗壓強度 $f_c' = 210\,kgf/cm^2$。

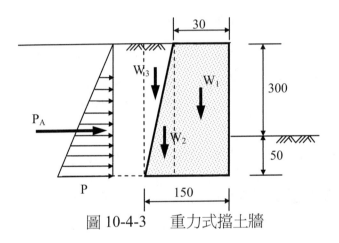

圖 10-4-3　重力式擋土牆

< 解 >

主動土壓力係數　$K_A = \tan^2(45 - \frac{\phi}{2}) = 0.271$

$p = 0.271 \times 3.5 \times 1.8 = 1.707\ t/m^2$

$P_A = \frac{1}{2} \times 1.707 \times 3.5 = 2.987\ t/m$

	W	X	WX
1	$0.3 \times 3.5 \times 2.3 = 2.42$	0.15	0.36
2	$0.5 \times 1.2 \times 3.5 \times 2.3 = 4.83$	0.70	3.38
3	$0.5 \times 1.2 \times 3.5 \times 1.8 = 3.78$	1.1	4.16
	$\sum W = 11.03\ t/m$		$\sum WX = 7.90\ \ t\text{-}m/m$

1、傾倒作用：

傾倒力矩 $M_O = 2.987 \times \dfrac{3.5}{3} = 3.48$ t-m/m

抵抗力矩 $M_R = 7.90$ t-m/m

$$F.S. = \frac{M_R}{M_O} = \frac{7.90}{3.48} = 2.27 > 2.0 \qquad OK\#$$

2、滑動作用：

滑動作用力：

$$F_S = 2.987 t/m \quad t/m$$

滑動抵抗力：(不考慮被動土壓力)

$$F_R = \mu R = 0.45 \times 11.03 = 4.96 \quad t/m$$

$$F.S. = \frac{F_R}{F_S} = \frac{4.96}{2.987} = 1.66 > 1.5 \qquad OK\#$$

3、基礎土壤承載力：

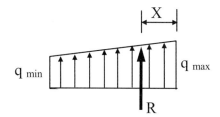

$$X = \frac{M_R - M_O}{R} = \frac{7.9 - 3.48}{11.03} = 0.4 \quad m$$

$$\frac{L}{6} = \frac{1.50}{6} = 0.25 \quad m$$

$$e = \frac{1.5}{2} - 0.4 = 0.35 \ m > \frac{L}{6}$$

所以基底反力為三角形如下：

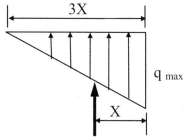

$X = 0.4 \ m$

$$3X = 1.2 \text{ m}$$

$$\therefore \frac{1}{2} q_{max} \cdot 3X = R$$

$$\frac{1}{2} q_{max} \times 1.2 = 11.03$$

$$\therefore q_{max} = 18.38 \text{ t}/\text{m}^2 < q_a = 20 \text{ t}/\text{m}^2 \qquad OK\#$$

10-5 懸臂式擋土牆之設計

當著手進行懸臂式擋土牆設計時，必須依照規範之規定及力學之概念，以估計基礎版的長度、厚度，及擋土牆與基礎版間之相對位置。由圖 10-5-1 之作用力示意圖，可由下列推導求出牆底版長度 L 及牆高 H 之關係式。

主動土壓力：

$$P_A = \frac{1}{2} K_A \cdot \gamma \cdot H^2 \tag{10.5.1}$$

基礎版上土壤之重量：

$$R = W = \gamma \cdot H \cdot \beta L \tag{10.5.2}$$

對後跟版處 C 點滿足旋轉之平衡條件，則

$$P_A \cdot \frac{H}{3} + W \cdot \frac{\beta L}{2} = R \cdot \xi L \tag{10.5.3}$$

$$\frac{1}{2} K_A \cdot \gamma \cdot H^2 \cdot \frac{H}{3} + \gamma \cdot H \cdot \beta L \cdot \frac{\beta L}{2} = \gamma \cdot H \cdot \beta L \cdot \xi L$$

$$\frac{1}{6} K_A \gamma H^3 = \gamma \cdot H \cdot \beta \cdot \xi L^2 - \frac{1}{2} \gamma \cdot H \cdot \beta^2 L^2$$

$$= \frac{1}{2} \gamma H \beta L^2 (2\xi - \beta)$$

$$K_A \frac{H^2}{L^2} = 3\beta(2\xi - \beta)$$

解上列平衡方程式，可得：

$$\frac{L}{H} = \sqrt{\frac{K_A}{3\beta(2\xi - \beta)}} \tag{10.5.4}$$

式中：

ξ：係為一變數，完全依照土壤的性質而定[10.6]。

1、當基礎底地質為良好級配或顆粒狀土壤時，其反應力呈三角形分

佈，則

$$\xi = \frac{2}{3}$$

2、當基礎底地質為粘土層時，其反應力呈均勻分佈，則

$$\xi = \frac{1}{2}$$

當擋土牆之 $\dfrac{L}{H}$ 為最小時，可得基礎版之最小厚度，如下式：

$$\frac{\partial}{\partial \beta}\left(\frac{L}{H}\right) = \frac{1}{2}\left(\frac{K_A}{3\beta(2\xi-\beta)}\right)^{-\frac{1}{2}} \cdot \left[\frac{-K_A(6\xi-6\beta)}{9\beta^2(\xi-\beta)^2}\right] = 0$$

由上式得

$$\beta = \xi \tag{10.5.5}$$

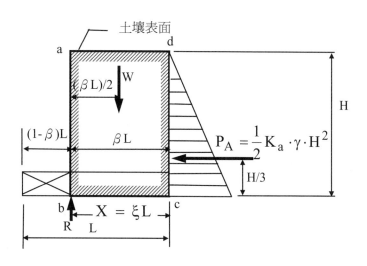

(a)作用力示意圖

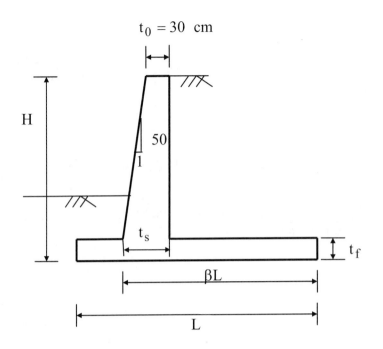

(b)懸臂式擋土牆剖面圖

圖 10-5-1　懸臂式擋土牆

根據上列簡化公式大致訂定擋土牆與基礎版間之相對位置後，則可根據下列步驟進行擋土牆之設計：

1、決定基礎寬度，將公式(10.5.5)代入公式(10.5.4)得

$$\frac{L}{H} = \sqrt{\frac{K_A}{3\beta^2}}$$ (10.5.6)

以一般無凝聚性土壤，假設 $K_A = 0.333$，如果不考慮基礎版前伸，即 $\beta = 1$，則 $\frac{L}{H} = \sqrt{\frac{0.333}{3}} = 0.333$，也就是 L =0.333H。如果考慮基礎版前伸 1/3，即 $\beta = 2/3$，則 L/H =0.50，也就是 L =0.50H。一般常用之值大約為 $L \approx (\frac{2}{5} \sim \frac{2}{3})H$。

2、基礎版之厚度需與牆身底之厚度相同，一般取 $t_f = (0.07\sim0.10)H$。而其最小厚度為 30cm。

3、牆身厚度，牆頂如無特別載重情況，一般並不受力，因此其厚度主要以混凝土之澆置為考量，一般常用者為 30 公分。而牆底之厚度，一般取 $t_s = (0.07\sim0.10)H$。一般為了考慮擋土牆受力後會往前傾斜變位，

可考慮將牆身外露側設計為 1/50 之斜面，使其變形後牆身保持垂直。

4、檢核擋土牆之穩定性，包括傾倒、滑動及土壤承載力。

5、基礎版配筋：基礎版依受撓曲方向，以梁撓曲理論設計所需主筋，一般取單位寬(1 公尺)以單筋矩形梁設計配筋，其最小鋼筋量目前規範並無明確規定，原則上應依第二章最小鋼筋量規定。但在懸臂式擋土牆設計中，一般基礎版厚度皆較大，因此其最小鋼筋量可依照第九章基礎版之最小鋼筋量規定。前趾版彎矩之臨界斷面位於牆面處，剪力臨界斷面則位於距牆面 d 處。後根版彎矩及剪力之臨界斷面皆位於牆面處。除了撓曲主筋外，垂直撓曲主筋方向一般可依版之規定配置溫度鋼筋如第九章。

6、垂直牆配筋：懸臂式擋土牆之垂直牆，其受力類似懸臂梁行為，其垂直筋為主要受撓曲作用之主筋，依受撓曲方向以梁理論配筋，一般皆取單位寬之單筋矩形梁設計配筋。垂直牆之彎矩臨界斷面位於牆與基礎版交接面，而剪力臨界斷面依其受力行為接近懸臂梁行為可保守取位於交接面處。其最小鋼筋量依照第二章單筋矩形梁之最小鋼筋量計算。除了撓曲主筋外，在水平方向為避免裂縫的形成，皆須配置最小溫度鋼筋。依我國規範 7.2.2[10.7]及 ACI 14.1.2[10.8]規定如下：

　　1、所用鋼筋為不大於 5 號之竹節鋼筋，且其降伏強度不小於 $4200\text{kgf}/\text{cm}^2$時

$$\rho_{h,min} = 0.0020$$

　　2、其它竹節鋼筋：

$$\rho_{h,min} = 0.0025$$

　　3、熔接鋼線網：

$$\rho_{h,min} = 0.0020$$

　　上述之水平鋼筋，當牆厚大於 25 公分以上時，必須各分兩層配置。總鋼筋量之 1/3~1/2 配置在外牆側，距外牆面不小於 5 公分但也不大於牆厚之 1/3。其餘鋼筋配於內牆側，距內牆面不少於 5 公分也不大於牆厚之 1/3。總鋼筋量計算是以 $\rho_{h,min}$ 乘上平均牆厚為單位牆厚所需之水平最小溫度鋼筋量。

10-6 懸臂式擋土牆設計例

當 RC 結構物在承受土壓力作用時，依 ACI 規範[10.8]規定，其載重因數 (Load Factor)及載重組合(Loading Combination)如下：
1、當靜載(D)、活載(L)及土壓力(H)同時作用時，其載重組合如下：
$$U = 1.2D + 1.6L + 1.6H$$
2、當靜載重或活載重作用會降低土壓力之作用時
$$U = 0.9D + 1.6H$$

例 10-6-1
有一懸臂式擋土牆，其完成後之地面線如下圖所示。完成後之擋土牆後方上將有一相當於 2.5m 覆土壓力之建築物座落其上。土壤單位重 $\gamma_m = 1.9 t/m^3$，土壤內摩擦角 $\phi = 35°$，假設地下水位線在基礎版以下，因此可不考慮地下水之作用力。材料之 $f_c' = 210 kgf/cm^2$、$f_y = 2800 kgf/cm^2$，基礎混凝土版與土壤間之摩擦係數 $\mu = 0.60$，基礎面最大容許土壓力 $q_a = 24.5 \ t/m^2$，請依 ACI 規範設計此擋土牆。

＜解＞

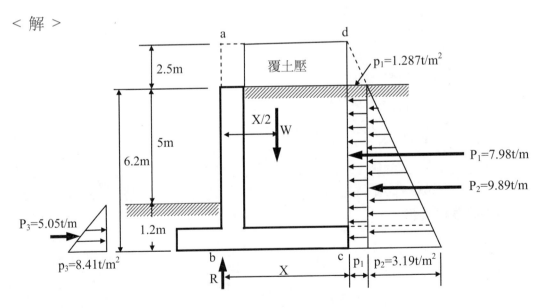

圖 10-6-1　　懸臂式擋土牆

1、作用土壓力之計算：

主動土壓力係數

$$K_A = \tan^2(45 - \frac{\phi}{2}) = 0.271$$

被動土壓力係數

$$K_P = \tan^2(45 + \frac{\phi}{2}) = 3.69$$

地面覆載之側向土壓應力

$$p_1 = 1.9 \times 2.5 \times 0.271 = 1.287 \ t/m^2$$

$$P_1 = p_1 \times H = 1.287 \times 6.2 = 7.98 \ t/m$$

$$p_2 = 1.9 \times 6.2 \times 0.271 = 3.19 \ t/m^2$$

$$P_2 = \frac{1}{2} \times p_2 \times H = \frac{1}{2} \times 3.19 \times 6.2 = 9.89 \ t/m$$

牆前趾版之被動土壓應力

$$p_3 = 1.9 \times 1.2 \times 3.69 = 8.41 \ t/m^2$$

$$P_3 = \frac{1}{2} \times p_3 \times H = \frac{1}{2} \times 8.41 \times 1.2 = 5.05 \ t/m$$

2、決定基礎版寬度 L

根據公式(10.5.6)取 $\beta = \frac{2}{3}$ (基礎版前伸 $\frac{1}{3}$)，則

$$L = \sqrt{\frac{0.271}{3 \times (\frac{2}{3})^2}} \times H$$

$$= 0.45H$$

$$= 0.45(6.2+2.5)$$

$$= 3.92 \ m$$

∴取 L = 4.0 m

3、決定基礎版厚度

$$t_f = (0.07 \sim 0.1) \times (6.2 + 2.5)$$

$$= 0.61 \sim 0.87 \ m$$

取 t_f =75 cm

4、決定擋土牆牆身之厚度 t_s

牆頂使用 t_s =30 cm

牆底 t_s =(0.07~0.10)H =0.61~0.87 m

取 t_s =75 cm

檢核擋土牆厚度：

擋土牆高度 $= 5 + 1.2 - 0.75 = 5.45$ m

土壓力放大載重係數 $= 1.6$

材料之 $f_c' = 210 \text{kgf} / \text{cm}^2 \cdot f_y = 2800 \text{kgf} / \text{cm}^2$

檢核牆厚是否恰當：

撓曲臨界斷面在擋土牆與基礎版交界處：

$$p_2' = 1.9 \times 5.45 \times 0.271 = 2.81 \text{ t} / \text{m}^2$$

$$M_u = 1.6 \times [\frac{1}{2} \times 1.287 \times 5.45^2 + \frac{1}{2} \times 2.81 \times 5.45 \times (\frac{1}{3} \times 5.45)]$$

$$= 52.84 \quad \text{t-m/m}$$

假設保護層厚 $= 10$ cm

$$d = 75\text{-}10 = 65$$

$$m = \frac{f_y}{0.85 f_c'} = \frac{2800}{0.85 \times 210} = 15.686$$

假設為張力控制斷面 $\phi = 0.90$

$$R_n = \frac{M_u}{\phi b d^2} = \frac{5284000}{0.9 \times 100 \times 65^2}$$

$$= 13.896$$

$$\rho = \frac{1}{m} \left[1 - \sqrt{1 - \frac{2 m R_n}{f_y}} \right]$$

$$= \frac{1}{15.686} \left[1 - \sqrt{1 - \frac{2 \times 15.686 \times 13.896}{2800}} \right]$$

$$= 0.00517 \quad > \quad \rho_{min} = \frac{14}{2800} = 0.005 \quad \text{OK\#}$$

剪力臨界斷面取位於牆與基礎版交界處

$$V_u = 1.6 \times (1.287 \times 5.45 + \frac{1}{2} \times 2.81 \times 5.45) = 23.47 \text{ t} / \text{m}$$

$$\phi V_c = \phi \times 0.53 \sqrt{f_c'} b_0 d$$

$$= \frac{0.75 \times 0.53 \times \sqrt{210} \times 100 \times 65}{1000}$$

$$= 37.44 \text{ t} / \text{m} > 23.47 \text{ t} / \text{m} \quad \text{OK\#}$$

5、檢核擋土牆之穩定性

(1) 傾倒

	W	$\bar{x}$	$W \cdot \bar{x}$
W_1	$1.9 \times (2.5 + 5.45) \times 2.40 = 36.252$	2.80	101.51
W_2	$(2.4 - 1.9) / 2 \times 5.45 \times 0.45 = 0.613$	1.75	1.07
W_3	$2.4 \times 4.0 \times 0.75 = 7.2$	2.00	14.40
W_4	$2.4 \times 5.45 \times 0.3 = 3.924$	1.45	5.69
	$\sum = 47.99$		$\sum = 122.67$

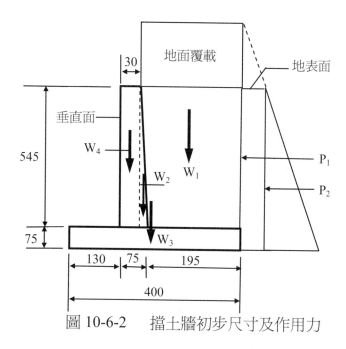

圖 10-6-2　擋土牆初步尺寸及作用力

抵抗力矩(忽略被動土壓力)
$$M_R = 122.67 \quad \text{t-m/m}$$

傾倒力矩
$$M_O = P_1 \times 3.1 + P_2 \times 2.067$$
$$= 7.98 \times 3.1 + 9.89 \times 2.067 = 45.18 \quad \text{t-m/m}$$

安全係數
$$\text{F.S.} = \frac{M_R}{M_O} = \frac{122.67}{45.18} = 2.72 > 2.0 \qquad \text{OK\#}$$

(2)滑動

推力：

$$P_1 + P_2 = 7.98 + 9.89 = 17.87 \text{ t/m}$$

摩擦抵抗力

$$\mu R = 0.6 \times 47.99 = 28.79 \text{ t/m}$$

忽略被動土壓力作用，$P_p = 0$

安全係數

$$\text{F.S.} = \frac{\mu R + P_p}{P_1 + P_2} = \frac{28.79}{17.87} = 1.61 > 1.5 \qquad \text{OK\#}$$

(3)土壓力

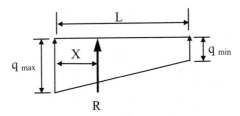

圖 10-6-3　　基礎版反作用應力

$$x = \frac{M_R - M_O}{R} = \frac{122.67 - 45.18}{47.99} = 1.61 \text{ m}$$

$$\frac{L}{6} = \frac{4}{6} = 0.67 \text{ m}$$

$$e = 2.0 - 1.61 = 0.39 \text{m} < \frac{L}{6} = 0.67 \text{ m}$$

$$q_{\substack{max \\ min}} = \frac{R}{L}(1 \pm \frac{6e}{L}) = \frac{47.99}{4.0}(1 \pm \frac{6 \times 0.39}{4.0})$$

$$= \begin{cases} 19.02 \text{t/m}^2 \\ 4.98 \text{t/m}^2 \end{cases} < q_a = 24.5 \text{t/m}^2 \qquad \text{OK\#}$$

6、擋土牆細部設計：
  (1)基礎版後跟部：

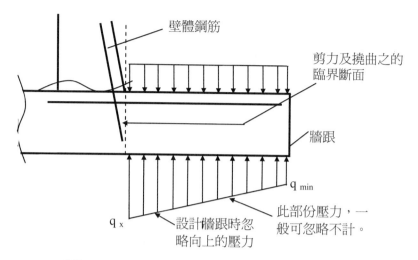

圖 10-6-4　跟部底反作用應力

DL(自重)　　　　　$2.4 \times 0.75 = 1.80 \, t/m$

LL(地面覆載)　　　$1.9 \times 2.5 = 4.75 \, t/m$

H(覆土)　　　　　$1.9 \times 5.45 = 10.355 \, t/m$

$$W_u = 1.2D + 1.6L + 1.6H$$
$$= 1.2 \times 1.8 + 1.6 \times (4.75 + 10.355)$$
$$= 26.328 \, t/m$$

$$M_u = \frac{1}{2} \times 26.328 \times 1.95^2 = 50.06 \quad t\text{-}m/m$$

$$V_u = 26.328 \times 1.95 = 51.34 \, t/m$$

$$\phi V_c = 0.75 \times 0.53 \sqrt{f_c'} b_0 d$$
$$= 0.75 \times 0.53 \times \sqrt{210} \times 100 \times 65/1000$$
$$= 37.44 t/m < V_u = 51.34 \, t/m \qquad NG$$

需要 $d \approx \dfrac{51.34}{37.44} \times 65 = 89 \, cm$

$$t = 89 + 10 = 99 \, cm$$

使用 $t = 100 \, cm$

$$d = 100 - 10 = 90 \, cm$$

$$\phi V_c = 0.75 \times 0.53\sqrt{210} \times 90/1000 = 51.84 \text{ t/m}$$

$$> 51.34 \text{ t/m} \qquad \text{OK\#}$$

$$m = \frac{f_y}{0.85f_c'} = \frac{2800}{0.85 \times 210} = 15.686$$

假設爲張力控制斷面 $\phi = 0.9$

$$M_n = \frac{M_u}{\phi} = \frac{50.06}{0.9} = 55.622 \quad \text{t-m}$$

需要 $R_n = \dfrac{M_n}{bd^2} = \dfrac{55.622 \times 10^5}{100 \times 90^2} = 6.87 \text{ kgf/cm}^2$

$$\rho = \frac{1}{m}\left[1 - \sqrt{1 - \frac{2mR_n}{f_y}}\right]$$

$$= \frac{1}{15.686}\left[1 - \sqrt{1 - \frac{2 \times 15.686 \times 6.87}{2800}}\right] = 0.0025$$

需要 $A_s = \rho bd = 0.0025 \times 100 \times 90 = 22.5 \text{ cm}^2/\text{m}$

$$> A_{s,min} = 0.002 \times 100 \times 100 = 20 \text{ cm}^2$$

每根 #8 鋼筋 $A_s = 5.067 \text{ cm}^2$

$$N = \frac{22.5}{5.067} = 4.44 \text{ 根/m}$$

$$S = \frac{100}{4.44} = 22.5 \text{cm}$$

選用 #8 @ 20 之主筋

$$S = 20 < S_{max} = \min(3 \times 100.45) = 45 \qquad \text{OK\#}$$

提供 $A_s = \dfrac{100}{20} \times 5.067 = 25.335 > 22.5 \qquad \text{OK\#}$

檢核 ϕ :

$$a = \frac{25.335 \times 2800}{0.85 \times 210 \times 100} = 3.974$$

$$x = a/\beta_1 = 4.675$$

$$x/d_t = 4.675/90 = 0.052 < 0.375$$

$$\phi = 0.90 \qquad \text{OK\#}$$

垂直主筋之溫度鋼筋：

$$\rho_t = 0.002$$

$$A_s = \rho_t bt = 0.002 \times 100 \times 100 = 20.0 \text{ cm}^2 / \text{m}$$

分上下兩層配置，使用#6 鋼筋 $A_s = 2.865$

$$\text{req } N = \frac{20/2}{2.865} = 3.49$$

$$\text{req } S = \frac{100}{3.49} = 28.65 \quad \text{cm}$$

使用#6@25 上、下各一層配置。

(2)基礎版趾部：(t=75cm)

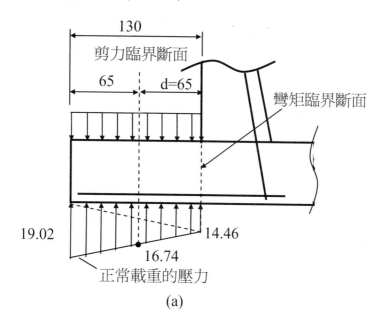

(a)

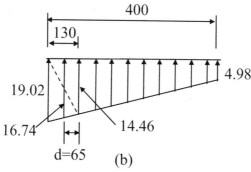

圖 10-6-5　趾部反作用應力

在牆趾位置

$$q = \frac{(19.02 - 4.98)}{4} \times 2.7 + 4.98 = 14.46 \text{ t}$$

距牆趾 d 處

$$q = \frac{(19.02 - 4.98)}{4} \times 3.35 + 4.98 = 16.74 \text{ t}$$

牆趾上覆土壓 $= 1.9 \times (1.2 - 0.75) = 0.855$

$$M_u = 1.6 \times [\frac{1}{2} \times 19.02 \times 1.3^2 \times \frac{2}{3} + \frac{1}{2} \times 14.46 \times 1.30^2 \times \frac{1}{3} -$$

$$\frac{1}{2} \times 0.855 \times 1.3^2] = 22.5 \quad \text{t-m/m}$$

$$V_u = 1.6 \times \left[\frac{19.02 + 16.74}{2} \times (1.3 - 0.65) \right]$$

$$= 18.60 \quad \text{t/m}$$

$$\phi V_c = 0.75 \times 0.53 \sqrt{f_c'} b_0 d$$

$$= \frac{0.75 \times 0.53 \times \sqrt{210} \times 100 \times 65}{1000}$$

$$= 37.44 \text{t} / \text{m} > V_u = 18.60 \quad \text{t/m} \qquad \text{OK\#}$$

$$m = \frac{f_y}{0.85 f_c'} = \frac{2800}{0.85 \times 210} = 15.686$$

使用 $\phi = 0.9$

$$M_n = \frac{M_u}{\phi} = \frac{22.5}{0.9} = 25.0 \quad \text{t-m}$$

需要 $R_n = \dfrac{M_n}{bd^2} = \dfrac{25.0 \times 10^5}{100 \times 65^2} = 5.92 \text{ kgf} / \text{cm}^2$

$$\rho = \frac{1}{m} \left[1 - \sqrt{1 - \frac{2mR_n}{f_y}} \right]$$

$$= \frac{1}{15.686} \left[1 - \sqrt{1 - \frac{2 \times 15.686 \times 5.92}{2800}} \right] = 0.00215$$

需要 $A_s = \rho bd = 0.00215 \times 100 \times 65 = 13.98 \text{ cm}^2 / \text{m}$

$$< A_{s,min} = 0.002 \times 100 \times 75 = 15 \text{ cm}^2$$

$\therefore$ 使用 $A_s = 15.0$ cm^2

#7 鋼筋 $A_s = 3.871$ cm^2

$$N = \frac{15.0}{3.871} = 3.87 \text{ 根} / \text{m}$$

$$S = \frac{100}{3.87} = 25.84 \text{ cm}$$

使用 #7 @ 25 cm

$$A_s = \frac{100}{25} \times 3.871 = 15.484 \text{ cm}^2 / \text{m} > 15 \text{ cm}^2 \qquad OK\#$$

$$S = 25 < S_{max} = \min(3 \times 75, 45)$$
$$= 45 \qquad\qquad OK\#$$

前趾版根據前列計算可得知版厚 75 公分太厚可適度減薄

$$d = \frac{18.6}{37.44} \times 65 = 32.3$$

試用 $t = 55$，$d = 45$

距牆趾 d 處

$$q = \frac{(19.02 - 4.98)}{4} \times 3.15 + 4.98$$
$$= 16.04$$

$$V_u = 1.6 \left[\frac{19.02 + 16.04}{2} \times (1.3 - 0.45) \right] = 23.84 \text{ t/m}$$

$$\phi V_c = \frac{0.75 \times 0.53 \sqrt{210} \times 100 \times 45}{1000} = 25.921 \text{ t/m}$$

$$> V_u = 23.84 \text{ t/m} \quad OK\#$$

$$R_n = \frac{25.0 \times 10^5}{100 \times 45^2} = 12.346$$

$$\rho = \frac{1}{15.686} \left[1 - \sqrt{1 - \frac{2 \times 15.686 \times 12.346}{2800}} \right] = 0.00457$$

$$A_s = 0.00457 \times 100 \times 45 = 20.57 \text{cm}^2 / \text{m}$$

$$> A_{s\,min} = 0.002 \times 100 \times 55 = 11 \text{ cm}^2$$

$$N = \frac{20.57}{3.871} = 5.31 \text{ 根} / \text{m}$$

$$S = \frac{100}{5.31} = 18.83 \text{cm}$$

使用 #7 @ 18 cm

$$A_s = \frac{100}{18} \times 3.871 = 21.50 \text{cm}^2/\text{m} > 20.57 \text{ cm}^2/\text{m} \quad \text{OK\#}$$

$$S = 18 \text{ cm} < S_{max} = \min(3 \times 55, 45) = 45 \text{ cm}$$

垂直主筋之溫度鋼筋：

$$\rho_t = 0.002$$

$$A_s = \rho_t bt = 0.002 \times 100 \times 55 = 11.0 \text{ cm}^2/\text{m}$$

分上下兩層配置，使用#5 鋼筋 $A_s = 1.986$

$$\text{req N} = \frac{11/2}{1.986} = 2.77$$

$$\text{req S} = \frac{100}{2.77} = 36.1 \text{ cm}$$

使用#5@35 上、下各一層配置。

(3)牆：

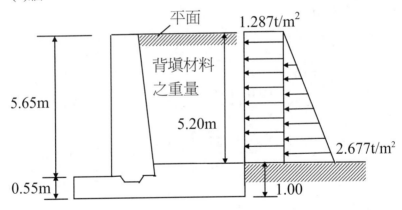

圖 10-6-6　擋土牆立版作用應力

$$V_u = 1.6 \times (1.287 \times 5.2 + \frac{1}{2} \times 2.677 \times 5.20) = 21.844 \text{ t/m}$$

$$\phi V_c = \frac{0.75 \times 0.53\sqrt{210} \times 100 \times 65}{1000} = 37.442 \text{ t/m}$$

$$> V_u = 21.844 \text{ t/m} \quad \text{OK\#}$$

$$M_u = 1.6 \times \left[\frac{1}{2} \times 1.287 \times 5.2^2 + \frac{1}{2} \times 2.677 \times 5.2 \times \frac{1}{3} \times 5.2 \right]$$

$$= 47.143 \quad \text{t-m/m}$$

使用 $t = 75 \quad \text{cm}$

$$d = 75 - 10 = 65 \text{ cm}$$

$$m = \frac{f_y}{0.85 f_c'} = \frac{2800}{0.85 \times 210} = 15.686$$

使用 $\phi = 0.9$

$$M_n = \frac{M_u}{\phi} = \frac{47.143}{0.9} = 52.381 \quad \text{t-m}$$

需要 $R_n = \dfrac{M_n}{bd^2} = \dfrac{52.381 \times 10^5}{100 \times 65^2} = 12.398 \text{ kgf} / \text{cm}^2$

$$\rho_{min} = \frac{14}{f_y} = \frac{14}{2800} = 0.005$$

$$\rho = \frac{1}{m}\left[1 - \sqrt{1 - \frac{2mR_n}{f_y}} \right]$$

$$= \frac{1}{15.686}\left[1 - \sqrt{1 - \frac{2 \times 15.686 \times 12.398}{2800}} \right] = 0.00459$$

$$< \quad \rho_{min} = 0.005$$

$$1.33\rho = 1.33 \times 0.00459 = 0.0061 > \rho_{min} = 0.005$$

所以使用 $\rho = 0.005$

需要 $A_s = \rho bd = 0.005 \times 100 \times 65 = 32.5 \text{ cm}^2 / \text{m}$

依需要之鋼筋量，使用 ＃8 鋼筋或 ＃9 鋼筋均可：

每根 ＃8 鋼筋 $\quad A_s = 5.067 \text{ cm}^2$

$$N = \frac{32.5}{5.067} = 6.414 \text{ 根} / \text{m}$$

$$S = \frac{100}{6.414} = 15.59 \text{ cm}$$

使用 ＃8 @ 15cm

$$A_s = \frac{100}{15} \times 5.067 = 33.78 \text{ cm}^2 / \text{m} \quad \text{OK\#}$$

8、設計溫度及收縮鋼筋：

平均牆厚度 $h = \dfrac{30+75}{2} = 52.5$ cm

水平溫度鋼筋：

需要 $A_{sh,min} = 0.0025bh$

$$= 0.0025 \times 100 \times 52.5 = 13.125 \text{ cm}^2 / \text{m}$$

$\dfrac{2}{3} A_s$ 放前面 $= \dfrac{2}{3} \times 13.125 = 8.75 \text{ cm}^2 / \text{m}$

每根 #5 鋼筋 $A_s = 1.986 \text{ cm}^2$

$N = \dfrac{8.75}{1.986} = 4.41$ 根 / m

$S = \dfrac{100}{4.41} = 22.7$ cm

使用 #5 @ 20 cm

$A_s = \dfrac{100}{20} \times 1.986 = 9.93 \text{ cm}^2 / \text{m}$ OK#

$\dfrac{1}{3} A_s$ 放後面 $= \dfrac{1}{3} \times 13.125 = 4.375 \text{ cm}^2 / \text{m}$

每根 #4 鋼筋 $A_s = 1.267 \text{cm}^2$

$N = \dfrac{4.375}{1.267} = 3.45$ 根 / m

$S = \dfrac{100}{3.45} = 28.99$ cm

使用 #4 @ 25 cm

$A_s = \dfrac{100}{25} \times 1.267 = 5.068 \text{ cm}^2 / \text{m}$ OK#

垂直溫度鋼筋：

需要之 $A_{sv,min} = 0.0015bh = 0.0015 \times 100 \times 52.5$

$$= 7.875 \text{ cm}^2 / \text{m}$$

因為牆後側為張力主筋，所以溫度鋼筋全部配置在牆外側，使用#5 鋼筋：

$N = \dfrac{7.875}{1.986} = 3.965$

$$S = \frac{100}{3.965} = 25.2$$

$\therefore$ 使用#5@25 之垂直溫度鋼筋。

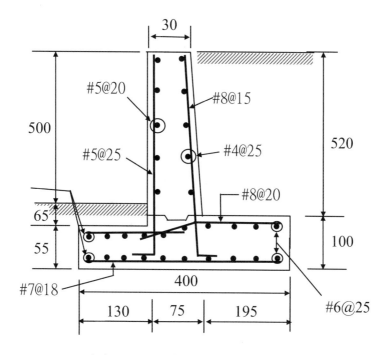

圖 10-6-7　主要鋼筋配筋圖

參考文獻

10.1 內政部，建築物基礎構造設計規範，中華民國大地工程學會主編，2001。

10.2 N. Mononobe, "On the Determination of Earth Pressure During Earthquakes," Proceedings, World Engineering Conference, Vol.9, 1929.

10.3 S.Okabe, "General Theory of Earth Pressure," Journal of the Japanese Society of Civil Engineers, Vol.12, No.1, Tokyo, 1926.

10.4 H.B. Seed and R.V. Whitman, "Design of Earth Retaining Structures for Dynamic Loads," Proceeding, Specialty Conference on Lateral Stresses in the Ground and Design of Earth Retaining Structures, ASCE, 1970.

10.5 交通部，公路橋樑耐震設計規範，幼獅文化事業公司，民國 84 年 1 月。

10.6 C. K. Wang and C. G. Salmon, Reinforced Concrete Design, 5th nd, Harper Collins Publishers, 1992.

10.7 中國土木水利工程學會，混凝土工程設計規範與解說，土木 401-93，混凝土工程委員會，科技圖書股份有限公司，民國 93 年 12 月。

10.8 ACI Committee 318, Building Code Requirements for Structural Concrete (ACI 318-02) and Commentary (ACI 318R-02), American Concrete Institute, 2002

10-1 試檢核下圖重力式混凝土擋土牆之適用性。背填土材料為無凝聚性土壤，$\gamma_m = 1.9t/m^3$，$\phi = 30^o$，基礎與土壤之摩擦係數 $\mu = 0.45$，容許土壤承載力 $q_a = 18t/m^2$。

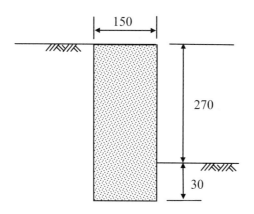

10-2 試檢核下圖之半重力式混凝土擋土牆之適用性。背填土材料為無凝聚性土壤，$\gamma_m = 2.0t/m^3$，$\phi = 30^o$，基礎與土壤之摩擦係數 $\mu = 0.50$，容許土壤承載力 $q_a = 15t/m^2$。

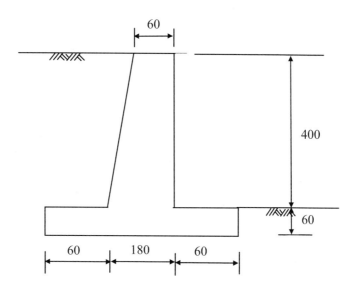

10-3 試檢核下圖鋼筋混凝土擋土牆之適用性。背填土及牆趾之土壤參數如下，$\gamma_m = 1.8 t/m^3$，$\phi = 34^o$，基礎土壤之容許承載力 $q_a = 10 t/m^2$。

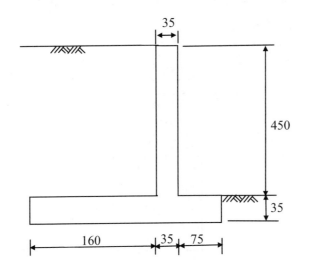

10-4 如下圖鋼筋混凝土擋土牆試檢核其適用性，背填土及牆趾之土壤參數如下，$\gamma_m = 1.8 t/m^3$，$\phi = 35^o$，基礎土壤之容許承載力 $q_a = 20 t/m^2$，土壤與基礎之摩擦係數 $\mu = 0.55$。

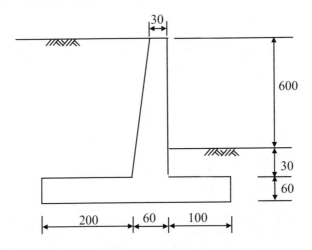

10-5 如習題 10-3，但考慮牆後之地面需承載一均佈活載重 $W_L = 1.5 t/m^2$，重新檢核其適用性。

10-6 如習題 10-4，但考慮牆後之地面需承載一均佈活載重 $W_L = 3.5 t/m^2$，重新檢核其適用性。

10-7 如習題 10-3，考慮在地震作用下，其水平地震係數 $k_h = 0.165$，不考慮垂直地震力,重新檢核其適用性。

10-8 如習題 10-4,考慮在地震作用下,其水平地震係數 k_h =0.165,不考慮垂直地震力,重新檢核其適用性。

10-9 如習題 10-3,考慮牆後地下水位位於距地表面一公尺處,土壤之浮水單位重 $\gamma' = 1.0t/m^3$。

10-10 如習題 10-4,考慮牆後地下水位位於距地表面二公尺處,土壤之浮水單位重 $\gamma' = 1.0t/m^3$。

10-11 試設計一高度為 4 公尺之鋼筋混凝土擋土牆,土壤參數 $\gamma_m = 2.1t/m^3$,$\phi = 35^o$,基礎與土壤之摩擦係數 μ =0.55,基礎土壤之容許承載力 $q_a = 20t/m^2$,$f_c' = 210kgf/cm^2$,$f_y = 4200kgf/cm^2$。

10-12 如習題 10-11,但牆後有一均佈地面活載重 W_L =1.5t/m²,而且土壤參數為:$\gamma_m = 1.8t/m^3$,$\phi = 28^o$,μ =0.35,$q_a = 8t/m^2$,$f_c' = 210kgf/cm^2$,$f_y = 4200kgf/cm^2$。

10-13 試設計一高度為 8 公尺之鋼筋混凝土擋土牆,土壤參數 $\gamma_m = 1.9t/m^3$,$\phi = 35^o$,基礎與土壤之摩擦係數 μ =0.55,土壤容許承載力 $q_a = 30t/m^2$,$f_c' = 210kgf/cm^2$,$f_y = 4200kgf/cm^2$。

10-14 如習題 10-13,但牆後有一均佈地面活載重 W_L =1.0t/m²。

10-15 如習題 10-11,但考慮地震作用下,水平地震係數 k_h =0.165,垂直地震力係數 k_v =0.083。

10-16 如習題 10-13,但考慮地震作用下,水平地震係數 k_h =0.165,垂直地震力係數 k_v =0.083。

國家圖書館出版品預行編目資料

鋼筋混凝土學／李錫霖，陳炳煌編著． -- 二
版． -- 臺北市：五南圖書出版股份有限公
司，2007[民96]
　　面； 公分
含參考書目
ISBN 978-957-11-4926-4（平裝）

1.鋼筋混凝土

441.557　　　　　　　　　　96016838

5T03

鋼筋混凝土學

編　　著 ─ 李錫霖　陳炳煌

發 行 人 ─ 楊榮川

總 經 理 ─ 楊士清

總 編 輯 ─ 楊秀麗

副總編輯 ─ 王正華

文字編輯 ─ 施榮華

封面設計 ─ 鄭依依

出 版 者 ─ 五南圖書出版股份有限公司

地　　址：106台北市大安區和平東路二段339號4樓

電　　話：(02)2705-5066　　傳　　真：(02)2706-6100

網　　址：https://www.wunan.com.tw

電子郵件：wunan@wunan.com.tw

劃撥帳號：01068953

戶　　名：五南圖書出版股份有限公司

法律顧問　林勝安律師

出版日期　2005 年 3 月初版一刷
　　　　　2023 年 10 月二版十四刷

定　　價　新臺幣650元

經典永恆・名著常在

五十週年的獻禮 —— 經典名著文庫

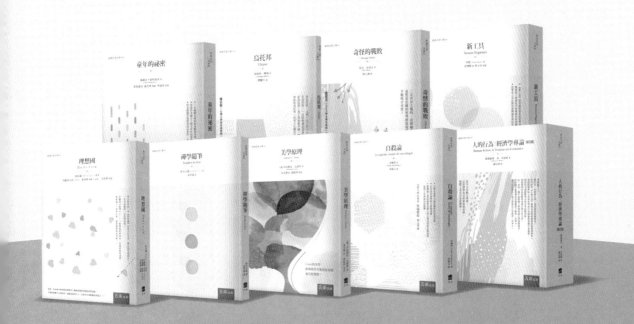

五南，五十年了，半個世紀，人生旅程的一大半，走過來了。

思索著，邁向百年的未來歷程，能為知識界、文化學術界作些什麼？

在速食文化的生態下，有什麼值得讓人雋永品味的？

歷代經典・當今名著，經過時間的洗禮，千錘百鍊，流傳至今，光芒耀人；

不僅使我們能領悟前人的智慧，同時也增深加廣我們思考的深度與視野。

我們決心投入巨資，有計畫的系統梳選，成立「經典名著文庫」，

希望收入古今中外思想性的、充滿睿智與獨見的經典、名著。

這是一項理想性的、永續性的巨大出版工程。

不在意讀者的眾寡，只考慮它的學術價值，力求完整展現先哲思想的軌跡；

為知識界開啟一片智慧之窗，營造一座百花綻放的世界文明公園，

任君遨遊、取菁吸蜜、嘉惠學子！